THE YEARBOOK OF CHINA AGRICULTURAL UNIVERSITY

中国农业大学年鉴

2020

中国农业大学年鉴编委会　编

中国农业大学出版社
·北京·

图书在版编目(CIP)数据

中国农业大学年鉴. 2020/中国农业大学年鉴编委会编. --北京：中国农业大学出版社，2022. 3

ISBN 978-7-5655-2674-9

Ⅰ. ①中… Ⅱ. ①中… Ⅲ. ①中国农业大学-2020-年鉴 Ⅳ. ①S-40

中国版本图书馆 CIP 数据核字(2021)第 259480 号

书　名 中国农业大学年鉴 2020

作　者 中国农业大学年鉴编委会 编

策划编辑 王笃利 魏 巍 **责任编辑** 王笃利

封面设计 郑 川

出版发行 中国农业大学出版社

社　址 北京市海淀区圆明园西路 2 号 **邮政编码** 100193

电　话 发行部 010-62733489，1190 读者服务部 010-62732336

编辑部 010-62732617，2618 出 版 部 010-62733440

网　址 http://www.caupress.cn **E-mail** cbsszs@cau.edu.cn

经　销 新华书店

印　刷 涿州市星河印刷有限公司

版　次 2022 年 11 月第 1 版 2022 年 11 月第 1 次印刷

规　格 185 mm×260 mm 16 开本 34.5 印张 890 千字 插页 8

定　价 180.00 元

图书如有质量问题本社发行部负责调换

1 月 2 日，中国农业大学与巴彦淖尔市签署合作协议（欧阳永志摄）

1 月 10 日，中国农业大学共有 8 项科技成果获 2019 年度国家科学技术奖励（欧阳永志摄）

1 月 11 日，中国农业大学与肯尼亚非洲绿色革命联盟就“一带一路”合作达成一致意见（欧阳永志摄）

1 月 26 日，党委书记姜沛民看望慰问后勤、保卫、医疗一线人员，并调研疫情防控情况（党委宣传部供图）

3—6 月，中国农业大学机关党员在门口执勤参与校园疫情防控工作（欧阳永志摄）

6 月 11 日，中国农业大学与悉尼大学签署两校全面合作备忘录（欧阳永志摄）

6月15日，中国农业大学营养与健康系（营养与健康研究院）揭牌（欧阳永志摄）

8月13日，党委书记姜沛民、校长孙其信带队前往山东省烟台市，与烟台市委书记张术平，市委副书记、市长陈飞及烟台市相关领导共同研究推进校地合作办学工作，并检查了烟台研究院秋季学期开学准备情况

8 月 21 日，中国农业大学与四川省人民政府签署战略合作协议（欧阳永志摄）

8 月 26 日，中国农业大学召开 2016—2020 年“双一流”建设周期总结及自评工作部署会（欧阳永志摄）

9 月 7 日，教育部在中国农业大学召开学习习近平总书记给全国涉农高校回信一周年座谈会（欧阳永志摄）

9 月 11 日，联合国成立 75 周年大会上，学校国际发展与全球农业学院在坦桑尼亚开展的“小技术 大丰收”项目入选《南南合作与三方合作促进可持续发展实践案例（第三卷）》（国际发展与全球农业学院供图）

9月15日，中国农业大学与烟台市签署共建烟台研究院合作协议（欧阳永志摄）

9月22日，四川省成都市新津区与中国农业大学签署《共建四川现代农业产业研究院（新津）合作协议》（欧阳永志摄）

9 月 25 日，校长孙其信为学校首届强基计划（生物科学）新生讲授开学第一课（生物学院供图）

9 月 30 日，中国农业大学杨胜楼动工（欧阳永志摄）

10月20日，中国农业大学举办2020智慧畜牧业亚洲论坛（Asian Conference on Precision Livestock Farming）（欧阳永志摄）

11月12日，平谷区人民政府与中国农业大学签署战略合作框架协议（欧阳永志摄）

11月26日，中国农业大学等多家单位承办“2020年东北黑土地保护与利用高峰论坛暨第六届梨树黑土地论坛”（欧阳永志摄）

中国农业大学学报获2020年度中国高校百佳科技期刊（欧阳永志摄）

《中国农业大学年鉴 2020》编委会

《中国农业大学年鉴 2020》编辑部

主　　编 姜沛民　孙其信

常务副主编 辛　贤

副 主 编 曲瑛德　李青山　赵竹村　王　雯　李凴峰　赵　勇

编　　委 席　清　孙桂凤　戴晓曦　金　樱　李　冬　李　璟　李　珊

组 稿 人（按姓氏拼音排序）

白　静　蔡远渊　程子维　邓　娇　董　斌　杜　婧　盖宝川
高　菲　高茹英　韩争艳　郝京辉　黄　颖　金晓露　康治中
赖毅琼　李　梅　李　珊　李佳兴　李笑秋　李易倩　梁　潇
林　嘉　刘　铮　刘珊珊　刘淑梅　刘秀梅　栾相科　雒庆生
吕　佳　马　琳　马祎荻　尼姣姣　欧阳永志　钱莉琴　乔琪雯
邵　辉　石　慧　史　娟　史舟花　宋慧芳　唐　莹　童　云
汪雪滢　王　凌　王　欣　王翠芳　王树远　王夏玲　王永生
魏　春　闻　雯　翁雨晴　席艳霞　肖　虹　闫文文　杨　梅
杨　欣　袁慧敏　张　欣　张　艳　张立伟　张晓宁　张志成
赵　静　赵瑞娇　赵忠英　钟　锦　周　进

目　　录

中国农业大学简介

中国农业大学作为教育部直属高校，是我国现代农业高等教育的起源地，其历史起自于1905年成立的京师大学堂农科大学。1949年9月，由北京大学农学院、清华大学农学院和华北大学农学院合并为北京农业大学。1952年10月，北京农业大学农业机械系与中央农业部机耕化农业专科学校、华北农业机械专科学校、平原省农学院合并成立北京农业机械化学院，1985年10月更名为北京农业工程大学。1995年9月，北京农业大学与北京农业工程大学合并成立中国农业大学，江泽民同志亲自题写校名。现任党委书记是姜沛民，校长是孙其信。

长期以来，学校的建设与发展得到了国家的高度重视。北京农业大学于1954年被国务院列为全国6所重点院校之一，于1984年被列为全国重点建设的10所高等院校之一。北京农业机械化学院于1960年被列为全国重点大学之一。学校于1995年进入首批“211工程”建设行列，于2004年被确定为“985工程”重点建设的高水平研究型大学，2017年入选一流大学建设高校（A类）。2003年5月4日，国务院总理温家宝视察中国农业大学，发表了重要讲话。2005年10月13日，全国人大常委会委员长吴邦国视察中国农业大学，祝贺农大建校百年，鼓励学校再创辉煌。2009年5月2日，中共中央总书记、国家主席胡锦涛视察中国农业大学，与师生代表亲切座谈，对青年学生提出了殷切期望，对学校提出了“加快建设世界一流农业大学步伐”的要求。2010年5月2日，胡锦涛总书记给中国农业大学师生回信，鼓励全校师生为发展现代农业作出更大贡献。2012年9月15日，习近平同志来校参加全国科普日北京主场活动，在视察学校时要求学校教书育人和党的建设“两手抓两促进两不耽误”“真正建成有中国特色的、具有农业特色的一流大学”，为学校发展进一步指明了方向，极大激发了全校师生的责任感和使命感。

历经百年的世纪风雨，中国农业大学已经发展成为一所以农学、生命科学、农业工程和食品科学为特色和优势的研究型大学，形成了特色鲜明、优势互补的农业与生命科学、资源与环境科学、信息与计算机科学、农业工程与自动化科学、经济管理与社会科学等学科群。学校共设有18个学院、1个教学实体单位和1个直属系，涉及农学、工学、理学、经济学、管理学、法学、文学7大学科门类；设有本科生院、研究生院、继续教育学院和体育与艺术教学部。在第四轮一级学科水平评估中，6 个一级学科获评 A+，获评 A+的学科数量在全国高校中排名并列第六位；拥有 3 个国家重点实验室，1 个国家工程实验室，2 个国家工程技术研究中心，1 个国家级国际联合研究中心，3 个国家野外科学观测研究站，98 个省部级重点实验室（中心、基地），9 个省部级野外科学观测研究站。

中国农业大学拥有一支实力雄厚、结构合理的师资队伍。现有专任教师 1 933 人，其中教授（含研究员）672 人、副教授（含副研究员）960 人。研究生导师 1 677 人，其中博士生导师 1 077 人。聘请了包括诺贝尔生理学或医学奖获得者、“DNA 之父”詹姆斯·沃森(James Watson)和我国杰出的农业科学家、杂交水稻之父袁隆平院士在内的一批国内外著名学者担任名誉教授。

中国农业大学具备培养学士、硕士、博士的完整教育体系。学校拥有 19 个博士后流动站，22 个博士学位授权一级学科，32 个硕士学位授权一级学科，13 种专业学位类型，20 个专业学位领域，72 个本科专业。全日制本科生 12 747 名，全日制研究生 9 882 名，其中全日制硕士研究生 5 857 名，全日制博士研究生 4 025 名；在站博士后研究人员 268 名。

中国农业大学坚持“德才兼备、全面发展、通专平衡、追求卓越”的人才培养理念，培养德智体美劳全面发展，具有宽厚的人文与自然科学基础、扎实的专业知识与实践技能、富有创新精神与能力的拔尖创新人才和行业领军人才。学校大力推进专业认证工作，牵头制定国家农学门类专业认证标准，成为涉农专业建设标准的制定者。农学专业率先通过国家农科专业（第三级）认证；植物保护、园艺 2 个专业率先通过中俄联合认证；农业水利工程、水利水电工程、车辆工程、电气工程及其自动化 4 个专业通过工程教育专业认证。学校拥有 3 名国家高层次人才特殊支持计划（“万人计划”）教学名师、2 名国家级教学名师和 43 名北京市教学名师，5 个国家级优秀教学团队、10 个北京市优秀教学团队和 2 个北京高校优秀本科育人团队。学校积极推进一流本科专业建设，23 个专业入选国家一流本科专业建设点，11 个专业入选省级一流本科专业建设点，2 个专业入选北京市重点建设一流专业。此外，学校拥有 14 个教育部高等学校特色专业建设点，10 个北京市级特色专业建设点和 10 个专业入选“卓越农林人才教育培养计划”改革试点项目，是获批专业数最多的学校。学校拥有生物学、化学 2 个国家理科基础科学研究和教学人才培养基地，1 个国家生命科学与技术人才培养基地和 2 个国家人才培养模式创新实验区。学校不断深化教学内容和教学方法改革，建成了 23 门国家精品课程、15 门精品资源共享课、2 门精品视频公开课、23 门国家级一流本科课程、25 门北京市精品课程和 10 门北京高校优质本科课程；122 项教材入选国家级“十一五”规划教材；17 项教材入选国家级“十二五”规划教材；进一步加强实验室、实习基地建设，拥有 3 个国家实验教学示范中心，3 个国家级虚拟仿真实验教学中心和 7 个北京市实验教学示范中心；通过强化实践创新能力培养，构建了创新人才培养体系，为开展高水平的研究性教学奠定了良好的基础，大学生科技创新活动活跃。近 5 年来，学校本科生在各类创新项目支持下，共发表高水平论文 489 篇，其中 SCI 160 篇，EI 33 篇，CPCI 2 篇，CSCD 39 篇；学生申请专利及软件著作权 210 项，其中发明专利 20 项，实用新型专利 102 项，外观设计专利 4 项，软件著作权 84 项；学生获得省部级及以上级别学科竞赛 3 729 项。学校深入推进研究生教育教学改革，服务国家战略需求和经济社会发展，不断提高研究生培养质量。2020 年，硕士生招生规模首次突破 3 000 人，博士生招生规模首次突破 1 000 人。专业学位研究生全部实现专项制招生和培养，2020 年全校共设置 10 个大类、54 个专项，“实践－理论－实践”的三段式培养模式积极推进。强化实践基地建设，校、院基地共 241 个。推进专业学位双导师制，聘请兼职导师 727 人。强化案例教学，20 个案例入选中国专业学位案例库。科教融合、产教结合的研究生培养模式改革成效显著，学校研究生教育成果获“北京市教育教学成果奖”一等奖 2 项，获“中国学位与研究生教育学会研究生教育成果奖”特等奖 1 项、一等奖 1 项、二等奖 1 项，获“全国农业专业学位研究生实践教学成果奖”5 项。研究生在各类竞赛中斩获佳绩：国家级特等奖 2 项、一等奖 5 项、二等奖 15 项、三等奖 7 项；省部级特等奖 5 项、一等奖 7 项、二等奖 18 项、三等奖 15 项。优化课程体系建设，累计建有混合课程、全英文课程、案例课程、课程思政等特色课程共 288 门。学校进一步完善研究生学位论文的质量保障体系，促进学位论文的质量不断提高，总计有 23 篇博士学位论文入选“全国优秀博士学位论文”，在全国高校中位居前列。学校已培养合格的毕业生 13 万余名，办学质量和办学水平得到了社会各界的广泛认可。2020 年，学校本科毕业生 2 746 人，硕士毕业生 2 168 人，博士毕业生 846 人。

中国农业大学围绕人类营养与健康，以国家农业科技重大需求和国际学术前沿为导向，开展高水平科学研究、社会服务和文化传承与创新。在生物育种、健康养殖、兽医公共卫生安全、农业绿色发展、农业工程、食品制造、中国农业农村发展与全球食物安全等领域的研究居国内外领先水平。石元春院士主持完成的“黄淮海平原中低产地区综合治理的研究与开发”研究成果曾获国家科技进步特等奖。先后有 27 篇高水平研究论文在国际著名杂志《科学》(*Science*)、《细胞》(*Cell*)、《自然》(*Nature*)和《自然-遗传学》(*NATURE GENETICS*)上发表，奠定了学校在基础研究方面的领先地位。近 5 年来，学校主持国家重点研发计划项目 30 项；主持国家社会科学基金重大项目 7 项，教育部哲学社会科学研究重大课题攻关项目 1 项；拥有国家现代农业产业技术体系首席科学家 6 名；获国家级科技奖励 24 项，其中主报 10 项，获省部级科技奖励 159 项。在 ESI (Essential Science Indicators，基本指标数据库)学科评价指标中，学校的农业科学、植物与动物科学、环境/生态学、生物学与生物化学、化学、微生物学、工程学、分子生物学与遗传学、社会科学总论、药理学与毒理学和免疫学 11 个学科和所有学科论文总引用量进入了全球前 1%，其中农业科学、植物与动物科学 2 个学科的总引用量保持在全球前 1‰。社会服务工作围绕国家重大战略和区域经济社会发展，以顶层设计、统筹布局、引领带动的工作思路，探索科技服务地方的新机制和新模式。学校已与 10 余个省、自治区、直辖市和百余个地市签署了合作协议，在全国 27 个省份建设综合实验站 27 个、产业研究院 2 个、教授工作站 72 个，支撑了地方经济的发展，提升了农业科技水平，加快了农业产业化进程；学校积极与地方政府和企业开展政产学研用合作，通过科技成果转让、技术实施许可、作价入股等方式，推进科技成果转移转化，为企业科技创新提供动力，学校的专利成果和实用技术覆盖全国绝大部分省市，一批重大科技创新成果成为相关行业的主导技术；学校开展面向新型农场主、农业经营管理人才、基层农业干部、基层技术人员、职业农民和创业者及跨界投资者等的农业科技培训和服务，达到 5.5 万人次/年，有力地推动了学校科技推广和成果转移转化工作的开展。

中国农业大学广泛开展国际交流与合作，努力扩大开放，加速国际化进程。学校与东欧、中亚、非洲、拉丁美洲、北美等52个国家和地区的242所大学、研究单位和国际组织建立了友好合作关系。校内设有国际学院、中荷奶业中心、中以国际农业培训中心等国际教育、科研与培训机构。学校与荷兰瓦赫宁根大学、美国康奈尔大学、美国加州大学戴维斯分校和巴西圣保罗大学合作建设“世界顶尖涉农大学联盟”（Top Five Agricultural University League，A5），并在此机制下开展各项实质性合作。在加强与世界顶尖院校合作的同时，学校积极响应“一带一路”倡议，与“一带一路”沿线国家院校探讨农业科研与教育合作交流计划，成立了国际发展与全球农业学院暨“一带一路”农业合作学院/中国南南农业合作学院，先后发起成立了“‘一带一路’/南南合作农业教育科技创新联盟”，并依托联盟成立了11个“一带一路”农业合作中心。学校十分重视培养国际一流人才，与世界顶尖涉农大学联盟（A5）院校、英国爱丁堡大学、法国国家农业食品与环境研究院、澳大利亚悉尼大学、德国霍恩海姆大学、加拿大阿尔伯塔大学、哈萨克斯坦国立农业大学、坦桑尼亚苏库因大学、联合国粮农组织等国外一流院校和国际组织广泛开展本科、硕士、博士联合培养，学术竞赛，夏令营，交换生和实习等各类国家公派和校际交流项目。此外，学校入选教育部中外人文交流中心“高层级国际化人才培养创新实践基地”。

中国农业大学十分重视学生综合素质的培养，积极开展第二课堂教育活动，校园文化生活丰富多彩。学校充分发挥学生会、研究生会的桥梁纽带作用，聚焦权益服务、引领学风建设，引导学生规范有序地参与学校民主管理。学校现有学生社团78家，包含思想政治类、志愿公益类、学术科技类、文化体育类、创新创业类等多种类型。国旗班曾获北京高校国旗仪仗队检阅式比赛一等奖；国际交流协会曾获哈佛大学模拟联合国会议二等奖；向日葵爱心社、绿脉环保协会曾被评为“榜样100”全国最佳大学生社团；峰云社人文科考队、向日葵爱心社曾被评为“全国优秀大学生团队”。学校持续聚焦脱贫攻坚、乡村振兴等国家重大战略开展系列社会实践活动，每年组织3 000余名青年学子深入基层一线，在实践中受教育、长才干、做贡献，在服务“三农”的过程中将论文写在祖国大地上，把科技成果应用到实现农业现代化的伟大事业中，先后获得全国大中专学生志愿者暑期“三下乡”社会实践优秀单位等180余项荣誉称号。大学生科技创新与创业活动蓬勃开展，多次在“挑战杯”全国大学生课外学术科技作品竞赛、“创青春”中国大学生创业大赛、中国“互联网＋”大学生创新创业大赛、全国大学生农业建筑环境与能源工程相关专业创新创业竞赛、国际遗传工程机器大赛、全国农科学子创新创业大赛、全国大学生电子设计竞赛、全国大学生机械创新设计大赛、全国大学生数学建模与计算机应用竞赛等赛事中取得优异成绩，大学生创新创业的能力和热情不断提高。学校积极推进志愿服务工作，将其融入新生入学教育，培养学生担当精神与奉献意识；积极组织学生参与北京奥运会、中非合作论坛北京峰会、中国北京世界园艺博览会、国庆70周年等大型会议志愿服务，曾获得北京市服务保障国庆70周年先进集体、第十一届中国青年志愿者优秀组织奖等上级表彰。学校现有百余个志愿服务项目可供学生进行自主的菜单化选择，覆盖扶贫、济困、扶老、救孤、助残、助学等多个领域，“青春悦动温馨家园”项目和“服务‘三农’育英才　志愿人生第一课”项目分别在第三届和第四届中国青年志愿服务项目大赛中荣获银奖。学校橄榄球队是我国第一支橄榄球队，多次代表国家参加国际比赛，为祖国争光。

2010 年，以学校学生为主的中国橄榄球女队曾夺得广州亚运会银牌；2017 年，学校男子橄榄球队蝉联全国七人制大学生橄榄球锦标赛冠军，实现了在该项目上的五连冠；连续两年(2019 年、2020 年)在首都高等学校春季触式橄榄球比赛中夺得甲组冠军。学校足球队在 2017 年获得“特步”中国大学生校园足球联赛超级组全国总决赛亚军；2018 年，获得首都高校大学生足球联赛(超级组)冠军。近年来，学校田径队也在全国大学生运动会和北京高校运动会中多次获得单项冠亚军，取得优异成绩。学校艺术教育蓬勃发展，在艺术教育、艺术团管理等方面形成了自己的特色。目前，学校有 7 个建制完善的大学生艺术团，包括合唱团、管乐团、舞蹈团、戏剧团、民乐团、弦乐团和音乐剧团。各艺术团在近几年的大学生艺术节活动中多次取得优异成绩，在 2017 年共获得 7 项奖励，受国家委派，由校民乐团代表中国大学生参加了希腊国际音乐节。在 2018 年北京市大学生音乐节中，合唱团、民乐团荣获 2 项金奖，弦乐团、管乐团荣获 3 项银奖。学校合唱团和管乐团连续多届通过了北京市大学生艺术团评估验收。2019 年，原创话剧《稼穑之歌》在第十八届“金刺猬大学生戏剧节”中脱颖而出，斩获了本届戏剧节唯一最高奖项——“金刺猬”奖。

国富民殷、强农为本。解民生之多艰，育天下之英才，是学校百年不变的追求。数代农大人情系乡土，忧患苍生，为实现中国人千百年来的温饱和富庶之梦不遗余力，与祖国和人民保持着最紧密的血肉联系，形成了学校特有的勤勉持重、爱国忧民的精神传统和严谨求实、厚德博学的办学传统。今天的中国农业大学，以习近平新时代中国特色社会主义思想为指导，以培养“三农”人才，提升农业科技水平为己任，保持农业优势学科，发展多种新兴学科，同瞬息万变的世界紧密相连，与日新月异的科技同步发展，朝着建设中国特色、农业特色的世界一流大学目标阔步迈进。

2020 年学校基本情况数据

2020 年学校基本情况数据参见表 1 至表 3。

表 1　在校学生数

人

全日制博士	全日制硕士	普通本科生	成人教育本科生	成人教育专科生	网络教育本科生	网络教育专科生	留学生
4 025	5 857	12 747	3 894	0	37 615	8 545	349

注：数据截至 2020 年年底。

表 2　全校教职工数

人

在职人数	专任教师			党政管理人员	教辅人员
	数量	正高级	副高级		
2 913	1 933	672	960	518	385

注：数据截至 2020 年年底。

表 3　2020 年度科研情况

获国家级奖励/项	获省部级奖励/项	获授权专利数/项	SCI、SSCI、EI 收录论文数/篇	到校经费/万元
4（已过初评，尚未授奖）	8（含主报和参报）	867	3 368	134 993

扎实开展主题教育，不忘初心矢志奋斗

——党委书记姜沛民在中国农业大学“不忘初心、牢记使命”主题教育总结会上的讲话

（2020年1月9日）

同志们：

大家好！

自2019年9月开始至今4个多月的时间，根据中央的工作部署，在中央第二指导组的直接指导下，学校党委紧紧抓住深入学习习近平新时代中国特色社会主义思想这条主线，认真贯彻“守初心、担使命，找差距、抓落实”的总要求，牢牢把握“理论学习有收获、思想政治受洗礼、干事创业敢担当、为民服务解难题、清正廉洁作表率”的目标任务，以处级以上领导班子和领导干部为重点，带领各级党组织和全体共产党员积极参与、扎实推进，深入开展了“不忘初心、牢记使命”主题教育。

昨天上午，中央召开“不忘初心、牢记使命”主题教育总结大会，习近平总书记发表重要讲话，从新时代党和国家事业发展的全局和战略高度，充分肯定了“不忘初心、牢记使命”主题教育取得的主要成效，对巩固拓展主题教育成果、不断深化党的自我革命、持续推动全党不忘初心和使命作出了全面部署，提出了明确要求。学校党委在认真学习习近平总书记重要讲话精神的基础上，今天，在这里召开学校“不忘初心、牢记使命”主题教育总结会，进一步贯彻落实习近平总书记重要讲话精神和中央要求，对全校主题教育进行回顾总结，对巩固深化主题教育成果作出工作部署。之后，中央第二指导组组长王瑞生同志代表指导组将发表重要讲话。

首先，由我代表学校党委进行工作总结。

一、学校主题教育扎实有序推进

从2019年上半年起，校领导班子及党委理论学习中心组就利用暑期时间，举办了

2期“不忘初心、牢记使命”专题读书班，认真学习贯彻习近平总书记重要讲话和中央“不忘初心、牢记使命”主题教育工作会议精神。下半年开学初，学校党委第一时间传达学习了中央《关于开展第二批“不忘初心、牢记使命”主题教育的指导意见》。在中央第二指导组的具体指导下，研究制订了《中国农业大学“不忘初心、牢记使命”主题教育工作方案》以及12个配套文件，以高度的政治自觉和勇于自我革命的精神，切实加强组织领导和工作督导，扎实推进主题教育有效开展。

第一，切实加强组织领导。

一是广泛动员部署，层层传达要求。9月9日上午，学校召开“不忘初心、牢记使命”主题教育动员大会，深入贯彻落实习近平总书记重要讲话精神，对全校开展主题教育进行了全面动员与重点部署，中央第二指导组王瑞生组长到会并提出明确工作要求。9月19日，学校召开二级党组织负责人工作部署会，对二级党组织如何开展学习教育、调查研究、检视问题、整改落实等工作细化具体要求做出具体说明，进行工作指导和部署。9月26—27日，为加强党支部层面的工作，学校分别召开教职工党支部、离退休党支部、学生党支部书记培训会，要求各党支部按照“六个一”的部署要求，组织全体党员开展主题教育。自上而下，一气贯通，把主题教育的总体要求和工作任务传达到每一个基层单位和全体党员，打通“最后一公里”，做到了要求明确、人人皆知。

二是强化组织领导，落实工作责任。学校党委成立了学校主题教育领导小组，强化主体责任；党委书记任组长，担负起第一责任人的责任；党委常务副书记担任副组长，负责日常组织工作；党员校领导全体参加，认真履行“一岗双责”。主题教育领导小组下设办公室，统筹协调综合组、学习宣传组、督导组3个工作组，每个工作组均由校党委副书记担任组长，抽调干部组成工作专班，积极有序开展工作，确保主题教育扎实推进。各二级党组织分别成立了主题教育领导小组和相应的工作机构，认真履行本单位组织领导的责任。各基层党支部面向全体党员担负起具体组织者、推动者、落实者的工作职责。

三是坚持以上率下，促进联动互动。学校领导班子成员始终坚持以身作则、率先垂范，做到层层立标杆、做示范，形成上级为下级作表率、上下共同学习提高的良好氛围。作为党委书记，我在每一个环节都力争做到带头示范，并在《光明日报》特刊刊登了署名文章。孙其信校长也主动参与，带头落实，并在《光明日报》发表了学习贯彻习近平总书记给全国涉农高校重要回信精神的文章。11月6日，我为全校党员领导干部、教职工代表、学生代表讲授了题为《坚守初心、笃行致远——切实肩负起立德树人、强农兴农的时代使命》的专题党课；12月12日，为全校副处级以上干部宣讲了十九届四中全会精神。各位党员校领导结合工作实际和个人学习调研体会，在分管及联系单位的党员干部及师生代表中间讲授专题党课10多次。所有党员校领导都深入所在支部、教职工联系支部、学生联系党支部参加主题教育活动。校领导集中研讨、调研交流等相关环节邀请二级党组织负责人、处级干部参加，一些学院、部处领导班子集中研讨、调研交流等相关环节也组织基层党支部书记参加，校、院两级搭建宣传教育和展示交流的平台，全校处级以上干部共形成学习体会文章200多篇、专题调研报告242份，形成上行下效、整体联动的总体效应，营造出浓厚氛围。

四是创新推动机制，抓实工作环节。针对这次主题教育时间紧任务重、对象范围广、整体推进要求高等特点，学校党委从制度机制层面入手，建立了定期召开主题教育领导小组办公室例会、重要议题及时提交党委常委会研究决定、关键节点召开二级党组织推进会、依托“四级督导”重点推进基层工作等 4 个工作机制，明确时间表、路线图和任务书，推动主题教育有序开展。学校先后召开 8 次主题教育领导小组办公室例会，定期汇总、分析工作开展情况，突出阶段性工作要求，部署下一步工作安排；分别召开 3 次二级党组织主题教育推进会，在重要节点听取各二级党组织书记工作开展情况，晒亮点、摆问题、提建议，布置当前工作。以上工作机制有效保障了学校主题教育有条不紊、统筹协调、总体推进、扎实有效。

五是加强督促检查，落实工作要求。学校成立了 8 个校级督导组，组织开展了“四级督导”，即统筹安排党员校领导对分管部门、联系学院的处级干部进行督导；二级党组织负责人对本单位党支部和党员进行督导；党建指导员对“全覆盖　双提升”大学生党支部建设工程结对学生党支部开展督导；督导组对二级党组织和教职工党支部进行巡回督导；做到督促指导全覆盖，以督促学、以督引学。9 月 25 日至 10 月 11 日，党员校领导分别深入所联系的学院和分管的部门，对处级领导干部的集中学习研讨进行现场指导。10 月 15—25 日，26 个二级党组织党政领导干部、党委委员分别对所属的 494 个基层教工、学生、离退休党支部进行学习督导和调研工作；同时，82 名处级党员领导干部作为大学生党支部党建指导员，重点对教职工和学生党员学习开展情况进行督导和指导，通过集中访谈、个别谈话等方式了解师生反映的情况，梳理汇总问题清单，提出具体整改措施。11 月，学校主题教育领导小组办公室督导组成员进一步深入 21 个二级党组织参加交流会并进行督导，通过听取情况介绍，重点督导了各党支部开展主题教育“六个一”完成情况。参加督导的同志们学习研究在先，在“严”和“实”上下功夫，不搞陪同，不搞汇报，跟进评估进展情况和实际效果，有效防止出现学习教育“上热中温下冷”的现象，有效避免工作落实上出现前紧后松的问题。

第二，有效落实重点措施。

一是推广“突出重点学、集中研讨学、创新方式学、提升实效学”的“四学”学习模式，扎实开展学习教育。

学校党委紧紧围绕“不忘初心、牢记使命”主题主线，结合学校工作实际和教育工作特点，创新学校领导班子主题教育集中学习研讨安排，加强学习的针对性和对学校工作的指导性，突出学习重点，将学习引向深入。在完成通读党的十九大报告、党章党规、《习近平关于“不忘初心、牢记使命”重要论述选编》《习近平新时代中国特色社会主义思想学习纲要》等规定篇目的基础上，把习近平总书记有关主题教育的系列重要讲话，习近平总书记对教育、“三农”、扶贫工作的重要论述，习近平总书记给全国涉农高校的书记校长和专家代表的回信、习近平总书记在庆祝中华人民共和国成立 70 周年大会上的重要讲话以及党的十九届四中全会精神纳入重点学习内容，开展专题研讨。

习近平总书记给全国涉农高校的书记校长和专家代表的回信，对全国涉农高校提出了新期待、新要求，充分体现了党中央对高等农林教育的高度重视。主题教育期间，学校党委印发了《关于深入学习贯彻习近平总书记给全国涉农高校的书记校长和专家代表重要回信精神的通知》，校领导班子和各部处、学院、单位处级干部专题依托主题教育，陆续开展了学习宣传贯彻习近平总书记回信精神的学习研讨会。2019 年 10 月 16 日，动物医学院开展全国高校动物医学类党员师生集中学习习近平总书记的回信精神、重温入党誓词活动，并发起了“修德勤学、成才报国”的号召。草业科学与技术学院引导师生把学习使命统一到服务山水林田湖草系统治理和建设美丽中国上来。与此同时，为充分展现70年来农大人的初心使命以及学校在党的建设、科学研究、人才培养、服务国家需求等方面取得的丰硕成果，学校举办了《立德树人、强农兴农——中国农业大学“不忘初心、牢记使命”主题教育展》。通过展览，激励师生将主题教育焕发出来的热情转化为干事创业的实际成果。同时，学校以实际行动认真落实习近平总书记的回信精神，推动高等农业教育改革，加强中美贸易“卡脖子”技术、关键核心技术攻关，全面服务国家区域发展战略，牵头推进全国农科学子联合实践行动，定点扶贫工作连续3年入选教育部直属高校精准扶贫、精准脱贫“十大典型项目”，帮助在滇西定点扶贫的云南省临沧市镇康县摘掉了贫困县帽子，教师连续3年荣获“全国脱贫攻坚奖创新奖”，2019年学校农学院还获得了“全国脱贫攻坚奖组织奖”，人文与发展学院率先启动“四个系列”行动计划，院地合作共建乡村振兴研究院。

学校领导班子在全面把握习近平新时代中国特色社会主义思想核心要义的基础上，精心设计专题，采取集中时间、集中地点、集中内容、集中交流的学习研讨形式，共进行集中学习10余次，集中研讨9次。全校26个二级党组织组成34个主题教育干部读书班，机关党委根据各管理服务部门的职能特点，分成7个学习小组开展学习。水利与土木工程学院建立常态化的“学生党员骨干周末读书班”制度。人文与发展学院还为非党员的师生购置理论学习读本240多册，带动大家一起研读学习。马克思主义学院充分发挥专业优势，遴选25位教师，组建主题教育宣讲团和十九届四中全会精神宣讲团，选拔出6名研究生组成首批“学思”研究生宣讲团，按照“不忘初心、牢记使命”“习近平新时代中国特色社会主义思想”“党史、国史、改革开放史”“新中国成立70周年”4个主题，深入校内外相关单位开展理论宣讲。其中，深入大兴区的21个北京新时代文明实践中心进行党的十九届四中全会精神特色宣讲活动，覆盖了大兴区全部14个乡镇和6个街道，深受基层干部、群众的欢迎。工学院联合农业农村部农业机械试验鉴定推广总站以及北京首农畜牧奶牛中心围绕奶牛产业智能装备技术开展了主题交流。园艺学院吸纳教工党支部和学生党支部成员共同参加集中学习研讨。学校还就服务保障中华人民共和国成立70周年庆祝活动，组建“稼穑先锋”爱国主义宣讲团，在全校开展200余场“我和我的祖国”主题宣讲，并代表首都大学生到全国各地宣讲。

为探索创新学习教育的多种形式和方法，增强学习的针对性、吸引力和感染力，各级组织充分利用校内外红色资源，以及结合各单位实际开展丰富多彩教育活动，提升学习效果。2019年9月19日，校领导与全校正处级干部一起前往北大红楼开展主题教育，接受革命传统教育，重温入党誓词。资源与环境学院充分利用“曲周精神”红色资源，发挥入选全国高校“百个研究生样板党支部”的科技小院硕士党支部的引领示范作用，激励学生在新时代高扬“责任、奉献、科学、为民”的“曲周精神”，加深学生对初心的感悟，强化使命担当。以庆祝中华人民共和国成立70周年为契机，学校近7 000名新生用青春告白祖国，挥舞国旗，发出“用青春守护祖国土地，展风采祝福祖国母亲”的铮铮誓言。信息与电气工程学院爱好长跑的同学还进行“中国地图长跑”活动，全程32千米，用青春的汗水与拼搏向祖国告白。教职工举行了“辉煌70载，唱响新时代”合唱比赛，千余师生用歌声祝福祖国；2 000余名师生相继参观了“伟大历程、辉煌成就——庆祝中华人民共和国成立

70周年”大型成就展。广大党员认真观看了《决胜时刻》《榜样4》等专题节目，参观了“九一八”历史博物馆。土地科技与技术学院学生党支部开展“一二·九”爱国主题党日活动。动物科学技术学院还组织师生赴卢沟桥、宛平城和中国人民抗日战争纪念馆开展主题党日等活动，接受了深刻的党课教育。生物学院师生党支部联合参观红色展览、观看主旋律电影。植物保护学院各党支部结合“我是一面旗帜”主题党日活动、红色“1+1”党支部共建活动等多种形式开展主题党日活动。

二是加强顶层谋划、协同调研和集中交流，不断形成破解矛盾与难题的新思路、新举措。

坚持高起点谋划，对准问题靶心挂图作战。主题教育开展以来，学校始终把学习教育、调查研究、检视问题、整改落实贯穿主题教育全过程，从启动伊始就着手调研、检视和整改。校领导班子成员围绕中央巡视中提出的问题、“8+1”专项整治、第二批主题教育的5个着力点以及学校巡察中发现的问题，确定“加强学校党的政治建设”“服务国家重大战略，加快推进一流学科建设”“加强基层党组织建设和干部队伍建设”“加强干部队伍作风建设”“加强知农爱农新型人才培养”“强化乡村振兴社会服务能力提升”“强化服务保障能力和服务意识”“加强思想政治教育和意识形态工作”“加强学校教师队伍建设”“‘三全育人’体制机制建设及学生社团规范管理”等10个调研主题，建立由校领导牵头的10个校级调研工作组，实行上下联动、协同调研、集中交流调研成果的机制。同时，各调研组认真贯彻中央“要统筹安排，不扎堆调研”“要轻车简从，不增加基层负担”的调研要求，交叉进行，优化力量、突出重点，将党中央部署的任务和当前重点工作紧密结合，通过务实调研，把情况摸透、把问题找准、把矛盾搞清，确保调研工作落实落地，力求在重点工作中有新的思路、新的破解、新的成效。

本次调研对象覆盖各级党组织、各单位党政领导班子成员、教职工党支部或系（教研室）主要负责人、教学视导组成员和各年龄段师生代表，兼顾专任教师和管理干部，涵盖不同政治面貌的师生，特别注重听取基层党组织书记和专任教师尤其是广大青年教师的意见建议，使调研具有一定的覆盖面和代表性。各个调研组直奔问题，深入基层单位，通过召开教职工代表、学生代表及离退休老同志代表的研讨会、座谈会，发放调查问卷等形式，与师生面对面沟通交流，倾听民心民意，了解实际情况，征求师生意见，汇总师生诉求。学校层面召开座谈会112次，个人访谈人数150人，发放调查问卷9 000份（教职工、学生党员发放电子问卷8 000份，离退休党员发放纸质问卷1 000份），收回调查问卷6 093份（电子问卷5 893份，纸质问卷200份）。其中，针对反映机关问题较多的情况，学校对机关职能部处、后勤基建部门进行了满意度测评，汇总500余份测评表、300多份调查问卷，对26个单位提出的书面意见以及36条建议，向分管校领导逐一进行了反馈。同时，为了扩大党员群众参与，学校在两校区主楼设立意见箱，公布电子邮箱，向广大师生征求对处级以上领导班子和领导班子成员的意见建议。经统计，本次调研共收集意见建议156条，发现问题92项。

为总结交流调研成果，2019年10月29日，校领导班子召开调研成果汇报交流会，党委书记、校长和各位班子成员依次汇报了调研成果，并从调研的简要情况、调研中发现的突出问题、问题产生的思想根源、解决问题的思路和措施四个方面展开了交流，坚持直面问题，指出调研发现的一些迫切需要改进的问题，深刻分析了问题产生的原因，并有针对性地提出解决问题的思路举措和意见建议，强化了解决现实问题的紧迫感，提振了求真务实、攻坚克难的精气神。同时，232 位处级干部全部撰写了调研报告，分别进行了不同范围的调研成果交流，用活调研成果，探讨破解难题。

三是坚持全面检视、突出重点、深查细照，进一步激发自我革命的思想自觉和行动自觉。

按照中央要求，认真开展对照党章党规找差距工作，明确要求党员领导干部要逐段、逐句认真学习党章党规，摸清“底子”，开出“方子”，探索“路子”。2019 年 11 月 11 日，学校召开对照党章党规找差距专题会议，党员校领导以刀刃向内的勇气，对照“18 个是否”深入检视存在问题，分析根源，进一步加强政治检视，查找政治上的不足与差距，提高政治敏感性和辨别力；进一步加强纪律检视，查找遵纪守规上的差距；进一步加强工作检视，查找担当作为上的不足和短板，并结合主题教育期间学习研讨查摆的问题，对照党章党规找出的问题，调查研究中发现的问题，群众反映强烈的问题，班子成员谈心谈话指出的问题，上级部门点出的问题以及巡视反馈中未整改到位的问题，2018 年度民主生活会、政治建设专题民主生活会提出需要整改尚未整改到位的问题等进行梳理和汇总，从党的政治建设、强化担当作为、全面从严治党、改进工作作风、主动服务师生、建立健全制度等六个方面共梳理出主要问题 27 项、具体问题 75 项。其中，存量问题 3 项、增量问题 72 项。在此基础上建立了问题清单和责任清单，列出整改措施 105 项，每项整改措施明确了责任领导、责任单位和整改时限。在即知即改过程中已解决问题 15 项，需长期坚持问题 22 项，还有 38 项问题严格按照整改时限推动解决。学校其他 208 名党员领导干部也认真对照“18 个是否”逐一查找自身差距，全部撰写发言提纲，并召开专题会议，开展专项整改。

四是坚持高标准、严要求开好专题民主生活会，认真开展批评和自我批评。

学校党委为此做了认真细致的准备工作，研究制订了《中国农业大学“不忘初心、牢记使命”专题民主生活会工作方案》，提出开好民主生活会，是领导班子和党员领导干部守初心、担使命，找差距、抓落实的一次政治体检，是检验主题教育成效的一项重要内容。学校领导班子先后开展专题学习研讨，通过召开座谈会、发放调查问卷、设立意见箱、公布电子邮箱等形式征求全校师生党员群众的意见；主要领导带头，开展谈心谈话，坦诚交换意见；在全面梳理以往存在问题的基础上，建立了问题清单。党委书记代表学校领导班子做了检视剖析，盘点了主题教育的收获；紧扣“四个对照”“四个找一找”要求，检视查摆存在问题，同时对照检查在坚持中国特色社会主义制度，推进治理体系和治理能力现代化方面存在的问题，共查摆出党的政治建设、担当作为、从严治党、工作作风、服务师生、建立健全制度等六个方面 27 项问题；分析了产生问题的根源，明确了今后的努力方向和九个方面整改措施。党员校领导先后作个人检视剖析，校长孙其信作为党外人士主动撰写了个人剖析材料。依次逐人严肃开展批评与自我批评，真诚交换意见，对照初心使命，紧扣思想工作实际，把自己摆进去、把职责摆进去、把工作摆进去，既找理论短板、工作弱项，又找思想差距、作风不足，做到了见人见事见思想，达到了增进团结、加油鼓劲的目的。王瑞生组长代表中央第二指导组对民主生活会进行了点评，对校领导班子民主生活会给予充分肯定，并对做好下一步工作提出明确要求。随后，各二级党组织、学院领导班子和处级干部认真组织，分别召开了专题民主生活会。同时，按照学校主题教育工作方案,各党支部已经陆续召开了专题组织生活会和党员民主测评工作。广大党员干部普遍受到了一次深刻的党性教育,经受了一次严格的党内生活锻炼,达到了统一思想、明确方向、凝聚力量的目的。

五是推动立行立改、专项整治和整改落实,以实际行动体现主题教育成果。

主题教育开展以来,学校始终坚持边学边查边改,一条一条列出问题清单,坚持有什么问题着力解决什么问题、什么问题突出重点解决什么问题,推进立行立改。

针对一度存在的党的领导弱化问题,学校党委在主题教育中进一步提高政治站位,对标中央新的要求,启动修改《中国农业大学章程》和党委会、校长办公会的议事规则,进一步强化了学校党委的全面领导作用;督促指导二级党委强化把方向、抓全局、促改革、保发展的工作职责,强化了党委委员的责任担当和工作职责;认真落实“支部建设年”工作计划,在过去强化教职工党支部政治功能的基础上,2020 年我们开展了“全覆盖 双提升”大学生党支部建设工作,取得了显著成效。主题教育的扎实开展,是对学校党的建设的一次全面检验,也是加强党的领导取得成效的集中体现。

针对服务国家战略不力的问题,学校在主题教育中整体谋划,加大力度,全力改进。学校充分发挥国家农业农村发展研究院的战略咨询作用,多篇政策性建议获得国家领导人批示;全面服务打赢脱贫攻坚战,大力推动乡村全面振兴,打造出农大经验和“样板间”;谋划并制订《中国农业大学服务乡村振兴战略实施方案(2019—2022)》,打出服务乡村振兴“组合拳”;服务保障国家粮食安全,依托国家黑土地保护研究院,成立国家保护性耕作研究院,在东北开展大范围试点试验,为农业可持续发展提供了农大方案;综合发力落实“藏粮于技”,加大科技创新,打造国家“绿色发展示范区”;服务“一带一路”倡议,在充分发挥“一带一路”/南南农业合作学院、“一带一路”/南南合作农业教育科技创新联盟平台作用的基础上,学校新组建成立国际农业与全球发展学院,打造服务“一带一路”/南南农业合作的升级版。

针对习近平总书记提出的立德树人为根本、培养知农爱农新型人才的任务要求,学校在主题教育中积极探索“三全育人”机制创新,打造将爱国主义专题教育融入第一课堂的思政教育模式,构建“第二课堂”人才培养体系,全面落实研究生导师立德树人职责;出台《加强和改进新时代教师思想政治工作的实施意见》,进一步完善师德建设长效机制。学校举全校之力加强思政课教师队伍建设和马克思主义学院建设,设立马克思主义一级学科博士点,成功入选北京市重点建设马克思主义学院,思政育人保障进一步强化。学校牵头全国新农科培养方案的制订,完成安吉共识、北大仓行动、北京指南“三部曲”,“新农科”建设进入全面推进阶段。

针对学校资源短缺的突出问题,学校在主题教育中大力推进国家农业科技创新港建设,与北京市平谷区全面合作取得实质性进展;成立三亚研究院,服务海南省高层次人才培养和科技创新。200 名专项研究生落地烟台研究院全程培养。苏州有机循环研究院和兴化健康食品产业研究院高效运行,办学资源拓展取得新的突破。

针对学校人才队伍青黄不接和领军人才不足的突出问题,学校在主题教育中大力实施“315”工程,深化人才引进机制改革,完善人才引进招聘体系,累计审批通过 300 人,其中已到岗 242 人,人才队伍结构持续优化;其中,引进领军人才 2 人,杰出人才 12 人,优秀人才 89 人,普通人才 57 人。2019 年一年,学校新增中国工程院院士 1 人、“长江学者”特聘教授4人及青年项目获得者3人、国家杰出青年基金获得者1人。

针对人才评价机制滞后、破“五唯”任务艰巨的问题，学校在主题教育中大胆改革，积极探索，主动作为，集中实施了“2115”人才发展培育支持计划。先后有262名教师和91个创新团队获“2115”计划支持。个人岗位“没帽子”教师入选比例达70%，创新团队“没帽子”负责人入选比例达30%。学校积极改革科学奖励办法，坚决改变校级奖励唯论文的做法，大胆实行以贡献为导向、以标志性成果为标准、以社会同行评价为依据的新的奖励办法，得到广大师生的好评。

针对群众反映的民生方面的突出问题，学校在主题教育专题网站开通“整改进行时”专栏，及时报道各单位为民解忧工作情况，积极推进“10项暖心工程”，为民服务破解难题，以小服务推动大提升，解决师生的操心事、烦心事、揪心事。机关党委结合机关部处工作实际，发出“促改革、转作风、育英才、创一流、谱新篇”倡议书。图书馆联合校团委、校学生组织以“新起点　新气象　新作为”为主题启动了系列活动，做好服务，让更多师生了解、用好图书馆。后勤保障处等多部门围绕师生关注的热点问题，通过召开座谈会、发放调查问卷等渠道收集问题，列清单逐一解决，共收集大小问题29项，已立行立改到位22项。紫苑小区长期以来靠自备井供水，水质硬度大，教师反映强烈。学校投入700余万元对紫苑小区30多栋楼宇水道管网进行了改造，1 488户近3 000名居民用水问题得到切实改善。与此同时，为方便东、西校区师生特别是晚间选修课师生往返，后勤保障处增设东、西校区周六晚间班车两趟，并设置专人负责统计班车乘坐信息，同时根据乘车需求，定期调整运行班次。为了改善师生就医环境、提高校医院医疗服务水平，校医院新购进了多种治疗仪、牵引床等中医理疗设备。东区老家属院9号楼、10号楼的北侧广场铺设了新的步道砖、新增了停车位、铺上了新草皮、栽种了新苗木。一件件看得见摸得着的实事好事，让师生切切实实感受到新变化。

二、学校主题教育取得明显成效

在“不忘初心、牢记使命”主题教育中，学校党委紧紧围绕为党育人、为国育才的政治要求，突出学校党的政治建设，紧扣立德树人的根本任务，着力整改解决党委领导下校长负责制、基层党组织建设、教师队伍建设、意识形态工作、学生社团工作中存在的短板问题，不断把主题教育引向深入，不断显现阶段性成效。2019年11月27日，《光明日报》第5版整版报道了学校“不忘初心、牢记使命”主题教育工作的主要做法、生动实践和理论思考。

一是理论水平和知信行合一的能力有了提升，切实推动理论学习往深里走、往心里走、往实里走。这次主题教育，我们认真落实学习研讨要求，全面把握习近平新时代中国特色社会主义思想的核心要义，对标对表习近平总书记关于教育工作的系列指示精神，通过“学深悟透习近平新时代中国特色社会主义思想”“不忘初心使命　坚定理想信念　强化政治担当”“以立德树人为根本，进一步增强为党育人、为国育才的思想自觉、行动自觉”“加强党的建设，提高思想政治工作质量”“再鼓干劲，高质量推进‘双一流’建设”“以强农兴农为己任，为早日实现农业农村现代化不断作出新的更大的贡献”“坚守教育报国初心，为打赢脱贫攻坚战彰显农大的作为”等专题研讨，解决了过去不同程度存在的学习不全面、领会不深入的问题，加强学深悟透，促进深化理解，进一步增强了政治认同、思想认同、情感认同，进一步提高了思想武装和理论素养，更好做到了学、思、用贯通和知、信、行统一。

二是思想觉悟不断提高，切实增强“四个意识”、坚定“四个自信”、做到“两个维护”。认真组织师生参加中华人民共和国成立70周年庆祝系列活动，进一步弘扬爱国主义精神，组织领导班子和广大师生参观北大红楼和国庆展览，进一步增强对党和国家的认同，提高对中国特色社会主义的自信；把贯彻落实习近平新时代中国特色社会主义思想和党中央决策部署作为做到“两个维护”的实际行动，持续推进中央专项巡视整改、审计整改和专项整治等，以中央精神指导办学治校更加及时到位，服务国家农业农村现代化和国家重大战略更加积极主动。对标习近平总书记指示精神和工作要求更加自觉，学校对今年以来习近平总书记的重要批示指示精神逐条梳理，列出要点，深查细照，逐一检查，推进贯彻落实。

三是政治建设出现新气象，切实营造出了传承红色基因、不忘初心使命的浓厚氛围。学校在此次主题教育中，不断激发广大师生“以立德树人为根本、以强农兴农为己任”的理想信念，不断加强“弘扬爱国奋斗精神、建功立业新时代”的使命担当。自2019年10月19日起，推出了主题为“立德树人　强农兴农”的“不忘初心、牢记使命”主题教育展览，通过翔实的历史资料图文并茂地展现了中国农业大学在为党和国家在党的建设、人才培养、科学研究、社会服务等方面作出的积极贡献和取得的丰硕成果。此次展览吸引了各部门各学院以及学生党支部的3 000多名师生参观，还吸引了北京中医药大学等一些兄弟高校、校外单位的师生、职工参观；校领导、学院、机关部门负责人先后走进136个“形势与政策”课堂，宣传“曲周精神”，把一代代农大人讲爱国之情、报国之志融入“改土治碱、造福曲周”的生动事迹向学生宣讲，引导学生在脱贫攻坚、农业绿色发展和乡村振兴中作出农大人更大的贡献，使主题教育成为触动全体党员、全校师生心灵的教育。学校召开了专题会议，研究推进学校39个议事协调机构落实“三全育人”功能；对87个学生社团工作状况进行逐一梳理、研判，保证社团活动正确的政治方向，强化学生社团思想政治功能。各二级党组织、各个党支部和全体共产党员，积极行动起来，以极大的政治热情和工作责任感，全身心投入主题教育之中，呈现出丰富多彩的生动局面。11月1日，学校隆重举行了庆祝中华人民共和国成立70周年活动总结表彰大会，以总结和表彰国庆工作为契机，弘扬爱国激情、激发奋斗精神。在大会上，5位师生代表讲述了他们的国庆故事和珍贵回忆。学校组织力量编写并出版了《念兹在兹：中国农业大学强农兴农的十个篇章》一书，反映中国农业大学70年来服务新中国“三农”事业取得的成就；开办“我为祖国育英才”立德树人论坛，康绍忠、周志强、李保国、曹志军4位教师代表分享了他们的育人经验与为师体悟，展现他们教育报国守初心、立德树人担使命的时代风貌。理学院还建立“高层次人才党建工作站”，加强与党外高层次人才的交流，将党课送进办公室、实验室。食品科学与营养工程学院坚持开展每月一次的“大家小家　暖心驿站”教师集体生日会，增强了党组织的吸引力和凝聚力。体育与艺术教学部深挖课程思政元素，打造“稼穑之歌”文化品牌。通过一系列活动，大大激励了广大师生继承革命传统、传承红色基因、弘扬奋斗精神的革命热情，全校上下政治氛围空前浓厚。

四是干部作风发生新变化，切实强化了群众观点、群众立场、群众感情，更加主动担当作为和服务师生群众。通过主题教育，广大干部进一步增强了党员干部的担当意识和群众观点，密切了干群关系，所有领导干部都认真执行联系群众的各项规定，深入基层联系教师、联系学生、联系基层党支部、联系党外人士等，虚心听取意见，汇聚大家建议，对照查找差距，回应群众关切。结合中央审计整改，各责任单位强化责任担当，直接面对长期困扰学校发展的一些历史遗留问题，新官主动理旧账，敢于攻坚克难，使这些老大难逐一得到化解。学校开拓新的办学空间取得实质性进展，一些校内新的建设项目获得特批，一批新的项目、新的奖项、新的人才称号落地农大。

五是规矩意识显著增强，不断强化全面从严治党主体责任。学校党委锲而不舍落实中央八项规定精神，强化政治巡察和监督执纪问责，推动全面从严治党向纵深发展。领导干部自觉置于组织和群众监督之下，加强道德修养，加强作风建设，保持清正廉洁政治本色。2019 年 10 月 22—23 日，校纪委组织党员干部参观了北京市全面从严治党警示教育基地，通过图片、文字、警示教育片等形式，以翔实鲜活的案例，让党员干部们感受到强烈冲击，成为深化全面从严治党思想认识、强化共产党员党性的一次生动党课。在对照党章党规找差距专题会议上，党员领导干部聚焦“18 个是否”逐一对照检查，加强政治检视、纪律检视、工作检视、道德检视，做到知敬畏、存戒惧、守底线，进一步拧紧了思想“总开关”。对照初心和使命，对照习近平总书记的要求，更加自觉从理想信念中汲取精神力量，并将“守初心、担使命，找差距、抓落实”的总要求转化为改进工作、真抓实干的强大动力。这次主题教育中，我们全面排查领导干部利用名贵特产特殊资源谋取私利的问题，全面登记校领导近亲属在校工作情况，树立了清清白白从业、干干净净做事、老老实实做人的风向标，巩固深化了风清气正、干事创业的良好政治生态。

由于主题教育的深入开展，学校发展有了新成效，工作有了新局面。广大干部干事创业的精神状态有了很大提升；主动作为、敢于担当蔚成风气，各项改革不断深入，各方面发展的活力得到激发，许多老大难问题和历史遗留问题正在有效化解。以上成绩的取得与学校党的建设和主题教育的扎实有效开展密不可分，与主题教育中党员干部的精神变化和作风改进密不可分，与不忘初心、牢记使命的觉悟提高和思想提升密不可分。这些丰富的发展成果和改革成果是对主题教育最好的评价、最有力的证明。

三、主题教育为学校积累了有益的经验

主题教育开展以来，中央指导组坚持从严从实，加大对学校主题教育重点工作的督促指导力度，全过程、全方位参与到学校主题教育各项工作中，为主题教育的开展提供了重要保障。学校各级党组织、各级领导班子和领导干部在主题教育中紧紧围绕初心使命，自觉践行，积极探索，高举理想之旗、把牢思想之舵、扬起奋进之帆，不断积累了有益的经验。

第一，提高政治站位，加强政治建设，是扎实开展主题教育的前提与基础。学校党委深刻认识开展主题教育的重大政治意义，努力提高政治站位，聚焦主题、紧扣主线，加强组织领导，优化顶层设计，狠抓推动落实，自觉扛起主题教育这一重大政治责任，扎实有序推进、务求取得实效。尤其是，把主题教育要求融入学校党的政治建设、思想建设、组织建设、干部作风建设各个方面，做到主题教育与党的建设两手抓、两促进。学校党委研究制定了《关于加强党的政治建设的若干措施》，坚持以“钉钉子”精神抓各项工作落实，集中精力对学校章程和相关规章制度进行了一次全面检视和梳理，坚持和完善党委领导

下的校长负责制，不断建立健全学校党委统筹谋划、学院党委贯彻落实、基层党支部争先创建、广大党员积极参与的党建工作格局，有力保障了主题教育的扎实推进。

第二，始终坚持深入师生和“开门搞教育”，是主题教育取得成效的可靠保证。自2019年9月以来，校领导班子围绕学校重点难点工作和师生反映强烈的问题，建立校级调研工作组，以上率下、示范带动，通过召开座谈会、发放调查问卷、设立意见箱、公布电子邮箱等形式征求全校师生意见。各级领导班子和班子成员、处级干部普遍开展谈心谈话，主动接受群众约谈，自觉接受群众监督，在东、西校区举办“职能部门与老同志面对面座谈交流会”，各党支部推动为民服务，在深入一线基层中找到“存在感”，达成了共识、增进了团结、促进了工作；始终以解决师生最关心最直接最现实的问题为着力点，坚持“开门办教育”，切实做到“真开门”“开大门”“开好门”，为民服务解难题，让群众看得见党员干部坦诚相见、开门纳谏的真诚态度，摸得到党员干部直面问题、敢于担当的实际作为，信得过党员干部不忘初心、牢记使命的奋斗信念。

第三，坚持学做结合、查改贯通、有机融合、一体推进，是主题教育提升质量与效果的关键。我们坚持把学习贯彻习近平新时代中国特色社会主义思想和习近平总书记给全国涉农高校的书记校长和专家代表的回信精神贯穿主题教育始终，把“改”字贯穿主题教育始终，紧盯问题、精准整改，将主题教育与“双一流”建设相结合，建立整改台账，边学边改、立学立改，使边学边改成为主题教育双向促进的成功秘诀；始终坚持科学谋划、精心部署，统筹兼顾、双向促进的工作思路，力戒虚功、务求实效，妥善解决工学矛盾，更加自觉地把服务党和国家重大战略需求作为学校最根本的价值取向；结合当前工作实际，统筹协调好开展主题教育与完成重点任务的关系，坚持一手抓教学科研，一手抓主题教育，实现主题教育与重点任务的双促进；始终坚持一体推进，要求广大党员对照主题教育总要求、总目标，对照专项整治任务要求，对学习教育、检视问题、整改落实、专项整治、师生评议等方面工作进行逐项检查，确保责任不落空、任务不漏项、动作不走虚、工作不掉队。

第四，加强分类指导、全程督导、严督实导、不走形式，是主题教育深入基层的重要举措。坚持精准施策与分类指导，确保主题教育一竿子抓到底；坚持从实际出发，确定在教师党员中开展“初心使命、强校担当”，在学生党员中开展“初心使命、成长成才”，在离退休党员中开展“不忘初心、牢记使命、发挥作用、健康幸福”专题学习研讨；直面学生党建短板问题，充分发挥管理干部育人优势、头雁作用和雁阵效应，持续开展“全覆盖 双提升”大学生党支部建设工程，共选派82名政治素质过硬的党员干部组建党建指导员队伍，保证每个大学生党支部有1～2名党建指导员，对全校75个本科生党支部、1 484名党员实现全覆盖。所有党员校领导都作为党建指导员，沉下身心、深入支部、走近学生做工作。我联系经济管理学院本科生支部，看到支部建设进步很快，该学生支部今年获评“全国党建工作样板支部”。此外，学校75个教职工党支部，包括学校管理服务机构支部25个、学院教学科研一线支部46个、学院行政支部4个，定点联系大学生支部全覆盖，形成一对一结对共建的新机制。

四、努力巩固深化主题教育成果

在主题教育过程中，通过跟进督导检查，我们发现存在进展及成效还不尽平衡的问题，比如，理论学习不深、不透、不系统的问题依然不同程度地存在；一些干部学用脱节，运用党的创新理论推动工作的能力不足；联系服务党员、群众的机制还不够健全顺畅；个别单位出现“赶进度”现象；主题教育有效做法亟待转化为制度性安排。这些问题迫切需要我们要善始善终、善作善成，把全面从严治党要求真正落到实处。为巩固、拓展和提升这次主题教育成果，学校要按照中央提出的新要求，以这次主题教育为新的起点，持续推动不忘初心、牢记使命走向深入，着力进行各级领导班子和领导干部整改落实，不断把主题教育的成效转化为对党绝对忠诚的政治信仰，转化为履职尽责的强烈担当，转化为推进改革发展的强大动力，转化为造福师生群众的务实举措，努力创造经得起广大师生、时代、历史检验的新的实绩。主要考虑是：

一要建立不忘初心、牢记使命制度，推动学校党的政治建设。根据中央要求和上级部署，巩固和拓展主题教育成果，将不忘初心、牢记使命的各项制度落实并贯穿学校党的建设和思想政治工作全过程，把不忘初心、牢记使命作为加强党的建设的永恒课题和全体党员、干部的终身课题，坚持不懈锤炼党员干部忠诚干净担当的政治品格，增强“四个意识”、坚定“四个自信”、做到“两个维护”，常抓不懈，建立健全长效机制；把深入学习贯彻习近平新时代中国特色社会主义思想作为首要政治任务，持之以恒地用党的创新理论成果武装头脑、指导实践、推动工作；要以正视问题的勇气和刀刃内向的自觉，不断进行自我革命，发扬斗争精神，敢于担当作为；完善和落实关于加强学校党的政治建设的若干措施，健全党的全面领导制度，建立健全政治建设工作格局和长效机制。

二要加强人才培养，落实立德树人根本任务。要全面实施新农科人才培育计划，高标准对标“以本为本、立德树人”中心工作，秉承“德才兼备、全面发展、通专平衡、追求卓越”人才培养理念，以培养拔尖创新人才和行业领军人才为目标，以专业建设与人才培养模式改革双路径驱动，规划并重构农科专业结构体系、人才培养知识和能力体系，进一步深化学校人才培养模式改革；针对新需求、新业态、新岗位，率先推进人才培养方式的改革，引领全国农业高校的涉农人才培养；启动“金课”建设，构建以学生学习和发展为中心的新型课堂教学模式；积极推进共享实习基地建设；全面梳理、完善“十育人”制度建设，补齐制度短板，建立一套衔接有序、内容清晰的制度保障。

三要更好服务国家战略，切实提升社会服务能力。要将“一流学科”建设与服务国家重大需求相结合，针对国家农业农村现代化与实施乡村振兴新要求和涉农行业新业态，加强新兴研究方向的培育与布局，推进重大成果培育；出台和推动实施《服务乡村振兴战略实施方案(2019—2022)》，建立健全社会服务激励机制和保障机制；推进国家乡村振兴研究院建设，推进产业研究院的设立；针对农业农村产业与社会经济发展需求，在动植物育种、绿色发展、健康养殖等领域，突出优势团队的建设和培育，设计培育重大成果，带动农业农村产业与社会经济发展；创设学校乡村振兴教授岗位，做大做实关键核心技术创新和实用技术推广。

四要激励担当作为，不断推动学校改革发展。要以考核激励狠抓落实，制定学校激励干部担当作为的具体办法等；完善学校二级单位考核与激励机制，制定学院年度考核办法、管理服务与直属机构年度考核及表彰奖励办法；加快推进学校面向2035发展愿景研究；制定学校《前沿交叉科学研究院管理办法》；优化校内资源配置机制，用好东、西两校区与北京建设大学、涿州教学实验场等空间，提高校内资源使用效益；整体推进烟台研究院、三亚研究院的落地和建设；完善对学院资源筹措激励机制，鼓励筹措各类办学资源;加快实施人才培育计划,落实教学团队的支持项目,坚决纠正"五唯"弊端,调动和激励广大教师的积极性。

五要着力改善校园民生,改进管理服务,努力为师生、为基层办一批实事。建立学校领导干部深入基层一线规则,走好网上网下群众路线,深入持久推动干部工作作风建设,坚持不懈地纠正"四风"。进一步完善会议管理、统筹机制,减少会议次数,研究建立"无会日"等制度;运用视频会等形式提高工作效率;进一步精简发文数量和篇幅,不断改进管理服务,化解基层负担。建立为师生服务的"办实事"工作机制,在各职能部处总结和晾晒服务成绩单的基础上,建立表彰激励机制,加快推进"10 项暖心工程",建设智慧校园、整治校园环境、增加教职工体检项目等,增加广大教职员工的获得感。

六要大力加强学校制度建设,切实提升大学治理能力。要加强党的十九届四中全会精神培训,坚定制度自信,增强制度建设及执行本领。组织修订学校《章程》,把突出学校红色基因、坚持党委对学校工作的全面领导、增加对教师和学生的政治要求等内容写入学校《章程》;根据上级有关规定,修订和完善党委常委会、校长办公会议事规则和"三重一大"决策制度;修订校内公务接待有关文件,严格执行公务接待报销制度;制定科研副产品管理有关制度,加强微观领域制度建设,不断深化全面从严治党,强化监督执纪问责,构建一体推进不敢腐、不能腐、不想腐体制机制。

同志们,初心使命是共产党人奋斗前行的根本动力,坚守初心使命永无止境。凡是过往,皆为序章,我们要以这次主题教育为新的起点,不断深化自我革命,持续推进全面从严治党,永葆党的先进性和纯洁性,把我们的党组织锻造地更加坚强有力。让我们紧密团结在以习近平同志为核心的党中央周围,不忘初心、牢记使命,锐意进取、埋头苦干,进一步加快中国特色、农业特色世界一流大学建设步伐,在新时代为推进中国特色社会主义事业作出农大人新的贡献!

谢谢大家!

以高质量党建引领高质量发展

党委书记　姜沛民

(2019 年 3 月 31 日发表于《人民日报》第 5 版)

在学校工作中,高校党委要把抓好学校党建工作作为办学治校的基本功,以高质量党建引领和推动学校高质量发展,同时也要在学校事业高质量内涵式发展的生动实践中检验党的建设工作成效,不断实现党建质量提升。

21 世纪是质量的世纪。党的十九大报告首次做出"不断提高党的建设质量"的重要部署,传统的质量概念被引入党的建设之中,成为体现党的建设深刻内涵和显示党建成效的重要标准。这反映了党的建设实践探索和理论探索的新进展。

加强党对教育工作的全面领导,是办好教育的根本保证。在学校工作中,高校党委要把抓好学校党建工作作为办学治校的基本功,以高质量党建引领和推动学校高质量发展,同时也要在学校事业高质量内涵式发展的生动实践中检验党的建设工作成效,不断实现党建质量提升。

对于广大高校来说，提高党的建设质量，首先要认真落实新时代党的建设总要求，不折不扣地落实中央的工作部署。其次，要坚持高标准、严要求，把党的建设的总目标落实到各项党建工作标准之中，切实加强基层党组织的标准化建设。

同时，要建设高质量的党建工作队伍。党务工作队伍，尤其是基层党组织书记是落实党建任务的“领头雁”，新形势下，党内政治生活是否严肃、各项工作能否搞好，很大程度上要看党务工作队伍素质强不强。因此，高校要积极落实“双带头人”队伍建设，不断提升基层党组织的号召力、凝聚力、吸引力和战斗力，并注重加强党建工作研究，积极探索新时期高校党建工作的规律，创新工作方式和开拓工作途径，以创新引领质量提升。

此外，要把党建工作有机融入学校“双一流”建设中，以高质量的育人成效、科研成绩、服务贡献，彰显高质量党建的引领作用。

当前，在加快推进教育现代化的新征程上，奋进创业时不我待。高校必须进一步加强学校党的建设，把智慧和力量凝聚到学校事业的各项任务中来，全力推动学校建设发展开创新局面。

为此，中国农业大学把 2019 年作为党建质量年，不断促进思想建设工程、“双一流”建设工程、人才强校工程、内部治理工程、发展保障工程“五项工程”。

一是实施思想建设工程。通过抓党建质量提升攻坚，建立健全把党对事业发展的全面领导落实到院、系基层工作各环节的制度体系，提升各级党委领导班子和领导干部的政治领导本领，持续推进学习，筑牢信仰之基，解放思想，干事创业。二是加强组织保证，不断促进“双一流”建设工程。在统筹谋划学校党建工作体系过程中，通过建立健全与一流学科专业体系相衔接、标杆学院和样板党支部布局合理的基层组织体系，把提升组织力的要求落到实处和紧要处。三是大力实施人才强校工程，努力建好重视政治吸纳、识才聚才的党务工作队伍，在各个领域、各个环节加强党管人才工作。特别是落实科学人才观，围绕新时代学校发展定位、“双一流”建设目标和学校师资队伍现状，加强引进与培养，不断优化人才发展环境。四是加强改革创新，大力实施内部治理工程。通过深化校院两级管理体制和运行机制改革，建立完善有利于释放和激发各方面内在活力的机制，充分调动学院的积极性、主动性和创造性，推动学校发展动力机制从“火车头模式”向“动车组模式”的切实转变。五是攻坚克难，大力实施发展保障工程，在学校事业发展保障工作中改革创新，从而实现办学空间、办学资源等领域的关键突破。

党委书记姜沛民在 2020 年学校工作会上的讲话

（2020 年 4 月 9 日）

同志们：

今天，我们在抗击疫情的特殊时期，以网络视频会的方式召开学校中层干部会，研究部署今年的工作。

突如其来的疫情，给我们的工作带来了很大冲击和不利影响。但全校上下、广大干部师生，积极响应国家号召、坚守岗位，在党中央的坚强领导下，以各种方式勇敢抗击疫情，做到了安心不返校、停课不停学，尽最大努力保护师生的生命安全和身体健康，与全国人民一道赢得了抗击疫情的阶段性胜利。在校的干部师生，主动担负起做好预案、保护校园、联系师生、落实防护的工作重任，尤其是后勤、保卫、医务和各部处同志，不惧危险、在岗值守，加班加点、不辞辛苦，确保了校园平安。学校领导班子和各学院各部处负责人，在春节后接到防疫命令的第一时间里，全部到岗到位，认真落实各阶段防控任务，精心做好教学科研生活安排，细心联系到每一个师生，全面了解掌握所有师生身心健康及各方面情况，及时送去母校的关心和问候。这些感人事迹，体现了大家在危难时刻对学生、对事业高度负责的精神，做到了联系师生无遗漏、全覆盖，防范措施早落实、无差错，网上开课全参与、高效率。还有更多在校外的师生坚决听从学校安排和政府要求，安心在家，自我防护，坚持网上学习，相互鼓励安慰，充分体现了举国同心、共克时艰的觉悟，大爱无疆、相互帮助的情怀和遵守规定、科学防范的素质，确保了学校国内师生无一例感染病例发生。更值得一提的是，学校各级党组织和广大党员积极响应党的号召，危急时刻冲锋在前，发挥先锋模范作用。机关各部处的党员干部主动开展志愿服务，每天都有人到学校大门轮流值班；各学院学生网上支部活动广泛开展，坚决抵制各种谣言，积极弘扬正能量；学校广大党员踊跃为疫区群众和一线医护人员捐款，共有 6 000 多名党员参加，共捐款 100 多万元，在抗疫斗争中献上了一份爱心，涌现出许多感人的故事。还有不少师生在当地主动参加抗疫志愿行动，春耕开始后深入田间地头帮助恢复生产，彰显了“解民生之多艰”的农大校训。一件件不平凡的经历和感人故事，值得我们认真总结、大力宣扬，这将成为我们坚定“四个自信”的最生动教材和彰显农大人精神品格的最好印证。

当前，国内疫情广泛传播的渠道基本阻断，人民生产生活秩序正在逐步恢复，复工复产复业有序展开。但国际疫情正在暴发，任何一个国家都不能独善其身。北京仍处于高风险阶段和一级响应状态，国外输入成为主要源头。因此，加强对海外学习师生的关爱和坚持不懈地做好校园防护，仍是当前防疫的主要任务。何时开学，将听从政府统一安排。希望大家继续安心，保持冷静和警惕，保持抗疫措施不放松，再坚持最后一段时间，相信疫情终将过去，胜利定会来临。

在这样一个非常时期，学校党政领导班子坚决落实中央工作部署，坚持防疫和复工两手抓，一边继续做好各种防控工作，一边积极推动各项工作的开展，做好开学前的准备，尽可能减小或挽回疫情对我们工作造成的损失。与此同时，学校“双一流”建设也要积极推进。今年是关键之年，将要面临“双一流”建设中期评估，许多工作都要提前谋划、精心安排。因此，学校党政领导班子在这段时间，花了很大的精力，经过反复研讨，制定出今年党政工作要点和党建工作计划，并已正式印发实施。希望各二级单位，认真组织学习，结合本单位的工作目标和实际，切实加以贯彻。尤其是要利用好当前时机，提前谋划、做好预案，跟紧节奏、精心实施。

刚才，常务副书记张东军同志代表学校宣读了对 2019 年度学院（部）、管理服务机构、直属机构考核获奖单位的表彰决定，我代表学校再一次对刚才受表彰的各个单位表示衷心的感谢和真诚的祝贺！他们在 2019 年工作中，做出了优秀的业绩，为学校发展作出了突出贡献，是学校 2019 年整体工作中的佼佼者，值得大家学习和效仿。学校下决心对这些先进单位进行隆重表彰，并给予一定的物质奖励，就是要在全校范围内倡导奋发有为、创优争先的浓厚氛围，就是要体现“干与不干、干得好不好就是不一样”的鲜明导向，激励大家担当作为、改革创新、做好服务，希望今后有更多单位能够加入这个行列。

孙校长对今年学校行政工作做了全面部署，会上印发了书面讲话材料，对2020年工作提出了总体布局、总体要求，明确了工作重点，对行政工作的“11＋1”板块提出了具体的工作要求，我完全同意，希望各单位认真贯彻落实。

下面，我就今年学校的工作再强调以下三点意见。

一、充分肯定去年工作成绩，坚定做好今年工作的信心

2019年一年，大事多、喜事多、敏感节点多，是很不平凡的一年。经过“不忘初心、牢记使命”主题教育，经过中华人民共和国成立70年大庆，经过国内外意识形态领域的严峻考验，经过“双一流”建设的不懈努力，农大保持了稳中向好、稳中求进的整体态势，学校发展取得明显进步，呈现出许多工作亮点和良好的发展势头，交出了一份合格答卷。主要表现在：

1.党的创新理论深入人心，对表对标主动意识不断增强

通过扎扎实实开展主题教育，初心使命得到了强化，理论武装得到了加强。广大干部群众主动向中央看齐、向核心看齐已形成思想自觉和行动自觉。对习近平总书记重要讲话精神学得更加深入透彻，对中央重大部署及时研究跟进，对上级文件要求自觉逐条对照落实，讲大局、讲政治、讲奉献蔚然成风。尤其是习近平总书记给全国涉农高校的书记校长和专家代表回信，给农大师生以极大的鞭策和鼓舞。全校处级以上干部一年来，共形成学习体会文章200多篇，专题调研报告242份。习近平新时代中国特色社会主义思想逐步深入人心，习近平总书记关于党的建设和思政工作的指示、关于办学治校的要求、关于“三农”工作的论述等重要思想，都在学校得到了有效贯彻，并正在成为凝聚大家力量的源泉和统一思想行动的指南。

2.党的领导不断强化，党的建设持续推进

党委领导下的校长负责制在学校得到更好贯彻，根据中央制定的实施意见进一步完善了相关议事规则，党委常委会从具体事务中解脱出来，议大事，谋全局，加强对办学治校的全面领导，全力支持校长依法行使职权和开展工作，实现了对学校的发展、改革、稳定等各项工作的坚强领导。我们完成了12个学院的行政班子换届，一大批年富力强、充满活力的干部走上领导岗位，呈现出干事创业、朝气蓬勃的新气象。我们强化了二级学院党委的领导作用，通过选优配强干部、强化党委工作程序和加强督导巡察，进一步提升了学院党委的地位和作用。我们持续推进基层组织建设，设立“基层支部建设年”，落实“四必”原则，突出了支部的政治功能。全面推进“全覆盖　双提升”大学生党支部建设工程，切实提升了学生支部的党建质量。共培育评选3个校级“标杆院系”，培育创建10个教工样板支部、10个学生样板支部，建设10个“双带头人”工作室。又有动物科技学院党委新入选“全国党建工作标杆院系”，教职工、研究生、本科生各有1个党支部成为“全国党建工作样板支部”培育创建单位，1个教工党支部入选了《基层党组织书记案例选编》。我们努力加强政治吸纳和政治引领，全年发展党员1 230名党员，包含学生1 181人，教职工49人，其中4人为学校引进人才。党的建设新气象带来了学校发展的新变化、新进展。

3.唱响爱国奉献主旋律,政治生态逐步向好

紧紧抓住中华人民共和国成立70周年的有利时机,在全校范围内大力弘扬爱国奉献精神。启动了全国重大典型案例——“曲周精神”的宣传报道,通过建立专题网站、举办专题事迹展、出版校报专刊和专题图书等方式,激发了广大师生“弘扬爱国奋斗精神、建功立业新时代”的思想自觉和行动自觉。复排《稼穑之歌》,获全国大学生戏剧节最高“金刺猬”奖及教育部文化传承创新原创奖。连续推出《我和我的祖国》《青春与祖国共奋进》《青春告白祖国》等多个专题系列活动,校园网宣传栏推出《70年前的今天》100期,广泛开展爱国主义教育。学校2 000多名师生积极参与群众游行、广场合唱、广场联欢、志愿服务等工作,高质量完成国庆服务保障政治任务。组建“稼穑先锋”爱国主义宣讲团,在全校开展300余场主题宣讲。编写书籍总结农大70年的奋斗史和成绩单,极大地激发了师生爱国热情。坚持守正创新,凝聚奋进力量,全面加强宣传思想文化工作,完成“奋进攻坚2019”“2115人才培育”等22个报道专题,5件作品获中国高校校报年度好新闻好论文奖。着力加强党外代表人士队伍建设,持续深入“同心圆工程”,积极引导各民主党派组织和成员主动对接国家战略,学校统战工作获北京高校党建和思想政治工作优秀成果奖。召开第四届教职工代表大会第三次会议,进一步完善教代会提案制度,充分发挥教代会在学校重大决策中的调研、咨询、论证、审议、监督作用。共青团和学生社团改革取得积极进展,积极搭建联系学生、服务学生和参与母校建设的平台,有效发挥学生为学校建设发展献计献策的作用。注重发挥老同志在加强党的建设和思想政治工作中的优势,各级党政领导干部主动加强与老同志的沟通联系,大力支持关工委、老教协、老科协等涉老团体开展工作。学校氛围更加团结一致、和谐稳定。

4.师生思政工作特色彰显,马克思主义学科得到加强

为了贯彻落实思政课改革和习近平总书记指示精神,我们把加强马克思学院建设摆在突出位置,采取特事特办的超常规办法和政策倾斜,集中引进人才和补充新教师,全员开展思政课教师培训,思政课教师配置走在了北京高校前列,一大批教师获得学术荣誉称号。我们新增了马克思主义学科一级博士点,推行双聘制度,马克思主义学院成功入选北京市重点建设马院。思想教育突显实践育人特色,志愿者服务项目获得表彰。大力实施“学生综合素质培养与能力提升”项目,统筹综合实践体系、“三全育人”综合改革和“第二课堂成绩单制度”,以“乡村稼穑情·振兴中国梦”为主题开展暑期社会实践,直接参与学生超过3 000人,获“2019年大学生社会实践项目最佳组织奖”。毕业生选调生数量创历史新高,定向选调地区数量位居全国高校第九位。先后荣获第五届“互联网+”大学生创新创业大赛金奖3个、银奖6个,全国总决赛银奖3个。启动“三全育人”工作试点,扩大课程思政的效果,制定课程育人大纲。注重师德师风建设,举办师德论坛,树立教书育人典型。师生思想状况呈现出积极向上的良好状态。

5.加强意识形态管理,确保学校安全稳定

检查督促落实意识形态责任制,强化阵地管理,重点加强课堂教学、教材建设、讲座报告、文章导向等方面的分析研判,重点关注部分师生人群的思想引导,做到早发现、早引导、早干预。学校稳定工作措施落实落细,大力推进“平安校园”提升工程,全校公共教室、室外重点部位和公共区域视频监控覆盖率、联网率达到100%。2019年一年,学校没有发生重大安全事故,为大家提供了一个安全祥和的校园环境氛围。

6. 全面从严治党走向深入，依法依规治校得到加强

从严治校，首先要从严格规矩做起。我们经过多年努力，逐步形成了以大学章程为核心，层次清晰、内容规范的学校规章制度体系。学校现行有效规章制度共计 483 项，各方面治理环节基本做到了有法可依、有章可循。我们把所有的上级要求力图通过建章立制广而告之，让大家有规可依，知道进退；把最新精神和政策尺度通过文件明确边界、强化执行。我们加强警示教育和案件处理，以案说法、以案明纪。推动高校纪检体制改革，加强纪检队伍建设，推动“两个责任”落实。对二级党组织进行全面政治体检，先后组织了 9 个巡察工作组，完成了对 17 个二级党组织的常规巡察；对机关党委的巡察延伸到所属 28 个党支部，涵盖机关党委所属 31 个职能部门。

7. 牢固树立正确的办学方向，不断加大服务国家重大战略的力度

学校在谋划全局时，坚持以农立校、创新发展。紧紧围绕服务农业农村现代化这一目标，加强与国家“三农”工作战略部署的整体对接。在学科布局上，紧扣粮食安全，加强种业研究。聚焦肉蛋奶生产，推动动物科学发展。瞄准食品安全，做大做强食品加工和营养健康学科。布局智慧农业，积极发展信息科学和农业智能制造。在空间布局上，深度参与北京科创中心建设，加强与平谷区全面合作。积极参与雄安办学，服务京津冀一体化发展。成立三亚研究院，投身海南自由贸易区建设。瞄准乡村振兴“齐鲁样板”，推动 200 名专项研究生落地烟台研究院进行全程培养。成立国际发展与全球农业学院，建立中非农业科教合作平台，创建一批具有国际水准和影响的刊物及学术平台，积极推动世界顶尖涉农大学联盟（A5 联盟）和高水平国际合作，推动学校走向国际舞台。社会服务工作取得实效，脱贫攻坚喜结硕果。定点扶贫镇康县的工作连续三年获评教育部直属高校精准扶贫精准脱贫典型案例项目。动科学院杨宁教授获 2019 年全国脱贫攻坚奖创新奖，农学院获 2019 年全国脱贫攻坚奖组织奖。组织落实《服务乡村振兴战略行动实施方案（2019—2022）》，校地校企合作不断拓展，成果转化取得积极成效。

8. 新农科建设引领全国，科学研究结出硕果

紧紧抓住人才培养这个核心，牵头全国“新农科”建设进入全面推进阶段，完成安吉共识、北大仓行动、北京指南“三部曲”。学校召开“新农科”建设和学校发展愿景战略研讨会，修订专业人才培养方案，将“新农科”理念充分融入新课程体系。持续深入推动本科教育教学改革。15 个专业入选国家级一流专业建设点，2 个专业入选北京市重点建设一流专业，4 个工科专业获得工程专业国际认证。研究生培养质量稳步提升，全面推行专业学位专项制招生与培养改革，通过学位授权自主审核，增列学校首个交叉学科博士学位授权点营养与健康科学和 5 个学院共建的风景园林学硕士学位授权一级学科。成立国家农业科技创新战略研究院，聚焦国际学术前沿和国家重大战略需求，组织开展学校“十四五”科技发展战略研究。科技成果、科研奖励再创佳绩。累计到校科研经费 14.19 亿元，其中横向经费 2.57 亿，增长 50%。新增 27 个省部级实验室（中心）等科技基地。国家自然科学基金申报积极性得到显著提高，项目和经费数均重回农林高校榜首。喜获国家科学技术奖 8 项，神农中华科技农业奖 19 项，教育部高校科学研究优秀成果奖 6 项，全国农牧渔业丰收奖 4 项，北京市哲学社会科学优秀成果奖 1 项。9 项政策建议、研究成果获党和国家领导人批示。《中国农业大学学报（社会科学版）》在“社会科学综合”类期刊中排名跃升至第 3，影响力指数由第 14 位提升至第 4 位。

9.人才队伍建设取得突出成绩,一流学科建设扎实推进

2019年到岗领军人才2人,杰出人才12人,优秀人才89人,普通人才57人。高层次引进人才平均年龄33岁,带动学校40岁及以下青年教师比例提高3个百分点。实施"2115"人才发展培育支持计划。专业技术职务聘任晋升破"五唯",坚持以业绩贡献为导向的评价机制改革,试行代表作制度,增加校外同行专家评价,打造全方位、全过程、全覆盖的精准化和个性化发展支持体系。在获得支持的262名教师及91个创新团队中,个人岗位"没帽子"教师入选比例达70%,创新团队"没帽子"负责人入选比例达30%,实现人才"不论出身、不论头衔"同台竞技,充分激发了教师队伍活力。人才队伍层次不断提升。1人当选中国工程院院士,4人入选"CJ学者"特聘教授项目,3人入选"CJ学者"青年项目,1人获国家杰出青年基金,7人入选"万人计划"科技创新领军人才,1人入选"万人计划"教学名师,1人入选国家"青年千人计划",2人入选"青年拔尖人才",1人获中国青年科技奖,5人获优秀青年科学基金。完成"双一流"建设中期自评工作,落实"双一流"建设工作机制。学校在农业科学领域跻身世界一流学科前列,在US News农业/农林排行榜中排第2名;在软科排行榜中由第3名上升至第2名;在QS农业/农林排名中由第16名上升到第10名,成为中国大陆高校进入前10名的4个学科之一。

10.强化学校内部治理,不断提升服务保障能力

完成中央审计整改任务,学校内部控制程序和内部审计制度更加健全、完善和科学。财务工作改革创新,积极推进信息化管理体系,积极推出一批便民化措施。国有资产管理迈上新台阶,坚持教学、科研、学生优先原则,简化采购审批程序,采购时长平均比以前缩短1/3以上。加大实验室安全管理力度,健全实验室安全责任体系,规范危险化学品收集处置。努力提升后勤服务保障能力,不断推进后勤管理工作精细化、智慧化,提升教工幸福指数。清理校内违建3 500米^2,清理腾退出租出借房屋3.6万米^2,调配公用房面积近10万米^2。新图书馆正式投入使用,广大师生和社会各界好评如潮。档案管理机制持续完善,校史研究成果突显。体育馆服务学校教学及重大活动水平进一步提升。校医院医疗卫生服务保障能力进一步增强。积极推进校园基础设施建设和改造,学生宿舍应急改造、国家玉米中心大楼改造、国家饲料工业中心大楼修缮、西区自来水改造等工程顺利完成,土化楼及老图书馆改造工程进入招标建设准备阶段,留学生与专家公寓前期手续全部完成,体艺中心、水利楼项目筹建工作取得积极进展。升级校园信息化建设,完成"网络主干道"扩建,启动大数据管理及分析平台建设一期工程,完善学校基础数据库。整合信息资源,新版网上办事大厅和综合服务平台一期进入试运行。积极推动校属企业体制改革,全年实现营业总收入2.4亿元。广泛调动校友和社会捐赠等办学资源,多渠道拓展社会资源筹集资金,2019年获捐协议金额4 546万元。

同志们,2019年一年的工作成绩来之不易,在党中央的正确领导下,在上级部门和社会各界的共同关心下,学校各方面取得积极进展。里面包含了广大师生的辛勤努力,充分体现了广大干部的担当作为,充分证明了各级党政领导班子的坚强有力,彰显了思政工作和党建工作有力保障。过去的一年,可以说是改革创新的一年,是奋力拼搏的一年,也是充满收获的一年,展示风采亮点的一年。许多工作可圈可点,值得表扬。

去年一年的工作,为我们今后的工作打下了良好基础,提供了可复制、可推广的范例,积累了宝贵经验,增强了今年把工作做得更好的信心。近期,党委宣传部将加大宣传

报道力度,向广大师生和关心支持农大发展的社会各界,介绍学校的进展和所取得的成绩,共同营造共谋发展的良好氛围。

去年一年的实践也充分证明,只要我们目标明确、道路坚定,紧扣中央重大部署,对标总书记要求,就不会迷失方向;只要我们上下齐心、团结一致,就能把学校各项事业大踏步地推向前进;只要我们大胆改革、奋力攻坚,就没有克服不了的困难、跨不过去的关口;只要我们敢于担当、奋力作为,就一定会赢得上级部门的赞许和广大师生的认可。“双一流”建设不是一蹴而就的,需要持之以恒、坚持不懈,一茬接着一茬干、一年更比一年好,每一年、每一步都要朝着既定的方向迈出坚实步伐,都要达到更接近辉煌目标的新境界。有了去年的基础和经验,今年的工作应当做得更好!

二、抢抓机遇、迎难而上,集中力量攻坚克难推进学校发展

2020 年,是全面建成小康社会、打赢脱贫攻坚战的决胜之年,也是实现“十三五”规划的收官之年,我们将迎来“第一个百年”的重大历史节点,更将是充满机遇和挑战的不平凡的一年。做好今年的工作,对学校的长远发展至关重要。突如其来的疫情已经给我们带来了意想不到的压力和挑战,完成好今年的任务就格外艰巨和繁重。现在,时间已经过去四分之一,今年还要迎接“双一流建设”的中期评估、北京市党建工作和思政工作先进校评选,学校还要筹备召开第四次党代会,实现学校党政领导班子整体换届和选举产生新一届学校党委,可以说是任务重、挑战多、困难大,这就要求我们更要振奋精神,迎难而上,在破解危机中寻求机会,在主动出击中争取资源,在精打细算中提高效益,在改革创新中增强活力。

关于今年的工作,学校的党政工作要点已经做了全面部署,刚才孙校长也做了周密安排。下面,我就如何落实好今年工作,再强调几点工作要求。

一要突出一个“抢”字。

第一要抢时间。现在时间已经过去四分之一,一年的任务要在三个季度里完成,自然是时间紧、任务重,只能两天变成三天做,抢抓时间,只争朝夕。要再次强调“时间就是金钱、效率就是生命”这句话。因此,各单位都要备足方案、精心盘算、科学安排,把节奏加快、把环节压紧、把效率提高、把资金使用提前。所有的工作都要考虑时间节点,所有的部门都要提高办事效率。一切贻误时机的渎职失职,都会误大事,也会被追究责任。

第二要抢资源。我们要高度关注和密切注意国家各项重大政策出台,尤其是在科技投入、农业投入、基建投入等方面,要闻风而动,主动争取。要通过组织重大项目、参与重大战略、谋划重大政策,在国家“十四五”发展的各项规划中,为未来农业教育和科研谋取一席之地。学校应建立激励机制,对争取国家重大项目、重大设施、重大计划落地农大,予以大力支持。抢资源的第二个金矿是各级地方政府。目前各地都在积极发展现代农业,实施乡村振兴,推进绿色发展,都有一系列战略安排和重点投资,都对农大有着全面参与的期待,这是我们目前争取资金支持和资源投入的最大外部市场,今年的发展更需要下大力气做好这篇文章。坐等国家支持,力度是有限的,只有主动出击,才会获得更大资源。面临特殊困难,更要头脑灵活、嗅觉灵敏、行动迅速、办法创新,要在发展困境中发现机遇,在破解困局中争取先机。为此,要把社会服务工作做大做强,把科技成果转化搞得更快更好,把各种研究院、试验站和教授工作站建设好发挥好。抢资源的第三个方面

就是瞄准社会资源，产业研究院的方式就是很好的探索，要眼睛向外，鼓励和激励大家走出去，在市场经济大海里去游泳拼搏。校友会、基金会和各个学院、各位老师都要主动出击、联手行动，为学校渡过难关贡献一份力量。这是决定学校今年发展成功与否的关键一招。

第三要抢机遇。世间万物，有时看似难关重重，反而会有意想不到的结果和出路。正所谓“山重水复疑无路、柳暗花明又一村”。有一弊，往往就会有一利，就在于谁会把握先机、谁能转危为安。机会总是留给有准备的人的。因此，要广泛动员、集思广益，把各方面的触角伸出去，把大家的积极性调动起来。在符合学校总体布局的前提下，要适当引入竞争机制，千方百计赢得地方政府的支持。学校在这方面，要政策更活一些、激励更有力一些、胆子更大一些、工作更主动一些。动员千军万马，就有可能把危机变为契机、变为转机、变为先机。

第四要抢人才。人才竞争，是永恒的课题。高质量的人才队伍始终是关系学校长远发展的关键所在。学校已经制定了“315”计划和“2115”计划，今年，要进一步继续加大工作力度、加快落地实施。今年学校的经费非常紧张，但党委刚刚研究过经费预算，大家一致意见就是，再难也要力保人才计划的实施，再难也要兑现人才待遇和支持措施，并将此作为今年年度预算的重中之重。各单位也要计划不改、政策不变、力度不减，将人才队伍建设作为学科建设的头等大事，切实加大工作力度，如期完成人才引进和人才培育计划的各项任务。

二要聚焦一个“干”字。

发展目标已定，工作任务明确，关键就要狠抓落实。首先要肯干。小平同志讲：“不干，半点马克思主义也没有”。现在，中层干部已经基本整体换届到位，每一个同志都有自己的任期目标。位置不是用来欣赏的，更不是用来炫耀的，而是为了干事创业的，是为民服务的。我们的初心使命，要具体体现在主动工作、推动发展上。要用自己的实际业绩，不辜负组织和广大师生的信任。要增强攻坚克难的责任担当，增强服务师生的公仆情怀，保持昂扬向上的进取心，保持干事创业的精气神。反过来，我们要对那些明哲保身、秉持“少干事”“不招事”的干部进行鞭策，对推诿扯皮、贻误战机的干部进行问责。

第二要敢干。习近平总书记指出“改革推进到今天，比认识更重要的是决心，比方法更重要的是担当”，是干部就要敢于担责，该干的事顶着压力也要干，该担的责任冒着风险也要担。在矛盾面前要敢管，在困难面前要敢接，在急难险重时要敢上。学校正在研究建立容错纠错机制、激励干部担当作为的办法，正确对待干部在工作中特别是改革创新中的失误错误，旗帜鲜明为改革者鼓劲、为实干者撑腰、为担当者担当、为负责者负责。中央提出了“三个区分开来”的原则，即把干部在推进改革中因缺乏经验、先行先试出现的失误错误，同明知故犯的违纪违法行为区分开来；把尚无明确限制的探索性试验中的失误错误，同明令禁止后依然我行我素的违纪违法行为区分开来；把为推动发展的无意过失，同为谋取私利的违纪违法行为区分开来。我们将对在落实党中央和上级部门重大决策部署中，开拓进取、主动履职，出现一定偏差或者失误的；对在推进改革和体制机制创新中，因政策界限不明确、先行先试、缺乏经验出现失误或者未达到预期效果的；对在推动重点工作、重大项目中，大胆履职、大力推进，出现一定失误或者引发矛盾的；对在处置突发事件、执行急难险重任务中，积极作为、主动揽责涉险，出现一定失误错误的；对在化解矛盾、维护稳定和解决历史遗留问题中，攻坚克难、勇于破除障碍，造成一定损失或者影响的；对在服务群众、服务企业、服务基层工作中，为提高效能、方便群众，出现一定程序瑕疵的；对在创造性开展工作中，已尽力履职，但因国家政策调整、上级决策部署变化、遇到不可抗力等客观条件变化或者受到其他客观条件限制，工作未达到预期效果或者造成一定损失和影响的；对其他在工作中出现了失误错误，但客观上有利于经济社会发展、有利于维护国家、集体和人民利益的等不同情形，启动干部容错机制审查，视情况予以免责或减责，激励干部大胆作为、主动作为。

第三要实干。谋划要实，工作要实，项目要实，效益要实，做人要实，作风要实。要从实际出发谋划事业和工作，制定的项目和措施要符合实际情况、符合规律、符合科学，不好高骛远、脱离实际。工作中要脚踏实地、真抓实干，做老实人、说老实话、干老实事，不弄虚作假、不做表面文章，一步一个脚印，多做有利于长远发展的事，多做为后人打基础的事。作风要实，要密切联系广大师生，主动听取各方面的意见，多做符合广大师生共同愿望的事。要追求实效，强化效益考核。要有锲而不舍的精神，坚持一张蓝图干到底，定下来的事，要经常抓、反复抓、持续抓，不断取得新进展。坚持说实话、谋实事、出实招、求实效，把雷厉风行和久久为功有机结合起来，勇于攻坚克难，以钉钉子精神做实做细做好各项工作。

第四要会干。我们现在新上任的干部比例大，提高干部队伍的能力建设是当务之急。光有初心和激情还不够，还要全面增强履职本领。党的十九大提出了干部要增强"八大本领"，即要增强学习本领、政治领导本领、改革创新本领、科学发展本领、依法执政本领、群众工作本领、狠抓落实本领，驾驭风险本领。十九届四中全会提出了治理体系和治理能力现代化的目标。以上这些都把干部队伍的能力建设摆在了重要位置。我们的干部要善于学习，及时掌握上级要求和最新政策；善于学习借鉴兄弟院校的有益做法，他山之石可以攻玉；善于结合学校实际创新工作方式，坚决纠正已经不符合实际的习惯做法，坚决调整已经落伍的工作目标，坚决改革不合时宜的规章制度。干部本身要主动学习、主动磨炼，学校要加强干部培训，加强工作交流研讨，加强干部基层锻炼，加强干部交流任职，为干部成长提供平台和机会。

三要落实一个"省"字。

今年，国家财政压力加大，各方面都在压缩开支，学校也采取了积极的财政政策，加大经费统筹力度，尽可能地为大家提供必要的经费保证，但大家还是要做好过紧日子的心理准备。厉行勤俭节约，反对铺张浪费，这些在今年显得尤为重要。学校各部处已经一律压减了行政经费和项目开支，学校"三公"经费更要从严管理，压缩一切不必要开支，本着勤俭节约的原则，严控学校各种节庆活动和开支。后勤、国资部门要强化校园的精细化管理，杜绝水电气暖的各种跑冒滴漏，从节约一滴水、一度电、一张纸等入手，推动各部门带头"过紧日子"。学校财务部门和审计部门要强化财务管理，落实内部控制，优化经费支出结构，提高资金配置效率和支出进度，要把有限的资金和资源用在落实学校重点工作上，用在推动学校重大发展项目上，用在保障教师和学生发展上，用在支持保障和改善民生上。重申"先有预算后有支出"的原则，坚决避免超预算支出和无预算支出，切实把每一分钱管好用好，发挥其最大效益。各学院也要从严管理，一切工作都要精打细算，讲求效益，一切项目都要严格执行预算管理，避免入不敷出。各单位要根据新的财务安排，重新谋划甚至必要调整今年的项目支出和工作安排，区分轻重缓急，讲求量力而行，有所为的同时必须有所不为，该花的钱要花好，花在刀刃上。

三、切实加强党的领导和党的建设，为“双一流”建设提供坚强领导和有力保障

办好中国特色的一流大学，必须坚持党对高校的全面领导，把党的建设贯穿办学治校和教书育人的全过程，使高校成为坚持党的领导的坚强阵地，以高质量党建引领学校高质量发展。

今年学校党建工作计划已经下发，各级党组织要抓好贯彻落实。具体来讲要抓好以下重点工作。

一要坚持以党的政治建设为统领，以“钉钉子”的精神打好政治建设的攻坚战。要认真贯彻习近平总书记重要指示和批示精神，把政治建设摆在首位。坚持不懈地用习近平新时代中国特色社会主义思想武装头脑、指导实践、推动工作。把贯彻党的教育方针、落实立德树人根本任务作为首要政治职责，牢牢把握正确的办学方向，不折不扣地贯彻落实党中央重大战略部署。当前，要把打赢疫情防控阻击战作为加强高校党的建设的重要检验，切实增强党组织的政治功能，提高党员干部的政治敏锐性、政治鉴别力和政治斗争本领。强化师生的政治考察和政治引领，确保正确的政治方向、价值取向和学术导向。

二要切实履行加强党的建设的主体责任，不断提高基层党建工作的质量。党的力量来自组织。党的全面领导、党的全部工作要靠党的健全组织体系去实现。各级党组织要牢固树立“抓好党建是本职，不抓党建是失职、抓不好党建是渎职”的理念，旗帜鲜明地抓党建，理直气壮地抓党建，从严从实地抓党建。要以突出政治功能、提升组织力为重点，推动基层党组织全面进步、全面过硬。要继续推进学校基层组织建设的各项任务，把加强二级党组织的领导作用作为今年工作重点，全面贯彻修改后的高校基层工作条例，配优配强党的基层组织负责人，适当增加学院党委委员数量，强化党委委员职责，提升委员履职能力，确保在学院发展和教师队伍建设中发挥主导作用。进一步发挥教工党支部的政治作用，加强支部书记“双带头人”队伍建设。继续推进“全覆盖　双提升”大学生党支部建设，努力提升学生支部活动质量。加强党员管理培训和发展积极分子，努力扩大师生党员队伍。大力推进基层党建工作创新，积极培育一批标杆学院和样板支部。

三要坚持以强烈的责任感践行党的初心使命，增强“为党育人、为国育才”的思想自觉和行动自觉。要进一步巩固扩大主题教育成果，建立长效机制，把不忘初心、牢记使命作为党员干部的终身课题。要切实加强干部队伍和人才队伍的思想建设，把教书育人作为第一职责，把“为党育人、为国育才”作为初心使命。进一步推动党的创新理论“三进”工作，用这次疫情防控斗争中彰显出的党的领导、大国担当、制度伟力和民族精神，引导广大青年坚定理想信念、树立远大志向。切实落实思想政治工作责任，把辅导员、班主任、社团指导教师等学生工作经历作为干部选拔的重要条件，把干事创业、勇挑重担、开拓创新、临危受命等作为考察识别干部的重要参照。认真做好学校党政领导班子换届，制定和落实党员干部队伍建设计划，注重年轻干部的培养选拔。

四要坚持正风肃纪反腐，一以贯之推进全面从严治党。习近平总书记在第十九届中央纪律检查委员会第四次全体会议上，对以全面从严治党新成效推进国家治理体系和治理能力现代化做出了战略部署，提出了一以贯之、坚定不移推进全面从严治党的新要求。

学校党委在新的一年将切实履行主体责任，把从严治党从严治校的责任记在心里、扛在肩上。进一步完善全面从严治党制度体系，压实全面从严治党主体责任，突出强调党员领导干部、学校各单位的责任落实，建立全面从严治党清单制度，以政治监督为重点，进一步建立健全学校监督体系，精准运用监督执纪“四种形态”，完善监督执纪规范和问责程序，切实履行好监督执纪问责职责，不断推动全面从严治党向基层和微观领域延伸。进一步健全干部党风廉政监督管理制度，强化对权力运行的制约和监督，加强党风廉政宣传教育。紧盯形式主义、官僚主义和侵害群众切身利益的突出问题，加大腐败案件查处力度，一体推进不敢腐、不能腐、不想腐。加强纪检干部队伍建设，进一步发挥学校纪委委员和基层纪检委员作用。强化校内巡察督导工作，检查落实整改情况。进一步纠正“四风”、加强作风建设，落实校级领导干部一线规则，走好网上网下群众路线。进一步畅通意见渠道，健全“校长信箱”和教代会、学代会、研代会提案办理机制，接受群众监督，及时回应群众关切。

五要以筹备召开第四次党代会为契机，进一步凝聚共识，共同推进“双一流”建设。筹备召开学校第四次党代会，选举产生新一届学校党委，是今年学校工作中的一件大事。各级党组织和各单位都要行动起来，广大党员都要积极参与，全面回顾各单位任务完成情况，系统总结第三次党代会以来，本单位本领域所取得显著成绩、所发生的深刻变化，坚定继续前行的信心和决心。进一步广泛动员、集思广益，分析差距、聚焦短板，深入研判形势，科学谋划学校今后五年的总体布局和发展规划，抓紧制定学校“十四五”发展规划和中长期发展愿景，聚焦“两个百年”的发展目标，进一步明确学校未来发展的阶段性目标和发展战略。进一步凝聚广大师生的共识，形成强大的工作合力，把中国特色、农业特色世界一流大学建设推向新的阶段。

同志们，今年的工作已经拉开序幕，各项改革正在全面展开。让我们以担当体现初心、以实干践行使命、以奉献诠释忠诚、以创新展示作为，奋发向上，攻坚克难，只争朝夕，真抓实干，努力完成今年各项工作任务，以优异的成绩向对党和人民交上一份满意的答卷，把“双一流”建设推向新的高度，为决胜全面建成小康社会和打赢脱贫攻坚战作出应有的贡献！

以党的政治建设为统领　坚持不懈推进学校全面从严治党向纵深发展

——党委书记姜沛民在全面从严治党大会上的讲话

（2020年5月22日）

同志们：

我们今天召开全面从严治党大会，主要任务是深入学习领会习近平总书记在十九届中央纪委四次全会上的重要讲话精神，贯彻落实中央印发的《党委（党组）落实全面从严治党主体责任规定》，推进落实教育部和北京市有关工作部署要求，总结一年多来的学校全面从严治党工作，分析当前形势，部署安排下一阶段重点任务，坚持以党的政治建设为统领，一以贯之推进学校全面从严治党向纵深发展，为加快推进具有中国特色、农业特色世界一流大学建设提供坚强政治保证，以优异成绩迎接建党100周年。

刚才，世成同志总结了2019年纪委各项工作，通报了教育系统和学校全面从严治党的一些情况，并对纪委工作做出了部署，我都同意。希望大家结合本单位实际，认真学习贯彻。

下面，我讲四点意见：

一、要实事求是，全面总结和肯定学校全面从严治党工作取得积极成效

过去一年，学校各级党组织和广大党员干部坚持以习近平新时代中国特色社会主义思想为指引，全面贯彻党的十九大和十九届中央历次全会精神，贯彻落实全面从严治党各项工作部署要求，特别是以习近平总书记给全国涉农高校的书记校长和专家代表回信精神为指导，引领"双一流"建设和学校各项工作，扎实开展"不忘初心、牢记使命"主题教育，进一步树牢"四个意识"、坚定"四个自信"、做到"两个维护"。学校党委切实履行"管党治党、办学治校"主体责任，以党的政治建设为统领，围绕落实立德树人的根本任务，坚持思想建党和制度治党同向发力，以严的标准、实的作风、硬的措施切实把全面从严治党主体责任抓紧抓牢、落实落地，推动学校全面从严治党和党的建设各项工作取得新成效。

一是坚决贯彻落实习近平总书记重要讲话和重要回信精神，把贯彻落实党中央决策部署作为首要政治责任。学校党委逐条梳理和对标对表习近平总书记的重要批示指示精神，认真学习贯彻习近平总书记给全国涉农高校的书记校长和专家代表回信精神、国庆系列重要讲话和十九届四中全会精神等，加强对新农科人才培养和"三全育人"、服务国家脱贫攻坚与乡村振兴等重大问题的谋划推动，举全校之力加强思政课教师队伍建设和马克思主义学院建设，加快建设营养与健康研究院、农业绿色发展研究院、"一带一路"农业合作学院等，积极对接农村农业现代化建设新需求。学校党委坚持把贯彻落实习近平新时代中国特色社会主义思想和党中央决策部署作为"两个维护"的实际行动和具体体现，对标落实习近平总书记指示精神和工作要求更加自觉，以中央精神指导办学治校更加及时到位，服务国家重大战略更加积极主动。

二是深入开展"不忘初心、牢记使命"主题教育，深化中央巡视整改工作，全面加强学校党的政治建设。党委精心组织和扎实推进主题教育，实施"四学"模式，加强协同调研、集中交流；全面检视、深查细照，专项整治、整改落实；组织开展"四级督导"、细化工作指导，切实提升思想理论水平与办学治校能力，着力解决师生的操心事、烦心事、揪心事。其中，学校领导班子制定整改措施105项，各级党组织推动立行立改、专项整治和整改落实，营造了办实事、谋发展、敢担当的良好氛围。把落实巡视、审计整改作为重大政治任务，逐项对照，挂单销号。全面加强学校党的政治建设，不断强化工作中的政治要求，严格对二级单位的政治考核，落实各级党组织的政治责任，加强师生的政治引领，强调业务工作的政治把关，营造积极健康的政治生态，全面推进学校的政治建设，为学校建设和发展创造了良好环境。

三是压实意识形态工作责任制，牢牢把握斗争主动权，着力打赢师生思想政治建设主动仗。切实落实党委主体责任，加强工作研究部署，2019年，党委常委会传达学习研究

部署意识形态相关工作精神28次。严格落实意识形态责任，夯实阵地管理，严格审批程序，加强监督管理，强化正面引领，各类报告会管理规范到位，校园文化生活丰富多彩，师生政治敏感性显著增强，主流思想舆论不断巩固壮大。我们密切关注研判舆情动向，关口前移，抓早抓小，及时处置，牢牢把握意识形态的主动权和领导权。紧扣思想实际和时代脉搏，在广大师生中深入开展以“曲周精神”为代表的宣传教育活动和庆祝中华人民共和国成立70周年活动，激励广大师生将爱国情、强国志转化为报国行。全年未发生重大政治敏感事件，也未出现重大舆情事件。

四是加强领导班子和干部队伍建设，强化担当作为和主动服务，持之以恒改进工作作风。贯彻落实《校领导约法十条》，制定一线规则，进一步推动校领导干部深入基层、密切联系师生，发挥头雁效应。制定干部队伍建设规划，修订学校干部选拔办法，加强对干部的交流任职和多岗位锻炼，不断推进干部选任制度化、规范化、科学化。完成12个学院的行政领导班子换届工作和一大批年轻干部的选拔任用，干部队伍更加年轻有为、积极主动。落实学院和部处工作的年度考核，建立鼓励担当作为的激励机制，一批单位获得表彰，全校范围内奋勇争先的良好氛围日益浓厚。干部工作作风有了很大转变，群众对领导班子和领导干部的测评和满意度有了新的提高，一些工作短板得到有效整改，一些长期困扰学校发展的历史遗留问题得到有效化解，学校开拓新的办学空间取得实质性进展，学校的教书育人、科学研究、社会服务、文化建设、人才队伍和国际交流等方面佳报频传。学校党委坚持以上率下，锲而不舍查纠“四风”，严格落实中央“八项规定”精神。在法定节假日和重要时间节点通过办公网、微信群及时下发通知，由纪委牵头，组织党政办、财务处等相关职能部门，通过查看账目、公务派车单、公务接待函(单)等方式，对节日期间公款吃喝、违规用车等违反“八项规定”问题进行专项检查。深入开展专项整治，聚焦形式主义、官僚主义、不担当不作为等作风问题和表现形式，通过问卷调查、征求意见、深入广泛调研等多种渠道，收集问题表现和意见建议。党委召开主题教育专题民主生活会，深入查摆问题，剖析根源，制定整改问题清单，分解任务，厘清责任，全面跟进整改。

五是大力加强党的纪律建设，进一步落实党风廉政建设主体责任，不断推进从严治党的常态化和制度化。党委常委会定期研究讨论党风廉政建设工作，及时传达通报学习中纪委全会精神和教育部、北京市全面从严治党工作会议精神，认真推进中央高校纪检体制改革，大力加强纪检队伍建设，自觉接受纪委的工作监督，坚决支持纪委依纪开展工作。认真执行政治纪律和政治规矩，切实加强对党员干部的日常教育、监督和管理，认真落实“一岗双责”。设置党委巡察办公室，不断深化校内巡察，发挥政治巡察利剑作用。先后开展了4轮17个二级党组织的常规巡察，并启动开展第五轮巡察工作，对机关党委的巡察延伸到所属28个党支部。学校纪委认真履行监督职责，积极主动向上级纪委部门汇报执纪案件查处情况，寻求对有关案件处理的支持和指导，不遮掩、不回避。及时通报警示案例，强化防范教育，严肃执纪问责。紧盯关键环节，严控廉政风险。积极推进校院党务公开、政务公开、财务公开，利用校园信息网络公开平台、学校官方微信等信息网络平台，及时公开重要事项、重点工作。严控廉政风险，加强对固定资产采购管理、后勤管理、校办产业、招生等重点领域、重点部门廉政风险点的排查，一体推进不敢腐、不能腐、不想腐的良好氛围。学校政治生态持续向好，学校信访举报量持续大幅下降，增量得到遏制、存量不断减少。

六是加强对统一战线工作和群团工作的领导，凝聚各方面智慧力量，维护校园和谐稳定。强化政治引领，完善工作体系，进一步健全大统战工作格局。支持各民主党派开展“不忘合作初心，继续携手前进”主题教育活动。以“北京科技小院”为基础，建设打造统战优质品牌。稳步推进教代会与工会工作，充分发挥教代会执委会和各专门委员会的作用以及广大教职员工在学校重大决策中的调研、论证、审议、监督作用。奋力开创新时代共青团改革发展新局面，积极融入党和国家发展大局，高质量完成国庆服务保障政治任务，高质量完成世园会、亚洲文明对话大会等重大活动的志愿服务任务。各级组织定期走访慰问，及时向老同志送去党组织的关怀。各部门主动听取老同志意见，认真关切老同志需求。

以上这些成绩的取得，是各级党组织坚定不移学习贯彻习近平新时代中国特色社会主义思想的结果，是坚定不移加强党的领导，紧紧依靠广大师生、凝聚广大师生力量的结果，是坚定不移推进全面从严治党、从严治校的结果。其中，学校各级纪委、纪检委员和党风监督员、督查工作人员等卓有成效的工作、各级基层党组织的积极作为、广大党员群众的共同努力，是我们取得各项工作进展的重要基础和保障。大家的工作功不可没，值得充分肯定和表扬，所积累的有效工作经验也需要在新的一年里继续发扬光大。

二、要对标对表，切实增强“两个维护”的政治自觉

习近平总书记指出，“‘两个维护’是党的最高政治原则和根本政治规矩。”高校肩负着培养社会主义建设者和接班人的重大政治任务，高校党的政治建设直接关系办学方向，关系党的事业后继有人，关系国家前途和命运。我们在深入推进全面从严治党工作中，要始终坚持把党的政治建设摆在首位，紧密结合管党治党、办学治校的实际，不断增强“两个维护”的自觉性和坚定性，着力推进政治建设制度化、“两个维护”具体化，自觉在思想上政治上行动上同以习近平同志为核心的党中央保持高度一致，把党对高校工作的全面领导落到实处，确保高校始终成为“两个维护”的坚强阵地。

一是着力推进学校党的政治建设制度化。党中央高度重视高校党的政治建设，习近平总书记对此多次作出重要指示批示。习近平总书记明确指出，高校是党领导下的高校，是中国特色社会主义高校；我国高等教育肩负着培养德智体美劳全面发展的社会主义事业建设者和接班人的重大任务，必须坚持正确政治方向；必须牢牢把握党对教育工作的领导权，把思想政治工作贯穿学校教育管理全过程，使教育领域成为坚持党的领导的坚强阵地；要以“钉钉子”的精神打好高校党的政治建设攻坚战。2019 年 9 月 5 日，习近平总书记给全国涉农高校的书记校长和专家代表回信，对涉农高校办学方向提出要求，勉励和期望涉农高校“以立德树人为根本，以强农兴农为己任，拿出更多科技成果，培养更多知农爱农新型人才，为推进农业农村现代化、确保国家粮食安全、提高亿万农民生活水平和思想道德素质、促进山水林田湖草系统治理，为打赢脱贫攻坚战、推进乡村全面振兴不断作出新的更大的贡献。”我们要紧紧围绕不忘初心、牢记使命制度建设，结合贯彻落实即将修订出台的《中国共产党普通高等学校基层组织工作条例》及教育部党组《关于加强高校党的政治建设的若干措施》，经常主动对标对表习近平总书记关于党的政治建设、关于教育工作、关于涉农高校的重要指示精神，健全完善加强学校党的政治建设的制度体系。要严格执行民主集中制、党内政治生活准则，严格执行党委领导下的校长负

责制以及党委常委会、校长办公会议事规则。把加强党建和思想政治工作、思想政治理论课建设有关评价指标融入学校“双一流”建设、教学审核评估、学科评估等方面的核心指标体系。

二是着力推进学校“两个维护”具体化。我们讲做到“两个维护”，不是抽象的，而是具体的。对此教育部党组提出了明确要求，就是要聚焦“四个落实”：聚焦落实党的路线方针政策和党中央重大决策部署情况，聚焦落实全面从严治党战略部署情况，聚焦落实新时代党的组织路线情况，聚焦落实巡视、审计、主题教育发现问题的整改情况。我们建立和完善“两个维护”工作机制，也要坚持从四个落实来对标检查、聚焦重点、推动工作。教育部党组还进一步明确了“三个紧扣”“七个紧盯”的工作路径，即紧扣党的十九大和十九届二中、三中、四中全会精神，紧扣习近平总书记关于教育的重要论述和重要指示批示精神，紧扣全国教育大会、全国高校思想政治工作会议、学校思想政治理论课教师座谈会对高校的部署要求，紧盯落实加强高校党的建设特别是政治建设的部署要求，紧盯履行全面从严治党“两个责任”，紧盯领导班子及其成员等“关键少数”，紧盯党中央重大决策部署、部党组工作部署、学校党委决策落实情况，紧盯脱贫攻坚任务完成情况，紧盯基层党组织建设情况、思想政治工作体系建设情况、意识形态工作责任制落实情况、安全稳定工作责任制落实情况、贯彻执行中央八项规定精神情况、上级党组织巡视反馈意见指出问题整改情况，紧盯中国特色现代大学制度建设、“双一流”建设中的重点领域关键环节，全面查找政治偏差，确保方向不偏、工作不虚。

推进学校“两个维护”具体化，就是要把这些方面的政治要求落地见效，全体党员、干部要把不忘初心、牢记使命作为终身课题，巩固深化主题教育成果，深入落实不忘初心、牢记使命制度，教育引导广大师生把“两个维护”融入日常，化为立德树人的行动自觉，具体到履职尽责、做好本职工作的实效上。以上的工作要求就是将来对照检查的重点，希望各级党组织要认真对照上述要求，提前对标，主动整改。

三是着力推进师生科学理论武装长效化。要把学习贯彻习近平新时代中国特色社会主义思想作为首要政治任务，切实在学懂弄通做实上持续下功夫。在主题教育期间，我们精心设计专题，采取集中时间、集中地点、集中内容、集中交流的学习研讨形式，实施“突出重点学、集中研讨学、创新方式学、提升实效学”的“四学”模式，并探索创新学习教育的多种形式和方法，增强了学习的针对性、吸引力和感染力。今后，我们还要强力推进学习贯彻习近平新时代中国特色社会主义思想往深里走、往心里走、往实里走，坚持将习近平新时代中国特色社会主义思想作为各级理论学习中心组常态化学习内容，进一步完善“校一院一系”三级理论学习体系，进一步落实原原本本学、专题研讨学、讲好党课学、现场体验学、对照先进学、创新载体学、警示教育学的信息要求。学校将持续举办“求是论坛”，加强各级各类理论宣讲团建设。用好“学习强国”学习平台，升级校内“学习路上”微信企业号。积极开展迎接建党100周年行动，挖掘推广基层理论学习经验，加强各单位学习互鉴，强化师生理论武装，提升理论学习实效，全力以赴推动习近平总书记重要讲话、重要指示批示精神和党中央决策部署落地生根。

四是着力推进防范疫情和复学复工一体化。统筹做好防范疫情和复学复工是落实中央当前工作部署的政治任务，也是当前落实“两个维护”的生动体现、落实全面从严治党的具体抓手。今年年初，突如其来的疫情打乱了我们的生活工作节奏，也是我们共同经历了一次大考。在习近平总书记和党中央的统一指挥、统一协调、统一调度下，广大党员干部闻令而行、全国各族人民团结一致，经过艰苦卓绝的努力，疫情防控阻击战取得重大战略成果，统筹推进疫情防控和经济社会发展工作取得积极成效。没有强有力的党的领导，没有全国上下一盘棋的纪律意识、规矩意识和制度力量，这是很难想象的。学校党员干部、广大师生员工坚决执行党中央防疫要求，落实学校党委防疫措施，很多干部职工从疫情一开始就奋战在防疫一线，一天都没有休息，老师和同学们也充分体现出大局意识、纪律意识，网络教学井然有序，各项工作也稳步推进。当前，疫情防控转入常态化，实现最大范围复学、最严标准防控，是摆在学校各级党组织和广大党员面前的一项严肃的政治任务。在这样一个时期，我们召开全面从严治党工作会，就是要强调在疫情防控常态化的新形势下，必须坚定信心、毫不动摇地将全面从严治党这一战略坚持下去、深化下去，更要以强有力的党的领导和党员领导干部的先锋模范作用，完成好各项工作，守护好校园安全。前不久学校党委研究制定了初步的分批返校复学的工作方案，正在向北京市和教育部报备，待批准后正式部署和实施。为了进一步推动工作落实，学校决定按照上级有关部门的要求，在原有防控工作体系的基础上，成立学生返校工作专班，具体负责落实学校领导小组的决定和学校返校复课工作方案，统筹做好校内各单位的工作安排，研究出台具体工作举措。各个学院和各个直属单位也要相应成立工作专班，明确专人负责，对接和落实学校统一工作部署，务必取得疫情防控和复工复学双胜利，向广大师生和社会各界交上一份合格答卷。

三、要一以贯之，坚定不移地推进全面从严治党

坚持不懈推进全面从严治党向纵深发展，把“严”的主基调长期坚持下去，是中央对于今后一个时期全面从严治党工作的明确要求。我们要认真学习贯彻党的十九届四中全会精神和中纪委十九届四次会议精神，清醒地认识管党治党面临的风险挑战，深刻理解新时期一以贯之全面从严治党的重大意义。

一是认真学习领会党的十九届四中全会关于全面从严治党的新部署新要求。在党的十九届四中全会上，以习近平同志为核心的党中央，站在“两个一百年”奋斗目标的历史交汇点上，坚定而明确地回答了“坚持和巩固什么、完善和发展什么”这一重大政治命题，从坚持和完善中国特色社会主义制度的高度，阐述全面从严治党的各项要求，即贯彻新时代党的建设总要求，深化党的建设制度改革，坚持依规治党，建立健全以党的政治建设为统领，全面推进党的各方面建设的体制机制。规范党内政治生活，严明政治纪律和政治规矩，发展积极健康的党内政治文化，全面净化党内政治生态。完善和落实全面从严治党责任制度。坚决同一切影响党的先进性、弱化党的纯洁性的问题作斗争，大力纠治形式主义、官僚主义，不断增强党的创造力、凝聚力、战斗力，确保党始终成为中国特色社会主义事业的坚强领导核心。同时，全会从健全党和国家监督制度、完善权力配置和运行制约机制和构建一体推进不敢腐、不能腐、不想腐体制机制等方面，对坚持和完善党和国家监督体系、强化对权力运行的制约和监督做出明确安排和部署，与全面从严治党的要求前后呼应，相互支撑，形成贯通协调、规范有力、严格高效的全面从严的治理体系。十九届四中全会有关全面从严治党的制度体系建设要求为我们深化全面从严治党工作指明了方向。

二是深刻把握十九届中央纪委四次全会关于全面从严治党的部署与要求。在今年年初召开的十九届中央纪委四次全会上，习近平总书记深刻总结了新时代全面从严治党的历史性成就，深刻阐释了我们党实现自我革命的成功道路、有效制度，对以全面从严治党新成效推进国家治理体系和治理能力现代化做出战略部署。习近平总书记明确指出：党的十八大以来，我们以前所未有的勇气和定力推进全面从严治党，推动新时代全面从严治党取得了历史性、开创性成就，产生了全方位、深层次影响。全面从严治党既是政治保障，也是政治引领。习近平总书记以“四个坚定不移”“四个坚持”概括新时代全面从严治党的历史成就：坚定不移从严管党治党，坚持以伟大自我革命引领伟大社会革命；坚定不移用党的创新理论武装全党，坚持以科学理论引领全党理想信念；坚定不移维护党中央权威，坚持以“两个维护”引领全党团结统一；坚定不移推进党风廉政建设，坚持以正风肃纪反腐凝聚党心军心民心。中纪委十九届四次全会贯彻落实习近平总书记要求，为新时期全面从严治党工作提出了具体任务和要求。这是我们做好新时期全面从严治党工作的根本指针，大家一定要学深吃透精神，结合工作实际切实加以落实。

三是要清醒地认识学校管党治党面临的风险挑战。前不久，教育部党组和北京市教工委分别召开了全面从严治党工作会议，通报指出了教育系统不同程度存在的问题。主要表现在：贯彻党的教育路线方针打折扣，对习近平总书记的要求研究不透彻、落实不到位；贯彻管党治党要求不严不实，落实两个责任存在中温下凉；意识形态管理存在盲区断点，警惕性不足；干部选拔任用制度不尽完善；“四风”问题“树倒根存”，重点领域和关键环节依然存在廉洁风险，反腐高压下依然有人顶风作案，学术不端、学术造假问题频发，师德失范时有发生。虽然这些问题是对整个教育系统说的，我们也要从中引以为戒，保持高度警觉，防患于未然。

从学校情况来看，也有不少的问题和倾向性苗头不容忽视。主要表现为：有的党员干部政治意识淡漠，在意识形态重大问题上立场不坚定，敏感性和斗争性不强；有的党员领导干部“一岗双责”意识还不够强，政治把关履行职责不到位；全面加强党的领导在基层党组织依然落实不到位；有的干部作风漂浮，服务意识缺位，官僚习气严重，群众意见较大；有的干部进取意识不强，慵懒散漫，工作拖拉扯皮，缺乏改革和亮点；有的基层党组织政治功能不够突出，长期对党员疏于管理和要求；有的党员理想信念退化，纪律意识淡漠，触犯党内纪律的现象时有发生。一些历史积案的解决还需要大力推进，全面从严治党的制度执行力还需要进一步增强，基层党组织纪检委员的探头作用还要进一步强化，追责问责力度还需要加强。

因此，学校的全面从严治党工作只是开了一个头，远未到大功告成的地步。中央指出的各种风险挑战、党内存在的突出问题、“四风”的种种表现和变异、损害群众利益的不正之风和腐败现象以及对全面从严治党的模糊认识，都在学校范围内有不同程度的表现，我们绝不是法外之地，也绝不是世外桃源。因此，全面从严治党永远在路上，我们绝不能有沾沾自喜、盲目乐观的心态，绝不能有差不多了、松口气歇歇脚的想法，绝不能有浅尝辄止、见好就收的念头。深入推进学校全面从严治党，务必要以深学实干坚守初心、担起使命，在知敬畏、存戒惧、守底线方面，需要保持高度警觉和高压态势。要以制度完善提升学校治理效能，要以高质量党建引领高质量发展，要以政治监督强化权力运行制约。

四、要狠抓落实，坚决扛起全面从严治党主体责任

学校党委根据中央要求，在今年《党政工作要点》中对今年全面从严治党工作进行了部署。总的任务是坚持以习近平新时代中国特色社会主义思想为指导，坚定不移落实全面从严治党主体责任。

一是要始终突出一个根本任务，也就是紧紧围绕“两个维护”这一根本任务加强政治监督，把监督检查习近平总书记回信精神的推进落实作为监督重点。要适时开展落实习近平总书记回信精神的总结评估，要全面梳理总结落实情况，围绕更好落实提出工作方案，谋划持续提升的新思路、新举措、新成效。这项工作党政办已经下发通知，希望各单位按照党委部署，认真开展回头看，全面对标总书记要求，总结汇报已做工作，充分展示工作成效和工作亮点，同时查找工作偏差、温差和落差，明确今后努力方向。要坚决做到对习近平总书记的部署有举措、见实效，不跑偏、不走样、不打折扣。今年是全面建成小康社会、打赢脱贫攻坚战的收官之年，我们要牢牢把握党中央对统筹做好疫情防控和推进经济社会发展的整体部署，抓好中央重大决策部署的落实，对承担的脱贫攻坚任务要坚决完成，这是各级党委、领导干部的政治责任，也是农业大学的社会担当，对此也要开展监督检查。要坚决落实习近平总书记和党中央关于疫情防控常态化工作各项要求，始终把师生生命安全和身体健康放在首位，有序推进复学返校，要把这次疫情防控阻击战中展示出来的强有力的党的领导、社会主义制度优势、中华民族的团结力量、广大青年的担当有为作为最生动的思政课讲好用好，要围绕这次疫情防控，深入思考我们的科研方向，整合科研攻关力量，发挥农业大学的学科优势和人才优势，在服务国家、服务“三农”方面贡献农大力量。

二是要紧紧抓住一条工作主线，严格落实“全面从严治党责任制”。学校各级党组织要把落细落实中央制定的《党委（党组）落实全面从严治党主体责任规定》作为工作关键抓手，扭住责任制这个“牛鼻子”，抓住党委这个关键主体，不折不扣落实全面从严治党责任，以主体责任落实带动各方责任的落实，不断提高履职尽责本领，努力提高战胜各种风险挑战能力。党委要坚持党建工作与业务工作同谋划、同部署、同推进、同考核，加强对本单位全面从严治党各项工作的领导。党委领导班子成员应当强化责任担当，狠抓责任落实，增强落实全面从严治党责任的自觉和能力，带头遵守执行全面从严治党各项规定，自觉接受党组织、党员和群众监督，在全面从严治党中发挥示范表率作用。党委书记是第一责任人，班子成员负重要领导责任，纪委履行专责监督责任，党的工作部门、职能部门是党委抓全面从严治党的具体执行部门，应当在党委统一领导下充分发挥职能作用，在职责范围内抓好全面从严治党相关工作。党委要对照新规定，制定学校落实全面从严治党主体责任的实施办法，订立责任清单，责权清晰、精准管理，以全面从严治党新成效推进学校治理体系和治理能力现代化。

三是要完善四个工作机制。第一是完善对习近平总书记重要讲话批示精神和党中央重大决策部署的深化落实机制。以落实习近平总书记回信精神一周年为契机，进行总结梳理，巩固提升，谋划未来，创新局面。与我们正在进行的发展规划、愿景目标紧密结合起来，一体推进。

第二是完善主体责任和监督责任的贯通协调机制。定期会商研判，形成合力，强化

党的工作部门监督责任和纪委监督的再监督职能，统筹开展监督检查工作，提升监督成效特别是政治监督的成效。

第三是完善一体推进"三不"机制。始终保持反腐高压态势，着力加强制度建设，系统梳理学校全面从严治党各项制度并进行对照检查，提升制度执行力，构建"不忘初心、牢记使命"主题教育长效机制，不断加强思想建设。

第四是完善形式主义、官僚主义问题专项整治机制。认真组织学习《习近平关于力戒形式主义、官僚主义重要论述选编》，按照中央《关于持续解决困扰基层的形式主义问题为决胜全面建成小康社会提供坚强作风保证的通知》的要求，深化中央巡视整改、巩固拓展主题教育成果，加大工作落实的督查督办，切实加强作风建设，特别是对师生反映强烈的问题要一抓到底，持续整改。进一步加强执纪问责，在重点查处党的十八大以来不收敛、不收手违规违法案件的同时，对一些历史积案也要按照监督执纪工作规程，积极向上级纪检监察部门汇报，力争尽快办结。

四是建立健全工作统筹机制，以全面从严治党新成效促进学校新发展。2020年是党中央确定的全面建成小康社会、打赢脱贫攻坚战的收官之年，是国家实施"十三五"规划的收官之年。对学校而言，也是极其重要的一年。我们将迎来"双一流"建设的中期评估，将在奋力完成"十三五"规划的同时启动"十四五"规划，并谋划学校2035愿景目标，特别是要筹备召开学校第四次党代会，总结过去五年来的成绩和经验，确定未来发展目标和方向，全面设计学校未来新发展战略和谋篇布局。在近期学校工作会议上，我们明确了2020年工作思路，部署了重点工作。我们要把全面从严治党与推进"双一流"建设统筹起来，在持续深化全面从严治党的基础上，进一步强化各级党组织、党员领导干部的政治责任和政治担当，把全面从严治党落实到每个支部、每个党员，把"两个维护"深入头脑、融入血脉、见诸行动，切实把围绕中央决策部署和国家重大战略需求与学校各项工作密切结合起来，主动谋划、主动思考、主动落实，形成战略思维、创新意识和实招硬招相结合的新发展局面；进一步深化教育改革，推进学校治理体系和治理能力建设，调动和激发各单位干事创业、奋进争先的积极性和主动性，凝聚广大师生和党员干部的力量，形成运转有序、责权清晰、全校一盘棋的治理模式；进一步强化制度意识和纪律意识，坚持用法治思维和法治方式管党治校，注重用制度的执行力和约束力提升治理效能、规范权力运行；始终坚持"严"的总基调，坚持不懈推进学校全面从严治党向纵深发展，通过不懈努力换来农大校园的海晏河清、朗朗乾坤。

同志们，使命呼唤担当，使命引领未来，让我们不忘初心、牢记使命，抢抓机遇、奋进攻坚，全力以赴落实全面从严治党各项任务，为学校"双一流"建设新征程新发展注入强大能量，以优异的成绩迎接建党100周年！

党委书记姜沛民在第36个教师节表彰大会暨立德树人论坛上的讲话

（2020年9月9日）

老师们、同志们：

在第36个教师节来临之际，我们在这里欢聚一堂，隆重举办教师节表彰大会暨“使命在肩·奋斗有我”立德树人论坛活动。

首先，我代表学校向一直坚守在工作岗位上辛勤耕耘、默默奉献的全体教师员工致以节日的问候和祝福！向受到表彰的广大优秀教师和教育工作者表示热烈的祝贺！向荣获学校首届“立德树人卓越成就奖”的吴常信老师致以崇高的敬意！向全体新入职的教师们表示诚挚的欢迎！

百年大计，教育为本。教育大计，教师为本。党的十八大以来，党和国家坚持优先发展教育事业，把教师队伍建设摆在突出位置。习近平总书记高度评价教师的重要地位和广大教师为国家发展和民族振兴作出的重大贡献。就在今天上午，习近平总书记代表党中央，向全国广大教师和教育工作者致以节日的祝贺和诚挚的慰问，希望广大教师不忘立德树人初心，牢记为党育人、为国育才使命，积极探索新时代教育教学方法，不断提升教书育人本领，为培养德智体美劳全面发展的社会主义建设者和接班人作出新的更大贡献。

2019年教师节前夕，习近平总书记给全国涉农高校回信，充分肯定了中华人民共和国成立70年来，全国涉农高校牢记办学使命，精心培育英才，加强科研创新，为“三农”事业发展作出的积极贡献，同时也对今后办学方向提出要求，向涉农高校的全体教师提出殷切期望。

值此贯彻习近平总书记回信精神一周年之际，学校举办教师节表彰和“使命在肩·奋斗有我”立德树人论坛活动，重温一年来学校教师深入学习贯彻习近平总书记重要回信精神共同走过的日日夜夜，进一步增强立德树人、强农兴农的使命担当，意义重大，不同寻常。

一年来，学校教师以立德树人为根本任务，立足每一门课、每一节课，通过“专业课发挥思政功能”教改专项，深度挖掘各学科门类专业课程蕴含的思想政治教育资源，课程思政、思政课程相互促进，扎实推进育人工作，使得“教学大纲”向“育人大纲”全面提升。学校新增马克思主义一级学科博士点，入选北京市首批重点建设马克思主义学院。积极引领“新农科”建设，推进新型农林专业建设和人才培养模式改革。自“双一流”建设以来，学校在研究生教育教学成果获奖方面名列全国高校第一，科技小院人才培养模式得到广泛认可和大力推广。广大教师以德立身、以德立学、以德施教、以德育德，着力培养具有家国情怀、责任担当的知农爱农新型人才。

一年来，学校教师牢记习近平总书记关于“创新是引领发展的第一动力，科技是战胜困难的有力武器”“关键核心技术是要不来、买不来、讨不来的”的殷殷嘱托，瞄准重点领域科研攻关，努力提升自主创新能力，在生物育种、智慧农业、营养健康、动物养殖等领域取得重大进展。2019 年，学校荣获 8 项国家科学技术大奖，国家自然科学基金获批数量再次位居农林院校榜首，涉农横向经费增加 50%。学校教师大力推动种业创新，抢占生物育种基础前沿制高点，在国际上首次克隆控制玉米紧凑株型、密植增产关键基因，实现培育新品种 68 个，在农业科技核心关键领域和解决“卡脖子”技术方面发挥着重要的引领先导作用，为“三农”事业发展提供坚实科技支撑。学校教师李保国团队开展黑土地保护利用与农业“双高”创建，逐步形成“梨树模式”，得到习近平总书记的肯定和赞赏，在推动落实“藏粮于地、藏粮于技”战略方面作出重要贡献。

一年来，学校教师坚持把论文写在祖国大地上，积极服务脱贫攻坚和乡村振兴等国家重大战略，不断取得新成果。学校教师杨宁等人探索出的养鸡产业扶贫新模式，在贫困地区推广养殖节粮型蛋鸡 500 多万只，实现增收 6 000 多万元，帮助 4 个国家级贫困县脱贫摘帽。学校教师高俊平等人创建的花卉精准花期调控和节能贮运技术体系，覆盖我国主要切花生产面积的 54.9%，带动西南边陲省区花农 15 万余户，解决建档立卡贫困人口就业 5 万余人。学校教师段长青教授通过创立集研发、成果转化、人才培养功能为一体的产业研究院模式，大力推动宁夏葡萄酒特色产业发展，有效带动当地农民就业增收，也受到习近平总书记的亲切接见和鼓励。除此之外，学校教师李小云、左停、林万龙等多人的政策建议，多次获得中央和国务院领导的批示，对农村产业兴旺、富民增收贡献了智慧和力量。2017—2019 年，学校定点扶贫工作连续三年入选教育部直属高校十大典型项目；连续三年获得全国脱贫攻坚奖创新奖、组织创新奖。他们是学校教师在助力脱贫攻坚、服务乡村振兴的优秀代表。

一年来，新冠肺炎疫情肆虐全球。学校党委坚决执行党中央的决定，将打赢疫情防控阻击战作为政治任务，周密进行工作部署，采取最严格的措施，确保师生的身体健康。就像习近平总书记在今天的贺词中说的，全国广大教师迎难而上，奋战在抗击疫情和“停课不停学、不停教”两条战线上，守护亿万学生身心健康，支撑起世界上最大规模的在线教育，为抗击疫情作出了重要贡献。学校广大教职员工也积极响应国家号召，主动扛起抗击疫情、保护校园、关爱学生的责任。2 月 24 日，农大学子共上网上第一课，297 门课程在“云课堂”顺利开讲，老师们为此付出了辛勤的汗水和艰苦的努力。在疫情防控最吃劲的关键阶段，正值春耕时期，学校广大教师挺身而出，积极建言献策、开展“线上”指导、开设“云端课堂”，想方设法助力春耕生产，展现了农大教师的责任担当。有超过 1 300 名农大学子在疫情期间作为“最美逆行者”积极活跃在社区村口、云端线上、田间地头。

老师们、同志们！“解民生之多艰，育天下之英才”是中国农业大学的校训，也是数代农大人的真实写照。中国农业大学建校百余年来，一代又一代农大教师前赴后继，情系乡土、忧患苍生，为实现国人千百年来的温饱和富庶之梦不懈努力。他们凭着对祖国人民的赤子情怀、对党的教育事业的无比忠诚、对科学真理的执着追求和对青年后辈的关心爱护，铸就了百年农大的光辉与荣耀，也使得“解民生之多艰，育天下之英才”精神传统历久弥新。进入新时代，农大教师秉持这一早已深深印在血脉中的家国情怀，始终以立德树人为根本、以强农兴农为己任，通过服务脱贫攻坚、乡村振兴，践行着教育初心和使命担当。今天受到表彰的教师们，是农大人的优秀代表，他们怀有热爱教育的定力、淡泊名利的坚守，辛勤奋斗在各自的岗位上，在人才培养、科学研究、社会服务、文化传承和国际交流等方面取得丰硕成果，他们是我们学习的榜样！

立德树人是高校立身之本。习近平总书记多次强调，要把立德树人的成效作为检验学校一切工作的根本标准。国无德不兴、人无德不立，育人的根本在立德，关键在教师。学校高度重视发挥教师在落实立德树人根本任务中的主体作用。学校设立“立德树人卓越成就奖”的初衷，这是对学校教师践行“四有”好老师要求、潜心教书育人的最高荣誉。令人感动的是，吴常信院士 85 岁高龄仍坚守在三尺讲台上，始终保持站着授课的习惯，坚持每学期修改更新教案，重视对学生“业务培养”和“觉悟培养”；他相信“创新来自灵感，灵感源于实践”，在遗传育种领域取得了多项原创性成果；从教 63 年为祖国的“三农”事业培养了大批优秀人才。他是学生眼中肃然起敬的严师，更是农大教师立德树人的榜样。吴老师成为学校首届“立德树人卓越成就奖”获奖者，学校号召广大师生向吴先生学习，像他那样几十年如一日，立足讲台，默默耕耘，传道授业，立德树人，真正做到“解民生之多艰，育天下之英才”。

老师们，同志们！教师是学校发展的第一资源，是推动学校“双一流”建设的核心要素，是学校最为宝贵的财富。能够拥有一支政治素质过硬、业务能力精湛、育人水平高超的高素质教师队伍，是农大的光荣，也是青年学子的幸运。

学校高度重视教师队伍建设，关心教师、爱护教师、凝聚教师，把解决教师建设重大问题摆在突出位置。学校坚持党管人才原则，各级组织心系人才，确保发挥教师立德树人中的主体作用，千方百计创造“人人渴望成才、人人努力成才、人人皆可成才、人人尽展其才”的良好环境。从“青年教师成长工程”“315 人才引进工程”到“2115 人才培育发展支持计划”，学校坚持引育并举，推动教师队伍结构更优、质量更好、创新更强。学校积极探索建立以品德、能力、业绩为导向的考核评价机制，坚持破除“五唯”顽瘴痼疾，为广大教师干事创业、为青年人才脱颖而出提供条件保障。据统计，学校人才培育发展计划遴选支持的 264 位各层次人才、91 个创新团队中，70％没有人才帽子头衔，给所有干事创业的教师提供平台。

今天，220 多位新教师进行了入职宣誓仪式，成为学校大家庭的新成员。你们肩负着农大的未来和希望，农大愿为你们提供更大更高更好的发展平台，也希望你们铭记今天的誓言，珍惜人民教师的无上光荣，把成为“四有”好老师当作毕生的职业追求！

教师是人类灵魂的工程师，是人类文明的传承者，承载着传播知识、传播思想、传播真理的神圣使命，肩负着塑造灵魂、塑造生命、塑造新人的时代重任，是学生健康成长的指导者和引路人。今天我们在这里隆重表彰先进典型、交流探讨育人经验、热烈欢迎新入职教师，都是为了进一步动员和激励全校教师，共同为践行中国农业大学和人民教师的初心使命而不懈奋斗。在刚刚的“使命在肩・奋斗有我”立德树人论坛上，吴常信院士、彩万志教授、杨宁教授和李道亮教授作为学校教师的杰出代表，做了非常精彩的专题发言，与大家分享了他们数十年来为人为师为学的经验与体会，希望广大教师，特别是青年教师要认真学习，薪火相传，发扬光大，再谱新篇。

老师们，同志们！

党的十九大明确提出建设教育强国是中华民族伟大复兴的基础工程。习近平总书记多次对教育工作和教师队伍建设作出重要指示批示，为建设高素质教师队伍指明了方向。当前，我们正处在实现“两个-百年”奋斗目标的历史交汇期。2020年是“十三五”规划收官之年和“十四五”规划谋篇之年，也是朝着2035年实现教育现代化目标开启新征程的关键之年。希望广大教师牢记“以立德树人为根本，以强农兴农为己任”，坚持以习近平新时代中国特色社会主义思想为指导，认真贯彻落实全国教育大会、全国高校思想政治工作会、全国研究生教育质量工作会议和刚刚召开的全国教师发展大会精神，坚持教书和育人相统一、坚持言传和身教相统一，坚持潜心问道和关注社会相统一，坚持学术自由和学术规范相统一，不忘立德树人初心，牢记为党育人、为国育才使命，瞄准科技前沿和关键领域，提高创新能力，积极探索新时代教育教学方法，不断提升教书育人本领，培养创新人才，为培养德智体美劳全面发展的社会主义建设者和接班人作出新的更大贡献。

学校各级党组织、各院系、各单位要更加关爱教师，特别是关心青年教师的成长，坚持“传帮带”等好的工作机制，引领青年教师在思想素质、教学科研能力的全面提升。

今年，我们即将迎来学校第四次党代会和115年校庆，学校事业发展也将掀开新篇章。心有所信，方能行远。希望广大教师同心协力，同舟共济，以舍我其谁的精神状态，以功成必定有我的使命担当，为加快推进“双一流”建设、实现中华民族伟大复兴中国梦作出新的更大贡献！

谢谢大家！

党委书记姜沛民在第六届黑土地论坛开幕式上的致辞

2020年11月26日

尊敬的各位领导、各位专家：

上午好！

在全国上下深入学习党的十九届五中全会精神之际，我们在此召开“2020年东北黑土地保护与利用高峰论坛暨第六届梨树黑土地论坛”。为此，我谨代表本次论坛的主办单位之一——中国农业大学，对各位领导和专家的到来表示热烈欢迎！向长期以来支持和帮助中国农业大学的朋友们表示衷心感谢！

今年7月22日，习近平总书记在吉林视察时，对农业农村现代化做出了重要指示，为黑土地保护与利用指明了前进方向。一是“要把保障粮食安全放在突出位置”，并特别强调了科技的重要作用，“农业现代化关键是农业科技现代化”。二是“要认真总结和推广梨树模式，采取有效措施切实把黑土地这个‘耕地中的大熊猫’保护好、利用好，使之永远造福人民”。三是“要加强农业与科技融合，加强农业科技创新，科研人员要把论文写在大地上，让农民用最好的技术种出最好的粮食”。刚刚闭幕的十九届五中全会将科技创新作为国家的战略支撑，将黑土地保护工作列入国家“十四五”规划。依靠科技支撑黑土地保护与利用意义重大、迫在眉睫。保住东北黑土地，就保住了我国粮食安全的底线。

中国农业大学一直秉承“解民生之多艰，育天下之英才”的校训，主动服务国家重大战略需求，开展了“黄淮海盐碱地综合治理”科技大会战，形成了“责任、奉献、科学、为民”的“曲周精神”。自2009年以来，学校以李保国教授为代表的科研人员，扎根黑土地，在吉林梨树建立固定实验基地，开展黑土地保护与利用研究；先后建立“吉林梨树实验站”“国家黑土地现代农业研究院”“国家保护性耕作研究院”等平台，承担了一大批国家级项目，集中开展土壤培肥、秸秆还田、免耕播种等研究和应用示范，形成了黑土地保护与利用的“梨树模式”。我们联合各科研院所、相关企业和农民合作社，在东北四省区建立了8个专家工作站、100余个技术推广基地，采取合作社＋技术推广站＋大学的联动机制，推广“梨树模式”近1 800万亩，切实实践了“把论文写在大地上”。

学校把黑土地保护与利用摆在突出战略位置，成立了黑土地科技攻关领导小组，设立了黑土地办公室，写入了学校的“十四五”发展规划。学校推动了科研组织模式创新，实行“揭榜挂帅”，组建了跨学院、跨学科的紧密型科技攻关创新团队，启动了“黑土地保护与利用科技创新专项”，在基础研究、关键技术和应用推广等方面加强支持，力争在黑土地保护与利用中提供农大方案、贡献更大力量。

我们将坚定不移地按照习近平总书记的指示，在农业农村部和科学技术部等部门的指导和支持下，主动服务国家重大战略需求，与兄弟单位协同攻关，“政、产、学、研、金”齐发力，成立“国家东北黑土地保护与利用科技创新联盟”，深化“梨树模式”总结与推广，打一场新时期的“科技大会战”，切实把“耕地中的大熊猫”保护好、利用好，造福亿万人民。

最后，预祝本次论坛圆满成功！祝各位领导、专家工作顺利！

谢谢大家！

党委书记姜沛民在国家农业科技发展战略智库联盟成立大会上的讲话

（2020年12月13日）

尊敬的武维华副委员长

各位领导、各位专家及媒体朋友们：

大家上午好！

在全国上下深入学习贯彻党的十九届五中全会精神、谋划“十四五”发展规划之际，在各界共同努力下，国家农业科技发展战略智库联盟今天正式揭牌成立，这是我国农业科技界第一个规模最大、范围最广的智库联盟，我谨代表中国农业大学表示热烈祝贺！对各部门及社会各界的大力支持表示衷心感谢。

党的十八大以来，习近平总书记高度重视中国特色新型智库建设，强调指出“要有世界眼光和战略思维”“要提高战略思维能力，不断增强工作的原则性、系统性、预见性、创造性”；对科技管理工作提出了“抓战略、抓规划、抓政策、抓服务”的要求；对农业科技创新明确指出“农业现代化的关键在于农业科技现代化”“要努力抢占世界农业科技竞争制高点，牢牢掌握我国农业科技发展主动权，为我国由农业大国走向农业强国提供坚实科技支撑”。习近平总书记系列重要指示为加强农业科技发展战略智库建设指明了发展方向，是做好智库联盟建设的根本遵循，成立农业科技发展战略智库联盟是贯彻落实习近平总书记重要指示精神的重大举措。

党的十九届五中全会确定了创新的核心地位新目标、科技自立自强战略支撑的新定位和坚持“四个面向”的新方针。面向世界新一轮科技革命和产业格局变革，世界农业科技话语权的争夺将更加激烈。面向未来全面实施乡村振兴战略和推进农业农村现代化的重大需求，在构建国内国际“双循环”的新发展格局进程中，建设世界农业科技强国的任务更加迫切，农业科技发展必须进一步加强战略研究前瞻性、技术预测科学性和战略研判精准性，全面提高战略决策能力。成立农业科技发展战略智库联盟是全面提升农业科技战略决策能力的关键措施，智库联盟必将发挥农业科技战略研究主力军的重要作用。

近年来，我国有关高校、科研院所和企业等纷纷成立科技战略研究与政策咨询机构。目前，全国涉农智库已有30多家，但整体上缺少稳定的研究交流平台、缺乏长期系统性研究、没有协同共享合作机制，成立农业科技发展战略智库联盟将为农业科技战略研究构建一个稳定、协作、共享、权威的高端智库平台。

中国农业大学高度重视农业农村科技战略研究工作，在科技战略研究与规划方面具有良好的基础。2019年4月10日，我们成立了国家农业科技战略研究院。上个月，我们刚刚成功召开了中国农业大学第四次党代会，确定了学校2035年远景目标和“十四五”发展规划，把智库联盟建设列为学校“双一流”建设的标志性工作，将全面加强农业农村科技战略研究。作为国家农业科技发展战略智库联盟的理事长单位。我们将在科学技术部、农业农村部、教育部等部门的指导和支持下，充分调动全校资源，在人员配置、办公条件、运行经费等方面大力支持智库联盟的发展，恳请上级各部门、各兄弟单位以及各位专家更加关心和大力支持智库联盟工作，齐心协力，共同开创农业科技战略研究新局面，为把我国早日建设成为世界农业科技强国作出新的贡献。

预祝会议圆满成功！

祝各位领导、专家工作顺利！

谢谢大家！

党委书记姜沛民在第十七次学生代表大会和第十五次研究生代表大会上的讲话

（2020年12月27日）

各位代表、各位嘉宾、各位同学：

大家下午好！

时至新年即将来临之际，中国农业大学第十七次学生代表大会和第十五次研究生代表大会顺利召开。首先，我代表学校，对大会的召开和各位新当选的学生会、研究生会主席团成员表示热烈的祝贺！向出席此次大会并长期以来指导和支持学校学生工作的上级团组织、学联组织表示衷心的感谢！同时也向各位学生代表，并通过你们向学校全体本科生、研究生同学们致以亲切的问候！

学生双代会，一年一次，是全校同学发扬民主权利、推进学生组织建设、为学校发展建言献策的一次例会。但今年的这次大会，背景不同，意义重大。这次会议是在全国上下深入学习贯彻党的十九届五中全会精神、开启全面建设社会主义现代化国家新征程的形势下，在学校师生深入落实习近平总书记给全国涉农高校书记校长和专家代表的回信精神一周年之际，在各单位认真贯彻学校第四次党代会部署、奋力谱写全面建设中国特色、农业特色世界一流大学新篇章的关键时期，召开的一次十分重要的大会，对于进一步动员广大同学，把握时代使命、激扬奋斗精神、投身国家建设、推进学校发展具有重要意义。

在过去的一年里，学校学生会和研究生会以习近平新时代中国特色社会主义思想为指引，认真贯彻落实学校党委和上级学联要求，在学校党委学生工作部门与校团委的指导下，强化思想引领、推进改革创新、聚焦服务职能、繁荣校园文化、完善监督机制，尤其是团结带领广大同学，抗击新冠疫情、恢复正常生活和学习秩序，做了大量的卓有成效的工作，取得了一系列丰硕成果。

一是强化思想引领。组织同学们深入学习习近平新时代中国特色社会主义思想、党的十九届五中全会与学校第四次党代会精神，团结带领广大同学听党话跟党走，以强农使命在肩、爱国奋斗有我的理想信念，积极融入党和国家事业发展大局。

二是奋力深化改革。按照上级印发的《关于推动高校学生会(研究生会)深化改革的若干意见》，全面落实校院两级学生会组织改革，严格学生会组织工作人员的遴选条件与遴选程序，规范学生代表大会的选举办法与工作规则，优化工作职能与工作作风，创新工作机制与工作模式，强化学生会组织的政治性、先进性和群众性。

三是发挥服务职能。以全心全意为同学服务为宗旨，围绕青年关切，强化权益服务，依法依规维护同学权益，解决同学实际问题，为学校推进“双一流”建设建言献策，充分发挥了桥梁纽带作用。

四是繁荣校园文化。克服疫情挑战，搭建有效平台，创新开展学业发展、学术创新、文艺体育等多种多样的课外活动，丰富广大同学校园生活，营造良好校园文化氛围，助力广大同学全面发展、成长成才。

五是落实监督机制。积极落实学校党委学生工作部门、团委与学生代表组成的评议会的监督功能，强化组织体系建设，健全二级学院学生会组织述职考核机制，推进学生会组织体系与运行机制制度化、规范化。

刚才听了赵泽宇同学、李丹阳同学所作的工作报告，第十六届学生会、第十五届研究生会和全体工作人员，真诚服务、甘于奉献、团结务实、勇挑重担，圆满完成了各项工作任务，我代表学校党委和全校师生向你们表示衷心的感谢！希望你们不忘初心、牢记使命，一如既往地关心、支持和投身学生会组织的成长发展，把在学生会工作中积累的经验作为人生道路上的宝贵财富和继续前行的强大动力，去谱写更加辉煌的人生篇章。

今天，新一届学生会和研究生会主席团已经选举产生，新当选的学生会主席团成员代表和研究生会主席团成员发表了热情洋溢的就职演讲，表达了新一届主席团继续深化改革、勇于开拓创新、热情服务同学的美好愿望，也展现了学校学生会组织的优良传统和良好愿景。

同学们，党的十九届五中全会全面总结了过去一年和“十三五”时期党和国家事业改革发展取得的重大成果，深入分析了我国发展环境面临的深刻复杂变化，描绘了更加美好的发展前景，也为广大同学们开辟了更加广阔的未来。党的十九届五中全会做出的重大部署，顺应时代和实践要求，反映人民意愿和期待，对于动员和激励全党全国各族人民满怀信心迎接中国共产党成立100周年，继续抓住用好重要战略机遇期，战胜前进道路上各种风险挑战，奋力书写新发展奇迹，确保全面建设社会主义现代化国家开好局、起好步，推进中华民族伟大复兴历史进程，具有重大而深远的意义。

作为当代大学生，要认真学习习近平总书记讲话精神和党的十九届五中全会精神，充分了解国家未来发展大势，找到自身发展定位。要从“十三五”期间大家有目共睹的新成就中，进一步坚定“四个自信”，增强做好“两个维护”的思想自觉；要从今后面临的国际国内的格局变化，把握中央提出的在危机中育先机、于变局中开新局的时代要求；要深刻把握新发展阶段的特征、新发展格局的要求、新发展理念的内涵，进一步了解今后国家的政策走向；要主动从科技创新、教育强国、农业农村现代化的部署中，深刻领悟农大学子的使命和担当。

刚刚闭幕的学校第四次党代会，贯彻落实党的十九届五中全会精神，强调了新时代中国农业大学的办学使命，谋划了新时代中国农业大学改革建设发展新的“三步走”战略，开启了全面建设中国特色、农业特色世界一流大学新篇章。学校党委将进一步团结带领广大师生坚定理想信念、厚植爱国情怀，增强立德树人、强农兴农的使命担当；围绕国家农业农村现代化需求，持续提升农业科技创新能力；持续推进“双一流”建设，提升高等农林教育水平，为乡村振兴发展提供高质量高等农林教育支撑；进一步拓展全球视野，为构建人类命运共同体作出新贡献。其中，同学们的任务重大，使命光荣。

国家的希望在青年，民族的未来在青年。去年9月，习近平总书记回信寄语全国涉农高校师生以立德树人为根本，以强农兴农为己任，对涉农高校办学方向提出要求，对广大师生予以勉励和期望。习近平总书记致全国青联十三届全委会和全国学联二十七大的贺信饱含着对广大青年和青年学生的殷殷期盼、对学生组织的谆谆嘱托，充分体现了以习近平同志为核心的党中央对当代青年成长成才的真切关怀、对学生组织改革发展的高度重视，是我们做好新时代党的青年工作的根本遵循，是新时代青年学生成长成才的根本遵循。

学校党委希望新一届学生会、研究生会和同学们深刻领会总书记重要指示的深刻内涵与精神实质，切实把理论学习与实践学习紧密结合起来，顺应形势变化，紧跟时代步伐，努力成为堪当时代重任的社会主义事业的接班人；坚定理想信念，树立远大理想，锤炼适应新发展阶段的政治素质和过硬本领，成为马克思主义的坚定信仰者；培养优良品德，加强自我修养，树立良好校风师风学风，成为良好社会风尚的践行者和引领者；强化责任担当，增强实践能力，成为中华民族伟大复兴进程中的奋进者。在此，提几点要求，与同学们共勉。

一要坚定理想信念。理想指引人生方向，信念决定事业成败。理想信念是一个人世界观、人生观和价值观的“总开关”，新时代中国青年要树立对马克思主义的信仰、对中国特色社会主义的信念、对中华民族伟大复兴中国梦的信心，让理想信念在奋斗中升华。中国梦是国家的梦、民族的梦，是每个中国人的梦，更是每一个青年人的梦。今天，新时代中国青年处在中华民族发展的最好时期，同学们要胸怀两个大局，深刻领会党中央治国理政的新思想新理念新战略，深入学习了解中国革命史、中国共产党党史、改革开放史和社会主义发展史，传承红色基因，厚植爱国情怀，将小我融入祖国的大我，将个人理想融入伟大中国梦实现的光荣征程。中国农业大学拥有悠久的光荣历史和深厚的红色基因，一代又一代农大人为国家“三农”事业发展奉献了毕生力量，诠释了“爱国、奉献、科学、为民”的农大优良传统。传承农大红色基因，勇担强农兴农使命，是你们当之无愧的责任。

二要强化使命担当。党的十九届五中全会指出要优先发展农业农村，全面推进乡村振兴，坚持把解决好“三农”问题作为全党工作的重中之重，走中国特色社会主义乡村振兴道路，全面实施乡村振兴战略，实施乡村建设行动，深化农村改革，实现巩固发展脱贫攻坚成果同乡村振兴成果有效衔接。实现农业农村现代化、实现乡村振兴始终是农科学子知农爱农、强农兴农的奋斗目标。新时期农业发展面临前所未有的机遇，为农科学子成才报国搭建了更广阔的舞台，同学们要牢固树立服务“三农”的理想信念，以胸怀忧国忧民之心、爱国爱民之情为力量源泉，牢记“解民生之多艰，育天下之英才”的校训，切实担负起强农兴农的时代责任。

三要培育高尚品格。道德是社会关系的基石、人际交往的基础，高校育人的根本在于育德。高尚品格的树立与锻造离不开文化道德的约束和社会主义核心价值观的引领。同学们要把正确的道德认知、自觉的道德养成、积极的道德实践紧密结合起来，自觉树立和践行社会主义核心价值观，带头倡导良好社会风气。要加强思想道德修养，自觉弘扬爱国主义、集体主义、社会主义思想，积极倡导社会公德、职业道德、家庭美德。要倡导社会文明新风，带头学雷锋，积极参加社会实践，主动承担社会责任，以实际行动促进社会进步。

今年，突如其来的新冠肺炎疫情，给国家、社会的发展带来了巨大挑战，在大难大考面前，同学们积极响应国家的号召，在党中央的坚强领导下，不畏艰险、冲锋在前，以各种方式勇敢抗击疫情，和全国人民一道打赢新冠肺炎疫情防控的人民战争、总体战、阻击战，助力国家取得疫情防控和经济社会发展双胜利，展现了新时代青年不畏艰险、冲锋在前、真情奉献的高尚精神品质，彰显了农大学子的青春风采，赢得了社会各界的广泛赞誉。学校为你们骄傲！希望你们继续弘扬伟大抗疫精神，踏踏实实锻造高尚品格，成为甘于奉献，有大爱、大情怀、大抱负的时代新人。

四要练就过硬本领。青年人正处于学习的黄金时期，应该把学习作为首要任务，作为一种责任、一种精神追求、一种生活方式，树立梦想从学习开始、事业靠本领成就的观念，让勤奋学习成为青春远航的动力，让增长本领成为青春搏击的能量。既要多读有字之书，也要多读无字之书，依托丰沛的知识基础汇聚形成创新的动力之源。当今时代，知识的来源和渠道越来越多元，涉及的内容越来越丰富，社会对人能力的需求也在不断提升。人在成长发展的全过程都应树立终生学习的观念，始终保持对知识的渴求和期待，用更广阔的视野汲取知识、丰富自我、提升能力。当然，面对纷繁复杂的知识内容，同学们也应该保存去伪存真的判断力和辨析能力，有针对性地吸取积极的力量。

“纸上得来终觉浅，绝知此事要躬行”，同学们要想把所学知识有效转化为能力，就必须要躬身实践。要坚持知行合一，在实践中学真知、悟真谛，受教育、长才干、做贡献。同学们要好好应用社会实践这一“行走的课堂”，发挥学校的学科优势，扎根中国大地，用双脚丈量祖国的土地，用双手触摸最真实的中国农村，感受国情、了解社会、锻炼毅力，坚持把论文写在大地上，为“三农”事业、乡村振兴奉献最生动的力量。同学们也要在劳动实践中接受锻炼、磨炼意志，培养价值观和劳动品质，完善精神面貌，锻炼实践能力，提升综合素质。

五要勇于创新创造。纵观历史，创新始终是一个国家、一个民族发展的基石，也是推动人类发展进步的核心力量。科技创新和产业革命的革故鼎新也在不断推动百年未有之大变局加速演进。创新驱动发展是国之大计，党的十九届五中全会将创新放在国家现代化建设全局的核心地位，将科技自立自强作为国家发展的战略支撑。我们要深刻学习领会、深入贯彻落实。

青年是时代的生力军，是推动发展的中坚力量，应当充分发挥和担当创新创造的核心动能作用。然而，创新从不是一蹴而就的，而是长期学习积累形成的从量变到质变的迸发，同学们在学习中要耐得住寂寞、经得起挫折，既要严守学术道德底线，也要注重求异创新，用全面的知识体系应对社会发展的问题，努力将有限的知识释放无穷的力量，聚焦农业创新领域发展建设，立足国家人民需求，以创新的勇气、创业的毅力、创造的能力，依托学校学科优势，为推进农业领域创新发展贡献力量，推动国家民族发展的改革创新之路越走越宽广。

六要矢志艰苦奋斗。人类的美好理想，都不可能唾手可得。我们的国家，我们的民族，从积贫积弱一步一步走到今天的发展繁荣，靠的就是一代又一代人的顽强拼搏。习近平总书记强调指出，前进的道路从不会一帆风顺，实现中华民族伟大复兴的中国梦需要一代一代青年矢志奋斗。作为新时代青年，每一个人都肩负着成为社会主义建设者和接班人的光荣使命，肩负着实现中华民族伟大复兴梦想的光荣使命，同学们应当树立远大志向，秉持艰苦奋斗的品质，不辱时代使命，不负人民期望。

一分耕耘，一分收获，培育吃苦耐劳的务实品质，养成艰苦奋斗、勤俭节约的生活习惯是锻造坚强意志，是成就自身价值的必经之路。老一辈农大人用踏实肯干的实际行动书写了一段又一段稼穑之歌，为我们留下了宝贵的精神财富，一代又一代要薪尽火传，让“爱国、奉献、科学、为民”的精神传统始终在农大人身上熠熠闪光。新时代青年应当坚持艰苦朴素的作风，做节粮爱粮的排头兵、做绿色低碳理念的传播者，勇于到条件艰苦的基层、国家建设的一线、项目攻关的前沿，经受锻炼、增长才干，用锲而不舍、驰而不息的奋斗，提升精神追求和精神境界，感受成长的快乐，体会收获的喜悦。

“青春由磨砺而出彩，人生因奋斗而升华”，新时代是奋斗者的时代，我们当下所处的时代是需要无数奋斗者的时代。在大学生活中心怀理想、矢志奋斗、收获成长是十分幸运的事。希望同学们牢记习近平总书记殷切期望，努力成长成为德智体美劳全面发展的社会主义合格建设者和可靠接班人，将爱国情、强国志转化为生动的报国行，争做时代的奋进者、开拓者，时刻准备着向祖国和人民提交满意的答卷，在实现中华民族伟大复兴中国梦的征程中奋勇搏击！

同学们，学校党委将一如既往地高度重视和全力支持学生会、研究生会的建设发展。

学校各单位各部门要积极为学生会和研究生会更好地开展工作创造条件，依托学生会、研究生会开辟广大同学与学校沟通交流的渠道，从育人的角度出发，关爱学生成长，解决关系学生切身利益的问题。学校党委学生工作部门和各级共青团组织要在党委的领导下，切实落实好对学生会和研究生会工作的指导责任，提高在其内部制度建设、工作机制设计、活动组织开展、工作经费使用等方面的管理与指导，推动学生会组织规范运行、健康发展。

各位代表、各位同学，学校党委充分相信，各位代表和新一届学生会、研究生会的全体成员，一定能够按照上级组织新要求，始终坚持正确的政治方向，团结带领全校同学，继承和发扬学校学生会组织的优良传统，以立德树人为根本，以强农兴农为己任，不忘初心、牢记使命，履行承诺、勇担使命、不负众望，引领同学、联系同学、服务同学，在新发展阶段，用新发展理念，建新发展格局，展现青春热情、奉献青春才智、贡献青春力量！让我们共同努力，高举旗帜，勇担使命，奋力谱写全面建设中国特色、农业特色世界一流大学新篇章，以更加优异的成绩为中国共产党成立100周年献礼！

谢谢大家！

深化改革　勇于担当　高标准服务国家战略，高质量推进一流大学建设

——校长孙其信在中国农业大学第四届教职工暨工会会员代表大会第三次会议上的报告

（2020年1月7日）

各位代表：

现在，我向大会报告学校工作，请各位代表予以审议。

一、2019年工作情况

2019年是新中国成立70周年，是全面深入学习贯彻落实党的十九大和十九届二中、三中、四中全会精神以及习近平新时代中国特色社会主义思想的关键之年。这一年是党和国家波澜壮阔的一年，也是中国农业大学全面实施“5＋1”工程，迈出可喜步伐的一年。在学校党委领导下，全校上下坚持以习近平新时代中国特色社会主义思想为指导，全面贯彻落实全国教育大会精神，学习贯彻习近平总书记给全国涉农高校书记校长和专家代表回信精神，坚持社会主义办学方向、坚守立德树人根本任务，不忘初心、牢记使命，坚定信心、深化改革，扎实推进“双一流”建设奋进攻坚十大行动，中国特色、农业特色世界一流大学建设又取得新的重大进展。

——热烈庆祝新中国成立70周年。2 000多名师生高质量完成国庆服务保障政治任务，荣获“北京市服务保障新中国成立70周年庆祝活动先进集体”荣誉称号，141人获“庆祝中华人民共和国成立70周年”纪念章。学校扎根河北曲周46年服务乡村振兴典

型事迹获中央集中宣传报道。记录学校与共和国同奋进的《念兹在兹——中国农业大学强农兴农的十个篇章》出版，进一步彰显“解民生之多艰，育天下之英才”的办学理念。

——深入开展“不忘初心、牢记使命”主题教育。在学校党委统一部署下，扎实开展主题教育。查找各方面 75 项具体问题，推进 105 项措施整改，开展“10 项暖心工程”，主题教育取得阶段性成效。《光明日报》整版报道学校主要做法、生动实践和理论思考。

——人才培养取得新成效。招生工作平稳有序，生源质量持续提升。15 个专业入选首批国家级一流专业，5 个专业入选北京市一流专业，4 个专业通过工程专业认证。获评 7 门北京市“金课”。“营养与人类健康”获批首个交叉学科博士学位授权点。学生累计获国家级竞赛奖励 322 项。

——科技创新实现新突破。累计到校科研经费 14.19 亿元，其中横向经费 2.57 亿，增长 50%。获批国家自然基金 218 项，立项金额 2.22 亿排全国高校第 19 名，项目和经费数均重回农林高校榜首，实现探底回升式恢复性增长。获得国家科学技术奖 8 项，神农中华科技农业奖 19 项，教育部高校科学研究优秀成果奖 6 项，全国农牧渔业丰收奖 4 项，北京市哲学社会科学优秀成果奖 1 项。1—11 月份，SCI、EI 和 SSCI 累计收录论文 3 158 篇次，同期增长 17%，其中影响因子大于 5.0 的论文 364 篇，同比增长 34%。授权发明专利 423 项，同期增长 18%。

——学科建设取得新进展。农业学科排名 US news 全球第 2 名。农学与林学学科 QS 排名上升 6 位，首次进入世界前 10 名。完成“双一流”建设中期自评工作。完成 31 个一级学科 10 年发展分析，对 8 个学院 16 个学科开展第五轮学科评估前期调研。

——社会服务收获新成果。全国高校中唯一连续三年（2017—2019 年）获得全国脱贫攻坚奖创新奖，2019 年获得组织奖。定点帮扶云南镇康县实现“脱贫摘帽”。扎实推进与 6 所高校对口支援及合作工作。9 项建言献策及研究成果获得党和国家领导人批示。围绕国家战略举办 70 期继续教育培训，受训 4 000 人次。举办首届“新农人颁奖典礼暨新农人论坛”。

——国际化办学迈上新台阶。新设学生国际化培养提升项目 301 项，新增派出学生 608 人，增长 49%。获批国家留学基金委国际合作培养博士项目 7 项，列全国第一。成立国际发展与全球农业学院。主办首届 A5 联盟大学生学术竞赛。牵头国内 42 所院校与非洲 121 所院校搭建中非最大农业院校合作平台。

——教师队伍建设取得新成效。“315”人才计划到岗领军人才 2 人，杰出人才 12 人，优秀人才 89 人，普通人才 57 人。262 名教师和 91 个创新团队获“2115”计划支持。新增中国工程院院士 1 人，“长江学者”特聘教授 4 人及青年项目获得者 3 人，国家杰出青年基金获得者 1 人，入选国家“万人计划”10 人。新增博士后科研流动站 5 个。批准 15 人延迟退休，调整 2 240 名退休人员基本养老金。

——资源拓展开创新局面。推进国家农业科技创新港建设，与平谷区全面合作取得实质性进展。成立三亚研究院，服务海南省高层次人才培养和科技创新。200 名专项研究生落地烟台研究院全程培养。有机循环研究院（苏州）和健康食品产业研究院（兴化）高效运行。

——民生保障取得新成绩。学校综合财力收入 38.9 亿元，完成 18 项改善基本办学条件改造任务。开展校内违建清理共计 3 500 米^2，调配公用房面积近 10 万米^2，校内空间资源配置进一步优化。

2019 年我们在庆祝改革开放 40 年再出发的时刻,迎来新中国成立 70 周年。这一年,中国农业大学按照内涵式发展要求建设“双一流”,把人才培养、科学研究、服务国家经济社会发展、文化传承创新以及国际交流合作等各项任务继续推向更高水平,进一步坚定中国特色社会主义道路、扎根中国大地办好世界一流大学的道路自信。一年来,我们主要开展了以下工作。

(一)深入学习贯彻习近平总书记回信精神,展现服务农业农村现代化新作为

今年教师节前夕,习近平总书记给涉农高校书记校长和专家代表回信引起强烈反响,学校迅速组织开展回信精神的学习和落实。全校上下牢记习近平总书记的殷切嘱托,学习领会习近平总书记回信提出“立德树人”“知农爱农”“强农兴农”“农业农村现代化关键在科技、在人才”四个维度的深刻内涵,勇于担当、主动作为,引领全国农林高校加快推动农业农村现代化,为新时代“三农”事业作出新的历史贡献。

坚持立德树人根本任务。深入开展“全覆盖　双提升”工程,创建党建引领学生思想教育的新模式。动科学院党委荣获“全国党建工作标杆院系”,理学院化学教工第一党支部、水利研究生第一党支部、本科经管党支部获“全国党建工作样板支部”。探索“三全育人”机制创新,打造将爱国主义专题教育融入第一课堂的思政教育模式,构建“第二课堂”人才培养体系。全面落实研究生导师立德树人职责。出台《加强和改进新时代教师思想政治工作的实施意见》,进一步完善师德建设长效机制。马克思主义学院获批北京市重点建设单位,思政育人保障进一步强化。

着力培养知农爱农时代新人。连续 3 年立项思政教改专项累计 200 项。围绕习近平总书记“三农”思想,请院士、名师进课堂打造“大国三农”系列课程体系,8 049 人次选修。以“乡村稼穑情·振兴中国梦”为主题的暑期社会实践直接参与学生超过 3 000 人,获全国暑期社会实践最佳组织奖,形成全国农科学子联合实践行动等引领农科特色的社会实践品牌。围绕国家重大活动、校园周边、社区基层开展志愿服务,高质量完成世界园艺博览会、亚洲文明对话大会等重大活动志愿服务,受到有关领导同志高度肯定。全年累计时长较 2018 年增长 3 倍。

主动担当强农兴农历史使命。习近平总书记在回信中强调,广大涉农高校要以强农兴农为使命,拿出更多科技成果,加快推动农业农村现代化。在攻克关键领域“卡脖子”技术方面,李德发院士团队研发的低蛋白日粮饲料缓解了国家对美国大豆进口的依赖,引领降污染、降成本、降玉米库存、降豆粕用量等技术创新重大示范,对进一步提升我国养殖业竞争力具有十分重大的意义。在基础研究方面,田丰教授团队研究建立了玉米紧凑株型分子调控网络,为玉米理想型分子育种、培育密植高产品种提供了重大理论基础,并在 *Science* 发表我国玉米领域首篇 CNS 主刊论文。沈建忠院士团队关于可转移替加环素高水平耐药新机制的研究结果发表于 *Nature Microbiology*,为畜禽养殖业细菌耐药性防控与抗菌药物的减量化行动提供了新的科学根据。

(二)聚焦一流学科,扎实推进“双一流”建设

“双一流”建设是加快建设教育强国,满足广大人民对更高质量教育需求的战略任务,也是建设世界一流大学的必由之路。学校聚焦一流学科建设,扎实推进“双一流”建设各项任务落实落地。

持续推进教育教学改革。围绕课程育人遴选25门优质课程打造“金课”,建设15门虚拟仿真实验课程,打造28门在线课程。首次推荐北京市特级名师1人,3人获评北京市教学名师。开展研究生混合式课程、全英文课程、专业课程思政建设等课程教改216项、教材建设11项。研究生论文评阅实现全面匿名送审,顺利完成2019年国家博士学位论文抽检工作,实现零论文不合格。完善研究生招生考试自命题制度建设和体系保障,研究生招生考试平稳有序。

学生工作成果丰硕。23个学生红色“1+1”活动获评北京市示范项目。获得首都大学生心理健康节最佳组织奖,一、二等奖各1项,团体奖1项,《心理危机“井”字形防护网研究》获得北京高校党建思政工作优秀成果奖和创新成果奖。《稼穑之歌》获全国大学生戏剧节最高“金刺猬”奖及教育部文化传承创新原创奖。“农博士在线”获批教育部高校思想政治工作精品项目。获“挑战杯”大赛北京赛区特等奖2个、二等奖2个、三等奖10个,团体奖2项。

就业创业再创佳绩。毕业生就业区域更加广泛,228名毕业生加入选调生行列,人数实现7连增,定向选调地区数量位居全国高校第9名。毕业生对接岗位数与就业人数比达25∶1,通过“校园招聘”落实就业人数占49%。推动“一园区、两苗圃、多空间”的创业实践基地建设,实施研究生“种未来”2035现代农业创新创业培育项目。获“互联网+”大学生创新创业大赛(北京赛区)金奖3个、银奖6个,全国总决赛银奖3个。

科研工作扎实推进。开展“面向2035年国家科技中长期发展规划”农业农村专题战略研究,课题成果获得相关领导高度认可。教育部分子设计育种前沿科学中心完成方案编制和咨询。新获认证省部级平台8个,全校省部级以上平台达109个。农业农村部5个检测中心顺利完成复审。模式动物表型与遗传重大科技基础设施项目开工建设。

成果转化再创新高。加快推动成果转移转化,推进科技成果展示及技术交易厅、技术转移中心办公室建设。制定《中国农业大学科技成果转化办法》,签订成果转化合同36项,产生3项百万级成果专项,到校经费2 125万元。

(三)坚定实施人才强校战略,完善以贡献和业绩为导向的人才培育与评价机制

人才是发展的第一资源,是推动建设世界一流大学的根本动力。学校认真贯彻落实中央精神,坚定服务国家重大战略,持续深入实施人才强校战略,破除“五唯”,人才队伍活力显著提升。

实施“315”人才计划。深化人才引进机制改革,完善人才引进招聘体系,各层次人才和实验技术岗位实行全年招聘,随到随引。人才引进实行校院二级评议推荐,充分增强学院的自主招聘权,累计审批通过300人,其中已到岗242人。大禹青年学者论坛连续举办三届,对高水平青年人才吸引力不断增强。以樊胜根教授为代表的高层次人才正式到校入职,队伍结构持续优化,产出效能不断提升。

实施“2115”人才发展培育支持计划。坚持破除“五唯”、引育并举,打造全方位、全过程、全覆盖的精准化和个性化发展支持体系。在获得支持的262名教师及91个创新团队中,个人岗位“没帽子”教师入选比例达70%,创新团队“没帽子”负责人入选比例达30%,实现人才“不论出身、不论头衔”同台竞技,充分激发了教师队伍活力。

深化激励机制改革。将社会服务贡献作为教师工作量考核、职称评聘、分级聘任的重要评价指标,为教师服务国家重大战略、服务地方经济社会发展提供制度保障。以成

果贡献为导向制定《科研成果与社会服务贡献奖励办法》，评选出年度校级重大社会服务贡献奖励 5 项。

提升人才服务保障质量。试点实施教师在学院、交叉研究平台之间岗位“双聘”。启动奖励津贴改革研究工作，统筹各类奖励性津贴，优化薪酬资源配置。按时完成养老保险、职业年金缴费基数核定，有序进入中央国家机关养老保险系统。

(四)全面服务打赢脱贫攻坚战，精准助力决胜全面建成小康社会

打赢脱贫攻坚战是实现全面建成小康社会的重中之重。2019 年，学校坚持将服务打赢脱贫攻坚战、精准助力决胜全面小康作为践行“解民生之多艰”的扎实行动，依托 127 个科技小院、88 个教授工作站和 26 个校外基地，一大批师生扎根基层、全面出击，服务脱贫攻坚成效显著、亮点突出、影响巨大。

定点帮扶云南镇康实现脱贫摘帽。开展教育部定点帮扶云南镇康县工作以来，学校始终坚持高度的政治责任感，保质保量完成定点帮扶清单各项任务。2019 年 4 月，镇康县通过评估验收成功实现“脱贫摘帽”。

精心打造山西灵丘特色扶贫样板。农学院在国家级贫困县山西灵设立精准扶贫研究生专项，创建“精准扶贫＋实践育人”紧密结合的创新模式，并立足农科特色优势开展有机旱作助贫道路实践，帮助灵丘实现“脱贫摘帽”。

探索河边村精准脱贫创新之路。李小云教授团队在云南省勐腊县河边村开展参与式扶贫模式的实践探索，通过发展复合型产业培养农民自我发展能力，摆脱贫困陷阱、实现整村脱贫，走出了一条精准脱贫的创新之路，为全国各地特别是深度贫困地区摆脱贫困提供典型借鉴。

此外，杨宁教授带领国家蛋鸡产业技术体系岗位专家和站长积极投身扶贫工作第一线，以科技创新和成果转化为核心，通过建立适合特困地区的蛋鸡产业技术精准脱贫模式，助力 4 个国家级贫困县“脱贫摘帽”。

(五)大力推动乡村全面振兴，打造乡村振兴农大“样板间”

实施乡村振兴是党的十九大提出的重大战略部署，是决胜全面建成小康社会、建设社会主义现代化强国的重大历史任务，是新时期做好“三农”工作的总抓手。学校坚持以强农兴农为己任，放眼国际视野、坚持中国范式，探索走出具有区域特点的乡村振兴特色道路。

谋划设计服务乡村振兴战略行动实施方案。立足自身发展特色优势，聚焦产业兴旺、生态宜居、乡风文明、治理有效、生活富裕总体要求，谋划并制定学校《服务乡村振兴战略行动实施方案(2019—2022)》，打出服务乡村振兴“组合拳”。

建立国家乡村振兴研究院高端智库。成立国家乡村振兴研究院，统筹校内优势资源推动服务乡村振兴战略各项举措落实落地，多项乡村振兴理论研究和政策建议获得党和国家领导人重要批示。

打造昆明都市驱动型乡村振兴样板。结合昆明市生态宜居、文化旅游、民族融合等发展定位要求，深入昆明市 6 个村庄开展产业增值收益留村哺农等 8 方面实验，积极探索实现全面脱贫、决胜小康后经济社会和农业农村发展转型新模式、新路径。进一步推动乡村振兴法律政策保障机制创新，打造全国乡村振兴特色样板。

此外，学校相关专家参与《中华人民共和国土地管理法》修订，参与全国农村承包土

地经营权“三权分置”、农民住房财产权抵押贷款等试点工作,积极推动农村集体经营性建设用地入市、宅基地制度改革,为进一步完善相关制度的法律支撑和政策保障建言献策、贡献智慧。

(六)服务保障国家粮食安全,确保“把饭碗牢牢端在中国人自己手上”

民为国基,谷为民命。党的十八大以来,以习近平同志为核心的党中央把粮食安全作为治国理政的头等大事,坚定走中国特色粮食安全之路。学校坚持以保障国家粮食安全为己任,坚决贯彻落实“藏粮于地、藏粮于技”战略,为确保中国人的饭碗牢牢端在自己手上作出重要贡献。

整合资源服务“藏粮于地”。2019 年胡春华副总理来学校视察给学校提出强化农业科技创新,加快推动东北黑土地保护工作要求。学校贯彻落实胡春华副总理重要指示精神,立足服务国家重大战略,依托国家黑土地保护研究院,深入开展黑土地利用与保护及东北农业可持续发展研究。成立国家保护性耕作研究院,在东北开展大范围试点试验,探索出一批适合不同地区特点的土地保护利用方式和技术路线,为建立健全黑土地保护性耕作制度,助力打赢东北“黑土地保卫战”,实现农业可持续发展提供了农大方案。

综合发力落实“藏粮于技”。推动技术创新,落实“藏粮于技”成效显著。陈绍江教授团队经过 10 余年努力,在国际上首先克隆出玉米单倍体诱导关键基因,实现培育新品种 68 个,获得植物品种权 36 项,优质品种得到大面积推广。植保学院王琦教授研发的新型高效生物杀菌剂能够有效防治水稻等 16 种作物病害,解决了小麦全蚀病等 9 种病害无微生物农药可防的难题,为化学农药减量、保障农产品安全提供有力支撑。在曲周 46 年改土治碱成果基础上打造“绿色发展示范区”,大力推动技术创新,推广适水农业新模式,促进农业转型升级、提质增效和绿色发展,保障粮食高产稳产和可持续生产。

(七)打造服务“一带一路”/南南农业合作升级版,构建推动人类命运共同体农大范式

“一带一路”是习近平总书记提出并亲自推动的重大战略倡议,是中国日益走近世界舞台中央、推动构建人类命运共同体的重要抓手。学校始终坚持“办世界一流大学不仅要解决中国的问题,更要为世界发展贡献农大智慧和农大方案”的理念,为推进“一带一路”、南南农业科技教育合作,推动人类命运共同体建设贡献农大力量。

引领“智库+联盟”平台体系创新。在充分发挥“一带一路”/南南农业合作学院、“一带一路”/南南农业科技教育创新联盟平台作用的基础上,学校组建成立国际农业与全球发展学院,集中研究领域专家,强化组织体系保障,打造顶尖联盟和智库平台。

打造全球“一带一路”/南南农业合作样板。出席联合国南南合作高级别会议,发布南南农业合作研究报告。建立中非农业科教合作平台,引领国内 40 所农林院校开展中非多边合作。主办“一带一路”农业教育科技创新联盟研讨会,推进全球南南农业合作。与世界银行、国内院校签订意向书,在非洲开展“中非千户万亩工程”“中非科技小院项目”。李小云教授主持的非洲减贫发展案例《小技术大丰收》被纳入全球南南合作 40 周年成果展,以实际行动为推动构建人类命运共同体作出农大贡献。

(八)积极参与国家区域发展战略,深度服务地方经济社会发展建设

区域发展战略是党中央贯彻新发展理念,统筹推动区域协调发展的重大战略,是解决我国区域发展不平衡、不协调突出问题,推动全面建成小康社会的重大任务。学校立

足区域发展需求，充分发挥自身优势，积极参与国家区域发展战略，深度服务区域经济社会发展建设，拓展自身发展资空间资源。

推动京津冀协同发展向深度拓展。对标首都功能新定位，大力度推动国家科技创新中心建设取得实质性进展。辐射天津、河北，深化扎根河北曲周46年服务地方乡村振兴成果，成立中国农业大学鸡泽实验站，助力京津冀地区农业绿色创新发展。

服务海南省自由贸易试验区建设。充分发挥学校科技创新和人才优势，依托三亚研究院，围绕南繁种业硅谷、国际教育岛等核心职能，推动A5联盟国际高水平教育资源落地海南，积极推进马种质资源项目，深度服务海南自由贸易试验区建设。

主动担当助力南疆发展政治责任。贯彻落实中央治疆方略，开展棉花生产全程机械化研究及技术推广，推动南疆农业科技创新发展。康绍忠院士团队依托国家自然科学基金重大项目，在南疆开展旱区节水农业研究，为缓解干旱区规模化节水灌溉与土壤次生盐渍化矛盾提供科技支撑。积极引入外部资源，探索解决南疆农产品滞销问题，推动农产品产业兴旺，切实服务乡村振兴。对口支援塔里木大学，选派优秀毕业生扎根边疆，助力新疆提升自我造血能力、实现可持续发展。

此外，学校积极疏解部分教学科研功能，谋划在雄安新区开展科学研究和社会服务工作。主动对接区域食品健康、种业创新等需求，积极服务粤港澳大湾区建设。与四川省深入开展合作，以成都市新津县为突破点，助推四川现代农业发展。与吉林省签署战略合作协议，全面助力黑土地保护和可持续利用。

（九）全力推动“新农科”建设，引领高等农业教育改革新浪潮

涉农高校是强农兴农的主阵地，作为农业高等教育的排头兵，在教育部统一部署下牵头国内涉农高校开展“新农科”建设，完成安吉共识、北大仓行动、北京指南“三部曲”，“新农科”建设进入全面推进阶段。

统筹谋划“新农科”建设战略布局。完成《“新农科”内涵、概念与发展理念研究》，召开“新农科”建设和学校发展愿景战略研讨会，积极谋划学校“新农科”背景下人才培养、学科布局发展战略，前瞻谋划设立人工智能、农业智能装备工程、生物质科学与工程3个“新农科”专业。

开展“新农科”人才培养模式探索实践。修订专业人才培养方案，将“新农科”理念充分融入新课程体系。推出院级校外基地备案、校外导师备案、校级基地评选等系列增值服务，推进实习实践基地体系建设，实现产学研协同育人。与荷兰、美国、巴西以及“一带一路”沿线国家高校探索农科人才培养标准的制定和互认机制。

深化专业学位研究生综合改革。全面推行专业学位专项制招生与培养改革，包括牛精英、乡村振兴、科技小院等特色专项在内的90%以上专业学位研究生实现专项制培养。开设农业外事项目、智慧农业项目2个“学位+”项目，探索农科知识体系、人才培养体系与国家重大需求紧密融合的新举措。

（十）加强能力建设，构建与一流大学相适应的服务保障体系

学校始终坚持以人民为中心的发展理念，坚持不断提升管理水平和服务质量，坚持将学校发展成果惠及广大师生。

着力加快财务和审计改革。上线新收入网上申报系统，引入超级网银，实现跨行实时发放劳务费。推出票据粘贴和凭证影像化服务试点，实现会计档案电子化。推行新公

费医疗报销模式，解决报销排长队、报销慢的问题。建立工程管理审计制度，改进处级领导干部经济责任审计，开展专项管理审计及专项经费绩效审计。

稳步提升国有资产管理水平。坚持教学、科研、学生用房优先的原则，加大房屋资源调配力度。实行网上审核制，实现资产全生命周期管理。强化对科研急需仪器设备采购的服务，实行急事急办、随到随办。简化采购审批程序，采购时长平均比以前缩短 1/3 以上。

持续加大实验室安全管理力度。健全实验室安全责任体系，建立实验室安全检查联动监督机制，开展实验室安全专项检查。规范危险化学品收集处置，建立实验废弃物处置备案制度。上线运行实验试剂耗材采购平台，积极推进大型仪器开放共享服务。

持续提升服务保障能力。不断推进后勤管理工作精细化、智慧化，做好社区、房产、物业、幼儿园等配套管理服务，提升教工幸福指数。新图书馆正式投入使用，广大师生和社会各界好评如潮。档案管理机制持续完善，校史研究成果突显。体育馆服务学校教学及重大活动水平进一步提升。校医院医疗卫生服务保障能力进一步增强。

全面推进校园基础设施改造。全面推进改善基本办学条件基础设施和房屋修缮工程，学生宿舍应急改造、国家玉米中心大楼改造、国家饲料工业中心大楼修缮、西区自来水改造等工程顺利完成。

有力保障校园安全稳定和谐。持续完善校园矛盾纠纷排查化解体系、治安综合防控体系、安全教育管理服务体系及应急处置体系建设。加大“技防创安”投入，推进消防联网工程，保障校园安全。

持续升级校园信息化建设。完成“网络主干道”扩建，解决高峰期师生上网慢的问题。启动大数据管理及分析平台建设一期工程，完善学校基础数据库。整合信息资源，新版网上办事大厅和综合服务平台一期进入试运行。

稳步推进校外场站基地建设。涿州教学实验场平稳运行，着力增强内生动力。上庄实验站发展活力显著提升，全年实现收入 1 500 万元，较上年增长 60%。曲周实验站圆满配合完成中央媒体“曲周精神”宣传报道工作，积极推进绿色发展示范区建设。

大力推动校属企业体制改革。理顺校办产业系统的管理体制，校办产业管理进一步规范。全年实现营业总收入 2.4 亿元，上缴学校 8 000 万元。

进一步发挥工会、教代会职能。充分发挥教代会执委会和各专门委员会的作用和广大教职员工在学校重大决策中的调研、咨询、论证、审议、监督作用，全年立案提案 53 件，推动学校决策民主化、科学化。

畅通青年学生建议渠道。充分发挥学代会、研代会、校长信箱桥梁纽带作用，畅通听取和征求学生的意见建议的渠道，有效发挥学生为学校建设发展献计献策的作用。

持续提升老同志服务保障水平。充分听取老同志对学校发展意见建议，积极发挥老年大学、关工委、老教协、老科协的政治优势、专业优势和资源优势，讲好农大故事，传播农大正能量。全年走访慰问及困难帮扶老同志 1 143 人次，累计慰问金 137 万余元，补贴离退休人员公费医疗报销 3 500 万元。

充分发挥民主党派组织和无党派人士优势。充分发挥学校民主党派成员参与民主管理、民主监督的作用，组织动员广大统战成员对接国家重大战略需求，积极投身脱贫攻坚、乡村振兴建设，为推进学校改革发展、“双一流”建设提供广泛力量支持。

进一步增强校友会、基金会力量。持续加快推进校友会登记工作，广泛调动校友和社会各界力量，培育农大及各学科特色品牌项目，多渠道拓展社会资源筹集资金，2019 年获协议捐赠 4 716 万元。

各位代表，老师们，同学们！

过去一年，是学校不忘初心、砥砺前行的一年，是学校捷报频传、硕果累累的一年。这些成绩的取得离不开党中央的坚强领导，离不开教育部、北京市等上级部门的正确指导，离不开全体教职工在学校党委的领导下攻坚克难、砥砺前行的智慧与力量，也离不开离退休老同志、广大校友的支持和帮助。在此，我们向奋斗在各个工作岗位上的教职工和所有指导、关心和支持学校发展的社会各界表示诚挚的感谢！

成绩来之不易，经验弥足珍贵。总结过去一年学校事业取得的进展，我们认为有以下几点经验。

（一）坚持党对学校工作的全面领导，贯彻落实党委领导下的校长负责制

新中国成立 70 周年经验启示我们：坚持党对一切工作的领导，是中国特色社会主义制度的本质特征，实现中华民族伟大复兴中国梦的根本保证。新时代，实现加快建设世界一流大学的奋斗目标，必须坚持党对学校工作的全面领导，牢固树立“四个意识”，坚定“四个自信”，做到“两个维护”。坚决贯彻党委领导下的校长负责制，推动党中央及学校党委的各项决策部署落实落地。

（二）坚持全校上下一盘棋，提高政治站位、加强战略谋划

党的十九届四中全会从 13 个方面系统总结了国家制度和国家治理体系的显著优势，其中一个重要方面就是“坚持全国一盘棋，调动各方面积极性，集中力量办大事的显著优势”。学校的事业能够实现发展，是全校上下统一思想、凝聚力量、团结拼搏的结果。学校领导班子和各级干部必须要提高政治站位、做好战略谋划，才能团结全校师生、调动各方力量下好一盘棋。

（三）坚持解放思想、深化改革，将改革贯穿到学校各项事业发展全过程

只有坚定不移持续推动改革深入，才能够顺应党和国家的发展大势，才能够破解学校发展面临的症结难题，才能够更好满足广大师生对美好生活的向往。新形势下推动学校发展实现新突破，必须将改革贯穿到学校各项事业全过程，以壮士断腕的魄力和背水一战的勇气将改革进行到底。

（四）坚持“牵牛鼻子”“啃硬骨头”，增强斗争精神和斗争本领，推动学校发展开创新局面

实践证明，在学校发展的不同时期抓住关键问题、攻克重点难关，将带动学校整体事业发展取得新的突破。面对愈发艰巨的建设任务和发展挑战，我们需要一以贯之坚持优良传统，发扬斗争精神，增强斗争本领，以“钉钉子”的精神紧抓落实，努力推动学校发展开创新的局面。

尽管过去一年我们取得了一定成绩，但与党中央和习近平总书记的殷切期望，与广大人民群众对高质量教育的更高追求，与建设中国特色、农业特色世界一流大学的奋斗目标，与中国农业大学历史地位及广大师生对加快学校发展的强烈愿望相比，还有一定差距和不足，加快推动学校发展还面临着不少困难和挑战。一是学习贯彻习近平总书记回信精神，知农爱农新型人才，特别是创新型人才培养还需要深化改革、精准破题。二是人才队伍建设还需要持续发力，学校高层次人才以及青年人才尚未形成规模效应和团队

优势。三是创新能力和创新水平距离世界一流大学标准还有不小差距,特别是支撑农业农村现代化重大标志性成果有待实现突破。四是办学空间资源短板需要尽快补齐,今年新生入学前学校还存在 1 200 个住宿床位缺口,虽然学校通过校内资源的统筹调配暂时缓解了困难,但是尚未从根本上解决办学资源不足的短板。五是学校治理体系和治理能力亟待提升,学院发展活力尚未得到充分释放。对照党的十九届四中全会加快推动治理体系和治理能力现代化要求,学校各职能部门的管理水平、服务意识还有很大的提升空间,各级干部干事创业的担当需进一步强化,工作作风需要持续改进。六是学校还存在必须直面的历史遗留问题,比如涿州教学实验场的发展活力和发展动力问题、烟台研究院的建设体制机制问题,还有很大的发展空间,要以解决历史遗留问题为契机,卸下包袱、轻装上阵,释放动能、加快发展。

思危方能居安,我们一定要清醒地认识学校发展面临的问题和挑战,决不能躲着风险、绕着困难走,必须要直面问题、主动担当,以更坚定的信念、更宏大的魄力、更扎实的行动,竭尽全力做好各项工作,决不辜负广大师生对加快学校发展的强烈愿望和殷切期待!

二、2020 年学校工作的总体布局与工作要求

2020 年,是全面打赢脱贫攻坚战的收官之年,是全面建成小康社会、实现第一个百年奋斗目标的决胜之年,中国农业大学在这样的伟大历史中必须要实现更大的担当作为。

(一)总体布局

“5＋1”工程是学校党委推动长远发展的谋划布局和战略部署,全校上下必须进一步学习领会、贯彻落实。做好 2020 年的各项工作,学校要在党委的全面领导下,坚持深化改革、直面困难挑战,聚焦问题短板、发扬斗争精神,统筹推进“5＋1”工程。要加大力度实施人才强校工程,建设一支与一流大学相匹配的高水平师资队伍。要持续深化“双一流”工程改革创新,确保按期完成“双一流”建设任务。要大力推动资源拓展工程项目落地,优化资源配置、释放发展活力。要加快推动内部治理工程,大力提升学校治理水平和治理能力。要持之以恒开展思想建设工程,切实推动各级干部提升工作能力、转变工作作风。

(二)总体要求

1. 坚持解放思想不动摇

改革开放 40 年,解放思想始终贯穿的主线,解放思想永无止境,坚持深化改革、贯彻新发展理念的前提就是打开解放思想这个总开关。没有不间断地解放思想,我们党就不可能在十年动乱后将工作重心转移到经济建设上来,实行改革开放的历史性决策,开启党和国家新的发展时期。没有不间断地解放思想,我们党就不可能在实践中不断推进理论创新和实践创新,把改革开放不断推向前进,始终走在时代前列。没有不间断地解放思想,我们学校也不可能周折辗转、历经磨难依旧厚积薄发、阔步向前,成为引领农业高等教育的“双一流”大学。解放思想的过程就是统一思想的过程,解放思想的目的是为了更好地统一思想。要实现建设世界一流大学的奋斗目标,我们必须进一步解放并统一思想,才能最大限度地凝聚改革共识、形成发展合力。

2. 坚持深化改革不动摇

习近平总书记强调，改革开放是我们党的历史上一次伟大觉醒，是党和人民大踏步赶上时代前进步伐的重要法宝，是坚持和发展中国特色社会主义的必由之路，是决定当代中国命运的关键一招，是实现中华民族伟大复兴的关键一招。学校事业能够实现持续不断发展的根本原因，就是坚持在党委的领导下，将深化改革贯穿到学校的各项工作中。面对当前学校发展建设中的困难和挑战，我们必须高举深化改革的大旗，围绕核心任务、统筹谋划设计，聚焦主要矛盾、持续精准发力，改革再难也要坚定不移推向前进，把深化改革作为推进学校事业发展的根本动力。

3. 坚持狠抓落实不动摇

改革重在落实，也难在落实。学校的改革到了关键时期，剩下的都是疑难杂症和难啃的硬骨头。越是在这种需要咬紧牙关的时候，越是要坚定信心、凝聚共识，攻坚克难、狠抓落实，确保各项改革举措落地生根。改革持续深入，比认识更重要的是决心，比方法更关键的是担当。习近平总书记强调，改革要聚焦、聚神、聚力抓落实，广大干部要坚定决心、主动担当，把抓改革作为一项重大政治责任，把抓落实作为讲政治的直接检验。再科学的谋划不抓落实也只能是空中楼阁，再精细的方案不能落地也只能是纸上谈兵。广大干部要以“钉钉子”的精神，紧抓不放、一抓到底，把学校党委的各项决策部署落实落地，推动学校事业改革发展持续向前。

4. 坚持转变作风不动摇

在全校上下深入开展“不忘初心、牢记使命”主题教育期间，广大干部通过查找问题、紧抓整改，在切实转变作风、提高工作效率、服务广大师生、加快学校发展方面取得一定成效。对标建设世界一流大学的更高标准，对表广大师生对各级干部管理能力和服务水平的更高需求，我们一刻不能松懈，转变作风必须持续发力。各级干部要不断提升学习水平，增强谋划能力，提高斗争本领，强化创新意识，努力成为行家里手、业务精英，为更高标准服务广大师生、更高质量支撑学校发展贡献更大力量。

三、2020 年学校工作考虑

2020 年，我们要在党委的坚强领导下，以习近平新时代中国特色社会主义思想为指导，全面贯彻党的十九大和十九届二中、三中、四中全会精神，深入学习贯彻习近平总书记给涉农高校书记校长和专家代表回信精神，深入贯彻落实全国教育大会精神，坚持立德树人根本任务、担当强农兴农使命，坚持深化改革、攻坚克难，以统筹推进“5＋1”工程为主线，以高质量推进“双一流”建设为核心任务，以加快推动“新农科”建设为突破，拿出更多科技成果，培养更多知农爱农新型人才，为决胜全面建成小康社会、打赢脱贫攻坚战、推动乡村全面振兴、实现农业农村现代化、实现第一个百年奋斗目标作出新的更大贡献，为学校早日实现中国特色、农业特色世界一流大学建设目标不懈奋斗！

2020 年，学校改革发展任务艰巨、挑战众多，我们必须突出重点、紧抓关键，扎实推进各项工作。

（一）加强战略谋划设计，高质量完成 2035 发展愿景及“十四五”发展规划

全面总结过去五年改革发展成绩和有益经验，进一步明确学校发展目标定位，谋划未来学校发展建设路径，鼓舞士气，凝聚共识，共同擘画新时期学校改革发展顶层设计蓝

图。加快完成学校2035发展愿景战略研究。制定学校“十四五”事业发展规划，系统设计学校长远发展思路、主要目标和建设任务，为持续高质量推进“双一流”建设，加快建设中国特色、农业特色世界一流大学奠定坚实基础。

（二）贯彻落实习近平总书记回信精神，培养更多知农爱农新型人才

贯彻落实习近平总书记回信精神，坚持以立德树人为根本，加快推进“新农科”建设，强化“知农爱农”创新型人才培养。大力推进大类人才培养改革，修订培养方案，重构课程体系。有序推进一流专业建设，力争国家级、北京市一流专业翻倍。大力推进专业认证，谋划“新农科”专业布局，建设新兴专业。稳步推进一流课程建设，力争2020年满额入选国家级、北京市一流课程。全面推进基层教学组织建设，激发基层教学组织活力，提升教学质量和教学水平。持续深化专业学位研究生培养改革，聚焦农业农村现代化关键领域，探索专业学位研究生培养新模式。

（三）强化关键核心技术攻关，勇担强农兴农历史重任

深刻领会习近平总书记“以强农兴农为使命”重要指示精神，聚焦农业农村现代化主战场，产出重大成果，提供有力支撑。明确政策导向，聚焦关键核心技术，凝练选题方向，组织申报并开展国家级重大项目研究。加大资源投入，创新组织模式，集中优势力量，促进多学科、多团队交叉集成攻关。完善激励机制，促进成果共享，营造创新氛围，力争产出重大科技成果，实现原创性基础研究重大突破。

（四）集成服务国家战略力量，助力全面打赢脱贫攻坚战、决胜全面建成小康社会

对标决胜全面建成小康社会关键任务，集成优势力量，坚决打赢服务国家战略攻坚战。助力贫困人口实现全面脱贫，丰富脱贫攻坚理论研究及实践成果，积极开展脱贫后政策研究。充分发挥国家乡村振兴研究院等平台优势，大力推动立足地方优势、富有区域特色的乡村振兴实践，打造乡村振兴农大样板，积极开展脱贫攻坚与乡村振兴有效衔接的理论研究和实践探索。深化服务绿色发展、黑土地保护与利用等国家重大战略成果。总结产业研究院模式成功经验，构建服务地方经济社会发展新格局。

（五）更大力度实施人才强校战略，建设一流标准高水平人才队伍

坚持破除“五唯”，深化以贡献为导向的人才评价机制和培育体系。2020年是“315”人才计划收官之年，扎实做好人才引进工作，保质保量完成人才引进计划。对标学院及学科发展建设需求，总结各学院、学科师资队伍规模效应及产出效能，科学制定新一轮师资队伍规划。做好“2115”人才发展培育支持计划配套工作，精心推进人才及团队遴选，强化体系制度建设，切实推动计划各项政策保障、资源投入等举措落实落细。加大对青年教师队伍支持力度，提供海外研修机会，支持国际间课题合作，充分调动青年教师队伍发展潜力和活力。构建多维度综合评价标准，推行同行专家评价、代表作制度的专业职务晋升评价体系，打破“破格”晋升限制，激发教师潜能。

（六）持续深化“双一流”建设体制改革，确保高质量按期完成建设任务

以“双一流”动态考核及新一轮学科评估为契机，确保高质量按期完成阶段性建设任务，谋划学校长远发展学科布局。进一步统筹“双一流”建设资金，切实增强学科自主权，提升学科产出效能，进一步巩固一流学科优势。健全前沿交叉研究院建设机制，大力促进前沿新兴学科实质性交叉融合，培育新兴学科增长点，提升前沿交叉学科竞争力。做好新一轮学科评估准备工作，精准定位、补齐短板，确保传统学科优势的同时，力争实现

新突破。对标“新农科”建设新要求，完成学校 2035 发展愿景战略研究，为学校长远发展做好学科布局和战略谋划。

（七）扎实推进资源拓展项目，大力提升开放办学水平

加快推进平谷农业科技创新港建设规划及设计方案落地，建立健全工作机制、强化资源投入保障，力争尽快开工建设。大力推动三亚研究院及热带种业科技创新中心建设，引进国际高水平教育资源项目落地，高质量服务海南自由贸易岛建设。进一步完善烟台研究院建设机制，拓展专业学位研究生承载功能，服务山东打造乡村振兴齐鲁样板。进一步理顺涿州教学实验场建设及管理体制，提升服务水平，激发内生动力，为学校“双一流”建设作出应有贡献。与此同时，在拓展办学资源中充分发挥校友优势，广泛吸纳社会资源，拓展校地、校企合作路径，提升开放办学水平。

（八）贯彻落实党的十九届四中全会精神，推动治理体系和治理能力现代化

贯彻落实党的十九届四中全会精神，推动学校治理体系和治理能力现代化。启动校院两级管理体制改革，深入调研、制定方案，广泛开展试点、统筹全面推进。在财务预算、人才引进、职称晋升等方面切实增强学院自主权，进一步释放学院发展活力。完善大学章程，推动学校规章制度建设规范化。推动构建权责清晰、体系完备的督办工作制度，保障学校重大决策部署推进落实。下大力气提升校务公开工作水平，确保学校各项制度、举措准确传达到基层广大师生，营造健康有序、积极向上的校内外舆论氛围。

（九）实施升级版国际交流合作，引领农大特色的“一带一路”/南南农业合作

推动实施以我为主、主动开放的国际交流合作升级版。深化世界高水平涉农高校 A5 联盟合作交流机制创新，打造高水平大学联盟标杆。深入推进 A5 联盟及“一带一路”沿线国家高水平大学高层次合作，构建深度互动的国际合作网络。打造高质量学生国际合作交流项目，提升国际化人才培养水平。深化外专引智项目创新，推动高标准国际化课程建设。集成“一带一路”/南南农业合作学院、国际发展与全球农业学院、“一带一路”/南南农业科技教育创新联盟平台优势，引领具有农大特色、农大风范的“一带一路”/南南农业合作。

（十）集中发力推进思想建设工程，切实提升能力、转变作风

持续推进思想建设工程，在提升工作能力、转变工作作风上花大力气、下苦功夫。持续巩固“不忘初心、牢记使命”主题教育成果，推动理论学习常态化、制度化，切实提升各级干部学习能力和理论水平。大力度推动解放思想、转变观念，增强各级干部战略思维和谋划水平。坚持攻坚克难，增强斗争意识、斗争精神、斗争本领。作风建设永远在路上，坚定不移推动各级干部切实转变工作作风。

（十一）改善办学条件，全力保障民生

进一步树牢“以人民为中心”的发展理念，坚决贯彻执行群众路线。扎实做好教育教学、校园规划及家属区等基础设施建设，努力改善办学条件。进一步提升后勤保障水平，增强广大教职员工幸福感、归属感。加快推动西校区文化体育中心、外国专家公寓等民生保障工程建设，在发展中惠及广大师生。

各位代表、老师们、同学们！

回顾成绩，令人鼓舞，我们满怀豪情；展望未来，蓝图美好，我们重任在肩。2020 年，在以习近平同志为核心的党中央坚强领导下，我们将实现全面建成小康社会，阔步迈向第一个百年奋斗目标！处在百舸争流的发展时代，站在不进则退的历史潮头，中国农业

大学建设中国特色、农业特色世界一流大学的奋斗目标不得有丝毫松懈，不能有半点动摇！希望全体师生和各级干部在学校党委的领导下，时刻保持迎难而上、攻坚克难的干劲，时刻保持奋勇争先、昂扬向上的拼劲，时刻保持敢为人先、追求卓越的闯劲，不负时代重托、勇担历史使命，为早日实现建设世界一流大学目标不懈奋斗！为决胜全面建成小康社会、实现“两个一百年”奋斗目标作出中国农业大学新的历史贡献！

坚定信心，共克时艰

——2020春季开学第一课

校长　孙其信

（2020年2月21日）

中国农业大学全体同学：

突如其来的一场新型冠状病毒性肺炎疫情对国家经济社会稳定造成了巨大冲击，给全国人民的生活带来了不便，同时也已给全国教育系统包括我们高校的疫情防控工作带来了巨大挑战。

当前，全国疫情防控阻击战已经取得了阶段性成果。这场疫情经历了去年12月的初期感染期，到今年1月中旬的积累期，再到1月下旬进入感染暴发期，新增确诊病例人数持续高位长达一个多月。2月中旬以来，疫情开始从高位回落，湖北省以外的疫情也基本得到控制，湖北武汉的疫情扩散趋势也得到了有效遏制，打赢这场疫情防控战胜利在望！

疫情发生以来，学校第一时间成立了防控领导小组，把师生身体健康和校园安全稳定放在各项工作的首位加以部署、安排落实。截至今天，校园内无疫情！全校28 800多名师生只有一位博士后研究人员在湖北感染，也已经治愈出院！我们将全力以赴确保校园安全，等待同学们顺利、安全、安心返回校园！

同学们，按原定计划今天是全校开始新学期课程的第一天。受疫情影响，我们今天采用视频的方式向全体同学集体上新学期第一课，这种方式在中国农业大学115年办学历史上也是第一次。同学们能经历这样一次特殊的第一课，值得在你们的人生中留下难忘的记忆！

根据学校安排，在今天的开学第一课上，校长也参加上课。借此机会，我以老师和校长的双重身份给全体同学讲一讲这堂课的“绪论”。

一、疫情防控彰显中国特色社会主义制度的强大优势

新冠肺炎疫情暴发以来，党中央高度重视，把疫情防控作为当前最重要的工作，全国动员、全员参与、全国一盘棋，采取了最全面、最严格的防控举措，打响了一场疫情防控的人民战争。

各省迅速进入重大突发公共卫生事件一级响应，各地区联防联控、细化落实，确保医

务人员就位、医疗物资就位、政策保障就位、社区防控就位。仅仅用了10多天时间，拥有上千张床位的火神山、雷神山医院拔地而起，10余座“生命之舱”方舱医院投入使用，为实现患者应收尽收提供了坚实的保障。

一方有难，八方支援。党中央紧急动员各方医疗力量支援湖北，湖北省外的19个省对口支援湖北16个地市。3.2万名来自军队和地方医务人员舍生忘死、火速驰援，前往湖北开展患者救治。全国上下众志成城、齐心协力，矢志打赢这场疫情防控的人民战争、总体战、阻击战！这就是中国速度、中国规模、中国效率、中国制度的坚定自信！

二、助力打赢疫情防控战，农大学子主动担当、责无旁贷

国之兴亡，匹夫有责。在举国上下抗击疫情的关键时刻，中国农业大学20 000余名学生坚决响应号召，全力支持抗击疫情！我要为同学们在这场突如其来的疫情防控战中表现出的组织纪律性和社会责任感点赞！

防止疫情扩散最关键的环节就是阻断人员流动，切断传染路径。学校发布延迟开学通知以来，我们没有任何一名学生私自返校。特别是疫情最严重的湖北地区526名学生全部听从学校统一指挥，全力配合疫情防控。大疫当前，广大学生服从命令、居家不动就是对疫情防控的最有力支持，就是对公民义务的最自觉履行，就是对社会责任的最主动担当！

三、在多难兴邦中砥砺品行、奋发图强

同学们，唐代贤相陆贽曾说过：“有以无难而失守，有以多难而兴邦”。多难兴邦记录了一个伟大民族的兴衰史，是成就一个伟大国家的磨刀石。同学们作为担当民族复兴大任的时代新人，在学生时代经历这样一场疫情，更应当在国家和人民的苦难中砥砺品行、磨炼意志、奋发图强。一要养成高尚人格，传播和践行“大爱之心”；二要厚植新时代肩负中华民族伟大复兴重任的历史责任感；三要养成发奋努力的自强毅力，士不可以不弘毅，任重而道远；四要立志成为社会主义事业的合格建设者和接班人；五要努力成为推动实现农业农村现代化的知农爱农、强农兴农的栋梁之材。

四、学校制定周全计划，为全体学生的学习生活和毕业就业保驾护航

这场疫情给广大师生的生活、学习和工作造成了不小影响，学校研究制定了详细周全的工作计划，为全体同学的学习、生活、毕业、就业提供坚实保障。

一是学校已经制订了“延期开学，停学不停课”的教学计划，春季学期计划开设的1 623门本科生理论课以及495门研究生理论课均改为网上授课。二是各类课程涉及相关实验课程和实习实践推迟进行。三是研究生开题答辩、中期考核等视疫情防控情况采取网上实施或推迟安排。四是及时发放学生专项补贴，对湖北地区家庭经济困难学生以及家人确诊感染的学生发放专项补助，按时足额发放本科生、研究生国家助学金以及研究生“三助”津贴，提前发放研究生学校助学金。五贯彻落实党中央、国务院以及教育部、北京市对做好毕业生就业工作的各项要求，结合学校今年6 000多名毕业生实际情况，学校制定了针对性促进学生就业的十条举措，全方位保障全体毕业生的就业需求。

五、担当国字号"双一流"大学历史责任，学校全体师生服务坚决打赢疫情防控人民战争

作为国字号的"双一流"建设大学，在国家危难、人民受苦的关键时刻，想国家之所想、急人民之所急的奉献和担当已经深深烙印在中国农业大学与国家和人民同心同德、同向同行的办学历史中。疫情发生以来，全体师生以自己的实际行动捍卫着对国家和人民的忠诚。

学校国家农业农村发展研究院2月2—14日期间通过深入调研，形成了20份关于疫情对农产品生产、养殖业以及食品安全的影响和应对机制等政策建议的专项报告，受到了党中央、国务院的高度重视和积极好评。

学校国家乡村振兴研究院提交了"当前疫情对脱贫攻坚的可能影响及若干建议"的政策报告，受到了国务院有关领导的高度肯定。

学校MBA中心主任付文阁教授向广大校友企业家发起了"疫情期间保供给、不涨价的倡议"，得到了广大校友企业家的积极响应和落实。疫情面前，全体农大人的心紧紧相连，用实际行动诠释了"解民生之多艰"的办学理念！

学校各部门、各学院全覆盖每一位学生，与你们建立起一对一联系，时刻关心你们的身心健康状况。各学院书记、院长以各种方式传递对你们的关心和支持。班主任、辅导员以24小时随叫随到的坚守确保你们的安全健康。1月30日，姜沛民书记和我给湖北省全体同学写了一封慰问信，表达了对疫情最严重地区同学的深切关心。我们收到了湖北地区同学的回信，收到的更是同学们战胜疫情的决心和正能量！

学校后勤保障、安全保卫以及医疗部门的每一位员工顶风雨、冒严寒，舍小家、为大局，守卫校园安全稳定，确保工作正常运转，在此我代表学校向所有为抗击疫情付出艰苦努力的同志们表示衷心感谢！

最近，网上有一篇《全民战疫檄文》，这篇文章的第一段是这样说的："予观五千载中华历史，罹难无数；几百代炎黄儿女，挫而弥坚。天灾疫祸，皆被贤哲化险；雨骤风狂，总有英雄挽澜。远溯外辱，近忆非典；曾经危亡，风轻云淡。是故人无不逾之山，国无不克之难，世无不治之患。殷忧启圣，多难兴邦，古今之事，大道具瞻。"疫情阻挡不了中华民族这艘巨轮前进的坚实脚步，更动摇不了中华儿女实现伟大复兴梦想的坚定信心！

同学们，今年是实现党中央确定的"第一个百年目标"最关键一年，是打赢脱贫攻坚战的收官之年，是全面建成小康社会的决胜之年！中华民族即将迎来实现伟大复兴的历史时刻！

世界正在发生深刻变化，中国在发生深刻变化，农业也在发生深刻变化！中华民族正在实现伟大复兴的壮阔道路上奋勇前行！中国农业正在实现现代化的伟大进程中全面振兴！中国农业大学正在中国特色、农业特色世界一流大学的建设目标中奋力追梦！

拨开云雾见天日，守得云开见月明！同学们，让我们携起手来，团结一心，共克时艰，一起取得疫情防控阻击战的最终胜利！

老师们共同期待，在风和日丽的春光里，与你们重逢在温馨美丽的校园！

祝全体同学健康平安！

校长孙其信在 2020-9 次校长办公会上的讲话

（2020 年 3 月 24 日）

2020 年党政工作要点已经学校党委常委会审议通过，按照学校议事规则，校长办公会要研究落实党委常委会决议。刚才周旭峰同志把党政工作要点中的行政工作又梳理了一遍，各位分管行政工作的校领导也提出了修改意见。下面就做好今年学校工作的总体要求和重点任务，我再强调几点意见。

一是要充分认识完成全年工作任务的重要性和艰巨性。重要是因为今年是国家全面建成小康社会、打赢脱贫攻坚战的决胜之年，是"十三五"规划收官之年，也是"双一流"建设第一轮动态验收之年。完成好今年各项工作任务十分重要，学校要圆满地做好"十三五"收官，为"十四五"奠定良好的基础，大家务必要高度重视起来。艰巨是因为要统筹抓好疫情防控和学校发展各项工作，特别是当前疫情形势出现了更为复杂的变化，给我们推动工作增加了难度、造成了困难，特别是北京作为首都，恢复正常的经济社会活动时间可能还要更靠后一些。在这样的压力和挑战下，我们更要绷紧弦、铆足劲，不折不扣落实党政工作要点任务要求，全力以赴抓好疫情防控和事业发展。

二是明确总体指导思想，统筹做好疫情防控和学校事业发展，做到两手抓、两手都要硬。党中央已经召开了统筹疫情防控和经济社会发展工作会议，明确要求做好疫情防控工作的同时，有序恢复经济社会发展。对学校来说，按照正常的情况，我们已经开学一个多月了。第一季度马上就要结束，学校全年的工作必须要加快推进，决不能以疫情防控为理由放松学校事业发展的责任感和紧迫感。

三是认真研究制定工作要点任务的具体落实方案。目前距离学生正式开学返校还有一段时间，在做好疫情防控的基础上，各位行政工作分管校领导要充分利用这段时间，部署分管部门抓紧研究制定工作要点和各项任务的详细落实方案，要确保任务落实到部门，责任压实到干部。昨天召开的中央疫情领导小组工作会议上，已经明确当前疫情防控工作重点是"外防输入、内防反弹"，所以随着国内疫情形势持续向好，我们也必须要着手加快推进各项工作。

四是进一步细化工作任务指标，确保可量化、可考核。目前的工作要点中，还存在定性要求多、定量描述少的问题，这也是我们工作中一个比较突出的短板。各位分管领导务必要在具体落实的方案中制定可量化、可考核的任务指标，通过指标数据体现计划的目标性和导向性，突出任务的重要性和紧迫性。特别是在学校事业发展的核心关键任务上，必须要有明确的指标。比如我们在推进"315"人才工程上，就明确制定了 3 年 450 人的指标，这对推动工作、完成任务是十分重要的。所以包括学校综合财力、基建设施、科研经费、人才队伍、学生培养、社会服务等核心工作的关键指标，都需要进一步加以明确。

五是抓紧筹划召开学校 2020 年度工作会议。学校的年度工作任务已经明确，当前疫情形势下，要通过视频会议或者其他适当方式向全校师生准确传达精神、明确释放信号，统一思想、凝聚力量，加快推动各项工作有序开展。此项工作会后由党政办负责，抓紧研究落实。

2020年各项行政工作任务已经在党政工作要点中明确，我从“11＋1”板块模式对重点任务再进行一下说明。

一、推进治理体系和治理能力现代化

加快推进学校治理改革是我们贯彻落实党的十九届四中全会精神的重要举措，也是学校当前深化改革亟待破解的一个重大难题。这里有几项工作要重点强调一下，一是要全面梳理当前制约学校发展的治理体系和治理能力方面存在的问题清单，明确问题到底出在哪里，短板在什么地方，改革从何入手？我反复强调，校院两级管理体制改革不能解决所有治理体系和治理能力问题。这项工作请龚元石同志抓紧研究，提出方案。二是要建立学院（院长）工作会议制度，从近一年来新任院长的工作总体来看，在战略思维、大局意识、工作能力、担当作为等方面距离“双一流”大学院长的标准还存在一定差距，甚至存在不作为、乱作为的问题。要建立起学校和学院工作研讨会议制度，并以此为切入点，推动治理改革，党政办就这项工作要尽快研究提出建议方案。三是相关部门的干部以及人力资源配置要进一步优化和加强，发展规划处、社会服务处等部门都承担着比较重的工作任务，但是因为各种原因，干部短缺、力量不足，部门的队伍建设还需要进一步加强，以更好地支撑和保障工作任务的高质量完成。请张东军常务副书记和党委组织部抓紧推进。

二、“知农爱农人才培养”

这部分工作，在第2020-8次校长办公会上已经进行了专题研究，提出了总体工作方案，并结合校长履职工作亮点要求制定了年度重点任务，要把“三全育人”相关工作一并纳入整体工作中，各部门要切实抓好落实。同时也请辛贤副校长考虑，结合今年可能召开的全国研究生教育大会，研究“知农爱农”研究生培养相关改革举措。

三、“双一流”建设和战略规划

一是学校“十四五”发展规划的编制工作，首先要尽快拿出组织保障、总体安排等一揽子方案，报学校研究通过后抓紧启动。特别是今年下半年要召开学校党代会的背景下，必须要明确时间节点，加快推动进度，高质量完成规划编制。二是“十三五”规划完成情况的总结评估工作也要立即启动。三是要在本年度内完成学校2035发展愿景规划的编制，这对我们做好“十四五”发展规划的总体设计和方案编制具有非常重要的指导意义。以上工作请元石同志抓紧落实。

四、科研工作

一是结合学校“十四五”规划，就校级层面服务国家重大战略开展科研攻关的方向、目标和任务要旗帜鲜明地亮出来，在工作要点中我们已经提出开展黑土地保护的一系列任务举措，这就是充分展现学校层面服务国家战略的主动作为。二是经费、项目、成果、人才等一系列科研工作重点任务的预期指标，在落实国家总体评价改革的基础上，结合学校实际情况，要进一步明确。

五、积极地继续大力实施人才强校战略

必须要旗帜鲜明地把这个口号喊出来，我认为有三个关键词要认真领会，积极、继续、大力，相关部门在落实工作的时候一定要充分体现这三个关键词的根本意图。一是积极，要避免消极的、负面的情绪。二是继续，必须坚定不移地按照既定的工作计划和方案持续推进。三是大力，要加大力度，这里的加大力度不是单纯地增加投入、扩大规模，而是从优化结构、提高质量、提升层次上花大力气，力求突破。

六、服务乡村振兴和脱贫攻坚，助力决胜全面小康

就当前学校开展的服务脱贫攻坚和乡村振兴工作来看，需要进一步聚焦。一是坚决打赢脱贫攻坚战，核心任务就是要做好定点帮扶镇康工作，从人力、物力、财力保障和支持上，要确保把定点扶贫镇康的政治任务完成好。二是推动乡村振兴，2019 年我们在昆明的示范区已经开了个好头，需要进一步聚焦把昆明这个乡村振兴样板间建设好。

七、开拓社会服务新格局

社会服务是办学资源拓展的延伸版、扩展版，实质上是要通过提升社会服务成效来获取更大力度的支持。一是谋划一批产业研究院落地烟台，落实学校做大做强烟台研究院的工作部署。二是落实与四川省战略协议，大力推动与四川省合作。三是抓实与河北省合作，服务京津冀一体化发展。四是以黑土地保护为抓手，抓实与吉林省战略合作。五是以参与京瓦中心和推动平谷校区建设为切入点，抓实与北京市合作。六是以发展和拓展有机旱作农业为契机，抓实与山西省、大同市的战略合作。七是以推动昆明乡村振兴示范区为突破，落实与云南省、昆明市战略合作。八是以做实水产物联项目为抓手，深化与广州市南沙区合作。以此为契机，学校要抓紧谋划，积极参与粤港澳大湾区建设。九是以全面推进三亚研究院建设为带动，落实与海南省、三亚市的深度合作。十是以对口支援工作为着力点，推动助力新疆、西藏的发展建设。以上十个方面的工作，请元石同志和社会服务处认真研究落实。在人员队伍短缺问题上，适当增加编制人员的同时，可以考虑项目制等灵活的聘任方式进行配置和加强。

八、深化全球合作

这里强调一点，在新形势下加强同美国的合作，特别是高等教育领域合作，教育部非常重视康奈尔大学。去年我们同康奈尔大学的高层领导进行了比较深入的沟通，对方的态度是积极、正向的，这给双方进一步深入加强合作提供了宝贵时机。要在进一步研判

基础上，加大人力、物力、财力的投入和支持力度。要加强国际发展与全球农业学院建设，做强南南农业合作学院，抓实A5联盟各项工作。

九、全力推进办学资源拓展

近期我们已经向教育部做了专题汇报，也取得了一些积极进展，在2020年的工作中还需要全力推进。

十、学校支撑保障总体工作

总体工作包括财务、审计、后勤保障、基建工程、国资管理、校办产业、离退休、校友会、工会等一系列工作，都要按照既定工作安排抓好落实。这里要强调一点，受到疫情的影响，今年需要完成的修购项目要千方百计加快推进，确保年度资金能够按进度执行，把相对有限的财力发挥出最大的效用。此外，学生宿舍管理改革工作也要加紧研究，探索推进流动式、公寓式的宿管管理模式，在校内住宿资源总体紧张的情况下，提高资源利用效率。

十一、继续抓好疫情防控和校园稳定

一是关于疫情防控工作，要按照北京市有关要求和学校的工作部署抓好落实。当前国外疫情比较严重，形势也比较复杂，美国、意大利、英国、西班牙等疫情较重的国家能控制到什么程度也不好判断。境外的国内留学生回国的愿望越来越强烈，其中有一批已经陆续回国。国际学院是派出留学生的大户，未来做好这些学生的管理和防控挑战依然不小。二是关于正式开学的工作方案，我们需要尽快着手研究制定，做好充足预案。另外现在已经有学院提出已经结束隔离期的在京研究生申请提出返回学校开展学习和科研工作，在校园疫情总体稳定可控的情况下，我们能不能制定合理的政策，引导学生有序开展学习和科研工作，也需要进一步研究。但前提是，学校一定要在全国一盘棋要求下，严格执行北京市有关政策，这些客观情况要与学院充分沟通，解释清楚。三是学生心理问题需要重点关注，受到疫情影响，我们已经有学生出现了因为毕业、就业、出国等压力产生的心理问题。相关学院工作到位，及时有效进行了干预。但是疫情过后心理问题集中爆发的可能性是存在的，相关部门要做好充足的应对预案。

“11+1”中的“1”，就是除了11个板块的行政工作以外，学校“5+1”工程中的思想建设工程。在党委的统一领导下，思想建设也需要同步抓紧、同步推进，更好地保障各项工作任务的落实落地。

完成好2020年的各项工作，时间紧、任务重，难度高、挑战大，希望各位分管领导以更加主动的担当、更大力度的投入，抓好工作任务的研究部署和推动落实，保质保量完成本年度工作任务！

校长孙其信在研究学生返校准备工作专题会上的讲话

（2020 年 4 月 17 日）

今天我们召开专题会，研究学生返校相关准备工作。根据目前的形势判断，学生在本学期返校只是时间早晚的问题，不能再有任何怀疑，更不能存在任何侥幸心理。所以与之相关的各项准备工作，必须要拿出“实战”的具体办法。按照目前的统计，我们学校今年的毕业生总计有 6 000 多人。按照国家卫健委、教育部、北京市关于疫情防控常态化以及学生返校的相关工作要求，我们面临的准备极其复杂、工作极其繁重、责任极其重大，容不得半点放松和懈怠。

昨天，国家卫健委发布了《大专院校新冠肺炎疫情防控技术方案》，网上已经出现了不同声音的议论。我们的 6 000 多名学生返校将会面临着很多困难，几乎很难严格按照方案要求落实各项工作。所以我们必须要发挥各方面智慧，深入研究、精心谋划，拿出一个可操作的“实战”方案。

校长办公会已经就学生返校相关工作进行了专题研究。网上有评论说今年的毕业要求不会降低甚至更高，我认为这不是实事求是的态度。按照北京市目前的总体安排，毕业生很可能 6 月份才能返校，等学生返校以后再完成论文、组织答辩，时间上已经明显来不及了。所以现在必须要坚持实事求是的原则，力戒形式主义，不能在疫情防控的特殊时期把工作复杂化、形式化。研究生的论文送审、毕业答辩、学位授予，本科生的毕业实习、毕业设计、毕业论文等工作方案如何进一步统筹设计、尽快落实，是当前我们不得不必须直面的难题。

从目前北京市疫情防控形势看，越来越多的迹象表明其他年级的学生在本学期返校的希望不是很大。即便可以返校，学校的空间保障等各方面条件都面临着巨大挑战，所以我们必须要立足实际情况。如果不能制定一套可操作的针对性“实战”方案，学生返校是不可能实现的。

基于以上背景，我们可以得出两个判断：一是本学期毕业年级学生返校是必然的，比较大的可能性是 5 月底或 6 月初毕业生返校。二是疫情防控常态化是必然要求，即使学生返校了，也不意味着我们的疫情防控可以松劲了、歇歇了，反而要面临着更大的压力。今天是全球疫情暴发以来境外单日新增确诊病例数最多的一天，特别是美国、法国等国家正处于暴发期，全球还将处在一个长期的疫情高峰期。习近平总书记在中央政治局常委会上强调，要做好疫情防控常态化，这是对国际、国内疫情形势和发展趋势的准确判断。只要境外危机没有完全解除，外防输入的政策就不会变、力度就不会减。这也就意味着，我们很可能不仅要扛过这学期，到秋季学期依然还要保持一个常态化的防控状态。

钟南山院士在接受采访时表示，个别病例不应妨碍复工复产，我是十分赞成的。但是像黑龙江绥芬河从俄罗斯输入的大量病例，以及广州大量的非洲人口可能存在的风险隐患仍需要高度重视。北京市已经开始部署加快推进复工复产、推动经济恢复，明确了健康码互通互认、促进餐饮消费、加快释放消费潜力、做好五一假期消费引导、传统商场转型升级、有序开放文体活动以及室外体育健身场所等举措，这是在确保疫情防控常态化要求下，释放出加快恢复经济社会发展的强烈信号。所以学校的返校复学也必然是要直面的问题，不可能长时间、无极限地延迟下去。

根据目前的情况估计，我们应该还有一个多月的时间来准备、筹划学生返校。按照北京市的统一部署，所有高校分批、分时返校，最后一批很可能也到7月份才能返校。既然学生必然要回来，就应该赶早不赶晚，要抓紧研究、尽快确定、提早申请，争取尽早通过北京市的检查验收，顺利完成学生分时、分批返校。

基于这以上判断，我们必须要增强紧迫感、危机感，从以下六方面做好准备，拿出“实战”工作方案。

一是要细化学生返校批次和返校方案。国家卫健委发布的技术方案对学生返校前、路途中、返校后都进行了详细的规范，对学校出现疑似或确诊感染等情况的应急处置也提出了明确要求。我相信北京市进行检查验收，也一定会参照相关标准执行，所以我们必须要考虑学校的实际承载能力，计划好学生分批、分时返校安排。按照6 000多名毕业生返校准备，宿舍、教室的消毒、通风，分班上课和标准距离要求的教室条件，食堂分座位用餐等都是空间保障上存在的巨大困难，必须想方设法解决。如果北京市不调整相关政策，我们只能按照当前标准来准备，特别是对口罩的严格要求，按照原计划储备的数量已经不足以应对，其他物资储备和条件保障也必须要做好充分准备。

二是要加快落实教学、考试、实践和实验课程安排。毕业生已经基本完成所有课程，重点是做好毕业实习、毕业论文、毕业答辩等工作。大量的其他年级学生已经开展了网上学习，效果比较理想。学生们非常关注考试，有很多课程已经结课，如果等到1～2个月返校以后再组织考试，恐怕是不现实的，需要拿出针对性的办法。学生的实习、实践也是一道难题，即便其他年级学生6月份可以返校，如果北京市政策要求不变，离京实践后返京仍然需要隔离14天，这种情况如何应对要有明确方案。这同时也与暑假安排紧密关联，是否要利用暑假补课、调整暑假安排等，这些问题也必须要抓紧研究。秋季学期本身就事务繁多、压力不小，如果把相关安排都寄希望调整到秋季学期，恐怕会产生更多问题。包括2019级和2020级两批学生的军训问题，也必须要提前谋划，必要时要主动向教育部、北京市等上级相关部门请示报告，尽早提出合理建议。

三是切实解决好毕业生资格审查、论文答辩、学位授予等问题。毕业生面临的问题更加突出，如果按照一个月之前的乐观估计，研究生的学位授予还有比较大的调整空间。但从目前形势看，毕业生不会早于5月底返校，返校后要完成资格审查、毕业论文、毕业答辩、学位授予等工作的时间非常有限，压力不小。关于学生毕业问题，校长办公会已经提出了指导性原则，明确尽量降低受疫情影响的延期毕业生比例。一是要确保毕业生按期毕业，按照既定计划顺利就业，保障学生利益不受损害，二是尽量避免因为延期导致的各种心理问题。要允许并积极指导学生适当调整论文题目、内容，结合当地生产实际完成毕业论文。要设计好网上答辩相关内容、程序、环节，妥善做好毕业答辩。

四是细化应急预案，确保后勤保障坚强有力。这项任务十分繁重，也极端重要。要严格按照国家卫健委发布的技术方案以及教育部、北京市相关要求，扎扎实实做到每一项规定动作不打折扣。要严格对照隔离观察点配置的有关要求，在现有东、西校区校医院以及继续教育学院培训中心设置隔离点的基础上，全面排查、补齐短板。要制定机制健全、体系完备、操作性强的应急预案，否则一旦出现疑似感染或确诊病例等特殊情况，就会出现手忙脚乱、无从应对的情况，后果不堪设想。

五是要编制学生返校后疫情防控常态化细则手册，做好学生的疫情防控和应急处置教育工作。学生返校的第一时间就要讲好疫情防控第一课，要把学校按照上级要求做好疫情防控的工作安排讲清楚、讲明白、讲到位，返校之前要准备什么，路途中必须注意什么，返校后应该如何配合学校、遵守规则、严格执行都要明明白白传达到每一位学生。这些工作要充分发挥班主任、辅导员的作用，做细致、做扎实。特别是学生返校后外卖、快递数量很有可能大幅增加，如何守好校门、确保校园“干净”，也是必须要妥善解决的问题。

六是结合学校实际制定研究生复试和本科生招生工作方案。关于研究生复试工作，教育部已经出台了相关规定，我们要结合学校实际情况，尽早确定复试方案。同时还涉及调剂等一系列问题，学生、老师们都在观望，十分焦急，在工作节奏上要尽量往前赶。但必须坚持的原则是，无论通过什么形式、什么方法进行复试，底线和红线都是坚决不能触碰的。各学院要充分发挥主观能动性，尽快拿出科学合理、行之有效、稳妥周全的复试办法。本科生的招生工作首先要充分考虑到高考延迟带来的一系列问题，按照往年的进度，现在应该是招生宣传最关键的时期。受疫情影响，实地进行招生宣传已经无法实现。但是我们要解放思想、开动脑筋，特别是要用好、用足强基计划这项政策，做好招生的方案调整和工作落实。

希望各部门能够从稳定学校大局出发、从保障师生利益出发，把方案做得更扎实、更细致、更完善，确保学生返校后疫情防控和各项工作平稳有序开展！

顺应潮流、乘势而上，在重大历史选择期高质量谋划学校长远发展新蓝图

——校长孙其信在学校发展规划工作会上的讲话

（2020 年 4 月 21 日）

同志们：

根据工作安排，我们今天召开学校发展规划工作会议。刚才姜书记介绍了会议召开的背景，元石副校长把开展学校规划工作的总体思路、工作原则、工作部署和工作要求做了详细说明，这是学校党委常委会研究通过的工作方案，请各单位认真组织学习，抓好落实。

最近我注意到，国内有部分高校已经启动“十四五”规划编制工作，召开会议的主题基本都是“学校‘十四五’规划编制工作启动大会”。但是今天我们召开的会议是“学校发展规划工作会”，根据会议要求，结合谋划学校长远发展规划的考虑，我谈三点意见。

一、鉴古知今，在历史巨变中把握发展规律、找准重大机遇

1.世界历史进程中的重大变局

在世界历史进程中，出现过若干次重大变局。每一次变局的产生，可能会改变一个区域的政治结构，也可能影响一个大陆的政治生态，甚至会重塑全球性的政治格局。两千多年前，处于战国时期的中国诸侯割据、战争频繁，秦国连横合纵统一六国，建立了中央集权的统一国家，开启了中华民族发展的新纪元，是公认的中国乃至世界历史进程中的重大巨变。历史的车轮滚滚向前，两千年后的中国又经历了一场经济社会发展的历史巨变——改革开放，我们每一个人都是改革开放的见证者、参与者、受益者，没有改革开放就没有富强民主的新中国，没有改革开放就没有这一代中国人正在享受的美好新生活。回望古今，历史告诉我们：无论世界发生怎样的变化，不变的是在巨变中蕴藏的重大机遇和选择，这是基于哲学思想的基本判断，也是亘古不变的发展规律。历史也同样启示我们：一个一成不变、停滞不前的时代，是缺乏机遇、发展缓慢的时代，只有深刻把握历史规律，才能在对历史的深入思考中汲取智慧、走向未来，才能在历史巨变中抓住机遇、赢得时代！

2.世界科学、教育、经济中心的转移

大学承载着人才培养、科技创新、服务经济社会发展的重大使命，要找准自身的发展定位，就必须清楚地了解世界历史进程中科学、教育、经济的变化轨迹和发展规律。

古代世界科学史、教育史经历了古巴比伦、古埃及、古希腊和古代中国的漫长变迁，为近代教育、科学和经济的飞速发展奠定了坚实基础。近代以来，世界科学、教育、经济中心的转移几乎并驾齐驱、同向而行。经历了中世纪黑暗时期的意大利，在文艺复兴中涌现出哥白尼、伽利略等科学家，更孕育了“现代大学之母”博洛尼亚大学，成为近代第一个科学、教育中心。随着工业革命的深入，以英国为代表的西方帝国迅速崛起，出现了牛顿等一大批奠定现代科学基础的伟大人物，开辟了力学、化学、生理学等多个现代学科，建立了剑桥、牛津等老牌名校，成为世界上第二个科学、教育中心。在英国之后，法国、德国也相继成为新的科学、教育中心。“二战”后，美国在经济文化等各方面取得了举世瞩目的成绩，建立了高水平的现代教育体系，抓住了量子力学及信息技术革命的机遇，迅速站在世界科学领域前沿，取代德国成为保持至今的世界科学、教育、经济中心。伴随着综合竞争力的转移，无一例外的规律就是当一个国家对世界科技成果贡献度超过了25%的时候，都会成为世界的核心力量。

3.当今世界处于“百年未有之大变局”

习近平总书记强调，当今世界正处于百年未有之大变局。如果说科学、教育、经济中心的转移代表了过去两千年世界的重大变局，那么近代两三百年来世界政治、经济、教育、科技格局发生的巨变可以说前所未有、风雷激荡。

经济发展的“大变局” 回溯历史，世界经济重心很长一段时间在北大西洋两岸，西欧诸国和北美成为全球经济的重要支柱。但近百年特别是近几十年来，世界经济正在悄然发生着格局性变化。一个最重要的标志就是新兴国家经济增长对全球经济增长的贡献份额持续增加，成为世界经济增长的驱动力。20世纪初，西方国家工业品总量占世界的50%，到了20世纪70年代，已经超过了90%。但新兴国家经过近半个世纪的快速发

展,目前工业品总量恢复到了占全球的40%。有关预测到2050年,很有可能实现新兴国家与西方发达国家重新平起平坐、各自占据全球经济半壁江山的局面,全球经济版图将出现更加均衡的积极性变化。

中国在这场经济大变局中,发挥着不可替代的作用。1978年,中国经济占世界的份额只有1.8%。经历了改革开放40年的风云巨变,到2018年中国经济占世界的份额又恢复到16%以上,达到美国的2/3,已经为世界第二大经济体。国际货币基金组织对今年新冠疫情暴发以后的世界经济进行预测,2020年全球经济增长下降3%,西方发达国家降幅更高,只有为数不多的新兴国家维持正增长。在又一个全球性巨变"新冠肺炎"的影响下,世界经济格局又将发生新一轮变革,而中国经济在疫情冲击下彰显出的巨大韧性,必将为世界经济稳定和发展作出新的贡献。

科技创新的"大变局" 21世纪以来,全球科技创新进入空前密集活跃时期,新一轮科技革命和产业变革正在重构全球创新版图,也在深刻影响着世界的发展。欧盟发布的一项报告显示,中国研发总投入资金和在世界级刊物上发表的论文数均超过了欧盟,在若干传统技术领域以及若干新兴前沿领域已经处在领跑位置,个别领域进入领跑阶段。新一轮全球科技改革浪潮席卷而来,成为引领百年变局的核心动力。在这次巨变中,尽管科技创新能力强大的美国等西方发达国家仍担纲主角,但以中国为代表的新兴国家正在努力改变世界科技创新格局,向科技产业变革的第一方阵迅猛进发。

政治格局的"大变局" 追溯历史发展的轨迹,社会的重大变革源于经济改革,而后延伸到政治领域。在经济、科技、教育等多重驱动力的牵引之下,当今世界的政治格局也在重新"洗牌"。一是发展中国家群体性崛起,伴随新兴经济体和发展中大国地位上升,包括发展中国家在内的G20集团在全球经济治理中的作用日益突出,全球开始从西方主导向共同治理转变。二是多极化呈新态势,经济格局的变化推动世界政治格局的演化,大国间博弈和战略竞争有所加剧,原有以大国协调为重要支撑的国际政治秩序面临挑战。三是多种政治制度的较量越演越烈,特别是在全球疫情暴发情况下,政治制度的角力也正在改变世界格局。

全球治理的"大变局" 从"一战"后诞生的国际联盟,到"二战"后建立的联合国,百年来国际组织在推动全球治理、维护世界和平稳定等方面发挥了非常重要的作用,但大国在其中扮演的核心主体角色仍然是毋庸讳言的。近年随着国际竞争合作的深入,全球性问题不断增多且日趋复杂,特别是在需要更多协调的经济、安全和气候治理领域,现有的治理体系已经很难适应,全球治理碎片化问题已经十分严重。中国的崛起成为世界和平的稳定剂,但西方媒体却歪曲为一种对现有治理体系的威胁和挑战。作为大学,我们在谋划自己发展和进步的同时,必须要为国家和民族的崛起服务,为重建全球治理体系服务。

宗教人口的"大变局" 人口是国家的关键性战略能力,也是国家战略能力的前提和基础。有关研究表明,基督教人口比例呈现持续下降趋势。从全球来看,到21世纪末伊斯兰教将成为世界信仰人口最多的宗教,这种宗教信仰格局的变化也必将给世界治理带来巨大挑战。

二、认清大势，在百年未有之大变局中精准识变、科学应变、主动求变

习近平总书记强调，当前中国所处的近代以来最好的发展时期正与世界百年未有之大变局同步交织、相互激荡。变局中危与机并存，克服了危便是机，失去了机便是危。当今中国正敞开放之胸怀、秉共享之鸿志，成为世界和平的建设者、全球发展的贡献者和国际秩序的维护者。中国农业大学要顺应世界大势、国家大势，就必须在变局中精准识变、科学应变、主动求变，才能在建设中国特色、农业特色世界一流大学的进程中、在持续变化的世界大势中，抢抓机遇、顺势而上。

1.精准识别“农业之变”

中国作为农耕文明的发源地，在五千年的发展历史中深谙农业发展规律和文化精髓。作为中国现代高等农业教育起源地的中国农业大学，我们没有理由不精确把握当今世界农业发展的科学规律和大势所趋。

粮食安全是永恒主题 联合国粮农组织预测，到2035年世界人口对谷物需求28亿吨、肉类4.7亿吨，这些数据与2018年相比还分别需增长34%和50%才能满足届时将达到87亿的世界人口需求。同时，受到经济发展、资源与环境承载力制约、全球气候变化等因素影响，粮食安全将面临更加严峻的挑战，是中国和世界共同面对的永恒主题。疫情期间，保障广大百姓粮食安全的根本要求更加体现了习近平总书记“把饭碗牢牢端在中国人自己手上”指示的极端重要性。

农业科技创新是主旋律 目前，我国的农业科技进步贡献率达到58.3%，预计2020年将达到61.5%，科技创新驱动农业发展已经成为主旋律。从全球范围看，农业科技已经逐渐呈现以生物技术化、合成化，生产过程智能化，农业作业无人化，食品生产工业化的科技创新引领的可持续发展模式。重大科技突破正在引发农业产业发生重大变革，生物技术将显著加快种业变革，生物合成技术将很有可能颠覆农业业态，智能农业将带来无人农业的生产方式，一二三产融合催生出“第六产业”。

农业发展模式转型升级 农业发展模式随着经济社会发展在不断转型升级，今天的农业已经不是几十年的农业，未来的农业也必然会是一番新的景象。我国的传统农业产值在国民经济份额中持续下降，而与农业和农产品密切相关的其他产业的份额在逐渐提升，正在实现从初级食物供给单一功能向生态环境、乡村景观与文化等多元化功能拓展的转型升级。现代生物技术、信息技术、工程技术等在现代农业发展中的融合运用越来越明显，“绿水青山就是金山银山”的绿色发展理念更加深入人心，乡村振兴战略的全面实施正有力推动农业农村向现代化大踏步迈进。

2.科学认识“高等教育之变”

大学作为延续至今最古老的社会组织之一，始终在延续中发展、在创新中进步，大学的变革也在引领着高等教育的重大变革。

世界高等教育在变 举一个发生在我们自己身上的例子，就可以显而易见地感受到世界高等教育的变化。40年前的改革开放初期，中国农业大学的追赶目标是德国的霍恩海姆大学，当时我们的学术论文、人才质量、科技成果等指标都全面落后于他们。但是随着改革开放40年的快速发展，现在可以说我们已经超过了霍恩海姆大学。在2019年举办的中德合作办学40年纪念大会上，霍恩海姆大学的现任校长告诉我，他对中国包括中

国农业大学40年来的飞速发展感到惊讶，这充分说明高等教育的变化是无时无刻的，更是无比迅猛的。与此同时，本科教育作为高等教育的立命之本、发展之源，已经成为世界高等教育发展的规律性认识。

高等教育职能在变 作为现代高等教育的开端，意大利博洛尼亚大学建立之初主要承担着人才培养的功能，经过洪堡教育理念提倡的人才培养和科学研究，到现代高等教育威斯康星思想提倡的人才培养、科学研究和社会服务的综合载体，高等教育发展到今天，已经成为促进经济社会发展的重要机构。

中国高等教育在变 办好高等教育，事关国家发展、事关民族未来。作为中国共产党领导的社会主义大学，中国的高等教育始终要按照习近平总书记提出的“四个服务”为根本要求。2019年9月5日，习近平总书记给全国涉农高校的书记校长和专家代表回信，给新时代中国高等农业教育科学应变、主动求变提出了新要求。“知农爱农”“强农兴农”为我们建成中国特色、农业特色世界一流大学，助力实现农业农村现代化指明了根本方向。

三、乘势而上，在重大历史选择期高质量谋划学校长远发展新蓝图

中国农业大学在服务国家“三农”事业的坚定脚步中发展进步，也在风云变幻的前行道路上面临着诸多挑战。可以说，学校进入了一个重大的历史选择期，要决定我们建设一所什么样的中国特色、农业特色世界一流大学，如何建成这样一所世界一流大学？思考清楚、回答准确这个问题，事关学校服务国家战略的能力和水平，事关学校长远发展的方向和路径。在重大历史选择期，我们必须站在这样的起点高质量谋划学校长远发展的新蓝图。

1. 谋划新蓝图的战略性选择——结构和质量

要谋划好学校长远发展的新蓝图，首先要做出战略性、方向性选择——结构和质量。结构决定功能、质量决定价值，对于中国农业大学来说，结构就是要科学谋划学科布局，质量就是要提升每一个学科的竞争力，进而确定发展目标、建设路径、奋斗方向，真正建设成为中国特色、农业特色世界一流大学。

与康奈尔大学、瓦赫宁根大学、加州大学戴维斯分校、德州农工大学等世界公认的高水平涉农高校相比，我们的学科结构还相对比较单一，就是农业科学实力很强，已经可以排进世界前三，某种程度上这也是过去十几年我们按照学校第一次党代会确定的“世界一流农业大学”的建设目标扎实奋斗的结果。但是按照习近平总书记提出的“中国特色、农业特色世界一流大学”的建设目标，现有的学科结构是不能满足要求的，目标也是无法实现的。到底是按照几所高水平涉农大学的成功经验走，还是大胆探索、勇敢尝试走出一条具有中国农业大学特色的新路子，这是必须要通过深入研究、认真谋划来回答清楚的一个问题。确定学科布局以后，还要以对标一流的态度和追求卓越的韧劲，切实提升每一个学科的竞争力，把蓝图绘制的美好画面变成现实。

2. 谋划新蓝图的战术性要求——理念、思路、方法、态度

谋划学校长远发展的核心就是谋未来、谋战略，抓机遇、求发展，要从理念、思路、方法、态度上设计战术，以工笔画的精神画好蓝图。

放眼未来的超前理念 谋划好发展规划，就需要有放眼未来的超前理念，不仅要做

好“十四五”的五年规划，更要谋划2035年甚至更长远的发展方向和发展路径。放眼未来的关键就是要解放思想。思想解放的程度决定了着眼未来的广度，思想越解放、看得越长远，谋划得就越具有前瞻性。但是解放思想不意味着主观臆想、凭空遐想、胡思乱想，要坚持实事求是的原则，遵循事物发展的客观规律。

登高望远的清晰思路 在世界科技、教育、农业飞速变化的今天，如果没有登高望远的意识，就无法准确判断形势，很可能会看错方向、走了弯路。坚持登高望远的清晰思路，就必须坚持高标准、高质量。要面向世界，在这个全球化的时代，闭门造车是行不通的；要面向前沿，面向农业前沿、科技前沿、教育前沿，面向全球治理变革的重大挑战；要面向国家重大需求，坚持把服务经济社会发展作为建设一流大学的根本思路。

实事求是的科学方法 科学的谋划方法，就是要坚持实事求是，科学分析研究事物的发展规律和发展趋势。根本的举措就是要开展扎扎实实的科学研究，特别是定量化的分析研究。各学科、各专项要在分析研究上做足功课、下足功夫，规划质量高不高，首先要看分析研究透不透。任何一个学科的谋划，要对标领军目标的建设思路、发展举措，更要审视身后追赶者的发展势头，才能准确找到自身定位，在激烈的竞争中实现长远发展目标。

高度负责的严谨态度 态度决定成败，发展规划的成败事关中国农业大学的未来。规划决定了我们的奋斗目标、奋斗路径和奋斗方向，必须要以对党和国家事业负责、对人民负责、对学校负责的态度开展工作。责任要压实到各工作组，落实到各层次负责人，确保交出一份高质量的答卷。

扎实做好学生返校复学工作
创新适应疫情防控常态化

——校长孙其信在学校学生返校工作部署会上的讲话

（2020年6月3日）

同志们：

今天我们召开学生返校工作部署会，会议的主要任务是部署落实返校复学工作方案。刚才东军同志代表工作专班介绍了学校为迎接学生返校所做的总体安排和工作部署，这意味着学校已经正式启动学生分期分批、错时错峰返校工作。疫情发生以来，全校师生坚定信心、同舟共济，以一个干净、安全的校园迎来学生们的返校。

学生返校复学是全国疫情防控取得重大战略成果的重要标志，也是做好疫情防控常态化的重要任务。早在今年3月，学校已经根据疫情防控形势需要，成立专班并启动学生返校的各项准备工作。在此期间，我们优化工作方案、健全防控体系、细化工作流程，防控机制高效运转、各项措施落实到位。学校的返校工作方案在提交至上级有关部门后，顺利得到批复。昨天上午，北京市教工委常务副书记郑吉春同志带队来校进行检查验收，给我们的各项工作给予了充分肯定。学校党委常委会、校长办公会对工作方案进一步研究完善，为学生返校做好全方位准备。

学生返校是对做好疫情防控常态化的一次大考，虽然学校已有两个月的精心筹备，还只是一个模拟方案。但是今天会议之后，这个方案就进入到实战阶段，既要保障返校学生的安全，也要营造出温馨的氛围，这是对学校疫情防控工作的全面考验。学校前期的各项工作主要是在职能部门层面进行谋划，学院参与的相对比较少。今天的会议结束以后，还要召开各项工作落实的专门会议。因此，各个学院需要对方案进行认真学习，同时也要制定“一院一策”的工作方案，做到思想上再重视、行动上再提速、落实上再压实。结合会议要求，我讲四点意见。

一、全面准确理解疫情防控常态化

全面准确理解常态化疫情防控的科学内涵，事关疫情防控成效的巩固深化，事关当前返校复学各项工作的平稳有序推进，更事关全面建成小康社会和“十三五”规划圆满收官。习近平总书记对此次疫情做出了科学、客观、准确的判断，即“三个最”：新冠肺炎疫情是新中国成立以来发生的传播速度最快、感染范围最广、防控难度最大的一次重大突发公共卫生事件。疫情发生以来，在党中央的统一领导和指挥下，中国采取了最全面、最严格、最彻底的防控措施，疫情防控取得重大战略成果。与此同时，习近平总书记反复强调疫情防控不是一朝一夕能完成的工作，它是一项持久的、全方位的“阻击战”。那么，为什么说中国的新冠疫情防控还没有取得最终的全面胜利呢？我认为有以下两个方面的原因。

一是海外疫情仍然处在持续高发阶段。纵观世界疫情发展形势，西班牙、意大利、德国、法国已于3月下旬先后达到新增确诊病例的高峰点，即第一拐点。但由于累计确诊病例基数大、资源限制、应对不足等多方面因素，这些国家疫情仍然处于“长尾”阶段。美洲，特别是南美洲疫情依然处在高发期。美国的确诊病例数仍然高居全球第一，巴西的日新增感染人数已达近3万，美洲可能会继欧洲之后成为全球又一个集中的暴发点。在非洲，以南非和埃及快速增长的趋势来看，疫情形势依然复杂严峻。此外，距离我们国家很近的人口数量庞大的印度，疫情发展还存在高度的不确定性和不可控性。

二是中国疫情防控不可能独善其身。习近平总书记强调：“面对严峻复杂的国际疫情和世界经济形势，我们要坚持底线思维，做好较长时间应对外部环境变化的思想准备和工作准备。”病毒是没有国界的，它是全世界、全人类的共同敌人。在这样一个全球疫情暴发的格局下，中国一方取得决定性胜利是不可能的。此前黑龙江哈尔滨市发生聚集性疫情和医院内交叉感染，吉林由于外部输入导致本地感染的案例，都说明国内局部地区疫情的反弹风险依然存在，更加充分证明了在人类命运共同体背景下，任何一个国家都不可能独善其身。

面对疫情防控常态化，每一位同志都要有清醒的认识，要准确把握疫情防控从战时状态向平战结合的转变。新冠肺炎疫情对今年我国经济社会发展的影响和冲击是巨大的，自4月份以来中国经济快速地复苏，这在世界经济史上绝对是独一无二的。但是疫情必然会导致全球格局，包括经济格局、政治格局、科技格局、教育格局发生系列连锁反应，这些都会直接和间接地与我们产生密切联系。以就业为例，学校每年毕业生中大概有16%的学生要赴海外深造学习，而且最大的留学目的国是美国，但是今年的形势很难判断。现在中外合作办学已经在国外的学生，是否会受到相关政策影响，也难以预测。

所以我们一定要对这种形势下的疫情防控常态化做好全方位的思想准备，不仅要做好自己的事情，对海外可能突发的“黑天鹅”“灰犀牛”事件所产生的直接和间接影响也必须要有清醒的思想认识。

二、创新适应疫情防控常态化

面对疫情防控常态化的新形势和新要求，我们要从心理上、行动上主动调整、创新适应。首先是常态化的心理准备，要调整和适应常态化防控下正常学校生活，疫情防控阻击战转化为阵地战、持久战要有充分的心理预期，既要居安思危、又要临危不乱，既要保持紧张、又要有条不紊。学校很难在短期内恢复到没有疫情状态下的办学模式，我们必然要有一个适应较长时间疫情防控的思想准备。其次是常态化的防控措施，之前我们认为储备的12万个口罩能够满足学生返校需要，现在看起需要更大力度的物资储备才能够适应常态化的防控需求。此外，有专家预测中国的疫情还会有第二波、第三波，我相信在中国出现疫情反弹的概率是非常非常低的，但全球疫情的不可预测性必然对中国提出更高的防控要求。所以我们的各项举措、物资保障、方式方法都必须要有常态化的准备。

当前国内疫情防控成效取得重大战略成果，这样的成绩来之不易。但是，要更好地适应疫情防疫常态化，就需要我们创新性地开展各项工作。

一是要科学适应疫情防控常态化。习近平总书记反复强调，科技在这次疫情防控中发挥了重大的作用。5月29日习近平总书记在给袁隆平、钟南山、叶培建等25位科技工作者代表回信中指出：“面对突如其来的新冠肺炎疫情，全国科技工作者迎难而上、攻坚克难，在临床救治、疫苗研发、物质保障、大数据应用等方面夜以继日攻关，为疫情防控斗争提供了科技支撑。”在昨天中央召开的专家座谈会上，习近平总书记再次充分肯定科技力量、科研工作者在打赢疫情防控阻击战中的重要作用。因此，我们必须以科学的态度对待疫情防控，不能存有侥幸心理。要在严格落实党中央、教育部、北京市政策基础上，全力以赴做到科学防控、精准施策，为学生返校奠定坚实基础。通过全体师生的共同努力，可以自信地说，我们的校园是一片安全的“净土”。

二是要创新适应疫情防控常态化。疫情防控常态化既是对科学决策、狠抓落实的考验，也是对创新工作理念、工作方法的考验。在疫情防控关键时期和春耕生产重要时节，广大农村地区迫切需要统筹推进疫情防控和春耕备耕。为贯彻党中央提出的全力支持春耕农业生产的需要，学校主动担当、积极作为，在符合疫情防控要求前提下，大力支持学生参与春耕生产相关科研活动，这就是我们的工作创新。

三是要担当适应疫情防控常态化。当前还没有找到治疗新型冠状病毒肺炎的特效药，疫情防控仍将持续较长一段时间。我们的部分同志还存在着不敢主动担当的思想，我认为这不是科学适应，不是创新适应，更不是担当适应，会给学生返校以后的教学科研工作造成巨大的困难和挑战。每位同志都要清醒认识到疫情防控的长期性、复杂性和艰巨性，做到思想上不松劲、行动上不懈怠。

三、落实落细返校工作方案

我们的返校工作方案经过反复研究，形成了包括返校前、返校途中、返校后三个环节，24 个方面具体工作的子方案。材料已经印发给各位，刚才东军同志进行了详细的说明，我不再重复。就落实落细方案工作任务，确保学生平安有序返校复学，我提三点要求。

一是要全面无遗漏地落实全部工作举措。这是做好学生返校复学工作的最根本要求，请各位同志务必牢记在心。在学校整体工作一盘棋中，任何一个环节的疏漏都会导致全局工作受损。比如，学生返校后在校门口、在宿舍、在食堂等任何一个场所都可能出现发热等突发状况，如果在某一个微小的环节没有做细致、做到位，都将会对学校的总体工作造成巨大影响。再比如，对学生返校前的信息摸排工作，数量巨大、任务繁重，如果对某个学生的流行病史、旅行史、接触史的排查出现了遗漏，这样的学生一旦返校就会埋下重大隐患。学校的工作方案已经做到了全覆盖、无遗漏，各学院、部门一定要认真学习、严格对照加以落实。

二是要建立统一指挥、协调分工、统筹推进的落实机制。学生返校复学是一个十分复杂的系统工程，在疫情防控常态化的要求下，做好这项工作更需要建立起统一指挥、协调分工、统筹推进的落实机制。学校已经研究决定在东、西两个校区分设总指挥，东校区为李培景同志，西校区为张东军同志，他们代表学校工作专班负责统一指挥调度。在此基础上，各学院、部门必须要切实承担起工作责任，加强沟通协调、统筹推进落实，避免出现漏洞、盲点。

三是要压实学院工作责任。我再强调一下，因为前期学院参与学校总体方案制定相对较少，对工作方案中的流程环节还需要进一步地熟悉掌握，以便更好地开展工作。建议今天会后，各学院党政领导班子要认真研究，拿出学院落实工作具体方案。

四、扎实做好毕业生就业工作

受到疫情的冲击和影响，包括高校毕业生在内的就业问题成为今年经济社会发展面临的最大挑战，党中央高度重视并想方设法通过“六稳”“六保”解决就业难题，维护大局稳定。在刚刚结束的“两会”上，就业也成为最受关注的热点问题。政府工作报告提出，今年解决新增劳动力就业人口 900 万。大家要清醒地认识到，仅今年全国高校毕业生就有 874 万，这也就意味着相当一部分的毕业生要面临着巨大的就业压力，学校的就业工作正面临着十分严峻的挑战。如果学校、学院、导师不能够为解决学生就业问题拿出切实有效的应对举措并且见到成效，我认为这是不符合中国特色社会主义大学本质要求的。

疫情发生以来，学校党委和行政以高度的政治责任感，坚决贯彻落实党中央国务院、教育部以及北京市做好就业工作的各项决策部署，出台了学校《毕业生就业促进行动方案》，并提出了确保建档立卡贫困学生百分百就业等特殊时期的工作举措。但是从截止到昨天的最新就业数据来看，我们学校的总体情况不容乐观，仍需更大努力。截止到 6 月 1 日下午，全校毕业生的就业率为 43.7%，意向就业率为 61.7%，较去年同期均出现不小的降幅。

所以，就做好下一阶段的就业工作，我再强调两点。

一是要把上级有关政策落实落细、用足用好。近期有关部门出台了两项推动就业的重要政策，一项是教育部印发的《在普通高校继续开展第二学士学位教育的通知》，另一项是科技部、教育部、人力资源和社会保障部、财政部、中国科学院、自然科学基金委等部门联合印发的《关于鼓励科研项目开发科研助理岗位吸纳高校毕业生就业的通知》。这两项政策对做好今年的就业工作具有特殊的重要意义，相关部门和学院务必要高度重视，把落实文件要求作为贯彻党中央“保就业”决策部署的重要举措，坚决完成就业任务。

二是要建立全员参与帮扶就业的工作机制。学校就业创业办公室作为协调负责部门，承担着就业工作的主要责任。但是在今年疫情影响的特殊背景下，仅靠就业创业办公室的力量来完成就业工作任务是不现实的，所以我们提出要建立全员参与帮扶就业的工作机制。所谓全员参与，就是要求全校上下从就业创业办公室到各个学院，从每一位导师到每一位干部，所有人都要把解决好就业问题作为当前一项重要的政治任务，主动参与、积极沟通，发挥优势、调动资源，为确保每一位毕业生工作有着落、就业有保障贡献自己的力量。

利用今天会议的机会，我想再谈一谈学院治理工作。近几年来，学校通过坚持不懈地深化改革，在人才强校、双一流建设、办学资源拓展等方面都取得了比较好的成效，释放了改革红利。但是在学校当前治理中的一个比较明显的短板，就是学院治理的不足。我们亟须通过改革来提升治理水平，这不仅是贯彻落实党的十九届四中全会精神的重要举措，更是学校建设世界一流大学的迫切需要。

我举一个例子，学校的人才强校工程已经实施了近三年，总体上取得了比较明显的成效。一些学院通过引进高质量人才，充分释放了发展活力，学科水平显著提升。但是也存在个别学院收效甚微，甚至基本上没有什么变化。究其原因，主要还是学院的治理能力存在明显不足。

一是贯彻落实不坚决。学院在学校改革政策的落实工作中缺乏思路、缺少办法，学校已经明确释放了改革信号、提供了政策支持，但是学院层面落实不下去、见不到成效，这就需要学院从自身查找问题、分析原因。

二是管理考核不严格。个别学院对引进的人才缺乏科学的管理和考核评价，一些能力有限、水平不足、成果缺乏的人才考核结果为合格甚至优秀，没有形成积极向上、良性竞争的工作环境和工作氛围，人才发挥不出最大效用，学科实力就无法得到真正提升。

三是支持服务不到位。一些学院通过研究生名额、办公条件、资金支持、服务保障等各种途径和手段最大程度上给予人才以支持，人才的工作活力和发展潜力得到充分激发和释放。但是个别学院对招生指标等相关政策落实不到位，对人才发展的服务保障力度不足，人才强校、强学科的成效大打折扣。

学院治理改革是一项长期的、具有重大意义的机制性建设工程，在学校党委确定的“5＋1”工程中，内部治理工程就是推动学校、学院治理体系和治理能力改革的重要抓手。作为校长，我将花更大力气、下更大功夫来推动这项工作。

这次全球蔓延的疫情更加凸显了中国特色社会主义制度的显著优越性，党中央始终坚持把人民的生命安全和身体健康放在第一位，不惜以按下经济发展“暂停键”的巨大牺牲，来确保人民的安全，这与西方资本主义社会以“选票、钞票、股票”为第一导向的政治立场形成了鲜明对比。中国统筹推进疫情防控和经济社会发展的举措是实事求是、科学精准的，中国人民团结一心抗击疫情的磅礴力量是坚定自信、不可战胜的，中国疫情防控取得的重大战略成果和为世界疫情防控作出的重要贡献是有目共睹、震撼世界的。实践证明，只有在中国才能实现这样一个夺取疫情防控胜利的伟大壮举！

同志们，我们要在疫情防控的考验中，更加坚定“四个自信”、树牢“四个意识”、做到“两个维护”，把学生返校复学各项工作落实落地、做细做精，为疫情防控常态化下高校全面复学、如期完成全年经济社会目标任务、实现全面建成小康社会作出应有贡献！

“疫”失·“疫”得·“疫”思

——校长孙其信在中国农业大学2020年毕业典礼上的致辞

（2020年6月23日）

亲爱的2020届毕业生同学们：

大家好！

在来毕业典礼现场的路上，奥运场馆前“离时一片雪，归时万人忙”这两句标语引起了我的注意。2020年对我们所有人而言，注定是不同寻常的一年，对即将毕业的你们更是如此。今天，学校举行这样一场不寻常的“云毕业典礼”，我相信，这场特殊的毕业典礼一定会给你们留下难忘的记忆。

由于北京市疫情出现的新变化，按照北京市疫情防控的最新要求，很多同学无法回到校园，不能来到现场。我知道，大家都希望能身穿学位服在校门前留念，希望能和父母在校园里走一走，希望能和老师、同学们欢聚一堂，为自己的大学生活画上一个圆满的句号。值得欣慰的是，今天有近100位毕业生代表来到了现场，他们是全体毕业生的代表。看到他们，我感到就像5 000多名毕业生都在现场一样亲切。在这样一个特殊时刻，请允许我代表学校，向全体毕业生同学和你们的家人在疫情中经历的各种艰难表示慰问，向圆满完成学业的各位毕业生致以最热烈的祝贺！

春去夏至，时节如流。一场始料不及的疫情，让人毫无防备，来势汹汹。大家可能很少有人在北京亲身经历过2003年“非典”疫情，当时全球的感染人数有8 000多人。今年的1月20日，当新型冠状病毒被证实人传人后，我曾有一个美好的愿望，希望这次疫情不要超过“非典”的流行规模。3天后，当党中央决定武汉封城的时候，我们都期待着在春暖花开之时，同学们能够顺利返回学校，开始正常的学习与科研活动。但是，这个诡异的病毒正在颠覆所有人的认知。3个月后，在党中央的坚强领导下，全国人民上下团结一心、众志成城，打赢了武汉保卫战。从3月底开始，学校的师生员工就已经开始忙碌起来，为大家的返校和毕业做好各项准备。但是，始料不及再次降临。6月11日，北京市结束了连续50多天无新增病例的历史，新发地市场发生聚集性疫情，警报再次拉响。按照疫情防控的最新要求，学校临时决定举办这场中国农业大学115年历史上前所未有的“云毕业典礼”。在这场抗击疫情的全民战争中，每一位同学都是亲历者、参与者和奋斗者，这必将是一次刻骨铭心的记忆，更是一次终生难忘的宝贵经历。

杜甫有一首诗叫《偶题》，诗曰：“文章千古事，得失寸心知。”曾国藩有一句话：“得不足喜，失不足忧。”《左传》亦云：“君以此始，必以此终。”坦然面对得与失，才是人生大智慧。这场疫情让我们失去了很多，但失去也意味着另一种获得，这正是中国传统文化中得失观和舍得观的精髓。今天，我想与同学们交流一下对“得与失”的体会。

这次新冠肺炎疫情，是新中国成立以来在中国发生的传播速度最快、感染范围最广、防控难度最大的一次重大突发公共卫生事件，中国在疫情中的损失可以说是巨大的。那些牺牲的抗疫烈士和遇难同胞背后是一个个家庭的悲剧，中国经济同样遭遇了历史上罕见的重大挫折。据估算，这样一场尚未结束的全球性疫情，将会导致全球16万亿美元的经济损失。这是怎样一个概念呢？大家都知道2008年给世界各国经济带来深远影响的金融危机，造成的经济损失也仅有10万亿美元。

世界卫生组织总干事谭德塞在前不久闭幕的第73届世界卫生大会上，讲过这样一段话，我深有感触。他说：“冠状病毒夺走了我们很多东西，但也留给了我们一些东西：它提醒我们什么才是真正重要的，并带来了一个共创未来的机会。……让希望成为克服恐惧的法宝，让团结一致成为战胜分裂的法宝，让人类的共同精神成为战胜人类共同威胁的法宝。”面对这样一场全球性重大疫情，我们每个人、每个社会、每个国家都失去了很多。但是经历过这场疫情之后，我们得到了什么呢？

我们见证了中国举国体制“集中力量办大事”的巨大制度优势 自信是民族对自身价值的充分肯定，是将命运掌握在手中的坚实底气。我们反复讲“四个自信”，讲中国特色社会主义制度自信。纵观疫情发生以来的全球形势，我们看到了中国取得的巨大成绩，也看到了以美国为代表的西方国家病毒肆虐、人权危机等乱象。我们完全有理由相信凭着社会主义制度的显著优越性，中国一定能成功化解这次危机，彻底战胜疫情。大年三十前一天，拥有千万人口的“九省通衢”武汉市，史无前例地宣布“封城”，人民正常生活按下了“暂停键”。西方没有任何一个国家、任何一个城市能够做到。最近，北京突发的疫情让我们看到了党中央、北京市采取的果断举措。在疫情防控常态化要求下如何做好常态化防控，北京为全国乃至世界树立了典范。面对疫情，白衣天使、人民军队、科研先锋、基层干部共同筑起抗击疫情的“钢铁长城”。10天内拔地而起的火神山、雷神山和迅速大规模改建的方舱医院，成为西方学习和效仿的样板。我特别注意到，有一位来自陕西秦巴山区的高三毕业生，在武汉已经封城的情况下，瞒着家人几经辗转来到武汉郊区，做了2个月的志愿者。中华民族的这种优秀品格、中国应对疫情的精准防控，真正展现了中国精神、中国力量和中国效率，充分发挥出社会主义集中力量办大事、办难事、办急事的制度优势。

我们见证了中国共产党以人为本的坚定执政理念 中国疫情防控率先取得阶段性成效，一个根本的理念是，把人民的生命健康放在首位，践行了中国共产党以人民为中心、以人为本的执政理念，也更加彰显了中华文化的强大自信。春秋时期，齐国的管仲在《霸言篇》中就曾讲过：“夫霸王之所始也，以人为本。本理则国固，本乱则国危。”以人为本的人文精神是中华文化的精神内核，也是中华民族对人类文明发展的重要贡献。疫情发生以来，党和国家始终坚持人民至上、生命至上的理念，沉着应对、果断决策，不惜一切代价，最大程度提高治愈率、降低病亡率，充分展现了中国共产党的使命和担当。与此形成鲜明对比，在美国新冠肺炎疫情持续恶化的情况下，根深蒂固的种族矛盾彻底暴发，因为黑人弗洛伊德事件引发了大规模种族主义对抗，进而升级为暴动和骚乱。与此同时，声援美国反种族主义运动已经延伸至全球各界。英国的著名期刊《自然》杂志，在6月8日宣布将推迟一天，于6月10号出版当周期刊，以此声援反美国种族主义歧视运动

(Black Lives Matter)。对比之下，作为中国公民、身为中华儿女，我们应当为拥有这样一种优秀的中华文化感到无比自豪与自信。

我们见证了中国应对和战胜危机的雄厚经济基础 疫情让我们清醒地看到，一个国家的经济实力在应对重大风险挑战时的重要性。经过新中国成立70余年，特别是改革开放40年的艰苦奋斗，我国已经成为世界第二大经济体以及制造业、货物贸易、外汇储备第一大国，也是目前被联合国认可的，拥有全部39个工业大类的唯一制造业大国。同学们应该还记忆犹新在疫情暴发之初，稀缺的口罩已不仅是普通商品，而是满足特殊时期国家和社会需要的战略物资。一些发达国家，甚至经济大国，也没有办法满足民众对口罩的基本需求。紧要关头，中国第一个启动了庞大、健全的工业生产体系，政府积极组织协调企业复工复产、扩大产能，增加供给、调节市场，不仅有效解决了一线医护人员和普通民众的防护需要，还向全世界输出几十亿只口罩，为保障全球抗击疫情"生命线"作出了重要贡献。世界银行在今年的6月发布的2020全球经济展望中提出，今年全球的经济预计将平均下降5.9%。在发达经济体中，美国会下降9.1%，欧盟会下降7%以上。世界银行对中国的估计是所有经济体里面极少数会实现正增长的国家，依据就是中国在世界上率先控制住了疫情的蔓延。没有强大的经济实力作支撑，这些都是不可能做到的。

我们见证了科学技术支撑战胜疫情的"硬核"力量 科技是社会发展进步的重要支撑，在这次疫情防控战争中，科技创新发挥了不可替代的全方位支撑作用。我记得2003年"非典"发生的时候，很长一段时间我们不知道病源是什么，因此无法从源头上阻断疫情蔓延。这次疫情暴发后，我们在很短时间内就溯源到了病毒源头，并向全世界公开了病毒的基因序列。西方国家就是基于这样一个公开的病毒基因序列开始了疫苗的研发。中国作为担当负责任的大国，主动分享全基因组序列，主动向世界公开新冠肺炎诊疗方案及药物筛选结果，主动与全球疫苗免疫联盟等开展科研合作。

我们见证了推动构建人类命运共同体的中国示范 "修之于天下，其德乃普"，今日中国，不仅是中国之中国，更是世界之中国。在我们得知日本新冠病毒核酸检测试剂不足后，在自身面临疫情严峻挑战的时刻立即紧急向日本捐赠一批新冠病毒核酸检测试剂盒，用实际行动谱写了患难之中见真情的华章。然而西方一些国家不断编造疫情传播阴谋论以及一些突破底线、道德沦丧的造谣与中伤。美国《华尔街日报》发表的评论文章歪曲事实，不但引起中国人民的极大愤慨和反击，也遭到了国际社会的广泛谴责。在共同抗击疫情斗争中，中国和各国之间的友谊和信任不断加强和深化。中国在抗击疫情中充分展现出负责任的大国担当，为全球团结一心共同战胜疫情，为推动构建人类命运共同体做出中国示范。中华民族所展现的独特优势、独特作为、独特担当赢得了世卫组织、联合国等国际组织和一切友好国家、各界有识之士和普通民众的充分肯定和高度赞赏。

同学们，这次疫情是新时代青年的"成人礼"，更是激励一代又一代青年前赴后继、为国奉献的"里程碑"。你们作为中华民族伟大复兴的亲历者、参与者，生逢其时、重任在肩。这场疫情过后，还有许多值得去思考的问题。我想与你们一同分享三个关键词，希望同学们带着这些思考谋划属于你们的未来。

面对未来，要坚持"多难兴邦"的奋斗 一部中华民族的发展史印刻着洪水、干旱、地震、瘟疫等灾难的记忆，而每一次灾难又是对民族精神的凝练和升华。多难兴邦，是一个伟大民族的"磨石刀"。中华民族就是在与灾难的不断斗争中，宏伟阔步走向复兴与繁荣。经此一"疫",中国治理体系进一步完善,治理能力进一步增强,攻坚克难的意志更加坚定,中国特色社会主义制度的优越性更加凸显。当今这个时代,既是中华民族发展的最好时代,也是实现中华民族伟大复兴的关键时代。每一名中国农业大学的学子都应把家国情怀融进青春理想,用责任与担当为青春增色,让青春在磨砺中出彩,在奋斗中升华。

面对未来,要坚定"自主创新"的自信 当今世界正处于"百年未有之大变局",人工智能、生命科学、新能源等前沿技术日新月异,各个领域相互连接,跨界融合,正以前所未有的速度和广度,推动着社会变革。邓小平同志曾有一句话:"落后就要挨打。"在当今复杂的国际形势下,如果科学技术被卡住脖子、受制于人,就必然要挨打。大家都知道,西方国家对中国两个企业采取了非常极端卑鄙的措施,一是制裁中兴,二是打压华为。但是这两个企业的命运却截然不同,华为坚定不移地依靠自主创新成功抵挡了西方国家的打压,为中国人民争了光,为中华民族争了气。当前西方国家依然通过关键核心领域的"卡脖子"来遏制中国的发展,但是这些困难是暂时的。只要我们坚定自主创新的自信,就一定能够战胜一切风险挑战,将中国这艘巨轮推向前进。

面对未来,要扛起"粮安天下"的重任 粮食安全是关系国运民生的压舱石,是维护国家安全的重要基础,习近平总书记对确保我国粮食安全有过许多重要指示。新冠肺炎疫情突如其来,但我国社会始终保持大局稳定,粮食和农副产品稳定供给功不可没。这是因为中国有充足的粮食储备,有充分的粮食和农产品生产能力,有强大的农产品物流通道。未来的中国,当经济实现伟大飞跃,面对日益复杂的国际粮食贸易环境的时候,依然要确保粮食安全。所以每一位中国农业大学的学子,如果等到你们成为国家农业农村现代化建设者时,能够挺直腰杆、坚定自信地说出"中国的粮食是安全的",我将为你们感到骄傲,母校将为你们感到骄傲,全国人民会为你们感到骄傲!

最近,欧美流行着一首中国歌曲,就是20世纪80年代由费玉清演唱的《一剪梅》。在中国传统文化中,梅以它高洁、坚强、谦虚的品格,给人以立志奋发的激励。"真情像草原广阔,层层风雨不能阻隔,总有云开日出时候,万丈阳光照亮你我。真情像梅花开过,冷冷冰雪不能淹没,就在最冷枝头绽放,看见春天走向你我。"优美的歌曲带着古典的意韵和浪漫,阐述"真情"是永恒的。

亲爱的同学们,中国农业大学是你们成长的沃土、起航的港湾,也是你们温暖的家园、坚强的后盾。请带上学校的真情,迈向充满希望和挑战的未来,衷心地祝福同学们!

谢谢大家!

校长孙其信在学院工作会上的讲话

(2020年7月16日)

各位书记、院长:

今天我们召开学院工作会,这个会议我们酝酿、准备了差不多半年时间,召开这个会议的主要考虑是结合学校今年的工作和当前发展的态势,以及面临的一些困难、挑战,需要我们大家一起专门研究如何做好、支持好、服务好学院发展。

大家知道，学校治理体系和治理能力现代化是国家治理体系和治理能力现代化的重要组成部分，是新时代大学推进内涵式发展、提升综合竞争力的内在需求。建设中国特色世界一流大学，必须深化与之匹配的大学治理结构改革。在当前学校发展的关键阶段，既要改革原有学校与学院的治理格局，解决存在的实际矛盾与问题，又要推进学院内部治理体系建设和治理能力提升，激发学院活力、动力和潜力。

会议的议题主要是听我们学院从两个角度来发表一些意见和建议。一个是作为学院层面对学校的治理里面有什么意见和建议，另一个是对做好学院自身的工作有什么想法。这样做的目的就是想在学校的治理体系的构建过程中，学院、学校能够建立起一套“关系明晰、职责明确，权限规范、管理高效”治理体系。

今天的会议分成三个阶段，首先想请李德发院士作为老院长代表，给我们讲讲怎么当好一个院长，第二阶段请我们几位院长代表分享一下各自的想法和建议，后面我们其他没有发言的学院领导也可以广泛交流。首先请李德发院士发言。

……

今天这个会议一上午的时间，开得很充实，也很有成效。大家畅所欲言，都提出了很好的意见和建议，下一步学校将系统梳理各学院提出的问题和意见清单，进行专题研究并分门别类加以解决。下面我讲几个想法和大家交流。

大学治理是国家治理的重要组成部分，大学治理现代化既是国家治理体系和治理能力现代化对大学治理提出的目标要求，也是扎根中国大地办好中国特色社会主义大学的根本保障。要建设成为世界一流大学，最基本要素之一就是构建起一流的治理体系和治理能力。2017 年，学校党委研究决定实施“5＋1”工程，统筹推进“思想建设工程”“‘双一流’建设工程”“人才强校工程”“内部治理工程”和“发展保障工程”等五项工作，全面落实新时代党的建设总体要求，始终坚持党对学校工作的全面领导，牢牢把握社会主义办学方向，以局部突破带动全面发展。2019 年，党的十九届四中全会从党和国家事业发展的全局和长远出发，深刻回答了“坚持和巩固什么、完善和发展什么”这个重大政治问题，明确了坚持和完善中国特色社会主义制度、推进国家治理体系和治理能力现代化的总体目标。高校治理体系和治理能力现代化已经成为国家治理体系和治理能力现代化的重要组成部分，是新时代中国大学推进内涵式发展、提升综合竞争力的内在需求。

到目前为止，“5＋1”工程里面的“内部治理工程”进展相对缓慢。职能部处与学院之间互不信任的状况没有得到根本性的转变，这将直接关系到学校的发展活力和发展方向，对人才培养质量等诸多方面影响深远。如果内部治理没有根本性的好转，学校实施的人才强校工程，“双一流”建设、资源拓展的成效将大打折扣。因此，加快推进治理体系和治理能力现代化，是当前学校工作亟待解决的重大问题，也是全校师生义不容辞的时代使命。学校上下要聚精会神，以创新的思路和举措推动治理体系和治理能力革新发展，为加快建设中国特色世界一流大学注入新的生机与活力。

下一步我们要加快推动学校和学院的治理体系改革，提高治理能力和治理水平，我想可以从下面这几个方面考虑系统设计。

一、明确治理体系和治理能力建设是世界一流大学建设的重要保证

建设中国特色、世界一流大学不是等得来、喊得来的，而是脚踏实地拼出来、干出来

的。面对复杂的国内外环境和各种难以预见的挑战与竞争，构建起具有中国特色和农大风格的现代大学治理体系和治理模式，探索更具活力、更富效率的管理体制和运行机制，是确保当前“双一流”建设不滑坡、不掉队，实现建成世界一流大学的目标的根本保证。总体来看，目前学校、职能部门、学院三个层面都存在不同程度的问题和短板。如果没有高水平、高效率、高质量的治理体系和治理能力保障，学校颁布再好的制度，设计再好的谋划，世界一流大学的建设最终也许是竹篮打水一场空。

二、明确学院工作是学校实现各项发展目标任务的基础和支撑

学院是学科建设、人才培养以及科学研究等工作的主体，也是学校发展的基础和支撑。因此，学院的治理也同样是学校治理的基石。这已经成为学校领导层面的统一认识和共识。但是也要清楚地看到，学校部分职能部处或者个别干部并没有意识到这个重要原则。部分职能部处在工作中的行政主导非常强，学院层面在各项改革发展中的主体地位未能得到切实的尊重与发挥，很多时候反而成了改革和发展的客体，担当执行、配合、服从、接受等角色。因此，必须要花大力气从调整学校和学院治理关系，全面提升学院内部治理能力两方面入手，按照强化学院在大学治理改革创新中的主体地位，着力提升学院内部治理能力与效能，构建学校与学院之间、部门与学院之间、学院与学院之间责任明晰、权责对等新型关系等三大核心理念，着力推进学校治理体系与治理能力现代化。

三、明确学校职能部处是服务者与规划引领者的角色定位

职能部处作为学校和学院的桥梁和纽带，在现代治理结构中发挥着服务与引领作用。职能部处要牢固树立职能部处层面的工作是全心全意为学院改革和发展服务的思想，以实际行动引导全校师生不断前行，凸显提升治理能力的引领角色职能，确保学校重大决策部署及时准确地贯彻落实。很显然，目前部分职能部处还保留着一些落后的服务理念。特别是在疫情前面，职能部处的引领作用发挥不够，学校在服务国家重大需求方面表现不足，承担国家重大战略任务的参与度不深，与其他高校或单位的快速发展形势形成了鲜明对比。因此，在学校治理改革的进程中，职能部处要明确自己的角色定位，进一步转变治理理念和方式，强化大局与服务意识，有效提升引领能力。

四、坚持“一院一策”的改革路径

大学治理体系建设和治理能力现代化是对现有治理格局的一次调整，是针对现行体制机制存在的问题而进行的。目前，学院之间的发展很不平衡。一些学院距离国内一流还有很大差距，更无从谈起国际一流。同时，学科发展水平不一样，理工类学科与人文社科的“标准化”“一刀切”的现象比较突出。此外，学院治理能力参差不齐，对学校政策的理解和预判存在明显差异。因此，在治理体系改革的进程中，要坚持实事求是，深入了解、考虑学院工作的特殊性、多样性以及学院在教学、科研、社会服务、文化传承、国际交流与合作等领域的学科特性；坚持“一院一策”，以争创一流为目标，鼓励学院差异化和多样化发展；坚持“院为实体”，通过资源配置体制机制改革，增强学院自身发展动力；坚持

“分类支持”,学校根据各学院承担的不同建设任务,向学院提供相应的发展资源和政策支持;坚持“权责匹配”,建立事权、职权、责权相匹配的工作机制,实现激励与约束的平衡。

五、以文化建设助推学校治理体系建设和治理能力提升

在115年的办学历程中,中国农业大学逐渐积淀形成了优秀的学校文化,成为学校战胜困难的强大精神力量。与此同时,各学院也有很多值得传承和发扬的学院文化。20世纪80年代,学校的老院长们站在学院和学校事业长远发展的战略高度,把学院和学校利益放在第一位,无私奉献,在涵养家国情怀中书写自己的使命担当。因此,在治理改革的过程中,要充分认识到文化是学校发展的重要源泉和不竭动力,要充分彰显出文化推进治理体制改革的重要意义。作为学院主要领导,必须有强烈的社会责任感和坚强的意志品质,必须将师生的利益放在学院工作的首位,必须以“舍我其谁”的使命意识在发展大局中寻找机遇,在工作大局中创造机遇。无私才能无畏,才能把学院发展当成事业、使命与信仰,才能在荣誉面前镇定自若,在挫折面前矢志不渝,持续不断把学院的事业发展向前推进。

最后再次感谢大家,希望我们共同努力,把学校和学院的治理能力和治理水平提升上来,为我们建设世界一流大学提供更加强有力的保障!

谢谢大家!

改革创新、抢抓机遇,高质量谋划学校发展愿景

——校长孙其信在2020年领导班子暑期务虚会上的讲话

(2020年8月)

这次务虚会的主要任务是,解放思想、集思广益,为学校2035发展愿景和“十四五”规划编制开展一次“头脑风暴”。关于学校发展战略,李小云教授作了一个角度独特、想法超前的报告,我们感到眼前一亮、耳目一新。各位校领导分别就各自分管的工作在“十四五”期间乃至未来、15年长远发展进行了展望,并且都发表了很好的意见。我认为这虽然是一次务虚会,但是会议开得十分充实,也很有成效。下面就学校“十四五”和2035发展的形势、思路、路径、目标等我谈一些自己的想法,跟同志们交流。

一、科学精准地分析研判发展形势

我们谋划学校未来5年甚至是15年的发展愿景和发展战略,实际上就是要给学校的未来画一幅自画像,要想把这幅画像画得漂亮、画得精彩、画得符合实际,首先就要求我们对当前以及未来的农业、教育乃至未来中国、世界的发展趋势要有一个清晰的判断。习近平总书记指出,当今世界正处于百年未有之大变局,未来学校要建成世界一流大学,就要符合世界发展的潮流和趋势。当然我们不可能精确预测到未来15年世界格局发生

的变化，但是中国实现高质量发展，经济、农业、教育、科技领域也必将随之改变，我们必须要科学地认识和掌握这些变化的发展规律，才能科学应变、主动求变。

建设什么样的大学，培养什么样的人才，我们首先要考虑的是如何更好地服务中国的现代化建设，服务国家战略需求，这是党和国家对高校牢牢坚持社会主义办学方向的根本要求。未来农业朝着更好地保障广大人民营养健康的方向发展是大势所趋，未来的高等教育、科技、人才领域在国家综合实力竞争中发挥的作用和地位将更加凸显。只有清楚地认识到这些变化，我们才能站在新的起点上谋划好学校未来的发展，才能建成一所高水平的具有中国特色、农业特色的世界一流大学。

当然，随着中国日益走进世界舞台的中央，我们也必须要承担国家责任和使命，在教育、科技、"一带一路"、南南合作以及脱贫减贫等领域为中国推动人类命运共同体建设方面做出中国农业大学的引领和示范。我们在东南亚、非洲等地开展的工作就是担当大国责任的充分体现，未来我们要充分利用 A5 联盟在人才培养、科学研究、国际合作等方面的优势，来发挥更大的作用。

二、明确发展的目标任务

要谋划好学校的发展愿景，就必须从战略层面科学地设计目标任务和发展路径，我们考虑从以下几个方面做好顶层设计。

一是结构与功能。我们梳理了世界排名前 400 位学校的学科结构，这些学校在 ESI 学科排名上榜的学科数量基本在 20 个以上，而我们学校只有 8 个，并且除了农业科学排到世界第 2 名以外，其他学科的排名都还相对靠后。所以要提升中国农业大学在世界高水平大学中的综合竞争力，以现有的学科结构是不可能实现的，必须要扩充学科数量，扩大学科规模，同时还必须提升学科的建设质量。这是因为未来世界经济社会高速发展，创新和变革是必由之路，教育的基本规律是伴随着经济社会发展高度同步、深度融合的。所以如果还守着现有的学科，不拓展、不创新、不变革，我们的发展路径必然会越走越窄，也就不可能建成世界一流。

二是治理与效能。党的十九届四中全会提出了加快推进国家治理体系和治理能力现代化，学校的治理水平和治理效能首先必须为国家的治理现代化提供基础支撑，这也是学校自身实现一流的根本途径。学校的治理是一项复杂的系统工程，牵一发而动全身。在学校未来的发展中，如果不对治理体系和治理结构实施深层次的改革，我们的一切规划设计都将成为空中楼阁。治理改革的过程就是提升效能的过程，更是建设一流的制度保障。

三是资源与效率。学校的办学资源内涵广泛，包括财力资源、空间资源、社会资源等等，充足的资源是建设一流大学的基本条件。但是在当前形势下，我们也必须实事求是，在拓展资源的同时，兼顾资源的配置效率，最大程度提升资源的投入产出比，切忌贪大求多、盲目扩张。

三、坚持改革创新的发展思路

改革开放 40 多年来，一条宝贵的经验启示我们：改革永远在路上。面对新形势、新挑战，老思想、老办法显得越发苍白无力，只有不断改革、不断创新，才有可能打开学校未来发展的新局面。

首先要坚持思路创新。思路决定出路，过去几年我们通过思路创新，探索出了产业研究院服务地方经济社会发展的新模式，目前在全国各地建设的产业研究院都取得了比较好的成效。实践证明，只要我们敢想敢干、能想会干，就能够走出新路子、引领新发展。当前我们在平谷、成都都面临着拓展资源的重大机遇。如果还是坚持老思想、旧思路，等着条件都准备好再去争取、去实践，那恐怕就会一次又一次地错失良机。必须要打开思路、先试先行，抓住千载难逢的机遇。

其次要坚持机制创新。就拿科技创新来说，目前高校的科研组织模式被广泛诟病。所以在谋划“十四五”期间的发展时，各高校都在探索体制机制和模式路径的改革。我们正在尝试探索一种双轮驱动战略：一方面教授的 PI 模式自主创新要保留，并且在条件允许范围内鼓励、支持其发展；另一方面举校体制的重大科研攻关模式也必须建立起来，并且要进一步加强。过去我们单纯依靠教授们的自主探索，很难取得重大科技成果。所以我们考虑，在“十四五”期间，加大自主科研经费和专项经费的校级统筹力度，集中力量办大事，集中优势资源在服务国家重大战略方面实现更大的作为。

第三要坚持方式方法创新。总结近几年来学校推进改革取得的成效，我们的一个重要经验就是从局部入手，采用“小切口”的方式实现精准改革。比如我们的人才招聘制度、研究生指标分配、“双一流”经费统筹等几项工作，都是通过“小切口”改革的方式解决关键问题，稳步推进学校的改革发展，这就是一种方式方法的创新。未来我们考虑通过年轻教师到机关部门挂职锻炼、有计划地把管理岗位招聘指标向学院倾斜等改革举措，来改变目前学校治理中存在的学院基层治理难的现状。在方式方法的创新上，我们还需要更加心细大胆、精准有力。

四、紧抓一流建设实现高质量发展

今年教育部要进行“双一流”建设第一轮的总结验收，我们要系统梳理近 5 年来学校“双一流”建设取得的成绩以及存在的问题。在此基础上，谋划“十四五”更高质量的发展，核心任务还是紧紧扭住“双一流”建设这个关键。这也是当前以及未来很长一段时间内，各高校加剧竞争的一个根本驱动力。

一是要优化学科布局。前面我讲过，学校的科学布局必须要实现规模拓展和结构升级，建立起一套立足农大优势、具有农大特色的体系完整的学科群。

农业及动植物学科群　在 ESI 学科分类中这两个学科是分开设置的，但是这两个学科都是我们的传统和优势学科，可以说是立校之本、强校之基。特别是这两个学科的核心都是服务国家粮食安全这样的重大命题，无论学校怎么发展，我认为这都是我们必须具备的看家本领。

生命科学及生物医学学科群　生命科学是一个很大的学科领域，不可能全面涉猎、面面俱到，但是我们有生物学的基础，相关的免疫学、干细胞学领域，现阶段学校还处于空白，也是未来必须要加强的领域。

生态和资源环境学科群　绿色发展是党中央确定的五大发展理念之一，也是未来实现可持续发展必然需要的科技支撑。这其中涵盖了农业环境、水资源、土地资源、污染治理、大气科学等学科领域，我们存在的短板也必须进行针对性的补齐。

工程科学与材料学科群 我们是有工程学科的，但主要还是以农业工程为主。材料科学当前已经成为国内外高校重点发展的学科，我们也需要考虑有所加强。

经济学和商学学科群 这是一个很大的学科，也是世界高水平大学必备的学科，我们也要结合实际考虑布局和配置。

社会学、人文科学、法学学科群 这方面我们已经具备了一定的基础，并且开展了有成效的工作。结合学校未来的发展目标，要考虑进行优化升级。

食品及营养健康学科群 这是一个新兴的前沿学科群，未来也必将是一个发展潜力巨大的领域。国务院学位办将成立第14个学科门类，就是交叉学科门类，食品和营养健康也将成为第一批入选交叉门类的学科。

计算机科学、信息技术学科群 这方面我们还比较薄弱，但是未来提升学科竞争力，计算机和信息技术学科将发挥至关重要的支撑作用，我们必须有充分认识。

化学、化学生物学、药学学科群 学校具备一定的化学学科基础，需要进一步做大做强。做大做强的一个前提，就是要选对方向。

兽医及公共卫生学科群 随着这次新冠肺炎的发生，党中央对兽医公共卫生学科建设高度重视，我们的兽医学科在全国处于相对比较领先的位置，对照国家的战略需求，还要进一步谋划。

海洋科学学科群 我们在烟台研究院已经布局了海洋学科研究，但是未来我们可能要向大海洋、大科学、大研究领域进一步延伸。

马克思主义学科 这是学校坚持扎根中国大地、坚持社会主义办学方向、坚持立德树人必须要大力提升的学科，我们已经成功申请了马克思主义一级学科博士点，未来需要更大力度谋划好、发展好、建设好。

二是要打造高水平人才队伍。近两年，我们通过“315”人才计划以及“2115”人才发展培育支持计划的实施，人才队伍的活力、竞争力已经取得了比较明显的提升。未来“十四五”期间，我想还需要从以下几个方面进一步加强教师队伍建设。一是从规模和结构上，还需要进一步精准测算。考虑到未来学校办学资源不断扩大，新型的人才引进和聘用机制需要全盘考虑，把校外聘任、地方编制等人员统筹纳入学校人力资源规模设计中。二是人力资源的质量和效率，目前我们的教师队伍结构相对老化，新型研究领域的人才比较匮乏。学校在“十四五”期间的人才引进总体布局上，需要更加注重新型学科领域人才队伍建设，更加重视人才的结构和产出效率。三是探索人力资源的机制创新，就科技创新来说，当前高校普遍存在重大攻关缺乏的情况，很重要的原因之一就是人力资源的配置和保障的问题，这一点我们还要加强研究，为服务国家战略、打赢重大科技攻关提供人力制度保障。

三是要大力推进研究生教育改革。全国研究生教育大会已经召开，习近平总书记对研究生教育提出了全面要求。从目前的形势看，如果不下决心改革培养机制，提升培养质量，未来我们的研究生教育可能面临滑坡的风险。一是要提高培养质量，前几天网上热传的华中农业大学张启发院士给学生的一封信中提到，他建议自己的博士生每天工作12小时、每周工作6天半是基础。就我们学校的现状来看，能够达到这个要求的学生也不占多数。当然我们并不是强制要求每一位学生都这样做，但这是一种对研究渴望、对学术负责、对导师信任的一种表现。反而是有很多学生需要导师求着、逼着做工作,造成了师生关系紧张,这样的问题不彻底解决,恐怕研究生的培养质量不会实现本质性的提升。二是要加强学位点建设,随着新型交叉学科地不断发展,相应的学位点建设也必须从机制上给予配套设计和政策保障,否则没有学位点的支撑,就培养不出优秀的人才,学科建设也将大打折扣。三是导师队伍建设,我们讲敬畏导师,现在的一部分学生缺乏对导师的敬畏感。这其中当然有导师和学生两方面的问题,所以如何在导师队伍建设过程中,让导师更加神圣地履行教师职责,让学生对导师、对学术、对权威产生由衷的敬畏,这恐怕是思想政治教育需要系统解决的问题。

四是紧抓办学资源拓展 近些年,随着校地合作的不断深入,我们迎来了一个又一个服务地方经济社会发展、拓展自身办学资源的大好时机,通过产业研究院模式的探索,学校在苏州、烟台、三亚、成都、重庆都迎来了千载难逢的机遇。特别是平谷校区的建设,是我们必须要千方百计要啃下的硬骨头,一旦错失良机,恐怕将会影响中国农业大学未来几年甚至几十年的发展。包括未来参与粤港澳大湾区建设,我们也必须要积极推进。通过在全国各地做实做大社会服务,实现办学资源拓展,力争打造属于中国农业大学办学体系升级版本的 CAU System。

关于学校的发展愿景和发展规划,我就讲这么多。希望各部门会后能够认真吸收各位领导提出的意见和建议,在下一阶段编制发展规划工作中,拿出一份振奋人心、催人奋进的高质量报告!

谢谢大家!

学习贯彻落实习近平总书记重要回信精神
牢记强农兴农使命担当

校长 孙其信

(2020 年 9 月)

2019 年 4 月 29 日,教育部设立了新农科建设工作组。一年半以来,工作组认真学习贯彻习近平总书记关于教育的系列重大论述,深度落实习近平总书记重要回信精神,积极推进农林高等教育发展。作为全国新农科建设的牵头高校,近一年来,中国农业大学全体师生牢记习近平总书记的谆谆教诲,坚持以习近平总书记回信精神统领学校各项工作,自觉对表对标习近平总书记提出的工作要求,聚焦“立德树人、强农兴农”的时代责任,全面推动回信精神的贯彻落实,学校发生一系列深刻变化,事业发展呈现崭新面貌。

一、众校携手,扎实推进,奏响“新农科”建设三部曲

2019 年 6 月 28 日,在教育部高等教育司指导下,由教育部新农科建设工作组主办,在浙江安吉召开了全国涉农高校新农科建设研讨会,正式启动了新农科建设相关工作。

新农科建设工作组认真学习贯彻习近平总书记重要回信精神，迅速行动。在教育部高等教育司指导下，新农科建设工作组于 2019 年 9 月 19 日在黑龙江建三江组织召开新农科建设北大仓行动工作研讨会，提出了新农科建设“北大仓行动”和深化高等农林教育改革行动实施方案。

2019 年 12 月 5 日，在教育部高等教育司指导下，新农科建设工作组组织召开新农科建设北京指南工作研讨会，推出了新农科建设“北京指南”。新农科建设三部曲的推出，构建了新农科建设的总体框架和实施路线图，也是新农科建设工作组落实习近平总书记关于教育的系列重大论述和给全国涉农高校书记校长和专家代表重要回信精神的具体体现。

为进一步贯彻落实习近平总书记重要回信精神，受教育部高等教育司委托，新农科建设工作组承担了教育部委托的两个首批新农科研究与实践项目，对各成员高校新农科建设的实践和所取得的绩效开展跟踪研究，为各高校的相关工作提供咨询意见，扎实推进我国新农科教育改革。

二、牢记重托，强化使命，全面学习贯彻落实习近平总书记重要回信精神

一年来，中国农业大学在习近平总书记重要回信精神指引下，着重在四个方面推进学校改革和发展，取得了显著成效。

一是着力推进“知农爱农”人才培养模式改革。学校将“知农爱农创新人才培养”作为 2020 年度校长履职亮点工程，全面推进知农爱农创新人才培养。加强马克思主义学院建设，新增马克思主义一级学科博士点，成长为北京市重点建设马克思主义学院。完成了 2 300 余门本科课程将“课程大纲”转变为“育人大纲”的工作，设立了“思政课程教学改革专项”，持续推进课程思政和思政课教学改革。打造了全国首门“大国三农”在线开放课程，引领“知农爱农”价值观教育。向教育部申报了农业智能装备工程、生物质科学与工程、兽医公共卫生等一批新农科专业，并对一批传统农科专业进行了升级改造。建成 157 个基层教学组织，完善了本科教学治理体系。组织近 800 个团支部、18 000 余名团员青年开展“青春建功乡村振兴”实践行动。打造“农博士在线”“农博士电话热线”“农博士帮帮团”等服务平台。超过 1 300 名农大学子在疫情期间作为“最美逆行者”积极活跃在社区村口、云端线上、田间地头。设立了“乡村振兴”专业学位研究培养专项。在全国 25 个省、自治区、直辖市建立了 127 个“科技小院”，带动全国 2 090 万农民实现 5.66 亿亩农田粮食增产 11.2%、减肥 15.6%、增效 30%以上。

二是加大“强农兴农”关键科技创新。学校聚焦国家粮食安全重大战略，整合资源服务“藏粮于地”，李保国教授等团队扎根吉林省梨树县、黑龙江建三江等地 10 余年，开展黑土地保护利用与农业“双高”创建。2020 年 7 月 22 日，习近平总书记考察吉林梨树时，听取了李保国教授的汇报，并指示深入总结加大推广。学校还着眼于服务山水林田湖草系统治理。8 月 20 日，习近平总书记在主持召开扎实推进长三角一体化发展座谈会上，提出要推进环太湖地区城乡有机废弃物处理利用。李季教授团队在苏州成立的有机循环研究院长期以来为环太湖地区废弃物资源利用提供了突出的科技支撑，当日的新闻联播对此进行了报道。此外，学校激励广大师生走向服务“三农”一线，段长青教授团队投身宁夏贺兰山东麓近 10 年，助推当地葡萄酒特色产业发展，2020 年 6 月 9 日，他受到习

近平总书记的接见和充分肯定。

三是投身脱贫攻坚和乡村振兴。中国农业大学是全国高校中唯一一所连续三年获 4 项国家脱贫攻坚奖的高校。其中杨宁教授探索出的养鸡产业扶贫新模式，在贫困地区推广养殖节粮型蛋鸡 501 万只，实现增收 6 016 万元。李小云教授的云南勐腊河边村扶贫模式产生了广泛的国内外影响。学校制定实施了《服务乡村振兴战略实施方案(2019—2022)》，一年多来，以云南昆明都市驱动型乡村振兴和山西大同有机旱作农业乡村振兴创新示范区为代表的全国乡村振兴示范区建设取得了突出成效，今年 5 月 11 日，习近平总书记在山西大同考察时，对黄花产业予以充分肯定，中国农业大学的专家团队为该地黄花产业种质培育到精深加工提供了全产业链科技支撑。

四是破“五唯”实施新型人才工程。学校以“315”人才引进工程和“2115”人才培育发展支持计划为两大抓手，在人才遴选中瞄准服务国家重大战略需求。“2115”计划首批共遴选支持 264 位各层次人才、91 个创新团队，其中 70%没有人才帽子头衔。学校新增的近百项重大业绩中 90%以上由以上人才完成。

三、锐意进取，奋发有为，加快推进新时代农林高等教育改革发展

习近平总书记的重要回信字里行间饱含了他对农业农村农民的深厚情感，对全体涉农高校的郑重嘱托，对新时代农林高等教育改革发展的殷切期待。习近平总书记回信精神为新时代农林高等教育改革和发展方向提出了新指针，为全体涉农高校在新时代进一步强化人才培养、科技创新和社会服务办学职能提出了新遵循，更为新时代涉农高校如何更好地为党分忧、为国奉献再建新业、再立新功提出了新的靶标。为此，提出如下思考和倡议。

一是加快构建“五育并举”的新时代“知农爱农”人才培养体系。要牢牢坚守立德树人根本任务，积极构建“德智体美劳”五育并举的育人体系，特别是将实践育人和劳动教育相结合作为突破口和着力点进行重点改革，将“耕读教育”作为重要内容融入其中，加强学生“三农”情怀教育、“知农爱农”情怀教育，让学生深刻感悟中华五千年农业文明和农耕文化的精神和力量，体验和认知中华文化中“耕读传家”的文化价值和精神传承，坚定“四个自信”。

二是加快构建新时代中国自主的农业科技创新体系。当前，我们处于百年未有之大变局，新冠疫情的冲击和新型国际关系的解构给我们带来新的挑战和责任。“兵马未动，粮草先行”，粮食安全是国家整体安全的基础和前提，中国人民乃至人类的营养和健康是我们共同的使命，全球气候变化和环境及资源安全问题也是我们不可回避的责任，乡村治理和农民福祉更是我们的天然职责，凡此种种，我们涉农高校必须拿出“硬核”科技，因此，我们必须携起手来，共同构建起中国自主的农业科技创新体系，为国家科技创新驱动作出农林高等教育的突出贡献。

三是加快构建新型的服务中国农业农村现代化和乡村振兴战略“举国体制”。农业农村现代化是乡村振兴战略实现的基础和根本，是我们共同的使命和追求，这个任务的艰巨性和宏大场景决定了全体涉农高校需要携起手来，联合涉农科研院所、涉农产业界，共同面向乡村振兴的主战场，打一场长期的联合攻坚战，在中央和国家以及各级党和政府的支持下，我们要主动揭榜挂帅，共同探索新型的举国体制，为农业农村现代化和乡村

振兴战略提供坚强支撑。

四是加快构建全球农业和国际发展共同体。虽然当前全球化和多极化遭受到了挑战，但是，历史的车轮滚滚向前，人类共同的家园需要全球人类共同守望，我们应紧密围绕“一带一路”和“南南合作”加强共同体建设，围绕全球农业要素流动、全球公共卫生和疫病防治，全球饥饿应对和减贫、全球气候和环境治理、全球资源和生态安全等人类共同议题积极扩大开放和国际合作。

顺应时代变局　共创农大未来

——校长孙其信在2020年新教工入职培训开班仪式上的讲话

（2020年9月10日）

全体2020年新教工们：

大家上午好！

在今天第36个教师节的特殊日子，首先请允许我代表学校向大家致以节日的祝贺！并对所有新加入中国农业大学的224名新同志表示最诚挚的欢迎！你们即将走上神圣讲坛，肩负起教书育人的光荣使命。借此机会，我与大家分享几点体会。

一、奋进中的中国农业大学

当前及未来一段时期内，学校推进改革发展的核心抓手是由学校党委决定实施的“5＋1”工程。这是一项系统工程，也是学校主动应对新形势和新挑战，谋划未来长远发展的战略布局。

一是“人才强校工程”。强国必先强教，强教必先强师。1978年，党中央在北京隆重召开了“全国科学大会”，科技工作迎来了“春天”，知识成为第一生产力，人才成为了推动经济社会发展的核心力量。也正是从1978年开始，中国迎来了40多年的高速发展。因此，中国农业大学要实现愿景目标，必须依靠人才，必须建设一支与世界一流大学相适应的高水平教师队伍。通过近3年的努力，人才强校工程取得了明显成效。在座的各位都是人才强校工程的受益者，也必将成为未来中国农业大学建设的主力军。

二是“双一流”建设工程。建设世界一流大学和一流学科，是党中央做出的重大决策，也是中国高等教育由“211”工程“985”工程发展到新时代实现更高质量发展的战略选择。5年来，学校深入贯彻落实习近平新时代中国特色社会主义思想，以“双一流”建设为主线，凝心聚力、深化改革、攻坚克难，展现出强有力的发展势头。

三是“发展保障工程”。发展保障，是为学校提供源源不断的办学资源支撑。目前，学校在北京有两个校区，但是要实现世界一流的建设目标，办学资源特别是空间资源已经严重不足。针对这一突出矛盾，学校近3年来通过大力拓展办学资源，已经实现了较好的改善。

四是“内部治理工程”。党的十九届四中全会提出了加快推进治理体系和治理能力现代化,学校的治理能力是国家治理能力的基础,也是实现建设一流的制度性保障。我回校工作之初,通过调研发现学校内部的治理体系、治理结构和治理能力与一流大学不相适应的问题已经成为突出短板。因此我们期望通过实施内部治理工程,持续深化学校治理改革,为“双一流”保驾护航。这方面我们已经开展一系列工作,下一步还需要持续加强。

五是“思想建设工程”。思想是行动的指南,思路决定出路。广大师生,特别是我们党员干部们如果没有实现一流、追求卓越的思想,再好的谋划、再大的投入也无法实现学校高水平发展。近2年,学校通过实施“思想建设工程”,广大干部的谋划意识、眼界视野、工作作风实现了很大程度的提升。

一直以来,学校始终坚持党的全面领导,坚持社会主义办学方向,统筹推进“5+1”工程,以局部突破带动整体发展。载着全校师生的坚定信心与昂扬斗志,中国农业大学正在迈向世界一流大学的道路上阔步前进。

二、中国农业大学的发展愿景

2020年是“十三五”规划收官之年,学校在总结“十三五”发展取得成绩和存在问题的同时,也正在同步紧锣密鼓地开展2035发展愿景研究和“十四五”规划编制。党的十九大报告提出:新时代,中国将通过“三步走”战略实现伟大复兴,即在全面建成小康社会的基础上,到2035年基本实现社会主义现代化,到21世纪中叶建成富强民主文明和谐美丽的社会主义现代化强国。中国农业大学要扎根中国大地办大学,就必须紧紧跟随国家的战略部署和发展步伐,谋划2035年乃至2050年的发展愿景、发展战略和发展路径。

2009年,胡锦涛总书记视察中国农业大学的时,给学校提出世界一流农业大学的建设目标。2012年,习近平总书记来校视察时给学校提出了建设中国特色、农业特色世界一流大学的奋斗目标。通过近10年的发展,我们可以自信地宣布:世界一流农业大学的目标已经基本实现。那么未来要实现中国特色、农业特色世界一流大学的目标,我们还需要做什么呢?我认为,核心任务就是学校的整体办学结构、办学质量、治理效能、服务国家战略和服务世界发展的贡献度要位居世界涉农高校的前列,这与世界一流农业大学的要求有着本质上的区别。

综合现在世界高水平涉农大学的总体情况,我们考虑也可以通过“三步走”实现追赶和超越。第一步的标杆是荷兰的瓦赫宁根大学,目前世界综合排名100位左右;第二步的标杆是美国的加州大学戴维斯分校,目前世界综合排名50位左右;第三步的标杆是美国的康奈尔大学,目前世界综合排名20位左右。也就是说,要实现世界一流的终极目标,就是未来要实现世界大学综合排名的前列。我们认为要从以下三个方面做好系统设计。

一是升级结构、优化布局。通过梳理世界前400位学校的学科结构,在ESI学科排名上榜的学科数量基本在20个以上,而中国农业大学只有8个,除农业科学排名世界第二以外,其他学科排名相对靠后。所以要实现第一步追赶瓦赫宁根大学的目标,学校的高水平学科数量还有不小的差距。同时,学校优势学科还需要进一步巩固和提升。瓦赫宁根大学有3个学科领域在世界排名第一,他的一个显著特点就是涉农学科做大、做强。学校在这方面的短板,还需要进一步优化升级。

二是扩大规模、提升质量。中国农业大学的学生、教师以及空间资源等办学规模在“双一流”高校中均处于偏低的位置。所以过去3年，学校通过“315”工程加大了人才引进力度，教师规模特别是青年教师比例都得到了一定程度的提高。学校现有的11个学科门类的学科数量还需要继续拓展，办学资源规模还需要持续扩大。在扩大规模的同时，还必须要注重提升质量。比如我们一位教师可以指导的学生数量远超世界其他国家的平均水平，但是我们的人才培养质量还需要进一步提升。

三是改革治理、提升效能。要建设世界一流大学，如果全校师生特别是干部队伍的思想水平、治理能力没有达到一流，都是不可能实现的。虽然学校当前资源保障和治理效能与学校发展愿景之间存在着较大差距，但是我们不回避问题，不惧怕困难。希望在座的你们，团结一心、改革创新，把我们共同的家园建设好、发展好。

三、当今世界正处于百年未有之大变局

习近平总书记反复强调，当今世界正处于百年未有之大变局，我们所生活的世界正在进行一场最深刻、最关键的变革。之前大家可能无法体会到大变局是什么，但这次新冠肺炎疫情的暴发和中美冲突的加剧，让我们真切地体会到百年未有之大变局的深刻内涵。

一是世界经济重心的转移。教育离不开经济，因为在历史发展进程中，教育、科技的中心是时刻伴随经济中心转移的。截至2019年，中国经济总量稳居世界第二，接近美国经济总量的2/3，人均GDP达到10 000美元。这是自鸦片战争暴发以来，近180年中国经济发展的最辉煌时刻。我们要实现中华民族的伟大复兴，之所以称为“复兴”，是因为中华民族在经济、文化、科技等领域长期处于世界领先地位。即使是鸦片战争前，中国的GDP仍占到了全球总量的1/4。

这次新冠疫情对全球经济格局产生巨大影响，中国迎来了重大的发展机遇期。9月8日，党中央召开了抗击新冠肺炎疫情表彰大会，向全世界昭示了中国是唯一恢复基本正常生活、恢复经济活跃度的国家。1—8月份中国的出口值已经恢复到正常水平。放眼世界，美国、欧盟、印度等世界主要经济体经济发展大幅下降。所以，如果保持5%～6%增长率的持续稳定发展，再过20～30年，中国经济必将实现伟大复兴，中国将成为全球第一大经济体。

二是科技创新格局不断重塑。最近，中美贸易摩擦愈演愈烈，美国遏制华为、中兴等中国企业的发展，让我们清醒地认识到我们国家在关键核心技术科技领域还存在不少短板，也就是我们说的“卡脖子”技术。受到美国和西方的打压，华为的国际市场发展受到了一些阻碍。

不仅仅是在工业，我国农业领域也受到了西方技术的制约。中国是世界第一大生猪养殖国、猪肉生产国和消费国，但是90%以上的种猪却是从丹麦进口的，尤其是种公猪全部依赖进口。换言之，如果种猪进口被“卡脖子”，国内猪肉产量要下降1/3以上，后果不堪设想。同时，我们的奶牛、肉牛的核心技术与世界顶级水平差距依然较大。此外，在信息技术、智慧农业、无人农场、高端芯片、传感器、光刻胶等新兴技术和行业领域，我们掌握的核心技术与世界高端技术相比，差距非常明显。通过当今世界科技创新的局面可以预见，未来较长时期世界百年未有之大变局下的科技竞争，将变得异

常重要，科技支撑国家综合竞争力的作用会更加凸显，科技创新发展的竞争将变得更加紧迫、更加激烈。

三是粮食安全事关国家安全。粮食安全是关系国运民生的压舱石，是维护国家安全的重要基础，习近平总书记对保证粮食安全有过许多重要指示精神。根据中国社会科学院发布的最新报告："到 2030 年中国可能会短缺 1 亿 3 000 万吨粮食"，这引发了网民的热议。从主要粮食作物水稻、小麦的产量和质量来看，我们可以自信、坚定地确保粮食安全。但是中国的粮食安全依然面临不小的风险和挑战，其中一个主要问题就是大豆依赖进口。根据有关统计，中国每年消耗 7.7 亿吨粮食，我们国内自己生产粮食总量是 6.5 亿吨，剩下 1.2 亿吨要依靠进口，其中的 8 000 多万吨就是大豆。那么进口的 1.2 亿吨粮食我们能否通过自己生产来解决呢？答案是不现实的。因为要解决这些粮食的生产问题，就需要更多的耕地资源、水资源等，国家目前并不具备这些条件，这将是中国粮食安全存在的严峻挑战。

四、在大变局中担当使命、展现作为

在百年未有之大变局中，经济发展、科技竞争、国家安全等都是农大人应当勇敢担当的历史使命。在此，我也提几点希望与大家共勉。

一是要有"大情怀"。"天下兴亡，匹夫有责"，浓缩了中华民族优秀传统中家国情怀的精髓。作为新时代的农大教师，大家要始终保持对民族的情怀、对国家的情怀、对人民的情怀、对农业的情怀、对教育的情怀。我们正处在中华民族伟大复兴的关键时期，道路艰辛曲折，任务艰难繁巨，特别是在中国 960 万平方公里的广袤国土上还有我们的同胞处在贫困中。我们有责任、有义务、有情怀把个人的爱国之情融入服务国家改革发展的报国之行，把个人才华奉献给中华民族伟大复兴的伟大事业，明大德、守公德，在民族复兴之路上追求更有高度、更有境界的人生。

二是要有"大视野"。身处历史巨变的伟大时代，只有放眼世界，才能精准识变、科学应变、主动求变。大视野首先要聚焦国际前沿，科技创新日新月异，只有瞄准前沿、紧跟前沿，才能不被科技创新的浪潮甩下。大视野还要紧紧围绕国家战略，努力实现关键核心技术原始创新。近期在荷兰的一个植物实验工厂中，通过 LED 技术配置最优化的光照来种植小麦，实现了单位面积产量翻 10 倍。那么蔬菜、水果是不是也可以实现呢？所以大家在选择研究方向时，必须要坚持大视野。

三是要有"大理想"。新中国成立 70 年来，在新中国农业发展的每个阶段，都留下了中国农业大学师生的深刻烙印，这是依靠老一辈科学家秉持"大情怀"、满怀"大理想"作出的历史贡献。在当今这个干事创业的伟大时代，我们同样需要"惊天动地"干事创业的雄心壮志和伟大理想。这个大理想就是要做对国家有利的事、对民族有利的事、对科技创新有利的事、对中国农业有利的事。

四是要做"大贡献"。大贡献有多种实现方式，通过科学研究带动产业发展，促进经济社会发展是大贡献；深入基层解决一村一户发展问题也是大贡献。学校人文与发展学院李小云教授深入云南省勐腊县河边村，用 3 年时间的坚持和创新实现了整村的全面脱贫，村容村貌发生翻天覆地变化，村民生活实现跨越式改善，这就是大贡献。9 日的教师节表彰大会上，动科学院的吴常信先生获得学校首届立德树人卓越成就奖，这就是立德树人、潜心教学的大贡献。我们所有的青年教师，要树立大情怀、坚持大视野、满怀大理想、作出大贡献。

最后，希望大家能够常怀敬畏之心。作为公民，我们要敬畏祖国；作为教师，我们要敬畏职业；作为学生，我们要敬畏师长。今天早上，我收到了学生发来的100多条教师节祝福，这是我作为教育工作者最幸福的时刻。古人云："弟子事师，敬同于父……一日为师，终生之父"之字句，以及其后两千年来对"天地君亲师"之崇奉，皆可以看出古人对师道之尊重。常怀敬畏之心，就是要传承尊师重道的中华文化传统，把立德树人作为立身之本，把教书育人作为毕生的追求！

最后，再次祝福大家节日快乐！

谢谢大家！

弘扬抗疫精神　勇担时代使命

——校长孙其信在2020年新生开学典礼上的讲话

（2020年9月14日）

亲爱的2020级同学们：

大家上午好！

首先，请允许我代表学校向今年入校的7 524名本科生和研究生致以最热烈的祝贺，向辛勤培育你们的老师和家长表示最衷心的感谢！

按照新冠肺炎疫情防控要求，今天的开学典礼采用线上线下相结合的方式举行。在现场，有500余名新生来到了体育馆主会场，同时我们还在两校区还设置了66个线上分会场，面向全校同步直播。从青春洋溢的笑脸中，我看到了你们对大学生活的憧憬与向往。在这样一个特殊的时刻，我们在农大校园如期相聚，可谓来之不易，值得倍加珍惜。

如约而至，我们共同举行一场来之不易的开学典礼

2020年，新冠肺炎疫情来势汹汹、始料未及。随着确诊病例不断增加，让人不禁联想到2003年的"非典"。在新冠肺炎疫情暴发之初，我们曾有一个美好的愿望，希望这次疫情感染人数不要超过"非典"时的8 000多人，但截至目前本土确诊和海外输入病例累计达到9万余人。虽然确诊人数远远超出了"非典"，但在过去的8个月时间里，党中央统揽全局、果断决策，以非常之举应对非常之事，团结带领全国人民向世界交出了一份精彩答卷。

面对新中国成立以来发生的传播速度最快、感染范围最广、防控难度最大的一次突发公共卫生事件，在以习近平同志为核心的党中央坚强领导下，全国上下坚定信心、同舟共济、科学防治、精准施策，用1个多月的时间初步遏制了疫情蔓延势头，用2个月左右的时间将本土每日新增病例控制在个位数以内，用3个月左右的时间取得了武汉保卫战、湖北保卫战的决定性成果，进而打赢吉林、北京、大连、新疆等局部疫情歼灭战，我们展现出的中国效率令世人赞叹。目前，中国不仅是最安全的国家，还成为世界上唯一基本恢复正常生活、各项经济指标维持回升态势的国家。

纵观疫情发生以来的全球形势，西方国家陷入了失灵失序、感染人数激增的局面。世界卫生组织数据显示，全球确诊病例单日新增近 30 万例，单日死亡病例近 6 000 例，累计确诊病例近 3 000 万例，累计死亡病例逼近 100 万例。更令人担忧的是，最近一些国家出现了疫情二次暴发的局面，特别是西班牙、法国等欧洲国家确诊病例持续攀升。而美国依然是全球疫情最严重的国家。

对比中外疫情防控差距，中国共产党领导和中国特色社会主义制度的优势充分彰显。当前疫情在全世界依然肆虐的时候，只有在中国才能实现全面复学，才有我们今天如期举行的开学典礼。值得骄傲的是，在这场艰苦卓绝的疫情阻击战中，孕育并诞生了伟大的“抗疫精神”。正如习近平总书记在 9 月 8 日全国抗击新冠肺炎疫情表彰大会上所讲：“中国人民和中华民族以敢于斗争、敢于胜利的大无畏气概，铸就了生命至上、举国同心、舍生忘死、尊重科学、命运与共的伟大抗疫精神。”这种精神是爱国主义、集体主义和社会主义精神的传承与发展，激发着人们的不屈斗志，鼓舞着人们的坚强决心，其深刻内涵将载入中华民族发展史册。

最近，同学们正在热议的一个词，就是“校园封闭式管理”。同学们都在疑惑甚至是质疑为什么中国目前疫情相对稳定的情况下还要继续实施封闭式管理呢？我想告诉同学们的是，这正是中国能够取得防控重大战略成果的原因，也是中国抗疫精神的体现与延续。在全球疫情仍在蔓延的大环境下，努力克服秋冬季疫情流行风险带来的困难，保住得来不易的战疫成果至关重要。因此，学校自始至终贯彻“生命至上”“健康至上”的理念，继续实施校园封闭管理，保障每位同学的身体健康和生命安全。作为中国农业大学新的一员，希望同学们理解、参与和支持学校的疫情防控工作，我们共同珍惜、守护这份来之不易的安全和稳定。

放眼世界，我们共同面对一场百年未有之大变局

同学们，当今世界正经历百年未有之大变局，我们正处在实现中华民族伟大复兴的关键时期。何谓“百年未有之大变局”？100 年前的今天，也就是中国共产党诞生前夕，国家分裂、军阀混战、民不聊生。1840 年鸦片战争，西方列强凭着坚船利炮野蛮轰开了中国的大门，中华民族陷入内忧外患的悲惨境地。180 年以后，中华民族迎来了从站起来、富起来到强起来的伟大飞跃，迎来了百余年来实现伟大复兴的最重要时刻。从这次全球暴发的疫情中，我们深刻感受到百年未有之大变局的意义。

世界经济重心向东转移 中华民族拥有五千年悠久历史和灿烂文化，在经济、文化、科技等领域长期处于世界领先地位。即使是鸦片战争前，中国的 GDP 仍占全球总量的 1/4 以上。近代以来，中华民族久经磨难，实现复兴成为中华儿女共同的梦想。为此，无数仁人志士苦苦求索、孜孜探寻。经过 99 年艰苦奋斗，中国共产党带领人民前仆后继、顽强奋斗，不断夺取伟大胜利，让中国从贫穷落后日益走向繁荣富强，中华民族伟大复兴展现出前所未有的光明前景。特别是改革开放以来，国民生产总值增长了 226 倍，中国成为全球第二大经济体，GDP 总量占世界经济比重从 1978 年的不足 2%提升到现在的 16%，稳居世界第二位。

今年 6 月份，世界银行一份报告指出：全球经济增长前景存在高度不确定性，预计全球经济将萎缩 5.2%，这是大萧条以来全球首次出现发达经济体和新兴经济体同时进入衰退的情况。世界银行认为中国可能是今年全球唯一实现经济正增长的国家，预计经济增速0.5%。8月份，世界银行将今年中国经济增速目标上调至1.6%，并认为有望达到2.2%，而美国和欧洲的主要经济体经济会回落8%～10%。中美增长率差距较疫情前的3%～4%进一步扩大为8%～9%，这意味着中国将以更快速度追赶及追上美国。因此，面对百年未有之大变局，我们离中华民族伟大复兴的目标越来越近。

科技创新格局不断重塑 当今世界，以人工智能、大数据、生物技术为代表的新科技革命正在加速酝酿，由此推动了新产业、新业态、新模式的快速发展。9月11日，习近平总书记在科学家座谈会上强调："我国经济社会发展和民生改善比过去任何时候都更加需要科学技术解决方案，都更加需要增强创新这个第一动力。"

纵观科学技术发展历程，19世纪70年代以来，美国科技创新始终走在世界前列，此时的美国不但延续了英国科学的传统和德国科学的体制，还基于此发展出研究型大学、科学园区，并在金融资本推动下加快科技成果产业化和知识资本化，集聚全球人才，使美国在整个20世纪引领了世界科技发展潮流。

中华民族在经历改革开放40多年快速发展后，科技发展日新月异，科技实力日益壮大，为国家综合国力的提升提供重要支撑。特别是党的十八大以来，中国已成为具有全球影响力的科技创新大国，创新驱动发展战略全面实施，科技体制机制改革进一步深化，研发投入持续增加，创新活力竞相迸发，重大成果不断涌现。我们可以看到，美国先后制裁中兴、华为以及一大批中国企业和科技机构，西方国家开始在科技领域对中国进行全方位打压遏制，这是以美国为代表的西方国家对中国在科技创新方面实现快速发展甚至超越的一种恐慌和畏惧，为中国崛起制造重重障碍。面对百年未有之大变局，中国正全力向科技变革的第一方阵进发，经济发展、社会进步比过去任何时候更需要科技，更需要把创新能力提升到更加突出的位置。

农业科技创新事关粮食安全 粮食安全是关系国运民生的压舱石，是维护国家安全的重要基础。根据世界粮食计划署及其合作伙伴发布的报告显示，全球饥饿人口将从2019年的1.35亿迅速上升到2020年的2.65亿。特别是撒哈拉以南的国家和一些发展中国家正在经历罕见的粮食安全危机。

对于一个拥有14亿人口的大国来说，解决好吃饭问题始终是治国理政的头等大事。新中国成立70多年来，中国人端稳了自己的"饭碗"。特别是改革开放以来，家庭联产承包责任制极大地调动了农民的生产积极性，全国粮食总产量和人均产量均稳步提升。2004年以来，我国粮食产量已取得历史性的"十六连增"，人均粮食占有量已超过了联合国粮农组织确定的粮食安全平均线水平。70多年来实践证明，我国有能力依靠自己解决粮食安全问题。

但是随着农业科技不断创新发展，我们的粮食安全也在不断面临新的挑战。最近，比尔·盖茨投资了一个新兴农业干细胞人造肉企业，未来畜牧业可能变成一个大规模利用干细胞生产各类肉制品的工厂。事实上，在农业领域，我们还有相当一部分关键技术被西方国家"卡脖子"。尤其是中国每年还需进口大约1.2亿吨粮食，粮食安全已经成为西方国家制约我国存在的重大隐患。因此，面对百年未有之大变局，要深刻理解未来世界格局下中国粮食安全问题，不断筑牢粮食保障根基，把中国人的饭碗牢牢端在自己手中。

高等教育格局正在发生重大变革 自第一所现代大学创办以来，世界高等教育深刻改变了人类文明的历史进程。伴随科技革命兴起更迭，虽然世界高等教育中心多次转移，但是现代高等教育与国运兴衰、民族振兴始终紧密相连。

当前，全球新一轮科技革命和产业变革蓬勃兴起，高等教育对经济社会发展的支撑作用越发突显。新冠肺炎疫情以来，高等教育的格局发生重大变革。由于疫情和政策突变，今年学校有一批申请到美国深造的学生也无法前往美国。因此，面对百年未有之大变局，要从时代变革中洞察高等教育深刻变化，准确把握时代发展脉搏。

总而言之，大变局蕴含机遇与挑战。处在百年未有之大变局的时代，机遇与挑战并存，压力与动力同在，你们要抓住机遇，应对挑战，推动变局向有利方向发展，这要求我们在百年未有之大变局中要做到精准识变、科学应变。

责无旁贷，肩负起伟大时代的历史重任

同学们，面对机遇与挑战交织并存的新时代，面对承前启后、继往开来的中国农业大学，你们是责无旁贷的传承者和接班人。在大家即将开始新的学习生活之际，我想与你们分享一个词——大气。新时代的你们要有“大情怀”、有“大理想”、有“大视野”、作“大贡献”。

要有“大情怀” “天下兴亡，匹夫有责”浓缩了中华民族优秀传统中家国情怀的精髓，深刻体现了爱国主义精神和以天下为己任的博大胸怀。古往今来，多少仁人志士铁肩担道义，用行动诠释了爱国情怀的内涵。从“匈奴未灭，何以家为”的霍去病，到“以身许国，何事不敢为”的岳飞，这种强烈的爱国“大情怀”绵延传承。

作为中国农业高等教育的起源地，中国农业大学从诞生的一刻起，就艰苦求索、砥砺奋进，在艰难中求自立，在复兴中求报国。在农大身上，无一时不体现着中国知识分子怀揣对国家民族光明前途的虔诚期望，无一刻不彰显着爱国奋斗科学报国的满腔情怀。20世纪50年代，李连捷教授两次进藏，率领工作组考察青藏高原独特的地理环境和农牧业生产，为开拓世界屋脊的农牧业立下了汗马功劳，用智慧和汗水唤醒了西藏这块沉睡多年的土地。20世纪70年代，石元春、辛德惠等老一辈农大科学家，带着周总理的嘱托来到河北曲周，开始了改土治碱的历史创举。中国农业大学，用不胜枚举的科技贡献，彰显出满腔的爱国之情、报国之志、强国之心。

当前，我们正处在中华民族伟大复兴的关键时期，道路更加曲折，任务更加艰巨。作为未来2035年、2050年建设国家的中坚力量，你们要胸怀忧国之心、爱国之情，继承和传承农大人的大情怀，爱农知农，敢担当、能担当、敢吃苦，将个人爱国之情融入祖国改革发展的伟大事业中，把个人才华奉献给国家和民族。

要有“大视野” 青年是国家和民族的未来。习近平总书记指出：青年是未来国家关系、国际关系和人类社会发展的“主导者”，世界的未来属于青年一代。因此，中国的青年应当具备国际视野。

当今时代，是一个多元文化交流碰撞的时代，既充满机遇，又面临挑战，是否具有国际思维和视野，紧跟国际发展步伐，不仅关系到个人的成长和发展，也关乎国家发展和未来。面向气象万千的国际社会，你们要以天下为己任的责任感，善于从国际视野认识当今世界的发展潮流，深刻理解世界在变、农业在变、高等教育在变，理性应对挑战和机遇，以更宽广的视野谋划自己的未来。

要有“大理想” 志存高远的人往往格局宽广，胸怀天下。在波澜壮阔的历史进程中,每个时代都有中国人勇立潮头、创造历史。革命年代如此,建设年代如此,新时代更应如此。“两弹一星”的功勋们放弃国外优厚待遇、无私奉献隐姓埋名数十年,为中国国防事业默默地奉献了一生,这正是对矢志报国理想信仰的深刻诠释。

如今,你们比任何一代青年都更加幸福。你们有更多的机会和条件去实现人生的梦想,也有更大的舞台去展现人生的精彩。当然,面对新时代广阔天地,你们也比历史上任何一代青年都需要树立崇高理想,勇做时代的弄潮儿,在实现中国梦的征程中放飞青春梦想。

要作“大贡献” 当今科学技术发展日新月异,知识更新瞬息万变。2020 年 8 月 7 日,*Science* 杂志发表的一篇文章中讲到“地上长茄子,地下长土豆”科技成果即将商业化。熟悉园艺的同学都知道,植物嫁接技术常常受物种亲和性限制,近缘植物之间嫁接成功率较高,跨种嫁接往往不易成功。但在这项科学研究过程中,科学家发现了一种酶,这种酶可以降解纤维素,实现跨种嫁接。可以预见,未来农业的发展会更多地依靠科技进步和科技创新来实现。因此,中华民族要实现伟大复兴,中国要实现现代化,中国农业农村要实现现代化,每位学子都要肩负起民族复兴的历史使命,在大有可为的新时代里大有作为。

亲爱的同学们,你们正处在一个伟大时代,一个转折时代,一个大有可为、大有作为的时代,让我们勇敢肩负起民族复兴的历史使命,为祖国的发展和经济建设贡献自己的青春力量!

谢谢你们!

见证伟大历史　创造美好未来

——校长孙其信在烟台研究院 2020 年新生开学典礼上的讲话

(2020 年 9 月 16 日)

亲爱的 2020 级同学们、各位老师:

大家上午好!

首先,请允许我代表学校向 582 名烟台研究院入学的新生致以最热烈的祝贺,欢迎你们来到中国农业大学烟台研究院。此时,我与大家的心情一样激动,因为我也是第一次出席中国农业大学烟台研究院开学典礼。

同学们,你们与新世纪的中国一路同行、成长,与新时代的中国一起追梦、圆梦。作为新时代的农大学子,你们将是国家发展伟大时刻的见证者,是中国农业大学前进道路上重要时刻的见证者,更会中国农业大学烟台研究院实现高质量发展的见证者。

见证历史,我们感受到了中国抗疫的国家力量

2020 年,突如其来的新冠肺炎疫情,打乱了人们正常工作、学习和生活节奏,对全国人民的生命健康造成了极大威胁。如今我们可以自豪地向全世界宣布:中国是世界唯一全面复学的国家。在严格落实防控措施前提下,各级各类教育、大中小学全面恢复正常教学安排和校园生活,实现了全面复学、安全复学。

在这场艰苦卓绝的疫情阻击战中，中国人民用生命至上、举国同心、舍生忘死、尊重科学、命运与共的伟大“抗疫精神”，取得武汉保卫战、湖北保卫战、局部疫情歼灭战决定性成果，向世界交出了一份精彩答卷。然而，纵观全球疫情，目前还没有任何一个国家能像中国这样实现真正意义上的复产、复工、复学。根据世界卫生组织疫情统计数据，9 月 14 日，全球新增报告新冠肺炎确诊病例 30.7 万例，创下全球单日新增确诊病例最高纪录。全球累计确诊病例超过 2 800 万例，累计死亡病例超过 92 万例。其中，欧洲区域近来新增病例显著增加，累计确诊超过 484 万例。许多卫生专家警告，在印度、美国、巴西新增病例持续增加的同时，欧洲正迎来第二波疫情。另外，根据媒体报道，在美国学校复课后，全美来自七个州九个地区的 1 500 多名学生和工作人员，因学校重启后出现确诊病例而被隔离，复课计划被迫搁浅。因此，今天我们举办的这场既特殊又有意义的开学典礼，来之不易，值得倍加珍惜。

见证历史，我们掀开中国农业大学烟台研究院的崭新篇章

中国农业大学与烟台合作至今已有近 30 年的历史。1993 年，经原国家教委批准，中国农业大学依托山东省烟台农业学校创办了烟台教学基地。自此，烟台研究院步入了开拓进取、全面发展的快车道。特别是近些年，烟台研究院发展势头良好、前景广阔，与烟台市发展融合度、结合度、契合度越来越高，为推进市校合作打下了坚实基础。就在昨天，我们与烟台市正式签署了《合作共建中国农业大学烟台研究院的协议》，这不仅标志烟台研究院步入健康稳定发展的新阶段，也掀开了烟台研究院发展的崭新篇章。

依山傍海而建的烟台研究院，是中国农业大学最美丽的校区。在这里，可以感受到大海的气息；在这里，可观赏到美丽的风景；在这里，我们充足利用烟台市的大力支持，给同学们创造优良的学习环境，打造优质的教学队伍，提供优越的住宿标准。因此，在深化校市合作，加快烟台研究院发展建设的重要历史时期，你们要珍惜这千载难逢的机遇。

创造未来，中华民族的明天更加美好

中国的未来，是一个怎样的时代？党的十九大报告提出：在全面建成小康社会的基础上，到 2035 年基本实现社会主义现代化；到 21 世纪中叶，在基本实现现代化基础上，建成社会主义现代化强国。从全面建成小康社会到基本实现现代化，再到全面建成社会主义现代化强国，实现中华民族伟大复兴，是新时代中国特色社会主义发展的战略安排。这一重大战略部署充分体现了中国共产党的政治定力和高瞻远瞩。我们一直要坚定实现中华民族伟大复兴的信心和决心，那么什么是复兴呢？

中华民族是有着五千年文明历史的伟大民族，早自秦汉就进入盛世。一直到 1840 年“第一次鸦片战争”爆发前，中国经济仍然排在世界第一，经济总量达到世界的 1/4 以上。然而，西方列强的一声炮响，让这个曾在世界上独占鳌头、傲视诸“夷”的“天朝上国”，成为被帝国主义列强瓜分的半殖民地半封建国家，中华民族身处水深火热。正是这种苦难中国，呼唤着中国共产党诞生。经过 99 年艰苦卓绝的不懈奋斗，中国共产党团结带领全国各族人民战胜艰难险阻，取得了一个又一个伟大胜利，谱写了中华民族自强不息、实现复兴的凯歌，使实现中华民族伟大复兴呈现出灿烂前景。再过 30 年，到 21 世纪中叶，中华民族一定会超越历史盛世，建成富强民主文明和谐的社会主义现代化国家。

创造未来，中国农业大学全力建设一流

中国农业大学的未来，是一个怎样前景？2012年，习近平总书记到中国农业大学视察时提出，中国农业大学要建设成为中国特色、农业特色的世界一流大学。根据这个目标，到2035年，中国农业大学将基本接近农业特色的世界一流大学前列；到2050年，21世纪中叶，真正建设成为中国特色、农业特色的世界一流大学。值得一提的是，中国农业大学农业科学于2018年首次进入ESI世界前1/10 000，居全球高校第2位，与瓦赫宁根大学仅差一位；植物与动物科学居全球高校第34位，稳居世界前1/1 000，已经进入世界一流学科前列。未来中国农业大学将紧紧围绕习近平总书记提出的建设目标，勇担强农兴农使命，早日建成一流。

创造未来，烟台研究院的发展迎来黄金时期

中国农业大学烟台研究院的未来，又会是一个怎样的蓝图？近2年来，学校与烟台市委市政府按照"做实""做大""做强"烟台研究院的共识，精诚合作、全力推进，为烟台研究院的发展创造出宝贵的黄金机遇期。做实就是烟台研究院将按照既定目标，落实合作事项，同心同向同行，扩大招生规模，加快建设国内一流教育基地、现代农业创新基地、社会服务和成果转移转化基地，通过"一揽子"方法，妥善解决历史遗留问题；做大就是在扩大办学规模、加大物理空间的基础上，烟台研究院建设将面向未来国家重大战略需求，面向山东省、烟台市发展需求，面向海洋经济发展需求，调整学科布局，优化学科结构；做强就是要将烟台研究院建设成为有特色、有活力，有吸引力、有贡献度的新型高水平大学。我们坚信，在烟台市委市政府支持下，在全体师生的共同努力下，烟台研究院必将迎来高质量发展的新起点，前景可待，未来可期。

在此，我也要向烟台研究院广大教师一直以来坚守岗位、默默付出、潜心教学的坚持和付出表示衷心感谢！在此学校也向你们保证，一定全力解决你们所面临的各种问题和困难，让你们能够全身心、无顾虑地投入教学科研，共同建设烟台研究院美好的未来！

同学们，你们是特殊意义的一级新生，也是肩负着时代使命的一级学子，学校、社会对你们有着更加高的期望。借此机会，我想与新同学们交流一些想法。

习近平总书记反复强调：人才是第一资源，创新是实现发展的第一动力。最近有一本书，美国经济学家迈克尔赫德森的《保护主义：美国经济崛起的秘诀（1815－1914）》。在美国通过实施保护主义政策而崛起为全球工农业强国的过程中，被称作美国学派的经济学说发挥着重要的指导作用。然而出于推行自由贸易的目的，美国刻意隐瞒了美国保护主义的历史以及指导美国经济崛起的工业化逻辑。书中揭秘了这段鲜为人知的历史和美国经济崛起的秘诀，叙述了从《根特条约》签订后到1914年期间，美国学派经济学的发展及其与政治斗争之间错综复杂的历史，展现了美国民族主义政治家和经济学家在塑造美国独立自主的内向型工业化模式上所发挥的重要作用。其中，美国经济学派有一个"高工资是廉价产品的标志" 理论。或许同学们会问，工资高，劳动力成本高，怎么会成为一个廉价产品标志呢？他们的理由是通过运用科技创新提高劳动生产率100倍，即使工资以提高10倍来算计，它也是具备高竞争力的廉价产品。以美国大豆为例，中国现在每年进口8 000万吨美国大豆，为什么美国大豆比中国大豆还便宜？这是因为美国全部实现机械化，科学技术的进步带来生产效益100倍的提高，虽然美国的农民是最富的，但是它却是全球最廉价的产品。

不久前,中共中央政治局会议指出:"我们遇到的很多问题是中长期的,必须从持久战的角度加以认识,加快形成以国内大循环为主体、国内国际双循环相互促进的新发展格局。"这是党中央基于国内外形势做出的重大战略部署。科技兴则民族兴,科技强则国家强。科技创新已经成为提高劳动生产率和开拓经济增长的源泉。今天,我们只有推进科技进步和创新,中华民族才能以更加自信、更加自强的姿态屹立于世界民族之林。

同学们,你们要勇敢担当起时代使命、农大使命和建设烟台研究院的使命,敢于创新、勇于创新,以大情怀、大视野、大理想,作出不负时代、不负青春的伟大贡献。

谢谢大家!

同心同行　同向同荣

——校长孙其信在中农创学院四期再学典礼暨五期开学典礼上的致辞

(2020 年 10 月 18 日)

各位学员、各位校友,企业家朋友们:

大家上午好!

非常高兴受邀参加中农创学院四期再学典礼暨五期开学典礼,首先请允许我代表学校向加入中农创学院五期的新学员们表示热烈的欢迎!也祝愿大家在这个永不毕业的学院里,能够不断收获、不断成长!

我也很欣喜地看到学校的杰出校友邵根伙博士今天也应邀出席了典礼,我也要再次代表学校向以邵根伙博士为代表的杰出的校友企业家们,长期以来关心、关注和支持学校的发展表示衷心的感谢!

今天的开学典礼也恰逢学校 115 周年校庆期间,也要感谢往届校友们和新晋学员们与我们共享校庆的盛宴。今天我想与大家分享几点体会。

按照中农创学院的理念,你们是永不毕业的学员,也就成为中国农业大学永不毕业的校友,对于这所你们学习一生的学校,我想用三句话来概括。

第一,这是一所有着深厚情怀的大学　我们对国家、对学生都充满情怀。建校 115 年来,特别是新中国成立 70 年来,在共和国发展的每一个重大历史时期,在解决"三农"问题的每一个重要阶段,都深深地留下了农大人坚定的身影、坚实的脚印和伟大的贡献。这些贡献就源自我们深厚的办学情怀,为国家、为民族接续奋斗、不断奉献的情怀。

第二,这是一所不断创新发展的大学　回望 115 年的办学历史,我们能够在中国农业发展、农业教育、农业科技等方面,持续不断作出中国农业大学的贡献,正是一代又一代的农大人守正创新、艰苦奋斗,坚持改革、谋求发展的创新精神、拼搏精神换来的结果。

第三,这是一所有着伟大理想的大学　习近平总书记反复强调,当今世界正经历百年未有之大变局,中华民族要实现伟大复兴的中国梦。我们这一代人无比荣幸,因为我们能够见证新中国创造的又一个伟大历史,同时我们也更加责任重大,要在这样一个伟大时代作出新的农大贡献。

中华文明经过五千年风霜洗礼,历久弥新。从公元前四千年一直到公元 18 世纪中叶，中华文明是世界上唯一没有中断的文明，中国在很长一段时期屹立于世界强国之林。19 世纪中叶，鸦片战争的爆发使得中国沦为半殖民地半封建社会，中国的经济总量从 1820 年占全球的 30%一路跌到 1949 年占全球的 2%。经过新中国 70 多年的发展，我们为实现中华民族的伟大复兴奠定了坚实基础，这个伟大复兴就是要重现中华民族曾经的辉煌历史，在经济、文化、科技等领域创造新时代的中国奇迹。

诞生于红色基因，与祖国通向同行。中国农业大学在实现中华民族伟大复兴的征程中，必然要作出与党和人民要求相符、与学校历史地位相称的新贡献。学校当前正在谋划 2035 发展愿景，按照习近平总书记给学校提出的“中国特色、农业特色世界一流大学”的建设要求，我们在 2035 年要基本实现这一奋斗目标。要成为一所中国特色、农业特色的世界一流大学，首先就要求我们扎根中国大地、解决中国问题的能力和水平要达到世界一流水平，在实现中华民族伟大复兴的征程中要作出中国农业大学不可替代的历史贡献。其次，要成为世界一流，我们的人才培养、学术水平等综合影响力也必须要达到世界前列，按照目前世界高水平涉农大学的发展现状，美国的康奈尔大学和荷兰的瓦赫宁根大学都是我们追赶的目标。

最近我们在谋划发展规划过程中，提出了一个学校未来发展的新理念，就是建立起学校长远发展的 CAU System，通过服务地方经济社会发展，拓展学校办学空间资源，来建成这样一个现代大学的办学体系。比如我们已经通过与烟台市委市政府签订的战略合作协议，全方位推进烟台研究院建设，并把它作为打造 CAU System 的一个样板，未来 5～10 年我们将力争通过建设中国农业大学海南、中国农业大学成都等，勾勒出 CAU System 的雏形。

纵观历史，思想一直引领着社会发展，文明的产生、思想的创造推动着社会不断进步；经济是社会发展的动力，而经济发展到今天最重要的载体就是企业，企业的发展壮大就成为推动社会进步的重要力量。我们学校要实现长远发展的愿景，更离不开广大校友特别是我们企业家校友的关注和支持。中农创学院汇集了一大批优秀的企业家学员，所以大家不仅是中华民族伟大复兴征程中助力“三农”复兴的实践者，更是引领社会不断发展进步的推动者。所以我用四个“同”来阐述广大校友企业家和学校的密切关系。

第一，我们是同心的 我们有共同的目标、共同的使命、共同的任务，就是在当今百年未有之大变局下，助力实现中华民族的伟大复兴。这是中国农业大学与遍及全球海内外的校友，也包括中农创学员校友们共同的心愿。

第二，我们是同行的 中国农业大学的发展离不开校友们的参与，校友们的创业也离不开学校的教育和支持。无论走到天涯海角，母校永远是广大校友坚实的后盾和温暖的家园。

第三，我们是同向的 心之所向、坚定伴行，这个方向就是学校要建成世界一流的大学，校友企业都成为世界一流的企业。这是我们努力拼搏的方向，是学校和企业“双一流”的奋斗愿景。

第四，我们是同荣的 中国农业大学以校友的成就为荣耀，校友们同样会以学校的发展壮大为光荣。

让我们共同努力，携手迈向实现一流的美好明天！

谢谢大家！

校长孙其信在第五轮学科评估工作启动会上的讲话

（2020 年 11 月 20 日）

各位同志：

第五轮学科评估既是促进高等教育高质量发展、建设高等教育强国的重大举措，也是对学科建设的全面检验，更是对学校办学实力和学科建设成效的全方位检阅。学校党委常委会已经审议并通过了中国农业大学第五轮学科评估工作方案，同时对校领导分工进行了调整，由我负责学校的发展规划工作，辛贤副校长协助负责。结合今天的启动会，我讲四点思考。

一、全校上下要站在学习贯彻党的十九届五中全会的政治高度，深刻认识学科建设的重要意义

即将开展的第五轮学科评估，是对学科整体水平的一次检阅，对实现学校高质量发展也有着重大意义。这要求全校上下要提高政治站位，把学科评估放在学习贯彻落实党的十九届五中全会精神的政治高度上谋划未来 15 年发展，开启全面建设社会主义现代化国家新征程的背景下认识其重要意义。这次学科评估不是简单的常规性工作，而是对学校坚守办学使命、服务国家战略进行的一次全面检阅，每一名同志都肩负着重大的政治使命。

（一）要站在党的十九届五中全会开启全面建设社会主义现代化国家新征程的大背景下认识学科建设的重要意义

党的十九届五中全会为制定“十四五”规划和中长期发展提供了根本遵循，也为学校学科布局和建设指明了方向。学习贯彻党的十九届五中全会精神，我们要深刻认识五中全会精神内涵所体现的新成就、新形势、新阶段、新理念、新格局、新任务这六个“新”，深刻认识学科建设在其中的重要意义。

一是新成就。新中国成立 70 多年来，党和国家的改革发展取得了历史性的重大成就。到今年末，中国经济总量将达到 100 万亿人民币，人均 GDP 超过 1 万美元，全面建成小康社会，中华民族伟大复兴征程中取得了又一次伟大飞跃。1949 年新中国成立之时，中国的人均 GDP 还低于印度，但是经过了 70 多年的发展，我国已经成为世界第二大经济体，人均 GDP 是印度的 5 倍。在这些伟大的成就中，我们可以自信地讲，中国农业大学师生通过一代又一代的接续奋斗，作出了不可替代的贡献。同时，这也是中国农业大学未来发展的新起点，我们要在新时代的伟大征程中作出更大贡献。

二是新形势。习近平总书记反复强调，“我们要全面把握世界百年未有之大变局和中华民族伟大复兴战略全局”。“两个大局”相互交织、相互激荡、相互影响。世界大变局为实现中华民族伟大复兴创造了宝贵机遇，也带来了风险挑战。改革开放 40 余年，特别是 21 世纪以来，中国顺应世界发展潮流，融入国际社会，创造出一个又一个发展的奇迹。在当今的大变局中，中国的发展面临着更多、更艰难的挑战，我们必须要深刻认识这种挑

战对高等教育发展、学校事业发展以及学科建设带来的深远影响，谋篇布局、思变应变。

三是新阶段。党的十九大报告提出了新时代全面建设社会主义现代化强国的新“三步走”战略，描绘了建成社会主义现代化强国的宏伟蓝图，对新时代中国特色社会主义发展做出了战略安排。今年，中国距离世界银行1.2万美元人均GDP的高收入门槛又近了一步。但是我们要实现更大的发展，跨越“中等收入陷阱”迈向高收入国家，成为新阶段中国面临的更严峻考验。“十四五”规划和中长期规划正是在这样一个特定阶段，在两个大变局的背景下提出的发展目标。所以“十四五”规划比过去任何一个五年规划都具有更深刻的历史背景和时代使命，是“独一无二”的，更是“至关重要”的。

四是新理念。党的十八大以来，以习近平同志为核心的党中央提出创新、协调、绿色、开放、共享五大发展理念，科学回答了新形势下经济社会发展的一系列重大理论和实践问题。党的十九届五中全会再次对贯彻新发展理念、构建新发展格局做出了重要战略部署。特别是将创新赋予“核心地位”和“战略支撑”的重大意义，提高到前所未有的高度加以安排部署。作为创新的重要阵地，我们必须要坚守创新发展主战场，坚定不移贯彻创新发展理念。

五是新格局。统筹推进国内大循环为主体、国内国际双循环相互促进的新格局，是立足中国自身发展阶段和发展条件，充分考虑经济全球化和外部环境变化所做出的战略部署，既顺应时代潮流，又应对时代之变，具有鲜明的战略性、前瞻性、指导性。特别是当前全球受新冠肺炎疫情持续影响的大背景下，世界发展格局正在产生深刻变革。我们必须在这种深刻的变革中找准定位、抢抓战机。

六是新任务。党的十九届五中全会站在党和国家事业发展全局高度，对“十四五”时期以及2035年中长期经济社会发展做出了系统谋划和战略部署。全会提出的“坚持创新驱动发展”“优先发展农业农村”等目标任务与学校发展和学科建设密切相关。要在新时代为党和国家作出新贡献，我们就必须在这些方面主动担当、主动作为。

(二)要在全面贯彻落实党的十九届五中全会精神中谋划学校学科的发展方向

党的十九届五中全会审议通过了《中共中央关于制定国民经济和社会发展第十四个五年规划和二〇三五年远景目标的建议》(以下简称《建议》)，是今后5年乃至更长时期我国经济社会发展的行动指南，对于建设社会主义现代化国家、实现中华民族伟大复兴具有重大现实意义和深远历史意义。结合《建议》全文，学校在诸多具体目标任务上大有可为。

一是强化国家战略科技力量，加快组建教育部分子育种前沿中心，加快推动营养健康系建设与发展。二是发展战略性新兴产业，加强农业生物技术创新。三是在数字化、大数据、人工智能的大背景下，加快组建学校大数据与智慧农业研究院。四是提高农业质量效益和竞争力，深入实施“藏粮于地”“藏粮于技”战略，主动作为、主动担当，推进黑土地保护研究院建设，保护好“耕地中的大熊猫”。五是强化农业科技和装备支撑，在新时期加快实现国家农业全面机械化，布局高端智能装备。六是健全动物防疫和农作物病虫害防治，加快推进申报兽医公共卫生国家重点实验室。七是深化农村改革，加快农村改革政策研究，做大做强学校国家农业农村发展研究院。八是做大做强乡村振兴研究院，拓展脱贫成果，推动脱贫攻坚与乡村振兴有效衔接。九是聚焦农业保险领域短板和薄弱环节，做大做强国家农业农村保险研究中心。十是建设高质量教育体系，加强基础研究的人才培养。十一是助力生态文明建设，拓展学科布局，提升服务生态发展贡献度。十二是坚持山水林田湖草系统治理，从推动国家生态文明建设事业和促进畜牧业发展的战略高度加强草业学科建设。十三是全面提高资源利用效率，进一步发挥农业节水的战略作用，助力乡村振兴。十四是全面服务健康中国建设，谋划学科布局，聚焦人类健康，为增进人类健康福祉作出农大贡献。十五是加快数字化发展，强化大数据基础支撑能力建设，全面服务教学科研、人才培养和社会服务，补齐数据储存运行能力短板。十六是传承中华优秀传统文化，弘扬辉煌灿烂的农耕文明，深化农业史研究，加强马克思主义学院建设。十七是实施更高水平对外开放，加快推进全球食物营养与安全研究院建设，巩固"一带一路"/南南合作学院、A5 联盟建设成果。十八是提高社会建设水平，积极参与社会建设，高质量推动农村社会发展。十九是推进乡村振兴，为未来中国农业发展、农村社会的发展方向和变革趋势提供更高水平的智库支撑。二十是建设平安中国，在经济安全、粮食安全、生态安全、环境安全等领域贡献更大力量。

同志们，我们作为农业院校的排头兵，在学校加快建设"中国特色、农业特色世界一流大学"的进程中，我们必须要不忘初心、下定决心、坚定信心，把学科建设得更好、更强。一是要强者更强，自 2002 年第一轮学科评估以来，全国涉农学科格局在不断发生变化。面对激烈的竞争，学校的优势学科必须要进一步巩固优势。二是要弱者变强，我们要有自信和决心，把我们的弱势学科在服务国家重大战略中不断发展壮大。三是要补齐空白，对标世界一流大学的标准，我们还必须要增强创新意识，填补学科空白。

二、要全面提升对学科内涵和重大意义的认识

在座的很多同志是新任干部，可能对学科还缺乏系统的理解和认识，我再跟大家谈谈对学科内涵和意义的认识。

（一）学科是承担大学功能的重要载体

学科是学校开展人才培养、科学研究、社会服务、国际交流合作、文化传承等的基本载体，是学校发展改革的一个综合体系。学科建设水平是学校综合改革成效的具体体现，也是实现学校高质量发展的基本支撑。

（二）学科是世界一流大学的核心标志

纵观世界一流大学的发展建设，任何一所高水平大学都有着多个高水平的学科。没有一流的学科就不可能建成一流的大学，一流学科是一流大学的标志，更是支撑一流大学的基石。

（三）学科是支撑大学创新发展的战略要塞

在服务国家重大战略需求和区域经济社会发展的过程中，学科发挥着"支撑"和"引领"作用。可以说，学科是推动大学创新发展的战略要塞。提升科技创新、人才培养、科学研究、社会服务、文化传承创新、国际合作等整体水平都需要充分发挥学科优势。只有集成学科相关的一流教师、一流资源，才能集中力量打赢学科建设攻坚战，才能在越发激烈的竞争中立于不败之地。

三、要科学、精准判断新一轮学科评估中的"变"与"不变"

第五轮学科评估已经正式启动，我们要高水平完成评估工作，首先要做到知己知彼，

精准研判新形势、新要求中蕴含的“变”与“不变”。

(一)科学研判,精准识变

一是评价体系发生了重大变化。在党中央破除“五唯”的鲜明导向下,新一轮学科评估以改革评价指标体系为抓手,聚焦立德树人、强化分类评价、彰显中国特色。与前四轮评估相比,此次学科评估在评估理念、数据维度、指标权重、结果呈现、学科特色评价等方面进行了大力度创新,这也必将对评估结果产生重大影响。

二是评估要求、目标任务发生了重大变化。随着学科评价体系的变化,学科的评估要求、建设目标和任务也随之发生了变化。新形势下,强化人才培养中心地位,淡化论文收录数、引用率、奖项数等指标,突出学科特色、质量和贡献,引导高校全面贯彻落实高质量发展要求,实现高等教育内涵发展。

三是竞争格局必将发生重大变化。学科评估是中国高校学科建设水平和学科竞争力的晴雨表,评价指标和评估要求的变化必然会带来竞争格局的巨大变化。过去排名第一的金牌学科必须要有更大的危机感和紧迫感,而相对较弱的学科也必须要坚定信心,实现追赶超越。完成好这次评估工作难度更高、挑战更大、任务更重。

(二)巩固基础,立足不变

第一,学科评估是对学科建设水平的总体检阅不变。学科评估旨在反映高校学科建设总体水平和阶段性进展,通过与其他高校进行横向比较,检验学科建设质量,查找短板、补齐漏洞,推进学科建设战略谋划和系统布局。

第二,学科评估是对学科建设成效的全面考核不变。学科评估既是对学校教育教学水平的综合评估和检测,也是对学科建设自身前进和退步的一次纵向检验,能够全面、精准地反映出学科发展取得的进展。

第三,学科评估是对学校、学院、学科治理水平的全面体检不变。如何对学科建设成效进行系统总结、深入剖析,充分展示学科建设的特色和优势仍是我们工作中存在的短板,实质上这是对学校,更是对学院、学科治理水平和治理能力的一次全面体检。只有高水平的治理能力做保障支撑,才能建设出高水平的学科。

第四,学科评估是对一流大学建设的有效推动不变。学科评估是不仅能够让我们全面、清楚地了解和掌握学科建设情况,更为学校事业发展、推进“双一流”建设提供持续不断的推动力,以一流学科发展,引领一流大学建设。

四、各学院、部门要以对党和学校事业、对广大师生利益负责的态度,严肃认真开展第五轮学科评估工作

本次会议的召开,标志着学校第五轮学科评估工作正式启动。摆在我们面前的是一项时间紧、任务重、要求高的政治任务,希望各部门、各学院会后要召开专题会议,认真学习领会、消化吸收、研究部署会议精神和工作方案。对出现责任承担不到位、工作落实不到位的情况,学校将严肃问责。

(一)重视到位

会后,各部门、各学院要召开党政联席会议,认真学习教育部《第五轮学科评估工作方案》和相关文件精神,深刻理解评估政策导向。这是指导深化新时代教育评价改革的纲领性文件,也是新中国第一个关于教育评价系统性改革的文件,具有重大的时代意义、

理论意义、实践意义。一周内,各单位要向学校报告学习、研究、落实情况,发展规划处负责检查各学院和部门工作进展情况。

(二)组织到位

各学院、各部门党政一把手、第一责任人必须亲自部署、亲自组织、亲自参与、亲自动手,坚决杜绝层层分包、推诿扯皮,糊涂人、糊涂账的情况出现。也建议,在今年的部门和学院考核评优中,把学科评估开展的重视程度、组织保障、工作成效作为考核重要依据。

(三)工作到位

各部门、各学院要以高度负责的责任感和使命感,凝心聚力,真抓实干,扎扎实实推进各项工作;学院和部门要加强沟通、紧密配合,相关部门要做好支撑服务工作;涉及跨学院的学科,学院之间要协调到位,按照时间表确保各阶段工作任务的落实。

同志们,第五轮学科评估工作是对学校学科水平、学科建设和治理水平的一次全面检阅。高质量完成第五轮学科评估工作,“认真”是最重要的工作态度,也是最基本的工作要求。希望大家统一思想、齐心协力,把评估工作组织好、落实好,讲好农大故事、打赢评估战役!

谢谢大家!

构建新阶段、新理念、新格局下农科高等教育治理体系思考

校长 孙其信

(2020 年 12 月 23 日)

非常荣幸受邀参加中国高等教育界的一次盛会,听了众多专家的报告,收获良多。下面我分享一下对高等教育和高等农业教育的思考。在河南这片大地上谈农业,是最合适的地方,因为河南是人口大省、经济大省,同时河南也是中国的农业大省。

我简要从三个方面汇报我们对高等农业教育思考。

一、新发展阶段下农科高等教育新挑战和新要求

中国进入了新的发展阶段,必然对整个社会各方面都会产生重大的影响,高等教育也不例外,高等农业教育更不例外。新的发展阶段面临两个大变局,也催生了新发展格局和推动未来可持续发展的战略布局。党中央历来把农业农村工作作为国家实现可持续发展的基础和保障,放在全党工作的重中之重加以安排部署和推动落实。在新阶段构建新发展格局背景下,农业依然是一个必须要完成的重大的任务。虽然农业的 GDP 只占我国 GDP 总量的 7%,也就是 7 万亿左右,但是我们更应该清楚地认识到,以农业和农产品带动的二次产业和三次产业总产值已经超过了工业的总产值。此外,我们还要完成全面乡村振兴、推进新农村建设等重要任务。2019 年 9 月,习近平总书记给全国涉农高校的书记校长和专家回信,充分肯定了高等农业教育取得的成绩,对新时代高等农业教

育发展提出了新要求，就是高等农业教育要以立德树人为根本，以强农兴农为己任。在肯定取得成绩的同时，我们要清醒地面对巨大的挑战。新时代，为了适应新发展格局，高等农林教育必须善于运用创新思维和改革方法，农科高等院校治理需要全面贯彻新发展理念，着力构建新发展格局。

二、农科高等院校的发展历程与新发展理念

自党中央提出建设中国特色、世界一流大学战略部署以来，高等农业教育始终在紧跟国家战略步伐不断前行。当今世界正处于百年未有之大变局，社会在变，教育也必须要变，这是我们深化改革、创新发展的根本立足点。如果一味坚持以不变应万变，将很可能会被瞬息万变的世界所淘汰。在这种挑战下，高等农业教育必须要思变、识变、应变，更好地适应经济社会发展的背景下对人才的需求、科技的需求、文化的需求。从大学治理上来看，涉及学校内部治理的变化以及学校之外治理的变化两方面。内部治理的变化首先是学科体系的重构发展，学科交叉发展是重大的方向。从外部来说，产学研的协同创新是一个必然趋势，必须要考虑国际国内双循环新背景下，新型的大学发展之路也必然是未来需要改革的重大的方向。高等农业教育首先要在三位一体协同发展格局下谋变，也必须要放在人类命运共同体的国际视野下思变。

三、农科高等院校需要着力构建的新发展格局

首先，最重要核心任务是要发展一种互为依存、和谐共生的学科生态系统新格局。由于面临的任务在变，所以大学核心骨架、学科体系必须要适应变化的世界。未来的农科建设不是传统意义上的传统农业，是跟农业交叉的学科，农业跟一、二、三产融合，农业与环境、农业与健康综合交叉不断创新进步的学科体系，是未来的发展方向。同时还要建设一套适应国际学科前沿的、适应国家发展潮流的新型的学科布局，特别是谋划新型需求的学科布局，这也是构建发展格局里面要考虑的重大命题。近几年，我们学校围绕国家需求先后成立了一系列的交叉研究院、新型发展研究院，以及构建人类命运共同体全球视野下的农业高等教育和食物、营养、健康的研究平台和发展平台。

其次，要构建一个顶天立地、知识融通的人力资源新格局。高等教育的发展、高等教育的跨越都是依靠人力资源才能实现发展，在新时代新背景下，推进以顶天立地和知识融通为导向的人力资源发展的战略，是我们必须要完成的重大使命和任务。我们学校在过去一段时间建立了新型的发展格局和人力资源的评价和发展体系，应该说在新型的人力资源构建方面迈出了坚实的步伐。同时，结合评价体系的改革，我们也建立了破立并举的新型评价体系来适应新时代、新发展格局的要求，提升学校发展的动能。

第三，要构建独立自主强农兴农的科技创新的新格局。在实现中华民族伟大复兴的征程中，农业农村现代化是我们国家必须要完成的一项伟大历史使命，对科技的强烈需求将会史无前例。大学作为科技创新的主阵地也必须在布局谋划支撑农业现代化的科技上迈出步伐。我们学校在对标国家重大需求方面主动作为、积极作为。2020 年 7 月份，习近平总书记在吉林考察了东北黑土地，中国农业大学连续十多年在梨树开展了黑土地的保护和可持续利用的多学科攻关。习近平总书记提出，要保护好黑土地这一“耕

地中的大熊猫”，在全国推广中国农业大学建立的梨树模式，让我们深感使命光荣、责任重大。在学校“双一流”建设中，我们聚集了多学科数十个教授团队开展连续攻关，在黑土地保护和可持续发展方面开创出一条具有农大特色的科学道路。

最后一点，要构建良性互动、合力增效的校院治理新格局。前面各位专家关于内部治理都发表了很好的意见，基本导向是要激发活力、提升效率，这方面我们学校也进行了一些积极探索。我体会，大力度的改革是必需的，与此同时“小切口”模式的改革可能是更直接的，更能快速见到成效的。过去三年，学校陆续推出了将近 60 余项小切口改革，通过小改革产生了大效益。这种改革模式符合学校发展现状，也符合在相对稳定的宏观体制下深化改革、大胆改革、精准改革的更高要求。改革永远在路上，只有不断改革，才能进一步焕发机制体制的活力。在构建高校、政府、社会三位一体的协同发展新格局方面，很多学校都做得非常好。最近，我们在全国各地积极谋划中国农业大学的系统布局，这也符合新发展治理格局的需要。此外，要构建符合国际化潮流的全球农业人类命运共同体的国际交流新格局，能够发出更多的中国声音，传播中国范式。中国农业大学在联合国合作委员会的框架下代表中国政府发布了中国脱贫经验的政府报告，向全世界宣传介绍了中国成绩，发出了中国声音。

校长孙其信在“大国三农”在线开放课程发布会上的讲话

（2020 年 12 月 3 日）

各位老师、各位同学、各位嘉宾、各位媒体朋友：

大家上午好！

今天我们在这里举行“大国三农”在线开放课程发布仪式，首先我代表学校，也作为这门课程的主讲人之一，向大家的到来表示热烈欢迎。自 2019 年开始，学校积极谋划这门课程，虽然受到疫情影响，但是在各方的共同努力下，“大国三农”课程最终顺利完成。在这里，也非常感谢课程团队，他们为课程能够顺利完成付出了辛勤劳动。下面，我想跟大家分享一下对这门课程的三点认识：

第一，“大国三农”是学校落实习近平总书记对教育工作的指示精神和落实立德树人根本任务的重大要求。十年树木，百年树人。习近平总书记反复强调高等教育的根本的任务是育人，是全力培养社会主义事业的建设者和接班人。因此，高等教育履行好使命的首要责任是培养学生形成良好品德，引导学生树立正确人生观、价值观。“大国三农”在线课程的建设初衷不仅仅是讲授农业，它是学校思想政治教育课程体系的有机组成部分。也就是说，它也是一门思想政治课程。如果从这个定位上来认识这门课程，首先要求必须充分体现立德树人社会主义核心价值观和加强学生思想政治教育功能与目的。正是在这样的思想引导下，“大国三农”课程以立德树人为主线，以加强学生社会主义核心价值观教育为目标，成为一门有特色的思政课。刚才发言的两位同学，一位在现场听过我的第一讲，另外一位在网上收看了课程，对于他们刚刚讲到的学习体会，我深有同感，深感欣慰，因为他们所收获的就是这门课程所要达到的目标。可以说，学校集中力量打造"大国三农"课程，就是落实习近平总书记关于教育工作的重要指示，落实全国教育大会精神，特别是落实习近平总书记在思想政治工作会议上对高等教育的一系列重要指示和重大要求。

第二，"大国三农"是进一步增强当代大学生对"四个自信"价值认同的重大需要。最近《求是》杂志刊发了习近平总书记的重要文章，这是他在中央政治局常委会专题学习考古学时的重要讲话。习近平总书记在这篇文章中指出："中国有坚定的道路自信、理论自信、制度自信，其本质是建立在五千多年文明传承基础上的文化自信。"因此，树立学生对"四个自信"的价值认同是推动中华民族伟大复兴所必须坚持的价值观、思想观和理论观。"大国三农"课程正是用农业故事来讲述"四个自信"。通过对中华农耕文明历史脉络的讲解，可以领略到中华文明起源、发展和兴衰，波澜壮阔的历史画卷，真切了解中华文明五千年的发展与传承。众所周知，空想社会主义 500 年，科学社会主义 180 年，而中国农耕文明有五千年的悠久历史。根据最新的考古数据资料显示，中国至少在一万年前就已经有驯化稻谷种植稻谷的历史。从一万年的场景来看中国农业文明，从 180 年看科学社会主义的发展进程，从 70 多年看中国社会主义制度建设取得的伟大成就，特别是改革开放 40 多年来，中国发生的翻天覆地的变化。中华儿女能不为我们的历史感到自豪吗！能不为中国取得的伟大成就自豪吗！能不为中华民族未来的光明前途感到自豪吗！教育不是简单的说教，我们作为教育者，只有把故事讲好了，讲透了，讲明白了，才能让"四个自信"融入每一位学生的思想理念和道德观念中。

第三，"大国三农"课程是学校坚定落实习近平总书记给全国涉农高校书记校长和专家代表回信精神的具体行动。习近平总书记的回信对涉农高校办学方向提出明确要求，对广大师生予以勉励和期望。习近平总书记要求涉农高校培养更多知农爱农新型人才，其中最重要的就是要开展对新时代青年学子的情怀教育。世界史大多数时候是农业文明史，工业革命至今不到 300 年。在一万年的历史长河里面，300 年是沧海一粟。所以，理解中华农耕文明是一种情怀，这对促进形成良好人格、提升思想道德、坚定对实现中华民族伟大复兴中国梦的信心具有巨大推动作用。同时，习近平总书记在回信中要求涉农高校拿出更多科技成果。作为拥有 115 年悠久历史的国字号大学，中国农业大学将培养更多知农爱农的新型人才，拿出更多强农兴农的科技成果作为奋斗目标、奋斗方向和奋斗动力。"大国三农"课程一方面是思想政治课，同时也是"三农"的通识课，让学生能够了解农业、了解农村、了解农民。课程里面的专家学者代表了这个领域的世界顶级科技水平，也成为中国农业大学通过科技创新推动"三农"事业发展的缩影。2020 年年末，在落实习近平总书记重要回信一周年之际，"大国三农"在线课程录制完成，这正是学校坚定落实习近平总书记重要回信精神的具体行动。

最后，我再与大家分享一下我所讲授的课程内容。实际上，我在西北农林科技大学工作期间就已经开始讲授相关内容。当时我讲的题目是：从中国文化的五千年辉煌谈坚定"四个自信"。在这里，我要特别感谢西北农业科技大学和中国农业大学的课程团队。正是因为有了他们，才能打造出这样一门精品课程。同时，我也要特别感谢参与课程录制的各个专业团队，感谢今天参会的兄弟院校和媒体朋友，感谢你们长期以来对学校课程建设的关注和支持。中国故事不会讲完，“三农”故事更不会讲完，我们期待在大家的共同努力下，把“大国三农”课程建设好，将课程育人功能发挥好。

谢谢大家！

校长孙其信在学校研究生教育大会上的讲话

（2020 年 12 月 19 日）

尊敬的洪司长，各位领导、各位老师：

大家上午好！

按照学校党委的工作安排，今天我们召开学校研究生教育大会。会议的主要任务是：深入学习领会习近平总书记关于研究生教育工作的重要指示，全面贯彻落实全国研究生教育大会精神，研究部署新时期学校深化研究生教育改革，推动高质量人才培养工作。

今天我们非常荣幸地邀请到教育部研究生司洪大用司长以及北京市教工委有关领导出席会议，并对我们学校的研究生教育提出工作要求和具体指导。

刚才，林万龙副校长全面介绍了学校为贯彻落实全国研究生教育大会精神制定的深化研究生教育改革的总体方案，这是学校党委经过认真学习、深入研究制定的，我完全赞成。下一步全校各学院和部门要严格按照工作方案抓好落实，确保学校的全面布局和精心谋划落实落地、取得成效。

五位教师代表分别从不同维度分享了研究生培养模式的典型案例，可以说各具特色、各展所长，充分展现了学校不同学院、不同学科、不同类型研究生教育的先进做法、宝贵经验和显著成效，为我们进一步做好新形势、新要求下的研究生教育工作奠定了基础、坚定了信心。

特别要感谢洪司长，为我们系统梳理了全国研究生教育大会精神以及部党组推进贯彻落实的安排部署，并对各项改革举措的任务目标和具体要求进行了细致解读，为我们更加全面、准确地学习领会全国研究生教育大会精神，推动学校研究生教育实现更高质量发展提出了明确要求，提供了有力指导。

下面，结合学习贯彻全国研究生教育大会精神的心得体会以及下一步推进学校研究生教育深化改革的具体安排，我谈三点意见。

一、全面准确领会全国研究生教育大会精神

刚才，洪司长已经为我们进行了全面解读，学校在下一步工作中要认真学习领会、贯彻落实。我简要谈两点学习体会：首先，全国教育大会结束后，教育部召开了本科教育工作会，对全面深化本科教育教学改革进行部署。而这次召开的全国研究生教育大会是在习近平总书记专门做出重要指示，李克强总理做出批示的背景下召开的，孙春兰副总理

就贯彻落实习近平总书记和李克强总理指示批示精神提出了工作要求,教育部也出台了一系列文件,并制定了专项行动加以推动落实。大学作为培养研究生的主战场,我们应该站在落实党中央重大决策部署的政治高度,来深刻认识研究生教育大会的重大意义。其次,在建设世界一流大学的过程中,我们越来越深刻意识到,高水平的研究生教育是不可替代的重要组成部分,没有一流的研究生教育,就不可能真正建成世界一流大学。贯彻落实研究生教育大会精神,就要求我们应当以更大力度、更新举措,深化新时代研究生教育改革创新,为建设一流大学提供高质量支撑。

二、进一步明确研究生教育改革发展的重点任务

教育部出台的相关文件已经对贯彻落实研究生教育大会精神、推进研究生教育改革做出了明确安排。我体会,学校还需要精准学习领会,结合自身特点从建设路径、落实举措、重点任务等方面创新性地推动落实。

(一)站在服务建成社会主义现代化国家的高度认识新时代研究生教育的重大意义

党的十九大提出了新时代中国特色社会主义新"三步走"战略部署,到2035年基本建成社会主义现代化国家。这就意味着,2035年之前教育、科技、农业农村领域都要率先实现现代化。中国农业大学作为一所国字号的"双一流"建设大学,在实现中华民族伟大复兴战略布局中,要围绕服务建成教育强国、科技强国,助力实现农业农村现代化的国家战略需求,来谋划写好学校研究生教育改革大文章,培养更多知农爱农高水平人才,产出更多强农兴农重大科技成果,这是我们必须要向党和国家交出的一份高质量答卷。

(二)客观清醒认识学校研究生教育的优势和不足

对照习近平总书记对研究生教育的重要指示精神,对标国际国内一流大学的研究生教育水平,我们应当对自身研究生教育具备的基础和优势,存在的短板和不足,以及未来面临的压力和挑战有一个全面准确、客观清醒的认识。

1. 坚定自信,厚植发展优势

回顾学校研究生教育的发展历程,我们有理由、有信心在学校厚重发展历史所积累的扎实基础上,奋进再发出、创造新辉煌。

一是历史悠久。早在1949年组建北京农业大学的时候,就已经开始了研究生培养。一直到改革开放以来,中国农业大学的研究生教育始终走在全国前列,先后培养出了全国第一位农业工程博士、作物栽培耕作博士。

二是基础扎实。首先,作为农业大学,培养学生的家国担当和人民情怀始终贯穿学校研究生培养的全过程,已经成为农大研究生培养不可抹去的文化基因;其次,学校拥有一批具备优秀师德师风、高超学术水平、卓越创新能力的研究生导师,为我们培养高水平人才提供强有力的支撑和保障;同时,我们的教授立足中国特色、农大特色,成功探索出以科技小院为代表的一批研究生培养的典型模式。此外,我们还具备像A5联盟这样的与世界一流大学深入合作的高水平国际交流平台,学校的研究生培养已经走向国际舞台。

三是成绩突出。康绍忠院士团队创建的"水利工程卓越人才实践培养体系"获得了2018年中国学位与研究生教育学会"研究生教育成果"特等奖,科技小院人才培养模式也得到社会各界的高度认可,这是对学校研究生教育成效最充分、最直接、最有力的肯定。

2. 正视差距，加快补齐短板

在清楚地看到自身具备的优良传统和扎实基础的同时，我们更应当清醒地认识到距离习近平总书记的要求，距离世界一流大学的更高标准，学校的研究生教育还存在不小的差距和短板。

一是学科结构无法高质量服务国家战略需要。长期以来学校形成了结构相对稳定但是急需优化调整的学科布局，当前国家对教育、科技、农业农村发展的战略需求已经发生重大变化，如果我们还固守现有的学科结构和学科方向，培养出的研究生必然无法高质量服务国家战略需要。特别是党的十九届五中全会提出创新驱动发展的核心地位，包括农业在内的许多领域，企业创新已经走在高校前面，这对我们加快对现有学科布局进行深入改革调整和创新重构提出了紧迫要求。

二是教育质量无法高水平满足广大人民需要。广大人民群众对高质量教育的需要越来越迫切，但是我们依然会看到国内优秀毕业生选择到国外高水平大学深造。究其原因，根本上还是因为我们自己的研究生教育还不能完全满足广大学生的需求。从“硬件”来看，国内高校的条件保障和设施建设与国外几乎没有太大差距，但是我们不得不承认在培养理念、培养方式以及培养质量等“软实力”方面还是存在一定差距的。这就需要我们的研究生教育，从根本上提升人才的培养质量。

三是培养模式无法高标准匹配社会发展需要。当前经济社会发展对人才专业能力和专业素质提出更高要求的同时，越来越向着综合化、交叉融合的趋势发展。但是我们如果依然按照传统的培养环节、培养过程、培养标准以及评价体系来开展研究生培养，恐怕无法适应社会高强度、高压力竞争的需要，也必须做出改变。

3. 精准发力，深化改革创新

基于以上对研究生教育优势和不足的分析研判，学校进一步明确新时代研究生教育改革的重点任务，做好以下八个方面的工作。

第一，切实加强和改进研究生思想政治教育工作。思想政治教育是一项重大而紧迫的战略任务，事关培养什么人、如何培养人的重大问题，明确为什么要“知农爱农”、如何实现“知农爱农”，这是学校落实研究生教育大会精神的立足点和切入点。如果我们培养出来的人才，对国家的事业不了解、不热爱，就不可能成为社会主义的合格建设者和接班人。学校要从思政课程、课程思政、导师队伍、培养导向和实践教育等环节进行改革。

第二，下大力气调整完善适应国家战略需求的学科专业布局。部分学院已经立足服务国家重大战略和经济社会发展新需求，规划和布局新型学科方向，学校层面也将进行系统谋划设计。面对当今世界前沿科技、现代产业、国际竞争格局的快速剧变，学校的学科布局也到了必须做出重大调整和系统谋划的时候。我考虑，学校研究生教育以及学科布局要重点向六大领域拓展：一是向生命科学、生物医学等领域拓展，因为现代农业的功能已经升级为服务广大民众的生命安全和身体健康。二是向信息技术、大数据、人工智能等领域拓展，已经有企业在实现了无人养殖与智能操控，颠覆了传统人工养殖模式，这是未来农业发展的必然趋势。三是向智能制造、智能装备和全面农业现代化等领域拓展，根据现有的市场需求判断，中国的农业机械化任务尚未全部完成，同时还要面临迎来智能化和信息化时代。未来的学科拓展，既要弥补农业机械化短板，还要跨越机械化向智能化、信息化迈进。四是向大健康、公共卫生等领域拓展，农业本身与人类健康、公共安全保持着紧密联系。新冠肺炎疫情已经充分说明，人类公共卫生、重大疾病离不开动物、离不开兽医，我们要立足优势，更大力度向大健康和公共卫生拓展。五是向绿色可持续发展、生态文明建设、国土空间规划、水资源安全以及全球变化等生态环境可持续发展等领域拓展。农业在满足人类发展需要的同时，给环境带来了巨大的负担。要真正实现习近平总书记提出的“绿水青山就是金山银山”的发展理念，就必须促进相关学科更加深入交叉融合。六是向更高级的新型国际化拓展。疫情期间，国际化潮流受到了西方国家的冲击和挑战，但人类命运共同体已经是不可逆转的发展大势。近些年，学校在推动研究生教育的国际化培养方面取得了很好的成绩，在国际上享有一定声誉，未来我们更要坚定不移地持续推进。

第三，创新招生方式、培养模式、评价机制改革。关于这一点，刚才林万龙同志已经全面介绍了学校新一轮研究生教育改革“12358”总体方案，下一步要按照方案要求细化落实。

第四，大力完善质量保障体系建设，把质量作为研究生培养的“生命线”。随着研究生教育规模和导师队伍的不断扩大，如何保证培养质量给我们提出了新的严峻挑战，培养质量一旦出现问题，将对研究生教育造成致命打击。质量保障要从制度建设上系统设计，更要从思想认识上巩固加强，如果每一位导师、每一位研究生教育工作人员、每一名学生都把质量作为“生命线”，就能够建立起牢不可破的质量防线。

第五，切实加强研究生导师队伍建设。全国研究生教育大会指出了导师队伍建设方面的突出矛盾，我们学校也存在一些共性或者个性的问题。目前我们的导师队伍相对比较年轻，一些教师获得导师资格时间不长，还缺乏指导、培养研究生的经验，还需要进行系统的培训。特别是要注重导师个人的情怀教育，增强学生对学校、对团队、对导师的认同感和归属感。

第六，改革创新研究生教育评价体系。建立完善科学、高效的研究生教育评价体系不仅是研究生教育发展的迫切需要，也是提升学校治理水平和治理能力的重要标志。

第七，弘扬科学精神，强化学风建设，坚决贯彻学术不端“零容忍”。这是学校的基本态度，也是学术底线。加强学术道德和学风建设，对弘扬科学精神、净化校园环境、提高人才培养质量具有十分重要的意义。

第八，加强研究生教育的组织管理。当前学校的研究生规模已经超过了20世纪80年代的本科生数量，这对研究生教育管理的体制机制和队伍建设都提出了更高要求。我在调研中发现，很多学院都反映管理队伍建设存在突出问题。学校考虑对管理人员的引进标准和指标分配等进行适当调整，坚持问题导向，对迫切需要解决的问题，将适当采取特殊政策加以解决。

三、深化改革，创新性推动工作落实

学校深化研究生教育改革的总体安排已经做出部署，重中之重还是要抓好落实。今天我们召开全校范围的工作会议，就是向广大师生发出动员令。

一是要加强和完善组织体系和机制保障。学院和部门要主动担当作为，在工作中完善组织体系建设，加强机制保障。

二是要制定细化落实的配套文件和制度。要全面领会上级有关文件精神，结合学校工作实际，制定出台细化落实的配套文件和制度。

三是要进一步压实责任、细化分工。在推进落实中，往往出现责任不清、分工不明的问题。必须要清楚了解并明确学院、部门各自的责任分工，确保各项具体工作有人抓、有人推进、有人负责。

四是形成落实落地的工作机制。当前学校推动工作落实的制度保障还有待加强，督办督查机制还需要进一步完善，必须形成权责清晰、任务落地的工作机制。

最后，希望各学院和部门能够统一思想、团结一致，推动学校新时代研究生教育工作迈上新台阶、取得新进展，为建设中国特色、农业特色世界一流大学提供新的发展动力！

谢谢大家！

守正创新　奋力推动学校高质量发展

——校长孙其信在中国农业大学第四届教职工暨工会会员代表大会第四次会议上的报告

（2020 年 12 月 30 日）

各位代表、同志们：

现在，我代表学校向第四届教职工暨工会会员代表大会第四次会议报告工作，请各位代表予以审议。

报告的主题是高举习近平新时代中国特色社会主义思想伟大旗帜，全面贯彻党的十九大及十九届二中、三中、四中、五中全会精神，深入落实学校第四次党代会部署，科学把握新发展阶段，深入贯彻新发展理念，加快融入新发展格局，守正创新，谋篇布局，奋力推动学校高质量发展。

一、2020 年学校事业发展

2020 年，是“十三五”规划实施和首轮“双一流”建设收官之年，也是党和国家发展历史上极不平凡的一年。一年来，学校坚持以习近平新时代中国特色社会主义思想为指导，全面贯彻落实习近平总书记给全国涉农高校书记校长和专家代表的回信精神，深入实施“5＋1”工程，统筹推进疫情防控和事业发展，各方面工作都取得了新进展，在全面建设世界一流大学的征程上迈出了新步伐。

——学校第四次党代会胜利召开。中国共产党中国农业大学第四次代表大会胜利召开，大会全面总结了第三次党代会以来党的建设与事业发展的主要成绩和宝贵经验，明确了奋力谱写全面建设中国特色、农业特色世界一流大学新篇章的战略部署。

——校园疫情防控取得阶段性胜利。经过全校师生的共同努力和艰苦奋斗，确保校园的“零感染”，为广大师生创造了健康、安全的生活、学习和工作条件。

——知农爱农人才培养取得新成效。打造全国首门“大国三农”在线开放课程。获批 11 项国家新农科研究与实践项目，名列全国榜首。研究生招生突破 4 000 人，设立 54

个专业学位研究生培养专项。毕业生就业率同比提升2%。

——优势学科稳居世界一流前列。农业科学学科位列全球第2位，稳居世界顶尖行列。植物与动物科学保持ESI世界前1/1 000，位列全球高校第34位。环境/生态学、生物学与生物化学等11个学科进入全球前1/100。

——重大科技创新实现新突破。在生物种业、资源高效利用与可持续发展、公共卫生与营养健康等领域研究取得重要进展。获批2个国家野外科学观测站。4项成果通过国家科学技术奖初评，实现“三大奖”大满贯。获得国家自然科学基金242项、国家社科基金重大项目4项。

——智库建设取得新进展。成立国家农业科技发展战略智库联盟、国家黑土地保护与利用科技创新联盟、全球食物经济与政策研究院，全方位、高层次服务乡村振兴、食品安全、健康中国等国家重大战略。疫情期间，向党中央提交30余份政策研究报告，获得党和国家领导人批示。

——师资队伍建设成果显著。“315”人才引进工程与“2115”人才培育发展支持计划顺利收官，成效显著。4人入选国家高层次人才项目，3人入选教育部人才项目，4人入选国家青年创新人才。5人获国家杰出青年科学基金，创历史新高。

——社会服务交出鲜亮成果。成立科技成果展示与技术交易大厅，获批国家知识产权试点高校。签订科技成果转化合同58项，同比提升56%，千万级1项、百万级5项。

——办学资源拓展新格局加速形成。妥善解决烟台研究院的发展和历史遗留问题。加快推进三亚研究院建设以及与平谷区战略合作。积极争取新发展空间，成立四川现代农业产业研究院，新型发展模式正在加速形成。

——民生保障工作平稳运行。由大北农集团全资捐赠的杨胜楼正式开工建设。完成改善基本办学条件9项、家属区暖气管道改造与污水管道整修等42项，全力保障和改善民生。

回顾2020年，学校主要开展了以下重点工作。

(一)强化责任担当，校园疫情防控取得阶段性成果

学校认真贯彻落实习近平总书记关于疫情防控工作的系列重要指示，把广大师生生命安全和身体健康放在第一位，科学防治、严防死守，确保校园安全稳定。

一是组织领导有方有为，启动应急工作机制。学校第一时间研究部署疫情防控工作，成立了由党委书记、校长担任组长的疫情防控工作领导小组，确立了“一办七组”组织模式，迅速完成各类人员数据摸排，做到“点对点”对接、“一对一”关注，精准摸排2.9万名师生信息，全面掌握出行动向和健康状况。

二是物资保障有效有为，科学调配抗疫物资。及时制定疫情防控经费保障措施，迅速拨付资金，累计投入疫情防控专项经费1 000余万元。紧急开发“校园疫情态势感知平台”163台，采购840 540只口罩、10 000余升消毒液和酒精等防疫物资，确保全校师生安全，推动教学秩序正常化。

三是教育教学有序有为，迅速调整教学模式。创新教学模式，2 700余门课程启动线上教学。统筹资助资金4 800余万元，资助学生3.5万余人次，保障经济困难学生疫情期间正常生活和学习。5 479名毕业生顺利毕业，2万余学生分批分次返校复学复课，实行校园封闭式管理，确保教学工作平稳有序。

四是各项工作有力有为，统筹疫情防控和事业发展。在确保全体师生身体健康和生命安全的前提下，统筹抓好改革发展，在人才培养、学科建设、师资队伍、科学研究、社会服务、国际合作、资源拓展、内部治理、战略研究、支撑保障等方面取得了一系列新成就。

(二)落实立德树人根本任务，知农爱农新型人才培养开创新局面

学校落实立德树人根本任务，推进“三全育人”综合改革与实践探索，构建课程思政新格局，引领全国新农科建设，勇担教育教学改革先锋，加强创新创业教育，人才培养取得一系列成果。

一是深化思政改革，健全知农爱农育人体系。加强马克思主义学院建设，获批马克思主义理论博士学位一级学位点。将全校 2 300 余门本科课程教学大纲转变为育人大纲，成为全国课程思政建设的创举，实现了课程育人全覆盖，发挥了重要的示范引领作用。邀请院士、知名教授，精心打造全国首门“大国三农”在线开放课程，弘扬和传播中华五千年农耕文明，充分展现学校在知农爱农情怀教育方面的引领与担当。设立首届立德树人卓越成就奖，吴常信院士荣获奖项，激励广大教师潜心教书育人、追求卓越，全面提升教师教学和人才培养质量。

二是引领新农科人才培养改革。教育部依托学校设立“全国新农科建设中心”，打造新农科建设与高等农林教育发展的高端智库。围绕农业农村现代化发展需要，申报兽医公共卫生、食品营养与健康、社会政策与土地科学与技术等新设专业，不断优化本科专业布局。获评 17 个国家一流本科专业、6 个北京市一流本科专业，累计已有 39 个专业开展一流本科专业建设，12 门课程入选国家级一流本科课程，5 门课程入选北京市优质本科课程。

三是本科教育教学改革成效突出。入选教育部基础学科拔尖人才培养计划，进入基础学科人才培养第一梯队。入选全国首批“强基计划”试点高校，实施大类招生，种类和数量均居全国农业类院校首位。入选全国中学生“英才计划”，积极探索高校与中学联合培养青少年科技创新人才的有效模式。2 人入选北京市教学名师、1 人入选北京市青年教学名师、1 人获得北京高校优秀本科教学管理人员、1 个北京高校优秀本科育人团队、1 个全国气象教学团队。

四是研究生教育改革持续深入。学习贯彻落实全国研究生教育大会精神，召开学校研究生教育大会，研究制定“12358”改革方案。深化专业学位综合改革，10 大类 54 个专项全部实现专项制培养。以科技小院专项、畜牧产业技术体系专项、葡萄产业技术体系专项为代表的专业学位研究生教育得到教育部的高度肯定。顺利完成自主审核土地科学与技术交叉学科博士点申报，设立国内首个“营养与健康科学”博士学位授权一级交叉学科，探索前沿交叉科学建设机制。调整完成社会工作、图书情报等专业学位硕士点申报。以专业学位水平评估为抓手，制定评估工作方案，积极组织农业、兽医、金融、风景园林 4 个专业学位授权点参评。

五是就业创业实现新突破。及时推出“促就业十条”，实施“毕业生就业促进行动”，最大程度降低疫情影响。毕业生总就业率较去年同期提升 2%，近 73%的毕业生在农业及“农业+”的行业就业。52 个未摘帽贫困县毕业生群体、151 名建档立卡贫困户毕业生实现 100%就业。269 名毕业生通过各省专项选拔加入选调生行列，入选人数实现 8 连增，毕业生就业工作得到《新闻联播》《焦点访谈》、新华社等多家媒体报道。本科生深造

率61.1%，同比提升4.3%，排名全国第14位，国内深造的毕业生80%进入一流大学建设高校。大学生创新创业能力不断提升，获得A类学科竞赛国家级奖项6项、省部级奖项47项。在北京市大学生优秀创业团队评选中，获3个一等奖、4个二等奖、2个三等奖。举办首届“兴农杯”创新创业大赛，打造提升创新创业能力的重要平台。获得中国国际“互联网＋”大学生创新创业北京赛区金奖3项、银奖16项、铜奖15项，全国总决赛银奖2项、铜奖3项。获“挑战杯”北京赛区金奖1项、银奖5项、铜奖7项，全国总决赛铜奖1项。

（三）高质量推进“双一流”建设，学科建设成效显著

学校始终坚持高质量推进“双一流”建设，通过一系列强有力的改革举措，学科建设迈上新台阶。

一是优势学科稳居世界一流学科前列。农业科学学科稳居世界一流学科顶尖行列，位列全球第2位。综合第三方表现，植物与动物科学保持ESI世界前1/1 000，已进入世界一流学科前列。环境/生态学、生物学与生物化学、化学、微生物学、工程学、分子生物学与遗传学、社会科学总论、药理学与毒理学、免疫学进入全球前1/100。

二是完善“双一流”建设动态监测机制。组织13个学院填报9个一流学科动态监测数据，及时掌握和监测“双一流”建设进展，准确完成数据填报。

三是全面总结“双一流”建设首轮周期成效。认真梳理5年来“双一流”建设成果，召开9个一级学科自评工作会和学校“双一流”周期总结自评会，全面分析研判“双一流”建设存在的问题、面临的挑战，形成高质量总结自评报告，获得专家委员会的高度评价。

四是全面部署第五轮学科评估工作。第一时间成立学科评估领导小组，制定评估工作方案，启动部署工作会，对指标体系框架进行细致解读，凝聚学科建设思想共识，明确下一阶段学科建设的工作重点，确保高水平完成第五轮学科评估。

（四）超常规实施“人才强校”战略，一流师资队伍建设迈上新台阶

聚焦人才第一资源，学校持续加强师德师风建设，坚决破除“五唯”，以人才引进为切入点，以人才培育为着力点，以综合改革为动力点，为学校聚才育才用才。

一是聚才而用，持续提升对学科建设的支撑作用。2020年是“315”人才引进工程收官之年。“315”工程实施以来，引进各类人才451人，营造出“近者悦，远者来”的人才氛围，缓解了教师队伍建设长期存在的结构性、发展性、制约性难题。3年以来，教师总量稳步提升，结构日益优化。35岁及以下教师占比从2017年底的12%增加到20%。46岁及以上教师数量从2017年底的52%下降到49%。

二是育才为本，完成新一轮个人及团队遴选聘任。深入实施“2115”人才培育发展支持计划，最终确定支持57名人才和10个创新团队。其中，入选人才没有“帽子”比例超过70%，充分体现了“破五唯”的工作成效。经过2年的持续努力，人才培育计划聘任个人岗位共计321人次，支持创新团队101个，学校人才储备库普通教师超过550人，超额完成了既定工作任务。

三是凝聚共识，克服困难优先保障人才经费投入。以抓铁有痕、踏石留印的态度，克服困难，优先保障人才经费投入，明确2020年人才工作经费不减，全面落实对人才岗位和创新团队的各项支持。增量资金投入超5 000万元，兑现学术推荐权、人才年薪、自主建设经费等一揽子配套支持。

四是遵循规律，完成新一轮专业技术职务考核聘任。坚持以德才兼备、突出重大业绩贡献为导向，构建多维度的人才评价体系，实施常规考核、绿色通道考核、团队考核以及代表性成果考核，完成第三轮专业技术人员聘期考核以及新一轮专业技术职务岗位聘任工作。600余名教师晋级聘任，近10名教师低聘，解决了岗位聘任“能上不能下”的难题。在29位二级教授中，50岁以下占比达到55%，13位由四级教授直接晋升，二级教授年龄结构日益优化。

五是突出示范，牢固树立教师教书育人意识。成功入选第二批高校“双带头人”教师党支部书记工作室建设名单，学校申报的“农学院作物生态与农作学系教工党支部书记工作室”作为第二批高校“双带头人”教师党支部书记工作室予以资助建设。工作室将把教师党支部书记队伍建设成为党建和业务双融合、双促进的中坚骨干力量，示范引领、辐射带动教师党支部建设和教师思想政治工作质量整体提升。此外，在新教师入职教育中，设置校史专题、育人专题、“三农”专题、红色专题和师德专题，利用网络平台开展线上“云实践”。首次将“立德树人论坛”作为入职教育开班式，邀请名师讲述育人经验和为师体悟，引导新教师明德树德立德。

(五)服务国家重大战略需求，“强农兴农”关键科技创新展现新作为

面向世界农业科技前沿、国家农业农村现代化主战场，持续加强原始创新、关键技术攻关，取得一系列新成果。

一是主动服务国家重大发展战略。启动黑土地保护与利用科技攻关行动，《黑土地保护与利用科技创新专项动议》已获国家重点研发计划重点专项立项。依托吉林梨树实验站和国家黑土地现代农业研究院共同发起成立“国家黑土地保护与利用科技创新联盟”，举办第六届黑土地保护论坛，构建黑土地保护与利用科技创新与技术推广体系，助力东北地区加快实现农业农村现代化。建成首个环太湖有机废弃物处理利用示范中心，为重点区域战略实施提供了可推广的产业模式。依托农业农村部国家葡萄产业技术体系，破解亟须攻关的产业技术难题，推动贺兰山东麓葡萄酒产业可持续发展。与大同市发展有机旱作农业、“三黄”等特色农业产业，助力大同黄花产业高质量、规模化发展。学校服务国家战略成效突显，获得《人民日报》《光明日报》、中央电视台等媒体广泛关注和报道，全年在主流社会媒体发稿961篇，同比增加46%，社会影响力显著提升。

二是基础研究再获新突破。持续提升创新能力，SCI、EI和SSCI收录论文3 209篇，影响因子大于5的论文495篇，同比增长36%。特别是在生物种业方面，揭示了水稻驯化、西藏半野生小麦等重要分子机理，突破双子叶植物单倍体诱导育种、黄瓜维管发育和霜霉病抗性机制等理论基础前沿；在资源高效利用与可持续发展方面，首次建立可持续发展评估指标体系与方法，提出全球间套作增产模式、中国地膜覆盖增产增效示例，揭示了纳米硒提升植物健康机制、豆科植物结瘤固氮调控机理；公共卫生与营养健康方面，在畜禽抗菌药物使用与细菌耐药相关性、益生菌稳态化制剂等方面取得重要研究成果；在小麦耐热品种培育、良种牛羊卵子高效利用快繁、食品动物新型专用药物创制与应用等重大关键技术取得突破。多个领域实现了从“跟踪”到“并跑”的跨越，部分领域实现或保持国际领跑。

三是科研项目数量质量再创新高。获批国家自然基金项目242项，直接经费约1.59亿元，获批数量、经费连续两年稳居农林高校第一。横向科研项目经费进一步增长，立项

1 079 项，合同经费 42 047 万元，同比增长 48%。到账经费 30 804 万元，同比增长 53%，占学校到账总经费的 26%。获批国家社科基金项目 14 项，同比增长 56%，国家社科基金重大项目 4 项，创历年最高水平。获批北京市社会科学基金重大项目 2 项，实现零的突破。

四是实现同年度国家科技三大奖大满贯。共计 4 项成果通过国家科学技术奖初评，在全国高校中排名并列第 5(通用项目)。其中，国家自然科学奖二等奖和科技进步奖二等奖各 1 项、国家技术发明奖二等奖 2 项。自 2005 年来再次获得国家自然科学奖，并首次实现同年度国家科学技术三大奖大满贯。此外，获得教育部高等学校科学研究优秀成果奖(人文社会科学)2 项、北京市第十六届哲学社会科学优秀成果奖 2 项、何梁何利奖 1 项、全国创新争先奖 3 项、北京市自然科学奖一等奖 1 项。

五是国家级平台建设取得重大进展。石羊河实验站和曲周实验站获批国家野外科学观测站建设单位。两个国家级野外站围绕服务国家重大战略和区域经济社会发展重大需求，着力提升野外站观测能力和研究水平，加强示范和服务功能，支持相关学科建设和高层次人才培养。

六是树立农业科技智库领军地位。瞄准国家农业科技和学校未来发展，联合 42 家产学研单位发起成立国家农业科技发展战略智库联盟，建立农业科技界规模最大、涉及面最广的战略研究平台，着力为乡村振兴、农业农村现代化建设等国家重大战略提供战略研究支持。牵头承担“面向 2035 年国家中长期科技发展规划战略研究农业农村专题研究”“‘十四五’农业农村科技创新专项规划”编制，为国家制定“十四五”农业农村科技发展规划提供有力支撑。在建立解决相对贫困的长效机制、从脱贫攻坚到乡村振兴的有效衔接与转型、农业文化遗产保护与乡村可持续发展研究等方面取得重要突破，为国家重大发展战略贡献农大智慧。

(六)助力打赢脱贫攻坚战和实施乡村振兴战略，树立服务“三农”新样板

学校致力服务国家重大发展战略，将科技创新、人才培养和社会服务有效结合，提升地方特色产业和产品的核心竞争力，促进现代农业转型升级。

一是总结凝练脱贫攻坚中农大人的使命与担当。全面总结学校在助力打赢脱贫攻坚战中的成就与经验，编写并由人民出版社出版发行了《玉汝于成：脱贫攻坚伟大事业中的中国农业大学》，全景展现学校在脱贫攻坚中的特色和亮点，刻画出农大“扶贫人”勤奋担当的生动形象，为世界一流大学的建设凝聚永续前行的精神共识和文化自信。

二是超额完成定点扶贫镇康任务。全年投入帮扶资金 246 万元、引入帮扶资金 316 万元，累计培训 606 人次，购买贫困地区农产品总计 201 万元，帮助销售农产品总计 363 万元，提前超额完成《定点扶贫责任书》中主要任务指标，向党中央、教育部和镇康人民交上了一份满意的答卷。

三是推动乡村振兴战略深入实施。全面落实学校《服务乡村振兴战略实施方案(2019—2022)》，依托乡村振兴研究院，开展理论和实践探索。大力推进昆明都市驱动型乡村振兴创新示范区建设，得到云南省与昆明市的高度支持。积极开展“脱贫摘帽地区乡村经营管理人才培育计划”。

四是精准落实对口支援与对口合作。选派教授赴河北大学挂职学术副校长，派出 9 名银龄教师赴塔里木大学支教、支研，不断增进与海南大学等 4 所对口合作高校学科深

度对接和科研联合申报等工作，与贵州大学联合申报的项目获国家科学技术进步奖二等奖。

五是充分发挥建言献策作用。充分发挥国家农业科技战略研究院、国家乡村振兴研究院、国家农业农村发展研究院的智库作用，重点围绕疫情影响，累计向党中央提交30余份关于农产品生产、养殖业以及食品安全的影响和应对机制等政策建议报告，多份报告获得国家领导人重要批示。

六是加速推进科技成果转化。建设“科技成果展示与技术交易平台”，成功获批“国家知识产权试点高校”，积极探索科技成果转化新模式、新路径。全年成果转化项目81项，包括1项千万级、5项百万级科技成果转化项目，创历史新高。签订成果转化合同58项，转化60项，同比分别增长56%和24%。

七是持续增强服务地方经济发展能力。围绕地方经济社会发展需求，成立鸡泽实验站，探索校地企有机结合新模式。与内蒙古签署合作协议，建立河套灌区研究院及呼和浩特耕地保育研究院，助力巴彦淖尔农高区发展。加强校地、校企及校际合作，累计举办技能培训47次，培训5 404人。疫情期间，录制助农公益讲座，线上观看达到2 000余人次。

(七)构建新型国际化战略，学校国际影响力显著提升

深入推进A5联盟、“一带一路”/南南农业科技教育合作，构建学校新型国际化战略，向世界贡献更多的农大智慧和农大力量，进一步提升学校国际影响力和话语权。

一是与世界顶尖大学合作逆势突破。与康奈尔大学合作办学的食品科学与工程、食品质量与安全两个专业获得中美两国批准，是落地中国办学的第一个常春藤大学项目，也是国内授予排名最高的世界顶尖大学学位，得到党中央和教育部的高度肯定。接收康奈尔大学48名学生来校学习，20余门课程获康奈尔大学学分认可。与悉尼大学签署全面合作协议，联合举办云端学术交流会议。

二是中非合作人才培养新样板落地海南。学校克服困难主动作为，完成20名来华留学生专硕班在海南招生，成为国内在海南启动留学生招生培养的第一个部属院校。同时，探索人才培养新模式，开设中非合作来华留学专业硕士班“中非科技小院”和“中非农业1+1”。

三是向世界推广中国减贫经验与智慧。学校撰写的《消除绝对贫困：中国的实践》报告在习近平主席参加联合国大会期间由外交部发布。教育援外和减贫政策建议获国家领导人批示，并完成4份国家级重要研究报告。学校与博鳌亚洲论坛研究院联合发布《博鳌亚洲论坛亚洲减贫报告2020》，获得《新闻联播》、央视新闻频道等10余家媒体广泛报道，产生了重大社会影响。

四是推动高水平国际化人才培养。主动服务国家国际重大战略需求，成立全球食物经济与政策研究院，研究视域从传统的农业技术、粮食安全拓展到全球农业发展与食物安全，培养具有全球化视野高水平人才。持续加强与联合国南南合作办公室、非洲绿色革命联盟、非洲区域大学农业能力建设论坛等合作，举办10场国际高水平国际学术会议，获全国首批立项的国际人才培养基地。

(八)转变发展理念，办学资源拓展取得重要突破

遵循“立足北京，辐射全国”的原则，围绕国家重大战略需求和地方经济社会发展，转

变发展理念，努力构建新型发展模式，积极破解制约学校发展的瓶颈问题。

一是烟台研究院发展迎来突破性进展。与烟台市签署战略合作协议，落实支持经费，同步解决土地问题和历史遗留问题，学生规模不断扩大。烟台研究院管理体制、人事制度、人才培养、社会服务、资源保障等工作步入正轨。

二是三亚研究院建设稳步推进。启动实施机构设置和运行管理方案，取得事业单位法人证书，完成国际玉米技术创新与成果转化中心建设项目可行性研究报告。首批56名研究生以及19名中非国际合作研究生落地三亚研究院。

三是四川现代农业产业研究院揭牌成立。落实与四川省签署战略合作协议内容，四川现代农业产业研究院（新津）揭牌成立，推动高质量服务成渝双城经济圈建设，迈出拓展办学资源又一重要步伐。

四是加快推进与平谷区战略合作。与平谷区签署战略合作框架协议，联合制定三年战略合作行动计划，派驻专职工作人员常驻平谷，确定校址范围与占地规模，筹建工作得到教育部党组和北京市委主要领导肯定和支持。

（九）以“小切口”方式推进治理体系改革，体制机制活力进一步释放

学校坚持健全治理体系和提升治理能力双管齐下，采取“小切口”改革模式，治理体系和治理能力提升稳步推进。

一是召开学院治理专题工作会。为进一步推进内部治理体系建设和治理能力现代化，面向学院领导班子，召开治理专题工作会，研讨分析当前学校、学院治理体系中存在的困难和不足，梳理问题清单，为深化体制改革、加快推进学校治理体系建设和治理能力现代化出谋划策。

二是谋划内部治理体系改革。开展专题研究，初步形成了《面向2035的治理体系与治理能力现代化发展战略研究报告》和《面向2035的学科汇聚与新兴前沿交叉学科布局发展战略研究》调研报告。召开职能部门内部治理专题工作会，集思广益推进学校治理体系改革。

三是规范与优化管理岗位设置。实施新一轮管理服务岗位设置与聘任，取消内设机构科级建制，设置管理服务岗位502个。通过引入校聘A岗等用人机制，学院净增管理岗位53个。改革科级岗位核定办法，核减科级岗位48个，平均年龄由40岁降到36岁。单位间交流轮岗16人，单位内部交流轮岗率比例达到67.8%，促进人员有序合理流动。

四是完善绩效评价机制。为推动学校高质量发展，进一步提升学校治理体系建设和治理能力提升，对学校管理服务机构进行年度考核评议。在考核评议的基础上，对在推动学校全面发展进程中取得显著成绩、作出突出贡献的单位进行表彰和奖励，切实发挥考核的激励作用。

（十）深入开展发展战略研究，谋划学校“十四五”规划和2035发展愿景

全面贯彻党中央精神，开门问策、集思广益，坚持顶层设计和问计于民相统一，使编制“十四五”规划的过程成为全校上下统一思想、凝心聚力的治理过程。

一是提前启动“十四五”规划编制工作。提前谋划和部署编制工作，研究制定规划体系。各职能部门和学院在上半年已启动“十三五”总结报告、“十四五”规划纲要、面向2035战略研究报告的撰写工作。广泛进行调研，充分听取意见，突出规划的科学性、前瞻性，切实破解事关全局和长远的重大问题，形成“顶层设计”与“问计于民”协同新模式。

二是暑期务虚会重点研究学校发展战略。召开校领导班子暑期务虚会,分析研判学校面临的新任务、新挑战,聚焦当前存在的难点和瓶颈问题,就本科生培养、学科建设、科学研究、社会服务与成果转化、国际交流与合作、治理体系建设与治理能力现代化、空间资源拓展与校园建设、研究生培养、师资队伍与人力资源建设等工作进行了务虚研讨,进一步凝聚了思想共识。

三是完成新一轮学院专题调研。围绕学院"十四五"规划和2035发展愿景,面向17个学院、32个一级学科,开展了8场综合调研,全面总结各单位"十三五"建设成效,探讨"十四五"发展思路和2035发展愿景,深入剖析存在问题,并对学科的未来发展提出针对性意见。

(十一)不断强化支撑能力建设,提升服务保障水平

学校始终坚持以人民为中心的发展理念,不断提升管理水平和服务质量,将学校发展成果惠及广大师生。

一是杨胜楼建设项目顺利开工。在拓展校外办学空间与资源的同时,学校着力解决校内办学空间紧张问题。在严格落实疫情防控的前提下,杨胜楼9月顺利开工,成为解决办学资源问题的标志性工程,实现校内外办学资源同步拓展。

二是稳步提升基本办学条件。缓解室内体育教学场所紧张问题,加快推进体艺中心规划设计。水利楼建设项目获得教育部备案,作物分子育种创新中心获得教育部可行性研究报告批复。实施改善基本办学条件专项9项,校内维修专项3项。年度项目全部按计划完成,跨年项目有序推进。

三是全面提升支撑保障能力。在加快财务和审计改革、稳步提升国有资产管理水平、持续加大实验室安全管理力度、持续提升服务保障能力、全面推进校园基础设施改造、有力保障校园安全稳定和谐、持续升级校园信息化建设、大力推动校属企业体制改革、进一步发挥工会教代会职能、畅通青年学生建议渠道、持续提升老同志服务保障水平、充分发挥民主党派组织和无党派人士优势、进一步增强校友会与基金会力量等方面开展了一系列卓有成效的工作,为建设世界一流大学保障体系打下坚实基础。

各位代表、同志们,2020年,是学校爬坡过坎之年,更是攻坚克难之年。面对世界百年未有之大变局和中华民族伟大复兴战略全局,学校在变革中求索前行,向着建设中国特色、农业特色的世界一流大学目标奋力跋涉。这些成绩来自党中央的科学研判,也来自全体师生驰而不息的奋发实干。借此机会,我代表学校向辛勤耕耘的全体师生和广大干部表示衷心的感谢和崇高的敬意!

学校事业发展之所以能取得突出成绩,归纳起来有以下几点基本经验。

(一)坚持党对学校的全面领导是学校发展的根本保障

建设世界一流大学必须坚持党对学校工作的全面领导,必须与国家发展和民族未来紧密联系在一起,才能更好履行培养中国特色社会主义事业合格建设者和可靠接班人的重要使命。

(二)坚持战略谋划,深入推进"5+1"工程是学校发展的根本路径

实施"5+1"工程以来,学校发生了一系列深刻变化,取得了一系列阶段性成效,学校面临的一些问题正在得到逐步解决。

(三)坚持同国家和民族的命运紧密相连是学校发展的根本方向

服务国家和社会重大发展需求是大学的政治责任和动力源泉。只有主动破解“卡脖子”重大难题,才能承担起时代赋予的重任。

(四)坚持人才培养和科技创新双驱动是学校发展的根本任务

只有面向世界农业科技前沿、面向现代农业建设主战场,培养更多知农爱农新型人才、拿出更多原始创新成果,才能在激烈的竞争大战中抢抓机遇、抢占先机。

(五)坚持依靠与服务师生是学校发展的根本依靠

只有坚持全心全意为师生服务的宗旨,把师生生命安全放在第一位,才能团结协作,和衷共济,同心同德,为实现奋斗目标凝聚人心、汇聚人气、积聚力量。

居安思危方能与时俱进,未雨绸缪才能运筹帷幄。我们一定要清醒地认识到建设成为中国特色、农业特色世界一流大学是一场大仗、硬仗、苦仗,不会一蹴而就。因此,在世界一流大学建设过程中,我们要常思危机之患,常怀机遇之心,常想责任之重,常谋强校之策。

二、2021 年工作建议

2021 年,是中国共产党建党 100 周年,是开启全面建设社会主义现代化国家新征程的第一年,也是“十四五”规划开局之年。站在新的历史起点上,我们将在学校党委的坚强领导下,继续高举习近平新时代中国特色社会主义思想伟大旗帜,深入贯彻党的十九大及十九届二中、三中、四中、五中全会精神,认真落实习近平总书记给涉农高校书记校长和专家代表回信精神,按照学校第四次党代会战略部署和目标任务,坚持立德树人根本任务、担当强农兴农使命,统筹推进“5+1”工程,敢于打破传统惯性思维,深刻认识发展面临的新挑战,深刻把握发展面临的新机遇,凝聚新时代事业发展的新共识,为早日实现中国特色、农业特色世界一流大学建设目标不懈奋斗!

(一)新时代学校发展面临的挑战与机遇

一是精准研判挑战。要深刻认识“两个变局”背景下高等教育面临的新形势、新挑战。当前,新一轮科技革命和产业变革方兴未艾,国际经济、科技、文化、安全、政治以及教育等格局都在发生深刻调整,传统知识与教育面临前所未有的严峻挑战;对照一流标准,学校还存在若干瓶颈制约重大问题。传统学科与新兴技术结合不足,科研组织模式尚不能完全满足重大难题的攻关需要,服务国家重大战略使命的主动性不强,办学资源不足依然是学校亟须补齐的短板,优秀文化传承与弘扬能力建设任重道远。

二是抢抓发展机遇。党的十九届五中全会为制定“十四五”规划提供了基本遵循。展望未来,一个充满生机与活力的中国必将以更加雄伟的身姿屹立于世界东方;党的十九届五中全会强调要把解决好“三农”问题作为全党工作重中之重,要加快推进教育现代化、建成教育强国。以贡献求发展、以服务求支持,抢抓国家战略机遇,谋划好世界一流大学和一流学科的建设蓝图,将为学校带来直接推动力。第四次党代会是学校政治生活和发展历程中的一件大事,学校将按照新“三步走”战略部署,向着全面建设世界一流大学阔步前进。蓝图已经绘就,奋进正当其时。

(二)推动高质量发展的基本思路

战胜挑战就是机遇,冲破困难就是坦途。在 2021 年推进学校高质量发展过程中,必须做到以下几点。

一是坚定不移坚持党对学校工作的全面领导。 党的领导是实现中华民族伟大复兴的根本保障。实现世界一流大学的奋斗目标，必须坚持党对学校工作全面领导的首要原则。

二是坚定不移从战略上谋划发展，深入实施“5＋1”工程。 “5＋1”工程是推动学校长远发展的谋划布局和战略部署，也是学校当前和未来工作的重要抓手。

三是坚定不移践行创新驱动发展理念。 以创新推动高质量发展，用“小切口”打开大局面，用“真刀子”实现真改革。

四是坚定不移以重点突破引领发展全局。 抓住主要矛盾和矛盾的主要方面，注重以重点领域和关键环节为突破口。

五是坚定不移在家国情怀和国际视野的融合中建设一流大学。 将追求卓越作为办学价值追求，坚持用国际视野、全球胸襟勇担国家重任。

六是坚定不移走好群众路线。 坚持顶层设计与问计于民，真正为师生办实事。

(三)实施高质量发展的工作建议

学习贯彻党的十九届五中全会精神，认真落实学校第四次党代会目标任务，以“5＋1”工程为统领，准确识变、科学应变，推动各项事业高质量发展。

一是落实党代会部署，确保“十四五”开好局、起好步。 认真落实第四次党代会精神，立足学校实际谋篇布局，从结构与质量、规模与效率、治理与效能等三个维度上，科学编制并实施“十四五”发展规划和2035发展愿景。

二是拧紧责任发条，牢牢抓好疫情常态化防控。 严格贯彻落实党中央、国务院以及教育部和北京市有关工作要求，进一步健全工作机制，完善疫情常态化防控工作方案、应急处置预案，进一步健全与疫情防控相适应的教育教学运行秩序，确保校园安全，保障师生身心健康。

三是持续推进“双一流”建设，全面提升学科建设总体水平。 高质量完成第五轮科学评估工作；以服务国家重大发展战略需求为导向，谋划新一轮“双一流”建设；巩固提升优势学科、特色学科；聚焦未来产业形态及潜在广阔应用场景，前瞻布局建设若干新兴、前沿与交叉学科。

四是落实立德树人根本任务，持续推进知农爱农新型人才培养。 依托“全国新农科建设中心”，开展高质量新农科教育研究工作；坚持“五育”并举，加快推进“新农科”“新工科”“新文科”理念下专业布局建设；贯彻全国研究生大会精神，推进“12358”改革方案各项举措落实落地。

五是更大力度精准实施人才强校战略，建设一流标准高水平人才队伍。 坚持引育并重，打造“315”人才引进工程和“2115”人才培育发展支持计划升级版。完善符合人才发展规律、尊重学科差异的科学评价制度。进一步激励教职工干事创业的积极性，增强教师的归属感和责任感。

六是强化核心技术攻关，以更高水平科技创新成果服务国家战略。 贯彻落实创新驱动发展理念，深化科技评价体系改革；召开全校科技创新大会；实施重大科技攻关行动，力争实现关键核心领域“卡脖子”技术突破，产出标志性原创成果，强化在国家农业科技创新体系中的优势地位。

七是积极履行社会责任，持续增强社会服务能力。逐步优化遍布全国、覆盖农业全产业的“三院二站一体系”新型社会服务体系，推进乡村振兴示范区建设，加快脱贫攻坚与乡村振兴有效衔接理论和实践探索；以资源拓展为导向，继续布局和搭建校外新型研发机构；大力提升成果转移转化能力。

八是推进新型国际化战略，不断提升国际合作交流的成效。继续扩大对外开放和国际交流合作，进一步完善 A5 联盟和“一带一路”农业科教协同发展机制。稳步推进国际人才培养基地建设。充分发挥国际发展与全球农业学院、全球食物经济与政策研究院等作用，为全球农业发展作出新的农大贡献。

九是扎实推进资源拓展项目，不断提升内部治理体系和治理能力现代化。加快推进烟台研究院、三亚研究院建设以及与平谷区战略合作。同时，突出以贡献配置资源、以资源拓展等方式解决制约学院发展的重大瓶颈问题，不断推进学校治理体系和治理能力现代化建设。

十是用心做好优秀文化传承，让文化自信成为推动学校发展的根本动力。习近平总书记强调：“中国有坚定的道路自信、理论自信、制度自信，其本质是建立在五千多年文明传承基础上的文化自信。”在 115 年的办学历程中，特别是新中国成立 70 余年来，学校形成了具有自身特色和支撑学校发展的优秀文化，对事业的执着、强烈的家国情怀、“敢为天下先”的创新精神、团结协作、包容尊重、重义轻利、取之有道的君子文化等，正是这些优秀文化不断推动学校阔步前行。只有用心做好农大优秀文化传承，才能让文化自信成为推动学校发展的不竭动力。

十一是改善办学条件，确保校园安全稳定，全力保障民生。扎实做好教育教学、校园及家属区等基础设施建设，努力改善办学条件，加快体艺中心、水利楼、作物分子育种创新中心建设，实现杨胜楼主体结构封顶。进一步提升保障水平，增强广大师生幸福感、归属感。

各位代表、同志们，我们要以坚如磐石、百折不挠的定力和毅力，以闯关夺隘、攻城拔寨的决心和斗志，推动学校在高质量发展的道路上行稳致远。让我们牢记习近平总书记殷切嘱托，以立德树人为根本、以强农兴农为己任，共同携手，守望相助，确保疫情防控常态化下校园安全稳定，只争朝夕，不负韶华，谱写中国农业大学高质量发展的新篇章，以更加优异的成绩向建党 100 周年献礼！

谢谢大家！

机构与干部

校级领导干部

党委书记	姜沛民
校长	孙其信
党委常务副书记	张东军
党委副书记、纪委书记	秦世成
党委副书记	宁秋娅(2020 年 11 月免)、李培景、王勇(2020 年 11 月任)
副校长	王涛(2020 年 11 月免)、龚元石(2020 年 10 月免)、钱学军、辛贤、林万龙(2020 年 10 月任)、杜太生(2020 年 10 月任)、田见晖(2020 年 10 月任)
党委常委	(第四届,2020.11.25 选举产生) 姜沛民、张东军、秦世成、辛贤、李培景、林万龙、杜太生、田见晖、王勇、洪海燕、杨志
校长助理	曲瑛德(2020.12.22 任)、周旭峰(2020.12.22 任)、张永生(2020.12.22 任)

管理服务机构负责人

党政办公室	主任	周旭峰(2020.09.08 免) 李青山(2020.09.08 任)
党委巡察督导办公室	主任	陈　旭(2020.09.08 任)
研究室	主任	赵竹村(兼)
党委组织部(党校)	部长	洪海燕

党委宣传部	部长	宁秋娅(兼,2020.02.18免)
		王　勇
		(2020.02.18任、2020.12.22免)
		赵竹村(2020.12.22任)
	常务副部长	王　勇(2020.02.18免)
党委统战部	部长	张东军(兼,2020.02.18免)
		杨　志(2020.02.18任)
	常务副部长	杨　志(2020.02.18免)
纪委办公室(监察处)	主任(处长)	宋明志
党委学生工作部(学生处、武装部)	部(处)长	张　银
党委研究生工作部	部长	郭　鑫(兼,2020.09.08免)
		宋岳镇(2020.09.08任)
党委教师工作部	部长	江　丽
党委保卫部(保卫处)	部(处)长	黄清波
机关党委	书记	史长丽
本科生院	院长	王　涛(兼,2020.11.17免)
		林万龙(兼,2020.11.17任)
	常务副院长	林万龙(2020.11.17免)
研究生院	院长	辛　贤(兼,2020.11.17免)
		林万龙(兼,2020.11.17任)
	常务副院长	郭　鑫
科学技术发展研究院	院长	田见晖(兼,2020.11.17任)
	常务副院长	田见晖(2020.11.17免)
发展规划处	处长	曲瑛德
人事处	处长	隋　熠
人才工作办公室	主任	刘竹青
财务处(会计核算中心)	处长	张树彦
审计处	处长	刘　罡
国有资产管理处	处长	果雅静
国际合作与交流处(港澳台办公室)	处长	冯伟哲
社会服务处(新农村发展研究院)	处长	杜金昆
就业创业办公室	主任	郭立群
信息化办公室	主任	陈　昕
实验室管理处	处长	马国玉
后勤基建党委	书记	袁　强
后勤保障处	处长	张永生
基建处	处长	汪九林
离退休党委	书记	葛树林
离退休工作处	处长	王　扬

群团组织负责人

工会	主席	张东军
	常务副主席	张海涛
团委	书记	尤　泳(兼,2020.09.08 免)
		范大年(2020.09.08 任)

直属机构负责人

图书馆	党总支书记	潘志华(2020.12.16 免)
	馆长	周志强(兼)
档案与校史馆	馆长	桂银生
涿州教学实验场(农业科技园)	党委书记	李克江
	场长	段刘伟
曲周实验站	站长	江荣风
上庄实验站	站长	肖　杰
教育基金会秘书处	秘书长	胡金有
继续教育学院(网络学院)	直属党支部书记	高铭宇(2020.10.20 免)
		吴华杰(2020.10.20 任)
	院长	吴海芹
烟台研究院	党委书记	傅泽田(2020.08.27 免)
		于永信(兼,2020.10.20 任)
	党委常务副书记	周旭峰(2020.10.20 任)
	院长	傅泽田(2020.08.27 免)
		辛　贤(兼,2020.08.27 任)
	常务副院长	周旭峰(2020.09.08 任)
校办产业党委	党委书记	李　洋
资产经营公司	董事长	李　洋(兼)
经营性资产管理委员会办公室	主任	高恩复(2020.12.16 免)
北京建设大学	常务副校长	吴加志
校医院	院长	张元忠
体育馆管理中心	主任	杜学振
模式动物重大设施建设办公室	主任	张树川
三亚研究院	院长	龚元石(2020.11.17 任)
	常务副院长	苏　洲(2020.04.14 任)

各学院负责人

农学院	党委书记	张远帆
	院长	金危危
园艺学院	党委书记	初春霖
	院长	韩振海(2020.07.21 免)
		李天红(2020.07.21 任)
植物保护学院	党委书记	李海滨
	院长	彭友良(2020.12.22 免)
		孙文献(2020.12.22 聘)
生物学院	党委书记	孙德昊
	院长	郭　岩
资源与环境学院	党委书记	洪海燕(兼,2020.10.20 免)
		王　雯(2020.10.20 任)
	院长	龚元石(兼,2020.07.21 免)
		崔振岭(2020.07.21 任)
动物科学技术学院	党委书记	郭晓旭
	院长	呙于明
动物医学院	党委书记	李青山(2020.09.29 免)
		高铭宇(2020.09.29 任)
	院长	沈建忠
食品科学与营养工程学院	党委书记	张普光
	院长	廖小军
工学院	党委书记	尤　泳
	院长	宋正河
信息与电气工程学院	党委书记	景　发
	院长	张　漫
水利与土木工程学院	党委书记	沈立峰
	院长	杜太生(兼,2020.12.22 免)
		李云开(2020.12.22 任)
理学院	党委书记	周志强(兼,2020.10.20 免)
		李洪栋(2020.10.20 任)
	院长	王　鹏
经济管理学院	党委书记	尹金辉
	院长	辛　贤(兼,2020.08.27 免)
		司　伟(2020.08.27 任)
	常务副院长	司　伟(2020.08.27 免)

人文与发展学院	党委书记	林　涵
	院长	叶敬忠
马克思主义学院	党总支书记	卢兆彤
	院长	张　晖
国际学院	党委书记	陈明海
	院长	黄冠华(2020.07.21免)
		李道亮(2020.07.21任)
体育与艺术教学部	直属党支部书记	杜学振
	主任	束景丹
土地与科学技术学院	党委书记	刘尚民
	院长	李保国
草业科学与技术学院	党委书记	李　鹏
	院长	张英俊

2020年新增和调整各类委员会、领导小组(非常设机构)及成员名单

中国农业大学建设工程投资评审小组(中农大财字〔2020〕3号)

组　长　孙其信

副组长　张东军　钱学军

成　员　财务处、基建处、发展规划处、审计处等单位主要负责人

中国农业大学生活垃圾分类工作领导小组(中农大后勤字〔2020〕1号)

组　长　姜沛民　孙其信

副组长　钱学军

成　员　党政办公室、宣传部、财务处、学工部、研工部、团委、后勤保障处、实验室管理处、校医院、基建处等单位主要负责人

中共中国农业大学委员会巡察工作领导小组(中农大党发〔2020〕26号)

组　长　姜沛民

副组长　秦世成

成　员　党政办公室、党委组织部、纪委办公室(监察处)、党委宣传部、党委教师工作部、研究室、人事处、党委巡察办公室等单位主要负责人

中国农业大学经营性资产管理委员会(中农大校产字〔2020〕25号)

主　任　孙其信

副主任　钱学军　辛　贤

委　员　党政办公室、纪委办公室(监察处)、发展规划处、科学技术发展研究院、人事处、财务处、审计处、国有资产管理处、社会服务处、后勤保障处、经营性资产管理委员会办公室、资产经营公司等单位主要负责人

中国农业大学网络安全和信息化领导小组(中农大校字〔2020〕17号)

组　长　姜沛民　孙其信

副组长　杜太生　李培景　王　勇

成　员　党政办公室、党委宣传部、党委学生工作部、党委研究生工作部、党委保卫部、校团委、信息化办公室等单位主要负责人

中国农业大学学生心理素质教育工作领导小组(中农大学字〔2020〕13号)

组　长　王　勇

成　员　党委宣传部、党委学生工作部(学生处、武装部)、党委研究生工作部、党委保卫部(保卫处)、本科生院、人事处、校医院、校团委等单位主要负责人

中国农业大学管理人员招聘评审委员会及职员评议组(中农大人字〔2020〕40号)

组　长　辛　贤　张东军

成　员　钱学军、李培景、王勇、党政办公室、党委组织部、党委学生工作部、发展规划处、研究生院、本科生院、科学技术发展研究院、人事处、财务处主要负责人

中国农业大学关心下一代工作委员会(中农大党发〔2020〕54号)

主　任　宁秋娅

副主任　岳　敏　孟庆翔　齐爱兰

委　员　离退休党委、党委学生工作部主要负责人、党委组织部、本科生院、校团委负责人、二级关工委负责同志

中国农业大学学生资助工作领导小组(中农大学字〔2020〕14号)

组　长　王　勇

成　员　党委学生工作部(学生处、武装部)、党委研究 生工作部、本科生院、研究生院、财务处、教育基金会秘书处、校团委单位主要负责人

中国农业大学思想政治理论课建设领导小组(中农大党发〔2020〕56号)

组　长　姜沛民　孙其信

副组长　李培景　林万龙　王　勇

成　员　党委宣传部、本科生院、研究生院、科学技术发展研究院、发展规划处、人事处、财务处、党委学生工作部(学生处)、党委研究生工作部、团委、马克思主义学院等单位主要负责人

中国农业大学实验室安全管理领导小组(中农大实验字〔2020〕6号)

组　长　杜太生

副组长　田见晖　钱学军　王　勇

成　员　党政办公室、党委宣传部、保卫处、本科生院、科学技术发展研究院、国有资产管理处、信息化办公室、实验室管理处、后勤保障处、校医院等单位主要负责人及各学院主管安全工作的院领导

中国农业大学辐射安全与防护领导小组(中农大实验字〔2020〕7号)

组　长　杜太生

副组长　田见晖　钱学军

成　员　党政办公室、保卫处、科学技术发展研究院、实验室管理处、后勤保障处、校医院、模式动物重大设施建设办公室等单位主要负责人,以及农学院、园艺学院、植物保护学院、生物学院、资源与环境学院、动物科学技术学院、动物医学院负责安全工作的院领导

中国农业大学动物病原微生物实验室生物安全管理委员会(中农大研字〔2020〕26号)

主　任　田见晖

副主任　科学技术发展研究院常务副院长　实验室管理处处长

委　员　刘金华、刘群、吴文学、刘维全、动物医学院院长、生物学院院长、校医院院长、保卫处处长、实验室管理处副处长、动物医学院科研副院长、国有资产管理处副处长、科学技术发展研究院基地管理处处长

中国农业大学公费医疗管理委员会(中农大校字〔2020〕18号)

主　任　王　勇

副主任　张东军　辛　贤

委　员　财务处处长、人事处处长、离退休工作处处长、党委学生工作部部长、研究生院院长、校工会主席、校医院院长

农学院

【概况】

农学院设置4个系：作物生态与农作学系、作物生理与栽培学系、植物遗传育种与种子科学系、作物基因组与生物信息学系。学院拥有9个研究中心：区域农业发展研究中心、作物生理与栽培研究中心、作物化控研究中心、生物质工程研究中心、玉米研究中心、小麦研究中心、水稻研究中心、特用作物研究中心、种子科学与技术研究中心。

（胡云　李珊）

【学科专业建设】

学院依托作物学一级学科开设2个本科专业：农学专业和种子科学与工程专业；具有一级专业学科1个，一级学科博士点1个，博士学位授权点5个，硕士学位授权点5个和专业学位授权点2个；博士后流动站1个。

学院现有国家重点学科2个、部级重点学科1个。拥有国家创新群体1个，教育部、农业农村部创新团队5个，国家玉米改良中心、作物杂种优势研究与利用教育部重点实验室等国家及省部级重点实验室或工程中心15个。

（倪中福　王婷）

【师资队伍】

学院共有教职工131人，其中专任教师107人，包括教授（含研究员等正高职称）47人、副教授（含副研究员等副高职称）50人；博士生导师70人、硕士生导师93人；中国工程院院士（已退休）1人，“长江学者奖励计划”特聘教授1人，国家杰出青年基金获得者10人，“万人计划”科技创新领军人才2人，“973”首席科学家2人，国家重点研发计划首席科学家 5 人，国家优秀青年基金获得者 5 人，“青年千人计划” 4 人，国家级教学名师 1 人，“万人计划”教学名师 1 人，北京市教学名师 2 人，教育部“新世纪优秀人才支持计划” 15 人。

2020 年引进各类人才 12 人，退休 3 人，调出 5 人，晋升正教授 3 人，副教授 2 人；博士后研究人员在站 39 人，进站 19 人，出站 9 人。

（倪中福　李珊）

【本科教学】

本科生在校 441 人，招生 122 人，毕业 106 人。

5 月，获校级规划教材建设项目 1 个、校级“专业课发挥思政教育功能”专项教学改革项目 3 个、院级“教学质量提升计划”项目立项 21 个。

6 月，获校级在线课程建设项目 1 个。

7 月，获校级教育教学改革项目 3 个（其中重点项目 2 个、一般项目 1 个）。

9 月，获教育部新工科研究与实践项目 1 个。

10 月，“植物育种原理”获国家级线下一流课程、北京高校优质本科课程；《农业原理》被评选为北京高校“优质本科教材课件”。

11 月，《作物育种学》获“2020 年度全国农业教育优秀教材奖”；农学院获十二届青年教师基本功组织奖。

12 月，获校级校外实习实践基地 1 个；《遗传学》（第四版）和《植物生物技术导论》（第一版）出版。

（张海林　吴敏）

【研究生教学】

研究生在校 853 人，其中博士生 402 名、硕士生 451 名；招生 345 人，其中博士生 106 人、硕士生 239 人；毕业研究生 220 人，其中博士生 66 人，授予博士学位 60 人；硕士生 154 人，授予硕士学位 154 人。

招生工作　5 月，开展研究生招生网络远程复试工作；7 月，首次举办云端夏令营，来自全国 44 所高校的 140 名营员参加。

人才培养　5 月，“三场景、六环节、四协同强农兴农研究生培养模式创新与实践”项目获研究生教育成果奖。7 月，备案院级研究生校外实践基地 4 个，遴选、聘任专业学位研究生兼职第二导师 76 人。10 月，举办首届全国作物学科博士生论坛。11 月，获评 2020 年校级优秀博士研究生学位论文 1 篇。12 月，完成农业硕士专业学位评估。

教学改革　截至 12 月，完成“双一流”专项研究生课程建设项目 6 项，课程思政建设项目验收工作 1 项。新立项在线开放课程建设项目、研究生专业课程思政建设项目、研究生自主创新研究基金项目。组织开展全院研究生教育改革发展大讨论，完成专业学位研究生教育综合改革专项阶段性总结。

（曾昭海　王美芹　田沁兰）

【科学研究】

到校科研经费6 822万元，在研项目193个，其中国家自然科学基金重大项目1项，重大研究计划项目3项，重点项目2项，国家杰出青年科学基金1项，优秀青年科学基金1项。

科研产出状况：2020年共发表151篇论文，其中，SCI发表119篇，EI发表32篇。2020年学院专利转化一项，转化金额250万元。成果转化共获得5项植物新品种、5项国审玉米品种、1项省审水稻品种。水稻驯化的分子机理研究（第一完成人：孙传清）获得国家自然科学家二等奖。小麦耐热基因发掘与种质创新技术及育种利用（第一完成人：孙其信）获国家技术发明奖二等奖。

（倪中福　王婷）

【合作交流】

留学生在校生30人（其中本科生4人，硕士研究生7人，博士研究生19人）；毕业20人，其中博士9名，硕士11名。

截至12月，学院与康奈尔大学等30余所国际著名大学和研究机构建立长期合作关系，成立了教育部作物分子育种国际合作联合实验室、国际玉米生物学联合研究中心、国际旱稻联合研究中心。拥有国际期刊编委24人。

截至12月，利用线上线下相结合的方式，组织国内会议交流16人次。9月18－21日，中国农业大学农学院/农业生物技术国家重点实验室主办2020稻种资源发掘与创新利用高峰论坛，打造产学研融合新模式。12月17—20日，参与承办第一届全国作物学科博士后学术论坛，吸引来自全国近50家单位的245位博士后等青年科研工作者参会。

（辛明明）

【学生工作】

学院围绕立德树人根本任务，完善“三全育人”工作体系，倾心培养知农爱农人才，并重点开展以下工作。

学风建设　继续推行学业指导兼职辅导员计划，招募成绩优秀、道德品质突出的高年级本科生帮扶学业困难同学，截至12月，共聘任学业辅导员10人，覆盖辅导人数23人。依托农魂工作室建立微信预约系统，搭建师生互动交流新平台，截至12月，平台总关注量406人，完成信息绑定约1 900人次，一对一辅导累计60余人次。成功组织学术创新沙龙2期、师生同学活动1期，邀请学科带头人与学生分享学科前沿研究问题，交流科研经历。

创新创业　通过开展麦芒讲坛等开展双创培育工作，培育了“中农粮芯”“植爱心田”等创业项目，获第六届中国国际“互联网＋”大学生创新创业大赛全国总决赛银奖，“互联网＋”北京市赛一等奖1项、三等奖1项，农大赛区金奖1项、银奖2项、铜奖1项。

社会实践　自2016年牵头组织并参加全国农科学子联合实践行动以来，农学院共派出115支实践小队，累计1 300余名队员参与实践行动，实践地区覆盖全国10个省份的15个国家级贫困县，其中包含山西省灵丘县的10余个贫困村。2020年，疫情背景下牵头发起两轮实践行动，覆盖全国755个地区：2月，面向全国返乡农科学子发布“赶农时、云宣讲”“稳春耕、亮专业”“助脱贫、悟担当”三大专项行动，来自43所院校1 307名学生参与；6月，面向全国低风险地区农科学子，以“线上＋线下”“云组队”等创新实践形式针对未脱贫地区开展行动，来自45所院校1 255名学生和近百名教师参与。农学院6名学生积极参与春耕抗疫，陈代涛指导家乡果树种植事迹被新华网报道。同年，《不忘初心 砥砺前行——走进乡土乡村助力精准扶贫》全国农科学子联合实践行动纪实录《阡陌筑梦》《阡陌圆梦》出版发行。

志愿服务 发起院级志愿活动5项，首次发起院级线上志愿活动“微科普课程”1项。着重围绕抗击新冠肺炎疫情，发起家乡社区志愿服务和保春耕志愿服务，组织百余名学生在家乡、社区开展抗击新冠肺炎志愿活动，累计参与100余人次。

资助工作 至12月，共认定家庭经济困难本科生88名；评选综合奖学金、专项奖学金、单项奖学金本科生共计256人次，研究生共计391人次；评审国家助学金89人次，社会助学金16人次。

心理工作 成立“知侬爱侬”二级心理工作站，建立线上预约平台并邀请专业心理老师线下开展心理健康教育工作，截至12月，累计开展线下心理咨询25人次。

网络思政 疫情防控期间，举办农院青年寒假宅家修炼指南等6项线上活动，丰富学生宅家生活。截至12月，农魂公众号总关注量2 725，发表文章总数963篇，总阅读量401 552人次，结合实事制作专题，打造精品宣传项目。

（胡云　王婷）

【党建工作】

农学院党委设有26个党支部，其中教工党支部5个（含上庄党支部），研究生党支部17个，本科生党支部4个。截至2020年12月，党员共计666人，其中教职工党员（含博士后）105人，学生党员492人，组织关系暂存党员69人。

组织管理工作 6月，学院成立临时党支部，师生共同参与毕业生、东迁西行李打包275人次。9月，邀请国家留学基金委第一、第四党支部来校开展联合党日活动。10月，启动学院党员代表大会工作。12月，作物生态与农作学系教工党支部书记工作室被评为教育部第二批高校“双带头人”教师党支部书记工作室。农学院分关工委获中国农业大学“关心下一代工作先进集体”荣誉称号。

党员教育工作 3月，开展“同心抗疫　党旗飘扬”主题党日活动，发布“我是党员、防疫有我”倡议书、开展“初心不忘，静候春来”主题征稿活动和“科学防疫　从我做起”线上知识竞赛。9月，开展“强农使命在肩　兴农奋斗有我”党员教育专题活动，组织各支部开展“四史”学习教育。

党员发展工作 截至12月，1位引进人才参加党校培训并结业，91名学生推优成为积极分子，71名学生发展成为预备党员。举办积极分子、发展对象和预备党员培训班，共培训274人。11月，举办“学好党史国史　讲好中国故事”主题演讲比赛、“学好党史国

史　牢记初心使命”知识竞赛。

党委宣传工作　9月，金危危、陈源泉、杨勇琴等录制教育部高校党组织战“疫”示范微党课第11讲“坚持正确导向　强化典礼育人”专题。截至12月，党刊《初心》发行4期（总10期），《以纸为媒以笔发声　以〈初心〉弘扬新时代精神》获中国农业大学2020年度新闻宣传工作创新案例展示案例。策划系列品牌宣传活动，如“抗疫在线”系列、“决战决胜脱贫攻坚”系列、“喜迎四次党代会”系列等。

（李珊　张莹）

【教代会与工会工作】

1月13日，召开农学院离退休教师座谈会，同时为2019年退休教师举办荣休仪式。

1月15日，召开农学院2019年总结表彰大会，并举行学院教师的首次集体生日会。

8月31日，为农学院退休老教授、小麦育种专家杨作民先生举办百岁寿诞庆典，校长孙其信、中国工程院院士戴景瑞等出席并为送上生日祝福。

10月24日，学院工会组织教职工前往怀柔雁栖湖、九樨种植园参观交流学习。

（何绍贞）

园艺学院

【学院概况】

园艺学院于2015年10月由原农学与生物技术学院调整分立而成，下设3系2所1中心，分别为：果树系、蔬菜系、观赏园艺与园林系、园艺植物研究所、园林景观规划设计研究所和园艺政策经济研究中心。

（郝京辉）

【学科专业建设】

学院设置园艺学1个一级学科，涵盖果树学、蔬菜学、观赏园艺学等3个二级学科。

学院有园艺学1个博士学位授权一级学科；博士学位授权二级学科为3个：果树学、蔬菜学、观赏园艺。硕士学位授权点一级学科2个：园艺学、风景园林学；专业学位授权点2个：农业硕士（农艺与种业领域）、风景园林硕士。博士后流动站1个。

学院现有国家重点二级学科1个（果树学）、北京市重点二级学科2个（蔬菜学和观赏园艺学），园艺学为北京市重点一级学科。

学院围绕国家园艺产业发展重大科技需求，结合国际同类学科发展趋势，设置5个主要研究方向：园艺作物种质创新与高效育种、园艺作物发育生理与品质调控、园艺作物逆境生理与生物技术、园艺作物生态生理与高效栽培、风景园林规划与设计。

（郝京辉）

【师资队伍】

学院共有教职工 90 人，其中专任教师 78 人，包括教授 34 人、副教授 35 人；博士生导师 44 人、硕士生导师 55 人（含博导兼硕导）；国家有突出贡献专家 1 人，享受政府特殊津贴专家 2 人，“百千万人才工程”国家级人选 1 人，国家优秀青年基金获得者 2 人，北京市教学名师 1 人。

本年度学院引进优秀人才 5 人，普通招聘 1 人，退休 1 人，晋升正教授 2 人、副教授 2 人；组织实施完成专业技术职务聘期考核及分级聘任工作，本聘期内晋级聘任 19 人，原岗聘任 54 人。博士后研究人员在站 9 人，联合培养博士后 2 人，入站 2 人，出站 2 人。

2020 年学院入选人才培育发展计划 4 人，其中领军教授 B 类 1 人，青年新星 A 类 1 人，青年新星 B 类 2 人。

（郝京辉）

【本科教育教学】

2020 年园艺学院本科生在校生共 453 人，招生 124 人，98 人获得学位。

2020 年园艺学院教师积极参加教育教学教改，并获批多项教改项目，包括：高丽红教授、刘兴旺副教授分别获批 2020 年专业课发挥思政教育功能专项教学改革项目；沈火林教授主讲的《园艺作物育种学（Ⅰ）》被列为 2020 年中国农业大学在线开放课程建设名单；郭仰东教授主持“植物生物技术导论及实验”实践教育体系构建；刘兴旺副教授主持基于“园艺作物栽培学（下）（蔬菜）”课程的校企合作产教融合协同育人实践探索；张常青教授主持“新农科”背景下植物生产类专业提升改革与实践项目，获得校级教育教学改革项目。

2020 年园艺学院本科生踊跃参加科研创新，积极申报大学生创新项目，2020 年共入选国家级大学生创新创业训练计划项目、北京市级大学生创新创业训练计划项目 17 项，校级 URP（Undergraduate Research Program，本科生科研训练计划项目）62 项。

2020 年学院完成园艺学院本科基层教学组织建设方案，共建设 5 个基层教学组织，其中 1 个平台课程类教学组织，4 个专业课程类教学组织。

2020 年 9 月，学院举办第十二届青年教师教学基本功预赛，2 名教师获得一等奖，4 名教师获得 2 等奖。田永强副教授、李冰冰教授分别获得学校第十二届青年教师教学基本功决赛三等奖、优秀奖，园艺学院获得团队组织优秀奖。

2020 年 11 月，刘兴旺、孙小明、蒋晓彤、卢政彤老师前往 2 所生源基地校发放奖学金，并开展园艺专题讲座活动，进行招生宣传工作。

《园艺通论》《无土栽培学》《干燥花制作工艺与应用》3 种教材被推荐参评北京市优秀教材。

2020 年小汤山实验站获选中国农业大学大学生校外实习实践基地。学院组织大三年级学生在春季、秋季、冬季完成到各个实践基地进行园艺产业链实习，理论与实践结合培养具有创新创业潜能的复合应用型人才。

（张艳）

【研究生教育教学】

2020年园艺学院研究生在校552人，其中博士生205人、硕士生347人；招生234人，其中博士生47人、硕士生187人；毕业研究生145人，其中博士生39人，授予博士学位42人，硕士生106人，授予硕士学位106人。

由于疫情影响，园艺学院2020年组织了线上招生及毕业、学位授予工作。组织了5次毕业研究生线上学位论文的资格审查、论文查重、论文评阅、答辩及学位授予工作。

2020年园艺学院国家公派出国研究生项目申报12人，其中联合培养3名，攻读博士学位9名。组织研究生创新项目的申报，共申报43项，获批4项。

2020年学院完成新增导师培训，完成第二兼职导师信息核对工作，完成第五轮学科评估相关数据统计和首次专业学位评估数据汇总。

（丁荣娥）

【科学研究】

学院全年科研经费到账科研经费4 098万元，其中纵向经费3 595万元，横向经费503万元。2020年在研项目共150项，其中国家自然科学基金在研项目数为65项，纵向63项，横向22项。

学院2020年国家自然科学基金获批18项，同比增长100%，立项经费达1 640万元，同比增长125%。具体获批基金项目：杰出青年基金项目1项，重点项目1项，国际合作项目1项，面上项目10项，青年基金项目5项。获批国家社会科学基金1项，立项经费20万元。

2020年教师发表SCI论文71篇，EI 1篇，CSSCI 2篇，国内业界重要中文期刊文章13篇，总计87篇，其中2篇纳入自然指数期刊，学科前10%论文篇数27篇。植物新品种权12项，著作权2项，专利24项。

贾文锁教授与北京农学院共同完成的成果《脱落酸调控非呼吸跃变型果实成熟的生理及分子机制》获北京市自然科学二等奖；李险峰教授主持的《山水理念的参与性雨水花园》《羊主题的公共艺术景观》获风景园林行业国际奖社区与公共卫生类别荣誉奖。

（高琪洁）

【合作交流】

留学生在校生9人，招生3人（博士1人，硕士2人），毕业1人。

园艺作物发育生理与品质调控引智基地为保障科研合作和科技创新的稳步进行，采用电子邮件、微信视频、腾讯会议等远程形式与海外专家进行合作与交流。项目已聘请10余位国际知名专家近10次线上学术交流并进行合作研究。

学院目前已经与美国康奈尔大学、加州大学戴维斯分校、康涅狄格大学、伊利诺伊大学香槟分校、得克萨斯州立大学、佛罗里达大学、密苏里州立大学，日本弘前大学、岛根大学，智利天主教大学，匈牙利布达佩斯考文纽斯大学，以色列希伯来大学，以及新西兰植物与食品研究所等机构建立了密切的合作关系。

（高琪洁）

【学生工作】

2020年学院积极推进“达标创优”工作，园林181团支部获“校十佳团日活动”称号，园艺192班、园林181班获得校级“优秀班集体”称号，园林191团支部、园艺193团支部、园林181团支部获得校级“优秀团支部”称号；2人获得“北京市三好学生”称号，园林181获得“北京市先进班集体”称号，59人获得校级“三好学生”称号，21人获得校级“优秀学生干部”称号，15人获得校级“优秀团员”称号，11人获得校级“优秀团干部”称号；园艺学院志愿者支队获得第十四届“志愿农大”志愿服务团体称号，首都无偿献血志愿服务获得2020年优秀志愿项目。

2020年学院扎实完成“奖助勤贷”事务，认定经济困难学生98人，其中特别困难43人，比较困难33人，一般困难21人；学院96名学生获得国家助学金，16名学生获得11类社会助学金，累计金额20.68万；194人次本科生获得奖学金，130人获得单项奖学金，64人次获得15项校级和院级专项奖学金，累计金额45.71万元；220人次研究生获得各类奖学金，累计金额119.9万元。

学院认真开展毕业生就业工作，2020年园艺学院毕业生共239人，其中本科毕业生102人，硕士毕业生105人，博士毕业生32人。截至2020年10月底，本科生就业率为88.24％，深造率为67.65％，其中出国深造率为20.59％，硕士毕业生就业率为96.19％，博士生就业率为100％，总就业率93.3％。

（蒋晓彤）

【党建工作】

2020年园艺学院共有党员364人，其中教工党员44人，研究生党员261人，本科生党员59人；全年组织开展党课15次，126名入党积极分子、69名发展对象、61名预备党员全部通过考核顺利结业，全年共发展党员61人。全年培育出1个校级先进基层党组织，1个校级样板党支部，2个校级优秀党员。目前，学院共有党支部17个，其中教职工党支部3个，研究生党支部10个，本科生党支部4个。

2020年总计开展教职工理论学习5次，疫情暴发期间为了适应形势，创新学习模式，推送了二期“园艺学院主题教育大讲堂”，下半年邀请专家做“新农科”专题讲座、十九届五中全会精神的集体学习和警示教育。组织党委理论中心学习组通过线上线下重点学习了“习近平在统筹推进新冠肺炎疫情防控和经济社会发展部署会讲话”等专题共计12次。全年共召开党委会12次，党政联席会12次。

2020年学院召开了党员大会，顺利完成“三下三上”党代表推选和两委委员的推选工作，同时组织学院学习贯彻学校第四次党代会精神。

2020年学院开展线上“园”来有你“艺”起战疫系列主题党日活动，以“艺”抗“疫”系列园艺科普活动和系列助农活动、“艺起学”主题班会和在校生“护苗行动”等，以实际行动助力国家脱贫攻坚、春耕保种和联防联控，彰显园艺人的责任担当。

（王冰莹）

【教代会与工会工作】

2020年，园艺学院工会服务青年教师发展，依托学院青年教师互助组，每月一次组织青椒论坛，加强青年教师的学术交流或科研协作，了解相关领域学术研究前沿进展。

学院工会配合校工会，完善职工福利的落实，组织我院教职工加入《在职职工重大疾病互助保障计划》；组织发放生日蛋糕卡，给大家带去生日的祝福；组织教职工年度体检；发放教师节中秋节国庆节三节慰问品和新年慰问品。关心女教职工身体健康，组织女工进行专项体检；组织学院女教职工参保"女教职工重大疾病互助保险"。

2020年1月8日，园艺学院教职工暨工会会员大会在园艺楼一楼报告厅召开。园艺学院院长韩振海作学院2019年工作报告，学院党委书记初春霖通报学院党委2019年工作。工会主席李险峰主持会议并作工会工作报告及财务报告。学院老师了解了学院情况，增强了凝聚力。

配合学院教学工作，积极组织青年教师教学基本功比赛，积极推选选手参加学校比赛。2020年9月8日上午在园艺楼报告厅召开启动会及培训会，大北农名师王倩教授、北京市名师高丽红教授、北京市名师郭仰东教授结合自身经验及工作，先后为青年教师做了专题培训。2020年9月25日上午在园艺楼报告厅，学院举办了第二届青年教师教学基本功比赛，大赛评委会综合参赛青年教师的表现，评选出一等奖2名，分别是李冰冰、田永强；二等奖4名，分别是吴健、李威、马超、王翊加。2020年（第十二届青教赛）获得校级比赛3等奖1名，优秀奖1名。学院获得优秀组织奖，青教赛比赛成绩有所提高。

组织了2020年欢送老教师暨欢迎新教师茶话会，邀请恢复建院以来退休的老教师和新入职的新教师参加会议，进一步打造家文化、浓厚学院文化氛围，形成"传、帮、带"的良好传统以及凝心聚力的良好氛围。

2020年学院工会积极组织抗击新冠疫情，帮助教职工共度时艰。疫情暴发初期，院工会干部积极配合校工会组织消毒液、消毒器具的购买分发，使一线教职工能够及时获得防疫物资。疫情防控常态化后，发放防疫物资及时，宣传防疫措施广泛。院工会及时掌握教职工活动动态，配合学院严格执行防疫政策、规定。

（李险峰）

植物保护学院

【学院概况】

中国农业大学植物保护学院的前身是始建于清末的京师大学堂农科大学农学门，已经有116年的历史，是我国植物病理学和昆虫学的主要发祥地之一。戴芳澜、俞大绂、刘崇乐、蔡邦华、裘维蕃、陆近仁、周明牂、沈其益、曾士迈等多名院士和知名学者先后在本学科任教，奠定了学科在国内植物保护学科的领军地位。近几年，学院作为“双一流”建设学科不断推出新的改革措施，不断巩固和提升植物保护学科的综合实力。

（陈晓艺）

【学科与专业建设】

植物保护学院下设植物病理学系、昆虫学系 2 个系，覆盖植物保护 1 个本科专业，拥有植物病理学、农业昆虫与害虫防治、植物检疫与农业生态健康 3 个硕士和博士授权点。2007 年，植物保护学科被批准为国家一级重点学科。2018 年，学院先后完成“植物保护学一级学科学位授权点国际评估”“农业硕士植物保护领域学位合格评估”“植物保护专业中俄联合国际认证”，对植物保护学科发展具有重要意义。2019 年，植物保护专业获评国家级一流本科专业建设点、北京市高校重点建设一流专业。

（陈晓艺）

【师资队伍】

学院有专任教师 92 人，具有高级职称的教师占 89.13％，具有博士学位者 86 人，占 93.48％，45 岁以下教师占 57.9％；现拥有国家级教学团队 1 个（普通昆虫学）；现有教授（研究员）39 人、副教授（副研究员）43 人，国家杰出青年科学基金获得者 3 人、“万人计划”国家级教学名师 1 人、“万人计划”科技创新领军人才 4 人、国家基础研究发展计划（973 计划）首席科学家 1 人、农业农村部现代农业产业技术体系岗位科学家 6 人、科技部中青年科技创新领军人才 1 人、教育部新（跨）世纪优秀人才 6 人、国家优秀青年基金（简称“优青”）获得者 2 人；北京市现代农业产业技术体系岗位科学家 3 人。

学院整合学科研究人员与资源，通过引进人才、交叉和整合，进一步加强植物分子免疫学、病原物致病机理与农药设计、重大害虫治理、RNAi 农药等方向。2020 年新入职青年老师 7 位，其中包括 2 位教授、1 位副教授和 3 位讲师，外籍专家 Vijai 是学校引进的首位外籍教授；研究团队组建初步形成，1 人入选“青年长江”（“长江学者奖励计划”青年学者），1 人入选“优青”，1 人入选“北京市优先人才培养资助项目—青年骨干项目”，25 位老师入选学校“人才培育发展支持计划”，其中包括 6 个团队和 10 位领军教授 A 岗位，晋升正高 2 位、副高 1 位。2020 年共举办“青年教师创新沙龙”“植研问道”10 余期，大大拓宽教师学术视野。

（吴怡）

【本科生教育】

2020 年，植物保护学院本科生在籍 401 人，招生 121 人。共申报 URP 项目 55 项，比 2019 年增加 7 项；指导教师参与人数 41 人；学生参与人数 94 人，占学院在校本科生 23.4％。申请 2020 年度国家级及北京市级本科生创新创业项目共计 13 项，参与学生人数 23 人。

为保障疫情防控期间的在线教学工作，植物保护学院联合25所院校整合植保专业核心在线课程包括慕课、资源共享课等51门课程，充分发挥名师引领作用和“国家精品在线开放课程”示范作用；《普通昆虫学》《植病流行学》等4本教材进入北京市高等教育优秀教材申报，普通昆虫学课程入选教育部首批国际在线平台课程，并被评选为国家首批一类优秀本科生课程；害虫生物防治、植物检疫、农药学正式上线，并取得良好反响；依托“全国植物保护专业教学创新联盟”申报的“新时代植物保护专业人才自主创新能力培养体系研究”获得北京市教改项目立项；2020年5月，学院牵头召开全国植物病理学教学研讨会，来自全国45所农林高校的185位专家和教学骨干参会并就教学改革、课程思政等方面探讨交流。

学院继续深入推进“耕耘梦”为主体的培养体系，进行国际化、学术型和创业型人才培养。2020年9月通过基础班与提高班递进设计，大一、大二226名同学全部进入基础班，并配有一对一导师与辅导员126人，选拔大三、大四及研究生的优秀学生75名进入提高班，通过与国际组织、科研院所、政府企业有效链接增强培养针对性和实效性。

（吴怡）

【研究生教育】

2020年植物保护学院共招收直博生3人，硕博连读生17人。举办第三届夏令营，经选拔共有来自30所院校的121名同学参加，签订招生意向56人，26人通过考核环节被学校录取，有3名学生保送直博生。以适应经济建设和社会发展需要为目标，学院积极探索专项研究生培养工作，2020年招收“植物医生”专项47人和“绿色植保工程”专项31人，新开设“绿色农药专硕”招收学生20人。同时申请开设“植物生物安全专项”，新增10个院级研究生校外实习基地，强化学生的实践能力与创新创业能力培养。

学院共招收学术型硕士研究生96人，专业型硕士研究生104人，博士研究生73人。共有60人获得博士学位，127人获得硕士学位。其中评选校级优秀硕士学位论文2篇、院级优秀硕士学位论文3篇、院级优秀博士学位论文7篇。

学院开展教学质量督导，进行课程满意度调查，根据课程反馈信息对课程进行相应调整；开发了一批与国际接轨的高质量教学案例；6项自主创新研究基金项目通过初审，2项教改项目和2项教材建设项目获批立项；2020年11月邀请清华大学副教授王传毅作研究生教育改革报告，组织全体师生开展研究生改革发展大讨论。

（苏芳颖）

【科学研究】

植物保护学院聚焦前沿科学问题，在植物有害生物防控、昆虫生长发育与进化等领域取得重要进展，在国际学术期刊发表论文120余篇；建立了水稻真菌病害绿色防控体系、害虫绿色防控新技术等并得到了转化和应用，取得了良好的经济、社会和生态效益。2020年到校总经费3 333.17万元，获批国家基金25项，其中重点项目2项，青年项目12项，获批数量和命中率在校内名列前茅。

2020 年学院努力办好《植物保护学报》《植物病理学报》和 *Phytopathology Research* 等学术期刊。其中，《植物保护学报》入选中国科技期刊卓越行动计划，并荣获 2020 年度中国农业期刊最具传播力期刊奖，副主编高峰荣获 2020 年度中国农业期刊优秀主编奖。“人呆手户”科普平台累计阅读量 800＋万人次，在头条号相同领域排名 TOP 5%，同时积极探索线下科普，开展丰富多彩的科普活动。

（沈杰）

【合作交流】

植物保护学院与贵州大学、海南大学开展多种形式的协同教学、联合招收培养研究生；进行科研合作，提供技术指导；开展“作物连作障碍绿色解决方案”等培训讲座；合作开展防除杂草试验示范，推广面积 600 亩；联合推出“植手向黔”——线上交流活动 4 期，覆盖学生 2 000 余人。

学院依托“111”计划开展高水平国际合作研究，建立国际科技合作专项 2 项，举办线上国际学术交流 20 余次；助力“一带一路”建设，为南非、巴基斯坦等“一带一路”沿线国家培养研究生；李志红作为首席科学家负责斯里兰卡实蝇检疫防控示范项目，石旺鹏参与筹建“一带一路”有害生物综合治理研究中心，为 FAO（联合国粮食及农业组织，Food and Agriculture Organization of the United Nations）提供防治沙漠蝗技术方案。

（陈晓艺）

【社会服务】

学院依托 11 位产业体系岗位专家积极研发作物病虫害绿色防控“卡脖子”技术和产品，如：彭友良教授团队创建了基于稻瘟菌群体优势无毒基因型的抗瘟品种布局新理论，全国累计培训基层植保人员 1 000 余人次、基层农户 7 000 余人次；石旺鹏在《人民日报》、中央人民广播电视总台介绍国内外蝗虫综合防治技术，大批教师深入贫困地区进行防控技术培训和现场示范，2020 年累计培训 3 000 余人。

（陈晓艺）

【党建工作】

2020 年植物保护学院共召开党政联席会 12 次，党委理论学习中心组集体学习 7 次，举办教职工集中学习 8 次，集中党支部联合观影《在一起》抗疫系列电视剧 1 次。全年共召开党支部书记例会 15 次，集体学习专题 10 余个，共读经典 5 部。

2020 年，学院按照学校统一部署和要求，开展“同心抗疫，党旗飘扬”主题党日活动，共开展线上党支部活动 30 余次，开展“植面疫情”专题活动 20 余项，研究生党员撰写抗疫日记 50 多篇，研究生党员骨干班开展线上学习活动 20 多次。

2020 年，学院共发展党员 68 人，其中本科生 21 人，研究生 47 人，培养考察教职工入党积极分子 4 人，2 名教职工预备党员实现顺利转正。本科生第一党支部获评为“校级本科生样板党支部”，昆虫学系教工党支部获评为新时代“教职工样板党支部”，植物病理学系教工党支部“三全育人”工作室入选第二批“双带头人”工作室创建名单。学院 2 个教职工党支部荣获校级“十佳主题党日活动”。

组织入党积极分子、发展对象、预备党员党课培训达到 200 余人次，观看抗疫纪录片 3 部，观看党史相关系列纪录片 1 部，组织参加线上马克思主义学院教授的理论党课 10 余节，做到了疫情期间“停课不停学”、党的教育不断链的效果。

（张旭东）

【学生工作】

2020 年，植物保护学院毕业生共 269 人，其中本科毕业生 96 人，硕士毕业生 124 人，博士毕业生 49 人。截至 2020 年 8 月底，2020 届毕业生就业率为 96.3%，深造率为 66.67%，在 2019—2020 校友会中国一流学科排名第一。

2020 年，为保障疫情期间“停课不停学”，丰富同学们的居家学习生活，疫情期间植保团委推出“植手同行学习不停”居家学习、健身打卡活动；举办线上“植保文化节”“害虫杀”专题益智活动、“植”春音乐节，丰富学生课余生活；建立“拟南芥”心理小站；推出“植面疫情”植保志愿者系列推送等。2020 年，植物保护学院深入推进“三全育人”工作理念，线上线下共举办“思得沙龙”1 期，“农声讲坛”3 期，覆盖学生 3 000 余人；进一步发挥专业导师的育人功能，持续深化“导师制”设计，共举办“导师下午茶”16 期、“师声花语”3 期、“本科生进实验室”2 期。2020 年 10 月，学院承办西校区校庆日灯光秀活动，12 月，舞台剧《疫“晴”》获“壮丽七十年，奋进新时代”中国农业大学一二·九文艺展演比赛二等奖。

（李璐璐）

【教代会与工会工作】

2020 年，植物保护学院工会积极组织教职工参加线上运动会，并成立了“植物医疗队”院篮球队，鼓励教职工开展户外运动。举办“品味文化魅力、开启文化人生”系列活动，邀请到昆曲名家、国家一级演员邵天帅为大家讲述“昆曲之美”，对教职工进行文化熏陶。聘请美妆专家为女教工讲解美妆知识，指导女教工提升外在形象。年末组织开展第一届教职工扑克牌双升大赛。2020 年，学院工会荣获北京市先进教职工小家和学校模范教职工小家。

（蒋娜）

【文化建设】

植物保护学院通过“讲好植保故事”等活动进行院史教育；通过院徽、院训设计征集，凝聚“覃思精研、敦本致远”植保精神；拍摄宣传片《花开植保，百年芬芳》、创作文化产品展示植保文化内涵；打造农声讲坛、思得沙龙等一批有社会影响力的文化品牌；进一步推进校园楼宇文化和公共共建环境文化建设，建好教工之家；2020 年 4 月学院发起举办“绚丽青春·植手同行”青年成长论坛，30 所高校开展 16 期活动，累计参与人数 5 000 人次。

（陈晓艺）

生物学院

【学院概况】

生物学院始建于1984年，是国内各大院校中最早设立的生物（生命科学）学院。学院现设有植物科学、动物学与动物生理学、微生物学与免疫学、生物化学与分子生物学4个系和国家级生命科学实验教学示范中心。2020年生物学院在校内共有建筑面积4.64万米^2。

（饶晓盼）

【学科专业建设】

学院拥有植物学、微生物学、生物化学与分子生物学3个国家级重点学科，以及动物学北京市重点学科（二级）和生物学北京市重点学科（一级）。依托农业生物技术国家重点实验室、植物生理学与生物化学国家重点实验室，以及农业农村部土壤微生物重点实验室建设，在植物/作物响应环境胁迫的分子调控机理、水分养分高效利用的分子生理基础、作物抗逆高效的分子设计与种质创新，以及作物抗逆高效的化学调控技术等方面取得一系列具有重要国际影响的研究成果，研究水平已处于国际一流行列；在动物基因组学与基因工程、作物分子遗传与基因工程、农业微生物与基因工程以及分子病毒学与免疫工程等领域学术水平处于国内领先、国际上有影响的地位。

学院拥有生物学一级学科博士学位授予权，在植物学、生理学、微生物学、神经生物学、遗传学、细胞生物学、生物化学与分子生物学、生物信息学8个专业招收硕士和博士研究生，并设有生物学博士后流动站。

本科教学开设生物科学和生物技术2个专业，拥有生物学国家理科基础科学研究与教学人才培养基地、国家生物技术人才培养基地、国家生命科学实验教学示范中心，是教育部农业生命科学人才培养模式创新实验区。2020年1月，学院生物科学专业获批国家级一流本科专业建设点，5月，生物科学专业入选2020年教育部"强基计划"。学院申报的"生物科学拔尖学生培养基地"成功入选首批国家基础学科拔尖学生培养计划2.0基地。

（饶晓盼）

【师资队伍】

学院有教职员工164人，其中中国科学院院士1人，正高级职称59人（其中教授57人，研究员1人，教授级高级实验师1人），副高级职称65人（其中副教授53人，副研究员2人，高级实验师10人）。教育部"长江学者奖励计划"特聘教授7人；万人计划科技创新领军人才3人；"百千万人才工程"国家级人选3人；国家重大基础研发项目及"973"项目首席科学家5人；国家杰出青年科学基金获得者15人；国家优秀青年基金获得者9人，青年长江学者2人、青年千人6人。国家自然科学基金委员会优秀创新群体3个。

2020年，引进杰出人才3人（周文焜、王良省、柯玉文），优秀人才1人（杨志蕊），教学/科研辅助人员2人（高菲、张恺娜），职员1人（麻文华）。退休6人（关丽娟、石师林、徐正一、李颖章、杨小贺、康舵）。

2020年，生物学流动站博士后进站10人，出站11人，退站1人，在站博士后31人。

（杜伟）

【党建工作】

2020年，学院党委深入学习贯彻习近平新时代中国特色社会主义思想，全面贯彻落实党的十九大及二中、三中、四中、五中全会精神，党政班子密切配合，积极围绕学校、学院的工作重心，充分发挥基层党委政治属性，深入推进学院各项事业发展。

完善党委领导下的学院议事决策制度。充分发挥党委会、党政联席会议和学术学位委员会的作用，实现党委把关、民主集中、会议决策制度的有效运转。学院对党委会和党政联席会议事规则重新进行制定，规范了流程。全年共组织党委会16次、党政联席会17次。

抓牢抓实意识形态工作。学院党委主动贯彻落实意识形态工作责任制，积极履行主体责任，落实"一会一报"和意识形态把关职责。院党委认真制定三级责任人体系，落实相关阵地22个。积极组织开展教师理论学习，全年共开展教师理论学习21次、理论中心组学习13次。

战"疫"砥砺初心，党员发挥作用。新冠疫情发生后，学院广大党员迅速行动，挺身而出、冲锋在前，开展"抗疫情"和"保运行"系列活动。学院统筹资源、精心设计开展了"停课不停学——最强直播"优秀党员领学活动，效果良好，累计共有11 000余人次进行了学习，活动受到了中央电视台的报道。成立在校师生临时党支部，帮助无法返校学生管理实验材料、下载文献等，降低疫情防控对研究生培养的影响。同时，协助学院完成对楼宇的消杀和每日巡查工作。导师们帮助学生调整研修计划，开展教育疏导，其中于舒洋教授的"导师说——抗击疫情，老师与你们同在"，被教育部网站转载。毕业"寄"中成立党员志愿服务队，共有60余名教师和90余名研究生参与，圆满完成了20届百余名毕业生个人物品的打包整理、邮寄和暂存工作。

强化政治责任，夯实基层党建。党支部规范化建设有序开展，每学期定期召开党支书例会，对党支部书记进行理论培训。将研究生党支部换届（调整）时间固定化，加强规范管理，同时着力解决研究生党支部书记低龄化问题。制作政治生日电子贺卡，使党员回忆入党初心，搭建党组织与党员之间的"连心桥"。

发展青年师生加入党组织取得成效。2020年257人参加了积极分子、发展对象、预备党员等党课培训班。发展党员66名，其中教师2名、本科生30名、研究生34名。持续巩固教师党员发展成果，今年发展1名优秀人才和助理实验师加入党员队伍。

不断加强师德建设。重视教师理论学习与师德师风建设融合促进，提升教师政治素养和促进教师业务发展紧密结合。组织了院士风范纪录片制作、追思先贤清明献花等活动，其中陈文新院士纪录片《把论文写在祖国大地上》荣获教育部"2020年教师风采短视频征集活动"优胜作品。

圆满完成学校第四次党代会及学院党代会工作。根据上级工作部署，启动学院党代表大会相关工作，积极配合圆满完成学校第四次党代表大会各项工作。学院成功召开党员代表大会，选举产生新一届学院党委委员。

（赵淼）

【本科教育教学】

2020 年，学院共招生 165 人，其中生物大类 85 人，生命科学理科试验班 50 人，强基班 30 人。继续与首都师范大学联合培养学生 20 人，在生物学院就读三年。新生中团员 161 人，群众 22 人，港澳台学生 2 名，少数民族 12 人（蒙古族 3 人，满族 4 人，彝族 1 人，回族 1 人，土家族 2 人，苗族 1 人）。

2020 年，学院共有在校本科生 639 人（含联合培养 60 人）。

2020 年，6 名学生的本科毕业论文获评校级百篇优秀，其中 2 篇获得北京市普通高等学校优秀本科生毕业设计（论文），分别为：张曦文《SERCA2 对猪骨骼肌卫星细胞分化的影响》，指导教师邢怡明老师；闫雪珊《利用纤维素生产虾青素的大肠杆菌细胞工厂构建》，指导教师杨金水老师。2020 年，学院本科生发表学术论文 4 篇，获授权专利 1 项。

2020 年，学院本科生在第四届"全国大学生生命科学竞赛"中取得一等奖一个团队 2 人次，二等奖一个团队 5 人次，三等奖一个团队 5 人次。在第六届"北京市大学生生物学竞赛"中，共获奖 232 人次，其中一等奖 41 人次，二等奖 92 人次，三等奖 99 人次；在中国农业大学奇思妙想竞赛选拔赛中，获一等奖 5 人次，二等奖 7 人次，三等奖 7 人次；由王娜、田长富、杨金水老师组建的本科生 iGEM 团队在国际比赛中荣获金奖。

2020 年，学院组织本科生国家级和北京市级创新项目立项和结题 57 项，URP 项目立项和结题 156 项，其中 2020 年度立项和中期检查的国家级和北京市级创新项目 21 项、URP 项目 94 项（2019 年度立项的国家级和北京市级创新项目结题 36 项、URP 项目结题 62 项）。

2020 年，学院的《植物基因工程实验技术》获首批国家一流课程（线下课程）。3 门在线开放课程上线，1 门慕课正在后期制作。虚拟仿真项目 3 项已建设完成，2 项获批通过，并开始执行。新开"细胞生物学"课程，由傅静雁、王向锋、傅缨 3 位教师全英文授课。2020 年正式出版教材 1 本，发表教改论文 3 篇，获批校级教改项目 8 项。

（马俊瑜）

【研究生教育】

2020 年，学院共招收博士研究生 108 人（其中普通博士研究生 17 人，直博生 91 人），硕士研究生 32 人，总计招收研究生 140 人。学院在校研究生 764 人，其中硕士研究生 223 人，博士研究生 541 人。

2020 年，学院共有 121 名博士研究生，24 名硕士研究生（含直博生转硕）毕业。113 名博士研究生获得理学博士学位（含往届生），24 名硕士研究生获得理学硕士学位（含直博生转硕）。其中 7 人荣获"北京市级优秀毕业生"称号，15 人获得"校级优秀毕业生"称号。硕士研究生就业率 91.3%，博士研究生就业率 93.75%，总就业率 86.36%。

2020 年，田利飞的博士研究生学位论文得校级优秀，论文题目为《人 DNA 6mA 去甲基化酶 ALKBH1 的结构与功能研究》，指导教师为陈忠周教授。

2020年，学院召开了研究生学术年会暨国家奖学金评定答辩会，经20名专家进行答辩评分，4名专家进行实验记录评分，14名博士和1名硕士获得国家奖学金，其中房晓东同时获得国家奖学金和校长奖学金，王芳、李丽莉等6名研究生获得院长奖学金。王若楠、刘鹏等15名研究生获得宝钢优秀学生奖学金、大北农励志奖学金、香港崇正奖学金、寻梦未来学习奖学金等各类专项奖学金。刘鹏等6名研究生获得优秀实验记录奖，王芳等3名研究生获得优秀学术报告奖，房晓东等10名研究生获得优秀学术墙报奖。

2020年，学院杜丽娟等97名学生在研究生奖学金评定中获得博士一等学业奖学金，郭传辉等258名学生获得博士二等学业奖学金，许佳佳等10名学生获得硕士一等学业奖学金，李芳玲等8名学生获得硕士二等学业奖学金，奖学金覆盖率达51.8%。

2020年，学院38名学生申请生源地国家助学贷款，2名学生申请校园地国家助学贷款，36名学生申请缓交学费。学院设立研究生助管岗位20个，研究生助教岗位147个，解决学生实际问题。

2020年7月13—17日，学院举办第十届"中国农业大学生命科学云夏令营"，共有500余名学生报名参加，经筛选117名成为夏令营营员，经过5天的夏令营41名学生确定了拟录取意向，其中24人推免，17人报考学校研究生。

（宋致远）

【科学研究】

2020年，学院新立项各类项目共计55项，其中国家自然科学基金面上项目11项、重点项目1项、优青项目2项，杰青项目2项，青年科学基金项目5项，新立项科研项目合同经费累计6 749.85万元。全年到校科研经费11 996.45万元。以第一作者或通讯作者累计发表SCI论文128篇，其中在一流期刊上发表28篇，权威期刊上发表46篇。

2020年，学院教师获得授权的发明专利38项，软件著作权2项。齐俊生研究员荣获"中国技术市场协会金桥奖"。韩建永教授建立了国内行业标准"猪多能干细胞建系技术规范"。巩志忠教授、杨淑华教授入选植物与动物科学领域全球高被引科学家名单。陈忠周教授入选国际合作培养博士项目。王西、张鸣、徐久智、齐立娟入选全国"博士后创新人才支持计划"项目，占学校入选人数的44%。

（迪娜）

【合作交流】

2020年，学院继续加强与国内外科研院所及来人来访的开放交流。邀请外籍专家合作交流36人次；成功举办"第四届大禹青年学者分论坛暨青年学者招聘会"，邀请到5位海内外顶尖大学和科研院所的青年学者学习和交流。

2020年，学院举办生命科学研究生暑期训练营，对口合作的河北大学生命科学学院研究生100余人参加了在线培训。2020年，巩志忠教授在河北大学挂职，并担任学术副校长。

7月，学院举办了与美国康奈尔大学、日本北海道大学线上"双一流"本科生国际化培养提升项目，近200名师生在线收听了康纳尔大学教师作的学术报告。

11月17日，华南农业大学生命科学学院院长陈乐天教授等一行7人来学院调研交流，院长郭岩、党委书记孙德昊会见来访客人并参加了交流会。

（迪娜）

【行政工作】

2020 年，学院办公室在岗行政人员 9 人，承担学院行政管理、教师事务管理、学生事务管理和研究生培养管理工作。2020 年，学院完善各类规章制度，简化办事流程，促进科学管理。2020 年 12 月，农业生物技术国家重点实验室举行大型仪器设备收费标准论证会，按照“共享使用、有偿使用”的原则，打造大型仪器设备开放共享平台，提高大型仪器使用效率。

2020 年，学院新增固定资产 372 台件，资产总额 2 778.7 万元，报废固定资产 167 台件，完成 2015 年 1 月至 2020 年 10 月入账固定资产（3 685 台件）的清查工作。

（王欣）

【学生工作】

2020 年，学院秉承“正德厚生、生生不息”院训，坚持“巩固、提高、创新”指导思想，继续实行试验班“双班主任制度”，完善学生思政工作队伍建设，以党建带动团建，重新梳理本科生和研究生党支部、团支部和班级体系，建立联动机制，深化学生组织制度改革，精简优化学生组织机构，继续做好学生干部选拔和培养等工作。

2020 年，学院加强了育人体系保障工作，李继刚、赵倩、施怡婷、王雯等教师获得学校“优秀班主任”称号。

2020 年，学院学生获得多项集体和个人奖项，包括：试验 181 班级获得“北京市先进班集体”第四名；生物 182 团支部获得北京市“先锋杯”优秀团支部称号；2 名学生获评“北京市三好学生”；1 名学生获评“北京市优秀学生干部”；6 名学生获得“北京市普通高等学校优秀毕业生”称号。试验 181 团支部、生物 182 团支部、生物 181 团支部、生物 183 团支部获评校级“优秀团支部”；生物 181 班、生物 182 班获得校级“优秀班集体”称号；学院学生会获得校级年度优秀学生会评选三等奖；试验 171 团支部获评校级“五四青年标兵集体”；1 名学生获评校级“五四青年标兵”；2 名学生获得校级第十四届“志愿农大”优秀志愿者称号；90 名学生（本科 45 名、研究生 45 名）获评校级“三好学生”；32 名学生（本科 16 名、研究生 16 名）获评校级“优秀学生干部”；16 名学生（本科 8 名、研究生 8 名）获评校级“优秀团干部”；24 名学生（本科 14 名、研究生 10 名）获评校级“优秀团员”；19 名学生获得校级社会工作奖学金；6 名学生获得校级文化活动优秀奖；15 名学生（本科 7 名、研究生 8 名）获得学院贡献奖；4 名学生（本科 2 名、研究生 2 名）获得校级创新创业奖学金；学院学生会“以梦为翼”河南省郸城县云支教小队获得校级优秀实践小队称号，2 名学生获评优秀实践个人。

2020 年，学院 44 名学生申请家庭经济困难认定，国家助学金实现家庭经济困难学生全覆盖，7 名学生获得社会助学金，学院设置 8 个固定助管岗位，秋季学期招募助管 39 人，发放勤工助学劳务 5.79 万元。

2020 年，学院 419 名学生参评学业类奖学金，获奖 287 人次（181 人），获奖率 43.2%，奖金总额 73.85 万元，其中家庭经济困难学生获奖 21 人，获奖率 60%；中共党员

(含预备党员)获奖17人,获奖率53.12%。

(孙浙)

【工会工作】

2020年,在学校工会和学院党政协同领导下,学院工会积极应对新冠肺炎疫情,开展了丰富多彩的文体活动,为学院的教学科研活动提供支持。2020年3月,为保障教师"停课不停学",开展线上网络教学,学院工会采购一批耳机麦克、手写板、翻页器等网络教学设备供教学中心使用。协调组织防疫物资用于学院各实验室的防疫工作。邀请理发师入校为留守师生理发。组织70位教师为未返校毕业生打包和邮寄行李。

2020年疫情环境下,学院工会组织了各项线上活动,包括烘焙才艺展示、插花、健步走、趣味运动会等。为增强体质,组织会员开展羽毛球训练,参加校工会举办的气排球比赛和乒乓球比赛。11月组织学院300名师生举行了研究生趣味运动会,锻炼身体的同时,促进师生交流,缓解科研压力。

2020年,学院工会组织荣休和新教工入职活动,增强教工归属感。组织教学技能培训和青年教工沙龙,强化青年教师的教学、科研技能培养,增加了青年教师间的经验交流。

2020年是全国扶贫攻坚工作收官之年,学院工会组织侯健老师和齐俊生老师介绍和分享扶贫经验。

2020年,学院为方便教职员工锻炼身体,更换了职工小家活动室的乒乓球台,引入咖啡自助售卖机,为师生提供各类饮品。

(李溱)

【校庆、校友和文创传承工作】

2020年10月,为迎接农大115周年华诞及建院36年校庆活动,学院举办了"梦回少年时"校友征文活动,以"那年今日"为主题,回忆校友与农大的故事,在校庆返校日当天推出了有奖竞答活动,带领大家回顾校史院情,学习"四史"(党史、新中国史、改革开放史、社会主义发展史),并回顾了2020这不平凡的一年。

2020年,学院举办了多场文化活动,有11月的"聚焦心灵,演绎青春"主题心理剧大赛,12月的"金色的希望"校园文化系列活动之"以诗会友"诗词大会和"一曲佳酿,一品酒香"酿酒大赛。

(王欣　宋致远)

资源与环境学院

【学院概况】

资源与环境学院成立于1992年4月,由原北京农业大学的土壤与农业化学系、土地资源系、农业气象系和遥感研究所等单位合并而成,始称"农业资源与环境学院",1995年更名为“资源与环境学院”。学院现设有植物营养系、农业气象系、生态科学与工程系、环境科学与工程系和本科实验教学中心。

（王雪娟）

【学科与专业建设】

学院现有 3 个一级学科博士点，即农业资源与环境、生态学、环境科学与工程，另有大气科学一级学科硕士点，资源利用与植物保护、资源与环境 2 个专业学位硕士点。其中，农业资源与环境学科为国家“双一流”重点建设学科，生态学为北京市重点学科。拥有农业资源与环境、生态学、环境科学与工程 3 个博士后流动站。开设资源环境科学、环境工程、应用气象学、生态学 4 个本科专业。

12 月 28 日，学院主办 2020 年全国农业资源与环境学科发展战略研讨会暨院长交流会。中国科学院院士傅伯杰、邵明安、朱永官、于贵瑞，中国工程院院士张佳宝等专家学者出席；孙其信校长出席开幕会并致辞，会议由张福锁院士主持，院长崔振岭教授作主题报告。

（王雪娟）

【基地建设】

学院现有河北曲周、内蒙古武川、山东桓台 3 个野外台站，其中河北曲周实验站是河北省曲周县国家农业绿色发展先行区、河北曲周绿色农业教育部野外科学观测研究站，在 2020 年入选国家现代农业科技示范展示基地（曲周）、全国粮食安全宣传教育基地（中国农业大学）、国家农业绿色发展长期固定观测曲周试验站、河北曲周农业绿色发展野外科学观测研究站、河北省科普示范基地。在内蒙古武川、山东桓台建有农业农村部农业环境科学观测实验站。3 个省部级重点实验室，分别是教育部植物－土壤相互作用重点实验室、生物多样性与有机农业北京市重点实验室、农田土壤污染防控与修复北京市重点实验室。另有中国农业大学生物质工程中心、中国农业大学农业生态研究所、中国农业大学国际生态与可持续发展研究中心、中国农业大学资源环境与粮食安全研究中心、中国农业大学有机循环研究院（苏州）5 个校级研究中心（所、院）。

（王雪娟）

【师资队伍】

学院有教职工 131 人，其中，教授 49 人、副教授 63 人、副研究员 1 人、讲师 4 人；在站博士后 41 人。拥有 1 名中国工程院院士，4 名“国家杰出青年科学基金”获得者，1 名“国家优秀青年科学基金”获得者，2 名人力资源和社会保障部“有突出贡献中青年专家”，2 名农业农村部“有突出贡献中青年专家”，以及 12 名教育部跨世纪、新世纪人才；本年度新增国家级青年人才 1 名。国家自然科学基金委创新团队 1 个、教育部创新团队 1 个和中国农业大学创新团队 7 个。本年度学院新入职教职工 9 人，其中，优秀人才 8 人，职员 1 人；退休 1 人，调出 3 人；新晋升教授 3 人，副教授 2 人。

（王雪娟）

【本科教学】

学院在籍本科生529人。2020年招收本科生150人，分为5个自然班。本科毕业生103人，其中资源环境科学专业21人，环境工程专业31人，应用气象学专业29人，生态学专业22人。34人获得推荐免试攻读硕士学位研究生资格，推免率为31.78%。

开设本科课程99门，春季学期60人次、秋季学期74人次教师参与本科教学。获批课堂思政项目2项；校级在线开放课程2门；北京高等教育"本科教学改革创新项目"1项、校级重点教改项目1项。

受新冠疫情影响，暑假小学期实习课程减少至3门，均采取线上方式进行。因学校春季学期开展线上教学，实验教学中心在暑假和秋季学期开放，承担17门课程、110余个实验，接纳2万余人学时的本科实验教学任务。

学院继续实行本科生URP全员参与，2020年获批大学生创新项目30项，其中国家级创新项目4项，北京市级创新项目26项，获批经费共计24.9万元。邵小明老师和北京大学地球环境与生态系统塞罕坝试验站合作，为本科生实习实践提供平台，并被学校评选为2020年校外实习实践基地。

王雅婧、芮玉奎、郭岩彬3位老师荣获2020年度学校优秀教师光荣称号。学院首次设立教育教学奖，丛汶峰、崔建宇、胡琦、姜会飞、潘学标、乔玉辉、邵小明、申建波、张朝春、张俊伶10名教师获奖。

（刘依）

【研究生教学】

研究生在校874人，其中博士生272人、硕士生602人。2020年学院招收研究生352人，其中全日制硕士研究生287人[（全日制学术型硕士研究生114人、全日制专业学位硕士研究173人（其中非洲科技小院专项硕士留学生6人）]、博士研究生65人（硕博连读生19人、博士留学生1人）。在校留学生53人。

2020年毕业研究生共220人，其中博士生59人（含博士留学生3人，联合培养博士生3人；其中1名博士生未获得学位），学术型硕士研究生92人，专业型硕士研究生69人。

开设研究生课程79门，研究生课程教学158人次。成功申报了校级重点建设实践教育基地项目2项、研究生教改项目和教材建设成功立项6项、2020年研究生英文课程建设2项、院级研究生教改建设和教材建设项目7项，以及院级研究生校外实践院级基地10项。验收通过"十三五"专业学位研究生教育改革专项改革项目6项；2019年研究生专业课程思政建设项目1项；研究生英文课程建设项目结题5项，其中2项为"优秀"，获批继续进行建设。

（张玲娥　王谦）

【科学研究】

学院新增科研项目117项，其中纵向项目45项，横向项目72项，年度到账经费1.09亿元。获批国家自然科学基金资助21项，其中面上项目11项，青年项目9项，国际合作与交流1项，获批经费878.5万元。授权发明专利和使用新型25项，已转化专利5项。

发表SCI收录论文201篇，EI收录论文92篇，SSCI收录论文5篇，三大检索收录论文篇次合计298篇。其中影响因子大于5的SCI论文114篇，大于10的SCI论文4篇。

张福锁荣获2020年GCHERA世界农业奖，是中国科学家首次摘得该奖项。李季主持完成的"有机肥料工厂化生产技术装备研发与推广应用"获农业技术推广成果奖一等奖。

学院评选出了年度十大代表性成果：张福锁《间套作模式实现作物增产增效》《地膜覆盖措施实现作物增产增效》；李国学《基于污染物减控的畜禽粪污循环利用关键技术及应用》；申建波《揭示根系形态与根分泌物协同互作修饰植物根际养分觅食行为的机制》；刘培《证明了植物系统免疫中JA的长途运输》；袁力行《阐明氮素养分信号调控根系形态与生理响应的分子机制》；刘学军出版英文专著*Atmospheric Reactive Nitrogen in China*；乔玉辉《联合发布2020中国有机产业白皮书，推动我国农业绿色发展》；芮玉奎《农村垃圾分类不应该照搬城市分类方法》《关于北京防控"常态化"的意见建议》获得蔡奇书记批示。

（齐晓佳　马春秀）

【社会服务】

张福锁院士团队创建的科技小院作为高校创新校地共建服务模式写进科技部、农业农村部、教育部、财政部、人力资源社会保障部、银保监会，以及中华全国供销合作总社等七部委联合发布的《关于加强农业科技社会化服务体系建设的若干意见》（国科发农〔2020〕192号），写进中共中央办公厅、国务院办公厅印发的《关于加快推进乡村人才振兴的意见》。

张福锁、张卫峰、江荣风承担了农业农村部测土配方施肥技术专家组、全国肥料数据汇总研究平台等工作，撰写《国内外化肥减量增效状况及"十四五"减量增效目标与对策研究》等5份报告，为农业农村部提供了技术支撑和决策咨询。

（齐晓佳　马春秀）

【国际交流】

受新冠肺炎疫情影响，学院国际交流合作转向线上。线上境外学术会议参会共6人次，邀请外专进行线上学术交流共13人次。获批学科国际化在线提升课程建设项目6项，教学时长总计70余小时，覆盖学生300余人次。

中非科技小院班被联合国粮农组织树立为在农业生产一线开展科学创新和技术服务的典型案例，并向全球192个国家和地区的农业部门发布。新华社报道了中英文版《"洋学生"求学记：我在田间过暑假》，直通非洲报道了《我们都是追梦人——走在乡间的小路上》。

（齐晓佳）

【党建工作】

资源与环境学院党委共有党支部30个，其中教工支部7个（含曲周实验站教工党支部)，博士生支部7个，硕士生支部12个，本科生支部4个。中共党员624名，其中教职工党员119名(含博士后22名)，本科生党员77名，硕士生党员221名，博士生党员140名，离退休党员10人，组织关系暂存党员57人。

发展党员78名，其中本科生32名，研究生46名，103名预备党员按期转正。为确保在疫情防控期间党员教育管理工作正常开展，学院二级党校以“线上＋线下”的方式开设培训班，培训入党积极分子194名，发展对象80名，预备党员99名，党员骨干110余名。

召开党员代表大会选举参加学校第四次党代会的代表12人。2个党支部按期换届，30名党支书进行述职评议考核。

米国华、王绍雷、于晓璐、叶松林、任姝琳5人获校级“优秀共产党员”，唐傲寒获校级“优秀党务工作者”，科技小院硕士党支部获校级“先进党组织”、北京高校先进党组织；翁雨晴获校级“十佳新闻宣传员”。行政教工党支部“助力脱贫攻坚，‘师生结对一对一’精准帮扶”主题党日活动被评为学校教职工“十佳党日活动”。

在疫情防控阻击战中发挥战斗堡垒作用，组织党员380人捐款40 834.46元；为因新冠疫情造成生活困难的党员发放困难补助20 000元；学院党委《战“疫”在前线》获得“2020年度中国农业大学新闻宣传工作创新案例——展示案例”。

(翁雨晴)

【学生工作】

资源与环境学院本科毕业生103人，就业率92.07%；硕士生毕业生161人，就业率87.97%；博士生毕业生59人，就业率96.00%。学院就业指导工作得到中央电视台《焦点访谈》栏目组专题报道。

学院本科生529人，241人次获奖学金，总额为62.65万元；研究生874人，334人次获奖学金，总额为167.6万。学院首次设立“院长奖学金”，奖励博士生1人。学院105名经济困难本科生获国家助学金，总资助额36.8万元，11名获社会助学金，总资助额37 268元。

资环182班获得首都大学、中职院校“先锋杯”优秀基层团组织荣誉称号，王禹凡、米热阿地力・库尔班获得北京市三好学生，翁凌胤获得北京市级优秀学生干部，王晓奕获得学校五四青年标兵称号。2个班级获得校级优秀班级集体，4个团支部获得校级优秀团支部。29名学生获得校级优秀学生干部称号，82名学生获得校级三好学生荣誉称号，15人获得校级优秀团干部称号，21人获得校级优秀团员称号。

疫情防控推迟返校期间，学院团委积极开展云端活动，制作《武汉加油，中国加油》视频在第五届中国梦青年影像盛典中荣获一等奖；在校教职工帮助309名毕业生打包和寄送行李共计3 100余箱，帮助110名2019级本科生完成“东迁西”行李打包。“心语涟漪”二级心理辅导站为学生提供线上心理咨询、学业咨询、职业生涯规划咨询共计70余次。

(李镶　于秋洁)

【工会工作】

学院工会积极参与抗“疫”工作，为全院教职员工准备口罩、消毒酒精、手套等抗“疫”防护物资；组织捐款活动；关心关注教职工身心健康，组织开展厨艺大赛、乒乓球赛、气排球赛等活动。持续做好节假日福利发放、工会关怀帮扶等工作。

关注青年教工发展，举办青年教师与引进人才座谈会，组织学院青年教师教学基本功大赛，并推荐 2 人参加学校比赛，程凌云获三等奖、王靖获优秀奖，学院获优秀组织奖。

2020 年，黄彬香、邵小明、尤泽西获“中国农业大学工会先进个人”称号；龙步菊获“中国农业大学优秀工会干部”称号；潘清春获“中国农业大学文体协会先进个人”。

（于福同）

动物科学技术学院

【学院概况】

动物科学技术学院源于 1921 年北京农业专科学校创建的畜牧学科，北京农业专科学校于 1923 年改名为国立北京农业大学，畜牧学科改为畜牧学系；1949 年由北京大学、清华大学、华北大学三校的畜牧学系合并成立北京农业大学畜牧学系；1993 年在原北京农业大学畜牧学系的基础上成立动物科学技术学院。1995 年 9 月，北京农业大学与北京农业工程大学合并为中国农业大学后，正式更名为中国农业大学动物科技学院。2020 年，学院设置 5 个系：动物遗传育种系、动物营养与饲料科学系、智能养殖与环境科学系、动物繁殖与发育科学系、伴侣动物科学系。

学院拥有国家级重点实验室 2 个：动物营养学国家重点实验室和畜禽育种国家工程实验室；国家级中心 1 个：国家饲料工程技术研究中心；部级重点开放实验室 4 个：农业农村部动物遗传育种与繁殖（家畜）重点实验室、农业农村部饲料安全与生物学效价重点实验室、北京市生物饲料添加剂重点实验室和北京市畜禽遗传改良重点实验室；部级研究中心 6 个：国家家禽测定中心、农业农村部饲料工业中心、农业农村部饲料效价与安全监督检验测试中心（北京）、农业农村部家禽品质监督检验测试中心（北京）、农业农村部饲料质量安全监督检验中心、北京市生鲜乳质量安全工程技术研究中心；国家农业产业技术研发中心 4 个：国家蛋鸡产业技术研发中心、国家奶牛产业技术研发中心、国家肉牛产业技术研发中心、国家兔产业技术研发中心；实验与实践教学中心 1 个；国家级产业技术联盟 1 个。拥有实验与实践教学中心 1 个，农科教合作人才培养基地 3 个。本科生实习基地 39 个，研究生实习基地 23 个。还有 1 个国家一级学（协）会秘书处（中国马业协会），7 个二级学会秘书处（世界家禽学会中国分会、动物遗传育种学分会、动物数量遗传学会、动物营养学分会、养牛学分会、养猪学分会、动物繁殖学分会）挂靠本院。

（金晓露）

【学科与专业建设】

学院拥有畜牧学国家一级重点学科，其下的二级学科动物遗传育种与繁殖、动物营养与饲料科学是国内本专业领域第一批批准设有博士点的国家重点学科。学院开设 1 个本科专业（动物科学），3 个硕士、博士学位授权点（动物遗传育种与繁殖、动物营养与饲料科学、畜牧生物工程），1 个专业学位授权点（畜牧），1 个畜牧学博士后流动站。

（金晓露）

【师资队伍】

学院共有教职工125人，其中，专任教师101人，包括教授（含研究员）46人、副教授（含副研究员）49人；博士生兼硕士生导师58人、硕士生导师85人；中科院院士1人，工程院院士1人，创新人才项目入选1人，教育部重要人才项目入选4人，国家高层次人才支持计划入选8人，农业科研杰出人才4人，国家杰出青年科学基金获得者6人，有突出贡献中青年专家1人，“百千万人才工程”国家级人选4人，优秀青年科学基金获得者3人，北京市科技新星10人、享受政府特殊津贴专家5人，国家现代农业产业体系一首席科学家4人、岗位科学家16人，国家自然科学基金优秀创新群体1个，教育部创新团队2个，农业农村部创新团队4个。

目前，学院专任教师进入学校“人才培育发展支持计划”的高层次人才共26人，包括讲席教授A类1人、讲席教授B类1人、领军教授A类6人、领军教授B类8人、青年新星A类6人和青年新星B类4人；入选创新团队11个，包括杰出科学家团队和国家级创新团队7个、高水平创新团队1个、青年科学家团队3个。学院设立学院（人才）发展基金，2020年资助“青年英才培育计划”A类2人。

2020年，师资队伍建设成效与人员变动情况，引进各类人才5人，退休3人，博士后研究人员在站31人，进站10人、出站10人、退站1人。

（张地方）

【本科教学】

学院本科生在校427人，招生120人，毕业90人。

学院注重强化青年教师教学能力，加强教材建设。王书敏老师获得中国农业大学青年教师教学基本功比赛校级一等奖和获最佳教案奖，吴浩老师获得校级三等奖，学院获得优秀组织奖。学院申报首届全国教材建设先进集体，并被学校推荐至北京市，6本教材被推荐参评北京市高等教育优秀教材奖。赵兴波教授主编并出版《动物遗传学》（第4版）；马秋刚教授、计成教授、赵丽红副教授主编并出版《饲料霉菌毒素污染控制与生物降解技术》；马永喜副研究员主编并出版《饲料加工工艺学》。

学院建立健全“学院—教学系—教研组—课程团队”四级结构的工作职能，根据学院现有的本科课程体系，制定教研组建设方案、管理与考核等相关制度，加强6个基层教学组织建设，实现本科课程及专任教师全覆盖。完善核心课程MOOC建设，“畜牧生物统计学与实验设计”“动物育种学”“动物遗传学”课程在智慧树平台上线。“动物繁殖学”“动物遗传学”分别入选“国家级线下一流课程”；2020院级教改共有12个项目立项，学院上报“后立项”教改项目7项，专业课发挥思政功能立项2项，校级教学研究项目立项3项。

学院有55位教师指导2020届90名毕业生的毕业设计，共评选出院级优秀（成绩为A/A+）18篇，其中4篇入选学校百篇优秀毕业论文。

学院开展2020届应届毕业生推荐免试攻读研究生工作改革，在考察学生成绩排名和科技创新成果的基础上，增加综合测评的考察。2020届推免28人，其中25人获得普通推免资格，2人获得保留学籍两年从事思政辅导员推免资格，1人获得文化贡献推免资格。

（王朝霞）

【研究生教学】

研究生在校 615 人，其中，博士生 290 人、硕士生 325 人。招生 265 人，其中，博士生 72 人、硕士生 193 人。毕业研究生 166 人，其中博士生 57 人，授予博士学位 57 人，硕士生 109 人，授予硕士学位 109 人。

2020 年，学院推出了“动听——导师说”栏目，35 位导师聚焦时下热点、围绕畜牧学科前沿话题和同学们展开线上讨论，网络点击量超 3 万次，得到《现代教育报》和“学习强国”等媒体转载。第五届暑期夏令营从线下走向云端，通过营造归属感、展示动科实力与传播学院文化，共签约拟录取推免生 78 人，达到 2021 年招生基础指标数的 47%，录取推免生人数再创新高。本年度招收的 193 名硕士生和 72 名博士生中，分别有 26.3% 和 77.8%来自“985”和“双一流”建设大学。

2020 年，学院获批校级教改项目 3 项、校级教材建设项目 1 项。在思政课程建设项目考核中，学院 2 门课程均获评优秀（全校共 4 项）。学院本年度将专硕专项调整为按畜种布局的猪、家禽、牛、羊和智能养殖专项，新增初级实践课程（智能养殖初级实践、猪健康养殖初级实践、牛精英专硕实践、羊健康养殖初级实践、家禽健康养殖初级实践），推动了应用型、复合型、全产业链人才的培养；学院《创新“牛精英计划”多元递进式研究生培养体系，培育新时代知农爱农人才》获得校级教学成果一等奖。

学院启动院级优秀博士学位论文评审，评价导向与论文质量双提升。本年度获评校级十篇优秀博士和优秀硕士研究生学位论文各 1 篇。结合新修订的多元化评价为核心的新学位授予标准，开展了首届院级优秀博士学位论文评选工作，对 7 位获奖学生和导师进行了表彰奖励。

（陈爽）

【科学研究】

2020 年，学院共有在研项目 465 项（其中横向合作项目 201 项），2020 年全年到校经费约 5 217.5 万元。新增重点研发计划项目 3 项，国家自然科学基金各类项目共 23 项，其中，重点项目 3 项、专项项目 1 项、面上项目 12 项、青年科学基金项目 5 项、联合基金项目 1 项、国际（地区）合作与交流项目 1 项。

2020 年，学院 SCI 收录 260 篇（其中 IF≥5.0 的 29 篇，进入 ESI 全球前 10%的 11 篇，10%～20%的 76 篇），EI 收录 11 篇。学院作为主报单位获得国家技术发明奖二等奖 1 项，中国专利奖优秀奖 1 项。2020 年，学院作为主报单位，授权专利 44 项，其中，授权发明 34 项、实用新型 10 项。完成成果转化 14 项，转让金额 417 万元。

（杨坤）

【合作交流】

留学生在校生 9 人，招生 2 人，毕业 5 人。

2020 年，5 位研究生申请联合博士培养。

2020 年，学院获批 8 项高端外国专家引进计划，资助金额共 60 万元；3 项学科国际化提升项目。依托国际项目，学院共邀请到 20 余位专家开展线上讲座或授课，极大地提升了学生国际化视野。同时，持续实施“中美奶肉牛创新型人才培养项目——牛精英计划”，已经完成学生选拔和录取工作。此外，获批教育部“中美学分生专项奖学金”项目。

2020 年，学院承办三次大型国际会议。分别是中国农业大学-悉尼大学云端学术交流会议暨畜牧领域人才培养研讨会，“第三届世界绵羊大会云会议”和海南三亚第二届国际后备牛大会。

（张地方　郑楠）

【学生工作】

2020 年学院共有 625 人次获得了不同层次奖学金，其中本科生 267 人次，研究生 358 人次，累计发放额度为 281.24 万元，其中，校级奖学金 1 960 400 元，院级奖学金 852 000 元。发放各类资助共计 95 677 元，发放社会助学金和国家助学金 313 000 元，累计 89 人次。

学院总就业率为 91.60％，其中本科生 87.10％，硕士生 92.66％，博士生 97.92％。

学院共有 2 人获得北京市三好学生称号，64 人获得校级三好学生称号，11 人获得校级优秀团干部称号，17 人获得校级优秀团员称号，22 人获得校级优秀学生干部称号。动科 181、182、194 团支部获得校级优秀团支部称号，动科 184、194 班获得校级优秀班集体称号，动科 191 团支部入选 2010—2021 年度首都大学、中职院校“先锋杯”优秀基层团支部创建单位。学院获得第十四届“志愿农大”优秀项目以及优秀团体称号。

2020 年，学院持续推进“同心圆 521”三全育人改革试点工程，育人成果显著。其中，《I·牧——“智慧畜牧”抗生素全替代模式助力精准扶贫》获 2020 年第六届中国“互联网＋”大学生创新创业大赛北京赛区二等奖，“牛精英创新创业团队”获评 2020 年度中国农业大学“五四青年标兵集体”称号，马宁同学获评 2020 年度中国农业大学“五四青年标兵”称号。

（李菁菁）

【党建工作】

学院现有党员 579 人（正式党员 508 人），其中教职工党员 122 人，研究生党员 349 人，本科生党员 65 人，其他因出国、退休等暂存组织关系 14 人；目前学院共有教工党支部 5 个，党支部书记均担任系主任、副系主任；研究生党支部 9 个，本科生党支部 4 个。共发展党员 71 人，其中本科生 35 人，研究生 34 人，教师 2 人。86 名预备党员转正，完成入党积极分子、发展对象、预备党员培训班各 2 期。“七一”表彰校级先进基层党组织 2 个，优秀党务工作者 2 人、校级优秀党员 5 人、院级优秀党员 31 人。

2020 年召开党委会 20 次，党政联席会 13 次，理论中心组学习 13 次，召开民主生活会 1 次，组织生活会 18 次，有 553 名党员参加民主评议，评议结果为优秀党员 142 名，合格党员 340 名。开展理论学习大讲堂 6 期、青椒荟 2 期。推动“全国党建工作标杆院系”建设，创建发布《标杆建设工作专刊》6 期。

疫情期间，学院制定《疫情防控期间党支部工作指南》，研判上报信息 172 期。选举学院 13 位党代表参加学校党代会，建立“一统两联三融合”履责机制，“党委委员－支书－支委”三级联动。支持“两学一做”论坛、“导学双创”师生支部联建试点建设。教育部郑富芝副部长参加遗传党支部“十九届五中全会精神学思会”党日活动，高度肯定基层党建工作。

学院党委被评为北京高校“两优一先”先进党组织，首都高校大学生思政工作实效奖二等奖；学院获评北京高校青年教师“创新教研工作室”。1个党支部入选教工委高校教师党支部工作法试点，1项活动入选学校教职工“十佳主题党日活动”；连正兴获北京高校“两优一先”优秀党务工作者；吴常信院士获学校首届“立德树人卓越成就奖”；曹志军获教育部“中美青年创客交流中心”优秀导师；王书敏获2020年青年教师育人奖。

（任珊珊）

【教代会与工会工作】

2020年动科工会成员吴常信院士荣获学校首届“立德树人卓越成就奖”。在新冠疫情流行的情况下，动科工会与学院动物遗传育种与繁殖党支部、动物营养党支部等联合开展了防疫手册制定、楼宇消毒角建设、海外学子防疫包邮寄、实验室液氮添加、毕业生行李打包等活动，受到了海内外师生的好评。2020年开展了乒乓球俱乐部、黄鹂合唱团、多彩动科摄影、爱绿行健走、瑜伽俱乐部、台球比赛、游泳比赛和羽毛球比赛等10余个项目，职工参加热情高，除开展日常活动外，每个项目均组织了1～2次竞赛活动，发布工会新闻20余篇，起到了较好的锻炼身体、活跃气氛、增进友谊的效果。乒乓球俱乐部参加了学校组织的中国农业大学乒乓球比赛获得团体第5名。动科工会委员和成员参加了学校对口支援的云南镇康县、西藏农牧学院、云南省屏边县、贵州省威宁县等产业扶贫和乡村振兴活动，为当地产业发展献计献策。动科工会认真做好对职工的服务工作，提升服务水平。

（张浩　连正兴）

动物医学院

【学院概况】

2020年，动物医学设置3个系：基础兽医学系、预防兽医学系、临床兽医学系。学院拥有各类科研基地25个，包括农业农村部重点实验室3个，北京市重点实验室1个，教育部高等学校学科创新引智基地1个，其他省部级专业实验室和基地12个；校级GCP实验室1个，校级GLP实验室1个，校级公共服务平台3个，校级研究中心2个，在建校级生物安全三级实验室1个。

（许建海　张欣）

【学科与专业建设】

学院开设3个本科专业：动物医学、中兽医学、兽医公共卫生学，其中中兽医学为2020年调整学制专业，兽医公共卫生学为新增备案专业，均拟于2021年开始招生；具有一级专业学科1个，一级学科博士点1个，二级学位博士学位授权点5个，硕士学位授权点5个，专业学位博士授权点和硕士学位授权点各1个；博士后流动站1个。

学院现有国家重点一级学科1个。国家级一流专业建设点1个、北京市重点建设一流专业1个。

高质量完成3次"双一流"学科动态监测数据填报工作和兽医学一流学科建设周期总结评估；完成"十三五"周期总结，制定"十四五"发展规划；全方位梳理学科建设成效与优势特色，完成第五轮学科评估数据提交。

（王继凤　赵世云　张海燕）

【师资队伍】

学院共有教职工146人，其中，专任教师111人，包括教授（含研究员等正高职称）49人、副教授（含副研究员等副高职称）46人，专任教师90%以上具有博士学位，平均年龄43.7岁。博士生导师54人，硕士生导师86人。有工程院院士1人，百千万工程国家级领军人才1人，新世纪百千万人才工程国家级人选4人，"长江学者奖励计划"特聘教授4人，国家杰出青年基金获得者5人，"长江学者奖励计划"青年学者1人，"千人计划"青年人才1人，国家优秀青年基金获得者6人，"万人计划"科技创新领军人才2人，"万人计划"青年拔尖人才2人，享受政府特殊津贴专家7人，北京市科技新星3人。全国优秀教师1人，北京市优秀教师1人，北京市教学名师5人，宝钢优秀教师7人；荣获"何梁何利基金科学与技术进步奖"1人，"中国青年科技奖"1人。

本年度师资队伍建设成效与人员变动情况，6名教师和2个团队入选学校人才培育发展支持计划，其中领军教授A类1人，领军教授B类4人，青年新星B类1人，高水平创新团队1个，青年科学家创新团队1个；新晋二级教授2人，三级教授6人。引进各类人才12人，其中杰出人才3人，优秀人才4人，普通人才2人，助理兽医师1人，行政管理岗2人；退休4人；博士后研究人员在站15人，进站4人、出站7人。

（王继凤）

【本科教学】

本科生在校534人；招生94人，其中港澳台学生5人、留学生1人；毕业93人（含港澳台）。2016级推荐免试研究生26人，保送比例达29%。

2020年开设本科生课程77门。因疫情影响，春夏学期理论课程全部在线完成，12门实验课程在返校后完成。立项国家级大学生创新创业训练项目4项、北京市大学生创新项目13项、URP计划32项；完成国家级大学生创新创业训练项目结题7项、北京市大学生创新项目结题16项、URP计划结题21项。校级本科生优秀毕业论文4篇，北京市本科生优秀毕业论文1篇；组织、培训学生参加第六届"雄鹰杯"小动物医师技能大赛获团体特等奖、单项优异奖、中国兽医新星奖和优秀指导教师奖，参加第六届全国大学生动物医学专业（本科）技能大赛获团体特等奖、优秀指导教师奖。

郭鑫获评北京市高等学校教学名师，董玉兰获评北京市青年教学名师、宝钢优秀教师，陈耀星、杨汉春、胡艳欣、李格宾被评为中国农业大学"优秀教师"，余芳、王笑言、田纪景获得"优秀班主任"。汪洋获北京市本科生优秀毕业生论文（设计）优秀指导教师奖，汪洋、王永强、汤小朋、袁占奎获得中国农业大学2020届本科生百篇优秀毕业生论文（设计)优秀指导教师奖。周雪影在第十二届中国农业大学青年教师教学基本功大赛中获得一等奖。

入选首批国家级一流本科课程 2 门;牵头立项教育部新农科研究与改革实践项目 1 项;建设校级在线课程 2 门、虚拟仿真实验教学项目 1 项、教改项目 2 项、专业课发挥思政教育功能专项 3 项、"后立项"教改项目 6 项;入选校级本科规划教材 8 部、院级教材 6 部,申报北京市优秀教材 4 部。

(王继凤)

【研究生教学】

研究生在校 844 人,其中,全日制学术型硕士研究生 191 人、博士研究生 335 人;全日制专业学位硕士研究生 149 人、博士研究生 88 人;非全日制专业学位硕士研究生 45 人、博士研究生 36 人。招收各类研究生 264 人,其中,全日制学术型硕士研究生 93 名、博士研究生 68 名;全日制专业学位兽医硕士研究生 73 名、兽医博士研究生 30 名;推免生 71 名,其中学术型 42 名、专业学位型 29 名;硕博连读研究生 33 名。毕业全日制研究生 191 人,其中博士生 71 人、硕士生 120 人,校级优秀毕业生 27 人,市级优秀毕业生 8 人;获得学位研究生 249 人,其中全日制研究生 76 人获农学博士学位、59 人获农学硕士学位、60 人获兽医硕士学位,非全日制研究生 26 人获兽医博士学位、28 人获兽医硕士学位。2020 年全国兽医专业学位论文评选优秀博士论文 1 篇、优秀硕士论文 3 篇;校级优秀博士、硕士论文各 1 篇。

完成 80 门研究生课程教学工作,其中线上课程 37 门。796 人次通过培养环节考核。49 名全日制专业学位硕士生、10 名非全日制专业学位硕士生和 28 名全日制专业学位博士生完成实践教学环节。审核通过 25 个共建基地和 38 位校外实践基地专业学位指导教师的资格认定。新增卓越临床大动物、中兽医培养方案,开设卓越兽医临床职业规划系列课程国际化项目。选拔公派留学攻读博士学位 4 人、联合培养博士生 5 人。84 名导师通过导师招生资格审核。研究生教育在研项目 12 个,研究生资助创新研究基金项 7 个。

落实研究生课程网络远程教学工作,结合学科特色组织"停课不停教"系列讲座活动 16 次;完成全国涉农高校首场研究生远程复试;举办首次博士生学术在线论坛;举办全国高校首次云端夏令营,来自 33 所高校的 158 名优秀本科生入营,87 人签订拟录取协议;卓越临床兽医专项研究生团队荣获 2020 届北京地区高校大学生优秀创业团队一等奖、第六届中国国际"互联网+"大学生创新创业大赛北京赛区创意赛二等奖、中国农业大学"兴农杯"创新创业大赛创业计划赛道一等奖荣誉称号;举办首届科研数据记录大赛;卓越临床兽医和动物疫病防控专项获校级专业学位研究生优秀专项。

(赵世云)

【科学研究】

2020 年到校科研经费 9 861 万元,在研科研项目 419 项(纵向 212 项,横向 207 项);新立项各类科研项目共计 197 项(纵向 65 项,横向 132 项),合同总经费 12 677 万元(纵向 4 981 万元,横向 7 697 万元);横向合同总经费首次超过纵向合同总经费;申请国家自然基金项目 72 项，获批 22 项（获批率 34.3%），保持兽医领域全国前 3 名；2020 年累计发表 SCI、EI 及各类中文期刊总计 270 篇，其中 SCI 论文 177 篇（含 EI 同步收录 2 篇），入围 ESI 排名前 10%的 26 篇，ESI 排名 10%～20%的 52 篇，较 2019 年增长 16.4%；以第一完成单位获批一类新兽药 1 项，授权发明专利 18 项、实用新型专利 2 项，获软件著作权 1 项，制定地方标准 1 项；转化科技成果 7 项，合同金额 1 320 万元；科技奖励取得重大突破，获国家科学技术进步二等奖 2 项（主报 1 项、参报 1 项）、北京市自然科学技术一等奖 1 项（主报）；获评 2020 年度校级代表性科研成果 1 项、校级重大社会服务贡献 1 项；替加环素耐药新基因的发现相关研究入选《2020 中国农业科学重大进展》十大进展之一；多黏菌素耐药基因相关研究成果连续两年入选中科院科技战略咨询研究院、中科院文献情报中心、科睿唯安联合发布的《2020 研究前沿》全球生物科学领域 Top10 热点。

此外，畜禽疫病诊断研究中心通过 CNAS 认证；生物安全三级实验室通过环保审批，进入 CNAS 认证准备阶段。

（张海燕）

【合作交流】

留学生在校生 23 人，2020 年招生 5 人，毕业 6 人。教师因公出入境 4 人次，学生因公出入境 2 人次。

2020 年度邀请国（境）外专家 16 人次；获批本科生在线国际化提升项目 2 项，近 30 名学生参加加州大学戴维斯分校兽医学院线上学术交流及课程，累计学习 80 学时；邀请外国专家举办国际化在线课程项目 8 项，参与学生 360 余人次，累计线上交流 83 学时；获批外国专家线上学术交流与科研合作项目 1 项，项目经费 13.52 万元。主办线上国际学术会议 2 次，中方参加人数约 55 人次、外方参加人数约 22 人次；主办第二届国际兽医检测诊断大会，122 家企业、22 家媒体，59 位来自海内外的报告嘉宾、1 156 位注册代表参会。获批 2021 京港澳高校交流项目 1 项，项目经费 11 万元；获批 2021 港澳台学生国情教育项目 1 项，项目经费 4.6 万元。

获批国家高端外国专家引进计划项目 3 项，项目经费总计 48 万元；获批教育部高等学校“兽医公共卫生学人才培养与创新引智基地”，项目经费 450 万元。

进一步推进合作办学及兽医教育国际化认证。稳步推进与英国爱丁堡大学的本科生“2+4”联合培养项目，遴选第 5 批本科生赴爱丁堡大学学习；推进与美国气大学（Chi University）“卓越临床中兽医”项目；11 月 3 日正式向马来西亚提交兽医教育国际认证申请材料。

（郭涛）

【学生工作】

本科毕业生 85 人，就业率 92.94%，深造率 70.59%；硕士研究生毕业生 120 人，就业率 96.67%；博士研究生毕业生 71 人，就业率 100%。毕业生中陕西选调生 4 人、浙江选调生 1 人、哈尔滨选调生 1 人、山西选调生 1 人、安徽选调生 2 人、贵州选调生 1 人、山东选调生 1 人、江苏选调生 1 人。

累计发放各类本科生奖学金近 20 项、总额达 69.3 万元，共有 164 名同学、累计 309

人次获奖，奖学金覆盖面40%；2020年全年经济困难生得到现金资助超过46万元，达到经济困难学生资助全覆盖。学院共计16名同学获学校社会工作优秀奖学金，总额2.05万元，6名同学获文化活动优秀奖学金，总额0.3万元，4名同学获创新创业成果奖。

75名同学获评校级三好学生、20名同学获评校级优秀团员、15名同学获评校级优秀共青团干部、28名同学获评校级优秀学生干部、2名同学获评北京市三好学生，172班、183班获评校级优秀班集体，172团支部、193团支部获评优秀团支部；学院获学校"一二·九"文艺展演二等奖；学院获校"兴农杯"创新创业大赛中一等奖1项，二等奖2项，三等奖1项；3个项目在第六届中国国际"互联网＋"大学生创新创业大赛荣获二等奖3项。

建立二级心理辅导站"心语小窝"，并成立配套组织管理机构，充分发挥团学公众号上"辅导员小窝"板块作用，利用新媒体平台优势，搭建学生与辅导员快速沟通的渠道。

本科生党支部带动团员学习的模式效果理想，覆盖范围广、辐射人员面积大。以疫情期间动医本科16级党支部带动17、18、19级团支部共同开展以"同心战疫　党旗飘扬"为主题的抗疫系列教育为例，能覆盖15个团支部、70个党员责任区近300余人。学院积极探索"红色1＋1""我是一面旗帜"主题党日与假期农校、暑期社会实践多元结合的实践模式，其中本科18级党支部成功申报本科生党支部精品项目。

（潘伯阳）

【党建工作】

学院共有党员553人，正式党员499人，其中教职工党员75人，学生党员478人；设置教职工党支部4个，研究生党支部11个，本科生党支部3个。2020年，确定入党积极分子80人，新发展党员47人，包含教职工2名，转正45人。

学院党委落实决策部署，做好疫情防控；全力配合完成学校党委部署的第四次党代会相关工作，深入学习贯彻党代会精神。

严格执行党委委员会和党政联席会议事规则，形成"一组三系全支部"的理论学习体系；加强党员教育，继续开展"党员教师先锋论坛""双周三"系列学习以及"百名党员进社区""全国高校动医学子联合开展云端主题党（团）日活动"等特色学习教育及实践活动，疫情中开展了一封信、云科普、送物资等保障师生生命安全和身体健康；云讲堂、云诊疗、云就业等促进教、学、服务不停步，沈建忠院士全校开放"开学第一课"，在教育部"微言教育"平台向全国做科普微党课。顺利通过基础兽医学系教工第二党支部在教育部首批"全国党建工作样板支部"验收；研究生党支部设立6类、43个服务型党小组。

汪洋获得"北京市高校优秀共产党员"，汪洋、董玉兰、潘伯阳、周子慧、程佳获得"中国农业大学优秀共产党员"称号，邵丹获得校级优秀党务工作者，学院党委获得校级先进基层党组织。本年度学院官网推送新闻196篇，年度拍摄党建宣传片1个，学院获得校级党建工作年度考核优秀。

（邵丹）

【教代会与工会工作】

2020年，学院分工会召开线上教职工大会，学习党的十九大及十九届二中、三中、四中、五中全会精神，以及习近平在全国劳模、先进工作者表彰大会上的讲话精神。沈建忠院士荣获北京市先进工作者称号，动物医学院获中国农业大学第十二届青年教师教学基本功比赛（简称青教赛）优秀组织奖，学院分工会会员获评学校优秀工会干部 1 人，工会活动积极分子 3 人。

学院分工会积极组织开展了导师下午茶、青年教师学术沙龙、临床病例分享会、学术交流会、企业座谈会、“串家门”等 30 多期活动，开展了线上“新冠疫情防控知多少”答题、“登百望，眺农大”健步走、“抗疫先锋，舍医其谁”教工篮球赛、动医理德杯摄影展、新教工元旦节目表演等活动。组织学院师生进社区，开展科普宣讲和宠物义诊。关爱女教师，举办退休教师荣休会，多次慰问患重大疾病教职工和去世离退休教师家属。做好小家建设，添置健身器材。

（江海洋）

食品科学与营养工程学院

【学院概况】

2020 年，食品科学与营养工程学院设置 3 个系：食品科学与工程系、食品质量与安全系、食品生物工程系。学院拥有 17 个研究机构/研究中心：国家果蔬加工工程技术研究中心、国家果蔬加工技术研发中心、果蔬加工教育部工程研究中心、功能乳品教育部北京市共建重点实验室、食品精准营养与质量控制教育部重点实验室、农业农村部农产品贮藏保鲜质量安全风险评估实验室（北京）、农业农村部农产品质量监督检验测试中心（北京）、农业农村部农业转基因生物安全评价（食用）重点实验室、农业农村部果蔬加工重点实验室、农业农村部葡萄酒加工重点实验室、植物源功能食品北京市重点实验室、植物蛋白与谷物加工北京市重点实验室、食品非热加工北京市重点实验室、食品质量与安全北京实验室、畜产品北京市高等学校工程研究中心、中国轻工业食品生物工程重点实验室、中国轻工业健康饮品重点实验室。拥有 2 个国家级教学中心：食品科学与工程国家级实验教学示范中心、食品科学与工程国家级虚拟仿真实验教学中心。拥有 1 个省部级科普基地：全国农产品质量安全与营养健康科普基地。

（周晓璇　马祎荻）

【学科与专业建设】

学院本科生按食品科学与工程类招生，入校后第一、第二年实行统一的基础教学，从第三年开始，分成 4 个专业，即食品科学与工程、生物工程、食品质量与安全、葡萄与葡萄酒工程。招收食品科学专业、粮食油脂及植物蛋白工程专业、农产品加工及贮藏工程专业、食品生物技术专业、营养与食品安全专业、水产品加工专业研究生；覆盖食品科学与工程 1 个学科；具有一级专业学科 1 个，一级学科博士点 1 个，博士学位授权点 6 个，硕士学位授权点 6 个及专业学位授权点 2 个；博士后流动站 1 个。食品质量与安全专业通过美国食品科学技术学会（IFT）国际认证并且入选国家一流本科专业建设点；生物工程专业入选北京市一流本科专业建设点；食品营养与健康专业获教育部批准增设。

学院拥有“农产品加工及贮藏工程”国家级重点学科（二级学科）、“食品科学与工程”北京市重点学科（一级学科）和“食品科学”国家重点（培育）学科（二级学科）。拥有国家级实验教学中心2个，国家工程技术研究中心1个，省部级重点实验室、研究中心16个。

（尹淑涛　何靖）

【师资队伍】

学院共有教职工153人，其中，专任教师120人，包括教授（含研究员等正高职称）45人、副教授（含副研究员等副高职称）66人；博士生导师49人、硕士生导师104人；中国工程院院士1人，“CJ学者奖励计划”特聘教授2人，“国家杰出青年科学基金”获得者2人，国家“万人计划”科技创新领军人才3人，国家百千万人才工程人选1人，新世纪“百千万人才工程”国家级人选1人，国家“万人计划”青年拔尖人才1人，“青年千人计划”获得者1人，“国家优秀青年科学基金”获得者3人，农业农村部“有突出贡献中青年”专家1人，科技部“创新人才推进计划中青年科技创新领军人才”2人，教育部“新世纪优秀人才支持计划”人选11人，“科技北京百名领军人才”1人，北京市科技新星3人，享受政府特殊津贴专家9人，北京市教学名师1人，北京市优秀教师1人，国家现代农业产业体系首席专家1人、岗位专家8人，科技部创新人才计划重点领域创新团队1个，农业农村部农业科研创新团队2个，神农中华农业科技奖创新团队3个。

本年度引进各类人才10人，退休3人，晋升正教授3人、副教授2人。博士后研究人员在站23人，进站14人、出站12人，食品科学与工程流动站在2020年度全国博士后工作综合评估中获评优秀流动站。

（吴晶晶　马祎荻）

【本科教学】

2020年，本科生在校857人，招生206人，毕业183人。学院全面落实全国教育工作会议精神，立德树人。本科教育以创新能力培养为核心，秉持“德才兼备、全面发展、通专平衡、追求卓越”的理念，依托“实验课程、科研训练、生产实习、虚拟仿真”四平台，实施“课内与课外、校内与校外、虚拟和实操”三结合，贯穿本科生培养全过程的实践教学体系。

面对新冠肺炎疫情，学院坚决贯彻学校党委指示，迅速反应，果断行动，春季学期开展线上教学，实现“停课不停教、停课不停学”，并以各种方式指导毕业生做好毕业设计和毕业论文。

学院以工程认证为抓手，扎实推进“金课、金专、高地、优秀教材”的建设。目前学院有国家级金课4门，校级金课1门；继食品科学与工程专业获批国家级一流专业后，又有食品质量与安全专业获批国家级一流专业，生物工程专业获批北京市级一流专业；获教育部批准成立新专业“食品营养与健康”，将从2021年开始招生；食品质量与安全专业通过美国食品科学技术学会（IFT）国际认证；1个实习基地获得“校级校外实习实践基地”称号；获得北京高等教育优秀教材奖3部，中国农业大学校级规划教材8部；2门课程获得中国农业大学校级专业课发挥思政教育功能专项教学改革项目。

鼓励学生参加各级学科竞赛、创新创业和科研素质训练。学院获批4项国家级大学生创业项目，7 项国家级大学生创新项目，23 项北京市级大学生创新项目，92 项校级 URP，比 2019 年增长了 38%。共 60 人次参加各类学科竞赛，如在第五届全国大学生生命科学创新创业大赛中获得一等奖，在第六届“互联网＋”大学生创新创业大赛中获得北京市二等奖。2020 年本科生以第一作者身份在 SCI 及国内核心期刊中发表的论文共 13 篇。

（殷丽君　周忻）

【研究生教学】

研究生在校 777 人，其中，博士生 340 人、硕士生 437 人；招生 357 人，其中，博士生 79 人、硕士生 278 人；毕业研究生 258 人，其中博士生 65 人，授予博士学位 64 人，硕士生 193 人，授予硕士学位 193 人。

研究生培养方面，加强博士、硕士生的学术研究水平和专业硕士学位研究生的解决实际问题能力的培养，以服务国家战略和经济建设为出发点，发挥研究生的学科发展生力军作用，围绕现代食品科学与工程技术领域的发展前沿，创造国内外高水平研究成果，切实解决食品产业发展过程中的实际问题，引领食品科技发展。

2020 年，在招生环节，继续统筹重大成果奖励、重大重点科研项目、标志性成果等切实关系到学科发展的关键要素，进行博士、硕士研究生指标奖励，修订研究生招生导师遴选细则，明确导师招生指标与科研产出与实际贡献相匹配；在培养环节，重点加强博士研究生开题管理，通过“学院统一组织、校内外专家共同考核”的方式，保障了博士生开题的全面、公正开展；启动了食品专业学位类别增设工作；完成了学科“双一流”建设动态监测指标填报工作；完成了农业硕士食品加工与安全领域水平评估数据填报工作；在学位授予环节，采取博士研究生学位论文连续 3 年送教育部平台进行匿名评审的方式，保证了学位论文评审工作的有效性、客观性。

2020 年，为做好专业学位改革，将专业学位研究生培养目标与服务经济发展相统筹，基于健康专项、兴化专项、烟台专项 3 个专项，提出了 “集团式”“区域式”和“辐射式”3 种专业学位研究生培养模式，实现了政产学研用的统一，且“食品类专业学位研究生三阶段多元化分类培养模式探索与实践”获得 2020 年中国农业大学研究生教育成果奖一等奖。实施案例教学课程 6 个，基于专业学位研究生培养过程的课程建设、基地建设、论文规范、培养模式改革等多个环节，申请设立研究生教育教学改革课题 16 项，建立实践基地 53 个。其中，兴化专项连续两年获评中国农业大学专业学位研究生专项制培养改革优秀专项，且兴化健康产业研究院获批校级实践基地；烟台专项研究生参加山东省“第十二届山东省大学生科技节——食品加工与安全创新设计大赛”获一等奖 1 项、三等奖 4 项。

（石宝霞　苗敬）

【科学研究】

2020 年到账科研经费 13 925 万元，其中纵向经费 11 169 万元，横向经费 2 756 万元。新增纵向课题（主持和参加）62 项，合同金额总计 6 465 万元。其中主持项目包括国家重点研发计划项目 1 项、青年项目 1 项、子课题 5 项；国家自然基金国际（地区）合作交流项目 2 项、联合基金重点支持项目 1 项、面上项目 10 项、青年项目 9 项。共签署横向技术服务、技术开发合同 96 项，合同经费总额 3 890 万元。

吴晓蒙参与的"特色浆果高品质保鲜与加工关键技术及产业化"获国家科学技术进步二等奖，廖小军主持的"果蔬高压非热加工关键技术及应用"获高等学校科学研究优秀成果科学技术发明奖一等奖和中国轻工业联合会科学技术奖发明奖一等奖，郭顺堂主持的"传统大豆食品提质高效加工关键技术与装备"获中国轻工业联合会科学技术奖进步奖一等奖，郭慧媛主持的"食品贮存环境精准控制技术与保鲜冰箱产业化"获中国商业联合会科学技术奖特等奖，李媛主持的"新型多重乳液脂肪替代物的制备及其在低脂乳化香肠中的应用"获中国商业联合会科学技术奖二等奖，沈群主持的"小米关键组分健康效应研究与产业化应用"获中国食品科学技术学会科技创新奖技术进步一等奖。

发表 SCI 论文 262 篇、EI 176 篇，授权专利 70 项，转化科技成果 13 项。

（尹淑涛　苏春元）

【合作交流】

2020 年，食品科学与营养工程学院留学生在校生共 26 人，其中研究生 25 人，本科生 1 人；招收研究生 9 人；毕业研究生 2 人，结业本科生 1 人；获批联合培养博士研究生 14 名，攻读博士学位研究生 5 名。

2020 年，与国际顶尖涉农高校美国康奈尔大学、加州大学戴维斯分校、荷兰瓦赫宁根大学、英国雷丁大学联合，申报留学基金委创新型人才培养项目，共建"三区五校联合体"高层次人才培养平台。

2020 年，中国农业大学与泰国农业大学共建的"中泰农业食品科技合作研究中心"，重点开展了教师层面的学术交流以及留学生招生培养工作。2020 年 8 月，举办了"中泰农业食品科技研究进展研讨会"，会议共邀请到来自泰国农业大学、清迈大学以及中国农业大学食品科学与营养工程学院的 11 位专家进行了学术分享，100 余位研究生在线参加了此次研讨会。学院依托"中泰农业食品科技合作研究中心"申报的 2019 年中泰农业食品科技高层次国际化人才培养项目于 2019 年 9 月进入落地执行阶段，共招录到项目研究生 6 名，2020 年在线完成了专业课程的学习。通过以上活动，拓宽了学生国际视野，加强了学生对中泰两国食品科技发展及两地文化差异的认识，加深了泰国农业大学与中国农业大学在科学研究内容及实力、人才培养方面等方面的相互了解，为双方进一步开展科学研究、人员互访、高层次人才培养等多方面的合作打下了坚实基础。

（朱鸿亮　苗敬）

【学生工作】

2020 年，本科生奖学金总额达到 129.12 万元，获奖覆盖人数达到 298 人，共计 534 人次获奖；研究生奖学金总金额达到 222.7 万元，获奖覆盖人数达到 356 人，共计 417 人次获奖。2020 年获得国家助学金 31.25 万元，共计发放 89 人；社会助学金 2 万元，共计发放 5 人。

2020 届共有毕业生 426 人，总就业率为 93.19%。其中，本科毕业生 180 人，总就业率 91.11%；硕士毕业生 191 人，总就业率 94.74%；博士毕业生 55 人，总就业率 94.64%。

116 人获得中国农业大学"三好学生"称号（64 名本科生，52 名研究生），44 人获得

"优秀学生干部"称号(27 名本科生,17 名研究生),20 人获得"优秀团干部"称号(11 名本科生,9 名研究生),30 人获得"优秀团员"称号(16 名本科生,14 名研究生)。2 人获得北京市"三好学生"称号,1 人获得北京市"优秀学生干部"称号。集体评优中,共有 6 个团支部获得中国农业大学优秀团支部称号,3 个班级获得中国农业大学优秀班集体称号,食安 172 班获得北京市"先锋杯"优秀基层团支部,食安 172 团支部的主题团日活动获得校优秀团日活动称号;学院研究生会获 2020 中国农业大学优秀院级研究生会评选第一名,并获评 2020—2021 年度首都大学、中职院校"先锋杯"优秀基层学生会组织;食院学生会获 2020 中国农业大学优秀院级学生会评选第二名。40 名志愿者在 2020 年参与抗疫相关志愿服务项目。食品营养与安全科普青年团队荣获学校"五四青年标兵集体"称号。

学院获校秋季运动会男女团体总分第三名、男子团体总分第六名和精神文明奖;一二·九文艺汇演获得一等奖、最佳组织奖;在校新生篮球赛中男篮勇夺第三,橄榄球队在校级触式橄榄球比赛中获得盘级亚军。

(张普光　杨婉若)

【党建工作】

2020 年,学院党政领导班子带领全院师生党员深入学习贯彻党的十九届五中全会精神,深入贯彻落实学校第四次党代会精神,以高质量党建引领高质量发展。学院顺利召开党员代表大会,选举产生新一届党委委员;学院党委书记、副书记带头讲党课、形势与政策课共计 12 次;学院成立湖北临时党支部、8 个在校生临时党支部和"同心同行"志愿服务队,服务疫情防控和毕业事宜,全院 260 余名师生党员投身抗击疫情志愿服务中;学院理论学习中心组开展理论学习 12 次,各党支部开展研讨参观学习 23 次、主题党日活动 30 余次,产出文章《以"全覆盖　双提升"推进师生党支部线上与线下共建的实践与思考——以中国农业大学食品营养与安全教工党支部与本科第四党支部共建为例》1 篇;落实二级党校职责,开办入党积极分子、发展对象、预备党员培训班共 3 期,覆盖学生 410 名,组织党课 9 次、参观学习 6 次、党支部书记培训 5 次。2020 年度,学院共发展党员 122 人,其中本科生 64 人、硕士研究生 46 人、博士研究生 9 人,发展教职工 3 人;2 个"红色 1+1"共建项目获评北京市奖项,宋弋被评选为学校优秀党务工作者,张昊、段长青被评选为学校优秀共产党员,2 名研究生、2 名本科生获得优秀共产党员称号。

(张普光　黄德政)

【教代会与工会工作】

2020 年,在校工会的指导下、学院党委书记和院领导的大力支持下,以及教代会和全院工会会员们的共同努力下,院工会把目标锁定在维护和谐学院、促进民主气氛、营造健康氛围上,同时继续加强工会组织的建设,在教职工之家建设、民主管理和健康生活方面取得了一定的成绩。

本年度,学院工会全部完成了年初申请的 9 项工会活动。开展了家庭美食制作图片大赛、家居健身活动图片大赛、家居绿植欣赏大赛、网络教学图片和交流、教工学生羽毛球友谊赛、学院教职工乒乓球选拔赛、秋季趣味健身活动、冬季健步走活动和食品学院瑜伽协会活动等。成功举办青年教师基本功竞赛,3 位教师参加学校比赛。此外,学院还积极参与校工会的各项活动，包括排球赛、乒乓球赛、羽毛球赛、棋牌比赛等。在学校项目之外，学院工会还积极组织了多项活动，包括瑜伽课程、乒乓球协会活动、羽毛球协会活动、公园年票办理、健康保险投保、发放防疫用品等。同时，也负责组织女工体检、全体教职工体检、慰问品发放、教代会提案收集、学院活动组织和信息传达等工作。

学院领导班子积极参与工会活动，参与教职工小家建设。通过组织美食烹饪、慰问教师、体育健身、健康讲座等活动，加强人文关怀，营造温馨氛围。

本年度，陈芳获得全国三八红旗手称号，车会莲、郭慧媛、李景明、刘毅获评校级优秀教师，周晓璇获评校级优秀教育工作者，曲桂芹获评校级优秀工会干部，杨婉若和吴晶晶获评校级工会先进个人，张普光获评优秀教职工之友。由工会小组长和工会委员提名，有19名老师获得院级工会工作先进个人。

（范志红　杨婉若）

【行政工作】

学院在2020年度校级实验室安全工作考核中获评优秀，在2020年度校级行政工作考核中获评优秀。

（周晓璇　马祎荻）

工　学　院

【学院概况】

2002年7月由原机械工程学院、车辆与交通工程学院和农业工程研究院3个单位组建成立工学院，发展历史源于20世纪50年代初期北京农业机械化学院创办的农业机械设计制造专业和农业机械化专业。

学院设置农业工程、机械设计制造、机电工程、车辆与交通工程4个系。设有机械与农业工程国家级实验教学示范中心、机械与农业工程国家级虚拟仿真实验教学中心、北京市高等学校涉农工程类大学生示范性校内创新实践基地、机械工程训练中心和“互联网＋”大学生创新创业中心；建有国家级生物质能科学与技术国际联合研究中心、现代农业装备与设施教育部工程研究中心等7个省部级科研基地，中国农业大学农业工程研究院、国家保护性耕作研究院等8个校级科研平台，以及农业装备数字孪生设计等5个院级青年科学家工作室。新获批1个全国名特优新农产品无损评价鉴定仪器设备技术北京中心。

（高茹英）

【学科与专业建设】

学院拥有农业工程和机械工程2个一级学科；拥有农业工程国家一级重点学科、农业机械化工程国家级重点学科、车辆工程部级重点学科；开设农业工程、农业机械化及其自动化、农业智能装备工程、车辆工程、机械电子工程、机械设计制造及其自动化和工业设计7个本科专业;设有农业工程、农业机械化工程与装备、车辆工程、机械电子工程、机械设计及理论、机械制造及其自动化等6个博士点和硕士点,设有机械工程专业学位授权点1个;设有农业工程和机械工程2个博士后流动站。

2020年,学院积极落实立德树人根本任务,以农业工程学科为引领、以机械工程学科为特色支撑,高质量推进"双一流"建设,不断提高人才培养质量。联合水利与土木工程学院和信息与电气工程学院,建立了农业工程学科建设联席会议制度,成立了机械工程学科建设委员会。开展了农业工程和机械工程学科2035战略规划,全面推进第五轮学科评估工作。牵头举办首次全国涉农高校工学院圆桌会议,以"产教融合引领农机装备行业科技创新与人才智力发展"为主题,建立了高校、行业及产业对接的平台。

结合新产业、新工科、新农科人才培养需求,遵循工程教育专业认证标准,农业工程类专业对标国际一流,机械工程类专业对标国内一流,加强顶层设计,进一步开展学院人才培养整体能力建设,继续开展大学生工程能力和创新创业实践能力培养。

研究生管理制度进一步规范,制定《工学院学位评定委员会工作规程》《工学院研究生导师招生资格审核办法》《工学院研究生培养质量领导小组及学科工作组》,按二级学科方向全面把控研究生培养各环节,着力构建产教深度融合的应用型硕士培养新模式。

持续建设机械与农业工程国家级实验教学示范中心、机械与农业工程国家级虚拟仿真实验教学中心、北京市高等学校涉农工程类大学生示范性校内创新实践基地、机械工程训练中心和"互联网+"大学生创新创业实践中心;学生科技创新活动参与率超过95%;学生参加各级各类竞赛获省部级及以上奖励60余项;成功主办"2020中国农业机器人大赛",学生双创能力得到持续提升。

(刘冉)

【师资队伍】

学院共有在职教职工160人,其中专任教师130人,包括教授(含研究员等正高职称)48人、副教授(含副研究员等副高职称)69人,讲师13人;聘请国内兼职教授30人。教育部"长江学者奖励计划"特聘教授2人、"百千万人才工程"国家级人选3人、国家"青年千人计划"1人、教育部新世纪优秀人才7人,享受政府特殊津贴专家7人、农业农村部现代农业产业技术体系岗位科学家8人。宝钢教育基金10人,北京市优秀教师2人,北京市教学名师4人,"大北农"教学名师5人。

2020年,晋升正高级专业技术职务5人,其中教授3人,研究员1人,教授级高级工程师1人;晋升副教授3人。新进教职工18人,退休教职工9人,博士后研究人员在站11人,进站4人、出站2人。研究生指导教师128人,其中具有博士研究生招生资格73人;4人被评为中国农业大学"优秀教师",23人年度考核获评优秀。

(朱子怡)

【本科教学】

2020年,本科生在校1 145人,招生340人,毕业243人。录取本科生2个专业,12个班级,共计340人,其中农业工程专业101人、机械类专业239人。2016级本科毕业生243人。毕业设计(论文)成绩优秀45人。10人入选校级百篇优秀论文,3人获北京高校优秀本科毕业设计(论文)。

2017级毕业生总人数233人,获免试资格学生70人,占毕业人数的30%。其中,普通推免57人、学术专长8人、支教1人、思政4人。

2020年春季学期本科生课程198门次,其中,停开20门次,参加工程实训468人次,涉及任课教师90人;2020年夏季实践类校内课程42门次,参加工程实训316人,因疫情影响夏季实践类校外实践课程13门,线上教学11门,停开2门;2020年秋季学期本科生课程244门次、停开课程29门次,工程实训332人,任课教师99人。

2020年,《旱地机械化耕种作业虚拟仿真实验》入选国家级一流本科课程。2020年度工学院组织申报北京高校“优质本科课程”及“优质本科教材”,本科教材《汽车拖拉机发动机原理》获校级推荐。2020年度工学院组织申报北京高等学校优秀教材奖,3本本科教材获校级推荐。2020年工学院申报9项本科规划教材建设项目,获资助立项。2020年工学院申报中华农业科教基金会“2020年全国农业教育优秀教材资助项目”,1项获学校推荐。

2020年第十二届青年教师教学基本功比赛,陈建副教授荣获一等奖、最佳教学演示奖,吴敏副教授荣获优秀奖,取得了学院青年教师在校青教赛中的历史性突破,工学院蝉联第十二届青教赛的单位优秀组织奖。2020年度,工学院组织申报中国农业大学本年度优秀教师,4人获评。2020年度,工学院成立“教师教学发展工学院分中心”。

2020年,农业工程专业获评国家一流本科专业建设,农业机械化及其自动化、车辆工程、机械设计制造及其自动化专业获得推荐国家一流本科专业建设,机械电子工程专业获得推荐北京市一流本科专业建设;组织申报教育部高等教育司关于第二批新工科研究与实践项目,共立项7项;申请后立项教改项目29项,其中8项一流专业建设教改项目、21项一流课堂建设教学改革项目;申报教改项目35项,其中9项一流专业建设教改项目,26项一流课堂建设教学改革项目;2020年工学院完成校级核心课2门课程建设工作,完成2019年校级思政项目6项结题,完成2020年校级思政教改4项申报工作;组织申报校级校外实习实践基地,北京精雕科技集团有限公司入选。

大学生创新创业中心建设 在大学生科技创新项目方面,完成2020年URP立项71项、参与学生234人次,2019年国创北创结题47项,2020年国创北创中期检查39项、参与学生117人次;在学科竞赛方面,组织100余支参赛队伍,学生参与近300人次,获省部级及以上奖励51项,其中一等奖以上12项。

国家级实验教学示范中心建设 (1)参与2020—2022年度中央高校改善基本办学条件专项和2021年中央高校改善基本办学条件专项的申报工作。(2)制定了2020—2022年本科教学实验室条件建设目标。(3)2020年投入本科教学实验室条件建设经费共60万元,完成农业工程大类专业教学实验室、汽车电子控制技术实验室、机电专业方向升级实验条件建设、机械制造综合实验室基础建设。(4)梳理了本科教学实验室,更新和落实了实验室名称及相关负责人,定期进行本科教学实验室检查。(5)积极开展本科教学实验师队伍培训,组织相关实验教学老师参加了中国高等教育学会实验室管理工作分会举办的“十四五”高校实验教学中心建设与发展暨实验教学改革创新研讨会。

国家级虚拟仿真实验教学中心建设 (1)继续深化建设了包含“课程实验、综合创新、实习实践”三大虚拟仿真平台的实验教学体系。(2)虚拟仿真实验教学教改项目立项

5 项,4 项国家级,1 项校级。(3)积极与国内行业企业开展合作交流,与 5 家业界翘楚建立战略合作关系。(4)服务于高校虚拟仿真教学平台的建设,与 4 所知名高校开展教学研讨和交流,接待来自国内外知名大学、研究机构及企业同行专家来访。

(魏青)

【研究生教学】

2020 年,共录取全日制研究生 320 人,其中普通博士研究生 66 人,含留学生 4 人;普通硕士研究生 261 人,含全日制专业学位研究生 151 人,留学生 4 人。在校全日制研究生共计 760 人,其中硕士研究生 504 人,博士研究生 256 人。

2020 年,共有 239 人获得学位,其中工学博士 63 人。1 篇学位论文被评为校级优秀学位论文。

2020 年,共有 353 人次获得研究生奖学金,总计 187.5 万元。其中学业奖学金 293 人,校长奖学金 2 人,国家奖学金 14 人,大北农励志奖学金 2 人,寻梦未来学习奖学金 6 人,安莉芳奖学金 1 人,上海三久奖学金 14 人,五征奖学金 10 人,思威博奖学金 10 人,未来农机工程师奖学金 1 人。

2020 年,获批校级教改项目 2 项、思政精品项目 1 项,设立院级教改项目 9 项,建立研究生校级实践基地 1 个、院级实践基地 11 个。获校级教学成果一等奖 1 项、二等奖 1 项。

2020 年,继续实施"国家建设高水平大学公派研究生项目",共录取联合培养博士 9 人、攻读博士学位研究生 1 人。

2020 年,63 名教师通过博士生导师招生资格年度审核,其中,新增博导 3 人,外聘导师 2 人,副教授具有博士生招生资格 32 人;104 人通过硕士生导师招生资格年度审核,其中,新增硕导 5 人,讲师具有硕士生招生资格 10 人。

(郑志伟)

【科学研究】

2020 年,学院到账科研经费 4 150 万元,其中横向项目经费 1 500 万元,占比继续增大。新增国家自然科学基金项目 9 项,其中重点项目 1 项,直接经费 639 万元,创历史新高。横向合作取得新突破,2 个项目到校科研经费分别为 300 万和 350 万元。

2020 年,发表 SCI、EI 收录论文 344 篇,其中 SCI 收录论文 170 篇,EI 收录论文 174 篇;获授权国家专利 243 件,其中获授权国家发明专利 144 件;实现科技成果转化 27 项,合同金额累计 290 万元。

国家级和省部级科研基地共 8 个,包括国家级基地 1 个:生物质能科学与技术国际联合研究中心;省部级基地 7 个:现代农业装备与设施教育部工程研究中心、农业农村部可再生能源清洁化利用技术重点实验室、农业农村部土壤—机器—植物系统技术重点实验室、农业农村部保护性耕作研究中心、农业农村部河北北部耕地保育科学观测实验站、国家农产品加工技术装备研发分中心和现代农业装备优化设计北京市重点实验室;校级研究中心 8 个;教授工作站共 8 个。

(郑志伟)

【合作交流】

2020 年，持续推进与美国普度大学合作的农业工程本科生"2＋2"联合培养、中美环境与能源百名博士联合培养、中荷奶业全产业链交叉创新博士联合培养等项目，其中与美国普度大学"农业工程 2＋2 中美联合培养项目"2020 年共计选派 4 名学生，其中 3 人在国内上网课，1 人暂未办理普度大学入学手续，申请保留入学资格 1 年。

2020 年，5 位教师申报学校国际化提升在线讲座和课程；董仁杰教授主办的"2019 大循环—农业农村有机污染防治国际研讨会"获评北京市科协"十佳影响力学术会议"；学院积极服务国家"一带一路"倡议，刘贤副教授执行农业农村部"澜湄合作专项基金"项目——"澜湄国家饲料质量安全快速检测技术平台建设与网络化联合应用"，推动与东南亚国家开展农业科技合作。

（刘冉）

【学生工作】

学院共有本科生班级 44 个，班主任 44 名，辅导员 18 名。

学院有经济困难本科生 280 人，占比 24.2%。总体资助情况如下：发放助学金 280 人次，累计 100.2 万元；生源地贷款 151 人次，校园地贷款 11 人次；勤工助学 167 人，累计 14 万元；冬衣补助 12 人次，累计 0.6 万元；减免学费 12 人次，累计 3.75 万元。

2020 年，本科生共有 525 人次获得学习优秀一、二、三等奖学金和国家奖学金、国家励志奖学金、优秀学生奖学金等单、专项奖学金以及社会工作奖学金、文化活动优秀奖学金，奖金总额 131.95 万元。

2020 年，研究生院设专项奖学金共计 24.1 万元。

根据团中央和学校共青团改革工作的要求，学院完成学生会改革；各团支部推进班团一体化工作，发挥团支部委员会作用。举办 3 次学生组织共建学习交流会、2 次团支书交流大会。开展中国农业大学工学院第十七届学代会，选举第十九届学生会轮值主席 3 人；开展第十二届研究生学代会，选举研会轮值主席 3 人。优化推优流程，分团委推荐优秀团员入党共计 360 人（含春季、秋季两次推优）。

强化志愿服务意识，推进社会实践能力。2020 年累计开展志愿服务项目 5 项，参与达 650 余人次，其中"一品一院"神农架林区初中线上支教活动动员志愿者 30 余人，受到神农架林区团委认可回执；工学院迎新志愿服务、接站活动动员志愿者 230 余人，圆满完成迎新接站工作，受到学校高度赞扬。在"脱贫攻坚·青春建功"2020 年中国农业大学"稼穑之路"学生暑期社会实践活动中，学院 6 个集体队伍、17 支个人队伍，采取"云"开展或线下实际走访的形式进行实践活动。

发挥榜样精神，发挥团支部、骨干引领作用。车辆 182、农工 182、机械 191、车辆 193、农工一班团支部荣获对标定级五星级评定结果；车辆 172、机化 181、车辆 181、车辆 193 荣获中国农业大学优秀班集体称号；新闻通讯社团支部、励耘班团支部、农工 1 班团支部、未来工程师协会团支部、农工 4 班团支部、农工 182 团支部荣获中国农业大学优秀团支部称号。推选中国农业大学三好学生本科生 72 人、研究生 52 人；推选中国农业大学优秀团干部本科生 14 人、研究生 7 人；中国农业大学优秀团员本科生 21 人、研究生 10

人；中国农业大学优秀学生干部本科生 29 人、研究生 14 人；社工类一、二、三等奖学金和文化活动奖学金获得者共计 41 人。刘晓婷、刘宁荣获北京市级三好学生，车辆 172 班荣获北京市先进班集体，刘勇荣获北京市优秀学生干部。

继续实施第六期励耘班感恩教育项目，2020 级学生共 18 人参加。依托学校学生心理素质教育中心启动二级心理工作站建设，进一步提升学院心理素质教育工作质量，开展团培 12 场，完成 2020 级新生心理普查。

对接行业重点企事业单位，举办专场招聘会 20 余场，开展简历面试技巧等系列培训活动 5 场，进行一对一就业咨询和指导 50 余人次。建立完善就业信息台账，动态精准掌握每一名毕业生的情况，为重点群体毕业生制作推荐信 92 份，实现重点关注群体百分之百就业，2020 届毕业生就业率为 96.17%。

（穆鹤天　王梦丹　荆渤文）

【党建工作】

学院党委下属 29 个党支部，其中功能型党支部 1 个，教职工党支部 7 个，学生党支部 21 个，共有党员 612 人，其中教职工党员 122 人，研究生党员 390 人，本科生党员 100 人。2020 年共发展学生党员 97 人，其中研究生党员 58 人，本科生党员 38 人，教职工 1 人；吸纳入党积极分子 254 人。

学院党委实现教师党支部书记“双带头人”全覆盖，发挥 6 个教师党支部书记兼任副主任作用，为党支部书记参与系（中心）工作提供制度保障；调整学院内设机构，形成了“1 室 6 中心＋专项工作组”的扁平化行政管理服务体系，提高行政管理服务整体效率；建立党政工作督查督办机制，党委委员进支部推动督促工作部署落实到位。推进“全覆盖 双提升”工程，本科生党支部与教职工党支部共建，4 名处级党员领导干部担任党建指导员，指导支部工作 14 次，开展共建活动 9 次。农工系教职工第二党支部获评“中国农业大学先进基层党组织”荣誉称号；朱玉龙、吴敏、黄启航、于璐、杨瑞梅、邓学 6 名师生获“中国农业大学优秀共产党员”荣誉称号；郑永军获校级“中国农业大学优秀党务工作者”荣誉称号；尤泳获“北京市优秀共产党员”荣誉称号。

严格落实意识形态责任制。强化意识形态阵地和涉及意识形态活动管理，落实“一会一报”“一事一报”制度，持续加强对网站、微博、微信公众号等思想文化阵地的监管并营造积极向上的舆论氛围。推送学校新闻网 30 余条、院网新闻 191 条、微信公众 597 条，推出了“同心战‘疫’‘工’克时艰 ”“一支部　一品牌”等系列新闻专题。成立大学生党建研习社，依托“COE 青锋”公众号，进行支部工作和党日活动的日常推送与宣传。

加强师生思想政治教育工作。围绕习近平新时代中国特色社会主义思想和重要指示精神，全年开展理论中心组学习 13 次，教职工理论学习 12 次，强化思想武装；紧扣习近平总书记回信精神、党中央重大决策部署和上级要求，制定 2020 年党政工作要点，确定党建工作 10 条和学院事业发展 23 项重点工作，全年召开党委会 22 次，党政联席会 24 次，发挥党委把方向、管大局、保落实、做决策的政治核心作用。学院党政领导一把手为学院入党积极分子、发展对象和预备党员讲党课 4 次，各基层党支部学习 200 余次。加强师德师风建设，各教职工党支部统筹 2020 年师德考核，共计 169 人，优秀 34 人。

持续加强党风廉政建设。坚决落实党委书记第一责任人、班子成员“一岗双责”，坚决杜绝领导干部处事不公、与民争利等现象发生；加大党风廉政和反腐败宣传教育力度，强化以支部为单位开展警示教育，全面推动从严治党向基层延伸。

（马婕　黄启航　颜浩）

【教代会与工会工作】

2020 年度学院分工会拥有正式会员 170 名、6 个工会小组，共组织 21 项文体活动，主要包括：(1)“心在哪，家在哪”工学院分工会用心为家在行动；(2)“携手抗疫 创意生活”网络展示活动；(3)“云上趣味运动会”活动；(4)“为学院祝福，为自己点赞，母亲节寄语”活动；(5)“为学院祝福，为自己点赞，父亲节寄语”活动；(6)线上青年教师基本功比赛经验分享会；(7)教师助力温暖毕业“寄”；(8)教职工“形象一新”拍摄活动；(9)“邂逅美好，留住芬芳”师生 DIY 花束传递祝福活动；(10)“久别话重逢，整装再前行”教工茶话会；(11)青年教师基本功培训会；(12)教工室外团建拓展活动；(13)教职工篮球队与军训教官队友谊赛；(14)“派送护嗓茶饮，助力秋季课堂”活动；(15)青年教师基本功比赛；(16)参加 2020 教职工乒乓球比赛，并获团体第三名；(17)参加教职工气排球比赛，并获第三名佳绩；(18)教职工集体观影活动；(19)离退休老师小型茶话会；(20)元旦“幸运盘”活动；(21)派送春联传递祝福活动。

学院 15 名教师参加了中国农业大学第四届教职工暨工会会员代表大会第四次会议，并提交 3 项教代会提案，包括“关于加强线上、线下‘一站式’服务大厅建设的提案”，“关于对转专业政策进行深入分析研究的提案”和“关于解决学校本市非海淀户籍教职工子女就读共建小学的提案”。

（刘贤）

信息与电气工程学院

【学院概况】

信息与电气工程学院起源于 1955 年筹建的农村电气化系和 1958 年开始招生的生物物理专业，围绕智慧农业国家战略需求，不断加强信息与电气工程相关学科建设。学院涵盖农业工程（农业电气化与自动化）、计算机科学与技术和电气工程 3 个学科。学院设 5 个系（电气工程系、电子工程系、计算机工程系、人工智能系、数据科学与工程系）、1 个计算机图学研究室和 1 个工程实践创新中心，以及校、院两级管理的中国农业大学计算中心。学院重点依托“双一流”A$^+$学科“农业工程”，涵盖电气工程与自动化、信息工程与计算机两大学科群，在农业电气化与自动化、农业信息化、智慧农业、农村绿色能源等领域具有重要学术地位和影响力。目前，学院拥有 8 个省部级重点实验室、工程中心、创新中心和试验基地，4 个校级研究中心。中国农业工程学会农业电气化与信息化分会、中国电机工程学会农电科教专委会、全国高等院校计算机基础教育研究会农林类专业委员会挂靠学院。

（林建涵）

【学科与专业建设】

学院拥有1个国家级重点学科(农业工程－农业电气化与自动化),2个博士学位点(计算机科学与技术、农业工程－农业电气化与自动化)、3个学术型硕士学位点(农业工程－农业电气化与自动化、电气工程和计算机科学与技术)、3个专业学位硕士点(能源动力、电子信息、农业工程与信息技术)。目前开设7个本科专业(电气工程及其自动化、计算机科学与技术、通信工程、电子信息工程、人工智能、数据科学与大数据技术、自动化)。

学院的学科特色为围绕智慧农业发展,形成集计算机技术、大数据技术、人工智能技术、电气技术、生物和生命科学技术等于一体的综合学科体系,并已成为我国高等农业院校中具备完整的电气、电子,以及信息工程学科基础的智慧农业高级专门人才培养和科学研究基地。

(许朝辉)

【师资队伍】

学院有教职工176人,其中教授33人,副教授84人,讲师6人,助教4人,其他副高7人,其他中级7人,党政管理14人,辅导员4人,非事业编17人。

2020年,学院引进优秀人才1名,普通人才1名,实验技术人员1名,专职辅导员1名。退休8人。入选学校"2115"人才培育计划3人:青年新星A类1人,青年新星B类2人。

(陈继威)

【本科教学】

2020年,学院共招收本科学生285人(9个班,含信息科学试验班50人),电子信息类、计算机类按照专业大类招生;在烟台校区共招收数据科学与大数据技术二学位学生81人;共招收计算机科学与技术专业双学位学生50人,数据科学与大数据技术专业双学位学生89人。2020届毕业生215人,其中214人获得学士学位;推荐免试研究生88名;10篇校级优秀毕业论文,3篇获得北京市级优秀论文。本科生申请北京市大学生创新训练计划26项,国家大学生创新训练计划8项,校级URP项目88项,以及各类竞赛经费累计60万。2020年,《程序设计II》课程入选首批国家级一流本科课程,赵明荣获北京市教学名师称号,吕春利荣获北京市青年教学名师称号。

(汪志南)

【研究生教学】

2020年,学院招收硕士研究生238人,其中,全日制专业学位研究生153人,留学生1人,烟台专项研究生64人;博士研究生42人。毕业博士研究生25人,授予博士学位22人;毕业硕士研究生134人,授予硕士学位144人,其中专业学位63人。272名研究生获奖学金,35人获三好学生,12人获优秀学生干部,7人获北京市优秀毕业生,17人获中国农业大学优秀毕业生,9名研究生获得"国家建设高水平大学公派研究生项目"的资助。获得校级优秀硕士论文1篇,优秀博士论文1篇,建立校级研究生校外基地1个,院级研究生校外基地 15 个。

2020 年，学院有博士生导师 50 人，其中，外聘的博士生导师 6 人；硕士生导师 110 人，其中，外聘导师 3 人。学院共开设研究生课程 94 门。

（许朝辉）

【科学研究】

2020 年，学院在研科研项目 183 项，到校总经费 5 365 万元，其中纵向 3 287 万元，横向 2 078 万元。申报国家自然科学基金 35 项，获批 6 项，共计 281 万元。汪懋华教授、李道亮教授、高万林教授获改革开放 40 年中国农业工程杰出贡献奖，李道亮教授获“全国创新争先奖”，叶林教授获“中国电工技术学会科学技术进步二等奖”。

2020 年收录学术论文 344 篇，其中 SCI 收录 167 篇（ESI 前 10％36 篇，ESI 10％～20％ 36 篇），EI 收录 177 篇（卓越行动计划 21 篇）；获得专利授权 152 项，其中发明专利 142 项，实用新型专利 10 项，转化 3 项。

（王晓红）

【合作交流】

学院为加强国际拔尖创新人才培养，已与美国、英国、日本、韩国、希腊、澳大利亚、荷兰、巴基斯坦等国家的 10 余所大学建立了友好合作关系，接收国际留学生，并与部分国外知名高校签署了学生联合培养协议，为师生搭建高水平的交流平台，拓展国际化的人才培养渠道。在国际科技合作方面，学院与欧盟、美国、英国、韩国等国的科研单位开展了水产养殖、地空星协同感知、农机自动导航、食品安全等方面的合作，获批国家高端外国专家引进计划 5 项，校内国际专家在线提升项目 9 项。共邀请外籍专家 10 人次进行线下和线上交流，参加国际线上会议 4 人次。

（史银雪）

【学生工作】

2020 年，学院共有本科学生 1 180 人，硕士研究生 722 人，博士研究生 179 人，班主任 35 名，专职辅导员 7 名，兼职辅导员 45 名。2020 届毕业生总人数为 369 人，整体就业率为 96.75％。其中工作人数 212 人，国内升学 123 人，出国 21 人，包含选调生 10 人。奖优助困工作中，857 名本科生参加综合测评，共有 520 人次获得综合、单项、专项各类奖学金，累计金额 134.32 万元。共有 215 人次获得三好学生、优秀学生干部、优秀团干部、优秀团员荣誉称号。193 名经济困难学生申请国家助学金，资助金额 690 500 元，18 人获得社会助学金，资助金额 55 268 元，7 名同学获得不同档次学费减免。评选出 4 个校优秀班集体、6 个校级优秀团支部、7 名优秀教育工作者（班主任）。

学院积极组织学生参加各类创新创业大赛，学生荣获第六届中国“互联网＋”大学生创新创业大赛北京市赛区一等奖 1 组、二等奖 2 组、三等奖 1 组，“挑战杯”首都创业计划竞赛金奖 1 组、银奖 1 组、铜奖 1 组。

（李寿涛）

【党建工作】

2020年学院共召开党政联席会31次，党委理论学习中心组集体学习9次，举办教职工集中学习8次。全年共召开党支部书记例会24次。学院现有党支部36个，其中教工党支部7个，研究生党支部20个，本科生党支部9个；共有党员628人，其中教工党员94人，占全院教职工总人数57.7%；学生党员507人，其中研究生党员345人，占全院研究生总人数55.0%，本科生党员162人，占全院本科生总人数12.7%。2020年新发展学生党员101人，其中，研究生41人；128名预备党员按期转正；提出入党申请506人，确定入党积极分子223人。1人获评“北京市优秀共产党员”。

（杨梦妍）

【教代会工会工作】

服务全体教职工，不断提升师生的获得感、幸福感。维护全体教职工合法利益和民主权益，成功召开学院二级教代会；动员和组织会员申报提交教代会提案；在学校工会评比中蝉联校模范之家；组织申报二级分工会项目，获批6项，总金额29 678元。完成教职工大病保险、女工保险、年度体检、女工体检、从教30周年教师慰问、教职工生日、生子、患病、退休、抚恤、福利发放等工作。组建信电之声师生合唱团，创新开展青年沙龙6次。组织疫情期间各项慰问活动，号召开展居家运动，在抗击新冠疫情工作中发挥了积极作用。

（陈继威）

水利与土木工程学院

【学院概况】

水利与土木工程学院源于1958年成立的北京农业机械化学院农田水利化系。学院下设水利工程系、农业建筑与环境工程系、流体机械与流体工程系、土木工程系等4个系；拥有5个本科专业、1个国家级一流本科专业、1个北京市一流本科专业，2个国家级重点学科、1个省部级重点学科，1个国家级野外科学观测研究站，7个省部级重点实验室、工程中心及野外观测实验站；在作物高效用水理论与技术、节水灌溉技术与产品、农业水资源与水环境、水动力学与水力机械、动物健康养殖环境工程、设施园艺环境工程、城乡规划与建筑工程、环境增值能源与废弃物处理工程等领域形成了优势互补的研究方向。

（戈志奇）

【学科专业建设】

学院设置农业水利工程、水利水电工程、能源与动力工程、农业建筑环境与能源工程和土木工程5个本科专业，拥有水利工程、农业水土工程、农业生物环境与能源工程、土木工程 4 个学术型硕士学位授权点，土木水利类、能源动力类 2 个专业学位大类授权点，水利工程、农业水土工程、农业生物环境与能源工程 3 个博士学位授权点，水利工程、农业工程 2 个博士后流动站。学院建有农业工程（农业生物环境与能源工程、农业水土工程）、水利工程、土木工程学科，在教育部第四轮学科评估中，农业工程评估结果为 A^+，水利工程评估结果为 B^+，土木工程评估结果为 C^-。农业水利工程、水利水电工程通过全国工程教育专业认证并分别入选国家和北京市一流专业。

学院 2020 年获批甘肃武威绿洲农业高效用水国家级野外科学观测研究站，拥有农业农村部设施农业工程（综合性）重点实验室、农业节水与水资源教育部工程研究中心、北京市畜禽健康养殖环境工程技术研究中心、北京市供水管网系统安全与节能工程技术研究中心、农业农村部作物高效用水武威科学观测实验站、教育部绿洲高效用水野外科学观测研究站、甘肃省绿洲农业节水与水资源高效利用野外科学观测研究站、农业农村部沼气质量测试中心华北工作站等科研平台，在甘肃武威、北京通州、内蒙古巴彦淖尔等地建有多个科研教学基地，其中石羊河实验站为国家农业科技创新与集成示范基地。建设有科技部温室设备国际科技合作基地、北京市畜禽健康环境与福利养殖国际科技合作基地、现代节水灌溉技术与设备国际科技合作基地。

（张立伟）

【师资队伍】

学院有教职工 137 人，其中专任教师 105 人，教授 39 人、副教授 54 人、副研究员 1 人，博士生导师 41 人、硕士生导师 94 人。新引进教师 4 人，退休 3 人。晋升正教授 3 人，副教授 3 人。博士后研究人员在站 12 人，进站 3 人、出站 4 人。新增长江学者 1 人，青年长江学者 1 人，国家优秀青年基金获得者 1 人；康绍忠荣获北京市先进工作者称号，蒋秀根当选全国农林院校土木工程专业学科联盟首任理事长。

教师队伍具有中国工程院院士 1 人、长江学者特聘教授 6 人、国家杰出青年基金获得者 3 人、国家“万人计划”领军人才 1 名、国家“青年千人计划”2 人、青年长江学者 4 人、国家优秀青年基金获得者 5 人、北京市教学名师 4 人、农业农村部产业技术体系岗位科学家 5 人、教育部新世纪优秀人才 9 人、宝钢优秀教师奖获得者 8 人、霍英东奖励及基金获得者 3 人、北京市科技新星 2 人、北京高校青年英才计划入选者 2 人。拥有国家自然科学基金创新研究群体 1 个、教育部创新团队 1 个、农业农村部农业科研杰出人才及创新团队 1 个。

（戈志奇）

【本科教育教学】

全院在册本科生为 714 人，培养本科毕业生 165 人，其中授予学位证 165 人，2020 级 209 名本科生顺利入学。

学院王福军主讲的《水泵与水泵站》获得线下国家级一流课程、李保明主讲的《设施农业工程工艺》获得线上线下混合式国家级一流课程；韩宇获得全国高校青年教师教学竞赛工科组一等奖；李法虎主编的《土力学》被评为全国农业教育优秀教材奖。获得 2020 年高等学校水利类专业教学成果二等奖 1 项。在第七届水利类专业青年教师讲课竞赛中2人获得一等奖,1人获得二等奖。

大学生创新计划项目获批国家级6项、北京市级24项,获得资助经费36万元;学校URP项目立项72项,经费10.8万元,本科生以第一作者发表SCI论文1篇。发起首届"美丽乡村·土木工程技术与创意设计大赛",获得一等奖1项、二等奖1项、三等奖3项,以及优秀组织奖;主办第八届全国大学生农业建筑环境与能源工程相关专业创新创业竞赛,获得特等奖1项、一等奖3项,以及优秀组织奖。完善水利与土木工程国家级虚拟仿真实验教学中心资源建设,开发了"地下建筑工程施工教学虚拟仿真系统研发""大型轴流式泵站运行特性虚拟仿真实验",执行经费30万。

2021届免试推荐攻读研究生50人(含4名学术专长、1名辅导员),9篇本科生毕业设计论文获校优秀毕业论文(设计)称号。

(孙艳京　丁涛)

【研究生教学】

全院在册研究生为593人,其中,博士生194人、硕士生399人。招生248人,其中,博士生50人、硕士生198人。毕业研究生199人,其中博士生47人,授予博士学位45人,硕士生152人,授予硕士学位152人。

全年学院共开设全日制研究生课程75门。完成了博士生资格考试、开题报告、论文中期检查、教学实践、学术交流,以及硕士生开题报告、实践教育等研究生培养环节的考核工作。

疫情防控期间,积极探索和转变教学、培养及管理新模式,通过在线教学方式顺利完成了春季学期研究生课程教学、分批次开展线上研究生学位论文答辩、远程复试招生、云端夏令营等工作,全面做到教师不停教、学生不停学、毕业不受阻、招生不受限。

积极探索教学和培养新模式,多措并举促进研究生教育高质量发展。继续严格推行硕博士论文盲审制,开展研究生学位论文作假行为排查,严把论文质量和答辩关;认真组织研究生迎新及入学教育工作,认真做好研究生思想政治教育;重视研究生培养环节考核,坚持研究生教育高质量发展;修订专业学位培养方案,促进研究生教育分类、特色发展;完善专业学位研究生实践基地建设,获批校级实验基地2个,新建院级实践基地13个;加强烟台专项研究生培养与管理工作,聘任兼职导师11人,选聘烟台专项研究生教务秘书专门管理;1名研究生获得首届"多多农研科技大赛"AI组冠军。

(王宝芝)

【科学研究】

获批课题79项,其中中国工程院战略研究与咨询项目1项、国家自然科学基金17项;在研国家自然科学基金、国家重点研发计划、国家现代农业产业技术体系科学家岗位等省部级以上项目或课题138项,企事业单位委托课题82项,到账总经费5 363万元。

发表高质量论文219篇,其中:国际顶级或重要期刊论文173篇(含自然指数期刊4篇),在*Nature*(2020年首期封面论文)、*Nature Communications*上以并列通讯作者合作发表论文2篇;授权国际发明专利1项、植物新品种权1项、国家发明专利55项、国家实用新型专利27项,转化发明专利7项;登记授权计算机软件著作权24项;主持完成的成果获省部级科学技术奖(社会力量设奖)3 项。

甘肃武威绿洲农业高效用水野外科学观测研究站(石羊河实验站)入选国家野外科学观测研究站择优建设序列,实现了水利与土木工程学院国家级平台的历史性突破;水利部重点实验室的申报工作取得阶段性进展;河套研究院正式揭牌,中国农业大学河套实验站获批成立;农业农村部设施农业工程学科群"十三五"建设运行评估工作顺利完成。

担任全国农林院校土木工程专业学科联盟首届理事长单位;康绍忠院士牵头的"关于守住国家粮食安全命脉,加强农田水利建设的建议"获中央领导批示;李保明教授牵头的"关于加快畜牧业机械化发展的意见"由农业农村部发布。

(武靓靓)

【合作交流】

留学生在校生 4 人,招生 1 人。18 人获批 CSC 公派研究生项目(攻读博士学位 5 人、联合培养博士生 13 人)。获批科技部高端外国专家引进计划项目 3 项、中欧政府间科技合作任务 1 项,农业高效用水创新引智基地获得持续资助;依托中国—以色列国际农业培训中心(简称中以中心),积极推进与"一带一路"沿线国家的合作。

获批国际化提升在线课程 2 门;通过线上讲座、讲学等新模式,推动国际交流合作,来自新加坡、日本、荷兰、丹麦、比利时、英国、美国等 26 名国际专家开展合作交流;采用国际专家线上报告、国内专家现场集中研讨的线上线下相结合的方式,主办了 2020 智慧畜牧业亚洲论坛、设施高效生产的智能化管控技术研讨会。

与石河子大学联合申报并获批兵团南疆重点产业创新发展支撑计划项目 1 项,联合培养研究生发表高水平论文 1 篇,获批发明专利 1 项,周博入选中组部援疆计划挂职石河子大学水利建筑工程学院副院长;在塔里木大学开展南疆水循环与水利用校级重点实验室申报及建设提供相关支持,严海军获得"对口支援塔里木大学工作十周年先进个人"称号。

依托科研平台、野外台站、教授工作站、国家和地方产业体系科学家岗位等,对接国家"脱贫攻坚"和"乡村振兴"战略,在开展节水化农业、产业化养殖、设施化种植、废弃物能源化利用、乡村规划等方面取得了卓有成效的工作。严海军教授获得"全国科技助力精准扶贫工作先进个人"称号,李保明教授获得农业农村部"产业技术扶贫优秀团队"称号。

(张立伟　蔡羽羽)

【学生工作】

获得第 37 届全国部分地区大学生物理竞赛(农、林、医学专业组)特等奖 1 项,第六届中国国际"互联网+"大学生创新创业大赛(北京赛区复赛)二等奖 1 项、三等奖 2 项,中国农业大学兴农杯一等奖 1 项、二等奖 2 项、三等奖 5 项,获团体总分季军。2020 年中国农业大学大学生网络文化节图文类获得一等奖、二等奖各 1 项。1 名学生获"中国农业大学五四青年标兵"称号。1 个团支部获"北京市先进班集体"称号,3 个班级获"中国农业大学优秀班集体"称号,4 个团支部获"中国农业大学优秀团支部"称号,2 人获"北京市三好学生”称号，3 人获“北京市优秀学生干部”称号。连续三年学院荣获“五四青年标兵集体”和“五四青年标兵”称号。2019—2020 学年学生创新创业成果 56 人次，创新创业奖学金获得者 6 人。

中国农业大学第十四届“志愿农大”评选结果获评优秀志愿者 6 名，分团委志愿者支队获评优秀志愿团体。2020 年寒假期间开展的“万名水利师生助力农村饮水”农村饮水调查活动共有近 600 人次参与，志愿服务时长高达 5 400 小时。学院学子参与中国农业大学暑期社会实践 1 支小队获评优秀小队奖，1 支小队获优秀成果奖，3 人获优秀个人奖。学院获评校级优秀心理部二等奖，均获评优秀心理剧二等奖 2 部，校级心理剧个人奖获 5 项。学院获新生运动会精神文明奖、男子团体第四、男女团体第六、体质健康标准素质测试优胜奖；新生足球赛获校级第四名，新生男篮荣获亚军，乒搏杯校级乒乓球赛荣获亚军，校级网球联谊赛荣获男单冠军。荣获“同心奔小康，奋进新时代”一二·九文艺展演比赛二等奖、最佳组织奖。

全年共有 318 人次本科生获得各类奖学金 88.42 万元，233 人次研究生获得各类奖学金 118.9 万元；助困方面，共认定家庭经济困难学生 186 人，全年各类资助 400 余人次，总金额 85.32 万元。

本科生就业率 92.12%，硕士研究生就业率 97.10%，博士研究生就业率 100%。

（王胜男）

【党建工作】

共吸收优秀大学生入党 87 人，其中女性 42 人，少数民族 6 人，预备期满转正 71 人。开办二级业余党校，开办 4 期积极分子培训班、发展对象培训班、预备党员培训班和党支部书记培训班，共培养入党积极分子 225 名，其中 219 名通过党课考核，培养发展对象 172 名，其中 144 名通过考核。

在全国抗击疫情的背景下，坚决贯彻落实习近平总书记“让党旗在防控疫情斗争第一线高高飘扬”的重要指示精神，以“同心战疫　党旗飘扬”为主题，开展了系列主题党日活动超过 120 余次，参与人数 2 200 人次。2020 年通过水院网、微信公众号“CAU 水院人”发布推送超过 1 200 条。1 个教工党支部通过“全国党建工作样板支部”验收考核，1 个教工党支部被评为北京市先进基层党组织，学院党委和 1 个教工支部获“中国农业大学先进基层党组织”称号，1 名教职工获“中国农业大学优秀党务工作者”称号，2 名教职工党员获“中国农业大学优秀共产党员”称号，3 名学生党员获“中国农业大学优秀共产党员”称号，“水与争锋”青年教师团队获“中国农业大学五四青年标兵集体”。

水利与土木工程学院党委获得中国农业大学二级党组织书记抓基层党建工作考核表彰单位，水利与土木工程学院获学院（部）行政工作考核表彰单位。

（边明慧）

【教代会与工会工作】

组织参加学校教代会，就学校工作积极提出提案和意见与建议。

学院分工会获得“优秀教职工之家”称号；组织水院青年教师教学基本功比赛暨中国农业大学第十二届青年教师教学基本功比赛选拔赛；积极配合校工会做好职工入会、节日慰问品发放和大病保险办理等工作；积极参加学校组织的气排球等体育比赛；自主开展学院教职工乒乓球比赛和教职工读书活动，组织教职工观看电影并为教职工办理北京公园游览年票；组织离退休教师交流座谈会和年度退休离岗与新入职教师座谈会；慰问退休老领导、老教师，慰问有病住院、有生活困难的职工，为结婚和生育青年教职工送上慰问金。

（董清）

理 学 院

【学院概况】

理学院下设 5 个系：应用数学系、应用物理系、应用力学、化学系、应用化学系。学院拥有北京市实验教学示范中心（化学）、农业农村部农产品质量检验测试中心（北京）。

（宋慧芳）

【学科与专业建设】

学院开设 4 个本科专业：化学、应用化学、数学与应用数学、工程力学；具有一级专业学科 3 个，一级学科博士点 1 个，博士学位授权点 3 个，硕士学位授权点 6 个；博士后流动站 2 个。

学院现有国家重点学科 1 个，国家一流本科专业建设点 2 个。

化学专业是全国农林院校唯一的国家化学理科基础科学研究和教学人才培养基地（国家化学理科基地）。数学与应用数学入选 2020 年国家一流本科专业建设点。

（宋慧芳）

【师资队伍】

理学院共有教职工 174 人，其中，专任教师 149 人，包括教授 52 人、副教授 81 人；博士生导师 50 人、硕士生导师 91 人；国家“万人计划”教学名师 1 人，“百千万人才工程”国家级人选 1 人，享受政府特殊津贴专家 4 人，青年拔尖人才 1 人，新世纪优秀人才 9 人，北京市教学名师 4 人，宝钢优秀教师 8 人。

2020 年，理学院新入选人才培育发展计划 2 人，其中王鹏入选领军教授 B 类；孙文明入选新星 B 类。2020 年 1 人（庞慧慧）获得中国农业大学教学名师称号，1 人（盛洁）获中国农业大学第十二届青年教师基本功比赛二等奖。

2020 年，晋升正教授 3 人、副教授 2 人、高级实验师 1 人，引进各类人才 5 人，退休 2 人，调出 1 人。博士后研究人员在站 6 人，进站 2 人。

（孙薇）

【本科教学】

2020 年，本科生在校 768 人，招生 180 人，毕业 163 人。数学与应用数学双学位毕业 38 人。

2020 年，理学院承担学校和学院各类本科课程 225 门，854 门次，167 位教师承担相应教学任务，涉及学生 6 000 余人，全年共完成本科生教学工作量 93 640 标准学时。

组织指导全校各专业学生 1 000 余人参加国际国内各类学科竞赛：

1. 大学物理类竞赛

(1)全国大学生物理实验(创新)竞赛：获一等奖 1 项、二等奖 1 项、三等奖 1 项、优秀奖 2 项。

(2)北京市大学生物理实验竞赛：获一等奖 2 项、二等奖 1 项、三等奖 2 项。

(3)全国部分地区物理理论竞赛：共获奖励 63 项，其中特等奖 1 项、一等奖 11 项、二等奖 19 项、三等奖 32 项。

2. 大学数学类竞赛

(1)全国数学建模竞赛：一等奖 1 项、二等奖 4 项。

(2)北京市建模竞赛：一等奖 14 项、二等奖 11 项。

(3)美国数学建模竞赛：一等奖 6 项、二等奖 2 项、三等奖 31 项。

(4)全国高等数学竞赛(数学类)：二等奖 1 项、三等奖 14 项。

(5)全国高等数学竞赛(非数学类)：一等奖 16 项、二等奖 39 项、三等奖 101 项。

(6)北京市高等数学竞赛(数学类)：一等奖 4 项、二等奖 7 项、三等奖 12 项。

(7)北京市高等数学竞赛(理工 A 类)：一等奖 28 项、二等奖 43 项、三等奖 68 项。

(8)北京市高等数学竞赛(经管类)：一等奖 13 项、二等奖 18 项、三等奖 31 项。

2020 年，获批国家级大学生创新项目立项 6 项，北京市大学生创新项目立项 23 项，URP 立项 126 项。

2020 年获批校级思政教改 3 项，获批校级本科教材建设项目 5 项，院级教改项目立项 20 项，院级教改后立项 30 项。

(任雪静)

【研究生教学】

2020 年，研究生在校 317 人，其中博士生 133 人、硕士生 184 人。招生 146 人，其中博士生 38 人、硕士生 88 人，新增 20 名专业硕士，实现了规模和门类双增长。毕业研究生 86 人，其中博士生 29 人，授予博士学位 31 人，硕士生 57 人，授予硕士学位 57 人。

2020 年，共开设研究生课程 58 门，其中全校公共基础课 10 门。主持研究生教育教学研究改革项目 3 项，研究生专业课程思政建设项目 1 项，研究生教材建设项目 1 项。

2020 年，理学院研究生获“挑战杯”首都大学生创业计划竞赛银奖 1 项，获第六届中国“互联网＋”大学生创新创业大赛(北京赛区)决赛二等奖 3 项。

(王玉红)

【科学研究】

围绕国家重大需求做好科研顶层设计，积极破除“四唯”，探索合理的科研评价体系，营造良好学术氛围。2020 年，理学院获批国家自然基金 14 项，签订各类科研项目 113 项，到账经费 3 836.3 万元。发表研究论文 220 余篇，在 *ANGEWANDTE CHEMIE-INTERNATIONAL EDITION* 等化学、数学领域顶级刊物上发表论文 5 篇，Top10%论文 33 篇，

Top20%论文 40 篇;授权专利 25 项;获得国家科技进步二等奖 1 项(第二单位)。

理学院教师积极参与社会服务。2020 年,制定、修订国家农药残留标准 12 项,吴学民教授服务北方山区果园生产,引入绿色无公害植保体系,大大降低农药使用量,提高苹果亩产量超 2 500 千克。潘灿平教授以富硒植保为引领,带动传统农业转型升级,树立内蒙古通辽鲁特旗农产品基地新标杆。

2020 年,《农药学学报》获评"第 5 届中国精品科技期刊""中国高校百佳期刊""中国农业期刊最具传播力期刊"奖。

(宋慧芳　杜凤沛)

【合作交流】

理学院现有留学生 2 人。

2020 年,学院邀请 3 名外国专家在线开设英文课程,邀请 1 名多伦多大学博士后开展学术报告,1 名教师作为中方首席代表参加国际组织政府间多边合作,在"一带一路"和"南南合作"的国家战略中贡献力量。

(戚成庭)

【学生工作】

截至 2020 年 11 月 30 日,理学院 2020 届本科生和研究生毕业生的一次就业率分别达到 83.75%和 95.29%,总就业率 87.76%。

2020 年,建全毕业生就业信息库,实行"一库一档一策","一对一"对接重点群体,实行一人一策;搭建线上就业信息平台,联合企业开展线上招聘活动,开设线上"金牌简历训练营"和"王牌面试训练营",面向毕业生进行就业能力指导。

2020 年,开展了"同舟共济,共克时艰"特别主题教育活动、"青春心向党·奋力建小康""强农使命在肩,爱国奋斗有我"团员主题教育活动等多个主题鲜明的思想教育活动以及疫情知识竞答、"拾起手中的笔,为武汉加油"主题活动、"传承五四精神、奔跑活力青春"理学院户外主题活动等一系列线上线下特色活动。1 个集体被评为校级"五四青年标兵集体"。

组织学生参加科技创新、创业、社会实践活动,获得第一届中国农业大学"兴农杯"创新创业大赛一等奖 3 项、二等奖 3 项、三等奖 1 项,获第六届北京市"互联网+"创新创业大赛二等奖 3 项、三等奖 1 项。

开展了社区疫情防控志愿服务、桶前值守、"线上知识分享,智助农业发展"理学院特色志愿项目以及校庆亮灯志愿项目,理学院志愿者服务支队获得中国农业大学优秀志愿团体称号。

2019—2020 学年,本科生共计 248 人获得国家奖学金、校长奖学金、优秀学生奖学金等各类奖学金,累计奖励金额 90 万余元,获奖面达 32.12%;研究生共计 134 人获得国家奖学金、大北农奖学金、学业奖学金等,累计奖励金额近 84 万元,获奖面达 46.85%。资助经济困难学生 149 人,资助覆盖面达 100%。关注心理问题学生 35 人,处理心理危机事件 10 起。

(张玲　曹国良　李宜霖　王思凡)

【党建工作】

认真落实各项政治理论学习 全年理论中心组学习12次并有完备记录，学院党委带领全院师生完成了学习全国两会《工作报告》、习近平新时代中国特色社会主义思想、《中华人民共和国民法典》、习近平总书记在决战决胜脱贫攻坚座谈会上的讲话、十九届五中全会精神等，各党支部“双周三”开展政治学习合计约150余次，开展全院层面党的实践教育活动5次。

落实“七个有力”，推进基层党组织建设 借助学院党建工作模式（压力传导＋工作规范＋跟进机制），将党建各项任务落到党支部；坚持党委委员联系师生党支部制度，使“党委书记走党支部”“先导后行”常态化；实施“标杆院系党支部建设”“争创样板党支部”项目，加强对支部的培育和指导。

创新师生思想政治教育方式方法 以“7大行动”（云课堂、云爱国主义教育、云组织生活、云党课、云推送、云毕业就业、师生远程互动），确保疫情防控期间师生思想政治教育不断线；党政一把手整合8支力量，锁定10类群体，以“一库一档一策一帮扶”做好特殊时期毕业就业工作，落实“六保六稳”。

成立“名师工作室”，助力教育扶贫 2020年7月份，与河北滦平县政府共同成立了国内首家以“教育扶贫、扶智、扶志”为主题的“国家名师工作室”。这是学院党委履行社会责任、助力教育扶贫、阻止贫困代际传递的探索和创新实践。

院领导班子、党支部书记等与学生录制原创MV《我和你们在一起》开启“疫情防控暖心行动”，师生各党支部组织党员积极发挥战斗堡垒和先锋模范带头作用，为疫情重灾区师生捐款捐物寄送物资，科技助力农村防疫、消费扶贫等，为毕业生整理打包行李2 000余件，学院50余名学生志愿者积极参与社区、村委会疫情防控工作，为疫情防控贡献力量。学院及老师收到来自政府、机构、学生的感谢信3封。

继续做好宣传工作，利用7大宣传平台对学院的中心工作进行全面报道和信息发布，2020年全年学院首页新闻稿件数115篇，活动通知、公告315篇。

2020年，学院党委通过首批“全国党建工作标杆院系”培育创建单位验收，并被评为校级先进党组织，1人获校级优秀党务工作者，4人获校级优秀共产党员，教工化学第一党支部“守育人初心 显战疫担当”系列党日活动获校级“十佳主题党日活动”。学院党委组织开展各类党课培训参与共计192人次，新发展党员59人，其中学生党员58人，教工党员1人。

（范冰琳　古丽）

【工会工作】

2020年，理学院分工会积极协调各种渠道，总计购买防疫口罩33 400多个，还购置了额温枪、消毒片、一次性手套等物资，同时为居家隔离的会员安排一对一的生活服务，慰问物业员工，有力地配合了疫情防控工作。同时，还通过在线形式举办了多个活动，如厨艺大赛、传承五四精神健身跑线上展示、疫情防控线上知识竞赛、salsa舞线上展示、垃圾分类线上知识竞赛、云端庆端午等丰富多彩的活动。秋季学期，疫情防控形势趋稳，分工会组织了秋季健步走、气排球、羽毛球、扑克牌双升比赛、游故宫、观影等活动，丰富职工的业余生活。

为配合学校第十二届青年教师教学基本功比赛，分工会协助组织了理学院青年教师基本功比赛初赛，最终推选 3 名老师代表学院参与学校的比赛，学院也获得优秀组织奖。

2020 年，理学院分工会获得了“北京市教育工会先进教职工小家”称号；获得 2020 年度学校工会宣传工作先进单位荣誉称号，理学院教职工之家被评为“2018—2020 年度优秀教职工之家”。

2020 年慰问生病、退休教职工 14 人次。

（宋慧芳　刘丰茂）

经济管理学院

【学院概况】

学院设置有 5 个系：农业经济系、金融系、工商管理系、会计系、经济贸易系。拥有 2 个省部级哲学社科基地：北京食品安全政策与战略研究基地以及中央农村工作领导小组办公室（简称中央农办）、农业农村部乡村振兴软科学研究基地；8 个校级研究中心：期货与金融衍生品研究中心、国家农业农村发展研究院、食品安全政策与战略研究中心、国家农业市场研究中心、智慧电商研究院、全球食物经济与政策研究院、中国农业大学农业经济研究所、中国农业大学农产品市场研究中心；18 个院级研究中心：农村金融与投资研究中心、国际农产品贸易研究中心、战略与决策研究中心、区域物流规划与发展战略研究中心、风险管理与农业保险研究所、中国农户经济研究中心、食物与健康经济研究中心、中国县域经济研究中心、中国农业品牌研究中心、农村休闲旅游与风险管理研究中心、畜牧经济研究中心、中国农业产业链研究中心、国际应用经济与政策研究中心、会计案例研究中心、东亚农业农村发展研究中心、人力资本发展数据研究中心、国际经济研究所、国家农业农村保险研究中心。

（章博）

【学科专业建设】

拥有农林经济管理和应用经济学 2 个一级学科博士学位授予权，工商管理一级学科硕士学位授予权，农业经济管理和应用经济学 2 个学科设博士后流动站。农林经济管理一级学科下的农业经济管理二级学科是国家级重点建设学科。

现有 6 个博士学位招生专业：农业经济管理、金融学、国际贸易学、产业经济学、食物经济与管理、农业经济史；7 个硕士学位招生专业：农业经济管理、国际贸易学、产业经济学、金融学、企业管理、会计学、物流与供应链管理；3 个专业硕士学位招生专业：工商管理（MBA）、金融（MF）、会计（MPAcc）；6 个本科招生专业：农林经济管理、金融学、国际经济与贸易、会计学、工商管理、电子商务。

2020 年 11—12 月，启动完成农林经济管理和工商管理 2 个一级学科的第五轮学科评估工作。

（章博）

【师资队伍】

截至2020年12月，共有教职工144人，其中，专任教师108人，包括教授（含研究员）44人、副教授（含副研究员）50人；博士生导师56人、硕士生导师43人。教师队伍中，拥有国务院参事1人，国务院学位委员会农林经济管理学科评议组成员1人，教育部人才称号1人，享受政府特殊津贴专家2人，北京市教学名师1人。

本年度引进领军人才（樊胜根）1人，优秀人才（张路）1人，退休（杨晓耘、柯炳生、李秉龙、卢凤君、张瑞海、乔娟、郭淑媛）7人，博士后研究人员（朱秋博、高海秀）进站2人。

（章博）

【本科教育教学】

学院通过组织教师参加在线授课培训，收集并解决教师在线授课难题，召开本科生在线教学沟通会、听取意见和建议，以系为单位组织教师讨论在线教学问题及解决方案、出台文件保障教育教学工作顺利开展等措施，圆满完成疫情期间教育教学工作。

虚拟仿真项目一期建设完成，成果已在全院二年级282名学生“企业经营管理综合实训”应用，虚拟仿真项目二期启动，举办了校级“猪顶红”商业挑战赛，全校174名学生参加了比赛；工商管理专业的“河南银基佳宝游乐园管理有限公司”教学实习基地被评为校级校外实习实践基地。

金融学获国家级一流建设本科专业，会计学获省级一流建设本科专业。葛长银获全国农业教育优秀教材奖；“微观经济学”课程获北京市优质本科课程奖；任金政获北京高校优秀本科教学管理人员奖；陈红华获校级教学名师奖；臧日宏获教师教学创新大赛教授组一等奖，廖媛红获副教授组二等奖；路西获校级第12届青年教师教学基本比赛二等奖。获批各类教育教学改革项目20项，其中省部级6项、校级7项、院级7项。正式出版教材4部，待出版教材4部，推荐参评北京市高等教育优秀教材奖4部；3名教师指导的本科毕业论文获北京市普通高等学校优秀本科生毕业设计（论文）奖励；2名教师指导的本科生分获市级学科竞赛二等奖。

招收本科生211人，双学位学生119人；接收转专业学生68人。本科毕业生243人，双学位毕业生134人。截至2020年底，在校本科生1 015人。

（郭淑媛）

【研究生教育】

2020年，学院共录取研究生416人，其中博士研究生65人（含硕转博11人，留学生1人），学术型硕士研究生66人（含留学生5人），全日制专业硕士研究生94人，非全日制专业学位硕士研究生191人。9月，完成2020级推免生接收工作，共录取推荐免试硕士研究生51人，其中全日制学术型硕士研究生22人，全日制专业学位硕士研究生29人。截至12月，在校研究生963人，其中博士研究生264人（含留学生3人）、硕士研究生699人。毕业研究生367人，其中博士研究生71人，授予博士学位55人；硕士研究生296人，授予硕士学位276人。博士高杨（导师：郑志浩教授）、硕士裴春晨（导师：陈祁晖副教授）的学位论文分别被评为校级优秀学位论文。

会计专业学位研究生培养项目获评学校“专业学位研究生培养改革优秀专项”；专业学位硕士姜梦雪（导师：何婧副教授）获得第六届全国金融硕士优秀学位论文。3 项课题入选学校研究生教育改革项目；2 项课题入选学校研究生教材建设项目；2 项课题入选学校 2020 年研究生专业课程思政建设项目；1 项课题入选学校研究生在线开放课程建设。

工商管理硕士（MBA）报考人数破历年纪录，招生名额较 2019 年略有增加，共录取新生 195 人，实际报到 191 人。从 2018—2020 年数据分析对比情况显示，MBA 教育中心中农创学院严把生源质量关，已拥有本科、硕士学位学历的报名人数逐年上涨，为储备优质校友打下坚实基础。2020 年，MBA 教育中心荣获“2020 中国 MBA 十佳品牌活动奖”等多个奖项。

自组建学院案例研发中心以来，教师不断撰写新案例入库，截至 2020 年 12 月 28 日，共有 7 篇案例收录在中国管理案例共享中心，作者分别为陈红华、谷征、洪如玲。

青年领袖 EDP 项目实际招生 50 人，超过计划招生人数 15 人。EDP 项目组织多个培训项目，包括退伍军人创业“三农”培训首期班、农信互联一大讲堂等，由付文革、司伟、李军、陈红华、谷征等任主讲教师。

中农创五期共招录 32 名学员，现有学员 131 人。疫情期间，在严格执行疫情防控管理工作前提下，开启线上讲座及课程，并开展多次大型活动、专题讲座等，由本校教师及各领域多名优秀专家任主讲教师。

（陈琰　谷征）

【科学研究】

新增科研项目 126 项，到账经费 3 210.34 万元。在重要国家级项目中，国家社会科学基金项目获得 5 项，其中重大项目 2 项，为近些年获批重大项目最多的一年；国家自然科学基金项目 4 项，其中国际合作与交流项目 1 项。省部级项目中，教育部人文项目 1 项，北京市社会科学基金项目 3 项，其中重大项目 1 项、重点项目 1 项。

师生发表论文 246 篇。其中学科高水平论文 137 篇。学院教师在国际顶级期刊 *Economics Letters*、*Australian Journal of Agricultural and Resource Economics*、*Applied Economic Perspectives and Policy*、*Economic Modeling*、*Journal of Economic Behavior and Organization* 均有斩获。学院教师作为主编出版著作合计 16 部，参编 10 部。

新成立校级研究中心（全球食物经济与政策研究院、智慧电商研究院）2 个，院级研究中心（国家农业农村保险研究中心）1 个。目前学院共有校级研究中心 8 个，其中“北京食品安全政策与战略研究基地”与“国家农业市场研究中心”入选“2020 年中国智库索引（CTTI）来源智库”。

多篇政策研究报告获得党和国家领导人及相关部委领导批示。其中由国家农业农村发展研究院提交的 5 篇研究报告获得习近平、李克强、栗战书、韩正、刘鹤、胡春华等国家领导人的重要批示。还有部分报告得到副国级领导的批示，部分报告刊发《中农阅》供党中央和国务院领导和相关部委参考。

林万龙教授团队主持多项脱贫评估课题，包括国务院扶贫办委托的“国家十三五脱贫攻坚规划实施情况评估”“十四五期间支持革命老区发展政策研究”、吉林省扶贫办委托的“吉林省贫困县退出第三方评估”等重要课题。团队成员李晓峰副教授被国务院扶贫办授予“2019 年扶贫开发工作成效第三方评估先进个人”称号。

何秀荣教授撰写的“关于我国农业经营规模的思考”荣获第八届“中国农村发展研究奖”论文奖。

由经济管理学院主办的 SSCI/SCIE 检索国际期刊 *China Agricultural Economic Review*（CAER）影响因子达到 1.775，自去年首次升至 1.050 后再创新高。CAER 在 371 本被 SSCI 收录的经济学期刊中列 132 位，已从去年的 Q3 区升为 Q2 区。

（章博）

【合作交流】

招收硕士留学生 5 人，博士留学生 1 人。学生主要来自加拿大、越南、巴基斯坦、印度尼西亚、东帝汶等国家。截至 12 月底，学院在籍留学生 18 人，其中博士研究生 3 人，硕士生 13 人，本科生 2 人。共有 4 位硕士留学生毕业并获得学位。

受新冠疫情影响，外国专家无法入境等原因也使这一年度外事工作相对往年频率有所减少。国外专家来学院进行交流访问的共 2 人：浙江大学陈志钢教授（Kevin Chen）和拜耳公司高勇博士。学院国家高水平建设大学公派项目录取 3 名博士研究生参加联合培养博士生项目，受新冠疫情影响，3 人于 2020 年度尚未派出。学院无因公派出人员。

10 月 29—31 日，第十二届 CAER-IFPRI 国际学术年会在重庆西南大学隆重召开。本次年会专门设置了“食品安全、营养与健康”和“农产品市场与食物消费”分论坛。

国家外国专家人才类项目“食物系统转型：健康与绿色发展高端人才引进”立项，由于新冠疫情的影响，一些活动无法按期开展。但项目组积极应对，尽量减轻疫情的副作用，通过各种措施推动项目实施。通过与国外专家的密切合作，产生了一批具有影响力的学术成果。第一，通过组织在线学术讲座推动食物系统转型研究的国际交流。项目组利用 ZOOM 会议、腾讯会议等线上形式开展了“食物系统转型：健康与绿色发展”系列学术讲座 10 余场，向师生讲授食物系统转型过程中的相关问题在发展中国家中的应用与发展，以及发达国家经历食物系统转型时期的经验与问题，并拓展和延伸到对发展中国家特别是中国的借鉴意义。第二，通过举办学术会议为开展食物系统转型研究提供了对话平台。11 月 15 日组织召开“新冠肺炎下全球与中国农业食物营养研讨会”。研讨会分为全球食物系统的挑战与转型、中国食物系统的挑战与未来发展，以及讨论如何撰写《2021 全球与中国食物政策研究报告》3 个环节，深入探讨了后疫情时代全球与中国食物系统如何加快转型、抵抗多种风险冲击。12 月 18 日由樊胜根教授主持首届“中国食物系统对话”，世卫组织新冠肺炎疫情防控特使大卫·纳巴罗（David Nabarro），中国农业大学国家农业绿色发展研究院院长、中国工程院院士张福锁与浙江大学中国农村发展研究院国际院长陈志钢等参与讨论，线上线下共有 2 600 余人参会。

11 月 15 日，为更好推动“食物系统转型：健康与绿色发展”研究，全球食物经济与政策研究院（Academy of Global Food Economics and Policy，AGFEP）成立。研究院围绕食物和营养安全、环境可持续、气候变化、农业农村现代化建设等关乎全球与国家发展的重要议题进行研究，致力于建设世界一流高端智库。樊胜根教授任研究院院长，聘请国内外 10 余名食物政策、营养健康、农业经济等领域的专家作为学术委员会成员，包括波恩大学约阿希姆·冯·布劳恩（Joachim von Braun）教授、神户大学大冢启二郎（Keijiro

Otsuka)等知名食物政策问题专家。未来研究院将与海内外同人进行广泛的交流合作，共同促进全球与中国食物系统转型，以实现全民营养健康、环境可持续、农民增收等多重目标。

（刘艺涵）

【学生工作】

资助工作对家庭经济困难学生进行经济帮扶。2020 年度共有 566 人次获得奖学金，本科生认定经济困难 178 人。发放冬衣及返乡补助 24 人次。同时，在“深化资助育人、助力脱贫攻坚”行动方面，为 29 名建档立卡学生制定“一人一策”专属资助方案，助力学生家庭实现脱贫、防止返贫。

团学工作(共青团工作和学生会工作)依照《学联学生会组织改革方案》完成学生会制度和组织架构改革；搭建二级团校、精英摇篮和英才沙龙 3 个平台，培养学生综合素质；开展疫情形势下新型志愿活动，组织志愿服务活动共计 3 次，志愿者达 384 人次，累计志愿时长 1 561 小时。鼓励创新创业，进行“兴农杯”创新创业赛事院内选拔，举办“猪顶红”商业挑战赛。组织丰富文体活动，新生运动会中取得优异成绩，新生足球赛勇夺桂冠，“一二·九”文艺展演中荣获二等奖和最佳组织奖。1 名本科生获得学校五四青年标兵称号。

就业工作在 2020 年疫情期间推出了“大疫无情就业有爱”系列就业服务活动，围绕“就业引领导航行动”“就业帮扶助航行动”“就业牵手护航行动”开展就业服务工作，秋季学期举办了 3 场校友就业沙龙讲座，通过提供“一对一”就业咨询服务、开设相关就业课程、联系校内外单位、举办专场双选会等一系列举措，助力应届毕业生更充分、高质量就业。

心理工作积极发挥年级主任、班主任和学生干部的作用。举办心委沙龙，提升心委团队的专业度与协作能力。通过“剧焦心灵，演绎青春”心理剧大赛、一封家书等活动提高学生对心理健康的关注度。落实个案跟踪督导工作，在校生总体心理状况稳定。学院心理部在学校优秀心理部评选中获三等奖。

（史煜成　杨曦彤）

【党建工作】

学院领导班子共召开 16 次党委(扩大)会议、12 次党政联席会议、17 次师生党支部书记工作例会。严格落实学校“一事一报”制度，审批把关各类报告会、研讨会和讲座。开展党委理论中心组专题学习 4 次，“双周三”集中理论学习 6 次，组织师生党员集中观看了《金刚川》爱国主题影片。筹备策划了“听见党的声音”红色影片配音大赛等活动。

截至 12 月底，学院共有党员 543 人，其中教职工党员 96 人，学生党员 447 人，学生党员中本科生 136 人，研究生 311 人；教职工党支部 6 个，学生党支部 16 个，其中本科生党支部 5 个，研究生党支部 11 个。2020 年完成发展党员 88 人，开设积极分子、发展对象、预备党员和党员骨干二级党校。

疫情期间，学院充分利用网络、微信公众号等宣传手段，组织各类战“疫”打卡、防疫防控倡议、战“疫”专题活动 30 余项，累计获得 10 154 次点击量和 538 次转发。师生联合开展线上云共建20余次。2个本科生党支部自发向湖北捐赠了主题党日活动1 000元奖金。

组织召开了学院党委换届党代会，选举了新一届学院党委委员。经济贸易系教工党支部获评学校“教职工十佳主题党日活动”，1个教工党支部活动入选校级项目。1个硕士党支部入选校级党建样板党支部，2个项目入选研究生精品项目，1个党支部获批本科生党建精品项目。

（戴玉堃）

【教代会与工会工作】

学院分工会重视和关心教职工身心健康。在疫情防控初期，学院分工会助力校工会，在最短的时间内将防疫物资发放到全体教职工手中；为教职工购买保险；关心女教工，组织女工制度性体检，配合学校工会开展三八妇女节女教工活动。

为降低疫情带来的负面影响，鼓励学院师生保持良好的运动习惯，学院分工会联合学生会、研究生会开展了线上运动会活动，教职工通过拍视频的方式分享运动成果，在紧张工作之余，锻炼身体、愉悦身心。

为配合学校举办的第十二届青年教师教学基本功比赛，学院分工会与本科教务办公室共同举办了青年教师教学基本功预选赛，路西博士获得学院一等奖并被推荐参加学校青年教师课堂教学基本功比赛，获得校级二等奖，经管学院获得校级优秀组织奖。

为丰富学院教职工业余文化生活，加强沟通与交流，学院分工会多次举办烘焙交流活动，广受好评；年初精心组织经管合唱团新年茶话会活动，带领团员们一起回顾2019歌声记忆，感受音乐带来的快乐心情；年末为每位教职工发放节日慰问品，感谢老师们的辛勤工作。

（陶益清　揣君健）

人文与发展学院

【学院概况】

2020年，人文与发展学院设置6个系：发展研究与社会政策系、发展管理系、社会学与人类学系、法律系、媒体传播系和外语系。学院设有国际发展研究中心、中国生态补偿政策研究中心、农业与农村法治研究中心、农民问题研究所、乡村传播研究所、纪录片创作与研究中心、农业伦理学与公共政策研究中心、生物经济发展研究中心、农业文化遗产研究中心、农业农村环境资源法治研究中心、乡村视觉艺术中心等11个研究咨询机构。学院还设有教育部“985”工程中国农村发展与政策研究哲学社会科学创新基地。

（龚利）

【学科与专业建设】

学院开设5个本科专业：农村区域发展、社会学、法学、传播学和英语，覆盖5个学科。具有4个一级学科，包括博士学位授权一级学科2个、硕士学位授权一级学科2个；

博士学位授权二级学科1个；专业学位硕士授权点2个；博士后流动站2个。学院现有北京市重点学科1个。

2020年，学院社会学学科新增“社会管理与社会政策”博士二级学科方向；顺利通过“社会政策”本科专业论证，设立全国首个“社会政策”本科专业。

（吴惠芳）

【师资队伍】

学院共有教职工212人，其中，专任教师177人，包括教授（含研究员等正高职称）34人、副教授（含副研究员等副高职称）96人；博士生导师31人、硕士生导师102人；学院教师中，“长江学者奖励计划”特聘教授1人，1人入选国家“万人计划”青年拔尖人才计划，2人享受国务院特殊津贴，2人入选教育部“新世纪优秀人才支持计划”，1人入选北京市新世纪社科理论人才百人工程（第二批），1人获得“北京市优秀教师”称号，1人获得“北京市高校教学名师”称号，8人入选北京市高等学校“青年英才计划”，4人获得校级教学名师奖。

2020年，学院引进各类人才15人，其中优秀人才5人、普通人才6人、党政管理岗4人；退休2人；晋升教授2人、副教授3人。

国家级人才项目再次实现历史性突破 2020年，臧雷振教授入选国家“万人计划”青年拔尖人才计划，成为中国农业大学唯一入选的文科教授，充实了学校国家哲学社会科学领域高层次领军人才储备。

第十二届青年教师教学基本功比赛斩获佳绩 2020年，曲甜老师获得中国农业大学第十二届青年教师教学基本功比赛一等奖，展示出学院青年教师的风采。

（晋泽敏）

【本科教学】

本科生在校915人，招生188人，毕业204人。

2020年，本科教学各类教改项目11项，其中校级3项、院级8项；校级实习基地2个；优秀本科毕业论文9篇，其中北京市级2篇、校级7篇；创新项目结题79项，其中国家级6项、北京市级19项、校级54项；创新项目立项97项，其中国家级7项、北京市级20项、校级70项。

线上教学拓展传统课堂功能 2020年，学院着眼疫情防控安全大局，坚持以学生为中心，尊重教育教学基本规律，组织老师进行线上教学培训，做好信息服务、资源对接、教学督导等工作，有效地确保了疫情防控常态化背景下教育教学工作顺利有序开展。

教育教学成果丰硕 2020年，学院获评2020年北京市普通高等学校优秀本科生毕业设计（论文）2项；获得第六届中国国际“互联网＋”大学生创新创业大赛全国银奖、北京赛区一等奖1项，“挑战杯”首都大学生创业计划竞赛银奖1项，中国农业大学“兴农杯”创新创业大赛二等奖2项、三等奖2项；1个班级获得北京市先进班集体，5位研究生获得市级优秀毕业生称号，14位研究生获得校级优秀毕业生称号，10位同学获得2020年第十四届志愿农大优秀志愿者。此外，学院还有1位本科生参军入伍。

（武晋）

【研究生教学】

研究生在籍 780 人，其中，博士生 141 人、硕士生 639 人。招生 331 人，其中博士生 36 人、硕士生 295 人。毕业研究生 270 人，其中博士生 35 人，硕士研究生 235 人。授予学位 289 人，其中授予博士学位 31 人(含博士留学生 6 人)；授予硕士学位 258 人，其中学术型硕士 83 人(含硕士留学生 23 人)，专业学位 175 人(其中全日制 34 人、非全日制双证 116 人、非全日制单证 25 人)。

积极探索研究生基层岗位实践机制　2020 年，学院与四川省青神县、浙江省开化县等地方政府合作，探索建立了研究生基层岗位实践机制，引导研究生以行求知、以知促行，从而进一步提升研究生人才培养质量。

(刘晓林　王艳丽)

【科学研究】

2020 年，人文与发展学院科学研究成果丰硕，学术话语权、媒体讨论话语权和政策建议话语权得到进一步巩固。学院教师以第一作者或通讯作者署名发表 SSCI/SCI 等外文期刊论文 16 篇，CSSCI、中文核心期刊论文 139 篇。学术文章发表在《社会学研究》《法学研究》《新闻与传播研究》等顶级期刊。学院获批立项的科研项目总数量为 66 项，其中国家和省部级科研项目总数量 17 项，科研项目总经费累计 1 443 万。其中，获批国家社科重大项目 2 项、重点项目 1 项；北京市社科基金重大课题 1 项。2020 年学院获评第八届高等学校科学研究优秀成果奖(人文社会科学)二等奖 1 项。学院教师提出的 18 项政策建议获得重要批示，为推动脱贫攻坚、乡村振兴等相关领域的政策进程作出了贡献。

叶敬忠教授、孙庆忠教授分别担任首席专家申报的 2 个国家社会科学基金重大项目同时获批立项　2020 年 12 月 3 日，全国哲学社会科学规划办公室公布了 2020 年度国家社会科学基金重大项目立项名单，学院叶敬忠教授担任首席专家申报的《从脱贫攻坚到乡村振兴的有效衔接与转型研究》项目和孙庆忠教授担任首席专家申报的《农业文化遗产保护与乡村可持续发展研究》项目同时获批立项，开创了学院发展新历史。

叶敬忠教授团队获第八届高等学校科学研究优秀成果奖(人文社会科学)二等奖　2020 年 12 月，学院叶敬忠教授团队的研究专著《双重强制：乡村留守中的性别排斥与不平等》获评第八届高等学校科学研究优秀成果奖(人文社会科学)二等奖，展示了学校人文社会科学在服务党和国家事业发展贡献的重大理论与实践成果。

(王慧清)

【合作交流】

学科建设与人才培养国际化持续推进　2020 年，学院依托科技部"乡村振兴高端引智项目"、学校"2020 年学科国际化提升在线讲座和课程"专项等平台，邀请国际知名专家学者开展线上学术交流、课程教学与合作研究、学生论文指导等工作共计 23 人次，纵深推进学科建设与人才培养国际化。此外，学院在充分考虑疫情防控长期性的前提下，持续深入推动社会学、公共管理等学科的国际前沿教学与研究能力建设，着力打造"三农"和发展主题社会研究的国际化学术中心和智库。

国际学术交流“金名片”持续打造 2020年，学院突破全球疫情所带来的限制，持续举办“农政与发展”精品学术系列讲座，于2020年秋季学期陆续邀请了8位来自国内外高水平大学的顶尖学者与广大师生相聚云端，围绕全球化、多元发展、乡村整合、人口流动、参与式发展、农政转型以及民间艺术等主题带来思想与文化的盛宴，持续引领农政与发展研究领域学术讨论风潮，传播世界学术思想。这一举措进一步拓展了学院现有多边国际合作与交流网络，提升了学院在农政变迁、国际发展、减贫研究等专业领域积累的知名度和影响力。

教育援外工作持续深化 2020年，应对新冠肺炎疫情影响，学院一方面严格落实国家部委、北京市和学校关于疫情防控的工作要求，并结合自身实际，对全体留学生采取了一系列具体有效的管控措施和心理干预，最大程度保障了境内外留学生的身心健康；另一方面，通过线上以及线上、线下相结合的方式灵活调整留学生培养模式，在教学培养、实践调研、参与国际会议、人文交流等方面均取得了新的成绩，积极为培育知华友华力量、促进“一带一路”建设和推动人类命运共同体构建作出贡献。

（郑宇洋）

【学生工作】

扎实做稳做好学生疫情防控工作 2020年，在全国疫情防控的总体要求下，顺利完成1 511名学生每日监测工作，出入京、省际流动严格审批，一事一报，构建学院防疫绿色长城；众多青年学子投身于一线防疫志愿服务中，展现人发风采。

深入开展学生团学工作 2020年，学院积极响应校团委号召，深入落实共青团改革，扎实做好团建工作和学生工作，积极开展“强农使命在肩　爱国奋斗有我”团员专题教育活动及“青春之我”五四青年节系列活动。同时，结合学院优势，开展了“读经典、传文化、颂中华”中华经典线上诵读、新生辩论赛、十佳歌手、心理剧大赛等系列活动。学院开展了以“强农兴农为己任，创新创业建新功”为主题的中国农业大学“兴农杯”创新创业大赛院级赛事。学院重视组织成员培养，注重表扬优秀集体和个人。其中，法学182班荣获2019—2020年度北京市先进班集体，英语191等3个班级荣获2019—2020年度校级优秀班集体，传播182、传播192等6个团支部荣获2019—2020年度校级优秀团支部。本学年共评选出89名校级三好学生、31名校级优秀学生干部、22名校级优秀共青团员、13名优秀共青团干部、15名校级优秀团干。此外，学院积极组织学生参与学校“一二·九”文艺汇演，荣获一等奖，实现“五连冠”，并在西区九院篮球赛中获得第三名，参加橄榄球赛获得碗级冠军，参加阳光排球赛获得第六名。在学生干部队伍建设方面，配合校团委积极开展学生干部培训，完成了第十八届学生会干部的换届工作，深入开展学生会组织改革工作。

学生心理健康工作进一步加强 2020年，学院学生心理健康工作进一步完善并加强。新生心理健康教育系列活动中，圆满完成心理普查与心理团培工作，新生参与率达100%；“5·25”和“10·25”心理健康节系列活动中，与多个学院协作，共同开展了富有特色的活动，引起强烈的反响并受到一致好评，学院心理部在校优秀心理部评选中荣获三等奖。

就业工作有序进行 2020年，学院毕业生共474人，其中本科生204名，硕士研究生

235名，博士研究生35名。截至2020年8月31日，总就业率为89.82%，直接就业率61.76%，国内深造率为17.87%，出国深造率为10.18%。其中，本科生中就业55人，参军入伍1人，国内深造读研70人，出国深造43人，深造率为55.66%，总就业率为83.25%；硕士研究生中就业192人，国内深造8人，出国深造2人，深造率为4.74%，总就业率为95.73%；博士研究生中就业25人，继续攻读博士后1人，总就业率为92.86%。本年度，学院加强了对就业工作的组织架构管理，落实导师责任制，加强了对研究生群体的就业去向把控；同时，针对学院毕业生就业特征，开展了形式丰富的就业培训工作，有效提高了毕业生的就业核心竞争力；大力引导毕业生到基层工作，学院2020年选调生人数创近年新高，毕业生扎根服务基层氛围越来越浓厚。

积极做好经济困难学生帮扶工作 2020年，学院在经济困难学生帮扶上不断创新，主动作为，救急救困，累计资助学生193人次，共支出194 157元，实现了经济困难生资助全覆盖；就业资助双联动，实现建档立卡学生100%就业，从精神层面助力经济困难生成长。

（李玉梅）

【党建工作】

党建工作进一步加强 2020年，学院党委深入学习贯彻习近平新时代中国特色社会主义思想和党的十九届五中全会精神，认真落实习近平总书记重要指示批示精神和党中央重大决策部署，以“不忘初心、牢记使命”主题教育为抓手，牢固树立“四个意识”，坚决践行“两个维护”，扎实推动全面从严治党各项任务落地落细落实。全年共发展党员58名。截至2020年12月，学院共有党员402人，正式党员343人。教工党支部7个，党员114人，正式党员112人；研究生党支部9个，党员201人，正式党员181人；本科生党支部5个，党员87人，正式党员50人。1月，学院推荐申报的法学系本科生党支部、发展管理系本科生党支部、媒体传播系本科生党支部的党日活动入选2019年本科生党支部优秀党日活动暨本科生党支部精品实践优秀项目。

学院社会服务创新性发展和长效机制建设有序部署推进 针对服务国家重大发展战略带动事业发展问题。学院注重社会服务的创新性发展和长效机制建设，为推进研究成果的社会化，在全国各地开展了大量脱贫攻坚和乡村建设等的实践，积累了丰富的“三农”工作经验，打造了多样化社会服务平台。5月，学院党委与中共开化县委组织部“1+1+1”党建联盟正式启动。同月，中国农业大学·钱江源乡村振兴研究院揭牌仪式在浙江省开化县人才合作服务中心举行。9月22日上午，学院“农耕文化研学基地”揭牌仪式在河南省兰考县举行。10月18日，在学院党委的领导下，学院分工会和学院党员师生赴河北省易县牛岗乡开展“消费扶贫帮农忙　行动育人担使命”——红色“1+1+1”支部共建活动。

人文与发展学院党员大会胜利召开 12月29日，中国共产党中国农业大学人文与发展学院党员大会在西区新教学楼报告厅召开，时任学院党委副书记张克云主持大会。大会书面审议了学院党委关于党费收缴、使用和管理情况，并全票通过了大会选举办法和学院党委委员候选人名单，通过了总监票人、监票人和计票人名单。大会选举环节由总监票人何慧丽主持。通过无记名投票，选举出叶敬忠、安文军、李玉梅、吴惠芳、林涵、龚利、臧雷振(以姓氏笔画为序)为新一届人文与发展学院委员会委员。

"全覆盖　双提升"工作持续深入落实　2020 年,各学生党支部依托"全覆盖　双提升"大学生党支部建设工程,将原有较为零散的支部活动"集成化",围绕"同心战'疫'"主题,着力组织系列活动,打造精品活动平台。学院党委着眼于打造学习型、服务型、创新型党支部,落实党员教育培养,组织开展"我是一面旗帜——抗击疫情、青春使命"主题活动。在党建指导员的指导下,各共建教师党支部的帮助下,围绕"制度、关怀、学习、服务、创新"的总体思路,推进党支部政治建设、思想建设、组织建设、作风建设、纪律建设,充分发挥党支部战斗堡垒作用,全面提升党支部的凝聚力和战斗力。

(李玉梅)

【教代会与工会工作】

召开教职工代表大会,建言献策促进学院高质量发展　2021 年 12 月 23 日,学院召开教职工代表大会,专题学习了孙其信校长在学院(人文社科类)"十四五"发展规划汇报会上的讲话精神,并深入讨论了学院"十四五"发展规划和面向 2035 发展愿景,与会代表积极建言献策。

履行工会职能,服务学院发展大局　2020 年,学院分工会切实履行四项职能,服务学院发展大局。积极配合学院党委,组织开展教职工理论学习活动和实践教育活动,发挥教育引导作用;倾听教职工的心声,发挥桥梁纽带作用;切实维护教职工合法权益,做好防疫物资和福利物品发放工作;精心组织各项活动,增强学院凝聚力。

创新探索"咖啡时光"主题分享活动　2020 年,学院分工会创新探索了"咖啡时光"主题分享活动,以兴趣为指引,促进教师情感交流,凝聚同心抗疫力量。活动成功举办了 5 期,深受广大教职工的认可。

(龚利)

【社会服务】

实地调研助力打赢脱贫攻坚战　2020 年,学院 32 位教师带队分别前往陕西省平利县、宁夏回族自治区闽宁镇、四川省德格县等贫困地区开展实地调研,共调研 35 个县、78 个乡镇、96 个村庄,真实记录了我国脱贫攻坚的生动实践,梳理提炼了各地脱贫攻坚的典型经验。

务实有为纵深推进院地合作　2020 年,学院务实推进浙江开化、四川青神、安徽天长 3 个县级乡村振兴研究院建设,并筹备建立河南兰考乡村振兴研究院,进一步巩固和拓展学院社会实践基地建设。开展红色"1+1+1"活动。同时,积极推进校级教授工作站、昆明市都市驱动型乡村振兴创新示范区及三亚研究院相关工作,提升学院服务国家重大战略与地方经济社会发展的能力。

咨政辅政推进政策进程　2020 年,学院研提的 18 项政策建议获得中央领导的重要批示,推动了脱贫攻坚、乡村振兴等相关领域的政策进程。《人民日报》《光明日报》等主流媒体对学院教师报道近百篇。此外,"河边扶贫实验瑶族妈妈客房项目"荣获行动者联盟 2020 年度全国十大公益项目。

(邵念念)

马克思主义学院

【学院概况】

马克思主义学院前身是人文与发展学院下属的社会科学部。2009 年 6 月，学校成立思想政治教育学院，2015 年底，更名为马克思主义学院。2019 年 11 月，入选北京市首批重点建设马克思主义学院。

马克思主义学院设有 4 个系和 2 个教研中心，即思想道德教育系、马克思主义原理系、近现代历史系、中国化马克思主义系和研究生教研中心、“形势与政策”课教研中心，承担着全校本科生、硕士研究生和博士研究生的思想政治理论课教学任务，同时为全校学生开设富有特色的文化素质教育公选课程。

（乔琪雯）

【学科建设】

2020 年 3 月，国务院学位委员会公布了 2019 年学位授权自主审核单位增列的学位授权点名单，学校成功新增马克思主义理论一级学科博士学位授权点，实现了全国农林高校马克思主义理论一级学科博士学位授权点零的突破。

学院马克思主义理论一级学科博士学位授权点下设有 4 个二级学科方向，即思想政治教育、马克思主义基本原理、中国近现代史基本问题研究、马克思主义中国化研究。

（夏钰忻）

【师资队伍】

学院共有教职工 58 人，其中，专任教师 54 人，包括教授 7 人、副教授 20 人、讲师 27 人；具有博士学位 45 人，占 83.3%；博士生导师 8 人，硕士生导师 19 人。2020 年，引进普通人才 4 人。

学院全面落实《新时代高等学校思想政治理论课教师队伍建设规定》（中华人民共和国教育部令第 46 号）和《中国农业大学落实〈新时代高等学校思想政治理论课教师队伍建设规定〉的实施办法》（中农大党发〔2020〕36 号），配齐建强高校思政课教师队伍。完善传帮带制度，实行青年教师“导师制”。举办青年教师学术沙龙，邀请校内外专家分享教学体会和科研项目申报经验等。举办教师队伍理论素养提升专题培训，组织教师前往北京市大兴区委中关村科技园区生物医药产业基地、北京经济技术开发区、怀柔、密云等地开展实践研修，全面提升思政课教师业务水平。2020 年，张晖入选北京市“四个一批”人才，段蕾获得“中国农业大学青年教师教学基本功比赛”一等奖。张晖、张玲玲入选学校 2020 年度“人才培育发展支持计划”，学院累计已有 6 位教师入选该计划。

（王晗）

【教学工作】

学院对标对表中央和北京市关于思政课改革创新的有关要求，不折不扣地贯彻落实，积极深化思政课教学改革，不断增强思政课的思想性、理论性和亲和力、针对性。本年度，学院设立12项本科教学研究立项，4项教学工作坊立项，以提升课堂教学效果为导向，鼓励教师积极探索思想政治理论课教学方式方法改革。

学院坚持不懈地用习近平新时代中国特色社会主义思想铸魂育人，于秋季学期率先开设“习近平新时代中国特色社会主义思想概论”课程。面向一年级学生，采用“专题授课＋小组研讨＋实践调研 ”的授课形式，校领导参与集体备课，共同研讨各专题的课程教学要点、精彩的案例或视频、课后参考资料、课程考核方法、课程建设等问题，取得较好的授课效果。

坚持推进“体系＋专题”下的课堂教学模式，紧扣思政课教学目标和内容，采取有效举措充分调动学生参与思政课的积极性，打造抗疫云课堂，录制系列抗疫思政课；以“中国梦・农大梦・我的梦”“疫情面前显大爱・众志成城渡难关”“脱贫攻坚强信心・全面小康新征程”等为主题录制思政微视频；推进思政课慕课建设；推进社会实践课程建设，善用“大思政课”，思政小课堂紧密结合社会大课堂。

（王晗）

【科学研究】

学院获批国家社科基金项目2项、北京市社科基金项目2项。学院教师共发表CSSCI论文20篇，出版著作2部，在《经济日报》《光明日报》等报刊上发表多篇文章。

举办“求索青年教师学术沙龙”品牌活动，并于6月开展交流会，组织教师进行学术研究和交流，帮助青年教师及时解惑，找准方向，更好成长。

为深入学习和研究习近平总书记关于加强和改进农村基层党建的重要论述，切实提高农村基层党建的质量和水平，10月23日，学院举办了“新时代农村基层党建高端论坛”。原中央党史研究室主任欧阳淞作主旨报告，中央党校、北京联合大学马克思主义学院、北京市怀柔区委常委、组织部等专家领导做主题发言。本次论坛有利于学院师生进一步把握农村基层党建的研究脉络，增强农村基层党建研究的问题意识，提升农村基层党建研究水平，更好地服务于国家乡村振兴战略。

为深入学习贯彻习近平新时代中国特色社会主义思想，学习落实2020年深化新时代学校思想政治理论课改革创新现场推进会精神，12月20日，学院与北京科技大学马克思主义学院、北京邮电大学马克思主义学院联合举办全国高校“数字马院”联盟年会，进一步扩大了影响。

（夏钰忻）

【学生工作】

学院在校硕士研究生40人，招收硕士研究生21人，毕业硕士研究生15人，授予硕士学位15人。

新冠疫情暴发以来，学院坚决贯彻落实上级部门和学校关于疫情防控的要求，学院学生在严格认真遵守疫情防控要求的同时，主动投入疫情防控志愿活动中，积极协助社区、居委会、村委会等部门开展疫情防控工作。

加强特色品牌“行思”读书会和“学思”宣讲团建设。以“线上＋线下”相结合的方式举办读书会，帮助学生打开思路，深入思考。宣讲团深入农村调研，进行实地宣讲，助力脱贫攻坚。为迎接冬奥，以“创新推动冬奥精神进高校、进社区”为主题开展相关活动。并组织全体研究生开展系列活动，观看爱国电影、参观北京经济技术开发区、参观故宫博物院展览等，提高青年学生文化自信，激励青年学生为中华民族伟大复兴不懈奋斗。

学院2020届毕业生就业率达到93%，学生就业方向与专业相关度高，其中继续攻读博士学位5人，政府机关或事业单位就业7人，就业质量较高。

（夏钰忻）

【党建工作】

学院党总支下设党支部6个，党员78人，其中教工党员52人，学生党员26人；2020年发展教师党员1人、学生党员11人，转正7人；转入党员16人，转出13人；2位副教授确定为发展对象，1位副教授确定为入党积极分子。张晖荣获“北京高校优秀共产党员”称号，马克思主义原理系党支部荣获学校教职工党支部“十佳主题党日活动”“战疫故事汇”被高校思想政治工作网全文刊发。

加强党的全面领导，强化意识形态责任制。配合学校党委完成学院行政领导班子换届，新任命2位副院长，明确分工要求，开展警示教育，强化责任担当，共同谋划好、推动好学院事业发展。组织各党支部和全体党员参与学校党代表和两委委员酝酿推荐提名，召开学院党员大会，选举党代表4人。积极落实学校党委巡察整改任务，认真学习宣传贯彻学校第四次党代会精神，统筹推进学院各项工作，以高质量党建引领高质量发展。落实学院《党总支委员联系党支部工作制度》，党总支委员指导党支部建设。教师党支部到届后按时换届，研究生党支部根据党员人数及时调整支部设置。坚持党管人才，党总支对拟引进人员进行思想品德考察和政治审查。加强宣传思想文化阵地管理，严格讲座、论坛审批制度，健全信息发布审批制度，安排专人负责学院网站、公众号管理。

加强理论武装，做好思想政治工作。坚持教职工理论学习制度，持续举办“求是论坛”系列讲座，累计举办47期。开展学习宣传十九届五中全会精神系列活动，举办专题报告会，发放辅导读本、学习资料200余册；遴选18位党员教师组成宣讲团，赴校内二级党组织开展宣讲20余场。加强师德师风建设，组织全体教师宣誓，通报师德师风典型案例，修订《师德考核实施细则》，对教职工理论学习情况提出要求。组织参观中国人民抗日战争纪念馆等，录制“四史”专题短片7个，教师深入校内外广泛讲授“四史”专题报告。

积极应对风险挑战，全力推进重点工作。面对突如其来的新冠肺炎疫情，院系两级党组织第一时间行动起来，压实防控责任，及时传达防控要求，每日报告师生信息，确保学院师生健康安全；按照“停课不停学”要求，党员教师带头，探索观看优质视频资源＋阅读电子教材＋完成课堂任务＋教师集中线上辅导答疑的教学模式，确保教学工作顺利进行。

（赵晓帼）

【工会工作】

2020年，学院分工会秉持全心全意为全院教职工服务的宗旨，以关注教职工身体健康、缓解教职工工作压力、丰富教职工课余生活为目的，开展了一系列工会活动。如开展五一战"疫"健步走活动、"迎双节、云登山"活动、线上"云健身"活动;举办"羽你同行,球创一流"师生羽毛球联谊比赛、参加校工会举办的教职工乒乓球比赛等。2020 年分工会新添置了医药箱、针线包、乒乓球台、仰卧起坐健身器等物品,学院职工之家变得更加温馨、更加舒适。

(乔琪雯)

国际学院

【学院概况】

1994 年,原北京农业工程大学与美国科罗拉多大学(丹佛)合作举办国际经济与贸易本科专业中外合作办学项目。

1995 年 4 月,经农业部批准,原国家教育委员会备案正式成立国际学院。同年,国际学院通过美国中北部高等教育委员会(NCA)的学位教育资格评估,获得学位教育资格的正式批准。1998 年,北京市教育委员会批准国际学院为北京市首批中外合作办学单位。2006 年,国际学院通过英国高等教育质量保障署(QAA)的教学质量评估。

国际学院与英美大学合作举办 5 个专业:包括与美国科罗拉多大学(丹佛)合作举办的经济学和传播学专业,与美国俄克拉荷马州立大学合作举办的农林经济管理(农业商务方向)专业,在教育部留学服务中心指导下举办的国际金融类专业和国际商务类专业。

国际学院现有教职工 95 人,包括外籍教师 60 人,中籍教职人员 35 人。70%以上专任教师拥有世界一流大学博士学位,且具有良好的科研经历或在国外大学教学经验。

2020 年,国际学院在读学生 1 389 人,其中国内在读学生 1 071 人,国外在读学生 318 人。2020 年录取新生 310 人,毕业学生 266 人。

(李道亮)

【合作办学项目建设】

中国农业大学与美国俄克拉荷马州立大学联合举办的农林经济管理(农业商务方向)专业项目 2012 年获教育部批准,2015 年通过教育部中外合作办学评估,2016 年 10 月获教育部批准延期。项目结合中美两校的优势,体现了"强强联合、优势互补"的高端复合型人才培养模式。疫情期间,中美两校密切合作,项目管理层以多种形式保持交流沟通,及时通报项目运行和发展情况,不断改善和提高项目的运行水平,并积极探讨更深入的合作。美方大学协助预计 2020 年赴美交流但由于疫情原因出行的学生注册美方课程,多次召开线上会议并提供一对一辅导,帮助学生规划学习方案,合理选课。美方大学还组建了由中、美学生担任的辅导员,随时解答在国内学生的问题,并用视频等形式分享在美方大学的生活、学习动态。2020 年,农经系教授、课程设置协调员 Joe Schatzer 博士为项目一年级学生开设一门农业经济专业认知课程,该课程申报了学校的本科生国际化培养提升项目。

中国农业大学与美国科罗拉多大学(丹佛)合作举办的经济学和传播学项目始于

1995年，2019年完成新一轮（2010—2024）协议续签的谈判及中英文合作办学协议的起草工作。新一轮合作协议已获得教育部批准。在新冠肺炎疫情全球持续蔓延的背景下，2020年秋季学期起，除联合管理委员会会议外，国际学院院领导和项目办公室还与外方合作学校教务长办公室、国际处、文理学院、驻地教学管理团队等建立了定期会议制度。对标国际一流和社会需求，中外双方的定期会议还在不断探索两校在其他相关专业领域的教育合作，如项目经济学领域中的健康经济学专业以及项目升级为研究生层次的合作等，以保障项目持续、稳定且向更宽领域和更高层次的发展。为使合作办学项目学生的专业知识更能切合中国实际，使学生们更了解中国在经济学和传播学两个领域的发展状况和面临的机遇挑战，继续开设面向经济学专业的"新时代中国经济发展概论"和面向传播学专业的"新时代中国传播思想概要"。两门课程采用专家讲座的授课形式及课程论文的考核形式，讲座题目包括中国农业经济热点问题，中国"三农"问题解析，中国自贸试验区（港）建设问题，疫情之下传播学何为，国际传播研究的脉络分析等专题。

出国留学项目为学生提供多层次多专业的出国交流学习选择，目前合作的5所院校有普利茅斯大学、普利茅斯城市学院、赫瑞瓦特大学、德蒙福特大学、贝德福德大学，学院正在积极推进与3所合作院校的合作协议续签工作。2020年国际学院继续推进与国外院校"点对面"的合作关系。2020年7月8日与中国留学服务中心续签战略合作协议。

（许廷武）

【教育教学】

国际学院始终坚持社会主义办学方向，围绕高水平国际化本科人才培养目标，以立德树人为教育核心，全院上下凝心聚力，持续推进人才培养模式创新、课程体系设置、教育教学质量保障、学业指导体系建设等方面工作。搭建"雨课堂"在线教学平台，实现线上教学。根据雨课堂运营报告，2020年春季学期，雨课堂覆盖率达到99%；2020年秋季学期，部分课程实现实地教学，仍有18个教学班级使用雨课堂。通过完善自助打印系统、学籍动态信息系统、启动人脸识别注册等信息化的管理手段，加强统招生和单招生校内信息管理与流通，实现"先缴费，后注册"的管理目标。

2020年，90%的毕业生选择继续深造，其中30%以上的毕业生进入世界排名前50位的大学深造，60%以上的毕业生进入世界排名前100位的大学就读，包括耶鲁大学、哥伦比亚大学、康奈尔大学、约翰霍普金斯大学、宾夕法尼亚大学、帝国理工大学、伦敦大学学院、清华大学、北京大学等。其他9%选择直接就业的毕业生，也得到了用人单位的高度评价。此外，2017级农林经济管理专业9名学生提前半年完成了本科学业，占2017级赴美国俄克拉荷马州立大学交流学习学生的16%。

校级联合培养项目和其他校级交流项目持续稳定发展，2020年成功派出22名校级联合培养项目学生，其中康奈尔大学2人，马里兰大学6人，普渡大学14人，有3名学生参加了学校2021年加拿大Mitacs本科生实习项目。2020年，研究生免推工作成绩显著，18名学生成功通过免试推荐攻读硕士研究生学位，获得国内高校的录取，其中"双一流"A类36所高校占比77.78%，其余22.22%为"双一流"的一流学科建设高校。

2020年，国际学院科研工作再创佳绩。柴利副教授在*Science of the Total Environment*等SCI、SSCI期刊以第一作者和通讯作者身份，发表6篇学术论文。Ioannis Diamantis 博士发表 1 篇 SCI 论文。青年教师晏祥琳在学校第十二届青年教师教学基本功比赛中荣获二等奖。

（王晓燕）

【信息化建设】

2020 年，国际学院加强信息化建设，打造智慧化学院。学院信息化建设旨在优化信息化应用与服务环境，促进信息化与学院教学、科研、管理和服务的深度融合。国际学院信息化建设，以学校应用为根本，与现有校级办公自动化系统基于同一个流程平台，建设一个基础业务功能相对完整的综合办公管理系统，以教研信息化建设为着力点，努力整合信息化资源，实现包含日常办公、人事服务、生活服务、财务服务及人员信息库等多方面事务管理的综合办公管理系统，完成印信管理、会议管理、会议室管理、外籍教师离职手续办理、维修申请、资产申请、学生收费管理、外籍教师信息库及证照管理等模块的开发建设；移动端同步开发建设，满足用户移动审批的需求。

（李道亮）

【学生工作】

2020 年，国际学院深入贯彻落实党的十九大精神和习近平新时代中国特色社会主义思想，在突如其来的新冠疫情的影响下，沉着应对，重视学生工作队伍建设，提升队伍的管理能力，以“三全育人”为指导，做好共青团工作和学生文体活动，以爱国主义教育和诚信教育为重点，开展学生日常管理服务工作。

始终坚持共青团“育人”的工作核心，结合中外合作办学特色，以各类文娱活动为载体，努力促进学生综合素质能力的培养提升。受疫情影响，线上的宣传活动重要性空前加强。在此背景下，分团委将以往运营的学院公众号、学生会官方公众号统一管理，并更名为“ICB 学生会”，推送的效率得到了极大的提高，推送内容的多元性和时效性也得到了极大的保障。在学院的日常工作中，爱国主义教育和诚信教育是贯穿始终的主题。通过主题班会、报告会、网络宣传等形式，营造“热爱祖国”“诚实守信”的教育氛围。特别在《学生手册》《家长手册》中增加爱国主义、诚信教育内容，组织新生签订《诚信承诺书》，在新生教育培训、学生出国前教育培训中强调爱国诚信的重要性。

积极开展学生心理健康教育工作，坚持在新生教育中推广心理健康的重要性和心理咨询的必要性。疫情期间，通过一对一心理咨询、多人团体辅导、心理知识推送等方式，有针对性地对国内外学生进行指导。

（陈明海）

【党建工作】

严格党员考核标准，规范发展程序，2020 年发展学生党员 40 名。举办入党积极分子党课和发展对象党课培训，共有 40 人参加发展对象培训，110 名学生参与入党积极分子培训。对党员综合管理系统及党员 E 先锋支持服务系统管理进行管理及维护，完成毕业生党员组织关系排查及线上、线下转接工作，对党组织关系和党员档案暂存学院的毕业生党员进行联系，督促其办理相关转接手续。

国际学院学生党支部同教工党支部一道开展“全覆盖 双提升”支部共建活动。在疫情期间深入探讨线上师生共建长效机制，师生联合党支部开展“同心抗疫，党旗飘扬”主题党日系列活动。预备党员林景贤创作歌曲《明媚春天定来到》以声援武汉，被收录在教育部思政司“四个一”行动项目中。

国际学院聚焦根本抓党建，贯彻落实十九届五中全会精神和学校四次党代会精神。落实爱国主义教育，坚持理想信念引领铸魂。修订人才培养方案，统筹推进课程育人，致力于培养知农爱农的国际化创新人才。

（陈明海）

【教代会与工会工作】

2020 年，国际学院分工会被评为“北京市教育工会 2020 年度先进教职工小家”。教代会与工会通力协作，做好院内防疫工作，及时为教职工发放防疫用品，开展“送温暖活动”，慰问退休教职工及特殊职工。

（王宁）

体育与艺术教学部

【概况】

体育与艺术教学部主要承担学校体育与艺术的教学、群众性文体活动及高水平运动队、学生艺术团的训练、比赛及展演工作。新冠疫情虽然给体育与艺术教育教学工作造成很大困难，但在学校党委的坚强领导下，体艺部全体员工迎难而上，不断探索疫情防控条件下的体育和艺术教学新方式，在变局中开新局，各项工作取得了新成效。

（王永生）

【师资队伍】

体育与艺术教学部共有教职工 69 人，其中，专任教师 60 人（体育 53 人，艺术 7 人），包括教授 4 人（体育 3 人，艺术 1 人）、副教授 27 人（体育 23 人，艺术 4 人），硕士生导师 5 人（体育 4 人，艺术 1 人）。

2020 年体育与艺术教学部引进普通人才（羽毛球方向）1 名，退休 3 人。

在师资队伍建设方面，坚持挖潜与引进相结合，重点抓好年轻教师业务提升和师德建设工作，取得显著成效。具体表现在以下 3 个方面。

1. 先大我、后小我的风气基本形成

凝心聚力，营造和谐团结的工作环境，能手牵手为单位作出自己的贡献。体育与艺术教学部的凝聚力和向心力与日俱增。

2. 全员培训

2020 年春季学期开学之初，为应对疫情期间的教学需要，体育与艺术教学部迅速组织骨干力量学习掌握线上教学技术，并对全体教师进行在线教学培训，确保了春季学期教学任务的完成，提高了教师们线上教学的能力。

3. 重点培养

加强对青年教师的培养，2020 年度体育与艺术教学部教师参加各级培训、交流达 40 人次以上。经基层教学组选拔，组织 7 名青年教师参加本单位基本功比赛，创有史以来参赛人数之最。

（王永生）

【本科教学】

1. 指导思想

以习近平新时代中国特色社会主义思想为指导，全面贯彻党的教育方针，坚持社会主义办学方向，以立德树人为根本，以社会主义核心价值观为引领，坚持健康第一的教育理念，推动青少年文化学习和体育锻炼协调发展，帮助学生在体育锻炼中享受乐趣、增强体质、健全人格、锤炼意志，并以提高学生审美和人文素养为目标，弘扬中华美育精神，以美育人、以美化人、以美培元，努力培养德智体美劳全面发展的社会主义建设者和接班人。

2. 工作方针

坚持面向全体学生，以普及带动提高，以提高引领普及。

3. 工作内容

以课堂教学为主，辅之以课外辅导。既抓好高水平运动队和高水平艺术团，又组建更多常年训练的普通生体育代表队和吸纳更多普通学生参加艺术团。

在做好常规教学工作的同时，坚持抓好教改，坚持以改促建，以改促新。2020 年，主要完成以下 3 个方面的教学改革工作。

（1）奠定线上线下混合式教学基础

疫情期间，利用网络平台、微信、雨课堂等形式进行教学，短视频教学素材得到极大丰富，为未来的体育与艺术教育教学方法和手段的丰富创造了新局面。

（2）凝练课程思政元素

按照学校要求，精心提炼各项目的特色思政元素用以完善各门课程育人大纲。

（3）教学质量保障工程

基本完成四个基层教学组搭建工作，完善了单位内部的教学督导制度，为提高体育与艺术课堂教学质量提供了保障。

4. 工作作风

脚踏实地，勤勤恳恳。顶烈日，迎寒风，冒雨雪，不仅教会学生运动技能、不断增强体质，更陪伴学生一起锤炼意志，共享进步的乐趣。

5. 工作成效

（1）工作量大

体育与艺术纯教学工作量合计 26 740.8 自然学时，居全校前列。其中，春季学期的 13 109 学时均为线上完成。除正常课余训练外，20 名教师于 9—11 月间主动参与课外辅导达 335 次之多。

（2）学生评价高

以 2020 年秋季学期为例，平均 91.59 分，78.86％的课程在 90 分以上。

（王永生）

【科学研究】

2020 年，体育与艺术教学部学术研究再创新高。

1. 论文数量激增

多年来，体育与艺术教学部坚持抓好青年教师的科研工作（表 1）。虽受疫情影响，但并未能影响到老师们的科研热情。

表 1　2020 年体育与艺术教学部教师文章获奖情况

参会名称	一等奖	二等奖	三等奖	参评文章数量
全国农业高校论文报告会	7	9	5	21
华北区农业高校论文报告会	3	4	1	8
首都高校论文报告会	1	1	5	11

1. 课题数量有了新进展

参加国家自然科学基金项目 1 项，主持省部级课题 1 项；获得学校思政教改课题 2 项，教改课题 1 项，俱乐部课程课题 2 项（表 2）。

表 2　2020 年体育与艺术教学部教师课题情况

课题名称	项目来源	个人作用
基于运动筛查的大学生慢病风险运动干预体医融合策略构建与实证研究	国家自然科学基金	参加
北京市少数民族传统体育基地-1	北京市民族宗教事务委员会（简称北京民委）	主持
翻转课堂模式下的大学体育教学改革成效的实践研究——以触式橄榄球为例	校级	主持
课程思政视域下体育俱乐部课程育人功能的设计与实施——以高尔夫为例	校级	主持
专项基础课程中的思政教育探索与实践——以足球为例	校级	主持
太极俱乐部教改项目	校级	主持
健美操俱乐部教改项目	校级	主持

（王永生）

【合作交流】

学校橄榄球队在京内十五人制比赛中与国外在京工作人员和留学生组成的队伍交流。

（王永生）

【党建工作】

1. 线下线上结合，多种形式进行政治理论学习

共组织线下集中学习 12 次，组织党员集中学习 9 次，带领教职工集中理论学习

7次。开展形势教育,使党员教师进一步增强“四个意识”、坚定“四个自信”、做到“两个维护”。

2. 加强党员队伍建设,落实“三会一课”制度

召开支委会31次,召开党支部会议10次,开展主题党日活动2次,讲党课2次;重视发展党员工作。一是严把入口关,确保发展党员质量。二是加强对培养联系人进行培训,进一步明确培养联系人的责任。2020年发展了一名教师预备党员。

3. 发挥党组织和党员的作用

面对疫情,为落实学校要求,支委会迅速健全本单位的疫情防控体系,成立13个疫情防控联络小组,组长基本由党员担任;发动党员和积极分子在学校微信公众号中开辟“身心教育平台”,制作面向全体师生的身体素质练习视频,引导师生居家科学健身。

4. 加强师德师风建设

根据体艺部师德考核细则,以专题为点,以日常宣传为线,将师德师风的教育串联全年。

5. 落实从严治党责任

除把党风廉政建设和意识形态工作融入日常的政治思想教育和师德师风建设工作外,还结合案件警示教育和特长生招生及复测等工作开展对教师党员的廉洁自律教育。2020年结合艺术课程的教材审核,对艺术中心教师进行了意识形态方面教育,严抓意识形态阵地的管理。

6. 落实问题整改情况

针对主题教育检视和学校巡察反馈的问题进行整改落实。其中针对以党政联席会代替支委会的问题、“三会一课”没完全落实的问题、组织生活会形式单一等问题都进行了整改,并按照整改要求加强了培养发展一线教师党员工作。

(赵冬青)

【教代会与工会工作】

履行分工会职责,关爱工会会员。及时了解困难职工情况,想办法帮助解决;连续多年对个别家庭经济困难的职工减免会费。

发挥专业优势积极协同校工会开展各类教工文体活动。体育与艺术教学部两支队伍分别获得学校教职工气排球比赛亚军和第五名;在分工会内部开展健步走等活动,丰富教职工文化生活,增强体育与艺术教学部的凝聚力和向心力。多年的工作获得校2018—2020“优秀教职工之家”称号。

(王永生)

【社会服务】

1. 集体服务

疫情伊始,我们迅速反应,于1月31日起陆续、有计划地在身心健康教育平台发布高水平的、精美的、适宜居家锻炼的视频11集,百首经典钢琴鉴赏。不仅为诸多全国农业高校所借鉴,而且事迹为现代教育报报道并出现在学习强国之中,率全国之先为“停课不停学”做好了准备。

2. 个人服务

31 人积极投身社会服务行列，服务对象、内容、方式等多种多样。主持和组织全国农业高校体育理事会开展工作；以主要领导身份为各自项目协会开展工作服务；牵头赴河北广宗进行扶贫工作；利用专业在校外担任各类比赛裁判、指导专家等工作。

（王永生）

【文化传承与创新】

1. 创新性地编写富含体育精神的思政教材

《体育课程思政》探讨了人的本质与体育的关系、解读马克思、毛泽东及习近平的全面发展观与体育观，并总结归纳了体育价值在人类社会发展进程中不断丰富和完善的历史进程。书中结合大量真实案例对体育精神在育人方面的作用进行了详细阐述。该教材有可能成为国内第一本系统的体育课程思政教材。

2. 弘扬传统民族体育文化

为开设中华人民共和国少数民族运动会最具人气项目“抢花炮”课程做好了教学大纲、教学进度等全方位的准备。

3. 为完善学校美育谏言献策

在疫情期间，根据《国务院办公厅关于全面加强和改进学校美育工作的意见（国办发〔2015〕71 号）》文件精神，结合学校美育实际情况进行研究，并与 4 月份向学校提交了《关于学校美育工作的认识和建议》，内容和精神与 10 月 15 日中共中央办公厅、国务院办公厅印发的《关于全面加强和改进新时代学校美育工作的意见》相符。

4. 开展丰富多彩的文体活动

2020 年秋季学期，我们喜迎学生回“家”。在北京市教委的防疫要求和指导下，有计划、有秩序、有保障地在校内开展体育、艺术活动，积极带领学生参加校际间交流、比赛（表 3），丰富了校园文化，振奋了学生的精神。为了让新生迅速融入学校学习生活，在疫情之下，举办了新生运动会与新生网球联谊活动。

表 3　2020 年学校参加校外比赛情况

竞赛名称	组别	获奖情况
首都高校第 58 届学生田径运动会	高水平运动员组	男女总分前八
首都高校足球联赛（超级组）	高水平运动员组	亚军
首都高校五人制足球联赛	高水平运动员组	亚军
2019—2020 赛季全国大学生足球联赛超级组总决赛	高水平运动员组	第一阶段小组第一
首都高校触式橄榄球锦标赛（甲组）	混合组	亚军
首都高校秋季学生田径运动会（甲组）	普通生队	5 个项目前八
首都高校第十七届越野攀登赛（甲组）	普通生队	男女混合组第二名
首都高校马拉松接力赛暨首都高校冬季长跑赛（甲组）	普通生队	

续表

竞赛名称	组别	获奖情况
首都高校游泳锦标赛(乙组)	普通生队	女子 100 自由泳冠军 50 米第七名
首都高校高尔夫球公开赛(普通组)	普通生队	第四名
首都高校高尔夫球技能赛(普通组)	普通生队	亚军
首都高校大学生乒乓球锦标赛(乙组:单项)	普通生队	女单第八
首都高校大学生乒乓球锦标赛(乙组:团体)	普通生队	前十六
首都高校大学生羽毛球锦标赛(乙 B 组:单项)	普通生队	男子单打冠军
首都高校网球联赛(乙组)	普通生队	
首都高校足球联赛(乙级校园组)	普通生队	
首都高校五人制足球联赛(乙组)	普通生队	
首都高校触式橄榄球比赛(乙组)	普通生队	亚军
首都高校瑜伽线上展示比赛	普通生队	甲组男子双人、小集体比赛第一名、女单甲组第八、甲组团体第五

(王永生)

国际发展与全球农业学院/南南农业合作学院

【学院概况】

2020 年,国际发展与全球农业学院/南南农业合作学院克服新冠疫情带来的挑战,基于南南农业合作学院新型研究、政策对话、人才培养和发展实践示范四大支柱之上,聚焦工作重点,提升工作质量,尤其在人才引进、推进国际发展政策与治理二级学科建设、形成品牌性学术论坛、加速国内外发展实践示范基地布局等方面着力,完成了软硬基础设施建设、研究成果品牌提升、国内外学界和政策界影响力拓展,以及全球战略合作伙伴"朋友圈"深化等 4 个方面目标,为推动中国农业大学"双一流"建设、落实《面向 2035 的中国特色、农业特色世界一流的大学发展愿景》做出努力。

张丽霞

【师资队伍】

国际发展与全球农业学院/南南农业合作学院 2020 年入职 6 位新职工,其中,2 位副教授、2 位讲师、2 位办公室工作人员。特聘国内高级研究员 3 名,讲座教授 1 名,其中讲座教授 David Hulme 教授为英国皇家社会科学院院士。

张丽霞

【全球战略性合作伙伴的拓展】

国际发展与全球农业学院/南南农业合作学院在维持原有全球战略性合作伙伴良好互动的基础上，进一步开拓新伙伴，比如与中国南南合作网、欧亚系统科学会、中德可持续发展中心达成合作意向，推动科研、人才培养、学术讲座等方面的工作。此外，积极开拓社会资源。

张丽霞

【科研与智库成果】

国际发展与全球农业学院/南南农业合作学院成功入选国家国际发展合作署四家核心智库之一，成功入选教育部对外人文交流中心高层次新型国际化人才培养基地。

国际发展与全球农业学院/南南农业合作学院研究人员2020年聚焦国际发展、全球农业、精准扶贫与乡村振兴等领域，包括在《社会学研究》《世界经济与政治》在内的国内外高级期刊上发表了38篇论文，参与编写或主编了5部专著，获得了7个重要政策批示，完成了包括《消除绝对贫困:中国的实践》和《亚洲减贫报告2020》等6个重要报告，并在国内外主流媒体上发表文章44篇，央视新闻、新华社、人民网等媒体报道150多篇。

同时，国际发展与全球农业学院/南南农业合作学院团队还主持国家社科基金、教育部人文社科基金规划项目、北京市社科基金项目、国家自然科学基金子课题等，以及国际组织、国家各大部委委托课题，这些课题涉及新时期中国对外援助与国际发展合作、中非合作、中国中亚农业科技合作等。

此外，在当前国际发展格局下，研究积极推进两个典型项目，即中国国际发展研究网络项目和中坦农业合作项目，其中，中国国际发展研究网络项目通过与全国29家成员单位共同开展研究，推动中国国际发展合作学者与北方国家国际发展合作学者之间的对话和研讨。中坦农业合作项目通过多年中非农业合作与减贫经验分享的实践与理论探索，推动形成富有特色的国别区域研究和南南合作研究基地。

张丽霞

【政策对话】

国际发展与全球农业学院/南南农业合作学院在疫情背景下，发挥了线上讲座的优势，大力推动发展知识学术讲坛的品牌建设，通过每周一次的高频讲座大力推动空间研究系列和减贫研究系列的探讨，同时又推出全球治理系列，推动政治学、经济学、社会学、人类学等不同学科对国际发展与全球农业相关问题的探讨，创新国际发展知识。与此同时，为了进一步拓宽全球国际发展研究学者的知识网络，尤其是在新冠疫情背景下面对日益严峻的全球脱钩趋势，国际发展与全球农业学院/南南农业合作学院联合多家发展合作伙伴举办了多场云端对话，包括中美专家对话、中欧专家对话、南南合作与三方合作对话等。迄今已举办了34场学术讲座和国际对话。通过最近一年的频繁举办，目前，发展知识讲坛已成为业内备受关注的学术讲座系列。

2020年国际发展与全球农业学院/南南农业合作学院参与的国际对话如下。

5月15日，国际发展与全球农业学院/南南农业合作学院、中国国际发展研究网络举办线上讲座“新冠疫情如何重塑未来国际发展合作”。

7月30日，国际发展与全球农业学院/南南农业合作学院、中国国际发展研究网络云端国际对话“疫情背景下东北亚国家的发展合作：来自中国和韩国国际发展合作机构的倡议”。

8月12日，国际发展与全球农业学院/南南农业合作学院专家应邀参与“2020年第十三届政治学与国际关系学术共同体会议——比较视野下的非洲政治发展”。

8月13日，国际发展与全球农业学院/南南农业合作学院专家应邀参与“2020年第十三届政治学与国际关系学术共同体会议——中国对外援助的动机与效果”。

10月13日，国际发展与全球农业学院/南南农业合作学院与中国国际发展研究网络等合作伙伴共同组织云端国际对话系列“第三期——“如何终结贫困？来自中美专家的对话”。

10月27—29日，国际发展与全球农业学院/南南农业合作学院举办“2020年会——中国与国际发展”。

张丽霞

【人才培训】

国际发展与全球农业学院/南南农业合作学院2020年人才培训主要体现在两点：第一，中非1+1农业合作项目留学生硕士项目完成17名学生的招生注册工作，完成开学典礼和第一学期的线上课程学习。学生来自塞拉利昂、马拉维、坦桑尼亚、加纳、卢旺达、乌干达6个非洲国家，导师来自农学院、食品科学与营养工程学院、理学院、经济管理学院、动物医学院、动物科学技术学院、人文与发展学院7个学院，积极推动新型、复合型高层次人才培养工作。第二，国际发展政策与治理二级学科已分别成功申请3名硕士和3名博士生培养指标，将于2021年开始启动人才的培养工作。

张丽霞

【海外发展示范】

2020年，在国家双循环新发展格局下，国际发展与全球农业学院/南南农业合作学院开始部署国内外发展实践示范基地，整合资源，集中发力，在国内精准扶贫和乡村振兴的背景下，一方面，团队继续做好河边村和云南昆明都市驱动型乡村振兴六个实验村的政策实验及其相关研究工作，同时又在怒江和临沧分别启动乡村振兴实验示范工作；另一方面，疫情下坦桑尼亚小技术大丰收的海外发展实践工作也稳步推进，春季通过网上会议、微信、邮件等方式，与坦桑尼亚当地的工作团队进一步明确了工作计划，春季完成种子发放工作，暑期完成田间培训，逐步推进间作套种，完成技术要点整理、手册编制及翻译工作，同时举办了十佳推广员大赛。坦桑尼亚小技术大丰收项目2020年再次荣获联合国75周年南南合作优秀案例集。

张丽霞

土地科学与技术学院

【学院概况】

土地科学与技术学院于2017年12月成立。2020年学院设置4个系：土地资源管理系、地理信息工程系、土壤和水科学系、土地利用工程系。学院建设秉持“开放、融合、合作、协同”的办学理念，全面对接国家需求，瞄准土地科技创新国际前沿，逐步打造成为土地科学与技术学科领域的原始创新基地和人才培养高地。

学院现有自然资源部农用地质量与监控重点实验室、农业农村部农业灾害遥感重点实验室、农业农村部华北耕地保育重点开放实验室3个省部级重点实验室；中国土地政策与法律研究中心、土地利用与管理研究中心2个校级研究中心，2020年成立了土地科学与技术学院耕地健康研究中心和地表基质调查与数字化研究中心；有中国农业大学吉林梨树教学实习基地、北京奥格尼克种养一体化技术实践基地、北京沱沱工社生态农业实践基地、涿州教学实习基地、房山教学研究基地、雾灵山生物地学野外教学实习基地、山东无棣土地利用野外科学观测研究实习基地等多个校外教学与实习基地；1个国土资源全国科普基地。2020年新增了航天宏图公司、华荟生态科技公司、世纪国源科技公司、山东德州农科所等校外实习基地。

（曹兆红）

【学科与专业建设】

土地科学与技术学院具备完整的本科生、硕士生、博士生人才培养体系，本科生按地理科学类大类招生，设置土地资源管理、地理信息科学、土地整治工程3个本科专业；博士、硕士研究生招生专业设置土壤学、土地资源管理、土地信息技术等学科方向，资源与环境、资源利用与植物保护专业学位授权点2个。具有公共管理、农业资源与环境一级专业学科，拥有公共管理、农业资源与环境一级学科博士学位授权，土地资源管理学科博士学位授权。博士后流动站2个。

学院现有国家重点学科1个、北京市重点学科1个、部级重点学科3个。

（李杨）

【师资队伍】

学院现有教职工106人，其中，专任教师81人，包括教授33人，副教授41人，讲师7人；博士生导师51人、硕士生导师13人；教育部“长江学者奖励计划”特聘教授1人，“国家优秀青年科学基金”获得者1名，国家“千人计划”青年人才2人，教育部（跨）新世纪优秀人才4人。

本年度师资队伍建设成效与人员变动情况：引进杰出人才（教授）2名、优秀人才（副教授）4名、1名讲师和1名实验技术人员，退休1人，博士后研究人员进站1人。

（邓婷）

【本科教学】

2020年在校生2个专业8个班254人,按照地理科学类大类招生新生70人。今年发生学籍异动8人,其中转专业接收学生4人;有19人获推免研究生资格,其中普通推免15人,学术推免1人,辅导员推免3人;应届毕业生65人全部毕业并获学位证书;往届结业生2人毕业获学位证书。

规划组织学院老师申报专业思政教育功能教改项目、本科教材项目、在线课程项目、虚拟仿真实验教学项目等教学教改项目。其中专业思政项目申请3项,本科教材项目申请8项,在线课程申请1项。编制了学院虚拟仿真实验教学项目3年规划,学校获批3项。2020年已出版教材2部。

完成学院基层教学组织规划,编制了学院基层教学组织建设方案。综合学院教师教学优势、组成结构、研究方向和教学基础条件,组建2个平台课程类基层教学组织和7个专业课程类教学组织。组织完成地理信息科学北京市一流专业申报工作。组织协调土地资源管理专业一流专业建设情况检查汇报工作,包括专业建设情况汇报、座谈和实地考察等工作。

根据学校要求,组织完成本科招生宣传工作。共完成招生宣传工作29次,其中线上24次,实地5次。招生宣传工作包括利用腾讯会议、电视直播等线上报告11次。

2020年,学校备案院级本科实践基地8个,其中土地资源管理综合教学实践基地(北京市房山新城投资有限责任公司)获评为校级实习基地。

(赵瑞春)

【研究生教学】

研究生在校569人,其中,博士生188人、硕士生381人。2020年招生复试工作顺利开展,全院共招收研究生184人,其中博士36人,硕士147人,留学生1人。毕业研究生131人,其中博士生29人,授予博士学位29人,硕士生102人,授予硕士学位86人。

按照研究生院的部署,开展专业学位研究生兼职指导教师选聘与遴选工作,得到中国国土勘测规划院、自然资源部国土整治中心、自然资源部不动产登记中心、自然资源部信息中心等单位积极支持,最终遴选并聘任46名兼职指导教师,并颁发了兼职导师聘书。

(李杨)

【科学研究】

2020年,全院共申报31项国家自然科学基金,其中1个杰青项目、1个重大项目、21个面上项目、8个青年项目,获批13项,其中,8个面上项目,5个青年基金项目,资助率达到42%(青年62.5%,面上38.1%),资助率全校最高,总资助经费576万元。全院共申报4项项社会科学基金,其中3个面上项目,1个青年项目,获批1个青年项目。全院科研项目立项合同经费2 823万元,与上年度(2 826万元)相比基本持平;到账经费3 486万元,比上年度的2 985万元增长了17%。师均科研经费45万元。

全院教师共发表高水平学术论文193篇,人均2.5篇。其中,自然指数期刊论文、ESI TOP10%论文37篇,ESI TOP20%论文25篇,其他知名国际期刊(SCI/SSCI/EI)37

篇，中文核心期刊论文104篇。获批发明专利16项，实用新型专利3项。出版专著2部。获得国家奖励1项，省部级奖励2项。

开展黑土地保护利用与农业“双高”创建，逐步形成“梨树模式”，得到习近平总书记的肯定和赞赏。和东北各科研院所、相关企业和农民合作社等共同建立了“东北黑土地保护与利用联盟”，在东北四省区建立了8个工作站，100余个推广基地，采取合作社＋技术推广站＋大学联动机制，推广“梨树模式——玉米秸秆覆盖全程机械化栽培技术”近1 800万亩。2020年7月22日，习近平总书记视察吉林黑土地，在玉米农田的黑土剖面前听取了李保国教授的汇报后，特别强调指出，“要认真总结和推广梨树模式，采取有效措施切实把黑土地这个‘耕地中的大熊猫’保护好、利用好，使之永远造福人民”。在这次视察黑土地过程中，习近平总书记还强调指出“要把保障粮食安全放在突出位置”，并特别强调了科技的重要作用：“农业现代化，关键是农业科技现代化”。

（钱莉琴）

【合作交流】

因疫情影响，本年度出国交流教师人数较少，完成一年期交流学习的2人、半年期的1人。对外合作项目2项。留学生在校生7人（博士6人、硕士1人）。

10月，采用现场与网络视频会议相结合的形式，与伦敦大学学院等共同召开第二届农业与土地遥感学术研讨会。

【学生工作】

加强团员主题和专题教育阵地建设，积极推进五四系列团日活动品牌化建设，以云游览、云抢答、云征集等为活动版块，邀请抗“疫”医生、马院教师进行云宣讲，圆满开展“争做时代新人，迈向‘疫’后暖春”系列主题团日活动。结合学院专业特色，以提升学院同学综合素质为目标，开展“学中华史，立鸿鹄志”系列主题团日活动，并成功申报为校级精品团日活动。在“同心奔小康，奋进新时代”一二·九文艺展演比赛中用动情表演展现和感受革命先烈的爱国主义精神。

共设有本科生团支部8个、研究生团支部11个、教工团支部1个，组织学生参加新生运动会、各项院际体育比赛，举办元旦晚会，重新修订《本科生综合素质测评方案》《推荐优秀应届本科毕业生免试攻读研究生工作细则》《研究生奖学金评定方案》，举办本科生发展论坛，听取同学们的意见和建议。

（高同）

【党建工作】

2020年，土地科学与技术学院党委完成了党支部设置调整，设立了14个党支部，包括4个教职工党支部、4个博士党支部、4个硕士党支部和2个本科生党支部，并选优配齐党支部班子成员；学院共有党员346名，发展党员57人，转正57人。

学院发展党员53人，其中本科生27人，研究生26人；另有30名预备党员按期转正。学院二级党校独立举办培训班，培训共计133人，其中培训入党积极分子54人，发展对象37人，预备党员42人。

2020 年 1 月 4 日学院召开了全体党员大会，选举了学院第一届党委委员，召开了全委会，明确了分工；根据党委会前置的原则，本年度共在线上线下召开了党委会 15 次，党政联席会 13 次，学院的“三重一大”问题都经过党委会或党政联席会议讨论决定，学院党委充分发挥政治核心和保证监督作用，基本实现了党对学院工作的全面领导，保证学院各方面工作在做好疫情防控的前提下围绕立德树人的根本任务而开展，推进学院各方面事业持续发展。

加强行政领导班子政治领导的同时加强能力建设，2020 年学院理论中心组共开展线上线下学习 12 次；组织开展教职工线上线下、集中或分组理论学习，共 10 项专题；按照组织部的要求，处级干部完成在线学习任务等。通过不断的学习，提升领导班子成员的政治意识及领导能力，明确干部的一岗双责，完成本职工作的同时要廉洁自律并负廉政责任。

土壤和水科学系教职工党支部被中国农业大学党委评为 2020 年先进党组织。

（王帅）

【教代会与工会工作】

继续做好组织建设。做好非在编人员入会工作。

参与学院决策。学院土地学科建设方案、新增土地科学与技术本科专业育人方案、学院“十四五”规划等都经过多次全院职工大会动员，并在各系分别组织调研征求意见，共同参与决策。

关注青年教工成长。组织学院首次青年教师基本功大赛，赛前举办了两次线上和线下培训，并积极组织参与学校的比赛；专门召开青年教师座谈会讨论学院“十四五”规划等。

关心教职工身心健康。积极组织参与校工会组织的各项文体活动（气排球、扑克牌、乒乓球赛等）的同时，组织学院比赛；利用文体活动项目经费购置气排球、羽毛球、乒乓球、呼啦圈、跳绳、毽子等器材，丰富大家的业余生活；组织教工参加健康讲座、体检，办理京卡及各种保险，关心大家的健康；组织校院各次的防疫物资及福利品发放工作，做好在职职工和离退休同志的节日慰问工作；利用校工会的建家经费购置冰箱、利用暖心驿站资金购置微波炉、辅助供暖设备，为大家提供服务。

为更好立德树人，加强师生沟通，与学生一起活动：7 月，师生共同完成疫情防控下的毕业“寄”工作，共 1 180 个包裹，成为老师们给毕业生上的“最后一堂网课”；学院举办“大地新象明”2021 元旦晚会，各工会小组老师都参演节目，与学生们共聚一堂，辞旧迎新。

（曹兆红）

草业科学与技术学院

【学院概况】

2020 年，草业科学与技术学院设置 4 个系：草地资源与生态系、草地生产与利用系、草坪科学与工程系、育种与种子科学系。

学院拥有国家级野外科学观测站 1 个，北京市和农业农村部等省部级科研基地平台

9个；挂靠有国家一级学会“中国草学会”秘书处、国家牧草产业技术体系研发中心、国家牧草技术创新联盟秘书处、中文核心期刊《草地学报》编辑部等。

（栾相科）

【学科与专业建设】

2020年，学院完成了“双一流”建设动态监测指标填报工作，组织召开了“双一流”学科建设周期（201601—202008）草学科学建设周期总结及自评会，撰写了草业学院“十三五”总结报告和“十四五”学科规划，完成草学学科的第五轮学科评估材料的准备工作。

（王显国）

【师资队伍】

学院共有教职工70人，其中，专任教师39人，包括教授16人、副教授18人；博士生导师21人、硕士生导师11人；“长江学者奖励计划”特聘教授1人、“万人计划”科技创新领军人才2人、科技部中青年科技领军人2人、教育部新世纪优秀人才2人、国家牧草产业技术体系首席科学家1人、国家科技支撑项目首席科学家1人、国家现代农业产业体系岗位科学家3人、国家林业和草原局“教学名师”1人、国家林业和草原局“青年拔尖人才”1人。

2020年，1人被评为2020年度中国农业大学优秀教师。在学校“人才培育发展支持计划”中，学院共有2人获评领军教授A类、1人获评领军教授B类；3人获评青年新星A类、2人获评青年新星B类；1个团队获评国家级创新团队、1个团队获评高水平创新团队、1个团队获评青年科学家团队。

2020年，学院引进各类人员9人，其中杰出人才2人、优秀人才2人、普通人才2人、教辅人员2人、管理人员1人；晋升正教授1人；博士后研究人员进站2人。

（栾相科）

【本科教学】

2020年，草业科学专业在校本科生为96人，当年招生34人、毕业23人。2016级毕业生中，国内深造15人、国外深造3人、就业5人，深造率达78%以上。1名毕业生的毕业论文获校级百篇优秀论文，并获评北京市优秀毕业论文。学院获国家级大学生创新创业训练项目1项、北京市大学生创新创业项目3项、校级URP计划项目15项。

2020年，制定了“草业学院基层教学组织支持政策、管理和对考核办法”，建立了由责任教授牵头的“牧草种子育种”“草地资源与生态”“草地生产与利用”3个专业课程类基层教学组织和“草业实验教学中心”1个平台类基层教学组织。建设《草地管理学》课程为校级线上开放课程。推荐《草地学》《草地管理学》《饲草生产与加工》3门核心课教材申请北京市优秀教材。为加强教学研究和课程思政建设，2020年度学院设立院级教改项目12项；另外，获批校级新农科研究与改革实践项目2项、校级在线开放课程建设1项。

2020年学院举办第一届青年教师教学基本功比赛，1人被推荐参加校级比赛，获得校级青年教师教学基本功比赛二等奖。

（张万军　吕芬）

【研究生教学】

2020年，草业学院共有在籍研究生157人，其中普博生69人、非全日制专业学位硕士1人、硕士生88人、硕博生22人。2020年，共毕业研究生54人，其中博士研究生19人、授予博士学位19人；硕士研究生35人，授予硕士学位35人。本年度举办的草业学院2020年第五届优秀大学生暑期夏令营（线上），共有来自全国16所高校的30名同学参加，最终录取了16人，招生入营比达53.3%，9月推免录取了8人，推免生总人数为24人，占2021年研究生招生基数指标的53.3%（2021年研究生招生基数指标为学硕24人、专硕21人）。

2020年，共开设研究生课程28门，其中专业学位课13门、专业及跨学科选修课13门、公共学位课1门、公共选修课1门，3项校级研究生教改项目和1项校级教材建设项目获批。组织排查学位论文218本，其中博士论文61本、硕士论文157本（学硕型硕士论文91本、专业型硕士论文66本），未发现异常情况。3位老师积极申报2020年农业硕士农艺与种业领域教学案例。在研究生培养方面，聘请18位专业学位研究生兼职第二导师，设立院级研究生实践基地14个、校级基地2个。

在研究生教学方面，面对新冠疫情，学院动脑筋、想办法，克服重重困难，通过发布倡议书、建立线上教学群、多种沟通软件（邮箱、微信、腾讯会议），稳妥落实线上教学工作，取得良好效果。学院及时制定发布硕博招生复核方案，组建复试考生群，调试设备，落实复试细则，确保录取优质生源。此外，2020年共召开院学位委员会8次，针对学科特点对学位授予、导师遴选、优秀学位论文评价等一系列标准进行修订。

（张蕴薇　宁亚明）

【科学研究】

2020年新立项课题36项，其中国家自然科学基金7项、农业财政项目2项、其他部委项目1项、北京市项目2项、省校合作项目3项、横向课题21项；到校课题经费1 236.08万元。2020年共申报国家自然科学基金22项，其中青年项目6项、面上项目13项、重点项目2项、国际项目1项。获批国家自然科学基金7项，其中面上项目4项、青年项目3项。

2020年，学院教师作为第一作者或通讯作者发表期刊论文76篇，获批发明专利2项、实用新型专利4项、软著1项，出版教材著作5本，制定地方标准4项。1人牵头的草类植物分子育种创新团队荣获“第二批国家林草局林草科技创新团队”荣誉称号。学院与榆阳区人民政府签署科技合作协议，支撑地方苜蓿产业发展。2020年2—3月1人作为国家代表团成员赴巴基斯坦支援沙漠蝗灾治理；1人担任中国治沙暨沙业学会草原生态修复与草业专业委员会副主任委员、中国草学会草地资源专业委员会副主任委员；1人带领研究团队在坝上草原生态开展修复工作的事迹，被学习强国平台报道。“国家林业和草原局草种子质量检验检测中心（北京）”获批成立。

（张万军　宁亚明）

【合作交流】

留学生招生1人，因为疫情原因，休学未报到。

2020年，学院邀请外籍教授为本科生和研究生开展了国际草业前沿云在线交流系列讲座16场。1人出访参加国际学术交流；2名博士生获批国家留学基金委联合培养计划资格；4名学生在国际会议上作报告。新获批国际合作及交流项目3项。"草畜拔尖人才培养创新引智基地"项目入选教育部"高等学校学科创新引智计划"；"草学高端外国专家引进计划"项目获国家留学基金委批准。学院牵头申报的世界银行-全球环境基金支持的"气候智慧型草原生态系统管理与产业发展"项目(2020)启动。2020年，学院主办国际会议2个。主办的"草原退化荒漠化学术研讨会"在北京召开，为"一带一路"草原退化荒漠化防治亚洲联盟成员国间的进一步深入合作进行了探讨；组织了中国农业大学-悉尼大学云端学术交流会议暨畜牧领域人才培养研讨会(线上)，为人才培养搭建国际平台。

针对沙漠蝗的暴发，1人作为中国蝗灾防治工作组专家之一，赴巴基斯坦进行实地考察，并提出了治蝗综合治理方案，得到巴方的高度认可和赞赏。

(张蕴薇　班丽萍)

【学生工作】

2020年，学院累计发放各类本科生奖学金15项，总额12.17万元，共有31名学生、累计51人次获奖，奖学金覆盖面46.27%；发放各类研究生奖学金11项，总额40.1万元，共有73名学生、累计83人次获奖，奖学金覆盖面53.21%。全年经济困难生得到现金资助23余万元，达到经济困难学生资助全覆盖。

2020年，本科生共评选三好学生7人，优秀学生干部2人，优秀团员2人，优秀团干部1人，优秀毕业生4人，其中包括市级优秀毕业生2人。研究生共评选三好学生7人，优秀学生干部3人，优秀团员2人，优秀团干部1人，优秀毕业生7人，其中包括市级优秀毕业生2人。草业171班获得校级优秀班集体及北京市优秀班集体，草业181团支部被评为校级优秀团支部；在各类创新创业大赛中，学院获得省部级奖项5项、校级奖项3项，其中"中青益草——优质自主创新青贮菌剂先驱"项目团队荣获2020年"北京地区高校大学生优秀创业团队"一等奖。

学院不断打造具有专业特色、品牌特色的学生活动，如"草业文化节""草地运动嘉年华""研途大讲堂"等系列活动，在学院内营造草业文化特色氛围。2020级新生参与的纪念"一二·九"大型文艺汇演，荣获比赛三等奖；院研究生会获得2020年度优秀研究生会二等奖。

(杜玲　汪磊)

【党建工作】

学院共有党员131名，其中，教职工党员29名、学生党员102名，设6个党支部，全年共发展13名党员，预备党员转正21名，二级党校培训积极分子、发展对象、预备党员55人次，制定了党支部每月"一报"、每月"一答"制度，累计答题超过400人次，形成党委指导学、支部组织学、小组交流学、个人主动学的"四学"模式。

8月26日，学院召开第一次党员大会，学院全体党员参会，校党委常务副书记张东军同志出席，学院党委书记李鹏作学院党委工作报告，王显国、杜玲、李鹏、张万军、张英俊5人当选草业学院第一届党委委员，李鹏、张英俊、何玉娟3人当选为草业学院出席学校四次党代会代表。大会结束后，召开了新一届党委委员第一次全体会议，选举李鹏为书记、杜玲为副书记，明确了委员分工，李鹏兼任组织委员、杜玲兼任宣传委员、张英俊任纪律检查委员、张万军任统战委员、王显国任保密委员，确定了党委委员联系党支部和联系党外人士。

（刘方圆）

【教代会与工会工作】

新冠疫情期间，按照学院和校工会疫情防控统一部署，购买发放5 600个口罩、自动洗手机、手套和洗手液等防疫物资，切实保障学院教职工身心健康。配合学校积极开展三八妇女节、五一国际劳动节、线上运动会等文体活动，并获"优秀组织奖"。组织召开学院首届教职工趣味运动会，按照学校党委提出学习平台"一院一品"的建设目标，承办主要面向青年教师的学习交流平台"启明论坛"，并完成5次论坛报告。与学院教学部门一起，组织青年教师参加"第一届青年教师教学基本功比赛"和学校"第十二届青年教师教学基本功比赛"，获得"优秀组织奖"。2020年学院共有5名代表参加了学校第四届教职工暨工会会员代表大会。

（王显国）

营养与健康系

【概况】

营养与健康系于2020年3月成立，是直属学校的二级实体机构，前身是北京食品营养与人类健康高精尖创新中心。营养与健康系科研办公场所总面积9 826米^2，拥有3个省部级实验室：功能乳品教育部北京共建重点实验室、畜产品北京市高等学校工程研究中心、食品精准营养与质量控制教育部重点实验室；建设了6大公共平台：流行病学与人体健康评估平台、分子营养平台、肠道健康平台、营养组学平台、健康产品转化平台、营养宣教平台。

营养与健康系以建设国家一流学科为目标，以国家重大战略需求为导向，针对我国符合中国人群的营养健康标准缺失、慢病防控与健康促进的控制技术方法匮乏、生物医学大数据资源流失分散等国家重大需求中的科技创新供给力问题，以中国人群高发代谢性疾病（包括糖尿病及肥胖）和心血管疾病等重大慢病为研究对象，围绕营养与流行病、环境与营养健康、精准营养与健康工程、营养源与健康4个方面进行布局。

（史娟）

【学科与专业建设】

营养与健康系拥有"营养与健康科学"一级交叉学科博士学位授权点，下设4个研究方向：营养与流行病学、环境与营养健康、精准营养与健康工程、营养源与健康；与动医学院共建“兽医学”博士后流动站。

（史娟）

【师资队伍】

2020 年，营养与健康系共有教职工 24 人，其中专任教师 10 人，包括中国工程院院士 1 人、教授 2 人、副教授 7 人。兼职教师 26 人，其中校外兼职 10 人，校内兼职 16 人。入站博士后 2 人。

通过高层次人才引进优秀人才 7 人；在学校“人才培育发展支持计划”中，营养与健康系入选中国农业大学“人才培育发展支持计划”讲席教授 A 类 1 人，青年新星 A 类 2 人；杰出科学家工作室团队负责人 1 人，青年科学家创新团队负责人 2 人，1 人被评为 2020 年度中国农业大学“优秀教师”；2 人获学校 2020 年度专任教师工作量排名前 100 名的优秀教师奖励；1 人入选北京市科技新星、教育部新世纪优秀人才。

（杨媛媛）

【教学工作】

2020 年“营养与健康科学”一级博士交叉学科首次招收博士研究生，“营养与健康人才培养专项（生物与医药专业）”2020 年成功立项，次年进行招生。2020 年共招收研究生 15 人，均为博士研究生。

完成了营养与健康科学博士生学位授予标准和培养方案制定，并完成了 16 门新开课课程大纲的撰写、修改、教学等工作。组织 22 人次通过培养环节考核；培养方案中设置科研轮训环节，通过跨实验室的科研轮转，打破学科壁垒，创新学科组织结构，把不同学科理论或方法有机地融合，以提升博士生科研技能和自主创新能力，实现培养创新型人才的个性化需求的目标，完成了 15 名博士研究生的实验室轮转。培养指导组全程对研究生的培养环节进行把关、指导。

营养与健康系 2020 年首届暑期大学生云端夏令营成功举办，共有来自全国各地 50 所高校的 113 名营员参与了本次夏令营。共有 23 人签订录取协议（其中营养与健康科学直博生 16 名，生物与医药专业硕士研究生 7 名）。

组织开展营养系 2021 年研究生招生导师资格遴选工作，有 35 名导师通过资审，进入 2021 年研究生招生导师信息库，并在 2020 年 11 月协助研究生院组织本系新增导师进行培训。

（高杰云）

【科学研究】

2020 年到校科研经费 4 919.375 622 万元，新立项各类科研项目 20 项，合同总经费 1 957.3 万元。其中，纵向项目 4 项，包括国家自然科学基金 2 项；横向技术服务、技术开发、技术咨询项目 12 项；申报国家自然科学基金项目 7 项，获批 2 项。立项基本科研业务费项目 4 项，合同总经费 24 万元。

发表 SCI 论文 60 篇、EI 论文 1 篇，共计 61 篇。影响因子 5.0 以上的 33 篇，入围 ESI

前10%的24篇,ESI排名10%～20%的15篇。获授权专利10项,申请专利2项;科技成果转化6项;合同总金额90万元。制定营养系2020年度科研成果产出与社会服务业绩津贴分配方案,发放科研业绩津贴18万元。

（高杰云）

【学生工作】

2020年,营养与健康系共有博士研究生15人,设班长1人,班委2人。其中学生党员11人。新生开学之初,组织系列迎新活动,如老生新生见面会,邀请高年级同学进行经验分享、参观校史馆等,使新生快速适应新的学习生活。

重视学生思想、生活、学习等情况。思想方面,通过线上线下等方式组织学生学习习近平总书记在纪念中国抗日战争暨世界反法西斯战争胜利75周年座谈会上的讲话、学习党的十九届五中全会精神,收看"名师大家讲党史"系列等直播公开课,并开展"弘扬优良传统,加强党性教育——黑山扈抗日战斗纪念园"主题党日活动。进一步增强学生的爱国爱党意识,提高政治素养。同时也积极关注学生思想动态变化,采用谈心谈话等方式进行沟通疏导。生活方面,为给学生营造一个良好的学习氛围,营养与健康系在食宿等方面给予学生尽可能的支持,解决了学生在建设大学校区就餐难的问题,同时也积极协调学生在东、西校区及建设大学宿舍之间调整事宜,累积调整宿舍27人次。学习方面,为更好地督促学生养成良好的自觉学习习惯,营养与健康系实行学生考勤制度,并给予考勤优秀的学生一定奖励,营造以促带学、笃实好学的学习氛围。

（高杰云）

【党建工作】

2020年,营养与健康系支部共有党员19名,党小组2个,其中,教职工党小组党员8名,学生党小组党员11名。按程序转正党员1名,接收党组织关系15名。

党支部始终把政治建设摆在首位,用习近平新时代中国特色社会主义思想武装党员头脑、指导实践、推动工作,教育党员牢固树立"四个意识"、坚定"四个自信"、做到"两个维护"。党支部严格落实"三会一课"制度,组织理论学习17次,召开组织生活会2次,组织主题党日活动3次。在目前营养与健康系党政领导班子尚未健全的情况下,健全决策机制,制定系务会工作制度,确保党建工作与直属系的发展建设高度融合,全年召集系务会7次。

党支部组织开展"青年教师职业能力提升计划""营养与健康科学"一级学科首届博士生新生入学系列活动。结合"不忘初心、牢记使命"主题教育活动,建立了"党员督导团",每月定期进行实验室、自修室、教室巡查;杜绝实验室安全隐患及各种不文明、不规范现象发生。另外,党支部最大限度地把师生组织起来,引导协调动员师生积极参与到全系发展建设的各项事务中去。一年来,以党支部党员为骨干力量,组织全体师生顺利完成了高精尖中心一期验收评估、营养与健康系揭牌、新学科首届博士开学典礼、系"十四五规划"编制以及各级领导调研视察等重要活动。

在服务师生方面,党支部坚持把解决思想问题和解决实际问题相结合。针对学生住在东、西校区内在建设大学做实验不方便的情况，协调相关部门，积极解决学生住宿问题；针对师生就餐难的问题，和公主楼二楼食堂建立每日送餐体系；针对师生科研任务繁重，不注意锻炼身体的问题，联合工会小组，协调解决运动场地等。

（史娟）

【工会工作】

重视和关心教职工身心健康，配合校工会为所有工会会员购买重大疾病保险和女工特疾保险；每年组织教工进行一次健康体检，保障教职工的身体健康；关爱女教工健康，每年组织女教工进行妇检。

积极组织各类文体活动，丰富教工文化生活。一年来，工会以丰富教职工的文体生活，帮助教职工娱乐身心、缓解压力，培养奋发向上的团队精神而努力。组建羽毛球队、乒乓球队，每周进行固定的训练，并积极参加学校范围内的各种比赛，增强教工队伍的团队合作精神和凝聚力。组织三八妇女节“多彩生活　手工制作”活动。

（杨媛媛）

【高精尖中心工作】

2020 年下半年，高精尖中心顺利通过第一期五年验收，在营养健康领域重大基础理论创新、健康产品产业化应用、解决食品营养与安全民生需求等方面均取得了系列标志性成果，为全面落实国家《健康中国 2030 规划纲要》提供了技术保障和智力支持。

在重大成果产出方面，中心建立了高通量农药残留分析方法，摸清了京津冀水果蔬菜农药残留情况，形成国际 AOAC 标准 1 项、国家标准 15 项；在国际上首次发现了粘菌素耐药新基因，为制定兽药国家标准提供了重要支撑；聚焦营养健康产业瓶颈问题，解决产业发展“卡脖子”技术与产品，实现了益生菌等健康功能基料国产化，破解了发酵剂等原料被国外垄断、制约的问题；开发了多种食品香料的绿色合成工艺生产线，解决了常用食品香料合成中的“瓶颈”问题；7 项科研成果获国家科技进步奖；提出 3 项“院士建议”，均得到国务院领导的批示。

在学科建设与人才引育方面，中心建设期间获国务院学位委员会批准建立了“营养与健康科学”博士学位授权一级交叉学科。引进高层次人才 33 人，形成了 29 位首席科学家领衔的创新团队；培养研究生 330 余人，培养企业技术骨干 662 人次；培育院士 3 人、长江学者奖励计划 4 人、何梁何利获得者 3 名。

在创新平台建设方面，建设期内搭建了全新的六大高精尖创新平台，包括人体健康评估平台、分子营养平台、肠道健康平台、营养组学平台、健康产品转化平台、营养宣教平台。拥有大型仪器设备 550 余台/套，固定资产总值 6 000 余万元。

在“两校共建”方面，带动北京工商大学“农业科学”首次进入全球前 1%，成为北京市属高校中第四个拥有 ESI 前 1%学科的高校，标志着学科进入世界一流行列。

（史娟）

烟台研究院

【学院概况】

烟台研究院源于2003年中国农业大学与烟台市人民政府合作建设的中国农业大学烟台校区。2007年5月30日，教育部批复同意设立中国农业大学烟台研究院，隶属中国农业大学。2015年6月17日，烟台研究院正式注册为独立事业法人，成为中国农业大学的二级单位，下设人文与经济管理学院、海洋与农业工程学院2个学院。

（李梅）

【学科建设】

烟台研究院现开设公共事业管理、市场营销、设施农业科学与工程、水产养殖学4个本科专业，共设53个班。拥有小麦玉米国家工程实验室烟台实验站（国家级）、食用菌育种实验室，农业农村规划研究中心、葡萄与葡萄酒研究中心、海洋与水产资源可持续利用研究中心、农业文化研究中心、农业物联网与大数据研究中心、生物质能科学与技术研究中心、智能无人飞行器应用研究中心7个校级科研中心。

（李梅）

【师资队伍】

总体情况 研究院教职工总数423人，在职人员261人，在职专业技术人员226人，其中正高级职称16人，副高级职称90人，中级职称103人，初级职称17人；具有博士学位34人，具有硕士学位117人。

人事改革 将烟台农校整体完全纳入研究院管理体系中，开展管理服务机构“大部制”改革，将16个管理服务机构压缩至8个，进一步提高行政工作效率。完成41名管理服务机构干部和101名职员招聘工作。

社保缴纳 完成研究院106人社保的补缴工作；为324人申报新一年社会保险基数并计算社保个人扣除部分明细；完成补充医疗增员工作。

（袁东红　李全）

【本科教学】

招生情况 录取普通本科学生450人，男生185人，女生265人，均为山东生源。录取最高分617分，录取平均分590.24分。共设15个班，市场营销专业设5个班，公共事业管理专业设4个班，设施农业科学与工程专业、水产养殖学专业各设3个班。

教育教学 疫情期间积极探索教学新模式，转变教师教学理念，将课堂教学中心由“教室”转向“云端”。本科45个班级开课390门次；通过智慧树开设网络选修课138门次；全校外聘教师48人次；全年完成教学工作量约16 282个标准学时。

继续推进《研究院关于推进“课程思政”教育教学改革与建设的实施方案》，不断提升课程思政能力，提升课程思政教学效果。本年度完成2项精品课程建设立项；2个精品课程和6个重点课程建设项目通过验收。开展“一流课堂、一流教学团队、一流教研室”建设，举办研究院第八届中青年教师教学基本功大赛；开展校级示范课、校级优秀教案、校级优秀在线课程、教学评优等评选活动。

组织学生参加第二十二届全国大学生英语竞赛C类、第十二届全国大学生数学竞赛初赛暨第十一届山东省大学生数学竞赛、研究院第十三届大学生基本技能竞赛、研究院第十届大学生科技论文大赛等活动。组织编印《研究院2020年优秀本科毕业论文集(大摘要)》等资料30册。申报国家级大学生创新创业训练项目，6项获得立项。研究院批准立项本科生科研训练计划(URP)项目148项，其中特别资助项目7项。

(崔晓燕　张晓辉)

【研究生教育】

2020年烟台专项新生入学352人，烟台研究院当前在籍研究生共552人，比2019年在籍研究生数量增长176%；烟台专项研究生18个专业全年共开课155门次，全年校本部教师247人次为烟台专项研究生开课，外聘本地教师1人次，完成教学工作量约4 280个标准学时。聘任研究生兼职导师共计248人，其中第一导师3人，兼职第二导师245人；设立10个研究生党支部，培训积极分子128人，发展党员109人；积极推进专业学位研究生实践基地建设，2020年烟台签约基地17个，在建63个，共计80个实践场所为专业学位研究生培养提供了条件。建立中国农业大学研究生会烟台服务中心官方公众号“CAU烟院新青年”，发文34篇，阅读量达1万以上。

(王铁)

【科学研究】

项目申报与验收　组织申报各级各类科研项目68项，立项科研项目28项，到位经费223.5万元；申报各级各类标准项目26项，立项标准项目4项，鲁东农业标准化培训实训基地(烟台)在研究院挂牌。完成2项省级、1项市级科研项目、9项研究院校内科研基金项目的结题验收工作；完成校地融合项目绩效评估；完成各类科研基金项目等20项课题的中期检查。

科技成果　获烟台市社会科学优秀成果奖三等奖2项、农业科技奖1项，获得发明专利3项，烟台市第31届社会科学优秀成果奖二等奖2项、三等奖3项。授权专利53项，其中发明专利6项、实用新型专利授47项。授权软件著作权18项。发表学术论文81篇，其中SCI 2篇，EI 1篇，核心期刊39篇；出版著作、教材11部。

校企合作　疫情期间，通过视频指导、培训或电话、微信等途径为200多家企事业单位答疑解难，与89家企事业单位联合申报科研项目。

(于立芝)

【学生工作】

学生教育　全院范围内开展学雷锋、以“青春心向党，建功新时代”、以“强农使命在肩　爱国奋斗有我”等主题团日活动；评选出10位烟台研究院“五四青年标兵”；开展春季团日活动答辩会，水产182团支部获得一等奖，公管182团支部和国旗班获得二等奖，公管183团支部、营销171团支部、设施182团支部获得三等奖。人文学院团总支获得优秀组织奖。水产182团支部代表研究院参加校本部“十佳团日”活动评选答辩，并获得了“十佳团日”荣誉称号。以“青年大学习”为抓手，全面开展青年学生思想建设工作，烟台研究院在全市青年大学习活动中位居前列。

（唐颖）

社会实践 结合疫情防控各项工作要求和学员工作实际，组织开展以“乡村振兴青春建功”“脱贫攻坚·青春建功”2020年中国农业大学“稼穑之路”学生社会实践活动。学院4支小队获得校级优秀小队，1支小队获得校级一等奖，2支小队获得校级二等奖，1支小队获得校级三等奖；10人获得暑期社会实践校级优秀个人；1支小队获暑期社会实践优秀成果。组织青年团员参与志愿各类服务活动，截至2020年底，烟台研究院志愿北京注册志愿者达1 400余人，志愿时长达80小时以上者85人，18人被学校评为优秀志愿者。

（原玲　唐颖）

心理健康教育 疫情期间开通心理支持服务线上通道，时刻关注和牵挂着同学们的心理健康；在全院范围内开展疫情期间学生心理状况调查及危机学生排查，对重点学生进行线上或线下咨询。本年度个体心理咨询面询90余人次，网上邮箱、QQ咨询及电话、短信咨询数30余次。通过网络开展“5·25”大学生心理健康宣传月、“10·25”大学生心理文化节系列活动，共举办活动近10项，活动参与总人数600余人次。“心理学概论”等选修课的教学工作顺利完成。本年度共收到、阅读、回复心理委员各月度班级情况汇报表110余份；在2020年11月校本部优秀心理部评比活动中，获得三等奖。

（宫贤平）

创新创业 开展中国农业大学“兴农杯”创新创业、烟台市首届大学生创客“蓝色智造”创意大赛，组织参加“智创青春，筑梦远航”烟台市第四届大学生创新创业定向挑战赛、第八届全国大学生农业建筑环境与能源工程相关专业创新创业竞赛、第九届海洋文化创意设计大赛青岛啤酒命题比赛，均取得较好成绩。

（原玲）

就业与深造 2020届本科毕业生共352人。在新冠肺炎疫情带来的巨大就业压力下，研究院立足国家关心毕业生就业的大局，积极落实各项工作举措，截至2020年10月31日，本科毕业生就业率达91.76%，其中读研、出国180人，深造率为51.28%；考取各级各类选调生、公务员、事业单位40人，比例为11.36%。毕业生主要集中在山东省省内就业，华东地区就业人数占总人数的88.64%。帮扶39名贫困生顺利完成学业，就业率为100%。

（苏允政）

国防教育 加强学生国防教育，认真落实应征入伍和退伍学生相关协助工作，共计入伍3人，退役复学4人。做好日常学生毕业证件领取查询相关工作，切实解决学生在思想和学习生活上存在的问题和困难，帮助学生成长成才。

（张良）

奖学助贷 完成生源地助学贷款毕业还款诚信教育及相关协议的填报工作，成功为

44 名学生办理生源地助学贷款;完成校园地助学贷款毕业还款诚信教育及相关协议的填报工作,为 1 名学生办理校园地助学贷款。完成 130 名经济困难学生认定工作,共有 129 人获国家助学金。20 人获得国家奖学金,30 人获得国家励志奖学金,评出三好学生 86 名,优秀学生干部 30 名,优秀团干部 15 名,优秀团员 22 名,优秀班集体 6 个,优秀团支部 8 个,各级社会工作奖学金 35 名,文化活动奖学金 14 名,78 名学生获优秀学生奖学金,509 名学生获单项奖学金,53 名学生荣获校级"优秀毕业生",16 名学生荣获"北京地区高校优秀毕业"。

(张良)

【社会服务】

现设中国农业大学烟台函授站、中国农业大学现代远程教育烟台研究院学习中心。2020 年烟台函授站在校生总数 136 人。

与烟台市委组织部合作开展基层干部学历教育培训,顺利完成 1 512 人次教学任务安排,为学员在项目合作、技术交流、产业加盟等提供了信息交流平台。积极开展牟平区王格庄镇前松椒村的包村扶贫工作,组织相关专家进村举办科技讲座和现场交流、座谈和指导。选派 3 名中层干部分别到西藏日喀则、重庆巫山、烟台海阳开展对口支援,教师冯钢铭四进巫山开展支教活动,事迹突出,被评为"山东省最美教师",教师杜滨舵被评为烟台市师德标兵。

(李梅)

【党建行政工作】

党务工作 成立烟台研究院党委,烟台农业学校整建制由烟台研究院统一管理,烟台研究院党委主体地位得以确立。加强基层党组织建设,成立 4 个党总支、24 个党支部,全年发展党员 58 名;实行灯塔一党建在线平台二级管理;转接党组织关系 141 人次;收缴党费 72 972.29 元;完成 2020 年度党内统计工作。

结合研究院和驻地实际,制定了"双报到"共驻共建项目 5 项;在"双报到·同战'疫'"专项行动中,研究院 14 个党支部、9 支党员志愿服务队奋战抗疫一线,开展志愿服务 30 次,参加志愿服务党员 283 人次,领导干部带头到社区开展志愿服务 30 次,排查群众 3 000 人次,值守点位 12 个,群众劝导宣讲 2 000 次,公共区域消毒 480 次,巡察楼宇 96 次、生活服务代办 287 次。参加"用爱托起梦想"爱心捐赠暨便民服务活动,7 支党员服务队的 17 名党员和 5 名学生志愿者参加募捐活动。

(王晓)

廉政建设 贯彻落实党风廉政主体责任,健全党风廉政建设责任制、干部教育管理制、重大事项决策制等,把党风廉政建设纳入工作考核的重点内容之一。全年参与校园改造项目招投标 14 次。组织党员干部收听收看系列反腐警示教育片,举办专题警示教育宣讲,查找廉政风险点,制定整改方案,要求限期整改。配合烟台市纪委调查、取证、谈话 20 余人次接到信访举报 5 起,4 起已经妥善处理,给予 1 人党内严重警告处分。

(柳佳)

思想政治工作 制定和落实党委理论学习中心组全年学习计划。全年理论中心组学习 11 次。举办党的十九届五中全会精神宣讲报告会。在网站开辟专栏,学习宣传学校四次党代会精神、宣传学校近五年的发展成就；布置了"砥砺奋进的五年——中国农业大学第三次党代会以来发展成就展"宣传橱窗；组织收看大会开幕式、闭幕式实况，常务副书记、副院长周旭峰以《凝心聚力　团结一致"做实做大做强"烟台研究院》畅谈研究院发展美好未来。围绕全面建成小康社会、习近平总书记回信一周年等重大节点、重大事件，加强宣传报道和舆论引导，自主报道及转载相关文章 74 篇；网站首页审核通过新闻 194 篇；在烟台研究院微信公众号推送 132 篇。

（崔晓华）

【后勤保障】

后勤保障服务不断提高，平安校园建设持续加强，信息化建设取得成效。完成研究院财务管理数据迁移至本部财务系统，完成研究院教职工数据导入校内平台，增加了研究院教职工的归属感。完成葡萄酒研发中心交接工作，交付物业管理中心下属企业进行管理。完成钢结构实验室研究生实验仪器设备，多媒体教室设备，英语四、六级考场设备，钢结构实验室暖通工程等招标工作。

（张海峰　王文博　井闽）

【疫情防控】

疫情发生以来，第一时间成立疫情防控领导小组，深入贯彻党中央、国务院关于疫情防控工作的重要指示精神和决策部署，把疫情防控工作为全年最重要、最紧迫的工作抓实抓好，科学制定各项防控方案及预案，切实开展师生防控、校园管制、宣传引导、物资保障、卫生整治、线上教学、学生返校等工作，牢牢守住了校园疫情防控安全线。

（李梅）

【校园建设】

完成图书馆、高层学生宿舍（双塔）公寓楼土建、水、电、暖工程，共计 75 047 米^2，完成消防工程电检和消检工作，落实消防整改问题；高层学生宿舍（双塔）公寓楼配套直饮水系统、洗浴系统交付使用；完成学生食堂第三层改造装饰安装工程；完成钢结构实验室的室内及室外配套项目。

（辛秀琛）

【烟台格罗宁根大学项目】

3 月 26 日，荷兰格罗宁根大学在其官网发表声明：已完成烟台项目的决策过程评估，各大董事会同意相关评估报告结论，研究院第一时间完成了该报告的翻译汇总工作，确保中方及时、准确掌握荷方动态。年内完成烟台格罗宁根大学项目总报告；11 月 23 日，省教育厅报告项目情况，会后将省厅有关意见报烟台市政府；11 月 24 日，山东省教育厅致函中农大协商继续推动合作办学事宜（烟台格罗宁根大学项目筹备期为 2017 年 11 月 30 日至 2020 年 11 月 30 日）。

（孙腾飞）

附:烟台研究院2020年大事记

5月10日,烟台市纪委监委驻市教育局纪检监察组组长王强带领市新冠肺炎疫情处置工作领导小组(指挥部)办公室学校复学工作组一行7人来到烟台研究院,对研究院2020年春季开学准备工作进行首次核验。

5月15日,山东省教育厅学位管理与研究生处副处长梁强带领省高校开学条件核验复核第十九督察组一行6人到烟台研究院,对春季开学条件核验进行复核。

7月9日,副校长王涛和研究院领导在主楼一层会客室与烟台市委常委、市委宣传部部长、市委教育工委书记于永信等烟台市有关领导就加快推动校市合作和今年烟台研究生专项355名新生和新增本科第二学位学生的入学准备工作进行了会谈。

8月13日,学校党委书记姜沛民、校长孙其信带队前往山东省烟台市,与烟台市委书记张术平,市委副书记、市长陈飞及烟台市相关领导共同研究推进校地合作办学工作,并检查了烟台研究院秋季学期开学准备情况。

8月29日上午,学校党委常委、副校长辛贤,党委副书记李培景在烟台研究院召开会议,传达中国农业大学党委关于烟台研究院人事任免的决定。

9月3日上午,高新区工委副书记、管委副主任刘来英,工委委员、管委副主任王媛带队来到烟台研究院,开展现场观摩交流活动。

9月4日下午,烟台市副市长崔宗涛一行来研究院共同召开专题会议,落实8月13日烟台市校地合作联席会议精神。

9月9日,烟台市委书记张术平一行到烟台研究院走访慰问。

9月16日,烟台研究院举行烟台专项研究生、二学位2020级新生开学典礼。

10月30日,烟台研究院召开教师干部大会,宣布学校干部任免决定。

11月18日,烟台研究院召开教职工大会,对研究院管理服务机构"大部制"改革进行动员。大会发布了内设机构及岗位设置方案,对原中层干部开展了民主测评,并对内设机构负责人进行民主推荐。

12月2日,烟台研究院举行党的十九届五中全会精神宣讲报告会,烟台市委常委、宣传部部长、市委教育工委书记、烟台研究院党委书记于永信作宣讲报告。

12月11日,烟台研究院农业文化研究中心开展赠书活动。

12月18日,中国农业大学党委书记姜沛民为烟台研究院水产专业的学生上"党的十九届五中全会精神"形势与政策课。

12月26日,由中国农业工程学会、全国农业科技创业创新联盟和中国农业大学共同主办的第八届全国大学生农业建筑环境与能源工程相关专业创新创业竞赛在烟台研究院举行。

(李梅)

巡察工作

【概况】

2020年中国农业大学党委巡察办公室坚持党的领导，不断提高政治站位，对标对表中央和教育部党组对巡察工作的有关要求，贯彻落实学校党委工作部署，牢牢把握巡察政治定位，围绕“四个落实”，对校内二级党组织开展全面政治体检、深入查找政治偏差，以高质量巡察工作推进学校全面从严治党向纵深发展。

（马琳）

【加强顶层设计】

学校领导高度重视 学校高度重视巡察工作，党委书记作为第一责任人，对巡察工作亲自部署，不断加强巡察工作顶层设计，带头研究工作，带头破解难题，带头推动落实。2020年，党委书记主持召开3次巡察工作领导小组会议，对巡察发现的问题和推动整改提出具体意见；主持党委常委会5次研究部署7项巡视巡察工作，统筹谋划巡察工作。党政领导班子成员按照“党政同责”“一岗双责”的原则，认真听取分管、联系单位巡察情况报告，参加分管、联系单位巡察反馈会，代表学校党委组织、指导分管和联系单位抓好巡察整改、用好巡察成果。

完善组织机构建设 2020年4月，学校党委根据校内巡察工作实际需要和教育部党组有关文件精神，进一步充实巡察工作领导小组成员，将小组成员调整为：党政办公室、党委组织部、纪委办公室（监察处）、党委宣传部、学校研究室、党委教师工作部、人事处、党委巡察办公室等部门负责人。2020年5月14日学校将巡察督导办公室调整为党委巡察办公室，列为学校党委独立部门，作为领导小组日常办事机构，设立编制5个（含处级岗2个），承担对巡察工作的统筹协调、指导督导、服务保障等职责。

健全巡察工作制度 巡察办公室深入学习中共教育部党组出台的《中共教育部党组关于直属高等学校党委开展巡察工作的指导意见》《中共教育部党组巡视成果运用办法的通知》，第一时间修订了学校《巡察工作办法》，聚焦“四个落实”，进一步强调巡察工作的总体原则，健全巡察机构队伍，明确巡察对象和任务，调整巡察监督内容，规范巡察工作程序，强化巡察成果运用，严明巡察纪律责任。巡察办公室认真总结巡察工作实战经验，及时修订《巡察工作手册》，推进巡察工作科学化、规范化。

（马琳）

【扎实开展工作】

完成巡察全覆盖任务 学校党委统筹疫情防控工作的同时，围绕“四个落实”监督重点，坚持“严”的主基调，共组织开展了四轮巡察工作，抽调巡察干部63人次，完成了对8个二级党组织的巡察工作，实现了党委一届任期内对25个二级党组织的巡察全覆盖工作。巡察对象涉及党政管理机关、后勤服务、校产企业、教学单位等多个不同类型的党组织，共有428名教职工接受了个别谈话，面向教职工发放并收回有效问卷1 643份，组织9场离退休老干部座谈会，60余名离退休老干部参会并提出意见建议。巡察机关党委过程中，将巡察对象向下一级延伸至所属28个党支部，涵盖32个部处。

不断细化检查内容 校内巡察工作坚持从政治高度看问题，以聚焦党组织职能责任为监督重点，以“四个对照”作为监督标准，围绕“四个落实”梳理了100多个具体观测点，提出4个方面15个重点领域48个重点关注问题，特别是结合疫情防控有关工作要求，巡察过程中特别检查了被巡察党组织有关疫情防控责任落实情况。立足观测点，根据被巡察党组织特点，区分领导干部成员和一般教职工的谈话内容，拟定谈话提纲共14个；根据被巡察党组织类型差异，区分党员、非党员设计调查问卷共10个，充分发挥巡察“探照灯”作用，做到“真发现问题，发现真问题”。

强化巡察成果运用 每轮集中巡察结束后，第一时间向班子及党组织公开反馈巡察发现的问题，推动被巡察党组织即知即改、立行立改、全面整改，2020年围绕“四个落实”发现二级党组织具体问题共计225个。并及时发现了巡察中发现的涉及其他部门协助整改的问题与巡察中发现的共性问题，逐一向有关部门反馈，推动问题解决。巡察工作坚持“问题表现在下面，根子在上面”的原则，第三届党委常规巡察全覆盖后，认真梳理巡察发现的共性问题15类，推进深层次问题解决。

压实巡察整改落实 为进一步压实巡察整改“后半篇文章”，校内巡察工作加大反馈力度，进一步强化整改责任，不仅面向各被巡察单位党员干部召开巡察情况反馈会，还面向各被巡察单位党政主要负责同志或全体班子成员召开班子反馈会，今年共组织召开公开反馈会议及班子反馈会议23场。针对机关党委巡察工作的特殊性，提出巡察整改提出的“双主体责任”要求，安排学校领导分别参加分管部门的巡察反馈会并提出整改要求，推动机关党委和各部门共同压紧压实整改责任，到共性问题不忽视，个性问题不放松。同时，谋划对第三届党委被巡察单位开展巡察整改监督检查工作。

（马琳）

【成效逐步显现】

被巡察单位通过巡察整改，不断增强“四个意识”，强化对中央战略部署和学校各项工作要求的落实，全面从严治党工作进一步压实，内部治理体系和治理能力建设逐步加强，部分长期性制约改革发展的问题逐步得到整改，解决了一批师生关心关切的具体问题，有力推进了被巡察单位的事业发展。

学校党委高度重视巡察中发现的问题和教职工反映的意见建议，针对性地提出对策举措，形成学校治理合力，达到推动改革、促进发展的目标。巡察开展以来，校内信访数量明显下降，全面从严治党、从严治校持续向基层延伸、向纵深发展；通过调整巡察中发现的群众反映强烈的二级党组织班子，党组织的政治生态明显好转；解决了一批群众关心的校园环境、养老等涉及群众切身利益的问题，提升群众的获得感、幸福感、安全感。

（马琳）

党委研究工作

【概况】

党委研究室成立于 2018 年 6 月 26 日，2020 年 5 月 14 日更名为研究室，主要负责学校党的建设、发展改革调研及相关文稿起草工作。2020 年，研究室以深入学习贯彻习近平新时代中国特色社会主义思想，全面贯彻落实党的十九大和十九届二中、三中、四中、五中全会精神，认真落实习近平总书记关于教育工作的重要论述和给全国涉农高校的书记校长和专家代表回信精神为主线，紧紧围绕建立健全不忘初心、牢记使命制度，进一步坚持和加强党对学校工作的全面领导，筹备召开学校第四次党代会，以及高质量推进“双一流”建设等学校重大任务，开展综合研究和文稿起草工作。

（张艳）

【党建思想政治研究类工作】

组织申报北京市党的建设研究会 2020 年度党建研究课题、北京高校党建研究会 2020 年度党建研究课题。获批《北京高校不忘初心、牢记使命制度建设的实践研究》《高校不忘初心、牢记使命制度研究》调研课题。获评北京市党建研究会 2019 年度优秀自选课题三等奖、北京高校党建研究会 2019 年度课题优秀奖。

组织编辑出版《中国农业大学党建研究成果文集（第二辑）》（北京：中国农业大学出版社，2020. 9）。谋划 2020 年书记亮点项目“传承红色基因，讲好农大故事”思想引领行动，开展学校红色基因研究和阐释宣讲，编写《中国农业大学红色基因学习研讨参考资料（系列之二：延安精神专题）》。启动撰写纪念建党百年“农大 100 个红色故事”。汇编《中国农业大学扶贫工作研究参考（内部资料）》，参加编写《玉汝于成：脱贫攻坚伟大事业中的中国农大》。结合制定“十四五”规划，汇编《党建和思想政治工作规划研究参考资料》。

（赵竹村）

【智库联络】

发挥研究室自身优势，坚持“走出去”，与全国党建研究会、北京市党的建设研究会、北京市委教育工委研究室、北京高校党建研究会、北京市委统战部研究室、北京高校统战理论与实践研究会、中国延安精神研究会、中央党校“发展智库”、中央社会主义学院及北京社会主义学院等党建相关智库，基本建立起工作联系，承担党建课题，参与研讨活动，推荐调研成果、工作成果，初步形成与学校、院系党的工作密切相关的智库网络，服务党建实际工作。

（韩晓燕）

【学校重要综合性文件、文稿起草】

牵头修改完善《中共中国农业大学委员会关于加强党的政治建设的若干措施》，以制度机制、规范要求、组织管理、创新引领、量化要求、负面清单等六类措施来构建学校政治建设制度化体系。牵头制定《中共中国农业大学委员会 2020 年党建工作计划》。参与书记履职亮点项目申请报告、中期报告、总结报告的起草以及学校年度党委工作总结、迎接建党百年行动方案、学校党建与思想政治规划等材料的综合协调和起草工作。

积极配合学校党建和思想政治工作的开展，凝练党建成果，在《党建》杂志刊发党委书记姜沛民同志的署名文章《以“全覆盖 双提升”激荡青春力量》(2020 年第 6 期)，展示学校“全覆盖 双提升”大学生党支部建设工程成效。

积极参与“双一流”建设周期总结工作，协助发展规划处完成文稿的编写任务。积极参与第五轮学科评估的调研工作。完成领导各类文稿、会议纪要的起草和修订工作。

（张艳）

【第四次党代会的筹备工作】

围绕筹备召开学校第四次党代会，加强学校党的建设和事业发展综合调研。梳理五年来全校党政群团等 80 余方面工作资料，形成《中国农业大学党的建设和事业发展综合调研材料》，积极为校党委研究学校未来发展目标和思路提供参考。作为第四次党代会筹备工作秘书组单位之一，积极协调和完成了党委工作报告起草工作。

（赵竹村）

组织工作

【概况】

2020 年，党委组织部(党校)以加强政治建设为统领，以巩固深化“不忘初心、牢记使命”主题教育成果为着力点，以学校第四次党代会胜利召开为契机，深入学习贯彻习近平新时代中国特色社会主义思想，深入学习贯彻党的十九届四中、五中全会精神和学校第四次党代会精神，坚持贯彻新时代党的组织路线，在学校党委领导下，紧密围绕学校中心工作，严格党员教育管理，扎实推进基层党组织建设，着力打造忠诚干净担当高素质干部队伍，坚持改革创新，不断提升组织工作的科学化与专业化水平，奋力谱写全面建设中国特色、农业特色世界一流大学新篇章。

（王博）

【党建工作】

中国农业大学党委下设22个分党委、2个党总支、2个直属党支部，499个基层党支部。基层党支部中，学生党支部294个，在职教职工党支部155个(其中教学科研一线党支部77个)，离退休党支部50个。全校共有党员11 179人，占全校总人数的36%。学生党员共计6 760人，占学生总数的31%(其中，本科生党员1 344人，占本科生总数的12%；研究生党员5 416人，占研究生总数的53%)；在职教职工党员2 516人，占教职工总数的48%(其中在职专任教师党员1 093人，占教师总数的60%)；离退休党员1 107人，占离退休总数的37%；其他党员796人。2020年共发展党员1 242名，其中本科生590名、研究生600名、教职工52名。全年共有3 108人办理党员组织关系接转手续，其中转入1 325人，转出1 783人。

巩固深化“不忘初心、牢记使命”主题教育成果 梳理分解整改工作任务，制定各单位年度任务清单，开展期中检查，督促各单位整改落实。2020年应完成的32项整改措施已基本完成，并撰写上报《“不忘初心、牢记使命”主题教育2020年整改工作情况报告》。牵头制定学校《关于巩固深化“不忘初心、牢记使命”主题教育成果的若干措施》，形成长效机制。落实教育部“百年行动”计划，牵头负责“诊断行动”，制定学校行动方案，分解工作任务。开展政治体检，形成学校《“诊断行动”开展情况报告》并上报。

高质量完成第四次党代会筹备任务 研究制定第四次党代会筹备方案并组织实施，组织召开党代会筹备工作领导小组会议，积极与上级单位沟通，及时规范报送相关请示材料；扎实做好各级党组织、广大党员的动员组织工作，为二级党组织、基层党支部、全体党代表开展工作培训；克服疫情影响，组织全校各党支部、全体党员规范有序开展党代会代表选举和第四届党委、纪委委员推荐工作，对有关人选进行组织考察；牵头做好大会日程安排、各类会议议程安排及主持词起草、大会及两委一次全会选举、大会材料归档整理等工作。

组织引领广大党员投身疫情防控工作 在校党委指挥下，制定《关于充分发挥学校各级党组织作用 为打赢疫情防控阻击战提供坚强政治保证的通知》，研究制定关于在疫情防控一线考察识别干部方案，号召激励全校党组织和党员干部投身疫情防控；组织全体党员捐款，募集善款103万元全部交付中央用于支援抗疫一线工作。积极落实教育部“四个一”行动，组织各级党组织和全体党员统筹抓好常态化疫情防控与党建工作；在全校党支部中深入广泛开展“同心抗疫、党旗飘扬”主题党日活动。

提升基层党建工作质量 学习贯彻《中国共产党基层组织选举工作条例》，指导6个二级党组织规范换届；进一步完善京外机构党建工作，研究制定《京外机构党的建设工作暂行规定》，成立烟台研究院党委，理顺三亚研究院等校外基地党建机制，实现了党的组织纵向到底、横向到边全覆盖；坚持二级党组织、教职工党支部书记述职考核评议全覆盖；深入推进“全覆盖 双提升”大学生党支部建设工程；落实教学科研一线教师党支部书记待遇，开展教职工党支部活动立项；深入26个二级党组织开展基层党建专项督查，排查梳理各单位存在问题并督促整改，确保基层党组织战斗堡垒坚强有力。抓好党员日常管理，打造过硬党员队伍，克服疫情困难，严格程序做好发展党员、党费收缴管理使用、党员组织关系转接等党务工作，积极走访慰问帮扶老党员和困难党员。

(王博)

【干部工作】

截至2020年12月31日,学校共有处级领导干部243人,其中正处级87人,副处级156人。正处级干部平均年龄48.30岁,副处级干部平均年龄42.97岁。具有博士学位的干部135人,占56%;具有硕士学位的干部91人,占37%;具有本科学位的干部17人,占7%。女干部83人,占34%;党外干部28人,占12%;少数民族干部16人,占7%。

打造忠诚干净担当高素质干部队伍 落实学校干部队伍建设规划,坚持正确选人用人导向,研究制定《处级领导干部政治把关和政治素质考核实施办法》,将政治标准、政治要求贯穿育选管用全过程。在疫情防控的严峻形势下,调整工作方式方法,高效开展干部调整,大力开展民主推荐,扩大选人用人视野,注重在疫情防控和脱贫攻坚一线考察锻炼干部,一批经过历练的干部走上领导岗位。全年共组织各类干部民主推荐会14场,会议推荐940人次,谈话调研推荐399人次。全年调整干部127人次,其中提任干部33人,干部队伍结构进一步优化。坚持"凡提四必",做到纪检部门意见必听、信访举报必查、个人有关事项必核、干部人事档案必审,全年开展干部考察36人次,民主测评3 889人次,谈话886人次。根据学校拓展办学资源的事业发展需要,配强三亚研究院、烟台研究院、涿州教学实验场领导班子,选任三名校长助理分别具体负责平谷、烟台、雄安(涿州)三地工作,为学校"双一流"建设提供干部人才保障。

丰富成长路径,健全干部挂职锻炼长效机制 选派德才兼备、有培养前途和发展潜力的干部到艰苦地区和上级单位挂职培养。目前共有6名援派干部,4名校地、校校挂职干部,进一步落实《关于加强教师干部挂职锻炼工作的若干意见》,加强对挂职锻炼工作的顶层设计和统筹谋划,推进挂职锻炼工作的规范化和科学化,通过挂职锻炼加大对干部的培育力度,进一步建立健全教师、干部挂职锻炼长效机制,做好挂职人员的期满考核和挂职后安置。进一步做好教师校内挂职工作,截至目前已选派13名政治素质好、工作能力强、实绩突出、群众公认的专业教师与管理干部到校内管理服务机构和校外基地挂职,取得了良好成效。

秉持"严管即厚爱",激励担当作为 扎实开展了个人有关事项报告专项整治。通过"线上集中培训、线下一对一指导"方式组织做好个人有关事项申报工作,2020年随机抽查一致率100%,重点查核一致率96.3%,比往年均有较大提高。加强干部出国(境)管理。协助上级单位做好校级领导班子成员岗位回避情况专项检查。全年开展了30余人次的处级领导干部兼职审批。加强宣传教育,干部逐步习惯在监督管理下工作。制定《关于进一步激励干部新时代新担当新作为的实施意见》充分调动和激发干部的积极性、主动性、创造性,加快推进学校事业发展。充分发挥考核的激励鞭策作用,在2019年度考核工作的基础上,进一步优化处级干部年度考核与二级单位年度考核体系,激励干部担当作为干事创业。继续做好干部试用期考核工作,通过工作总结、述职测评、谈话调研、确定结果等程序,32名试用期满干部全部通过了考核。发挥任期考核的评价作用,对农学、园艺、植保、马院(马克思主义学院)开展换届任期考核,将考核结果作为干部继续任用的重要依据,对排名靠后的同志进行调整,发挥考核的"指挥棒"作用。加强对干部的关心关爱,组织部门负责人经常与干部谈心谈话,对援派干部、荣休干部、退出领导职务的干部开展多种形式的慰问。

落实党管人才要求,进一步完善人才工作机制体制 认真落实人才工作相关会议精神，完善学院党委—职能部门—组织部门—学校党委四级联动人才政治审核把关工作机制，做好高层次人才的政治审核把关、安全保护。坚持选好育强，做好人才项目申报与教育工作。共推荐了6人参与北京市优秀青年人才评选，其中，动物医学院朱奎教授入选“第九批北京市优秀青年人才”。

（钟占蓉）

【党校工作】

加强党校自身建设

一是开展党务干部业务培训。对组织员进行专项培训，讲解学校党校的历史沿革、工作制度、体系设置等，重点介绍入党积极分子、发展对象、预备党员等发展党员各环节的培训和教职工党员、党支部书记的培训任务及工作要求；同时对本科生、研究生党支部书记分别进行发展党员工作专项培训。

二是开展“党课来讲啦”活动。各级党组织书记讲授专题党课，挖掘优秀课程，录制视频资料，积累教育素材。牵头制作战“疫”示范微党课，面向全国高校师生播出，并被推荐为中组部精品微党课。

三是制定并实施2020年党员教育培训计划。坚持集中培训、集体学习、个人自学和组织生活、实践锻炼有机结合，落实“三会一课”、期末集中组织生活等制度，引导师生牢固树立“四个意识”、坚定“四个自信”，坚决做到“两个维护”。

做好师生党员和入党积极分子等教育培训

一是分别举办教职工入党积极分子、发展对象和预备党员培训班。60名教职工入党积极分子、40名发展对象和28名预备党员参加了培训。培训包括集中培训、网络培训、现场教学、自学阅读等环节。

二是开展教师党支部书记教育培训。各二级党组织召开庆祝中国共产党成立99周年座谈会，表彰先进，交流工作经验；选派56名教师党支部书记参加专题网络培训。

三是指导监督二级党校做好学生入党积极分子等系列培训。2020年，二级党校累计举办入党积极分子培训班28期、培训入党积极分子2 838人；发展对象培训班29期、培训发展对象1 361人；预备党员培训班20期、培训预备党员1 055人。

四是组织开展党员日常学习教育。依托“同心抗疫 党旗飘扬”主题党日活动、期末集中组织生活等，组织党员集中学习党的十九届四中和五中全会精神、学校第四次党代会精神等，并进行研讨交流；组织各级党组织书记讲授专题党课；充分利用视频网络资源，组织师生党员观看高校党组织战疫示范系列微党课等，推广“学习强国”App、用好“学习路上”等网络学习资源。

大规模开展干部教育培训工作

一是全员理论培训，突出政治素质提升。举办处级干部学习贯彻十九届四中、五中全会精神系列培训，开展集体学习，聚焦“贯彻落实党的十九届四中全会精神，助推学校治理体系和治理能力现代化”主题，进行研讨交流。此外，处级干部每人在线网络学习52小时，并撰写理论文章。

二是按需精准培训，促进履职能力提升。组织新任职处级干部培训班，在干部自主选学的基础上，分类别（教学科研、行政管理、党务工作）对84名新提任处级干部进行有针对性的集中培训，提高干部领导能力，推动干部尽快转变角色、认真履职尽责。

三是开展组织调训，建好干部“储备库”。举办年轻干部培训班，对60余名40岁以下正科级干部进行组织调训。培训内容包括政治能力提升、综合能力提升、业务能力提升三部分，通过网络培训、集中辅导、调查研究、研讨交流等，全面提升年轻干部“七种能力”，探索形成了以“学”“写”“讲”“做”为基础指标、以“态度”为综合要素的“4＋1”年轻干部培训评价体系。综合日常考察、组织推荐、干部培训等情况，形成年轻干部成长记录，为干部选任提供科学依据。

（周进）

宣传思想文化工作

【概括】

2020年，党委宣传部坚持以习近平新时代中国特色社会主义思想为指导，围绕“举旗帜、聚民心、育新人、兴文化、展形象”使命任务和学校中心工作，重点做好理论武装、思政统筹、文化建设、新闻宣传工作，守正创新推动学校宣传思想文化工作不断强起来，为新发展阶段全面建设中国特色、农业特色世界一流大学提供坚强思想保障和强大精神动力。

（王美璇）

【理论学习】

深入学习宣传习近平新时代中国特色社会主义思想 将习近平总书记重要讲话和指示批示精神、《习近平谈治国理政》《习近平总书记教育重要论述讲义》、党的十九届五中全会精神等作为师生理论学习重要内容，确保师生政治理论学习全面系统、及时跟进。坚持疫情防控期间理论学习不放松，各二级党组织、基层党支部积极通过网络平台组织党员、师生开展在线学习。

完善校院两级中心组学习，以上率下加强理论武装 学校党委理论学习中心组每月召开一次专题学习会，定期督导检查二级党组织理论学习情况。落实教职工“双周三”集中理论学习制度，积极创新形式开展在线学习。组建党的十九届五中全会精神宣讲团，深入师生宣讲19场。组织编制学习资料23期，发放辅导图书2 800余册，发放图书报刊4 300余份。

稳步推进“校、院、系”三级学习体系建设 积极建设校级学习平台，举办“求是论坛”“卓越论坛”，举办“风展红旗如画”红色三明故事宣讲报告会，2020年举办校级高水平报告7场。二级党组织、基层党支部特色学习平台“学习者理论讲堂”“启明论坛”“乐学堂”等相继推出。

积极开拓理论武装新媒体阵地通过校园网、“两微一端”及时宣传报道师生理论学习动态，展示理论学习典型经验和优秀案例。升级“学习路上”微信企业号，将习近平总书记重要讲话和指示批示精神、党和国家重要决策部署第一时间推送给全校师生，全年推送近200篇。用好“学习强国”学习平台，开设“中国农业大学”学习强国号，评选表彰“学习强国”学习先进个人。

（王珊）

【意识形态】

加强意识形态工作研究和情况通报 党委理论学习中心组专题学习意识形态工作，党委常委会专题研究意识形态工作2次，研究相关工作21项，传达学习上级文件精神29次；通过二级党组织书记会议、学校宣传思想工作会议通报意识形态领域情况4次，研判意识形态领域风险12次。完善学校相关制度，推进意识形态工作规章制度库建设。

推动意识形态阵地管理责任向基层落地延伸 完善意识形态阵地"第一责任人、分管责任人、具体管理人"三级责任人体系，开展教育培训，打通意识形态阵地管理"最后一公里"。全年2次面向二级党组织和相关职能部门开展意识形态工作督查，将意识形态工作作为校内巡察的重要内容。

加强重点领域意识形态管理 严格落实"一会一报"制度，完善哲学社会科学报告会审批系统，根据疫情防控需要增加线上报告会审批功能，全年审批报告会267场，未出现一例需要叫停的情况。建设意识形态管理信息系统，加强教学管理、教师引进、涉外活动、科研项目、学生活动等重点领域阵地管理，推动形成常态化教材审核把关机制。

加强舆情收集研判处置 建立舆情监测系统和人工分析研判相结合的监测体系，建设"舆情反馈系统"，编制舆情周报52期、专报4期、快报17期。加强"两微一端"等网络阵地监管，日常对校内网站和师生自媒体进行巡看。针对校外组织和个人假借学校名义注册公众账号开展专项治理，促成4个账号关停或整改。

（王珊）

【思政工作】

深入开展"使命在肩 奋斗有我"主题教育活动，筑牢思想政治工作"生命线" 印发《中国农业大学深入开展"使命在肩 奋斗有我"主题教育活动实施方案》，在全校范围内深入开展主题教育活动。将学习习近平总书记关于疫情防控的重要讲话和批示指示精神及扶贫工作的重要论述，作为校院两级党委理论学习中心组和教职工理论学习重要内容，开展专题学习研讨。

实施"传承红色基因，讲好农大故事"思想引领行动 组建学校"红色基因·初心使命"宣讲团，精心组织红色基因主题宣讲，以学校悠久的光荣历史和深厚的红色基因滋养爱国情怀、引领师生奋进；采编农大系列故事，支持培育学院文化特色品牌活动，将学校百余年来积淀的精神文化内涵作为厚植家国情怀的丰厚资源。

巩固提升课程思政效果 支持和引领教师将思想政治教育与专业教育相结合，切实把思想政治工作贯穿教育教学全过程。在学校新闻网设立"课程思政启育记"专栏，形成农大特色在线教学管理与实施经验集。

多举措丰富"四史"学习教育活动 学校党委研究制定《在全校师生中开展党史、新中国史、改革开放史、社会主义发展史学习教育及新冠肺炎疫情防控知识竞答讲述活动的实施方案》，对全校"四史"及新冠肺炎疫情防控知识学习工作进行整体部署，着重强调要开展一系列突出学校的学习教育活动。将"四史"学习教育工作细化为五大方面措施、25条任务清单，明确学习教育要求，一体推进全校师生"四史"学习教育各项工作。

加快构建完善学校思想政治工作体系 学校思想政治工作领导小组办公室联合校内26家单位，各责任单位分工负责、协同推进，围绕八个体系建设任务，实施了278项工作举措加快构建完善学校思想政治工作体系。学校各部门不折不扣落实台账中的刚性指标，对于列明的工作职责在完成期限内逐个“清账”。其中，“聚焦精准资助　助力脱贫攻坚　构建资助育人新体系”和“以‘志愿人生第一课’为抓手　助推构建高校思政工作体系建设”作为学校完善思想政治工作体系的年度典型案例。

认真做好宪法法治教育　围绕“深入学习宣传习近平法治思想，大力弘扬宪法精神”主题，按照面向学生、宣传法治、准确解读、线上联动、务求实效的工作思路，通过实现全覆盖的宪法集中宣传教育，掀起尊崇宪法、学习宪法、遵守宪法、维护宪法、运用宪法的热潮，提升学生的法治观念和法律意识。

（田笛）

【校园文化】

做好专项规划编制工作　全面盘点“十三五”期间学校文化传承创新工作的进展情况，做好总结凝练。加强调研，谋划学校未来十五年发展愿景，形成面向2035的文化发展战略研究报告。深入研究、精心论证，编制“十四五”专项发展规划。

稳步推进“双一流”专项工作　继续围绕“千年智慧”（中华传统农业文化挖掘与传承）和“百年传统”（大学精神文化传统继承与弘扬）两大系列，开展文化传承创新工作。策划“浇灌绿色的希望——中国农业大学石羊河实验站倾情农业节水造福西北的故事”专题展览。出版《使命与传承——中国农业大学扎根河北曲周46年服务乡村振兴纪实》。开展农业文化遗产地系列调研4次，举办专题系列讲座6场。编辑《农业文化遗产与乡土中国——名家讲坛录》《农业文化遗产与年轻一代》。

营造积极向上的校园文化氛围　围绕迎新生、教师节、普法宣传日、“七一”、校友返校日等重要事件节点，通过讲座、橱窗专题宣传、活动氛围营造等形式弘扬社会主义核心价值观，以及学校百年历史文化所积淀的学校精神、学校发展成果。举办“使命传承——曲周精神事迹展”“张文绪虫书艺术、彭永娥根艺作品联展”“书香中国·美丽人生”全国全民阅读摄影大展、中国摄影家协会赴湖北抗击疫情摄影小分队汇报展、园艺专业毕业汇报展5期文化艺术展。

（岳庆宇）

【新闻宣传】

聚焦热点，精心策划重大专题　围绕新冠肺炎疫情、学校第四次党代会、决战决胜脱贫攻坚、学习贯彻党的十九届五中全会精神等重大主题策划专题27个。截至12月18日，新闻网刊发消息11 666篇，同比去年增加4 000余篇，增幅达45%，出版校报13期。推出的“同心战疫”专题，报道师生战疫情、保春耕、筑防线等典型事迹2 000余篇。在微信、微博、“学习强国”、央视频等平台推出“祈福华农”“党旗在战疫一线高高飘扬”“中国农大学子田间‘课堂’”“农博士微课堂”等稿件千余篇次，相关视频全网播放288.3万。制作的“决战决胜脱贫攻坚中国农大在行动”专题网站，发布扶贫故事、动态等文章200余篇。运用融媒体思路策划四次党代会宣传报道，文章访问量超12万。

强化融合，推动全媒体升级优化　大力实施“大观”融媒体计划。推动校园网页面及内容管理系统升级改版。新增“学习强国”和“中国教育发布”。“今日头条”号文章阅读量超106万，粉丝较上年增长36%，用户黏性明显增强。修订新媒体联盟制度3项，优化新媒体平台备案登记机制，为媒体融合发展奠定良好基础。新建立“新媒体平台申请备案”网上办事服务，全校范围收集整理备案登记近300份，有效推动校园新媒体健康有序发展。邀请校外专家开展了2次线上融媒体业务素养培训。策划实施了第21个记者节庆祝活动，创新2020年度学校新闻宣传工作表彰机制，进一步完善了新闻宣传队伍荣誉体系建设。

加强外宣，着力提升社会影响力 内容发布着力向移动端媒体发力，全年发布新闻6 000余条，较2019年增幅49.6%。短视频总播放量近80万。在校外媒体发稿933篇，增幅达46.70%。主动策划的内容4次在中央电视台《新闻联播》《焦点访谈》等重点新闻栏目中播出，联合《新京报》推出《脱贫攻坚倒计时 大国三农》和《新发展格局下的大国三农》专题报道，通过聚焦重大“三农”问题报道学校教学科研等方面的成就。各级各类媒体累计对学校疫情防控发表报道近500篇。策划拍摄的《河边的云》荣获2020年度人民网优秀校园新闻作品。

（于哲）

统战工作

【概况】

2020年，学校党委统战部坚决落实党中央关于新时代统战工作的重大决策部署，牢牢把握“大团结 大联合”的主题，紧扣凝聚人心这个根本，突出思想政治引领这条主线，认真学习领会习近平总书记关于党的政治建设重要论述，坚决贯彻落实学校党委加强党的政治建设工作要求，着力提高政治站位，使学校统战系统成为“两个维护”的坚强阵地；以习近平总书记给全国涉农高校的书记校长和专家代表回信精神指导学校统战工作，全方位支持各民主党派组织和统战成员积极参加脱贫攻坚和乡村振兴行动，增强强农兴农的责任感和使命感；坚决履行学校党委对机关党委及所属各部门巡察反馈整改意见各项任务落实落地，切实履行管党治党政治责任的“一岗双责”；坚持以“同心圆工程”强化思想政治引领凝魂聚气，以“心桥工程”开展实践锻炼锤炼素质能力，以“党外代表人士队伍建设工程”吸纳和汇聚人才，把握前进方向，厚植家国情怀，擦亮奋斗底色，努力推动学校统战工作提质增效，为党的事业不断汇聚力量。

（杨志）

【加强政治建设，提升能力和水平】

按照习近平总书记关于干部提高“七种能力”的要求，积极参加中央统战部、教育部、北京市委、市委教育工委和学校党委组织的学习培训班、报告会和工作交流座谈会，不断提升政治判断力、政治领悟力、政治执行力，不断提升做好统战工作的能力。健全和落实校、院两级工作机制，制定《中国农业大学二级党组织统战委员工作职责》，细化考量指标，并在二级党组织年度评议考核中加以落实。加强阵地建设，认真梳理各民主党派中央和学校各民主党派组织发展历史，重新布置各党派办公室，使之成为统战部又一个思想政治宣传的重要阵地。组织广大统战系统成员，聚焦京郊科技帮扶，做好“北京科技小院”大文章，为助力京郊“三农”事业发展多作贡献；团结全校统战系统成员积极投身抗击疫情、防控疫情的战斗，将抗疫精神作为爱国主义教育的生动教材。

（刘秀梅）

【努力拉长半径，绘就最大“同心圆”】

充分发挥党委统战部网页、统战部微信企业号和“CAU 心桥心语”公众号的宣传教育功能，及时发布习近平总书记重要讲话和上级有关统战工作的重要部署，加强各民主党派和统战团体开展活动和获受表彰的新闻报道，特别是疫情防控期间，在公众号发布民主党派成员和无党派人士的“抗疫印记”，体现了党外知识分子与中国共产党同心抗疫、共克时艰的决心。全年共发布 44 篇新闻报道，推送 55 篇公众号。

11 月 30 日，邀请中央社院沈桂萍教授作民族宗教工作专题报告，各分党委（党总支、直属党支部）分管书记、统战委员、党务秘书（组织员）和辅导员 140 余人参加培训。12 月 4 日邀请中央统战部一局副局长张衍前为学校民主党派组织负责人和骨干成员作专题报告，增进他们系统、全面、深刻了解中国共产党领导的多党合作和政治协商制度，增强制度自信。另外，统战部还精心遴选 21 名学校中青年党外高级知识分子骨干参加北京市教工委举办的高校党外代表人士（民主党派基层骨干）网络专题培训班。

鼓励民主党派组织和成员发挥专业优势，打造精品特色活动。推动九三学社农大委员会承办九三学社基层组织教育与创新创业论坛联盟·2020 研讨会和出版会刊。支持农工党农大支部开展“同心沙龙，共筑健康”系列讲座，农工党员、海淀区政协委员芮玉奎建立“政协芮玉奎委员工作站”。民盟农大委员会每月举办的“盟员活动日”，增强活动的多样性和持续性。致公党农大支部继续与怀柔区共同举办第三届“村支书论坛”。新一届女教授协会在疫情防控期间发动各方力量、群策群力创办“木兰论坛”，成为学校展示女教授风采的品牌活动。

（刘秀梅）

【继续拓宽平台，搭党内党外“心桥”】

充分发挥学校九三学社社员专业优势，探索新时代民主党派组织建设“四新三好”新要求，服务京津冀协同发展，在九三学社中央和北京市委，以及中共承德市委市政府和学校统战部的大力支持下，建立“现代农业承德研究院”。

始终坚持引导各民主党派组织和其他统战系统成员主动对接国家战略，充分发挥人才、智力、渠道等方面优势，打好脱贫攻坚收官之战。支持党派成员参加党派中央组织的脱贫攻坚民主监督。伍建平获民建中央“民建脱贫攻坚奖先进个人”。民盟农大委员会选派盟员梁勇赴河北广宗开展体育文化帮扶。学校知联会理事们积极参加北京知联会在京郊的调研及走基层宣讲活动。

（苏谦）

【培养能力强、有影响、作用大的党外代表人士队伍】

主动协助上级和各民主党派组织做好党外代表人士的举荐工作，他们在国家和北京市参政议政、政党协商工作中积极建言献策，发挥作用，全年共向各级组织提交各类政策建议150条,被各级组织采用68条,其次被中央领导批示或民主党派中央采纳27条,市级采纳40条,区级采纳1条。九三学社农大委员会荣获九三学社中央2016—2020年"社会服务先进集体",民盟盟员张福锁荣登2020"北京榜样"七月榜。李保国荣获北京市扶贫协作奖(爱心奉献奖)。

(谢宝红)

【支持民主党派组织加强自身建设】

支持各民主党派组织按照习近平新时代中国特色社会主义参政党标准和要求,加强思想政治建设和组织建设,努力提高参政议政、民主监督的能力水平。协助农工党、民建和民革的农大基层组织完成换届工作。统筹党内党外,协助各民主党派组织做好新成员政治吸纳,把好政治关,全年共发展11名新成员,其中九三学社3人,民盟5人,农工党1人,致公党2人。

(谢宝红)

【准确掌握党的民族宗教工作政策和港澳台工作方针,维护校园和谐稳定】

认真贯彻落实习近平总书记关于宗教工作重要论述和党中央关于宗教工作重大决策部署,坚持教育与宗教相分离原则,将党的民族宗教政策作为新上岗教师、学生辅导员、班主任培训的内容,积极参加校地联动,完善学校抵御宗教渗透和防范校园传教的工作机制。把准工作要求,加强联系交流,发挥统战优势,积极开展港澳台学生工作。

(谢宝红)

【加强统战部自身建设】

统战部领导班子带领全体工作人员,加强对党的十九届五中全会精神、新修订的《统一战线工作条例》、学校第四次党代会精神的学习,规范内部管理,完善各类台账,主动撰写理论文章,参加全国统战研究会大会交流,并获批北京市统战研究会2020年重点课题1项。

(杨志)

附录

各级人大代表、政协委员名单

第十三届全国人大代表	武维华(常委,副委员长)　孙其信(常委)
第十三届全国政协委员	韩鲁佳
第十五届北京市人大代表	张福锁
第十三届北京市政协委员	呙于明　李保国　李赞东(退休)
第十六届海淀区人大代表	秦世成　龚元石　李　丽　夏朝晖
第十届海淀区政协委员	韩东海(退休)　李绍明　王　堃(常委)　朱道林　许廷武　芮玉奎

各民主党派及侨联、台联、女教授协会负责人名单

中国国民党革命委员会中国农业大学支部

主　委　刘广利

副主委　王海华

委　员　孙晓莉

中国民主同盟中国农业大学委员会

主　委　赵兴波

副主委　李赞东(退休)　袁小艳

委　员　尹靖东　王红清　张葳葳　李筱珍(退休)　肖若富　孟庆勇

中国民主建国会中国农业大学支部

主　委　曾昭海

副主委　孙桂凤

中国民主促进会中国农业大学支部

主　任　廖小军

副主委　王克华

委　员　南国良(退休)　宁中华　吴继红

中国农工民主党中国农业大学支部

主　委　夏兆飞

副主委　芮玉奎　王永强

委　员　王艳霞　段增强

中国致公党中国农业大学支部

主　委　朱道林

副主委　王淑凤(退休)　刘奇志(退休)

委　员　安　冬　张蕴薇

九三学社中国农业大学委员会

主　委　王　堃

副主委　凌　刚　孙　明

委　员　刘海虹　杨淑华　吴学民　张　超　陈一飞　经　玲

中国农业大学归国华侨联合会

主　席　郝晋珉

副主席　陈秀禾(常务)(退休)　李赞东(退休)　刘　培

委　员　杨　晶(退休)　冯标俊(退休)　刘　英(退休)　邵长发(退休)　叶海建　刘　仔

中国农业大学台湾同胞亲属联谊会

主　任　佘锐萍(退休)

副主任　沈人德(退休)　孟昭清(退休)　董　清

委　员　王丽莎(退休)　周　密(退休)　贾慧茹(退休)　蒋爱群(退休)

陈　薇(退休)
卢兆彤　严泰来(退休)

党外高级知识分子联谊会(第一届)

会　长　龚元石
副会长　左　停　李保国　杨　宁　彭友良
秘书长　刘星月　陈前恒
副秘书长　王　钢　安　杰
理　事　马　超　王　钢　王　洋　王向峰　邓学梅　左　停　戎郁萍　任大鹏
刘　培　刘星月　安　杰　李大伟　李保国　李险峰　杨　宁　杨　丽
杨海莲　汪九林　沈张奇　张晓东　张海林　陈前恒　周　欣　赵广华
袁力行　郭　萍　郭仰东　唐　军　黄昆仑　龚元石　彭友良　穆维松

女教授协会(第五届)

会　长　杨淑华
副会长　乔　娟　经　玲　于静娟　张　晖　张小兰
秘书长　王瑞梅　张蕴薇
理　事　傅静雁　黄　岚　江　丽　李志红　罗海玲　蒲　娟　齐爱兰(退休)
饶　静　王红清　王素芬　王晓燕　杨敏丽　杨晓光　姚颖垠
殷丽君　张红艳　张晓东

纪检监察工作

【概况】

2020 年是极为不平凡的一年,中国农业大学纪委高举习近平新时代中国特色社会主义思想伟大旗帜,全面贯彻党的十九大和十九届二中、三中、四中、五中全会精神,认真落实十九届中央纪委四次全会精神,在上级纪委和学校党委的领导下,树牢“四个意识”,坚定“四个自信”,坚决做到“两个维护”,一以贯之、坚定不移全面从严治党,主动适应新形势,思考谋划新方法,努力实现新成效,在坚持和巩固党对学校的全面领导、推进学校治理体系和治理能力现代化中充分发挥监督保障执行、促进完善发展作用,以纪检工作高质量发展为学校顺利完成“十三五”收官、科学谋划“十四五”发展规划和 2035 远景目标,加快推动形成学校发展新格局提供了坚强政治保障。

(康治中)

【履行协助职责 形成高质量发展合力】

协助党委胜利召开第四次党代会。纪委全程协助党委做好会议筹备工作,严格执行换届纪律,严肃党内政治生活,确保大会圆满顺利举行,选举产生新一届党委、纪委成员。学校纪委向大会提交了《忠诚履职尽责,奋力担当作为,为谱写全面建设中国特色、农业特色世界一流大学新篇章提供坚强保障》工作报告,与会代表高度肯定学校全面从严治党取得的历史性成就，高度认同纪委工作报告，一致赞同纪委提出的今后五年工作建议。

协助党委深入把握全面从严治党新任务新要求，部署全面从严治党各项工作。纪委书记第一时间在党委常委会上报告十九届中央纪委四次全会精神，领学习近平总书记重要讲话，协助党委全面、准确、深刻认识全面从严治党历史性成就和新时代党的指导思想。协助党委召开全面从严治党工作会，分析研判形势，部署年度工作。协助党委制定全面从严治党主体责任清单，压实管党治党政治责任。推动党委梳理相关规章制度，完善全面从严治党制度体系。

完善协助党委开展全面从严治党工作机制。深化向党委报告重点工作、审议工作计划、传达上级会议精神、定期报告信访举报和问题线索处置情况的工作机制，为党委准确掌握学校政治生态提供有力支撑。积极主动向党委提出意见建议，纪委书记经常性提醒党委书记落实全面从严治党第一责任人职责，与班子成员开展一对一谈话，压实"一岗双责"责任。纪委负责人在党委常委会、校长办公会上切实履行监督职责，确保学校工作围绕贯彻落实中央重大决策部署开展，就完善全面从严治党领导体制、落实脱贫攻坚任务、推动在二级党组织设立纪委向党委提出书面建议 3 份。

协助党委推动全面从严治党向基层延伸。协助完成一届党委任期内巡察全覆盖，纪委书记协助领导巡察工作，推动完善《巡察工作办法》，组织落实党委巡察工作部署，纪委干部全员参与巡察工作。向党委建议启动巡察整改"回头看"，与被巡察党组织负责人逐一谈话，压实整改责任。加大与二级党组织主要负责人的谈话力度，协助开展年度考核，督促落实全面从严治党主体责任。

协助党委开展警示教育，在党委常委会上通报高校领导干部违纪案件，组织校领导、处级干部参加教育部党组、北京市委警示教育大会，在重点领域开展警示教育，向离退休老同志、二级纪检委员通报有关案件查处情况，既回应师生关切，也加强教育警示。在纪检系统内通报高校纪检干部违纪违法案例，加强纪检队伍警示教育。特别是就"李宁案"，协助党委召开全校警示教育大会，深刻吸取教训，强化教育管理，营造清正廉洁的教书育人环境。

（康治中）

【突出监督专责 抓住高质量发展关键】

强化对习近平总书记重要指示批示的监督检查。在深入落实习近平总书记给全国涉农高校的书记校长和专家代表回信精神一周年之际，跟进监督检查落实回信精神情况，向党委提出意见建议，对各单位工作成效进行监督检查，全面总结并形成进一步贯彻落实的意见。

围绕打赢新冠肺炎疫情防控阻击战加强监督检查，全体专兼职纪检干部闻令而动，对重点区域进行每日巡查、对重点工作加强督导检查，紧盯责任落实强化再监督再检查，织密全覆盖、无死角的监督检查网络。聚焦学生思想状况和实际困难，对近 300 名学生进行"一对一"电话随访，对百余名学生进行问卷调查，督促有关部门加强沟通反馈。建议学校党委动员机关干部值守校门，纪委书记带头在校门执勤，让党旗飘扬在抗疫一线。随着疫情形势的变化，根据市纪委部署，加大监督检查力度，为学校统筹推进常态化疫情防控和事业发展提供有力保障。

围绕决战决胜脱贫攻坚，强化对学校定点扶贫任务执行情况的监督检查，参加工作推进会，提出意见要求，纪委办公室干部带头购买扶贫产品。纪委书记约谈责任单位负责人和分管校领导，到学校定点帮扶的贫困县进行实地检查，推动责任落实。

围绕深化中央巡视整改，审阅相关单位落实中央巡视整改情况的阶段性报告，专项听取中央审计发现问题整改情况汇报，与有关单位负责人谈话，督促从严从实完成整改任务。向党委建议启动深化中央巡视、中央审计整改情况专项检查工作，提出工作方案，发挥纪委监督专责，协助落实整改主体责任。

围绕制止餐饮浪费行为、落实意识形态责任制、做好毕业生就业工作、推进“双一流”建设、师德师风建设、国家重大项目实施等党中央关心关注的重要工作，加强监督检查，推动落地落实。

加强日常监督。纪委负责人参加党委常委会、校长办公会，监督落实党委领导下校长负责制情况，对重大问题坚持原则、明确态度。纪委书记经常与学校党委、行政主要负责人沟通，与班子成员谈话，充分发挥同级监督作用。持续加强对选人用人工作监督，突出选人用人政治标准，严把干部选拔政治关、品行关、作风关、廉洁关，2020 年出具干部党风廉政意见 167 人次，制定出台《干部廉政档案管理规定》，建立干部廉政档案 245 份，精准向党委反映干部廉政情况。紧盯“关键少数”，分层次开展无问题谈话 100 余人次，紧盯重点领域，约谈相关负责人，督促加强廉政风险防范。针对社会普遍关注的招生领域突出问题，加大了对特殊类招生、研究生复试等工作的监督力度。

持续深化作风建设成果。紧盯重要时间节点加强提醒教育，定期开展公务接待、公务用车、公务用房情况的检查。协助党委统筹管理校级会议，督促优化网上办事流程，推进一站式办公大厅建设，持续为基层减负。牵头修订《督查督办工作办法》，加强对工作落实的督办力度。及时向党委反映师生关心的民生问题，特别是疫情期间，对家属区菜市场安全、老同志入校取药、学生进出校门、毕业生手续办理等问题第一时间响应，督促有关部门及时处理。

（康治中）

【一体推进“三不”构建高质量发展体系】

通过严格监督执纪问责，强化“不敢”。2020 年学校纪委共受理信访举报及问题线索 15 件，在综合分析、集体研判的基础上，精准确定处置方式，共处置问题线索 6 件。在上级部门指导下，对学校校产某公司负责人给予组织处理，坚决要求在校属企业改制中将问题企业依法关停处置；对某单位主要负责人未及时落实上级有关工作部署问题，建议党委、行政责成其进行书面检查；始终坚持“严”的主基调，查处违纪案件 2 件，给予开除党籍党纪处分 2 人。认真开展信访举报和问题线索梳理排查及案件质量评查，确保办案质量。强化问题线索综合分析和信访数据运用，及时向党委报告苗头性、倾向性问题。

通过制度治理和监督约束，强化“不能”。以《纪律检查建议书》为抓手，对相关职能部门在行使权力方面存在的问题和不足提出改进意见和建议，纠正管理不规范的问题 5 项，督促建章立制 3 项。与招生、国有资产等部门进行座谈交流，督促加强重点领域风险排查与规范管理，推动科研部门制定《科研副产品管理办法》，以“李宁案”为鉴，约谈相关负责同志，压实监管责任。

通过提升思想自觉,强化“不想”。针对重点领域干部开展警示教育 1 次,开展学校层面纪律教育宣讲 8 次,在二级纪检委员和离退休老同志代表中通报典型案件 3 次。纪委书记带头给大学生讲授全面从严治党形势政策课,加强对大学生的纪律教育。着力深化案件“后半篇文章”,帮助受处分党员干部正视错误、放下思想包袱,积极用心投入工作。

(康治中)

【加强队伍建设 夯实高质量发展基础】

坚持抓好理论武装,始终保持政治清醒、信念坚定。深入学习习近平总书记重要讲话重要指示批示精神,认真学习赵乐际、杨晓渡等中央纪委国家监委领导同志关于纪检监察工作的重要论述,把“四史”学习教育作为党支部特色品牌,切实加强思想政治建设。学校新一届纪委把学习习近平总书记关于全面从严治党的重要论述和对纪检干部的要求作为第一课,强化责任担当。突出高质量发展的目标任务,提出了 2020 年“八个围绕”的工作计划。认真学习领会党的十九届五中全会精神,深入思考在全面建设社会主义现代化国家新征程中,高校纪检工作的新定位、新要求、新举措。

聚焦主责主业,着力提升纪检干部履职尽责能力。开展专题学习研讨会 6 次,编发学习资料 5 期 1 200 余页,参加上级集中培训 14 人次,进一步增强法治意识、程序意识、证据意识,提高监督执纪的业务本领。统筹调动专职纪检干部全员参与办案,以案代训、实战实训。加强理论研究,以“政治监督具体化常态化”“高质量推进高校纪检监察工作的思考”“对高校纪检监察部门监督的再监督的分析”等为题,形成专题报告,进一步深化了对党的创新理论的理解与把握。

深化纪检体制改革,健全学校纪检体系。全面贯彻关于推进高校纪检体制改革的各项部署,严格落实“两为主一报告”制度,主动向上级纪检监察机关汇报工作情况。进一步明确在议事协调机构中的职责,立足监督的再监督,坚持到位不越位、在位有所为。提请党委批准纪检队伍综合改革方案,增加干部职数和人员编制,调整内部机构设置,健全管理机制。推进校办产业党委设立纪委组织,在涿州教学实验场设立纪委书记,就烟台研究院党委设立纪委工作向党委提出建议,进一步夯实基层监督力量。加强二级纪检干部队伍建设,制定监督检查重点事项清单,建立工作记录台账,完善指导和考核机制。出台《深化落实全面从严治党监督责任清单》《信访举报问题线索管理和处置实施办法》等制度 5 项,完善《监督执纪工作规则实施细则》,切实加强纪委内部制度化和规范化建设。

(康治中)

教职工思想政治和师德建设工作

【概括】

2020 年,党委教师工作部以习近平新时代中国特色社会主义思想和党的十九大精神为指导,着力提升教师思想政治素质,加强师德师风建设,引导教师服务疫情防控和脱贫攻坚两场大考，坚持“以立德树人为根本，以强农兴农为己任”。

（高菲）

【战“疫”垂范】

第一时间传达防疫要求。认真落实疫情防控重大政治任务，发布《致全校教师的一封信》，向全校教师传达学校关于疫情防控的政策要求，引导教师切实把思想和行动统一到中央决策部署上来，不折不扣落实学校部署，严格遵守各项要求与规定。

全面部署疫情期间教师思政工作。在疫情防控的关键阶段，发布《关于做好新冠肺炎疫情防控期间教职工思想政治工作的通知》，制定7条措施要求各二级党组织建立信息沟通渠道，对全体教师做好沟通联络和思想教育，引导教师如实上报个人信息，将其作为师德评价的重要内容，切实做到“严防扩散、严防暴发”。

开展教师一对一联络工作。组建教师联络专班，对于在疫情重点地区尚未返校、或在该地区经停、或接触该地区来人的教职工一对一进行联系。通过电话、短信、微信等形式，与460余位教师保持密切联系，转达学校问候，宣讲防疫政策和学校教学、科研等安排，引导教师积极抗疫。

（高菲）

【学习培训】

深入学习习近平新时代中国特色社会主义思想。积极选派干部教师参加北京高校哲学社会科学教学科研骨干教师研修、北京高校党委教师工作部部长读书班。组织教师学习《习近平总书记教育重要论述讲义》，及时跟进学习习近平总书记重要文章、重要讲话精神，引导教师以习近平新时代中国特色社会主义思想武装头脑。组织教师进行“四史”专题学习，参加“风展红旗如画”红色三明故事宣讲报告；组织教师观看《为了和平》电视纪录片，弘扬伟大抗美援朝精神；在宪法日组织教师专题学习习近平总书记关于宪法的重要论述，深入学习宣传习近平法治思想，大力弘扬宪法精神。

（高菲）

【实践活动】

开展教师“双百行动计划”培育推荐。2020年共支持14个教师团队开展调研，其中水利与土木工程学院刘志丹教授主持的《以平谷农业科技创新示范区建设为引擎，加快推进京津冀农业板块产业链创新链协同发展》、动物科学技术学院曹志军教授主持的《京津冀规模牧场粪水资源化利用调研与效果评价研究》和经济管理学院李晓峰副教授主持的《休闲旅游助力乡村经济发展——京郊休闲旅游经营户经营状况调研》3个项目入选2020年市级教师团队项目。此外，经济管理学院杨树副教授主持的《北京市“三城一区”科技人才创新活力调查研究》和人文与发展学院肖鹏副教授主持的《北京乡村民宿业发展情况分析调研——以农村一二三产业融合发展为中心》获评2019年“双百行动计划”教师组优秀团队。组织教师积极参加北京高校师生脱贫攻坚主题社会实践调研成果征集活动，共推荐4个项目参评。

“线上+线下”开展新教师入职教育。在2020年新教师入职教育中设置校史专题、育人专题、“三农”专题、红色专题和师德专题，开展线上“云实践”，通过腾讯会议平台集中学习“曲周精神”，“远程”了解曲周实验站；组织线下“京内行”，参观京内思想教育基地，引导新教师尽快成长为合格的农大教师。

（高菲）

【典型宣传】

召开教师节表彰大会暨“使命在肩　奋斗有我”立德树人论坛。表彰先进典型，激发教师教书育人责任感、使命感，邀请首届立德树人卓越成就奖获得者、中国科学院院士吴常信，国家万人计划教学名师彩万志，2019 年度国家科学技术进步奖二等奖获奖教师李道亮教授，2019 年全国脱贫攻坚奖创新奖获奖教师杨宁教授分享育人经验和为师体悟，引导教师牢记习近平总书记嘱托，“立德树人，强农兴农”。

组织开展“教师风采短视频征集活动”，向教育部报送 8 件作品，其中《把论文写在祖国大地上　陈文新院士》在 3 000 件作品中获评“优胜奖”。

开展“教师寄语”“感念师恩”系列活动。结合毕业季，在教师工作部微信企业号开展“教师寄语”“感念师恩”线上活动，累计发表 27 篇师生感想，单篇当日最高点击量 1 800 余次。全年教师工作部微信企业号共推送各类典型事迹、育人心得近 200 篇。

（高菲）

【师德建设】

两次召开学校思想政治和师德建设工作会，进一步加强师德师风建设，认真落实将师德师风作为教师评价第一标准的要求，会上通报学校教师思政和师德建设工作情况及师德违规情况。编印《高校教师师德失范行为警示教育案例选编》《违反高校教师职业行为十项准则典型案例汇编》等学习资料，发放二级党组织，为教师了解师德规范提供学习资料。不断完善师德考核，共 4 582 人参加 2020 年度师德考核，其中考核优秀 951 人。

（高菲）

保卫工作

【概况】

2020 年，保卫处按照学校“5＋1”工程、党建工作计划和党政工作要点的要求，认真学习贯彻党的十九届五中全会精神和学校第四次党代会精神，始终以“保障学校改革发展稳定”为主线，积极主动做好校园安全稳定工作。期间，面对突如其来的新冠肺炎疫情，全体保卫人员闻令而动，奋战疫情防控第一线，为打赢疫情防控阻击战筑起了钢铁防线。在疫情防控常态化形势下，不断完善安稳工作制度机制，积极探索服务师生新举措，有效维护了校园安全稳定局面，为学校改革发展事业提供了有力保障。

（梁潇）

【主动靠前担责，筑牢校园抗疫防线】

2020 年初，保卫处积极响应学校党委对抗击疫情的部署要求，第一时间成立了保卫处防范新型冠状病毒疫情工作小组，充分发挥党支部战斗堡垒作用，号召全体在京保卫干部和党员提前上岗。全体保卫人员无畏逆行，把“家”安在执勤岗哨，以 4 万余次执勤、数十万次人车查验，筑起校园战“疫”的第一道防线。保卫干部黄卫东编写的抗疫口诀被教育部转发报道，保卫处党支部、劳树宝同志的战“疫”事迹分别被学校编入基层党组织、师生党员防疫工作典型案例汇编，处长黄清波获海淀区新冠肺炎疫情防控工作领导小组表彰。

（梁潇）

【健全规章制度，逐级压实主体责任】

研究制定《2020 年安全稳定工作方案》《2020 年安全稳定工作专项行动任务清单》《中国农业大学安防系统升级建设方案》，补充完善《加装行为识别监控设备及软件系统入网建设方案》《增加人脸识别监控设备及软件系统入网建设方案》《增加一键报警设备及软件系统入网建设方案》。同时，注重加强内控制度建设，研究制定《保安中队内部防范措施》《保安中队隔离人员的内部防范措施》等 4 份规定措施。

（梁潇）

【夯实维稳基础，保障校园政治稳定】

根据学校对校园安稳任务的部署要求，保卫处严格落实主管部门责任制、意识形态工作责任制。在疫情期间，通过微信企业号“平安校园”推送国家安全教育文章 4 篇，并及时与学生工作部、研究生工作部、离退休工作处、国际交流合作处、学院等相关单位和部门沟通协作，全方位开展学校政治安全稳定与信息摸查工作，准确掌握外籍教师、专家和留学生的信息，健全相关人员档案管理。配合协助公安局、安全局等有关单位做好重点敏感人员国家安全教育、管控教育及保密教育。全年未发生重大政治敏感事件、重大舆情事件以及宗教人员入校传教的情况。

（梁潇）

【找准防控需求，优化科技创安系统】

组织实施 2020 年校园安全技防系统建设项目，持续推进科技创安系统智能化。疫情初期，及时开发上线“校外人员入校申请办理平台”“校外车辆入校申请办理平台”，提高校外人员必要的入校审批效率，为校园疫情防控提供有力技术支撑。按计划在教学区、办公区和室外公共区域等重点防控位置新增智能监控点位 10 路，室内摄像机 30 台，室外黑光摄像机 2 套，校园重点区域监控覆盖率达到 90%以上；更换路由交换系统 3 台，光纤链路 1 000 米，巡检维护监控、报警柱等设备 700 余次，确保能第一时间接受师生求助报警。完成固定车辆缴费系统与校园停车收费系统入网，有效提高了车辆出入校门的通行效率。

（梁潇）

【紧盯风险隐患，把牢校园安全底线】

消防方面，定期走访校内各单位，签发消防监督检查意见书 28 份，提出整改意见 200

余条。治安方面，切实落实24小时不间断巡逻与视频监控巡查，全力维护在校师生的人身及财产安全。全年共查出冒用他人证件180余张，抓获翻墙进出校人员40余名；配合公安机关调查处理盗窃、斗殴、滋事、矛盾纠纷案件20余起，挽回经济损失5万余元，共完成大型活动安保30余场次。交通方面，针对校内机动车乱停乱放问题，发放校园内车辆违章提示单200余份，引导文明停车；同校内施工单位签订《中国农业大学校园施工交通安全责任书》8份，要求施工单位严格遵守校园交通管理规定。

（梁潇）

【维护硬件设施，提升校园安全指数】

消防方面，全年共检查、维修9 256具各类型灭火器、1 305处室内消火栓、190处地下消火栓和水泵接合器，新购灭火器785具，及时报废已达报废标准的消防设施。交通方面，全年施画各种标线12 237米、网格线和人行横道566.46米^2，维修车位200个、护栏45.4米，新增交通指示牌、标志牌50余块，新增限位器、球面镜、警示灯等交通用具20余套，加厚减速带10余米，修缮和维护其他交通设施20余处。

（梁潇）

【深耕线上平台，创新宣传教育模式】

疫情期间，针对学生、教职工无法返校的现实情况，依托中国农业大学企业号“平安校园”平台，创新安全宣传教育模式，推出“安全教育云课堂”系列，累计推送各类校园安全知识45次，平均阅读转化率高于行业内水平4倍以上。在“11·9”“12·2”宣传期间，策划丰富有趣的征集、体验活动，线上线下共同发力，直接参与宣传活动的师生达3 000余人次。全年利用平安校园宣传栏共计发出1 925条宣传节目，涉及各类校园安全知识；累计发放各类宣传材料8 000余份、展板130余张，举办安全讲座、安全疏散演习、实操实训20余次，教育师生2万余人次，安全宣传教育深入人心。

（梁潇）

【简化办事流程，牢固树立服务意识】

2020年，保卫处积极优化服务师生工作、简化办事流程，根据师生需求和实际情况，优化完善3类5项工作办理流程。户籍方面，在疫情期间及时推出线上户籍卡借出、毕业生户口迁出等服务，为1 250余名往应届毕业生完成户口迁出工作；为1 950余名新生完成落户及身份证办理工作，完成户籍借阅、身份证补办、户籍证明开具等工作2 000余人次。交通方面，全年完成20余场次大型活动车辆调度工作，指挥疏导大、小型客车3 000余辆；两校区共完成385辆新增机动车信息审查和录入工作、48辆机动车号码变更工作。治安方面，全年完成大型活动安保任务30余场次，累计投入安保力量6 000余人次。技防工作方面，提供监控视频查询500余次，为师生找回丢失物品20余次。政审方面，全年共为师生出具政审证明265人次，为参军入伍学生政审25人次。

（梁潇）

【周密细致准备，圆满完成普查工作】

保卫处作为中国农业大学人口普查小组的成员单位，积极配合街道提供中国农业大学的在籍人员情况，准确上报各部门人户不一致、空挂、失联人员等信息，完成 2 000 余人次的数据录入工作，严格按照工作时间节点高标准、严要求完成任务，顺利完成了第七次人口普查工作。

（梁潇）

【担当学会重任，积极服务业内单位】

2020 年，继续承担北京高教保卫学会理事长单位和秘书处工作，在市教工委的领导下，有序开展日常组织管理工作，组织北京高校安全稳定职能部门处级干部培训班；协同学术部组织完成 2018 年 2 项重大专项、3 项重点课题的结题答辩评审工作，先后组织召开 2020 课题申报指南研讨会及课题申报评审会。11 月底受教工委委托，克服困难，在规定时间内完成了 25 万元的经费拨付任务，得到了领导和兄弟高校的高度认可。

（梁潇）

学生工作

2020 年，党委学生工作部（学生处、武装部）以习近平新时代中国特色社会主义思想为指导，深入贯彻落实党的十九大和十九届二中、三中、四中、五中全会精神以及学校第四次党代会精神，打好新冠肺炎疫情防控阻击战，团结一致，开拓进取，主动作为，推动学生思想政治教育工作迈上新台阶。

【全力打好校园学生疫情防控阻击战】

针对突发的新冠肺炎疫情，坚持科学防控、关心关爱、精准施策、凝心聚力，学工部自 1 月 22 日起全员上岗，全面负责全校 21 000 余名学生的防控管理工作。以人员摸排为关键，全手工构建了疫情防控工作学生数据库（含 11 个子数据库），连续工作 287 天未曾松懈，累计完成 300 余万人次的数据统计更新，向学校报送统计报告 180 余份，确保底数清、情况明，为学校决策参考提供翔实数据。返校复学工作启动后，完成《学生返校工作方案》《学生返校报到工作方案》和《学生在校管理工作方案》，从零开始牵头开发“疫情防控常态化学生管理”系统借助信息化手段提高管理效率，分 8 批次牵头组织学生错峰返校，向学院下发 13 版《疫情防控期间学生管理手册》指导工作，为学生发放《疫情防控期间学生管理指导手册》2 万余册，招募 206 名返校工作专项志愿者，发放口罩、健康包等防疫物资 40 余万件，推出“欢迎回家”“不说再见”“返校第一课”等专题推送阅读量超 30 万，精心设计报到流程与动线安排，保证学生“一站式”完成返校报到手续。及时协调处置并妥善安置 430 余人次在校学生的发热情况，安排 100 余人的隔离健康观察，组织完成多个批次 20 000 余人次的校内集中核酸检测工作，为全体学生发放核酸检测费补助和退票费补助 301 万余元。

（范晨辉）

【深入推进“三全育人”综合改革，助力学校发展新格局】

强化学校“三全育人”综合改革的牵头单位责任，完善领导体制和机构，加强协调和督促议事机构推动工作有效开展，定期研究部署相关工作。督促“十育人”牵头部门梳理完善34项制度、机制，强化育人导向，补齐制度建设短板；推进各部门重点深化34项工作的育人功能，提升育人实效。组织推进1个“三全育人”全国试点院系和3个校级试点院系和2个教育部高校思想政治工作精品项目工作。

（李萌）

【深化“全覆盖　双提升”大学生党支部建设工程成果，以高质量学生党建工作引领知农爱农人才培养】

通过“强基础、抓骨干、育品牌、展成果”，继续深化“五十百千万”辐射成长机制，强化大学生党支部的铸魂育人战斗堡垒作用。深化在“党支部中锻炼，大学生党员先锋班中培养，青马协会中引领”的大学生党员骨干培养体系，第五期大学生党员先锋班培养130名党员骨干；青年马克思主义者协会示范性开展学“四史”读书会等理论学习7次；大学生党员带头深入20余个省份开展“假期农校”社会活动；按照“分类培育、重点指导、总结推荐”的思路立项本科生党支部精品实践项目68项；968名学生党员责任人深入2 243个“党员责任区”开展党的理论政策宣讲、掌握引导同学思想动态、关注帮扶困难学生，疫情期间建立“线上责任区”确保不断线。全面总结“全覆盖　双提升”大学生党支部建设工程成果经验，形成党建引领思政育人新模式。

（刘妍）

【线上线下结合，创新开学典礼、毕业典礼举办形式提升育人实效】

精心设计组织开学典礼，两校区设置66个分会场，采用线上线下结合的方式全程直播开学典礼，线上观看人次达38.5万人。新生集中教育首次采用直播的方式进行，共设1个主会场与65个分会场，以爱国主义教育为主线，开展社会主义核心价值观、国家安全观等专题教育，同时新增了疫情防控、安全教育等相关内容，全方位引导学生走好奋发成长为知农爱农新型人才的第一步。毕业生教育全部采用线上的方式开展“一句话表白农大”“感恩毕业季”等系列活动。首次两地三个校区开展2019级、2020级本科生军训工作，参训人员累计近7 000余人。16人应征入伍，1名退伍学生获评“北京市优秀退役在校大学生”。

（刘妍）

【精准施策，多措并举，确保家庭经济困难学生疫情期间正常生活和学习】

综合施用奖、助、贷、勤、补、免、偿等资助手段，统筹资助资金4 200多万元，资助学生2.28万人次，实现应奖则奖、应助尽助。其中，评选2019—2020学年奖学金共62项，奖励学生6 717人次，奖励总额1 584.54万元。统筹国家助学金、社会助学金和地方资助，资助家庭经济困难学生3 063人次，资助总额843.75万元。开展国家助学贷款，为1 856名学生办理并发放助学贷款1 245.4万元；新生入学“绿色通道”确保257名家庭经济困难的2020级本科新生顺利入学；为73名家庭经济特别困难学生减免学费21.15万元；分两批为86名赴基层就业的毕业生补偿学费或代偿贷款76.94万元；开展勤工助学活动，设立校内勤工助学岗位2 000余个，2 597名学生参与勤工助学活动，发放勤工助学酬金222.58万元。疫情期间设立5项专项补助，及时发放各类疫情、汛情专项补助和临时困难补助共计100.1万元，惠及学生3 642人次。

（沈其林）

【完善四位一体、九项协同工作体系,进一步提高心理育人工作实效】

全年全时段提供心理咨询服务,咨询量3 476人次,开展团体辅导155场次。心理普查施测率99.91%,约谈率100%,筛查心因性隐患学生568人次。全年干预心理危机28起。举办"5.25""10.25"心理健康节,年均开展心理活动50余项,受益学生万余人。全面规范建设6个学院二级心理辅导站。疫情期间第一时间迅速响应开展线上咨询、科普宣传、心理热线、网络咨询、网络留言等八项"心"举措,全力做好疫情期间学生心灵防护。疫情期间累计提供个体咨询服务2 752人次,开展线上团体辅导16次,发布推文163篇。疫情期间开展全覆盖学生心理状况,筛查19 603名学生,参测率97.49%。创新推出"疫情宅家不孤单,心理微课来陪伴"系列心理视频微课25节,播放量达20 569人次,获得"学习强国"平台转载。

(周密)

【"深化资助育人、助力脱贫攻坚"行动成效显著】

为贯彻落实习近平总书记给全国涉农高校的书记校长和专家代表回信精神,助力脱贫攻坚圆满收官,进一步提升学生思想政治工作质量,全面启动实施了"深化资助育人、助力脱贫攻坚"行动,重点针对全校572名建档立卡贫困户学生及其家庭开展全面精准帮扶。精准聚焦学生学业困难以及素养提升方面的意愿和需求,开展3期14个主题的学业指导工作坊;"翱翔计划"为66名学生的个性化发展需求提供支持;开展就业帮扶助航行动,151名2020届建档立卡毕业生全部实现就业;"爱心慰问,同伴帮扶"专项的140多名师生17支走访小队,走访了10个省份47户建档立卡学生家庭,充分体现学校关心关爱学生的积极态度和主动助力国家脱贫攻坚的社会责任;发动10个省区市校友结对帮扶学校建档立卡学生111人,将脱贫帮扶工作延伸至建档立卡学生家庭,担当农大社会责任。"深化资助育人、助力脱贫攻坚"行动得到中央电视台、《人民日报》《光明日报》、学习强国、今日头条"三农"频道、澎湃新闻等媒体报道20余篇,获得上级部门和社会的积极肯定。

(沈其林)

【优化学生工作队伍结构,着力推进辅导员队伍建设】

2020年,共有25名2018届"2+2"辅导员的期满离岗,7名专职辅导员、30名"2+2"辅导员入职,选拔24名2020届"2+2"辅导员充实队伍力量,2021年已有6名专职辅导员入职,目前正在进行第二轮招聘。选聘122名2020级新生班主任,选聘104名研究生及高年级本科生作为新生班级班主任助理。为优化队伍结构,由学工部统筹协调跨院应聘事宜,各学院最终选聘结果报学生工作部备案。2020年完成了对2019—2020学年班主任、班级辅导员的工作考核,年度考核为优秀的班主任79人,班级辅导员17人。经单位推荐、学校评审,评选10名2020年度优秀教育工作者(一类)。张玲获得第七届北京高校辅导员素质能力大赛二等奖。

(范晨辉)

【加强少数民族学生管理,促进各民族学生交流】

加强少数民族学生思想教育引领和深度辅导工作,开展"传承农大红色基因 弘扬民族团结精神"主题宣讲,参观红色基地——军事博物馆、抗日战争纪念馆、国家博物馆等;

实施少数民族学生“一人一册”工作机制，一对一谈话，共建档1 154余份，实现少数民族学生谈心谈话全覆盖。加大对学业困难的少数民族学生帮辅力度，暑期开展7次专题学业指导课程。针对少数民族毕业困难学生进行一对一就业指导，定期通过微信、QQ向学生推送就业创业信息。39人获得援疆助学金、143人获得新疆资助金，金额9.945万元。充分发挥“石榴”工作室作用，与首师大少数民族学生合作走进敬老院开展志愿服务；疫情期间共8次开展“云家访”、寒暑假赴新疆进行家访；开展线上线下少数民族学生交流分享会。组织100名少数民族学生参加由共青团中央和国家民委共同主办的“第十届全国少数民族大学生暑期实习计划”。指导“丝绸之路文化社”开展社会实践4次，举办第一届“石榴杯”少数民族学生演讲比赛、“庆祝新中国成立70年　同谱民族团结情”文艺晚会等大型活动。

（亚生江·买买提）

附表

附表1　2020年学校评选的奖(助)学金一览表

序号	项目名称	经费来源	资助人数/人次	资助金额/万元
奖学金				
1	国家奖学金	国家资助	157	125.60
2	国家励志奖学金	国家资助	382	191.00
3	校长奖学金	学校资助	20	8.00
4	优秀学生奖学金	学校资助	580	290.00
5	理科基地与试验班奖学金	学校资助	15	3.00
6	社会工作优秀一等奖学金	学校资助	46	9.20
	社会工作优秀二等奖学金	学校资助	138	20.70
	社会工作优秀三等奖学金	学校资助	229	22.90
7	文化活动优秀奖学金	学校资助	182	9.10
8	学习进步奖学金	学校资助	249	12.45
9	学习优秀一等奖学金	学校资助	613	122.60
	学习优秀二等奖学金	学校资助	1 261	189.15
	学习优秀三等奖学金	学校资助	1 755	175.50
10	优秀少数民族学生一等奖学金	学校资助	7	2.10
	优秀少数民族学生二等奖学金	学校资助	23	4.60
	优秀少数民族学生三等奖学金	学校资助	12	1.20
11	预科生奖学金	学校资助	7	1.05
12	体育竞赛奖励	学校资助	107	9.74
13	创新创业奖学金	学校资助	100	30.00
14	安莉芳奖学金	社会捐助	30	3.00

续附表1

序号	项目名称	经费来源	资助人数/人次	资助金额/万元
15	宝钢优秀学生奖学金	社会捐助	3	3.00
16	春雨奖学金	社会捐助	10	8.00
17	大北农励志奖学金	社会捐助	30	9.00
18	富通一等奖学金	社会捐助	5	4.00
	富通二等奖学金	社会捐助	12	6.00
19	何康农业教育奖学金	社会捐助	9	3.60
20	金龙鱼奖学金	社会捐助	50	40.00
21	钱正英奖学金	社会捐助	1	0.80
22	儒盛奖学金	社会捐助	10	10.00
23	曦之奖学金	社会捐助	120	79.20
24	先正达农业奖学金	社会捐助	6	3.00
25	香港崇正奖学金	社会捐助	30	3.00
26	寻梦未来学习奖学金	社会捐助	100	50.00
27	杨振辉奖学金	社会捐助	50	20.00
28	圆明园爱国者奖学金	社会捐助	20	10.00
29	张纪光奖学金	社会捐助	15	3.00
30	中图能源奖学金	社会捐助	50	10.00
31	曾宪梓奖励计划	社会捐助	30	18.00
32	农学院登海“知农爱农”创新之星奖学金	社会捐助	1	0.1
33	农学院登海“知农爱农”麦芒之星奖学金	社会捐助	10	2
34	农学院登海“知农爱农”自强之星奖学金	社会捐助	11	2.2
35	农学院垦丰奋进奖学金	社会捐助	2	0.1
36	农学院垦丰红色先锋二等奖学金	社会捐助	1	0.1
37	农学院垦丰杰出创新创业奖学金	社会捐助	2	0.4
38	农学院垦丰社会服务与校园文化奉献一等奖学金	社会捐助	3	0.6
	农学院垦丰社会服务与校园文化奉献二等奖学金	社会捐助	3	0.45
	农学院垦丰社会服务与校园文化奉献三等奖学金	社会捐助	7	0.7
39	农学院垦丰学习激励一等奖学金	社会捐助	1	0.5
	农学院垦丰学习激励二等奖学金	社会捐助	2	0.4
	农学院垦丰学习激励三等奖学金	社会捐助	6	0.6

续附表1

序号	项目名称	经费来源	资助人数/人次	资助金额/万元
40	农学院院长奖学金	学校资助	1	0.5
41	生物学院阎隆飞奖学金	社会捐助	2	1
42	资环学院先益农奖学金	社会捐助	4	1.2
43	动科大北农励志奖学金	社会捐助	15	4.5
44	动科学院92级校友奖学金	社会捐助	3	0.9
45	动科学院安尼优奖学金	社会捐助	10	2
46	动科学院菲迪奖学金	社会捐助	10	3
47	动科学院戎易优秀学生奖学金	社会捐助	21	6.3
48	动科学院溢多利笃学奖奖学金	社会捐助	4	0.8
49	动科学院院长奖学金(学习优秀类)	学校资助	4	0.5
50	动物医学院诗华奖学金	社会捐助	4	0.8
51	动物医学院硕腾奖学金	社会捐助	4	1.6
52	动物医学院熊大仕院长奖学金	社会捐助	7	3.5
53	食品科学与营养工程学院北京稻香村奖学金	社会捐助	10	2.5
54	食品科学与营养工程学院和合谷一等奖学金	社会捐助	2	1
	食品科学与营养工程学院和合谷二等奖学金	社会捐助	5	1.5
55	食品科学与营养工程学院康师傅奖学金	社会捐助	25	10
56	食品科学与营养工程学院天博一等奖学金	社会捐助	1	0.4
	食品科学与营养工程学院天博二等奖学金	社会捐助	4	0.4
57	食品科学与营养工程学院芝生奖学金	社会捐助	10	5
58	工学院未来农机工程师奖学金	社会捐助	1	1
59	工学院五征奖学金	社会捐助	10	5
60	水利与土木工程学院世纪农丰奖学金	社会捐助	5	1
61	水利与土木工程学院富通奖学金	社会捐助	12	6
62	国际学院院长奖学金	学校资助	30	4.5
助学金				
63	国家助学金	国家资助	2 678	744.32
64	新疆籍家庭经济困难学生资助金	地方资助	143	9.945
65	天津校友爱心助学金	社会捐助	4	0.80
66	阎绍樟助学金	社会捐助	10	3.00
67	芦皑助学金	社会捐助	7	1.40

续附表 1

序号	项目名称	经费来源	资助人数/人次	资助金额/万元
68	柏年基金助学金	社会捐助	55	11.00
69	学长助学金	社会捐助	15	1.50
70	王妧蓉助学金	社会捐助	10	6.00
71	怀德助学金	社会捐助	6	3.00
72	周小玲助学金	社会捐助	5	2.50
73	活逢助学金	社会捐助	5	2.50
74	常青励志助学金	社会捐助	3	1.20
75	春华秋实西部助学金	社会捐助	21	8.40
76	新长城助学金	社会捐助	20	6.00
77	07 届校友爱心助学金	社会捐助	15	1.90
78	社会爱心人士助学金	社会捐助	4	0.80
79	农学院“111”助学金	社会捐助	4	2.8
80	动物医学院苏氏助学金	社会捐助	10	5

就业创业与毕业生教育

【概况】

2020 年，学校共有 2020 届毕业生 5 482 人，本科毕业生 2 733 人(49.85%)，硕士毕业生 1 988 人(36.26%)，博士毕业生 761 人(13.88%)。截至 2020 年 11 月 30 日，毕业生总毕业去向落实率 92.50%，其中，本科毕业生毕业去向落实率 89.54%，硕士毕业生毕业去向落实率 95.02%，博士毕业生毕业去向落实率 96.58%。共有 273 人入选国家基层就业项目，其中 269 名毕业生通过各省(直辖市、自治区)专项选拔加入选调生行列，入选人数实现“八连增”。2020 年，学校获评“2020 年北京地区高校毕业生就业工作先进集体”“2020 中国年度最佳高校——数字化就业创新奖”“北京高校大学生优秀创业团队评选最佳组织奖”“第六届中国国际‘互联网＋’大学生创新创业大赛北京赛区优秀组织校”等荣誉。

(林嘉)

【拓展高质量就业空间】

坚持“积极走出去”和“主动请进来”的服务理念，不断完善“大型招聘活动保障数量、专场招聘活动保障质量”的就业市场服务工作格局，进一步完善《中国农业大学学生就业重点单位推荐目录》，推动毕业生高质量就业。2020 年，学校通过线上线下相结合的方式，建立“中农云”线上招聘服务平台，让毕业生足不出户即可参加校园招聘会，与企业HR“面对面”沟通交流，举办线上招聘会150余场；同时，积极联系并接待企事业单位22 000余家，主办校园招聘会300余场，并引导毕业生参加校外招聘会30余场，共提供招聘岗位165 000余个，为2020届毕业生提供岗位数与毕业生人数比为30∶1。

（林嘉）

【引导毕业生基层就业】

学校积极围绕国家战略需求，引导和鼓励毕业生参加选调生、志愿服务西部计划等国家基层就业项目，到祖国最需要的地方建功立业。学校不断探索校地合作人才培养新模式，通过校地合作方式办好定向选调生人才培养实验班。截至2020年底，学校已与30个省（直辖市、自治区）开展定向选调专项人才合作；邀请多位在祖国各地工作的优秀校友回到母校，为同学们分享在基层工作的故事和经验；先后开展多场“基层职业发展论坛”系列讲座沙龙、“当代中国基层公共部门人才政策概览”系列讲座。

（林嘉）

【完善创业指导服务体系】

通过内选外聘、专兼结合的方式，组建“优秀涉农双创导师人才库”，邀请企业家、职业经理人、天使投资人和中青年教师、学工干部共同参与，入库导师已超过百人。学校大学生创业园通过引入10余家第三方专业服务机构，利用“线下＋线上”相结合的方式，宣讲创业优惠政策，开展工商登记、担保贷款和贴息、财税辅导、法律与知识产权、人力资源管理、专利代理、政府资金申请等主题的创业培训及“一对一”专家咨询，帮助学生深入了解政策、快速孵化、健康成长。2020年，学校共举办“互联网＋”大学生创新创业大赛训练营、“创新创业训练营”系列创业指导培训各类创业活动50余场，覆盖学生1 500余人次。2020年，学校组织“兴农杯”创新创业大赛，鼓励老师“以赛促教”、鼓励学生“以赛促学”，聚焦乡村振兴战略实际问题，利用创新思维推动解决问题。首届大赛共收到学生参赛项目189项，参与学生1 200余人次，项目涵盖现代农业、现代农业＋信息技术、现代农业＋制造业、现代农业＋社会服务业、现代农业＋文化创意业等类别。2020年，学校获A类学科竞赛国家级奖项6项，省部级奖项47项；学校荣获第六届中国国际“互联网＋”大学生创新创业大赛北京市赛区“最佳组织校”、2020年“挑战杯”首都大学生创业计划竞赛“优秀团体奖”。

（林嘉）

【开展精准就业指导服务】

立足学生特点，整合校内外师资力量参与职业生涯教学与实践，分学历、分年级、分层次、分主题设计开展生涯教育。2020年，在本科生中开设“大学生职业生涯规划”“大学生求职技能”2门职业指导类校级选修课共12个班次，选课学生近千名。面向学生开放在线教育资源，方便学生随时在线学习测评。采用校内外培训相结合的方式，加强师资队伍就业指导能力建设，累计培训教师80余人次。建设覆盖全体毕业生的“线上就业推荐档案库”，为每一名拟就业毕业生撰写推荐材料，为后续的单位推介、政审考察等环节提供参考。深入开展“一对一”线上线下职业咨询服务，为有职业生涯发展困惑的学生开展生涯指导，帮助学生更好地规划职业。2020 年，累计为学生提供就业创业指导 2 000 余人次。不断优化就业手续办理程序，实现随时随地线上办理；建设“中农云”大数据统计分析系统，简化毕业生就业手续办理流程，全面实现 2020 届毕业生派遣手续的线上自主办理，最大程度降低疫情对毕业生就业的影响。

（林嘉）

【支持毕业生赴国际组织实习任职】

学校实施“就业帮扶助航行动”，重点对建档立卡贫困户、零就业家庭、少数民族、身体残疾、退役、受重大灾害疫情影响等重点群体毕业生开展关怀帮助。强专责，抓落实，实行“一人一策”分类帮扶，确保“帮扶百分百、力争就业百分百”，推动“一人就业、全家脱贫”目标的实现；建专网，搭平台，学校搭建“建档立卡贫困户、52 个未摘帽贫困县等困难毕业生推荐云平台”，结合中央、国家机关和有关单位定点扶贫结对关系名单与相关用人单位网站进行精准对接，根据毕业生所在地主动联系对口单位，实现学生成长经历与岗位需求的深度匹配。盯专人，精指导，结合建档立卡贫困户、52 个未摘帽贫困县等重点群体毕业生特点与求职意愿，制定精准动态帮扶措施，通过“点对点、一对一”逐一落实帮扶责任人，截至 2020 年底，实现全校 2020 届毕业生建档立卡贫困户、52 个未摘帽贫困县两类重点毕业生群体实现“百分百就业”的工作目标。

（林嘉）

工会与教代会

【概况】

2020 年，中国农业大学工会（以下简称“校工会”）在校党委和上级工会的领导、学校行政支持下，在各分工会和全校教职工的共同努力下，校工会围绕学校年度工作目标，团结凝聚广大教职工，在推进学校民主政治建设、弘扬劳动精神、劳模精神、工匠精神和社会主义核心价值观，助力教职工素质提升，构筑和谐校园，维护教职工合法权益，助力新冠疫情防控等方面发挥了应有作用。2020 年，陈芳教授荣获北京市“三八红旗奖章”称号。在第五届全国高校青年教师教学竞赛决赛中，水利与土木工程学院韩宇老师喜获工科组一等奖，取得中国农业大学青年教师在全国青教赛中的历史性突破。理学院分工会、国际学院分工会、植物保护学院分工会荣获北京市教育工会“先进教职工小家”称号。

（汪雪滢）

【思想引领】

以建设有持续学习能力的党支部为目标，全面提高工会干部理论素养和业务水平
在党员自学和集中学习的基础上，新增每月一次的党员宣讲活动，进一步完善党支部学习制度，提高党员学习质量，本年度共开展学习交流会 5 次。按照“全覆盖　双提升”大学生党支部建设工程相关部署，疫情期间与学生共建党支部召开线上视频会议，及时了解学生的居家学习及生活情况。进一步推进支部学习常态化、制度化、多样化，教育引导党员加强“四史”学习，本年度共开展1次专题党日活动，观看3次视频直播，学习政府工作报告等内容。

认真做好工会干部培训及交流工作，提高工会工作政治站位 组织分工会主席及专职工会干部学习《民法典》的相关内容。引导工会干部把民法典融入工会各项工作，维护职工权益。组织学习全国劳模表彰大会精神和学校第四次党代会精神，结合工会实际工作，交流学习体会，研讨贯彻落实的举措办法。

开展分工会工作调研座谈会，加强与学院党政工作上的联系和沟通，及时了解学院党政对工会工作的意见和要求。积极与兄弟高校交流工作经验和体会，参加北京高校工会第二片组的工作经验交流活动；接待东北农业大学工会同人交流学习教代会工会工作经验；前往首都医科大学宣武医院，调研学习互联网工会平台建设的工作经验。

重视青年教师发展，助推青年教工成长 水利与土木工程学院韩宇老师在第五届全国高校青年教师教学竞赛决赛中喜获工科组一等奖，取得中国农业大学青年教师在全国青教赛成绩的历史性突破。赛前，校工会牵头组建备赛工作组，制定工作方案。邀请校内外专家对韩宇进行指导与培训。北京市教育工会主席宋丽静一行专程莅临指导备赛工作，并为中国农业大学北京高校青年教师创新教研工作室颁牌；10月，开展第二期青年教师“串家门”活动，带领青年教师参观动物医学院本科生专业画作展廊和教学动物医院，邀请荣获北京高校第十届青年教师教学基本功比赛一等奖的动物医学院蒲娟教授作青教赛经验交流；11月，举办中国农业大学第十二届青年教师教学基本功比赛决赛。经过严格选拔，最终40位青年教师脱颖而出，现场展示教学技能。最终评出一等奖5名，二等奖6名，三等奖8名；12月，组织“学四史 守初心”读书沙龙活动，邀请校外专家为学校青年教工导读分享《探路之役：1978—1992年的中国经济改革》一书。

举行中国农业大学从教30年教职工表彰暨座谈会，隆重表彰2020年从教30年的69名教职工。统一安排各分工会开展荣休纪念活动，为本年度退休职工留下光荣退休的纪念。

2020年，陈芳教授荣获北京市“三八红旗奖章”称号。推荐沈建忠、康绍忠教授为北京市先进工作者（劳模）。校工会及时在学校主页、微信公众号上宣传模范先进事迹，在学校掀起学优、创优、争优的氛围。

（杨帆）

【民主建设】

积极推进教职工依法参与学校民主管理和监督工作 在教代会闭会期间，第四届教代会执行委员会以视频会议形式举行2020年工作会议，听取《2020年学校财务预算编制工作情况报告》，教代会执行委员针对存在的问题提出了修改意见及建议。

教代会提案工作委员会召开四届三次教代会代表提案立案会，此次共收到提案35件，立案17件，并案处理2件，建议16件。本次提案涉及学校党政办公室、发展规划处等13个职能部门。办案提案办理满意率95%，评选出优秀提案2个，提案办理先进单位1个。

在教代会年会召开前期，第四届教代会执委会和工会委员会召开联合会议，听取会议筹备组织工作、提案办理、代表更换替补说明等情况介绍。召开第四届教职工暨工会会员代表大会第三次及第四次会议年会，会议听取了学校工作报告、提案工作报告、书面审议和讨论了学校财务工作报告、校务（信息）公开报告、学术委员会年度工作报告、教代会工会工作报告等。

组织教代会生活福利委员会专委会、女教职工委员察看教职工、女工体检工作的进展情况；教代会权益维护与人事劳动争议调解工作委员会受理调解人事争议案件1件。

（汪雪滢）

【精准服务】

完善帮扶体系，精准帮扶困难职工 2020年度爱心基金申请及困病补助申报工作按照《中国农业大学爱心基金使用细则》，分档次降低门槛扩大帮扶对象。为4 738人办理职工重大疾病互助保险，为863名女教工办理特殊疾病互助保险。日常慰问生病住院、因病去世以及家庭遇到重大变故的教职工9人。参加北京市属高校困难职工解困脱困工作成效视频会议，介绍学校工会对困病教职工的帮扶政策、方案及解困职工信息。

加强女职工劳动保护，维护女职工特殊利益 为积极参与疫情防控工作，举办线上“积极抗疫　多彩生活”女工技能展示大赛，并在节日当天为全体女教工送上一封特殊时期的节日“慰问信”，推送“魅力女神如何修炼”公众号文章，送上对全体女教职工的慰问以及节日的深深祝福。举办“传递色彩魅力塑造完美女性——美妆形象设计沙龙”活动，指导女教工如何在职场上、在校园内更好地提升外在形象、展示个人风采。

关爱教职工心理健康，开展主题心理团培 为了在特殊时期给广大教职工提供更加专业的心理服务，校工会微信公众号共推送心理防疫手册4期，提升抗击疫情的信心。开展线上心理健康教育讲座、团体辅导等工作。本年度举办主题团培活动2次，举办“有效沟通技巧——如何建立和谐师生关系”心理讲座。

依法依规，做好全员慰问工作 校工会严格按照《中国农业大学工会物资采购实施细则（暂行）》的规定执行大宗慰问品的采购工作。为全体会员定制生日贺卡，发放蛋糕卡。为了响应党中央“坚决打赢扶贫攻坚战”的指示精神，落实学校扶贫具体任务，采购了云南省镇康县所产的农副产品作为职工福利发放。

持续做好关爱工作组织全校教职工体检和女工体检工作；提供教职工优惠购车、校园卡优惠等信息，为教职工提供便捷服务。慰问校医院医护人员，疫情期间校党委常务副书记、工会主席带队分别慰问了疫情防控一线的工作人员，送达工会组织的问候和温暖。

积极稳步推进会员发展，逐步落实非在编教职工入会，实现工会组织在校园内的全覆盖。2020年共有1 742名非在编职工加入工会组织，全校会员人数达到4 985人。

（刘伃）

【文化引领】

2020年校工会主动围绕学校工作中心，发挥工会群众组织的特点和优势，在配合疫情防控的前提下，积极营造向上的校园氛围，丰富广大会员的业余生活。召开2020年教职工文体协会座谈会，新成立教职工长跑协会。

开展线上文艺体育活动，鼓励教职工“宅”家积极抗“疫” 在疫情防控的关键阶段，为积极参与疫情防控工作，倡导教职工特殊时期在家抗“疫”，校工会开展继续战“疫”系列线上活动。通过微信公众号为“宅”家的教工们共推荐12部优秀影片；开展“宅”家阅读活动，激发教职工读书兴趣，鼓励教职工坚持阅读，共克时艰、传递书香；举办“云诵读”活动，以“诵读经典华章，传承经典文化”为主题，传承中华优秀传统文化；举办“垃圾分类知识问答”活动；开展教职工庆五一“每天5 000步 战疫健步走”、线上趣味运动会、“迎国庆 云登山”、校园迷你马拉松等系列体育活动；在符合疫情常态化防控的条件下，举办台球、气排球、乒乓球、扑克升级等全校性比赛。

（张和）

【创新提升】

资源下沉，充分调动基层积极性 召开2019年度工会系统交流评优会，表彰2019年度20个分工会品牌项目奖，5名优秀教职工之友，1名工会工作贡献奖，49名工会先进个人，28名优秀工会干部，6家宣传工作先进单位奖项；2020年度共支持分工会立项132项，经费总额达56万元，支持分工会承办校级活动立项10项。支持小家硬件升级改造，支持经费11万元，改善小家实体化建设条件。理学院分工会、国际学院分工会、植物保护学院分工会荣获北京市教育工会“先进教职工小家”称号。

在疫情期间，分工会干部勇挑重担，在购买分发防疫用品、慰问一线人员、关爱疫区职工、组织学生行李打包等方面，发挥了重要作用。

加强互联网建设，提升工会服务能力 全面升级优化智慧工会系统。开通中国农业大学微信企业号应用，实现手机端一键登录智慧工会系统。2020年中国农业大学工会微信官方公众号关注人数突破2 000人，年增长量达726人。共推送360条群发消息，较2019年同期增长56%；单篇阅读量最高达4 406次，较2019年翻了4倍。

本年度共编辑工会简报4期，通过邮件形式及时送达教代会执委会及工会委员会全体成员处，让工会干部了解工会工作内容，提出具有建设性的意见。

配合完成市总工会年度经费审计工作。按照党风廉政建设的要求，加强工会经费管理，规范经费开支的范围及标准。此外，还及时开展年度统计工作及基层组织统计上报工作。

（汪雪滢）

附录

附录1 2020年度工会评优获奖名单

一、中国农业大学2020年度优秀教职工之友名单

张远帆　郭晓旭　陈明海　李　鹏　李　洋

二、中国农业大学2020年度工会工作贡献奖

赵　明　杨子华　李　兰

三、中国农业大学 2020 年度优秀工会干部名单

孙坤妹　郝京辉　赵文生　周　波　龙步菊　崔　盈　曹　静　曲桂芹　陈　雨
陶　莎　戈志奇　马晓东　史煜成　李庆风　赵　佳　张中民　乔琪雯　赵瑞春
马西青　邱兆颖　乔宏柱　牛　爽　于红红　王　雁　张静宇　刘学志　陈卫国
唐立晶　刘　亚

四、中国农业大学 2020 年度工会先进个人名单

李　莉　李　珊　孙　亮　吴月翠　张俊争　王向锋　邢怡明　王　颖　黄彬香
邵小明　尤泽西　张　博　杨　坤　袁建敏　周雪影　丁双阳　刘贤勇　杨婉若
吴晶晶　张春龙　徐丽明　胡　梅　刘　雪　贺　新　张泽林　黄　莺　蒋家珍
张琳楠　揣君健　章　博　贺　颖　董福芹　马洁文　晏祥琳　姜旭明　项荣建
朱　堃　倪奎奎　王　芊　张　银　吴德碚　葛树林　杜龙龙　韩争艳　刘　芳
殷作明　罗　婷　孙广聪　田杰茹　于立春　金学英　石　慧　于宝丽　刘　莹
丛晓红

五、中国农业大学 2020 年度工会宣传工作先进单位名单

图书馆分工会　人文与发展学院分工会　生物学院分工会
继续教育学院分工会　理学院分工会

六、中国农业大学 2020 年度文体协会先进个人

楼慧强　贾尧风　钟　锦　寇光涛　杨敏丽　潘清春　王文全　徐　杨　夏铁华

七、中国农业大学 2018—2020 年度模范教职工之家

食品科学与营养工程学院工会　植物保护学院工会　信息与电气工程学院工会
机关一工会　工学院工会　动物科学技术学院工会　后勤基建工会　生物学院工会

八、中国农业大学 2018—2020 年度优秀教职工之家

图书馆工会　农学院工会　动物医学院工会　机关二工会　水利与土木工程学院工会
人文与发展学院工会　理学院工会　国际学院工会　校办产业工会　机关三工会
经济管理学院工会　继续教育学院工会　马克思主义学院工会　校医院工会
资源与环境学院工会　园艺学院工会　体育与艺术教学部工会

共青团工作

【概况】

2020 年学校共青团在学校党委和上级团委的领导下，以习近平新时代中国特色社会主义思想为指导，进一步深化共青团改革各项工作，不断增强政治性、先进性、群众性，团结带领广大团员青年听党话、跟党走，勇担强农兴农使命，争做知农爱农新型人才，为建设中国特色、农业特色世界一流大学不懈奋斗。

（范大年）

【政治建设方面】

1. 以习近平新时代中国特色社会主义思想为指导，坚持和加强党的全面领导

提高党建带团建实效 将“党建带团建”纳入学校教育督导内容，完善“五带五抓”工作，完善团干部述职评议制度，将评价结果反馈同级党组织。

（郝琦伟）

坚决贯彻落实学校党委决策部署 切实履行“一岗双责”，落实“全覆盖 双提升”工作要求，与食品学院第六党支部共建，开展“同心抗疫 党旗飘扬”主题线上党日活动，组织毕业行李打包等工作。

（邢雨凝）

落实习近平总书记回信精神 开展践行习近平总书记给涉农高校的书记校长和专家代表回信精神的主专题教育活动，以学习研讨、实践教育、文化活动等形式增进学生对回信精神指导意义的认识和融会贯通。

（马紫威）

2. 心有所戒，行有所止，锲而不舍涵养风清气正的政治生态

提升从严治团力度 深入开展廉洁教育，引导各级团学骨干学习《中国共产党纪律处分条例》等相关制度。严格团学干部选拔程序和流程，全面推进从严治团。

（范大年）

推进巡察整改工作落实 针对学校巡察工作中查摆出来的突出问题进行专题研讨，制定整改方案、细化整改措施、落实整改责任，扎实推进整改工作落地生效。

（范大年 马紫威）

【能力建设方面】

1. 如切如磋，如琢如磨，持之以恒锤炼过硬本领

着力提升“七种能力” 常态化开展理论学习，提高政治能力。设立青年理论研究课题项目30个，加强青年研究能力。团委书记班子对标对表上级要求和改革任务，深入基层调研，落实各项改革举措。

（范大年 马紫威 邢雨凝）

2. 严守纪律，严明规矩，驰而不息抓好作风建设

切实抓好作风建设 严格落实中央八项规定精神，时刻警示支部党员慎独慎行，防微杜渐，展示团干部的良好形象。

（范大年）

着力解决青年迫切需求 对照新时期青年师生新需求、新期待，查找在服务青年方面存在的差距，即查即改，内容包括进一步细化“第二课堂”成绩单板块，对曾宪梓报告厅进行全面整顿，提升运转效率等。

（姚沫男 吕佳）

3. 以共青团改革为龙头，进一步深化学生会、学生社团改革工作

出台改革相关文件 率先发布《中国农业大学进一步深化共青团改革的重点任务》，

全面落实共青团改革各项举措，不断增强政治性、先进性、群众性。

（马紫威）

推进学生会组织改革 出台《中国农业大学学生会组织改革方案》，强化党的领导，聚焦主责主业，明确职能分工，精简机构设置，保障改革到位。

（马紫威 姚沫男）

深化学生社团改革 率先发布《中国农业大学学生社团建设管理办法》《中国农业大学学生社团指导教师管理办法》，配套实施细则，切实加强学生社团建设管理。

（马紫威 邢雨凝）

【工作实绩方面】

1. 围绕中心，服务大局，为打赢疫情防控和脱贫攻坚战贡献青春力量

服务疫情防控工作 新冠疫情期间，1 278 名志愿者作为最美"逆行者"活跃在社区村口、云端线上、田间地头，146 名农大青年成功对接一线人员家庭，并以优异表现受到共青团中央、北京学联等媒体报道。

（郝琦伟）

助力脱贫攻坚工作 组织青年学子开展"携手同心聚力志愿 一院一品智慧助农"系列志愿服务活动、暑期社会实践等，助力春耕春播、保障复工复产，以青春之力助推我国全面打赢脱贫攻坚战。

（郝琦伟 吕佳）

落实"厉行节约"五大行动 围绕《中国农业大学常态化开展"厉行勤俭节约 反对粮食浪费"行动实施方案》，落实五大行动，形成"爱粮惜粮 节粮护粮"的浓厚校园氛围。

（马紫威）

2. 筑牢思想根基，用习近平新时代中国特色社会主义思想教育引领青年

扩大宣传影响力 官方微信公众号和微博粉丝数显著提升。微信公众号年阅读量达 100 万次，抖音号播放量 4 500 余万次。新开通微信公众号"青春中农大"，开设系列新媒体平台。完成共青团融媒体中央厨房 1 期建设。

（马紫威）

创新宣传内容方式 围绕疫情防控、脱贫攻坚等主题以及重大时间节点开展宣传活动，总阅读量和传播量达 7 400 万余次，受到校内外媒体引用和转发共 217 次。举办大学生网络文化节，进一步推广"棒棒"文化。

（马紫威）

3. 聚焦主责主业，坚守"为党育人为国育才"初心使命

强化团员教育实效 开展"青春心向党 · 奋力建小康""强农使命在肩，爱国奋斗有我"主专题教育活动，全年开展团日活动 400 余项，支持 11 个二级团组织结合自身特色优势打造品牌团日活动。开展"青年大学习"活动，引导广大青年听党话、跟党走。

（郝琦伟）

提升团学干部素质 持续推进"知行"团校工作，创新英才学校培养模式，开展共青团宣传核心队伍专业培训，实施学生社团骨干培养计划，大力提升团学干部素质。

（郝琦伟）

扎实开展基础团务工作 完成团员注册、团组织关系转接、团员发展以及团费收缴等基础团务工作。当前全校注册团支部共809个，实现团组织全覆盖。

（郝琦伟）

以评促建选树典型 开展“五四青年标兵/集体”评选工作，发挥榜样示范引领作用。创建“先锋杯”优秀基层团支部22个。对标定级和新发展团员录入比例均达100%，位居北京高校第一名，评选出五星级团支部95个。

（马紫威 郝琦伟）

4. 强化第二课堂育人体系，培养德智体美劳全面发展的社会主义建设者和接班人

提升实践育人成效 以社会实践、志愿服务、创新创业为主要抓手，完善创新实践育人工作机制。开展“脱贫攻坚・青春建功”暑期社会实践活动，获“青年服务国家首都大中专学生暑期社会实践先进单位”等荣誉；围绕疫情防控等主题开展志愿服务工作，获“首都最佳志愿服务组织”等荣誉；联合多部门搭建创新创业竞赛活动体系，着力打造优质项目，获第六届“互联网＋”大学生创新创业大赛（北京）3金、16银、15铜和最佳组织奖，全国总决赛2银、3铜；第十一届“挑战杯”首都大学生创业计划竞赛1金、5银、7铜和最佳组织奖，全国总决赛1铜；第九届大学生科技创新作品与专利成果展示推介会创新金奖2项、二等奖3项、三等奖1项，连续五届获最佳组织奖。

（张战营 吕佳 郝琦伟）

推进文化育人工作 开展“五月的花海”“金色的希望”校园文化系列活动。引进各类高雅艺术、民族艺术与主旋律电影专场，深受广大师生喜爱。疫情期间开创性举办五四云晚会，受到学习强国等多家媒体报道，点击量达100 000＋。举办一二・九文艺展演比赛，极大提升活动规模和质量。

（邢雨凝）

教育教学

年鉴

本科生教育教学

【招生工作】

经教育部批准，2020 年学校在全国 31 个省（自治区、直辖市）及港澳台地区计划招收普通全日制本科生 3 300 人，招生计划全部安排在各省本科第一批次录取。其中分省来源计划：安排 450 人烟台研究院本科计划仅在山东省招生；安排 290 人国家专项计划分布在河北、山西等 21 个省（自治区、直辖市）贫困县；安排高校专项计划 66 人，分布在河北等 28 个省（自治区、直辖市）；安排非西藏生源定向西藏就业招生计划 5 人；安排南疆单列计划 2 人。不分省来源计划包括：内地西藏班计划 17 人、新疆高中班计划 22 人、少数民族预科转入计划 35 人、高水平艺术团计划 6 人、高水平运动队计划 32 人、强基计划 30 人、预留计划 33 人。

另在内蒙古、贵州、云南、西藏、青海、甘肃、宁夏、新疆等 8 省（自治区）安排少数民族预科班计划 42 人。

2020 年，学校共录取各类普通本科新生 3 301 人，其中文史类 193 人，占 5.85%；理工类 2 068 人，占 62.65%；综合改革 1 040 人，占 31.51%。共录取少数民族预科班理工学生 41 人，其中一年制预科 16 人，新疆两年制预科 25 人。

2020 年，学校共录取第一志愿考生 3 296 人，第一志愿率为 99.84%。录取应届考生 3 112 人，占 94.27%；往届考生 189 人，占 5.73%；录取城镇考生 2 488 人，占 75.37%；录取农村考生 813 人，占 24.63%；录取考生平均年龄 18.27 岁；年龄最小的 16 岁，年龄最大的 27 岁；录取汉族考生 2 957 人，占 89.58%；录取其他 29 个少数民族的考生共 344 人，占 10.42%。同一中学录取人数达到 5 人以上的有 141 所，其中录取人数较多的中学有：山东省实验中学 20 人，内蒙古呼市二中 19 人，河北省石家庄二中实验学校 17 人，山东省聊城第一中学 16 人，山东省济南市历城二中 15 人，河南省南阳市第一中学 14 人，山东省日照第一中学 14 人，河北省衡水第一中学 13 人，山东省东营市第一中学 13 人，山东省泰安一中 13 人，山东省莱芜一中 12 人，山东省淄博实验中学 12 人，北京市第二中学 11 人，山东省德州市第一中学 11 人，甘肃省西北师范大学附属中学 10 人，四川省绵阳中学 10 人，天津市杨村一中 10 人。

2020 年，录取新生中，强基计划 23 人、高水平运动队 16 人、高水平艺术团 6 人、国家专项计划 291 人、南疆单列计划 2 人、高校专项计划 64 人、内地西藏高中班 17 人、内地新疆高中班 22 人、港澳台学生 12 人、少数民族预科班转入 35 人。

2020 年一批本科的生源质量情况为：理工类考生的投档成绩平均超过当地一本线 114.38 分，文史类考生的投档成绩平均超过当地一本线 78.43 分，高考改革省份考生的投档成绩平均超过当地一本线 90.25 分。除海南外，2020 年共招收 600 分以上的理工类考生 1 574 人（2019 年 1 644 人），占 75.93%（2019 年 61.78%）；招收 600 分以上的文史类考生 119 人（2019 年 163 人），占 61.66%（2019 年 36.71%）；招收 600 分以上综合改革类考生 601 人，占 58.98%（2020 年高考改革省份增至 6 个）。非文史类考生中超过当地一本线 100 分以上的 1 749 人，占 78.68%；超过当地一本线 100 分以下 80 分以上的 474 人，占 21.32%。

2020 级共有 27 名本科新生未来校报到，自动放弃入学资格，另有 3 人因病、因事（多为办理出国）保留入学资格，报到率为 99.09%。

（陈昌盛　林舒曼）

【教学管理】

2020 年春季学期，共编排课程 2 429 门次（包括上课、实验、上机），任课教师 1 272 人。计划开设校选课 426 门次，院选课 369 门次，实际开设校选课 360 门次，院选课 279 门次，停开校选课 66 门次，院选课 90 门次。开设体育专项不同级别 36 个项目 308 门次课程。

2020 年秋季学期，共编排课程 2 689 门次（包括上课、实验、上机），任课教师达到 1 368 人。计划开设校选课 429 门次，院选课 408 门次，实际开设校选课 234 门次，院选课 327 门次，停开校选课 34 门次，院选课 95 门次。开设体育专项不同级别 35 个项目 408 门次课程。

2020 年受疫情影响，学院路教学共同体课程停开。

2020 年评选出校级优秀毕业论文（设计）100 篇，推荐 27 篇参加北京市普通高等学校优秀本科生毕业设计（论文）评选，并全部获奖。学校对获得校级优秀毕业论文（设计）的毕业生和指导教师给予了表彰与奖励。

（刘佳　朱利芬　赖瑞琴）

【考务工作】

校外考试

受新冠疫情影响，2020 年 3 月及 9 月全国计算机等级考试、2020 年 6 月全国大学英语四六级考试停考。

2020 年 10 月学校承担了北京地区中小学教师资格考试考务工作，考试科目共 2 科，共有 3 820 人次参加考试，共安排 130 场次考试，256 人次监考，18 人次巡考。为了保证疫情防控期间全体考试工作人员和考生的健康安全，学校共组织了针对此次考试的核酸检测，检测范围覆盖本校考生 176 人及考试工作人员 188 人。

2020 年 11 月两校区共有 1 351 人报名参加了全国大学英语四六级考试口试，共开考 16 批次，监考教师 152 人次，23 人次参与巡视及考试外围组织工作，10 人次参与安全保卫工作。

2020 年 12 月，两校区共有 8 401 人报名参加全国大学外语四六级考试笔试，共安排 284 考场，568 人次监考，56 人次巡视和 34 人次参与安全保卫工作。

2020 年 12 月，组织学校 2018 级本科生通过自愿报名的方式进行了北京市普通话水平免费测试。本次共有 906 名本科生参加了测试，其中 217 人获得一级乙等证书，461 人获得二级甲等证书，105 人获得二级乙等证书，9 人获得三级甲等证书。

（刘佳　朱利芬）

校内考试

因疫情原因，2020 学年春季学期学生未返校，期间所有考试均采用线上方式进行。春季学期的开学补考推迟与秋季学期开学补考一起进行。

开学初补考：2020 年秋季学期共安排 204 门 227 门次课程补考，应参加补考学生 1 216 人次，实考 828 人次，缺考 388 人次，缺考率 32%，安排本科生院人员监考 59 人次。

期中考试周：2020 年秋季学期学期中考试周集中安排在第 11、13 周的周六、周日进行。全校共安排 64 门 169 门次课程的考试，应参加考试学生 9 778 人次，安排各学院监考教师 501 人次，本科生院人员巡视 70 人次。

期末考试周：2020 年秋季学期期末考试周共安排 146 门 483 门次课程的考试，共安排 455 场次，参加考试学生 25 616 人次，安排监考人员 1 219 人次，安排各学院教学院长校级巡视以及本科生院人员巡视 189 人次。

（邢淑芬）

【学籍管理】

学籍异动　2020 年，共有 2 739 人次学籍异动。其中，大类分专业 1 537 人次；转专业 474 人次；专业分方向 280 人次；休学 54 人次；复学 143 人次；退学 44 人；保留学籍 22 人；放弃入学资格 72 人；保留入学资格 1 人；留级 61 人次；编级 2 人；申请提前毕业 1 人；申请延期毕业 41 人；报到入学 2 人；取消入学资格 1 人；转学(转出)1 人；死亡 3 人。

【以上学籍异动数据含有留学生】

毕业生　2020 年，应届毕业生 2 746 人。其中，1 月毕业数据：普通全日制学生毕业 12 人；6 月毕业数据：普通全日制学生毕业 2 352 人，普通全日制学生结业 43 人，留学生毕业 2 人，留学生结业 1 人；7 月毕业数据：普通全日制学生毕业 324 人，普通全日制学生结业 7 人；8 月毕业数据：普通全日制学生毕业 4 人，普通全日制学生结业 1 人。

学士学位授予 2 750 人。其中，1 月学位授予数据：应届毕业生 12 人，2019 届毕业生补授学位 5 人；6 月学位授予数据：应届毕业生 2 350 人，留学生 2 人，2019 届毕业生补授学位 16 人，2018 届毕业生补授学位 2 人；7 月学位授予数据：应届毕业生 323 人，2020 届补授学位 6 人，2019 届毕业生补授学位 20 人，2018 届毕业生补授学位 4 人；8 月学位授予数据:应届毕业生 4 人,2020 届毕业生补授学位 2 人,2019 届毕业生补授学位 1 人;11 月学位授予数据:2020 届毕业生补授学位 3 人。2020 届毕业生中,484 人同时授予双学位。

推荐优秀应届本科毕业生免试攻读研究生 2020 年共推荐 2021 届优秀应届本科毕业生免试攻读硕士学位研究生 799 名,其中普通类 786 名,支教团 13 名。普通类的 786 名中保留研究生入学资格两年从事学生辅导员 24 名,艺术特长生 2 名,体育特长生 3 名,按"少数民族高层次人才骨干计划"项目培养的民族生 3 名,特殊学术专长 38 名。

(曾佳 谢丽娜)

【教学检查】

为保证教学运行秩序平稳,及时发现和解决教学运行中的问题,本科生院例行开展开学初、期中教学检查,学期初重点检查学生到课情况、任课教师课前准备情况,着重检查开学第一周周一至周三的第一大节、第三大节的教师到课、学生出勤等情况。2020 年春季学期因受疫情影响本科教学线上进行,未进行常规开学初教学检查,但全部课程有序、稳定开展;2020 年秋季学期,因受军训影响,大一、大二两个年级课程推迟开课,重点对大三、大四两个年级的课程进行检查,协调教学安排,从检查情况来看,教学秩序正常稳定、教师准备充分、学生到课率高,精神面貌良好。

2020 年 12 月 1—4 日,本科生院组织学校检查组开展期中教学检查。检查组共抽查 416 门次试卷存档规范情况,重点对 323 份试卷从试题质量、试卷评阅、成绩评定和试卷管理归档等方面进行全面评价;抽查 316 篇毕业论文(设计)存档规范情况,重点对 243 篇毕业论文(设计)从选题质量、成果质量、评阅与答辩情况等方面进行全面评价。

通过检查,检查组提出:试卷存档和毕业论文(设计)的整体质量良好,尤其 2020 年春季学期线上教学期间,各学院积极开拓思路,灵活应变,课程考试和毕业论文(设计)管理井然有序。但检查过程中,也发现部分院系需要进一步严格执行学校的教学工作规范和有关制度,尤其针对新入职教师需要在规范存档意识、操作方面加强管理。学校层面,应进一步补充和完善相关管理制度,对教学文档管理的要求应更加细致、更加有章可循。

(李璐)

【视导组】

2020 年,校级本科教学视导组专家共 25 人。教学视导工作主要以随堂听课形式检查学校教学秩序、教学质量、教学条件和教学管理状况,调查研究教学活动中的主要经验和问题,提出加强教学工作的建议。春季学期因疫情未展开教学视导听课,秋季学期集中对理学院(数学与应用数学专业)、人文与发展学院(法学专业、社会学专业)、农学院、园艺学院、植物保护学院、信息与电气工程学院 6 个学院进行教学视导,共计听课 255 门次。学期末通过座谈等形式向学院进行视导汇报,集中反映问题,提出教学建议。

为强化教学质量过程监测,深入了解教学运行状况,保证教学秩序的良好运行,12 月初本科生院组织全体视导专家深入各学院进行教学文档检查,通过检查发现问题、总结经验,进一步规范学院教学管理,促进学校教学水平和教学质量不断提高。

(李璐)

【教学评价】

2020 年秋季学期学生评价结果 应参评 151 295 人次，实际参评 136 143 人次，参评率为 90%。有效评价课程 2 300 门次，课程参评率 100%；获评教师 1 321 人次，教师获评率为 100%。评价得分统计结果：理论课有效评价课程 1 673 门，实验课程 443 门，体育与艺术类课程 184 门。全校课程中，得分在 90～95 分区间的课程占比为 72.43%；大于等于 80 分且小于 90 分的课程占比为 26.77%；大于等于 60 分且小于 80 分的课程占比为 0.8%。其中理论课平均分为 91.00；实验类课程平均分为 91.19；体艺类课程平均得分为 92.16。

（李璐）

【信息化建设】

保障在线教学顺利开展 自 2 月 24 日“云开学”以来，在全校上下的共同努力下，在线教学持续平稳运行，各项教学工作有序推进，教学秩序有条不紊，本科教学由最初的“保运行”逐渐过渡到“追卓越”。学校主要通过优慕课平台与雨课堂平台来开展线上教学，优慕课访问总量达到 900 万余次，进行雨课堂身份认证 841 名教师，学生身份认证 9 995 名学生，学生覆盖率达 90%；使用雨课堂的课程教学班级数共有 1 185 个，课程覆盖率达 45%。

不断提升信息化办公手段 疫情期间依托学校网上办事大厅上线了“本科生院印章申请系统”，师生可以在线申请本科生院公章，同时为不在校的师生提供盖章文件邮寄服务。2020 年共计为师生发送盖章扫描件或快递盖章文件 1 000 余件。2020 年 2 700 余人次转专业和休复学等各类同学通过网上系统完成手续办理，办理时间由之前的 1 周缩短为 1 小时，极大提升了办事效率。1 月份全面实现了中英文成绩单、在读证明、四六级成绩证明等可信电子文件的数字认证、线上申请和网上传递，2020 年共生成可信证明 8 万余份，为学生就业和深造提供极大便利。

启动本科生新教务管理系统开发工作 2020 年 9 月，本科生院启动新版教务管理系统一期建设，整体系统建设预计 3 年。新版教务管理系统将对本科教学管理与服务进行统一规划，以教学数据为基础，以服务为导向，以开放平台为工具，力求实现数据充分共享，打造全新的智慧教学管理服务平台。

【公共教室建设】

2020 年 1 月，学校公共教室教学设备设施维护服务招标完成。2020 年共投入 86.4 万元用于公共教室运行管理，经费来源为本科教学业务费，主要用于教室运行维护服务、多媒体设备维护、投影机灯泡等耗材更换，以及蓝牙麦克更换等方面。西区新教学楼，东区工学楼、信电楼教室红外发射设备更换。为保障疫情常态化的教学，2020 年秋季起，所有教室均安装了长江雨课堂 、腾讯会议、钉钉等软件，方便任课教师开展在线教学。

【实验室建设】

虚拟仿真实验教学项目建设 根据《关于 2020 年度虚拟仿真实验教学项目立项评

审的通知》(本生〔2020〕031 号)文件,本科生院组织开展了虚拟仿真实验教学项目建设立项评审工作。经各学院规划和推荐,共有 23 个项目申请参加 2020 年虚拟仿真实验教学项目建设立项评审。经校内、外专家现场材料评审,确定对其中 18 个项目予以建设立项。

实验教学中心改造与建设 根据《关于开展 2010—2022 年度本科教学实验室条件建设规划与项目申报的通知》(本生〔2020〕034 号)文件,2020 年初本科生院组织开展了本科教学实验室改造建设项目评审工作。经各学院规划和推荐,共有 36 个项目申请参加 2020 年本科教学实验室改造建设项目评审。本科生院按照"学院主导,中心主体,校院结合,分批建设"的原则,审阅各学院建设规划和申报书,勘查各建设项目现场情况,根据 2020 年经费情况,对其中 10 个项目予以改造建设支持。

【校级校外实习实践基地建设】

根据《关于为各学院提供校外实习实践基地建设增值服务的通知》和《关于 2020 年校级校外实习实践基地评选的通知》要求,本科生院组织专家于 2020 年 12 月对各学院推荐的校外实习实践基地进行了评选。评选采取学院推荐+学校评选的方式,评审专家在参阅基地相关材料,观看各基地的视频展示,结合基地负责人的答辩,重点从合作情况、实习接待、实习指导、实习效果、跨专业培养、创新情况等方面进行综合打分。根据专家综合评审,最终评选出 14 个 2020 年校级校外实习实践基地。

(崔岳宁　马梦真)

【大学生创新创业训练】

2020 年学生科研项目经费共安排 655.41 万元,其中 URP 项目经费 205.41 万元、2020 年度国家级大学生创新创业训练项目经费 186 万元、2020 年度北京市级创新项目经费 264 万元。大学生创新创业训练项目立项 383 项,其中国家级大学生创新创业训练计划立项 93 项,参加学生 216 人;北京市大学生科研创新与创业训练计划立项 290 项,参与学生 652 人。本科生科研训练计划(URP)共立项 1 082 项,参加学生 2 578 人,其中本科生科研训练计划(URP)教师立项 567 项,占总项目数的 52.4%;学生立项 515 项,占总项目数的 47.6%。

据统计,2020 年学生共发表学术论文 232 篇,其中 SCI 24 篇、EI 5 篇、CSSC 6 篇、中文核心期刊 38 篇。获得参与申请的专利授权 40 项,其中国家发明专利 7 项、实用新型专利 31 项、外观设计专利 2 项,参与登记的计算机软件著作权共计 27 项。

(仇莹)

【学科竞赛】

2020 年,学校牵头承办的高级别竞赛及组织的校级竞赛共计 13 项,包括北京市大学生生物学竞赛、全国大学生农业建筑环境与能源工程相关专业创新创业竞赛,以及校级李锦记杯学生创新大赛、高等数学竞赛、数学建模选拔赛、大学生物理学术竞赛、大学生化学竞赛等。

2020 年,学校组织学生参加的省部级及以上竞赛共 45 项,包括全国大学生生命科学竞赛、“雄鹰杯”小动物医师技能大赛、全国大学生土地利用规划技能大赛、全国大学生智能农业装备创新大赛、全国大学生数学建模竞赛、全国大学生广告艺术大赛、全国大学生英语竞赛、全国大学生物理学术竞赛等。

2020 年,共有 1 499 人次学生获省部级及以上级别学科竞赛奖励 1 066 项。共获得国家级竞赛奖励 7 项,其中一等奖 1 项、二等奖 2 项、三等奖 4 项;省部级竞赛奖励 1 059 项,其中特等奖 11 项、一等奖 147 项、二等奖 351 项、三等奖 550 项。

(仇莹)

【教材建设管理】

5 部教材入选 2020 年度北京高校优质本科教材;5 部教材经北京市教委推荐,参评首届国家级优秀教材奖。农学院、动物科学技术学院由学校推荐,参评国家首届教材建设先进集体;陈耀星、李秉龙两位教师由学校推荐,参评国家首届教材建设先进个人。

2020 年,本科生院改革校级规划教材立项模式,按照“校院结合,重点培育,扶优扶强,分批建设”的原则,以院为单位统筹规划、集体进行申报和评审,首批评选动物医学院、农学院、食品科学与营养工程学院、工学院、生物学院 5 个学院,共立项 40 部教材。

(崔情情　汪建华)

【教材选用管理】

根据《中国农业大学教材选用管理办法》,规范教材选用。已出版马克思主义理论研究和建设工程(简称马工程)教材的相应课程全部按规定统一选用了马工程重点教材,并为任课教师免费提供教师用书,为学院提供样书,方便教师查阅。学院对任课教师选用教材及教学参考书、新申报教材进行审核,使教材选用管理工作常态化、规范化。

2019—2020 学年,学校共开设 100 门次课程对应使用 37 种马工程教材。其中,已在教育部“马工程教材管理系统”中的课程 90 门次,因是公共选修课未纳入系统中有 10 门次。在开设课程中,有 4 门次课程未使用马工程教材(选用其他出版社教材)、有 2 门次课程未指定教材,实际使用马工程教材的有 94 门次,课程覆盖率为 94%。在教育部“马工程教材管理系统”中的 90 门次课程,选课学生总数为 5 659 人,使用教材总册数为 4 858 册,教材使用率为 85.85%。与上一学年相比,学校在马工程教材选用的各项指标上均得到较大提升。

(崔情情　汪建华)

【教材供应】

2020 年春季学期,通过网购、快递的方式在线完成教材发售工作,由学校承担运费,共售出正式出版教材 1.22 万册,总金额为 39.4 万元。免费发放教师用书 235 册。中国农业出版社、中国农业大学出版社为学校师生免费开放电子教材服务,供师生疫情期间在线学习。

2020 年秋季学期,售出正式出版教材 2.85 万册,总金额为 88.07 万元。免费发放学生“两课”用书 0.64 万册,免费发放教师用书 315 册。印制并发放自印教材 0.86 万册。

(朱利芬　赖瑞琴)

【试卷印刷】

2020年试卷印刷1 120门次，制作2 860版，印制28 3740张试卷，装订104 020份，配备答题卡13 590张，答题纸97 260张，草稿纸46 123张，研究生英语试卷3 420份。

（刘玉琳　董艳华）

【培养模式】

学校进入全国高校基础学科人才培养第一梯队。入选首批国家基础学科拔尖学生培养计划2.0基地，成为全国26所高校之一。服务国家重大战略需求，入选全国首批“强基计划”试点高校，是全国唯一入选的农林类高校。与北京大学、清华大学、国防科技大学等高校共同入选全国中学生“英才计划”，探索高校与中学联合培养青少年科技创新人才的有效模式。

构建农大特色的劳动教育体系，弘扬新时代耕读文化。学校将耕读教育与劳动教育有机融合，通过编写一本教材、建设一个基地、开设一批课程、打造一系列活动的“四个一”工程，从知识、认知、实践、文化四个层面引导学生树立正确的劳动价值观，并在学习和实践中加深对国情与农情的认识，理解耕读文化，厚植“三农”情怀。自2020级本科生起，学校将全覆盖推动学生开展结合田间耕作的劳动教育实践周，建立农林高校学子与土地的链接，涵养“耕读传家”的修身传统。

（崔情情）

【专业建设】

专业布局　2020年，增设兽医公共卫生、土地科学与技术、食品营养与健康、社会政策4个本科专业，尤其是兽医公共卫生、土地科学与技术、社会政策3个专业均为“目录外新增审批本科专业”，是学校扎实推进新农科建设的重要举措，且具有重要的引领意义。此外，数据科学与大数据技术专业、中兽医学2个专业，获批教育部“调整学位授予门类或修业年限”申请，其中，数据科学与大数据技术专业授予学位门类由“理学”调整为“工学”，中兽医学专业修业年限由“四年”调整为“五年”，专业设置更加合理。学校响应教育部开展第二学士学位教育的号召，增设公共事业管理、设施农业科学与工程、市场营销、数据科学与大数据技术、数学与应用数学、水产养殖学、英语7个第二学位，并于2020年正式招生。目前，学校本科专业数达76个，第二学士学位专业8个。

一流本科专业建设　2020年，社会学、数学与应用数学、机械设计制造及其自动化、农业机械化及其自动化、食品质量与安全、种子科学与工程、农村区域发展、金融学8个专业入选国家级一流专业建设点；生物技术、生物工程、机械电子工程、电子信息工程、会计学、地理信息科学6个专业入选北京市一流专业建设点。

（崔情情）

【专业认证】

学校始终坚持以专业认证为抓手，扎实推进校内一流专业建设。在学校认证史上，第一次4个专业（车辆工程、电气工程及其自动化、水利水电工程和农业水利工程）同时通过工程认证，且有效期均为最长的 6 年；2020 年，计算机科学与技术、食品科学与工程专业成功接受专家入校考察，另有电子信息工程和自动化 2 个专业已被教育部成功受理并将接受专家入校考察。动物科学与农林经济管理 2 个专业递交了中俄联合认证申请。

（李璐）

【课程建设】

课程育人大纲 学校以习近平总书记在“学校思想政治理论课教师座谈会”发表重要讲话一周年为契机，在全国率先推动并完成了全部 2 300 余门本科课程的育人大纲编制工作，发挥好每门课程的育人作用。育人大纲的撰写重点突出以学生为中心、促进人的全面发展的教学理念，坚持立德树人根本任务，始终贯彻好“一个关系、两个融入、三个层面”的问题。具体而言，“一个关系”是指明确课程与培养目标和毕业要求达成度的关系；“两个融入”是指分别将思想政治教育和创新创业教育融入教育教学全过程；“三个层面”是指课程教学要实现对学生在知识、能力、价值观三个层面的培养。育人大纲不断打磨的过程，是教师逐步提高育人意识、课程发挥育人作用的过程，将教师队伍“主力军”、课程建设“主战场”、课堂教学“主渠道”三要素有效地连接起来。

核心课程建设 学校不断强化“通专平衡、通专相宜”课程体系建设，构建了核心通识课、核心基础课和专业核心课的三类核心课程体系。2016 年以来，核心基础课、专业核心课数量保持稳定，课程质量逐步提升。2020 年，学校打造全国首门在线开放课程《大国三农》，并作为全校核心通识课程面向全校本科生开设。至此，学校三类核心课程体系总门数共计 520 门（含核心基础课 50 门、专业核心课 419 门、核心通识课 51 门）。

在线课程建设 根据《2020 年在线开放课程申报指南》，经过教师自愿申报、学院推荐、学校评选，共确定 22 门课程为 2020 年立项建设的在线开放课程。2020 年，学校打造了全国首门在线开放课程《大国三农》。该课程是学校贯彻落实习近平总书记给全国涉农高校的书记校长和专家代表回信精神，充分发挥“三农”教育优势、汇聚名师资源，倾心打造的一门面向全国的通识类课程。课程旨在引领农林学子厚植知农爱农情怀，推动全国高校乃至全社会的“三农”价值观教育与国情教育。课程分为 6 章，由校长孙其信，原校长柯炳生，文科讲席教授李小云、樊胜根，院士张福锁、任发政 6 位教授亲自授课，以深入浅出的方式，解读延绵五千年的农耕文明、“三农”发展的制度创新、脱贫攻坚的卓越成就、中国方案的国际贡献以及在绿色发展和营养健康领域的深耕探索。课程将带领学生观史阅今，呈现大国“三农”领域的“四个自信”，引导学生反思现实责任与使命，并在更为开阔的未来视域中思考“三农”发展给国家繁荣、民族昌盛、个人发展带来的新机遇、新路径。课程在智慧树、学习强国、哔哩哔哩等平台上线，广受好评。

一流本科课程建设 2020 年，学校入选国家级一流本科课程共计 12 门，入选北京高校优质本科课程 5 门。

（崔情情）

【教学改革】

省部级教改项目 2020 年，学校入选 11 项国家新农科研究与改革实践项目，名列全国榜首。选题涉及理论研究、专业优化、人才培养改革、协同育人创新、质量标准建设等多个领域，学校新农科建设再向前跨出重要一步。另外，学校入选 10 项国家新工科教改项目，排名全国第 7，远高于其他农林类高校。入选教育部产学合作协同育人项目 24 项。入选 2020 年北京高等教育本科教学改革创新项目 5 项。

2020 年 9 月，教育部在学校设立“全国新农科建设中心”，承担新农科建设理论研究、实践改革、国际交流与合作等重要工作，建设新农科与高等农林教育发展的高端智库，具有里程碑式重要意义。

校级教改项目 2020 年，学校启动四年一轮次的校级教改招标立项工作。本次招标，以“深化教育教学改革，全面推动学校新农科、新工科建设，坚持以立德树人为根本，以强农兴农为己任，加快培养知农爱农新型人才”为主题，以《中国农业大学 2020 年校级教育教学研究工作指南》为指引，在全校范围内立项 40 项，其中含重点项目 15 项，一般项目 25 项。学校继续推进“专业课发挥思想政治教育功能”教改专项，在前三批建设经验基础上，改革立项形式，鼓励思政理论课程教师共同参与、指导和强化思政教育与专业教育的深度融合，共立项 41 项。2020 年以“后立项”方式，共收集各院系教改项目共计 173 项。

（崔倩倩）

【教师获奖】

北京市教学名师 动物医学院郭鑫、信息与电气工程学院赵明获北京市教学名师奖；信息与电气工程学院吕春利获北京市青年教学名师奖。

中国农业大学“立德树人卓越成就奖” 吴常信院士获中国农业大学首届“立德树人卓越成就奖”。

校级教学名师 开展第八届“中国农业大学教学名师奖”评选，陈红华、陈一飞、金艺鹏、李志红、庞慧慧、王朝元 6 名教师获“中国农业大学教学名师奖”。

校级优秀教师 根据《关于评选中国农业大学 2020 年度优秀教职工的通知》要求，经各单位推荐、评审委员会审议通过，班丽萍等 60 名教师获 2020 年度优秀教师称号。

（李璐）

【青年教师教学竞赛】

水利与土木工程学院韩宇老师代表学校参加第五届全国高校青年教师教学竞赛，获得工科组一等奖的优秀成绩，取得了学校在全国青教赛中的历史性突破。

学校第十二届青年教师教学基本功比赛首次使用在线评审的方式进行，工学院陈建、动物科学技术学院王书敏、人文与发展学院曲甜、动物医学院周雪影、马克思主义学院段蕾五位教师获得一等奖。其中工学院陈建、动物科学技术学院王书敏分别获得最佳现场展示奖、最佳教案奖。

（姜蔺）

【其他教育教学奖项】

应用气象学专业课教学团队（团队带头人：潘学标）获全国首批气象教学团队奖。理学院“自然科学与素养育人团队”（团队带头人：周志强）获评 2020 年“北京高校优秀本科育人团队”。经济管理学院教学副院长任金政获评2020年“北京高校优秀本科教学管理人员”。

（李璐）

【本科教育国际交流】

2020年，海外疫情形势严峻，为保障学生的身体健康和生命安全，本科生院和国际交流与合作处共同研究决定，暂停2020年海外长短期国际交流项目派出。入选项目的同学保留派出资格。学校将根据教育部关于疫情防控的通知及时公布项目重新派出时间。

联合培养项目 2020年学校有联合培养项目12个，“2＋2”形式联合培养项目合作院校分别是：美国康奈尔大学、美国普渡大学、美国马里兰大学、美国科罗拉多州立大学、美国罗格斯大学（专业仅限动物科学技术学院各专业）、美国俄克拉荷马州立大学（专业仅限动物科学技术学院各专业）、加拿大滑铁卢大学、加拿大阿尔伯塔大学；“3＋2”形式联合培养项目合作院校分别是：美国奥本大学（专业仅限农学院、植物保护学院、园艺学院、经济管理学院、理学院、生物学院、工学院相关专业）、美国康涅狄格大学（专业仅限水利及土木工程学院相关专业）、美国加州大学戴维斯分校（专业仅限资源与环境学院相关专业）。本年度共有37人被国外大学录取，其中“2＋2”项目34人，“2＋4”项目3人。受疫情影响，5人放弃派出；7人办理保留学籍手续在国内进行国外大学在线学习；25人申请暂不派出，继续以在校生身份在国内学习或进行国外大学在线学习。

国际学院中外合作办学项目 2020年共派出19人，其中2人赴美国俄克拉荷马州立大学联合培养，17人赴美国科罗拉多大学（丹佛）联合培养。

交换生项目 2020年学校有交换生项目共6个，合作院校分别是美国俄克拉荷马州立大学、加州大学戴维斯分校、加州大学圣地亚哥分校、加拿大阿尔伯塔大学、新西兰梅西大学、日本新潟大学。本年度共派出1人，其余录取学生暂停派出。

国家公派研究生项目 2020年，国家留学基金委国家建设高水平大学公派研究生项目录取1人，攻读博士研究生。

国际暑期项目 受疫情影响，暂停执行。

大北农国际交流奖学金 2020年大北农国际交流奖学金继续资助家庭经济困难的优秀学生参加国际交流项目，本年度确定资助2名本科生参加在线项目或国际比赛，资助金额为1.1万元。

（曾佳）

【教师教学发展】

教师教学培训 2020年度面向青年教师、骨干教师、教学管理人员共举办线上线下60场培训活动，1 219位教职工参与（其中专任教师1 151位，占全部专任教师的62%），累计超过8 000人次参加、完成15 000余学时的学习。5位教职工获得骨干教师教学技能专项研修结业证书。

青年教师教学能力提升计划 根据《中国农业大学青年教师教学能力培训方案》要求，至2020年秋学期结束，共323位2017年及以后入职的青年教师（专任教师）已参与青年教师培训计划职后发展阶段培训，其中72位教师已首批获得《中国农业大学教师教学研修证书》。

高校教师资格认定 根据北京市教育委员会《关于做好2020年秋季北京地区高等学校教师资格认定工作的通知》要求，经个人申请、学院推荐、学校审核、北京市认定，学校2020年入职151位教师获得高等学校教师资格证书。

课程思政专题 在学校新闻网新开设课程思政经验分享专栏——“课程思政启育记”，记录并呈现了来自14个学院20位教师的课程思政育人经验。

教师教学发展示范中心建设 学校《中国农业大学教师教学示范中心建设项目》获国家新农科研究与实践项目立项，成为教育部农林高校教师教学发展示范中心建设单位，建设周期5年。

教师教学发展中心—学院分中心建设 为促进教师教学发展与学科结合，2020年启动教师教学发展中心—学院分中心建设工作，目前已相继成立了生物学院、水利与土木工程学院、理学院、工学院4个分中心。

（姜蔺）

附表

附表1 2020年本科专业一览表

序号	专业代码	专业名称	修业年限	学位授予门类
1	020101	经济学	四年	经济学
2	020301K	金融学	四年	经济学
3	020401	国际经济与贸易	四年	经济学
4	030101K	法学	四年	法学
5	030301	社会学	四年	法学
6	050201	英语	四年	文学
7	050304	传播学	四年	文学
8	070101	数学与应用数学	四年	理学
9	070202	应用物理学	四年	理学
10	070301	化学	四年	理学
11	070302	应用化学	四年	理学
12	070504	地理信息科学	四年	理学
13	070602	应用气象学	四年	理学
14	071001	生物科学	四年	理学
15	071002	生物技术	四年	理学
16	071004	生态学	四年	理学
17	071201	统计学	四年	理学
18	080102	工程力学	四年	工学
19	080202	机械设计制造及其自动化	四年	工学
20	080204	机械电子工程	四年	工学

续附表1

序号	专业代码	专业名称	修业年限	学位授予门类
21	080205	工业设计	四年	工学
22	080207	车辆工程	四年	工学
23	080301	测控技术与仪器	四年	工学
24	080501	能源与动力工程	四年	工学
25	080601	电气工程及其自动化	四年	工学
26	080701	电子信息工程	四年	工学
27	080703	通信工程	四年	工学
28	080714T	电子信息科学与技术	四年	理学
29	080801	自动化	四年	工学
30	080901	计算机科学与技术	四年	工学
31	081001	土木工程	四年	工学
32	081101	水利水电工程	四年	工学
33	081801	交通运输	四年	工学
34	081802	交通工程	四年	工学
35	082301	农业工程	四年	工学
36	082302	农业机械化及其自动化	四年	工学
37	082304	农业建筑环境与能源工程	四年	工学
38	082305	农业水利工程	四年	工学
39	082502	环境工程	四年	工学
40	082503	环境科学	四年	理学
41	082506T	资源环境科学	四年	理学
42	082701	食品科学与工程	四年	工学
43	082702	食品质量与安全	四年	工学
44	082706T	葡萄与葡萄酒工程	四年	工学
45	083001	生物工程	四年	工学
46	090101	农学	四年	农学
47	090102	园艺	四年	农学
48	090103	植物保护	四年	农学
49	090105	种子科学与工程	四年	农学
50	090106	设施农业科学与工程	四年	农学
51	090301	动物科学	四年	农学
52	090401	动物医学	五年	农学

续附表1

序号	专业代码	专业名称	修业年限	学位授予门类
53	090502	园林	四年	农学
54	090601	水产养殖学	四年	农学
55	090701	草业科学	四年	农学
56	120101	管理科学	四年	管理学
57	120201K	工商管理	四年	管理学
58	120202	市场营销	四年	管理学
59	120203K	会计学	四年	管理学
60	120301	农林经济管理	四年	管理学
61	120302	农村区域发展	四年	管理学
62	120401	公共事业管理	四年	管理学
63	120402	行政管理	四年	管理学
64	120404	土地资源管理	四年	管理学
65	120801	电子商务	四年	管理学
66	080910T	数据科学与大数据技术	四年	工学
67	050207	日语	四年	文学
68	080717T	人工智能	四年	工学
69	082306T	土地整治工程	四年	工学
70	082307T	农业智能装备工程	四年	工学
71	090204T	生物质科学与工程	四年	农学
72	090405T	中兽医学	五年	农学
73	082710T	食品营养与健康	四年	工学
74	030307T	社会政策	四年	法学
75	090205T	土地科学与技术	四年	农学
76	090406TK	兽医公共卫生	五年	农学
1	120301	农林经济管理(第二学士学位)	二年	管理学
2	050201	英语(第二学士学位)	二年	文学
3	070101	数学与应用数学(第二学士学位)	二年	理学
4	080910T	数据科学与大数据技术(第二学士学位)	二年	理学
5	090106	设施农业科学与工程(第二学士学位)	二年	农学
6	090601	水产养殖学(第二学士学位)	二年	农学
7	120202	市场营销(第二学士学位)	二年	管理学
8	120401	公共事业管理(第二学士学位)	二年	管理学

附表 2　一流本科专业目录(2020 年统计)

专业名称	一流专业类型
化学	国家级一流专业建设点
生物科学	国家级一流专业建设点
计算机科学与技术	国家级一流专业建设点
农业工程	国家级一流专业建设点
农业水利工程	国家级一流专业建设点
资源环境科学	国家级一流专业建设点
食品科学与工程	国家级一流专业建设点
农学	国家级一流专业建设点
园艺	国家级一流专业建设点
植物保护	国家级一流专业建设点
动物科学	国家级一流专业建设点
草业科学	国家级一流专业建设点
农林经济管理	国家级一流专业建设点
动物医学	国家级一流专业建设点
土地资源管理	国家级一流专业建设点
社会学	国家级一流专业建设点
数学与应用数学	国家级一流专业建设点
机械设计制造及其自动化	国家级一流专业建设点
农业机械化及其自动化	国家级一流专业建设点
食品质量与安全	国家级一流专业建设点
种子科学与工程	国家级一流专业建设点
农村区域发展	国家级一流专业建设点
金融学	国家级一流专业建设点
应用化学	北京市一流专业建设点
生态学	北京市一流专业建设点
水利水电工程	北京市一流专业建设点
农业机械化及其自动化	北京市一流专业建设点
食品质量与安全	北京市一流专业建设点
生物技术	北京市一流专业建设点
生物工程	北京市一流专业建设点
机械电子工程	北京市一流专业建设点
电子信息工程	北京市一流专业建设点
会计学	北京市一流专业建设点
地理信息科学	北京市一流专业建设点
社会学	北京市一流专业建设点
动物医学	北京高校重点建设一流专业
植物保护	北京高校重点建设一流专业

附表3　2020年中国农业大学本科教学视导组专家名单

序号	姓名	学院	组别
1	陈　敏	食品科学与营养工程学院	工科
2	纪　威	工学院	工科
3	李丽英	工学院	工科
4	屈瑞谦	信息与电气工程学院	工科
5	张燕生	水利与土木工程学院	工科
6	张淑敏	工学院	工科
7	孟超英	信息与电气工程学院	工科
8	焦群英	理学院	理科
9	贾贵儒	理学院	理科
10	李　楠	理学院	理科
11	付志一	理学院	理科
12	周志坚	理学院	理科
13	苏胜宝	农学院	农科
14	张　文	园艺学院	农科
15	施大钊	植物保护学院	农科
16	滕可导	动物医学院	农科
17	王敬国	资源与环境学院	农科
18	傅金銮	动物科学技术学院	农科
19	袁　明	生物学院	农科
20	乔　忠	经济管理学院	人文社科
21	戴芳春	马克思主义学院	人文社科
22	张　蓉	人文与发展学院	人文社科
23	李秉龙	经济管理学院	人文社科
24	孙悦芬	人文与发展学院	人文社科
25	于华江	人文与发展学院	人文社科

附表4 2020年在线开放课程建设名单

序号	学院	课程名称	负责人
1	农学院	小麦面食加工实验技术	李保云
2	园艺学院	园艺作物育种学(Ⅰ)	沈火林
3	生物学院	动物学	周　波
4	资源与环境学院	农业、环境与人类健康	张福锁
5	资源与环境学院	植物营养学	张俊伶
6	动物科学技术学院	动物繁殖学	田见晖
7	动物科学技术学院	动物营养学	马秋刚
8	动物医学院	动物组织与胚胎学	马云飞
9	动物医学院	兽医内科学	李　靖
10	食品科学与营养工程学院	食品微生物学	陈晶瑜
11	工学院	液压与气压传动	宋正河
12	信息与电气工程学院	数据结构	马　钦
13	水利与土木工程学院	流体力学与叶栅理论	杨　魏
14	理学院	概率论与数理统计	庞慧慧
15	经济管理学院	物流与供应链管理	吕建军
16	人文与发展学院	国际公法	周　超
17	人文与发展学院	推广学	高启杰
18	草业科学与技术学院	草地与牧场管理学	张英俊
19	马克思主义学院	马克思主义基本原理概论	吕文林
20	马克思主义学院	毛泽东思想和中国特色社会主义理论体系概论	陈东琼
21	马克思主义学院	思想道德修养与法律基础	李　明
22	马克思主义学院	中国近现代史纲要	王冬梅
23	本科生院	大国三农	孙其信

附表5 2020年度学校国家级一流本科课程("金课")名单

序号	学院	课程名称	负责人	课程类别
1	农学院	植物育种原理	李保云	线下课程
2	植物保护学院	普通昆虫学	彩万志	线下课程
3	生物学院	植物基因工程实验技术	于静娟	线下课程
4	动物科学技术学院	动物繁殖学	田见晖	线下课程
5	动物科学技术学院	动物遗传学	邓学梅	线下课程
6	动物医学院	兽医免疫学	郭　鑫	线下课程
7	水利与土木工程学院	水泵与水泵站	王福军	线下课程
8	动物医学院	动物解剖学	陈耀星	线上线下混合式课程
9	食品科学与营养工程学院	食品安全与日常饮食	陈　芳	线上线下混合式课程
10	工学院	旱地机械化耕种作业虚拟仿真实验	宋正河	虚拟仿真实验
11	信息与电气工程学院	程序设计 II	吕春利	线上线下混合式课程
12	水利与土木工程学院	设施农业工程工艺	李保明	线上线下混合式课程

附表6 2020年度学校北京高校优质本科课程("金课")名单

序号	学院	课程名称	负责人	课程类别
1	动物医学院	动物解剖学	陈耀星	北京高校优质本科课程(重点)
2	农学院	植物育种原理	李保云	北京高校优质本科课程
3	水利与土木工程学院	思想道德修养与法律基础	李　明	北京高校优质本科课程
4	理学院	高等数学(A)上	甄　苓	北京高校优质本科课程
5	经济管理学院	微观经济学	臧日宏	北京高校优质本科课程

附表7 2020年北京高校"优质本科教材"名单

教材名称	主编	学院	出版社	类型
植病流行学	马占鸿	植物保护学院	科学出版社	重点
农学原理	胡跃高	农学院	中国农业大学出版社	一般
汽车拖拉机发动机原理	辛　喆	工学院	中国农业大学出版社	一般
大学物理实验教程	何志巍	理学院	机械工业出版社	一般
农业法学	任大鹏	人文与发展学院	法律出版社	一般

附表8　2020年省部级及以上教改项目获批名单

序号	项目名称	主持人	所在单位	项目类型
1	新农科建设政策与支撑体系研究与实践	孙其信	党政办公室	教育部新农科研究与实践项目
2	新农科建设绩效评价研究	孙其信	党政办公室	教育部新农科研究与实践项目
3	新农科人才培养引导性专业目录研制	王　涛	党政办公室	教育部新农科研究与实践项目
4	农业工程类一流专业建设标准研制	康绍忠	水利与土木工程学院	教育部新农科研究与实践项目
5	植物生产类一流专业建设标准研制	孙其信	党政办公室	教育部新农科研究与实践项目
6	动物医学类一流专业建设标准研制	沈建忠	动物医学院	教育部新农科研究与实践项目
7	新农科背景下教学组织体系重构的研究与探索	王　涛	党政办公室	教育部新农科研究与实践项目
8	新农科通识通用课程体系建设研究	周志强	理学院	教育部新农科研究与实践项目
9	农林人才思政教育与“大国三农”教育实践	林万龙	本科生院	教育部新农科研究与实践项目
10	中国农业大学教师教学示范中心建设项目	谭豫之	教师教学发展中心	教育部新农科研究与实践项目
11	校企合作产教融合协同育人实践	杜金昆	社会服务处	教育部新农科研究与实践项目
12	智能农机装备产业相关传统工科专业改造升级探索与实践	李海涛	工学院	教育部新工科研究与实践项目
13	涉农院校新工科人才培养实践创新平台建设探索与实践	李　辉	信息与电气工程学院	教育部新工科研究与实践项目
14	涉农工程类新工科人才创意创新创业能力培养探索与实践	董向前	工学院	教育部新工科研究与实践项目
15	现代农业装备领域智能制造人才培养机制探索与实践	郑永军	工学院	教育部新工科研究与实践项目
16	智能农业装备产业新工科人才培养实践创新平台建设	黄光群	工学院	教育部新工科研究与实践项目
17	面向食品产业　实践创新人才培养教学体系和平台建设与实践	殷丽君	食品科学与营养工程学院	教育部新工科研究与实践项目
18	涉农工程类专业新工科建设国际化人才培养模式和机制研究	宋正河	工学院	教育部新工科研究与实践项目

续附表8

序号	项目名称	主持人	所在单位	项目类型
19	建设“顶天立地”型人才的新农业系统工程教育体系	王小芬	农学院	教育部新工科研究与实践项目
20	智慧环境下新型教学模式的适宜性探索和涉农工科专业课程实践	谢　斌	工学院	教育部新工科研究与实践项目
21	智能农机装备工程专业教育教学资源体系构建与实践	杜岳峰	工学院	教育部新工科研究与实践项目
1	“三农”传播融媒体新农科人才联合培养中心(基地)建设与四新融合教学改革探索	旷宗仁	人文与发展学院	教育部产学合作协同育人项目
2	深度学习及其在农业领域的应用	姚晓闯	土地科学与技术学院	教育部产学合作协同育人项目
3	面向智慧农业的“控制系统综合设计”教学体系	赵　然	信息与电气工程学院	教育部产学合作协同育人项目
4	一种农药合成在虚拟仿真试验中的应用	郑　冰	理学院	教育部产学合作协同育人项目
5	供应链管理实训课程教学内容改革	谷　征	经济管理学院	教育部产学合作协同育人项目
6	“电子商务导论”云课程设计与开发	赵冬梅	经济管理学院	教育部产学合作协同育人项目
7	“中兽药药剂学”课程建设及实验教学资源开发	郝智慧	动物医学院	教育部产学合作协同育人项目
8	新国际日语能力测试理念下的大学日语语法混合式教学模式改革——以“日语基础能力测试”课程为例	崔迎春	人文与发展学院	教育部产学合作协同育人项目
9	机器人及焊接实验教学内容和课程体系改革	赵雪彦	工学院	教育部产学合作协同育人项目
10	水稻水分管理与药害应对在虚拟仿真实验中的应用	谭伟明	农学院	教育部产学合作协同育人项目
11	大农业类创新创业教育实战型师资培训	谷　征	经济管理学院	教育部产学合作协同育人项目
12	面向智能汽车技术(自动驾驶与大数据分析技术)的师资培训	金晓萍	工学院	教育部产学合作协同育人项目
13	霍尼韦尔 Tridium 的师资培训项目	石庆兰	信息与电气工程学院	教育部产学合作协同育人项目
14	中国农业大学教师混合教学能力提升计划	姜　蔺	教师教学发展中心	教育部产学合作协同育人项目

续附表8

序号	项目名称	主持人	所在单位	项目类型
15	新农科背景下传统涉农专业教师教学能力提升计划	张海林	农学院	教育部产学合作协同育人项目
16	校园网用户上网应用与流量快速查询系统研发	劳凤丹	网络技术中心	教育部产学合作协同育人项目
17	大数据时代数学建模竞赛为载体的新型人才培养与探索	邹　辉	理学院	教育部产学合作协同育人项目
18	中兽药现代化研究实验室实训基地建设	郝智慧	动物医学院	教育部产学合作协同育人项目
19	期货农产品期货量化交易实践基地	林　海	经济管理学院	教育部产学合作协同育人项目
20	植物健康激活剂——生物纳米硒产学研合作协同育人实践基地建设	李佳奇	理学院	教育部产学合作协同育人项目
21	基于ADDIE模型的智慧教室建设方案研究	赵　磊	资源与环境学院	教育部产学合作协同育人项目
22	面向智能农业的“机器人应用”教学实践与创新条件建设	郑永军	工学院	教育部产学合作协同育人项目
23	大农业类工商管理创新创业实践教育改革	谷　征	经济管理学院	教育部产学合作协同育人项目
24	在线课堂环境中小组合作对提升大学生英语读写水平的作用研究	王智杰	人文与发展学院	教育部产学合作协同育人项目
1	适应拔尖创新人才培养的本科教学治理体系重构与改革实践	王　涛	本科生院	北京高校“本科教学改革创新项目”
2	农业、环境与人类健康多学科交叉人才培养课程建设	张福锁	资源与环境学院	北京高校“本科教学改革创新项目”
3	新时代植物保护专业人才自主创新能力培养体系研究	彩万志	植物保护学院	北京高校“本科教学改革创新项目”
4	农林专业理科强基“3+1”核心能力体系研究	王　鹏	理学院	北京高校“本科教学改革创新项目”
5	新农科/新工科背景下农工交叉类工科专业实践教学体系及平台创建与实践	李云开	水利与土木工程学院	北京高校“本科教学改革创新项目”

附表9　2020年校级教改项目获批名单

序号	项目名称	项目主持人	项目类型
1	“新农科”背景下植物生产类专业提升改革与实践	张海林/张常青/吴学宏	招标(重点)
2	涉农高校服务乡村振兴战略模式研究与实践	陈源泉	招标(重点)
3	“植物生物技术导论及实验”实践教育体系构建	郭仰东/翟　红/周立刚	招标(重点)
4	面向新农科生物大类人才核心能力培养体系的构建和探索	郭　岩	招标(重点)
5	生命科学基础研究人才培养中通识教育协同育人的创新实践研究	于静娟/侯松波/张　晖	招标(重点)
6	基于重大疫情和人畜共患病的环境卫生与工程新兴专业建设探索与实践	李国学	招标(重点)
7	动物科学本科校企协同育人“企业班4+1”人才培养模式的创新与实践	刘剑锋	招标(重点)
8	基于牛精英模式的畜牧全产业链人才培养与改革实践	曹志军	招标(重点)
9	新时代　新兽医　新使命——动物医学专业人才培养综合改革与实践探索	张国中	招标(重点)
10	新工科背景下涉农高校食品科学与工程专业实践教育体系构建与实践	廖小军	招标(重点)
11	机械与农业工程传统专业改造提升改革与实践	李海涛	招标(重点)
12	贯穿“以工融农，宽基补农、实践为农”理念的智能类新专业建设探索	陈一飞	招标(重点)
13	涉农高校经管类专业“三位一体”实践实训教育体系构建——基于“厚中博外　知理践行　立德育才　济农泽业”办学理念的探索	任金政	招标(重点)
14	新农科专业体系构建研究	金　帷	招标(重点)
15	信息技术条件下思政课“体系+专题”模式创新与实践	张　晖	招标(重点)
16	“遗传学和作物育种学”交叉融合的专业课程体系建设	付永彩/李保云	招标(一般)
17	生物化学精品教学体系研究与建设	董江丽	招标(一般)
18	智能养殖人才培养新模式	刘剑锋/赵　明/吴中红	招标(一般)
19	对标国际一流大动物临床兽医学实践教学基地和培养方案建设项目	李　靖	招标(一般)
20	“食品营养与健康”专业建设的探索与实践	殷丽君	招标(一般)

续附表9

序号	项目名称	项目主持人	项目类型
21	面向新工科/新农科的涉农工程人才创新创业能力培养探索与实践	董向前	招标(一般)
22	面向新农科/新工科背景的工程类实践教育体系构建	陈　度/孟繁佳/王　玲	招标(一般)
23	“机器视觉技术与应用概述”课程教学和教材建设研究	王建仑	招标(一般)
24	传统农业交叉融合型专业人才培养体系提升改革与实践	王朝元	招标(一般)
25	乡村振兴背景下涉农高校工科专业人才核心能力与实现途径研究	蒋秀根	招标(一般)
26	大数学观视角下，助力培养新型农林人才的“数学＋”教育教学实践	庞慧慧	招标(一般)
27	高等农林院校应用经济学科教育国际化研究与实践	李春顶	招标(一般)
28	服务乡村振兴战略模式研究与实践	唐丽霞	招标(一般)
29	现代信息技术在高等教育中的应用	栾志强	招标(一般)
30	基于“园艺作物栽培学(蔬菜)”(下)课程的校企合作产教融合协同育人实践探索	刘兴旺	招标(一般)
31	农药学综合实践教育教学体系构建	刘鹏飞	招标(一般)
32	面向新农科的土地资源管理专业实践教育体系构建	徐　艳	招标(一般)
33	草业科学专业改造提升与实践	张万军	招标(一般)
34	“一带一路”草学人才培养国际化与能力提升	戎郁萍	招标(一般)
35	本科生国际交流项目全过程管理的实践与探索	唐　莹	招标(一般)
36	基于一流创赛的创新创业人才培养研究	郭立群	招标(一般)
37	涉农高校思想政治理论课混合课程的双对课堂实现策略研究	李　明	招标(一般)
38	中国农业大学“强基计划”选拔机制探索和实践	周　波	招标(一般)
39	翻转课堂模式下的大学体育教学改革成效的实践研究——以触式橄榄球为例	时永进	招标(一般)
40	数据素养课程中信息技术与教育教学深度融合实践	刘子瑜	招标(一般)
1	“农作物概论”等系列课程发挥思政教育功能探索	孟庆锋	课程思政教改专项
2	实现遗传学A“思政寓课程，课程融思政”的教学探索	刘凤霞	课程思政教改专项
3	思政教育融入“作物栽培学”课堂探索	张英华	课程思政教改专项
4	挖掘植物学系列课程的思政内涵，提升学生的人文素养，助力形成积极向上的人生观	孟　雷/王　丽	课程思政教改专项

续附表9

序号	项目名称	项目主持人	项目类型
5	以“植物生理学”教学为抓手 树立涉农高校大学生为“三农”服务的信念	张学琴/吴晓岚	课程思政教改专项
6	应用气候学实习发挥思政教育功能——传承二十四节气，彰显文化自信	胡　琦	课程思政教改专项
7	在农业资源环境专业实习中加强“三农”情怀的教育	张朝春	课程思政教改专项
8	“动物遗传学”课堂教学中四组教育的融入	方美英	课程思政教改专项
9	依托校企协同育人的猪生产实习思政教育功能探索与实践	王军军	课程思政教改专项
10	“兽医免疫学”课程思政教育协同育人的探索	郭　鑫	课程思政教改专项
11	从兽医生物医学理论和实验教学渠道融入“课程思政”教育理念	张　蕊	课程思政教改专项
12	将立德树人理念融入动物组织胚胎学实验课程强化专业实践学习	董彦君	课程思政教改专项
13	“食品微生物学”课程思政建设与教学改革	陈晶瑜	课程思政教改专项
14	将“课程思政”融入“生物统计与试验设计”课程的教学探索与实践	郭慧媛	课程思政教改专项
15	“课程思政”融入农业工程专业生态环境类课程教学的探索	郭建斌	课程思政教改专项
16	“计算方法C”工程案例教学中思政元素构建与融合路径探索	刘　贤	课程思政教改专项
17	液压与气压传动课程思政教育体系建设与实践	宋正河	课程思政教改专项
18	专业课发挥思政教育功能专项教学改革——“发动机原理”教学和思政教育结合模式经验总结	李淑艳	课程思政教改专项
19	“新工科”专业课程中的思政教育方式研究与实践	高万林	课程思政教改专项
20	思政教育融入“人工智能”专业课课堂的探索与实践	马　钦	课程思政教改专项
21	工程材料(B)课程教学发挥思政教育功能的探索	彭红涛	课程思政教改专项
22	工程综合实践课程融合思政元素教学的探索与研究	严海军	课程思政教改专项
23	“大学物理”课程强化立德树人的策略研究	刘玉颖	课程思政教改专项
24	“概率论与数理统计”课程教学发挥思政教育功能的教学研究与实践	庞慧慧	课程思政教改专项
25	强调学生主体性、德科融合，大学物理实验课程思政育人探索	李春燕	课程思政教改专项
26	“管理学原理”与思政教育的融合研究	杨　树	课程思政教改专项

续附表9

序号	项目名称	项目主持人	项目类型
27	基于社会主义核心价值观与农业特点的经济学案例教学研究	王文信	课程思政教改专项
28	思政教育与传统教学对学生能力培养的相互促进——以人力资源管理课程为例	洪如玲	课程思政教改专项
29	“农村转型与农政变迁”中的马克思主义思想	汪淳玉	课程思政教改专项
30	如何正确认识社会主要矛盾——“社会分层与流动”专业课发挥思政教育功能的探索	王　昊	课程思政教改专项
31	数学与文化同行，方法与价值并重(大学数学课程思政教学探索)	李上红	课程思政教改专项
32	中外合作办学《农业商务管理》课程思政的探索与实践	李　岩	课程思政教改专项
33	思政教育在“园艺作物栽培学(蔬菜)”(下)课程中的统一及应用	刘兴旺	课程思政教改专项
34	文化育人融入专业课教学的实践研究——以新生园艺专业介绍为例	高丽红	课程思政教改专项
35	结合“农业植物病理学”专业知识讲授开展思政教育助力学生成才	李　燕	课程思政教改专项
36	依托“普通昆虫学”的理论与实践教学开展“社会主义生态文明建设”思想教育的教学实践探索	李　贞	课程思政教改专项
37	“一带一路”背景下的GIS和RS课程内容优化探索	郭　浩	课程思政教改专项
38	将“十六字”水利工作方针落实于“水资源利用与管理”课堂教学	石建初	课程思政教改专项
39	控制工程基础课程与思政教育融合的研究与探索	王承国	课程思政教改专项
40	课程思政视域下体育俱乐部课程育人功能的设计与实施——以高尔夫为例	束景丹	课程思政教改专项
41	专项基础课程中的思政教育探索与实践——以足球为例	屈珊珊	课程思政教改专项

附表 10　2020 年以“后立项”形式申报的教改项目名单

序号	项目名称	项目主持人	牵头单位
1	雏鹰俱乐部第二课堂	袁建敏	动物科学技术学院
2	动物遗传学教研组建设	邓学梅	动物科学技术学院
3	基于“胚胎兴趣小组”的专题式实验教学模式的研究	王书敏	动物科学技术学院
4	基于互联网平台的“青年 i 猪联盟”第二课堂的建设	张　帅	动物科学技术学院
5	加强“牛精英实验班”建设项目	苏华维	动物科学技术学院
6	“领头羊计划”建设	张　微	动物科学技术学院
7	现代化猪场生产实践	周　磊	动物科学技术学院
8	羊生产学教研组建设项目	罗海玲	动物科学技术学院
9	动物病理剖检素材库建设项目	刘天龙	动物医学院
10	动物心脏铸型标本制作技术优化	董玉兰	动物医学院
11	微信公众平台在动物解剖学教学中的应用探索	曹　静	动物医学院
12	猪、牛、鼠结肠组织学切片的制作	王子旭	动物医学院
13	猪前肢血管铸型标本的制作	陈耀星	动物医学院
14	“发动机原理”混合式教学模式探索实践	李淑艳	工学院
15	“车辆嵌入式系统开发基础”课程混合教学模式探索	谢　斌	工学院
16	“工程材料及成形技术 A 实验”新开课建设与实践	刘东晖	工学院
17	“热工基础”课程教学改革	辛　喆	工学院
18	创客班创新实践课程	董向前	工学院
19	工程教育背景下的农业院校液压与气压传动案例教学应用研究	马少春	工学院
20	机电新生研讨课研究型课堂教学实践探索	谭　彧	工学院
21	机械工程新生研讨课混合式课堂模式探索	张俊雄	工学院
22	“机械工程训练”教学内容优化及新教材建设	简建明	工学院
23	基于“命题式设计”的“微合作课堂”教学模式研究	刘平义	工学院
24	基于 AR 的“液压与气压传动”混合式教学模式实践	杜岳峰	工学院
25	基于持续改进的车辆工程专业毕业要求达成度评价研究与探索	金晓萍	工学院
26	基于理论学习、虚拟仿真与工厂实践相结合的专业课程教学模式的研究与实践	才　胜	工学院
27	基于在线课程的教学模式研究	徐　杨	工学院
28	基于卓越农林人才 2.0 计划的“农业机械化及其自动化专业”的培养方案优化	徐丽明	工学院

续附表10

序号	项目名称	项目主持人	牵头单位
29	跨学科专业“机械制造技术基础”融合	高改梨	工学院
30	面向“OBE”理念的“项目管理”课程内容优化及教学改革探索	吴　敏	工学院
31	面向本科生科研创新虚实结合的“无人机控制实验”课程建设	陈　建	工学院
32	面向农业机械化及其自动化专业的“热工基础”课程教学案例研究	魏　青	工学院
33	面向全过程教学质量提升的塑料成型工艺与模具课程改革探索与实践	陈　超	工学院
34	农业工程新生研讨课研究型教学模式构建	刘嫣红	工学院
35	农业机械学核心课程教学资源建设	刘彩玲	工学院
36	新生研讨课教学模式的探索与实践	张学敏	工学院
37	以工程应用为导向的“计算方法”教学改革与实践	刘　贤	工学院
38	以培养模型研究能力为导向的模型制作课程改革	陈　雨	工学院
39	智能制造创新实验课教学模式探索	张文强	工学院
40	卓越农林人才培养计划的农业工程建设	王红英	工学院
41	“国际贸易理论”教学团队	刘宏曼	经济管理学院
42	工商管理专业校外实践教学课程运行机制研究	李晓红	经济管理学院
43	管理类应用型人才培养模式改革——以人力资源管理(方向)为例	廖媛红	经济管理学院
44	基于内涵发展的农林经济管理复合应用型人才培养模式研究	苏保忠	经济管理学院
45	经管学院实验室云平台建设调研报告	祝淼祺	经济管理学院
46	适合本科生认知特征的市场营销课程案例教学模式研究	陈红华	经济管理学院
47	双学位教学管理模式探索	魏占祥	经济管理学院
48	“三全育人”方针融入农药学科中分子设计课堂教学中的思考与实践	段红霞	理学院
49	“基础化学及实验”课程改革的初探	张春荣	理学院
50	表面及胶体化学实验课程的改革与实践	聂海瑜	理学院
51	病虫草害等有害生物的标本采集、制作与展出	蒋家珍	理学院
52	材料力学混合课程建设	徐春晖	理学院
53	大学物理实验翻转课堂之课堂讨论、探究题库建设	李春燕	理学院
54	翻转课堂教学在数学建模课程中的应用研究	邹　辉	理学院

续附表10

序号	项目名称	项目主持人	牵头单位
55	高等代数在线平台建设和科研专题化教学探索	申振才	理学院
56	高等无机化学翻转课堂的探索与实践	彭庆蓉	理学院
57	工程力学专业认知教育探索	常　正	理学院
58	关于初等数论课程教学改革的研究	李　岩	理学院
59	化学实验教学中诚信意识与学术规范的培养	杜凤沛	理学院
60	基于 OBE 模式和项目式方法的"应用随机过程"课程研究	李秋月	理学院
61	基于"概率论与数理统计"课程应用性、趣味性和参与性的教学实践	盛　洁	理学院
62	基于 OBE 教学理念的"化学实验与生活"素质教育实验课的思索与构建	饶震红	理学院
63	基于 OBE 教育理念、线上线下相结合"大学物理"优质课程的构建	刘玉颖	理学院
64	基于雨课堂的无机及分析化学智慧教学的设计与实践	刘　霞	理学院
65	计算化学为载体的开放性实验教学模式研究	张　莉	理学院
66	慕课互联网资源下，问题式学习法在有机化学教学中的应用研究	郭红超	理学院
67	实际问题驱动的线性代数教学模式探索与实践	谭俊艳	理学院
68	数据驱动下的教与学之探索实践	吕洪凤	理学院
69	网络公众号新媒体育人探索	陈奎孚	理学院
70	无机及分析化学实验的混合式教学实践与研究	张三兵	理学院
71	信息化时代新农科背景下农产品安全及实验课程教学改革探索与实践	刘东晖	理学院
72	以翻转课堂为主的混合式"大学物理学"课堂教学模式研究和实践	朱世秋	理学院
73	优化"环境分析化学"教学，培养新时代高素质人才	张　莉	理学院
74	优质课程("金课")建设的探索与实践——以"高等数学 A"(上)课程为例	甄　苓	理学院
75	有机化学教学中提高学生专注度的探索与实践	边庆花	理学院
76	在高等农业院校开展化学生物学课程教学的探索与实践	朱文涛	理学院
77	智能电子设备在"无机化学"课堂教学中的探索	李　静	理学院
78	"植物生物技术导论及实验"课程建设	翟　红	农学院
79	"植物田间技术"课程建设	张明才	农学院
80	"走近'五老'，读懂中国"思政教育系列项目	李　珊	农学院

续附表10

序号	项目名称	项目主持人	牵头单位
81	“分子生物学常用实验技术指南”培育项目	梁荣奇	农学院
82	“耕作学”在线课程培育	张海林	农学院
83	“农作物概论”在线课程建设培育	孟庆锋	农学院
84	“遗传学 A”课程建设计划	刘凤霞	农学院
85	“种子检验学”课程授课中的思想政治教育实践	康定明	农学院
86	2019 年农学院跨中心生信讨论班建设项目	郭伟龙	农学院
87	大学生创新创业热情的激发——师生共创挑战杯	张战营	农学院
88	冬小麦生长发育及器官建成仿真模拟	张英华	农学院
89	都市农业概论实践育人教学模式创新	雷永登	农学院
90	基于“世界农业概论Ⅱ”的美国康奈尔大学本科生交流建设项目	杨晓琳	农学院
91	农学实验教学指导——不同小麦材料的耐热性鉴定	胡兆荣	农学院
92	农学专业实验指导	李保云	农学院
93	农业生态系统虚拟仿真模拟	杨晓琳	农学院
94	农业信息技术实验课程体系创新与教学质量提升	褚庆全	农学院
95	农作物教学标本的制作及数字标本库建设	赵　悦	农学院
96	试验设计与生物统计	刘文欣	农学院
97	适应新时代乡村产业振兴的作物学科人才培养知识体系设计	陈源泉	农学院
98	通过农场实践指导提升有机农业栽培技术课程教学质量	王小芬	农学院
99	小麦面食加工实验技术	张义荣	农学院
100	小麦杂交育种技术虚拟仿真实验培育	张玉峰	农学院
101	小农场管理	曾昭海	农学院
102	心理健康教育融入专业课堂引领三全育人	周于毅	农学院
103	遗传学(第四版)	刘庆昌	农学院
104	有机农场种植体系及案例在线课程	王小芬	农学院
105	与美国加州大学戴维斯分校学习交流建设项目	李金杰	农学院
106	玉米生长发育及器官建成仿真模拟	黄收兵	农学院
107	植物田间技术在线课程	谭伟明	农学院
108	种子发育生物学特性的虚拟仿真演示	孙连军	农学院
109	种子加工与贮藏	孙　群	农学院
110	种子检验学	康定明	农学院

续附表10

序号	项目名称	项目主持人	牵头单位
111	种子科学与工程专业产教协同实践教学体系构建	孙　群	农学院
112	作物布局优化仿真实验	尹小刚	农学院
113	作物生物信息基础与实操	郭伟龙	农学院
114	作物田间技术与生物学观察	张明才	农学院
115	作物微生物学	孙振才	农学院
116	“法律逻辑学”教学中加强大学生制度自信意识的研究	连丽霞	人文与发展学院
117	Jigsaw Task 教学法在大学情景英语听说课程的应用与分析	王　茜	人文与发展学院
118	参与式教学在“日本概况”课程中的实践探索	普书贞	人文与发展学院
119	产出导向法在口译教学中的应用研究	吕慧琴	人文与发展学院
120	后殖民文化背景下的沃尔科特诗歌译写研究——以其晚期代表作《白鹭》为例	任　莉	人文与发展学院
121	互联网时代将思政教育融入“网络经济”课堂的方法探索	高雪莲	人文与发展学院
122	基于内容教学法的大学公共英语写作教学模式构建	刘静红	人文与发展学院
123	卡森海洋书写与生态批评蓝色话语建构	钟　燕	人文与发展学院
124	人口老龄化视角下的日本老年人社会孤立问题研究	崔迎春	人文与发展学院
125	社会主义核心价值观融入大学英语听说课程的教学法研究——以“实用校园英语听说”为例	沈彩艺	人文与发展学院
126	世界主要国家官方语言使用状况数据库建设	许　峰	人文与发展学院
127	书面修正型反馈类型对英语写作准确性的影响	梁　青	人文与发展学院
128	思政教育融入日语专业双学位“综合日语”系列课程的探索与研究	崔迎春	人文与发展学院
129	宪法教学与乡村振兴政策解读研究	高瑞琴	人文与发展学院
130	以网络和人工智能为媒介的自主写作与评价:期望、比较以及成效	王智杰	人文与发展学院
131	影响大学英语视听说教学效果的人文因素及策略研究	乔佳梅	人文与发展学院
132	中国化的马克思主义新闻观培养对策研究	谭　英	人文与发展学院
133	如何通过课程教学发挥文献阅读在生命科学创新人才培养中的重要作用	杨海莲	生物学院
134	“DNA 芯片”多模式驱动教学	孟庆勇	生物学院
135	“蛋白质化学实验技术”课程中全面实施混合式教学模的建设	吴　玮	生物学院
136	“发育生物学”课程的前沿性建设	邢怡明	生物学院

续附表10

序号	项目名称	项目主持人	牵头单位
137	“复盘”理念在植物生理学教学中的作用探讨	张学琴	生物学院
138	“四段式”混合教学课程改革与实践——以“生物化学实验B”课程为例	王　娜	生物学院
139	“生物学 A”线上课程资源建设	康友敏	生物学院
140	“遗传学 B 实验(草业专业)”视频资源建设及运用	彭　静	生物学院
141	“植物转基因技术”课程教学质量提升实践	于静娟	生物学院
142	改进动物生物化学实验聚丙烯酰胺凝胶电泳脱色方法	苏　俊	生物学院
143	基于理论到应用的病毒学系列课程体系建设与实践	张永亮	生物学院
144	金课背景下“项目式小组学习”的研究与实践	胡　剑	生物学院
145	视频素材在植物生理学教学中的应用	张晓燕/张学琴/吴晓岚/陈其军	生物学院
146	增加互动模式 提高课堂黏性——“植物生理学 B”课堂改革初探	吴晓岚	生物学院
147	植物学实验果实类展示标本的采集与制作	王　丽	生物学院
148	植物学实验数字课程建设的资源收集与整合	刘朝辉	生物学院
149	“食品微生物学”课程专业育人探索与实践规划	梁志宏	食品科学与营养工程学院
150	茶文化课程教学模式探索与资源建设	侯彩云	食品科学与营养工程学院
151	大学生创新能力培养实施体系的建设	朱本忠	食品科学与营养工程学院
152	分组竞赛式教学法在“基因工程原理”课程中的探索与实践	张雅丽	食品科学与营养工程学院
153	基于“食品化学与分析综合设计”的创新人才的培养	袁　芳	食品科学与营养工程学院
154	基于科研实践训练的个性化人才培养模式探索	宋　弋	食品科学与营养工程学院
155	基于“三全育人”的核心课程建设	车会莲	食品科学与营养工程学院
156	基于食品学院“植物生理学”课程开展小班教学模式的探究与实践	曲桂芹	食品科学与营养工程学院
157	理论与应用实践相结合的“食品添加剂”课程体系建设	毛立科	食品科学与营养工程学院

续附表10

序号	项目名称	项目主持人	牵头单位
158	软饮料工艺学理论与实践高效结合的教学模式改革与创新	张　燕	食品科学与营养工程学院
159	食品包装学理论与实践结合的教学模式改革与创新	张　昊	食品科学与营养工程学院
160	食品工程原理实验教学改革及对培养学生工程研究能力的探索	汪立君	食品科学与营养工程学院
161	食品物性学教学中微课程的设计与应用	刘海杰	食品科学与营养工程学院
162	食品学院推荐免试研究生机制的研究与实践	廖小军	食品科学与营养工程学院
163	食院本科生毕业设计质量提升及管控体系建设	刘　军	食品科学与营养工程学院
164	食院本科生综合素质进阶培养模式研究	周　忻	食品科学与营养工程学院
165	新工科建设背景下国家级虚拟仿真实验教学中心的建设与实践	刘　毅	食品科学与营养工程学院
166	新形势下食品学院国家级实验教学示范中心内涵建设	殷丽君	食品科学与营养工程学院
167	以应用为导向的“食品物理化学”多学科交叉课程培养体系的建立	李　媛	食品科学与营养工程学院
168	“工程材料 B”课程一流课堂教学改革	彭红涛	水利与土木工程学院
169	“工程传热传质学”一流课程建设重点项目	丁　涛	水利与土木工程学院
170	“生物质能源工程”课程一流课堂教学改革	刘志丹	水利与土木工程学院
171	“水工建筑物”课程一流课堂教学改革	袁林娟	水利与土木工程学院
172	“水力机械测试技术”课程一流课堂教学改革	李小芹	水利与土木工程学院
173	“水利工程施工”一流课程建设重点项目	李淑芹	水利与土木工程学院

附表 11　2020 年各省、市普通本科录取分数统计表

省份	科类	录取人数	统计人数	重点线	最低分	平均分	最高分	最低超线	平均超线	最高超线
北京市	综合改革	144	137	526	627	637.3	666	101	111.3	140
	综合改革(中外)	86	86	526	606	614.24	633	80	88.24	107
天津市	综合改革	91	91	587	652	658.1	675	65	71.1	88
	综合改革(中外)	7	7	587	649	652.41	658	62	65.41	71
河北省	理工	126	126	520	645	649.77	664	125	129.77	144
	理工(中外)	3	3	520	635	635.12	635	115	115.12	115
	文史	17	15	538	628	629.66	632	90	91.66	94
	文史(中外)	2	2	538	603	604.12	605	65	66.12	67
山西省	理工	82	82	537	611	618	643	74	81	106
	理工(中外)	11	11	537	574	581.21	603	37	44.21	66
	文史	12	12	542	590	595.1	604	48	53.1	62
	文史(中外)	7	7	542	564	571.12	582	22	29.12	40
内蒙古	理工	56	53	452	595	610.13	630	143	158.13	178
	理工(中外)	11	11	452	571	579.82	590	119	127.82	138
	文史	5	5	520	621	625	633	101	105	113
	文史(中外)	5	5	520	600	603.2	607	80	83.2	87
辽宁省	理工	66	63	500	630	637.78	649	130	137.78	149
	理工(中外)	5	5	500	597	604.32	616	97	104.32	116
	文史	10	10	567	634	635.82	640	67	68.82	73
	文史(中外)	2	2	567	619	624.63	630	52	57.63	63
吉林省	理工	53	53	517	591	607.03	637	74	90.03	120
黑龙江	理工	68	68	455	605	618.96	675	150	163.96	220
上海市	综合改革	8	8	502	546	548.63	555	44	46.63	53
江苏省	理工	74	74	347	391	393.23	405	44	46.23	58
	文史(中外)	5	5	343	365	377.2	386	22	34.2	43
浙江省	综合改革	88	88	594	642	649.66	672	48	55.66	78
	综合改革(中外)	6	6	594	644	645.33	647	50	51.33	53
安徽省	理工	87	87	515	635	640.09	655	120	125.09	140
	理工(中外)	5	5	515	619	621.62	625	104	106.62	110
	文史	12	12	541	609	611.05	613	68	70.05	72
	文史(中外)	2	2	541	582	594.89	606	41	53.89	65

续附表11

省份	科类	录取人数	统计人数	重点线	最低分	平均分	最高分	最低超线	平均超线	最高超线
福建省	理工	55	55	516	619	624.83	633	103	108.83	117
	文史(中外)	5	5	550	593	594.4	596	43	44.4	46
江西省	理工	71	71	535	619	622.71	635	84	87.71	100
	理工(中外)	5	5	535	577	590.79	602	42	55.79	67
山东省	综合改革	100	96	532	630	640.94	656	98	108.94	124
	综合改革(烟台)	450	450	532	579	590.24	617	47	58.24	85
	综合改革(中外)	16	16	532	605	613.25	621	73	81.25	89
河南省	理工	112	110	544	644	650.52	661	100	106.52	117
	理工(中外)	9	9	544	617	628.79	639	73	84.79	95
	文史	19	15	556	625	626.26	629	69	70.26	73
	文史(中外)	6	6	556	611	615.79	618	55	59.79	62
湖北省	理工	67	67	521	622	626.34	636	101	105.34	115
	文史(中外)	5	5	531	574	579.52	584	43	48.52	53
湖南省	理工	69	69	507	623	626.94	637	116	119.94	130
	文史	12	11	550	625	625.74	627	75	75.74	77
广东省	理工	70	69	524	613	619.32	632	89	95.32	108
	理工(中外)	3	3	524	602	605.31	606	78	81.31	82
	文史(中外)	8	8	536	577	583.5	592	41	47.5	56
广西区	理工	71	71	496	601	612.45	636	105	116.45	140
	文史(中外)	7	7	500	500	545.57	571	0	45.57	71
海南省	综合改革	14	14	569	679	691.86	708	110	122.86	139
重庆市	理工	54	54	500	604	618.79	642	104	118.79	142
	理工(中外)	4	4	500	586	594.74	612	86	94.74	112
	文史	10	10	536	620	621.53	624	84	85.53	88
	文史(中外)	2	2	536	541	578.22	615	5	42.22	79
四川省	理工	116	116	529	631	637.22	654	102	108.22	125
	理工(中外)	4	4	529	612	617.62	629	83	88.62	100
	文史	15	15	527	600	603.85	608	73	76.85	81
	文史(中外)	3	3	527	581	584.78	590	54	57.78	63
贵州省	理工	41	40	480	603	607.53	619	123	127.53	139
云南省	理工	66	64	535	628	637.08	655	93	102.08	120

续附表11

省份	科类	录取人数	统计人数	重点线	最低分	平均分	最高分	最低超线	平均超线	最高超线
西藏区	理工(汉)	1	1	480	621	621	621	141	141	141
陕西省	理工	63	63	451	578	595.97	643	127	144.97	192
	文史	7	7	512	627	629.55	632	115	117.55	120
甘肃省	理工	52	50	458	574	582.77	598	116	124.77	140
	文史(中外)	5	5	520	580	586.32	596	60	66.32	76
青海省	理工	7	7	393	532	543.43	552	139	150.43	159
宁夏区	理工	13	11	434	553	561.95	579	119	127.95	145
新疆区	理工	69	46	431	564	575.26	604	133	144.26	173
	文史(中外)	5	5	482	555	563.11	577	73	81.11	95

注：本表不统计保送生、高水平艺术团、高水平运动队、少数民族预科转入、定向生、国家专项、高校专项等特殊类考生；仅统计一志愿考生成绩。

附表12　2020届本科生校级优秀毕业论文(设计)学生、教师名单

序号	学院	专业	学生	指导教师	论文题目
1	农学院	农学	李蔓蔓	徐明良	利用STS分子标记精细定位玉米籽粒含水量QTL
2	农学院	农学	包选平	孙连军	大豆花叶病毒病防控相关位点的鉴定
3	农学院	农学	邹　军	尹小刚	不同农户规模下华北地区主要作物的产量一环境效应综合研究
4	农学院	农学	肖祖栋	周顺利	中农大788和科河699对播期和密度的响应特征研究
5	农学院	农学	王　婧	陈　阜	1985—2015年中国县域芝麻生产的时空演变
6	园艺学院	园艺	邹　豪	高丽红	农艺农机融合的塑料大棚番茄栽培参数优化研究
7	园艺学院	园艺	王　晨	赵　冰	利用酵母单杂文库筛选番茄SlTLFP8上游转录因子
8	园艺学院	园艺	庄馥璐	王　忆	苹果根际解磷细菌的筛选及其对植株生长影响的研究
9	园艺学院	园艺	郭思颖	马　男	月季花朵开放中花瓣基部IAA分布变化解析
10	园艺学院	园林	崔茜茜	孟祥彬	基于地域文化导向的社区空间设计
11	植物保护学院	植物保护	王安桐	李　虎	墨卡托果蝇 *Drosophila mercatorum* 线粒体基因组的测定与分析

续附表12

序号	学院	专业	学生	指导教师	论文题目
12	植物保护学院	植物保护	杨　英	刘星月	缅甸白垩纪中期具特殊头部结构的鳞蛉科新属种记述
13	植物保护学院	植物保护	李思维	吴学宏	引起内蒙古甜菜病害的丝核菌携带真菌病毒的初步研究
14	植物保护学院	植物保护	崔纪翔	柳丽君	斯里兰卡地区一种书虱的鉴定及其线粒体基因组研究
15	生物学院	生物科学	闫雪珊	杨金水	利用纤维素生产虾青素的大肠杆菌细胞工厂构建
16	生物学院	生物科学	王亚婷	张　华	双同源重组报告基因小鼠的建立和鉴定
17	生物学院	生物科学	张曦文	邢怡明	SERCA2 对猪骨骼肌卫星细胞分化的影响
18	生物学院	生物科学	顾　丽	陈忠周	线粒体自噬受体 BNIP3 和 LC3B 的表达纯化及诱导异源二聚体形成
19	生物学院	生物科学	成宇琪	郭伟龙	基于已有基因共表达网络数据的可视化平台搭建
20	生物学院	生物科学	廖　欢	施怡婷	玉米冷响应相关 QTL 定位
21	动物科学技术学院	动物科学	唐　彧	赵丽红	一株同时降解玉米赤霉烯酮和黄曲霉毒素 B1 的谷氨酸棒状杆菌及降解特性研究
22	动物科学技术学院	动物科学	张　宇	刘剑锋	基于因组信息的 10 个中国猪地方品种的濒危等级研究
23	动物科学技术学院	动物科学	崔晓婧	周振明	饲料类型对牦牛瘤胃原虫和真菌微生物区系的影响
24	动物科学技术学院	动物科学	任方杰	刘继军	保温灯变功率供暖对哺乳仔猪环境调控及节能效果
25	资源与环境学院	应用气象学	任姝琳	潘学标	基于卫星荧光数据产品的全球总初级生产力时空分布规律分析
26	资源与环境学院	生态学	陈家书	韩文轩	晚秋校园五种乔木叶 pH 日内节律研究
27	资源与环境学院	资源环境科学	覃一荻	刘　刚	基于人工神经网络的土壤开裂过程中的水分反演方法
28	资源与环境学院	环境工程	王朝崑	胡树文	机器学习辅助双通道碳量子点阵列传感器检测四环素类抗生素

续附表12

序号	学院	专业	学生	指导教师	论文题目
29	资源与环境学院	资源环境科学	刘译泽	崔振岭	不同磷肥种类及用量对滨海盐渍土有效磷及理化性质的影响
30	动物医学院	动物医学	邹之宇	汪　洋	北京地区共享单车耐药肠杆菌科细菌的流行率及传播风险研究
31	动物医学院	动物医学	马腾云	王永强	非洲猪瘟防控措施有效性的系统综述
32	动物医学院	动物医学	孙若栖	汤小朋	马蹄静脉造影
33	动物医学院	动物医学	张　晗	袁占奎	两种方法治疗猫鼓泡息肉的对比研究
34	食品科学与营养工程学院	食品质量与安全	李伊宁	姚志轶	叶酸快速可视化检测新方法研究
35	食品科学与营养工程学院	食品质量与安全	潘安宇	姚志轶	利用荧光探针快速检测食品的咖啡因
36	食品科学与营养工程学院	食品科学与工程	李旭蕾	殷丽君	高粱醇溶蛋白分离提取及应用初探
37	食品科学与营养工程学院	食品科学与工程	陈秀琳	张　昊	乳球蛋白对DHA稳定性的影响研究
38	食品科学与营养工程学院	食品科学与工程	项晴晴	吴晓蒙	自热米饭加热过程模拟及包装尺寸对热吸收率的影响研究
39	食品科学与营养工程学院	食品质量与安全	王珂雯	吴晓蒙	基于模式动物蜜蜂对食品中聚苯乙烯微塑料残留的危害研究
40	食品科学与营养工程学院	生物工程	希吉日	车会莲	火龙果中主要过敏原的鉴定及其致敏性分析
41	食品科学与营养工程学院	食品科学与工程	杨静怡	毛立科	海藻酸钠微凝胶制备、表征与应用
42	工学院	车辆工程	冯鹏醒	何志祝	汽车尾气废热温差发电的仿真模型及优化方法研究
43	工学院	车辆工程	荣文慧	江发潮	智能车辆停车场行人运动预测方法研究
44	工学院	车辆工程	员　鑫	才　胜	16MnCr5高强度钢板材体积成形有限元分析
45	工学院	机械电子工程	徐海东	刘星星	一种四足机器人设计
46	工学院	机械电子工程	廖子锐	陈　建	多无人机编队一致性控制器与主动容错策略设计
47	工学院	农业机械化及其自动化	于　璐	杨增玲	基于能—碳—水的新疆生产建设兵团种植业系统可持续发展评价与分析

续附表12

序号	学院	专业	学生	指导教师	论文题目
48	工学院	机械设计制造及其自动化	石云鹤	刘彩玲	离心叶片式精量排肥机构的研究
49	工学院	机械设计制造及其自动化	张非凡	袁　挺	基于深度学习的手势识别与人机交互系统研究
50	工学院	机械设计制造及其自动化	刘赵缘	张俊雄	物流分拣机器人无碰撞运动轨迹规划
51	工学院	工业设计	郭　信	刘平义	丘陵山地多功能一体机设计
52	信息与电气工程学院	自动化	江　霖	杨卫中	VLP－16激光雷达避障辅助决策软件开发
53	信息与电气工程学院	通信工程	杨会平	杨立伟	基于新型光子晶体光纤传感特性的研究
54	信息与电气工程学院	电子信息工程	王宇豪	孙　红	基于多维图像的作物NDVI分布检测系统开发
55	信息与电气工程学院	电子信息工程	邹国伟	王忠义	土壤水分与各层温度监测装置设计
56	信息与电气工程学院	计算机科学与技术	冯文姣	王敏娟	基于计算机视觉的紫叶生菜光照胁迫分级模型构建与系统开发
57	信息与电气工程学院	计算机科学与技术	李润超	杨丽丽	基于计算机视觉的行人识别与测距
58	信息与电气工程学院	计算机科学与技术	余　晓	李振波	面向冷藏货架的冰鲜水产品质量评估系统开发
59	信息与电气工程学院	电气工程及其自动化	黄　炎	巨云涛	关于电力系统优化潮流凸松驰方法的研究
60	信息与电气工程学院	电气工程及其自动化	赵春雪	唐　巍	交直流混合低压配电网电压控制仿真模型开发
61	信息与电气工程学院	电气工程及其自动化	张　峋	仲崇山	采用高压晶闸管的脉冲电压发生电路设计
62	水利与土木工程学院	农业建筑环境与能源工程	王　琦	施正香	嘉立荷牧业集团唐山3 000头奶牛场生产区建筑设计
63	水利与土木工程学院	农业建筑环境与能源工程	李雨浓	贺冬仙	基于光独立组织培养的组培生产技术示范系统设计
64	水利与土木工程学院	土木工程	张惠迪	庄金钊	客隆大厦工程设计
65	水利与土木工程学院	农业水利工程	鲁赛红	田　菲	黄土高原农业水分利用效率的时空演变及其对退耕还林的响应

续附表12

序号	学院	专业	学生	指导教师	论文题目
66	水利与土木工程学院	农业水利工程	郭　煜	李光永	内蒙古赤峰市松山区安庆镇玉米膜下滴灌工程规划设计
67	水利与土木工程学院	水利水电工程	徐晓宇	郭　萍	石羊河流域绿洲演变驱动分析及适度农业规模研究
68	水利与土木工程学院	水利水电工程	高　诗	李淑芹	某重力坝枢纽工程规划设计
69	水利与土木工程学院	能源与动力工程	曾海艳	周凌九	单级单吸离心泵水力与结构设计
70	理学院	工程力学	周天弈	徐春晖	考虑滑移或颗粒弹性时圆球间双黏度流体的挤压流动
71	理学院	数学与应用数学	卯笙辰	林海波	分数次积分算子在高斯测度空间的加局部权有界性
72	理学院	数学与应用数学	王　添	庞慧慧	具有 p－Laplace 算子的 α1＋α2 分数阶 n 维微分系统的正解
73	理学院	应用化学	陈梦婷	杨新玲	β－氨基丙烯腈类化合物及其衍生物的合成
74	理学院	化学	吴　茜	高海翔	基于苝酰亚胺席夫碱反应合成荧光分子及镉离子检测的应用
75	理学院	化学	鞠紫薇	周文峰	低共熔溶剂－离子液体连续液相微萃取在测定茶汤拟除虫菊酯类农药残留中的应用
76	理学院	化学	徐嘉擎	郭红超	DMAP 催化 α－取代联烯酸酯与吡唑啉酮衍生烯烃的[2＋4]环加成反应
77	经济管理学院	农林经济管理	吴以宁	穆月英	北京市居民蔬菜质量安全认知与消费选择研究
78	经济管理学院	国际经济与贸易	张杰皓	李春顶	经济政策不确定性与中国海外投资
79	经济管理学院	国际经济与贸易	田　奥	赵　霞	中国对澜湄国家热带水果进口贸易潜力的实证研究
80	经济管理学院	金融学	贾诗玥	安　毅	《金融支持对创业板企业创新产出的影响——基于中介效应模型》
81	经济管理学院	金融学	苏雨琦	翟留栓	河南省玉米天气指数保险的费率厘定研究
82	经济管理学院	金融学	张志强	何　婧	“金融省长”与地方金融发展——基于2008－2018 年中国省级面板数据的实证研究

续附表12

序号	学院	专业	学生	指导教师	论文题目
83	经济管理学院	会计学	戴赛儿	王素义	B兵团上市企业扭亏策略分析
84	经济管理学院	会计学	何　苗	李晓红	我国农业上市公司盈余管理研究
85	经济管理学院	会计学	丁子涵	张希玲	政治关联、管理者过度自信与民营企业避税行为研究
86	经济管理学院	工商管理	张家瑞	廖媛红	消费者绿色食品购买行为的影响因素研究——以北京市消费者为例
87	经济管理学院	电子商务	康慧薇	吕建军	社区团购下生鲜农产品消费行为研究——以富通科技园社区团购为例
88	人文与发展学院	法学	陈怡文	张　雅	强人工智能的犯罪主体资格研究
89	人文与发展学院	法学	刘佳玲	杨述兴	地理标志的法律表达
90	人文与发展学院	英语	姜晓瑜	刘海英	《达洛维夫人》中伍尔夫对疾病和死亡的态度研究
91	人文与发展学院	社会学	段泽丽	刘超群	“土地作为村庄整合的形式与机制——以华北王金庄村为例”
92	人文与发展学院	农村区域发展(国际方向)	杨姝晗	贺聪志	“貌合神离”:“公司+合作社+农户”生态产业模式中的小农处境
93	人文与发展学院	农村区域发展(国际方向)	孙雨奇	唐丽霞	坦桑尼亚义务教育成本分担机制的问题、对策及启示——以莫罗戈罗省K村与W村为例
94	人文与发展学院	传播学	周信达	王朋进	凝视与反凝视:短视频中小镇青年的自我形象呈现——以快手为例
95	人文与发展学院	传播学	张泽昕	曹　昂	使用健康类微信公众号对大学生作息的影响研究
96	人文与发展学院	传播学	田　也	安文军	蚂蚁森林公益传播效果探析
97	土地科学与技术学院	土地资源管理	侯　丽	高　阳	京津冀城市群夏季热岛的时空特征与影响因素研究
98	土地科学与技术学院	地理信息科学	俞国江	姚晓闯	基于MapReduce的地图矢量瓦片并行算法设计与实现
99	土地科学与技术学院	土地资源管理	张雪妮	伦　飞	基于InVEST模型的土地利用变化对流域水质净化功能的影响研究——以五龙河流域为例
100	草业科学与技术学院	草业科学	江德带	张万军	过表达AtSOAR1基因提高苜蓿的耐旱性

研究生教育教学

【概况】

截至2020年12月，中国农业大学共有全日制在校研究生9 882人，其中硕士研究生5 857人，博士研究生4 025人。非全日制硕士研究生807人。留学生284人，其中硕士留学生148人、博士留学生136人。

2020年中国农业大学招生规模实现历史突破。硕士研究生招生突破3 000人，博士研究生招生突破1 000人。本年度具体招生数据如下：硕士研究生3 235人（含港澳台4人），其中全日制2 883人（学术型硕士生1 412人，专业学位硕士生1 471人），非全日制352人（均为专业学位硕士生）。博士研究生1 000人（不含第一导师为农科院的25人），其中直博生100人，硕博连读生331人，申请考核制学生569人。

2020年度全年共授予学位人数3 219人，其中授予博士学位人数864人；授予硕士学位人数2 355人（表1）。

表1　2020年度全年授予学位情况

学生类别		1月8日	6月15日	7月28日【增】	8月28日【增】	11月27日	合计
博士	学历教育博士	99	345	241	112	25	822
	同等学力博士	9	2	4	1	0	16
	兽医专业学位博士	8	3	2	0	13	26
	博士合计	116	350	247	113	38	864
硕士	学历教育硕士	64	539	324	133	9	1 069
	全日制专业学位硕士	28	426	247	104	5	810
	非全日制专业学位硕士	173	214	36	18	35	476
	硕士合计	265	1 179	607	255	49	2 355
研究生合计		381	1 529	854	368	87	3 219

（武镒　牛国卫　刘军）

【研究生招生】

首次开展网络远程复试/复核　面对新冠肺炎疫情带来的新情况和新挑战，在中国农业大学研究生招生工作领导小组指导下，经多次演练、多级培训、细化方案、严格管理，在各招生学院和相关职能部门通力合作下，采取“双平台、双机位、三随机、四比对”开展246场云复试，圆满完成中国农业大学历史上首次研究生网络远程复试工作。

首次开展报名信息网上确认　根据北京市统一安排，中国农业大学考点首次开展硕士研究生招生网上确认工作，共审核 3 224 人，通过审核 2 768 人，未通过审核 456，未通过原因主要有学籍学历校验不通过、报考类别错误或报考点选择错误等。

命题制卷工作零失误 自命题工作采取集中命题、封闭管理模式，共有 150 位命题教师参与，命制 55 科自命题。自命题印制工作在保密印刷厂印制，共印制 7 470 份试题，并机要寄送全国 505 个考点。自命题工作一切顺利。

实现平安研考、健康研考工作目标 在确保考务安全基础上，新增疫情防控要求，顺利完成疫情防控常态化形势下首次硕士研究生招生考试。中国农业大学设置 107 个标准考场和 6 个备用隔离考场，通过组织全员核酸检测、设立考生专用通道、考场一天三消等 10 余项措施，实现了研招考试“平安、健康”工作目标。

云端夏令营和直播宣讲 支持和推动学院组织开展云端夏令营活动，2020 年共有 13 个学院组织了云端夏令营，营员合计 1 640 人，比上年增加 899 人，增幅 121%，营员人数创历史新高。同时，研招办通过 360 教育在线、腾讯教育、哔哩哔哩、微博等平台，开展招生宣讲直播，效果良好。

（牛国卫 韩争艳）

【研究生培养】

克服重重困难，顺利实施云教学 根据上级“停课不停教，停课不停学”要求，多级联动开展教师云培训，多角度线上分享云教学经验，多方位提供教学云服务，顺利完成 495 门课程云教学。

多措并举，不断提高拔尖创新人才培养质量 深化研究生教学改革，规范各类项目管理，分类推进课程建设。研究生课程思政、全英文课程等教改立项建设 288 项，评选校级研究生教育成果奖 13 项。克服疫情影响，继续开展农业外事、智慧农业“学位＋”项目，聚焦研究生专业知识外的综合能力提升及跨学科思维培养。

主动服务国家战略需求，持续深化专业学位研究生教育改革 在全国率先推行专业学位硕士专项制招生培养，科技小院、牛精英、卓越临床兽医等专项得到社会广泛认可。2020 年设立 10 大类 54 个专项，专业学位研究生全部实现专项制培养，通过绩效评价实施动态化管理。强化实践基地建设，校、院基地共 200 个。推进专业学位双导师制，聘请兼职导师 727 人。强化案例教学，20 个案例入选中国专业学位案例库。

优化学科专业布局，全方位推进学位授权点建设 主动服务国家需求和社会发展，自主审核增列全国农林高校中第一个“马克思主义理论”一级学科博士学位授权点。完成土地科学与技术交叉学科博士点，社会工作、图书情报专业学位硕士点申报。

以研究生教育助推中国农业大学办学资源拓展，实现烟台专项扩容、海南专项零的突破 稳步推进烟台专项建设，2020 年烟台专项录取专业学位硕士研究生 355 人，增幅 78%，建成烟台专项实习实践基地 80 个，聘任兼职导师 248 人，与烟台经济社会发展融合更加紧密。海南专项 2020 年首次实现研究生招生，共录取博士生 22 人、硕士生 34 人。积极配合中国农业大学平谷校区建设，参与雄安涿州专班工作，谋划专业学位平谷专项、保定专项、京津冀自主创新研究专项。

（李冬梅　陈巧莲）

【研究生导师培训】

加强导师培训 2020年研究生院统一部署与安排，创新导师培训方式方法，组织开展了线上导师培训会和校级新增研究生导师培训会2场(校级导师培训)，邀请校内外知名专家学者进行精彩发言或作专题报告，在圆满完成2017—2019年三年一轮训的基础上，启动2010—2022年新一轮的导师三年轮训工作，引导研究生导师全面落实立德树人根本任务和育人职责。

(刘军)

【研究生学位授予与质量管理工作】

做好疫情防控期间的学位论文答辩和学位授予工作 制定了《2020年夏季研究生学位授予工作方案》和《中国农业大学疫情防控期间研究生学位论文远程网络视频答辩流程及要求》，紧急启动线上云答辩，并在原定6月学位授予工作安排不变的基础上，7月、8月各增开一次学位评定委员会会议，审议学位授予事宜，极大地服务了学生。

高质量完成博士学位论文校级抽查及评阅工作 按照申请学位的批次，采取“随机抽取、重点抽查、二级学科全覆盖”的原则进行博士学位论文校级抽查，全年开展了3次校级抽查博士学位论文送审工作，共送审校级抽查博士学位论文288篇，占2020年授予博士学位总人数的33.33%。

开展硕士学位论文校级抽查及评阅 按照各研究生培养单位“学术型硕士一级学科全覆盖、专业型硕士领域全覆盖”的原则进行硕士学位论文校级抽查，全年开展了3次校级抽查硕士学位论文送审工作，共送审校级抽查硕士学位论文167篇，约占2020年授予硕士学位总人数的7.09%。

配合开展国务院、北京市学位论文抽检工作 2020年11月，国务院教育督导委员会办公室反馈了博士学位论文抽检结果，此次抽检面向中国农业大学2017—2018学年授予博士学位的论文，中国农业大学共有50篇学位论文被抽检，分布在20个一级学科和1个专业学位博士授权点(兽医博士)。2020年12月，北京市教委反馈了2020年硕士学位论文抽检结果，此次抽检硕士论文针对2018—2019学年度授予学位的硕士论文，原则上按照5%左右的比例抽检，涵盖每一个硕士学位授权一级学科，共抽检到中国农业大学37个一级学科的48篇论文，抽检结果全部顺利通过，没有出现问题论文。

对口支援新疆高层次人才培养工作 2020年有7位第七期学员入学(其中2位第七期学员于2019年提前到校上课)。7位往期学员获得博士学位。

(刘军)

【思想政治教育】

加强研究生党建工作 加强研究生党员骨干队伍建设，组织研究生党员深入开展系列理论学习教育活动，做到了研究生党支部书记的培训全覆盖。加强理论宣讲，打造博士宣讲品牌团队，开展“传承红色基因，讲好农大故事”宣讲学习活动。以项目化形式创设研究生党建活动创新专项共计20项，采用线上线下相结合的形式组织开展新生入学教育。开展科学道德和学风建设教育，共设28个分会场，3 529人同步学习。

构建“线上线下”共融的研究生实践育人平台 引导学生投身脱贫攻坚战一线，开展“凝聚青春力量 助力脱贫攻坚”暑期社会实践活动。重点推进“以‘农博士在线’为载体构建线上线下共融的研究生实践育人平台”教育部精品项目建设。组织学生参加各类创新大赛，在“华为杯”第十七届中国研究生数学建模竞赛等多项赛事中获得奖项。

全力做好疫情期间研究生思政工作 发布《致中国农业大学研究生同学的一封信》和《致全校学生党员的倡议书》，号召学生顾大局、做表率、勇担当。因势利导发挥导师立德树人作用，推出“疫情当前 且听导师说”专栏，23位导师寄语传情，部分寄语被光明网等转载，累计阅读量达到3万人次。开设“非常开学季 导师来支招”专题，邀请8位导师亮出“独门绝活”为研究生支招指路。开设“疫情当前 党员为先”“身边榜样”等专栏，切实发挥党员的先锋模范作用。开设“博士生微宣讲”专栏，以青年视角、青年话语宣传抗疫知识、宣讲抗疫故事。打造“农博士微课堂”专栏，通过线上科技服务的方式“云助力”复耕生产，共推出16期，入选学习强国平台“技能”专栏，累计点击量超过15万+，受到中央广播电视总台央视频2020年“云充电”公益项目致谢。《“微课堂”强化思政育人“云科技”助力复耕生产》宣传片参评全国高校“共抗疫情 爱国力行”主题宣传教育和网络文化成果100个精品案例。

全力做好资助育人工作 依规依程做好奖学金评选工作，2019—2020学年研究生奖学金共计奖励4 947人次，共计2 400.6万元。认真细致做好助学金工作，实现应助尽助，总金额共计13 259.6万元。开展“深化资助育人、助力脱贫攻坚”专项行动，探索服务国家发展战略融入育人新模式，针对建档立卡贫困户学生进行帮扶。充分发挥研究生“三助”育人作用，按时发放助研津贴5 342.2万元，聘任助管和助教941人次，累计发放助管助教津贴201.3万元。大力宣传资助政策，推出“国奖青年”专题，展现青年学子青春奋斗风采，开设“专项风采·感恩于行”专栏，深化奖学金感恩教育成效。

（史博）

【研究生学籍管理及教育评估】

完成本年度学籍管理工作 依托“研究生综合管理信息系统”，深化校院二级的管理制度，做好新冠肺炎疫情防控期间学期注册、学籍异动、毕业答辩和毕业管理等工作。完成了对2019年进入博士阶段学习的硕博连读生的再次审核和2020年度的硕博连读研究生选拔工作。

完成毕业生管理工作 对2020年毕业研究生进行了信息核对、毕业资格审查，完成了2020年春季（1月）、秋季（6月、7月、8月）、冬季（11月）共五期研究生毕业离校前准备和毕业离校等服务性工作。完成了2020年度毕业研究生学历信息审核工作和报教育部的学历证书电子注册工作。

高质量完成研究生教育质量监督与评估工作 组织督导组专家、学院领导、研究生院管理人员对招生复试、课程教学、答辩等关键环节进行全覆盖云督导，及时发现问题并提供帮助。牵头开展金融、兽医、农业、风景园林4个专业学位类别参加全国专业学位水平评估，全面梳理中国农业大学专业学位研究生教育成效。

（武镒）

【其他工作】

贯彻落实全国研究生教育会议精神,加快中国农业大学新时代研究生教育改革发展 谋划设计中国农业大学新时代研究生教育“12358”总体方案,围绕“培养知农爱农高层次创新型人才”目标,以导师队伍能力提升带动研究生培养质量提高,坚持立德树人、质量核心、创新引领,着力思政育人、导师队伍、培养体系、质量监督、管理服务五大提升,实施八项行动。12月19日中国农业大学研究生教育大会胜利召开,教育部研究生司洪大用司长应邀作主旨报告,对中国农业大学研究生教育改革成效和经验给予了高度评价。

加强业务能力建设工作 开展工作调研22次、撰写教学质量分析报告4份,走访19个培养单位,指导开展50余场“研究生教育大讨论”,制定落实研究生教育会议精神的方案及文件13份。

积极搭建研究生科技创新平台 首次设立“中国农业大学研究生自主创新研究”基金,支持研究生自主选题开展创新性科学研究。“牛精英”等5个专项赛事首次纳入“中国研究生创新实践系列大赛”,将农林学科研究生教育成果的展示平台提升到国家级水平。

完成全国农业专业学位教指委秘书处工作 完成了教育部等有关部门交办的2020年学位授权点专项评估及《农业专业学位水平评估指标体系》《研究生导师指导行为规范》意见征集等工作。完成了农业专业学位研究生实践教育基地和2019年全国农业教指委研究课题中期检查工作,组织开展了2020年全国农业专业学位研究生课程教材立项及教学案例库建设等工作。

完成农林学科工作委员会秘书处工作 完成了总会布置的社会团体年度检查信息统计、先进工作者推荐等各项工作。组织12个工作组开展全国农林院校研究生思政、招生等学术交流活动。组织开展2018年课题、2019年课题结题及2021年课题立项申报等工作。

(李冬梅 武镒 尼姣姣)

继续教育

【概况】

2020年继续教育学院(网络学院)坚持以习近平新时代中国特色社会主义思想和党的十九大及十九届二中、三中、四中、五中全会精神为指引,稳步推进继续教育改革转型和内涵式发展,努力满足新时代发展新需求,为建立现代大学终身教育体系,为农业从业者个性化终身学习需求提供精准服务。一年来,学院认真贯彻落实学校党委2020年重点工作任务,统筹做好“新型冠状病毒性肺炎”疫情防控和学院事业发展工作。在主动承担学校健康隔离观察点、西区留学生公寓服务保障工作的同时,克服疫情造成的困难,不断完善学院内部治理体系,拓展教育培训渠道,推进学历教育质量提升,主动对接地方和企业需求,强化社会服务职能,持续提升乡村振兴人才培养水平和能力。

(邵辉)

【党建工作】

以政治建设为统领，加强党对学院事业的全面领导 坚持党建与业务工作同谋划、同部署、同推进、同考核，切实发挥直属党支部把方向、管大局、保落实的领导作用。以贯彻落实习近平总书记给全国涉农高校的书记校长和专家代表回信精神、制定学院“十四五”规划为抓手，强化学习引领，组织全体党员和教职工深入学习乡村振兴战略和中央一号文件精神，开展大学习、大讨论，梳理思路，凝聚共识，助力脱贫攻坚和乡村振兴，营造干事创业的良好氛围。坚持领导班子成员“一岗双责”，加强党政集体领导制度，完善直属支委会议事规则和党政联席会议议事规则，发挥重大事项集体研究集体决策功能。

坚定扛起责任，主动担当作为，服务学校“抗疫”任务 疫情就是命令，防控就是责任，疫情暴发后学院全体职工把全校师生生命安全和身体健康放在第一位，扎实做好临时健康观察点日常保障。学院直属党支部坚决贯彻落实学校党委的一系列决策部署，第一时间成立由书记和院长任组长的疫情防控工作专班，制订疫情防控工作方案，设置 24 小时值班岗，领导带头，党员争先，全员参与，扎实做好学校健康观察点、留学生公寓的日常保障。2020 年连续 315 天累计完成 1 064 人次隔离观察服务保障工作，服务房间量高达 3 231 间/次。

（熊文）

【成人教育】

积极做好招生工作稳定办学规模 针对“新型冠状病毒”疫情对继续教育工作带来的影响，为稳定招生规模，学院充分调动所有教学站点积极性，依托当地资源，协调各方力量，做好招生工作。目前教学站共计 24 个，其中在招生的教学站 14 个，分布在 8 个省份，招生本科专业 22 个，2020 年度录取 1 744 人。2020 年新生入学 1 751 人，在校生规模达 3 894 人(不包括当年毕业生)，毕业生 3 247 人，其中本科层次毕业 2 554 人，专科层次毕业 693 人；授予学位 227 人，学位授予率 8.89%。2020 年成人高等学历教育在校生统计如表 1 所示。

克服“疫情防控”带来的不利影响保证教学活动正常开展 在疫情防控条件下，线下课堂教学无法正常开展。按照“停课不停学，停课不停教”的要求，春季学期，学院迅速调整教学方式，为学生提供 291 门线上课程资源，引导学生通过教学平台课件自学、自测、线上讨论等学习形式，完成课程的线上学习。秋季学期，教师通过在线直播的方式完成“C 语言程序设计”“线性代数”“西方经济学”“基础营养学”等 50 门课程教学。2020 年首次实行远程视频答辩，夏、冬两季共约 2 200 多名学生通过线上答辩方式顺利毕业。同时学院试行了线上课程考试工作，最大程度避免了线下考试的疫情风险隐患，试行效果良好。2020 年度参加考试 1 564 人次；1 902 人参加统考英语考试。

多角度多方位抓好成人教育教学质量 为了保证疫情期间教学质量，在学习形式上通过督促学生在网上自学网络课件及参加直播课堂，推进线上线下混合式教学。通过打造优秀教学团队、特色专业，完成了 2020 年北京市教委组织的高水平教学团队及特色专业的中期检查的材料报送工作。《中小学食堂食品安全保障措施研究》及《非洲猪瘟病毒荧光 PCR 微量芯片快速检测方法的建立》获评北京市继续教育优秀毕业论文，仝涛、王永强 2 位老师获“优秀指导教师”称号。

加强课程资源及教学平台建设 通过加大课程资源的建设，推进混合式教学模式，推进全校课程资源共享及整合，让学生享用优质的教学资源。2020 年完成了“毛泽东思想和中国特色社会主义理论体系概论”“花卉学”“设施园艺学”3 门课程的建设，录制“兽医传染病学”等课程。

加强校外教学站评估检查规范办学行为 截至 2020 年底，学校现有成人高等教育校外教学站点共 24 个，其中新建江西南昌、宁夏银川 2 个函授站，到期续签协议教学站 5 个。做好教学站在当地的备案检查工作，进一步规范教师聘任手续，完善巡查听课制度，强化教师考核和评估；提高外派本校教师比例，择优选取师资力量，努力确保教学质量；加强教学站点教学检查，对毕业生的教学资料进行抽检，特别是针对本科毕业论文答辩环节进行重点检查。

表 1 2020 年成人高等学历教育在校生统计表 人

类别	合 计	一年级	二年级	三年级	四年级	五年级
函授	1 784	1 051	697	21	6	9
业余	2 110	700	982	379	24	25
合计	3 894	1 751	1 679	400	30	34

（王艳霞）

【教育培训】

攻坚克难积极应对新冠疫情下的教育培训新形势 面对新冠疫情的影响，学院正视外部压力和挑战，积极发挥主观能动性，克服重重困难，多种形式开展培训工作。2020 年学院举办线上、线下各类培训累计培训学员 5 864 人。其中，培训农业农村干部 603 人，基层农技人员 402 人，农业经营主体负责人 2 85 人，农业经理人 4 031 人。

面对疫情，开展网上农业科教公益活动，迅速推出“三农培训网”，录制线上助农公益讲座 3 期，免费开放动医、动科、植保、食品等优势专业 30 多门网络课程资源，向社会献出同心战“疫”特殊礼物，传递农大温暖。

开拓进取积极拓展培训形式和培训空间 利用学院与天天学农的前期合作基础，实现线下向线上的转移。其中，农药经营资质和农资经理人培训项目合计培训 4 031 人；云南镇康扶贫攻坚培训任务 601 人。受学员不能入校培训的限制，努力在办学空间上实现突破。在校外遴选 3 家宾馆作为培训基地，承接培训项目；利用涿州实验场承接 1 期培训项目；在京外合肥巢湖举办了 2 期培训项目。

主动出击成功获批北京市专业技术人员继续教育基地 为服务首都经济建设，服务京津冀一体化发展，通过申报评审，成为“北京市专业技术人员继续教育基地”。该基地是北京市培养培训高层次、急需紧缺和骨干专业技术人才的服务平台。

责任担当全力配合学校做好脱贫攻坚工作 学院承担学校脱贫攻坚任务，分别与云南镇康组织部和镇康教育体育局举办“云南镇康县村（社区）干部乡村振兴专班”和“云南省镇康县中小学校长、骨干教师能力提升专题网络培训班”。培训扶贫干部 251 人，中小学校长和骨干教师350人。培训红河州农村电商从业人员100人，京蒙党政人才精准扶贫干部121人。

凸显特色重点打造10大精品培训项目 学院培训项目进行汇总、分类、总结、提炼、优化，设计打造了乡村管理干部乡村振兴能力建设、基层农技人员知识更新、富民乡村产业发展、农村电商经理人等10个精品培训项目，为实现教育培训高质量发展、培养更多更好的乡村振兴实用人才奠定有效地工作基础。

（杨继军）

现代远程教育

【概况】

2020年，网络教育学院严格落实新冠肺炎疫情防控工作要求与责任，发挥“足不出户”网络教育优势，按照教育部“停课不停教、停课不停学”的倡议及要求，制定疫情期间网络教育教学工作预案，保障疫情防控期间招生、教学、学籍、考试、毕业等各项服务正常运行，并面向公众免费开放30多门优质网络课程，被评为“2020网络与继续教育抗疫先进单位”和“2020年中国最具社会影响力高校网络与继续教育学院”。

（张国红）

【专业与教学资源建设】

专业学费备案 结合学校办学特色和学科优势，集中力量办好符合学校办学定位、体现学校优势特色的22个本科专业。根据教育部文件和北京市教委相关要求，完成招生专业申报、专业学费标准及各专业教学进程的备案工作。

教学计划修订 全面落实立德树人根本任务，做好农科特色的网络高等学历教育专业建设。针对专升本层次教学计划中课程设置特点，逐步完善招生层次变化后的教学计划修订，分步实施应用型人才培养方案的调整。结合网络教育实际情况，按照现代远程教育协作组关于思想政治理论课教学的相关要求和意见，加强“思政课程与课程思政”建设，着力突出思政课程思想性、理论性和亲和力。

课程资源建设 加强优质教学资源开发与建设，在线运行课件达到375门，制定课程资源重建改造及共享方案，努力克服疫情带来的影响，提升录课系统的软硬件水平，加快视频录制和课件改造。2020年，聘请校内优秀教师72位，其中高级职称占比90%，完成41门课程和12个专题资源建设共计818课时的视频录制。同时对已有的65门课程，共计1 500小时的视频课件进行更新升级，完成“毛泽东思想与中国特色社会主义理论体系概论”等3门课程100课时的字幕添加。配套完成26门课程题库资源建设，总题量3 343道。加快内容更新，法学、会计及金融等专业课程更新率达80%。

（吴艳飞）

【招生与学习中心管理】

规范宣传与招录环节 严格招生宣传管理和报名资格审核，确保招生安全规范。加强校外学习中心媒体招生宣传的监控与检查，发布《关于警惕不法分子为我校虚假招生宣传的声明》，严格入学资格审核、录取，重点排查异地招生、中介代理生源。统一印制招生简章和宣传海报 50 000 余份，引进新的报名咨询管理系统，落实专人及时跟进报名咨询学生后续情况。2020 年网络学历教育 22 个本科专业春、秋两季共招生 10 189 人，在校生人数为 46 160 人。生源质量进一步提升，本科二学历学生达 22%以上，动物医学和土木工程 2 个专业人数占比约 30%。特色项目“农村基层干部学历教育定向培养工程”有 5 家校外学习中心共招生 175 人，占总招生人数的 1.88%。

学习中心建设与管理 规范校外学习中心管理，配合做好各省级教育行政主管部门开展的校外学习中心年报年检和专项检查，完成 57 个学习中心年报年检工作，完成 9 个省教育厅的专项检查或年度管理平台数据上报。开展学习中心年度工作总结和计划工作，发挥优秀学习中心示范作用。组织申报全国现代远程教育协作组和中教新媒体的年度优秀校外学习中心，唐山广播电视大学、江西农业工程职业学院和包头轻工职业技术学院、宝鸡职业技术学院分别被评为 2020 年高校“现代远程教育优秀校外学习中心”。

（王念）

【教学管理与学生服务】

开课计划与考试组织 制订学期开课计划，春季学期开设课程 363 门，秋季学期开设课程 370 门，为不同批次学生制订合理的推荐选课方案和选课指导。为应对突如其来的疫情影响，制定考试应急预案，加强考试安全保障，严肃考风考纪。采用人脸识别技术，应用在线考试管理系统，积极稳妥推进在线考试工作，组织完成 5 月、7 月、11 月 3 次在线课程考试工作，共计有 958 门次，涉及 95 个校外学习中心 10 万人次考试。配合组织完成 7 月、9 月、12 月约 2 万人次的网络教育全国公共基础课统一考试报考工作。组织 2 245 名学生报考 11 月北京地区成人本科学士学位英语统一考试，并在学校各部门的通力配合下，在做好防疫的基础上，组织完成网络教育西校区考点的 11 月北京成人学士学位英语考试的组考工作，共有来自全国各地的 1 221 名考生参加。

毕业实践与审核 春季学期和秋季学期的毕业综合实践中，共有约 11 723 名学生申请毕业论文（设计），论文指导师生比为 1∶17。从春季学期开始引入论文查重环节，完成对所有学位论文的查重工作。《抓过程，强监督，成体系，保质量——中国农业大学网络教育学院本科毕业论文（设计）质量监控体系建设》入选 2020“中国高校远程与继续教育优秀案例库”。严格毕业生资格审核，全年毕业学生 14 228 人，其中本科层次 6 869 人，授予学士学位 346 人，学位授予率为 5%。修订优秀毕业生评选办法，组织第 31 届优秀毕业生评选，共评选出 42 名现代远程教育优秀毕业生。陈天国、堐邦生、刘勤朝、王雪梅、王维国 5 名学生荣获“现代远程教育试点 20 周年优秀学生奖”。

教学辅导与学生服务 加强教学过程主动性服务力度，采取课程周导学和集中辅导相结合的方式，组织完成近 138 门次课程的周导学服务，完成 42.5 小时的统考辅导直播课。发布学习辅导资料、解答学习问题共计 15 000 多份。根据教学安排通过在线问答、发布学院通知和温馨提示、重要学习环节短信提醒等形式，引导学生完成各阶段的学习任务，做好导学督学促学工作。通过“学友部落”微信公众号，推送防疫、抗疫专题的正能量文章及宣传海报，对提高学生防疫知识，稳定学生心态起到了积极作用。结合在线咨询、服务热线、网上社区等多种方式，在网络教育学院和广大学生之间搭建互动平台，及时解答学生提出的各种问题。

教务平台技术保障 引入学生远程身份证识别系统，保证疫情期间招生工作正常运行；改造入学考试系统，增加人脸识别、题库录入、批量导入等功能；开发报名咨询管理系统；改造视频课件，实现跨平台使用；建设网络直播系统；完善学习行为的记录与追踪功能，增加课件学习时长记录及统计功能对接形成性考核，满足在线学习考核需求；开发在线考试管理系统，实现与题库系统的对接，完成在线考试阅卷功能和质检功能；开发毕业论文平台与维普论文检测系统的查重对接功能，满足毕业论文查重工作要求。

（李晓娜）

一流大学与一流学科建设

“双一流”建设进展情况

2020年是首轮“双一流”建设的收官之年，今年学校共获批中央高校建设世界一流大学(学科)和特色发展引导专项23 138万元，北京市“双一流”建设资金到校2 100万元，其中包含300万元北京市高精尖学科建设资金。

1.管理情况

2020年受全球新冠疫情影响，引导专项资金总额于5月全面削减。学校调整资金预算方案和项目实施方案，实施优先补充重点、继续建设项目资金缺口，采取其他“双一流”建设项目竞争滚动的项目建设机制，按照扶优扶特扶新的原则，重点支持标志性成果和特色建设。学校统筹各方资金，支持各项建设任务平稳执行。各项目建设单位根据学校要求，调整项目进度和建设内容。

2.建设情况

优势学科跻身世界一流学科前列 农业科学学科居全球高校第2位，农业科学、植物学与动物科学以及22个学科总和进入全球前1‰，11个学科进入全球前1%；15个学科进入软科世界一流学科排名，其中农学居第2位，食品科学与工程居第3位，兽医学进入全球前50名；农业科学居《美国科学与世界报道》全球最佳学科排名第4位；农学与林学居QS世界学科排名第10位，成为我国6个进入全球前10位的学科之一。

拔尖创新人才培养 基本实现2020年工作目标；拔尖创新本科生、研究生培养体系得到完善，质量得到全面提高；2个专业通过专业认证，重点建设一批核心课程，初步形成厚基础、宽口径、强专业、重素质的系统性强、特色鲜明的课程体系；建设一批核心教材和特色教材(含数字教材)，引领我国农科课程教育。

师资队伍建设 坚持党对人才工作的全面领导，坚持将破“五唯”和分类评价落到实处；在“315”人才引进工程、“2115”人才培育发展支持工程等实施过程中，探索学校统筹与部院系自主相结合的人才招聘、使用、激励管理体制；在专技聘任和职称晋升中，突出创新成果、突出实际贡献,创建有利于教师发展的制度环境;制定《中国农业大学专业技术职务岗位聘任工作暂行办法》(中农大人字〔2020〕13 号)等多项人事制度改革政策文件;坚持选育并重,"315"人才引进工程圆满收官,352 人已全职到岗工作;超额完成"2115"人才工程预定任务,共支持 321 人次各层次人才,101 个创新团队,提升师资队伍质量;3 人入选教育部人才项目,5 人获杰青,4 人入选国家高层次人才项目,4 人入选国家青年创新人才,4 人获优青,4 人入选"宝钢优秀教师"等;新招收博士后 109 人,首次突破 100 人,在站人数 270 人;全面落实管理服务去行政化,取消所有内设机构的科级建制,推进人事改革"放管服",通过引入校聘 A 岗等多元化用人机制,在学院净增管理岗位 53 个;2020 年新增到岗专任教师 120 人,具有博士学位占比从 2019 年的 80.9%提升到 83.5%,40 岁以下占比从 2019 年的 33.7%提升到 37%,初步形成流动有序、结构合理、努力构建具有国际竞争力的高水平学科梯队和教学科研团队。

科学研究水平 面向国家重大战略需求和关键技术,承担国家重大科研项目,获批基金各类项目 242 项,直接经费合计约 1.59 亿元,服务生物育种、保障国家粮食安全等国家重大战略需求,科研创新能力显著提升;改善科技创新平台支撑条件,立足打造校之重器,成功申报甘肃武威绿洲农业高效用水和河北曲周农业绿色发展国家野外科学观测站,推动兽医公共卫生国家重点实验室立项、作物影像精准识别与分子设计研究国家重大科技基础设施项目申报;校内推进科研公共平台建设和改革步伐,建设校级科研公共平台和"一院一平台";围绕生物种业、粮食丰产增效、畜禽高效安全养殖、农机智能装备、水土资源高效利用、绿色农业、食品安全与营养健康等重大领域开展基础研究和技术攻关,取得科研成果:"水稻驯化的分子机理研究"获国家自然科学二等奖、"小麦耐热基因发掘与种质创新技术及育种利用"获国家技术发明二等奖、"良种牛羊卵子高效利用快繁关键技术" 获国家技术发明二等奖、"食品动物新型专用药物的创制与应用"获国家科学技术进步奖二等奖;以及获省部级奖 8 项。

完善社会服务新体系 在全国 25 个省、市、自治区初步构建由 3 个地方产业研究院、3 个地方乡村振兴研究院、291 个科技小院、85 个教授工作站、27 个校外实验站和 116 位现代农业产业技术体系专家组成的"三院二站一体系"的社会服务体系,覆盖我国 1 000 多个县及以下地方政府及百余家企事业单位;与四川省、内蒙古自治区签署省(自治区)校战略合作协议,推进与黑龙江省、重庆市人民政府合作事宜。为浙江安吉、内蒙古呼和浩特等地的 30 余家政府企业提供战略咨询、成果转化服务。落实与四川省战略合作协议内容,共建"中国农业大学四川现代农业产业研究院(新津)",成为学校在成渝地区第一个具有独立法人、事业编制的新型研发机构,地方政府未来 5 年出资 1 亿元支持保障;推进开展服务四川"10+3"农业产业技术体系技术研发和成果转化工作;校企合作见实效。2020 年,学校与 13 家企业联合新建教授工作站,落实各类科技人才项目 117 项,直接经费 775 万元,完成培养专业学位研究生 311 人,培训各类"新农人"2 000 余人。与"拼多多"公司联合举办的一系列活动产生了广泛的社会影响力。3 月开展线上春耕大讲堂活动,得到中央电视台新闻频道关注;克服疫情防控重重困难,联合举办国内第一届数字农业比赛"多多农研科技大赛",瞄准智慧农业、互联网+农业等诸多前沿科技与农业相关技术的交叉融合和创新探索。落实捐赠"寻梦未来奖学金"100 万元;"中国农业大学智慧电商研究院",完成 8 篇项目报告,联合继续教育学院完成 7 批近 657 人次"新农人”培训，到校经费450万元。推动与华为公司签署合作意向书；落实新时代教育评价改革要求，完善教师分类设岗与分类评价，增加了成果转化与社会服务型研究员的职称类别；将社会服务、科技成果转化等指标列入教师职称评定、年终考核、分级聘任等人事政策中；制定《校级代表性科研成果与重大社会服务贡献评选实施细则》，将服务国家重大战略、服务地方经济社会发展、政策建议、重大科技成果转化取得的突出贡献纳入奖励范畴。加强社会服务管理系统的建设，使社会服务工作评价有数据可循。

国际合作与交流 设立“双一流”引导专项10个，其中本科生国际化培养提升项目8个，“一带一路”农业合作专项2个。项目全部完成执行。学校与康奈尔大学合作的食品科学与工程、食品质量与安全2个中外合作办学项目获得中美两国批准；与荷兰瓦赫宁根大学推进农业绿色发展人才培养合作，签署合作培养博士项目协议；与康奈尔大学、爱丁堡大学等合作新启动4个国家立项博士生合作培养项目；举办A5联盟首届国际大学生学术竞赛决赛，组织师生参加A5联盟2项学科竞赛；搭建中巴农业经济合作研究平台，两校合作的首部中巴农业经济研究论著《中巴农业与粮食安全伙伴关系》出版，举办中巴国际学术会议，学校在拉美影响力显著扩大。探索“A5＋N”计划，在中澳外交关系困难时期，学校与世界顶尖院校悉尼大学签署全面合作协议，筹备两校人才联合培养项目，动科、草业科学与技术学院两学院与该校联合举办高端学术会议。支持动物科学技术学院、食品科学与营养工程学院两学院与法国农科院、英国里丁大学等启动合作培养博士生项目。完成全校涉及9个学院27个教师的教育援外工作量的核定，首次将教育援外的工作量纳入年度专任教师的业绩统计，让倾心服务国家重大战略需求的教师们的工作得到肯定和鼓励。

本科生国际化培养提升“双一流”专项，面向全校进行2次项目评审立项，通过网络课程、在线研讨、线上学术竞赛等形式参与国际交流学习活动的学生共232人次；通过“一带一路”农业合作“双一流”专项，学校与泰国农业大学、泰国清迈大学、柬埔寨皇家农业大学等“一带一路”沿线国家高校及科研机构，开展线上研讨活动。

成功入选国家国际发展合作署四家最为核心智库之一，成功入选教育部对外人文交流中心高层次新型国际化人才培养基地。聚焦国际发展、全球农业、精准扶贫与乡村振兴等领域，在国内外高级期刊上发表38篇论文，参与编写或主编5本专著，获得7个重要政策批示，完成6个重要报告；并在国内外主流媒体上发表文章44篇，央视新闻、新华社、人民网等媒体报道150多篇。外交部、联合国亚洲及太平洋经济社会委员会专门致函感谢学校在国际发展领域的卓越贡献。经中宣部、外交部等推荐，学校专家受邀参加联合国75周年大型外交对话。李小云教授被评为第四届“大国匠心”人物称号、学校专家参与编写的著作获施普林格·自然：中国新发展奖等。

文化传承与创新 学校文化传承创新工作格局和大学精神文化体系基本形成，学校文化软实力有所增强，聚焦“三农”，突出农业特色，涵育“三农”情怀，农业文化和农耕文明的研究特色进一步凸显。

3. 周期总结

2020年学校开展首轮“双一流”建设周期总结自评工作，项目自评与第三方机构合作，构建多元的绩效评价机制，学校按拔尖创新人才培养、师资队伍建设、提升自主创新与社会服务能力、文化传承创新和国际合作交流等5类项目8个专题开展自我评价，对自2016年以来的年建设成效、资金执行情况等方面进行了系统评价，形成分项目的年度进展报告和学校整体报告。9月14日，召开中国农业大学首轮“双一流”建设周期总结自评会，邀请中国农业科学院副院长万建民院士，北京工商大学校长孙宝国院士，贵州大学校长宋宝安院士，军事医学科学院军事兽医研究所金宁一院士，北京市农林科学院，国家农业信息化工程技术研究中心主任赵春江院士，清华大学生命科学学院谢道昕院士，中科院南京土壤研究所张佳宝院士，华中农业大学校长李召虎教授，南京农业大学校长陈发棣教授，清华大学教育研究院学术委员会主任史静寰教授，中国人民大学评价研究中心主任周光礼教授，共11位专家参与评议。专家组一致认为，中国农业大学2016—2020年“双一流”建设，高质量、高水平地完成了建设任务，各项建设与改革任务对照《中国农业大学一流大学建设高校建设方案》，符合度好、达成度高，完成或超额完成预期目标。从第三方评估来看，学校农业学科等相关领域进入世界一流前列，为建设中国特色、农业特色世界一流大学打下坚实的基础。

（李冬）

科学研究与社会服务

科学研究

【科研项目】

科研经费 2020年，学校累计到校科研经费134 993万元。

科研项目立项 2020年，承担近700项涉农领域纵向科研项目(课题)。国家重点研发计划：新获批课题6个，国拨经费1 969万元。国家自然科学基金项目：获批242项，直接经费1.59亿元，其中面上项目127项、青年科学基金项目87项、重点项目6项、杰出青年科学基金项目5项、优秀青年科学基金项目5项、国际(地区)合作与交流项目9项(其中重点项目3项)、联合基金项目3项、专项项目1项。转基因生物重大专项：任务立项14项，合同经费1 562.93万元。中国博士后科学基金：获批34项，经费323万元。北京市项目：北京市科委项目获批3项，经费700万元；北京市自然科学基金获批20项，经费384万元。现代农业产业技术体系：现拥有30个体系的岗位专家82位，其中首席科学家6人，经费3 700万元；北京市现代农业产业技术体系创新团队建设项目34项，经费1 210万元。省校合作项目：获批66项，合同经费3 118万元。横向项目：立项1 102项，合同经费4.26亿元。基本科研业务费：经费4 329万元，完成组织立项248项。

科研项目结题验收 完成国家自然科学基金项目180项结题；完成基本科研业务费项目248项结题验收；完成北京市自然科学基金项目15项结题验收。

(闫文文　李海霞　李聪颖　刘宁　李迎君　陈立鹰　魏佳宁　董丽丽　李昕睿)

【科研基地建设】

科研基地建设与运行 通过教育部组织申报国家级重点实验室——“兽医公共卫生学国家重点实验室”“农业高效用水国家重点实验室”“农业资源高效利用与绿色发展国家重点实验室”和“畜禽智能分子设计育种国家重点实验室”。完成教育部前沿科学中心——“分子设计育种前沿科学中心”建设方案编制。

2020 年,省部级以上平台 117 个,新获认证 2 个国家级平台:“甘肃武威绿洲农业高效用水国家野外科学观测研究站”和“河北曲周农业绿色发展国家野外科学观测研究站”;新获认证 5 个省部级平台:“国家现代农业科技示范展示基地(曲周)”“国家林业和草原局草种子质量检验检测中心(北京)”“全国粮食安全宣传教育基地”“国家农业绿色发展长期固定观测曲周试验站”和“全国名特优新农产品无损评价鉴定仪器设备技术北京中心”。新增 2 个校外实验站:中国农业大学河北鸡泽实验站和中国农业大学河套实验站;新增 2 个校内基地:中国农业大学中兽医药创新中心和中国农业大学智慧电商研究院。

(任蔚)

【科研成果】

科技成果奖励

国家级科技奖励:2020 年,学校有 4 项成果通过国家科学技术奖初评,首次实现同年度国家科学技术三大奖大满贯。通过国家科学技术奖初评的项目分别是:孙其信教授主持完成的“小麦耐热基因发掘与种质创新技术及育种利用”,田见晖教授主持完成的“良种牛羊卵子高效利用快繁关键技术”,孙传清教授主持完成的“水稻驯化的分子机理研究”,肖希龙教授主持完成的“食品动物新型专用药物的创制与应用”。

省部级科技奖励:学校获 2020 年度高等学校科学研究优秀成果奖(科学技术)5 项,其中,一等奖 2 项、二等奖 4 项。食品科学与营养工程学院廖小军教授主持完成的“果蔬高压非热加工关键技术及应用”获技术发明奖一等奖,动物科学技术学院呙于明教授主持完成的“鸡肠道健康关键营养技术及其应用”获科技进步奖一等奖,工学院李伟教授主持完成的“果蔬关键作业环节机器人精准作业技术与装备”获技术发明奖二等奖,理学院何雄奎教授主持完成的“农药减量高效施用技术与装备创制及应用”获科技进步奖二等奖,草业科学与技术学院张龙教授主持完成的“蝗虫高效生物防治技术开发与集成应用”获科技进步奖二等奖。

此外,动物医学院沈建忠院士荣获“何梁何利基金科学与技术进步奖”;工学院李洪文教授、动物科学技术学院谯仕彦教授、信息与电气工程学院李道亮教授获得“第二届全国创新争先奖”;动物医学院汪洋教授获得“第十六届中国青年科技奖”。

(王乔姝怡)

学术论文 2020 年,发表的论文累计被 SCI、EI 和 SSCI 收录 3 368 篇次,与去年同期(3 479 篇)基本持平。其中 SCI 收录 2 269 篇,与去年同期(2 234 篇)持平;EI 收录 991 篇,与去年同期(1 142 篇)减少约 13%;SSCI 收录 108 篇,比去年同期(103 篇)增长约 5%。

(朱晓丽)

专利等 2020 年,授权专利 867 项,其中发明专利 683 项,实用新型 174 项,外观设计 10 项。申请国外专利 20 项,国外专利授权 5 项。申请软件著作权 490 项,获得软件著作权登记证书 488 项。获得植物新品种权 19 项。获得品种审定证书 10 个,其中 4 个为国审品种。获得新兽药证书 3 项,其中 1 个为一类。

(初晓一　王蕾　朱晓丽　王乔姝怡)

【哲学社会科学发展】

1.“三农”高端智库建设

2020年以来，国家农业农村发展研究院继续承担来自中央农村工作领导小组、农业农村部、粮食储备专家咨询委员会等部委及上级单位项目近10项，开展国际合作研究项目2项。印发政策建议《政研要报》22期，主题包括脱贫攻坚、土地制度、农业保险等主题，获得国家领导人批示5份，有多份得到中农办、农业农村部、国务院政策研究室等部门领导的批示。

国际发展与全球农业学院/南南农业合作学院(CISSCA)成功入选国家国际发展合作署四家最为核心智库之一，成功入选教育部中外人文交流中心高层次国际化人才培养基地，并在此基础上积极推动国际组织相关研究和人才培养工作，联合国亚洲及太平洋经济社会委员会专门致函感谢中国农业大学在此领域所作的贡献。学院积极推进中美专家减贫对话、中欧专家发展合作对话、中日韩东北亚发展合作对话以及中国、印度、巴西等南南合作对话等一系列开放性对话，积极引导全球发展的舆论。学院完成多项国家级政策咨询报告，服务国家参与全球治理，撰写《消除绝对贫困：中国的实践》，并在联合国75周年之际由中国与联合国经济和社会理事会、联合国开发计划署共同举办的减贫与南南合作高级别视频会议上发布，外交部专门致函感谢；撰写并发布《博鳌亚洲论坛减贫报告2020》，报告获《新闻联播》、央视新闻频道等全媒体广泛报道，产生重要社会影响；撰写《关于2020后农村减贫战略和政策的十条建议》等，获得国家领导人批示，并获北京市哲学社会科学优秀成果二等奖；坦桑尼亚“小技术大丰收”2020年再次入选联合国75周年南南合作优秀案例。

2020年，北京食品安全政策与战略研究基地直面新冠疫情，起草7篇政策简报获各级领导批示，并在《人民日报》等权威媒体发表多篇理论文章；助力脱贫攻坚，深入全国五省市农村地区调研新时期农村生产和生计；获批成为全国农产品质量安全与营养健康科普工作站、入选“2020年中国智库索引(CTTI)来源智库”。

(张颖　杨苗)

2.社科类科研项目

2020年，人文社科类项目获批296项，合同经费9 325.71万元。其中国内纵向项目56项，合同经费1 502.34万元；国内横向项目227项，合同经费7 315.43万元；国际合作项目13项，合同经费507.94万元。共获批国家社科基金项目14项，获批数比去年同期增长55.6%；连续4年获批国家社科基金重大项目，2020年获批4项，创下历年最高水平。北京市社会科学基金项目获批7项，其中重大项目2项，实现学校北京社科基金重大项目零的突破。

社科成果　2020年，学校有20项政策建议、研究成果获得党和国家领导人批示，批示数比去年同期增长122%。2020年，学校获得第八届高等学校科学研究优秀成果(人文社科)2项，其中人文与发展学院叶敬忠教授的著作《双重强制——乡村留守中的性别排斥与不平等》获得二等奖，土地科学与技术学院孔祥斌教授的论文《China must protect high-quality arable land》获得三等奖。左停教授参报的《新常态下农业技术推广体系悬浮与多轨发展研究》获宁夏第十四届哲学社会科学优秀成果二等奖。

学术期刊《中国农业大学学报》(社会科学版)2020 年全年出版 6 期，共刊发论文 72 篇。2020 年是脱贫攻坚决战决胜之年，学报以"中国扶贫的治理体系、理论体系和话语体系"为主题组织出版扶贫专刊一期，农村扶贫专栏两期。2020 年学报影响力指数达 416.746，影响因子进一步提升至 4.432，在 51 种农业经济类期刊中排名第 6 位，并被评为中国国际影响力优秀学术期刊。2020 年，学报继续入选北京大学全国中文核心期刊，获评中国人民大学复印报刊资料重要转载来源期刊和国家哲学社会科学文献中心综合性人文社会科学学科最受欢迎期刊。*China Agricultural Economic Review*(《中国农业经济评论》)收稿量达到 298 篇，出版四期，共计 48 篇论文。其中，包含新冠疫情背景下"Agriculture and Food Security under Novel Coronavirus Pneumonia (NCP) Emergency (紧急情况下的农业与粮食安全)"专题特刊一期，在学界引起强烈反响。2020 年 10 月，CAER 编辑部与西南大学经济管理学院在重庆联合举办了《第十二届中国农业经济评论国际研讨会》，会议主题为"Urban－Rural Integrated Development in China：Challenges and Solutions"，会议通过国内学者线下会议和国外学者线上参与相结合的方式进行，有效地促进了中外农经学者之间的学术交流，受到业界的广泛关注。根据科睿唯安(Clarivate Analytics)发布的 2020 年度期刊引证报告(Journal Citation Reports，JCR)，CAER 2019 影响因子达到 1.775，分别跻身于经济学领域和农业经济理论与政策领域 Q2 区，这是 CAER 建刊以来影响因子和排名的历史新高，其影响力不断攀升的同时得到了国内外学者的广泛认可。

(张颖　杨苗)

【战略研究】

面向国家重大需求，牵头持续开展战略研究。2020 年 10 月 23 日，科技部农村科技司组织召开"十四五"农业农村科技创新专项规划编制工作启动会。"十四五"农业农村科技创新专项规划编制工作委托学校主持，孙其信校长担任规划编制专家组组长，王涛教授任编制专家组副组长，田见晖副校长、杨富裕教授、陈源泉教授、崔振岭教授、国家农业科技战略研究院章芳芳等参与规划编制。完成规划各阶段性任务，形成《"十四五"农业农村科技创新发展规划(征求意见稿)》。顺利完成"2021—2035 年国家中长期科技发展规划战略研究农业农村专题"结题工作。有序开展孙其信校长主持的教育部"高等学校科技规划学科前沿课题"和龚元石教授主持的"行业特色高校科技创新能力发展规划"项目。组织全国专家共同参与上述战略研究工作，为国家相关规划和政策制定提供持续支撑。

汇聚国内优势力量，形成长期稳定战略研究队伍。2020 年 12 月 13 日，在科技部农村科技司和农业农村部科技教育司的指导下，由学校牵头联合西北农林科技大学、中国农业科学院、中国林业科学研究院、中国科学院等国内外 43 家高校科研机构和企业，在京共同发起成立"国家农业科技发展战略智库联盟"，建立国家农业科技界规模最大、涉及面最广的战略研究平台。旨在形成稳定的研究队伍，建成"国际知名、国内领先的专业化农业科技发展战略智库联合体"。

(章芳芳)

附表

附表 1　2020 年度各级各类科研项目到校经费

万元

项目类型	到校经费	其中科技类	其中社科类
国家重点研发计划	39 083	39 083	0
横向项目	29 504	23 810	5 694
国家自然科学基金	18 251	18 089	162
转基因重大专项	9 847	9 847	0
北京市项目	6 833	6 713	120
创收经费	4 856	4 786	70
基本科研业务费	4 329	4 090	239
现代农业产业体系	3 700	3 700	0
国家重点实验室经费	3 679	3 679	0
其他部委项目	4 033	2 974	1 059
国际合作项目(横向)	2 948	2 270	678
农业农村部项目	2 658	2 511	147
省校合作	2 568	2 568	0
国际合作项目(纵向)	1 043	1 043	0
博士后项目	578	573	5
国家社会科学基金	408	0	408
其他项目	382	382	0
战略研究项目	172	152	20
教育部人文社科研究项目	121	0	121
合计	134 993	126 270	8 723

（杨苗）

附表 2　2020 年度各部委到校科研经费统计

万元

项目来源	到校经费
科技部	42 762
企、事业委托	34 360
国家自然科学基金委	18 251
农业农村部	16 205
北京市	6 833
其他部委	5 019
教育部	4 450
国际合作	3 991
其他单位	3 122
总计	134 993

（杨苗）

附表3　2020年度各学院科研经费统计

万元

学院/系	到校经费
农学院	18 150
生物学院	15 872
动物科学技术学院	15 332
食品科学与营养工程学院	13 082
动物医学院	10 857
资源与环境学院	9 642
植物保护学院	7 347
园艺学院	5 985
理学院	5 511
信息与电气工程学院	5 269
水利与土木工程学院	5 125
工学院	4 469
经济管理学院	4 051
食品高精尖创新中心	4 031
土地科学与技术学院	2 677
草业科学与技术学院	1 719
人文与发展学院	1 717
国际发展与全球农业学院	765
营养与健康系	535
国家农业农村发展研究院	389
马克思主义学院	384
体育与艺术教学部	70
国际学院	17
其他部门	1 998
合计	134 993

（杨苗）

附表 4　2020 年度各学院发表国际论文统计

篇

学院	SCI	EI	SSCI	合计	IF>5
食品科学与营养工程学院	320	176	2	498	106
动物科学技术学院	260	11	2	273	29
资源与环境学院	201	92	4	297	75
信息与电气工程学院	181	193	1	375	29
动物医学院	177	17		194	32
工学院	170	174	4	348	32
水利与土木工程学院	166	119	4	289	38
理学院	154	64		218	40
植物保护学院	152	13		165	15
农学院	135	36	1	172	43
生物学院	114	12		126	54
土地科学与技术学院	85	64	21	170	17
园艺学院	68	4	1	73	14
草业科学与技术学院	37	4	4	45	5
经济管理学院	31	9	41	81	2
人文与发展学院	7	1	19	27	1
国际学院	5	1	4	10	1
马克思主义学院	1			1	
其他	5	1		6	
合计	2 269	991	108	3 368	533

备注：(1)统计口径为中国农业大学人员为第一作者，且中国农业大学为第一署名单位的论文；

(2)IF 表示论文影响因子。

（朱晓丽）

附表5　2020年度各学院授权专利和软件著作权统计　　项

学院	授权专利		软件著作权
	总数	发明	登记
动物科学技术学院	44	34	36
动物医学院	28	26	5
工学院	243	144	104
理学院	39	34	8
农学院	39	35	3
生物学院	44	44	2
食品科学与营养工程学院	68	55	12
水利与土木工程学院	84	56	22
信息与电气工程学院	157	151	245
资源与环境学院	27	22	35
土地科学与技术学院	8	8	13
草业科学与技术学院	4	2	
植保学院	26	26	
国际学院	1	0	
经济管理学院	0	0	1
网络中心	0	0	1
园艺学院	24	21	1
营养与健康系	24	24	
其他	7	1	0
总计	867	683	488

注：由于专利的滞后性，表中农学与生物技术学院未分院时统计数据。

（初晓一　王蕾）

附表 6　2020 年省部级以上实验室、中心及野外台站

序号	科研基地名称	建设时间	批准部门	级别	依托学院	负责人
1	农业生物技术国家重点实验室	1987.10.31	科技部	国家级实验室	生物学院	赵要风
2	植物生理学与生物化学国家重点实验室	2002.01.11	科技部	国家级实验室	生物学院	杨淑华
3	动物营养学国家重点实验室	2005.03.23	科技部	国家级实验室	动物科学技术学院	呙于明
4	畜禽育种国家工程实验室	2008.11.27	国家发改委	国家级实验室	动物科学技术学院	杨　宁
5	河北沽源草地生态系统国家野外科学观测研究站	2005.12.20	科技部	国家级野外站	草业科学与技术学院	王　堃
6	国家饲料工程技术研究中心	2000.06.20	科技部	国家级中心	动物科学技术学院	谯仕彦
7	国家果蔬加工工程技术研究中心	2011.01.07	科技部	国家级中心	食品科学与营养工程学院	胡小松
8	国家能源非粮生物质原料研发中心	2011.09.28	国家能源局	国家级中心	农学院	王　涛
9	生物质能科学与技术国际联合研究中心	2016.12	科技部	国家级国际联合研究中心	工学院	董仁杰
10	甘肃武威绿洲农业高效用水国家野外科学观测研究站	2020.12.28	科技部	国家级野外站	水利与土木工程学院	康绍忠
11	河北曲周农业绿色发展国家野外科学观测研究站	2020.12.28	科技部	国家级野外站	资源与环境学院	张福锁
12	国家玉米改良中心	1998.04.14	农业农村部	省部级中心	农学院	赖锦盛
13	国家家禽测定中心	1999.01.21	农业农村部	省部级中心	动物科学技术学院	徐桂云
14	国家兽药安全评价中心	1999.09.26	农业农村部	省部级中心	动物医学院	沈建忠
15	草业科学北京市重点实验室	2001.06.06	北京市教委	省部级实验室	草业科学与技术学院	毛培胜
16	作物遗传改良北京市重点实验室	2001.06.06	北京市教委	省部级实验室	农学院	李自超
17	果树逆境生理与分子生物学北京市重点实验室	2001.06.06	北京市教委	省部级实验室	园艺学院	韩振海
18	生物饲料添加剂北京市重点实验室	2011.03.21	北京市科委	省部级实验室	动物科学技术学院	谯仕彦
19	动物源食品安全检测技术北京市重点实验室	2011.03.21	北京市科委	省部级实验室	动物医学院	沈建忠

续附表6

序号	科研基地名称	建设时间	批准部门	级别	依托学院	负责人
20	现代农业装备优化设计北京市重点实验室	2011.05.18	北京市科委	省部级实验室	工学院	宋正河
21	种子病害检验与防控北京市重点实验室	2011.05.18	北京市科委	省部级实验室	植物保护学院	李健强
22	设施蔬菜生长发育调控北京市重点实验室	2012.05.23	北京市科委	省部级实验室	园艺学院	高丽红
23	植物源功能食品北京市重点实验室	2012.05.23	北京市科委	省部级实验室	食品科学与营养工程学院	程永强
24	现代精细农业系统集成研究教育部重点实验室	2002.01.11	教育部	省部级实验室	信息与电气工程学院	李民赞
25	植物—土壤相互作用教育部重点实验室	2002.01.11	教育部	省部级实验室	资源与环境学院	张福锁
26	功能乳品教育部北京市共建重点实验室	2003.11.27	教育部	省部级实验室	营养与健康系	任发政
27	作物杂种优势研究与利用教育部重点实验室	2005.12.15	教育部	省部级实验室	农学院	倪中福
28	农业农村部动物遗传育种与繁殖重点实验室	1996.11.14	农业农村部	省部级实验室	动物科学技术学院	田见晖
29	农业农村部动物流行病学重点实验室	1996.11.14	农业农村部	省部级实验室	动物医学院	杨汉春
30	农业农村部作物有害生物监测与绿色防控重点实验室	1996.11.14	农业农村部	省部级实验室	植物保护学院	郭泽建
31	农业农村部设施农业工程重点实验室	1996.11.14	农业农村部	省部级实验室	水利与土木工程学院	李保明
32	农业农村部华北耕地保育重点实验室	1996.11.14	农业农村部	省部级实验室	土地科学与技术学院	李保国
33	农业农村部玉米生物学与遗传育种重点实验室	2002.11.07	农业农村部	省部级实验室	农学院	赖锦盛
34	农业农村部农作制度重点实验室	2002.11.07	农业农村部	省部级实验室	农学院	陈　阜
35	农业农村部土壤微生物重点实验室	2002.11.07	农业农村部	省部级实验室	生物学院	楼慧强
36	农业农村部兽药残留及违禁添加物检测重点实验室	2008.07.29	农业农村部	省部级实验室	动物医学院	沈建忠

续附表6

序号	科研基地名称	建设时间	批准部门	级别	依托学院	负责人
37	农业农村部果蔬加工重点实验室	2008.07.29	农业农村部	省部级实验室	食品科学与营养工程学院	廖小军
38	农业农村部饲料安全与生物学效价重点实验室	2011.07.08	农业农村部	省部级实验室	动物科学技术学院	张丽英
39	农业农村部土壤—机器—植物系统技术重点实验室	2011.07.08	农业农村部	省部级实验室	工学院	张东兴
40	农业农村部可再生能源清洁化利用技术重点实验室	2011.07.08	农业农村部	省部级实验室	工学院	王　涛
41	农业农村部园艺作物营养与生理重点实验室	2011.07.08	农业农村部	省部级实验室	园艺学院	韩振海
42	农业农村部农业信息获取技术重点实验室	2011.07.08	农业农村部	省部级实验室	信息与电气工程学院	刘　刚
43	国家动物海绵状脑病检测实验室	2003.12.18	农业农村部	省部级实验室	动物医学院	赵德明
44	国家动物寄生原虫实验室	2004.09.16	农业农村部	省部级实验室	动物医学院	汪　明
45	国家兽药残留基准实验室	2004.12.16	农业农村部	省部级实验室	动物医学院	沈建忠
46	国家级兽药安全评价(环境评估)实验室	2007.10.09	农业农村部	省部级实验室	动物医学院	沈建忠
47	农业农村部农产品贮藏保鲜质量安全风险评估实验室(北京)	2011.12.29	农业农村部	省部级实验室	食品科学与营养工程学院	罗云波
48	自然资源部农用地质量与监控重点实验室	2012.05.10	自然资源部	省部级实验室	土地科学与技术学院	朱道林
49	农业农村部草地生态环境科学观测实验站	2005.10.14	农业农村部	省部级野外站	草业科学与技术学院	王　堃
50	农业农村部武川农业环境科学观测实验站	2005.10.14	农业农村部	省部级野外站	资源与环境学院	潘学标
51	农业农村部作物高效用水吴桥科学观测实验站	2008.07.04	农业农村部	省部级野外站	农学院	周顺利
52	农业农村部河北北部耕地保育科学观测实验站	2011.07.08	农业农村部	省部级野外站	工学院	李洪文
53	农业农村部作物高效用水武威科学观测实验站	2011.07.08	农业农村部	省部级野外站	水利与土木工程学院	康绍忠
54	农业农村部桓台农业环境科学观测实验站	2011.07.08	农业农村部	省部级野外站	资源与环境学院	吴文良

续附表6

序号	科研基地名称	建设时间	批准部门	级别	依托学院	负责人
55	种苗健康北京市工程研究中心	2011.04.18	北京市发改委	省部级中心	农学院	李健强
56	先进农业传感技术北京市工程研究中心	2011.12.31	北京市发改委	省部级中心	信息与电气工程学院	李道亮
57	北京市农业物联网工程技术研究中心	2012.05.23	北京市科委	省部级中心	信息与电气工程学院	李道亮
58	畜产品北京市高等学校工程研究中心	2010.01.04	北京市教委	省部级中心	营养与健康系	任发政
59	河北省低平原区农业工程技术研究中心	2008.09.27	河北省	省部级中心	农学院	周顺利
60	玉米育种教育部工程研究中心	2001.01.15	教育部	省部级中心	农学院	陈绍江
61	现代农业装备与设施教育部工程研究中心	2006.06.28	教育部	省部级中心	工学院	黄光群
62	农业节水与水资源教育部工程研究中心	2007.10.12	教育部	省部级中心	水利与土木工程学院	李光永
63	植物生长调节剂教育部工程研究中心	2009.12.21	教育部	省部级中心	农学院	段留生
64	农业农村部牧草与草坪草种子质量监督检验测试中心(北京)	1998.11.16	农业农村部	省部级中心	草业科学与技术学院	毛培胜
65	农业农村部农产品质量监督检验测试中心(北京)	1998.11.16	农业农村部	省部级中心	食品科学与营养工程学院	黄昆仑
66	农业农村部家禽品质监督检验测试中心(北京)	2003.04.17	农业农村部	省部级中心	动物科学技术学院	杨　宁
67	农业农村部饲料效价与安全监督检验测试中心(北京)	2003.04.17	农业农村部	省部级中心	动物科学技术学院	李德发
68	农业农村部兽药安全监督检验测试中心(北京)	2003.04.17	农业农村部	省部级中心	动物医学院	沈建忠
69	农业农村部饲料质量安全监督检验中心	2007.11.23	农业农村部	省部级中心	动物科学技术学院	李德发
70	农业农村部饲料工业中心	1996.04.25	农业农村部	省部级中心	动物科学技术学院	李德发
71	农业农村部保护性精细耕作研究中心	1999.05.19	农业农村部	省部级中心	工学院	李洪文

续附表6

序号	科研基地名称	建设时间	批准部门	级别	依托学院	负责人
72	农业农村部牧草工程技术研究中心	2010.11.03	农业农村部	省部级中心	草业科学与技术学院	张英俊
73	国家农业野生植物鉴定评价中心(水稻)	2007.12.10	农业农村部	省部级中心	农学院	孙传清
74	国家果蔬加工技术研发分中心	2008.10.16	农业农村部	省部级中心	食品科学与营养工程学院	廖小军
75	国家农产品加工技术装备研发分中心	2009.11.12	农业农村部	省部级中心	工学院	彭彦昆
76	食品质量与安全北京实验室	2012.12.04	北京市教委	省部级实验室	食品科学与营养工程学院	傅泽田
77	畜禽遗传改良北京市重点实验室	2013.06.17	北京市科委	省部级实验室	动物科技学院	连正兴
78	生物多样性与有机农业北京市重点实验室	2013.06.17	北京市科委	省部级实验室	资源与环境学院	吴文良
79	北京市畜禽健康养殖环境工程技术研究中心	2013.06.17	北京市科委	省部级中心	水利与土木工程学院	李保明
80	农业农村部动物产品质量安全化学性危害因子风险评估实验室(北京)	2013.04.25	农业农村部	省部级实验室	动物医学院	沈建忠
81	温室设备国际科技合作基地	2013.11.05	科技部	示范型国际科技合作基地	水利与土木工程学院	张天柱
82	北京市畜禽健康养殖环境与福利国际科技合作基地	2014.03	北京市科委	示范型国际科技合作基地	水利与土木工程学院	李保明
83	花卉发育与品质调控北京市重点实验室	2014.06.30	北京市科委	省部级实验室	园艺学院	高俊平
84	北京市供水管网系统安全与节能工程技术研究中心	2014.06.30	北京市科委	省部级中心	水利与土木工程学院	王福军
85	北京市果树良种繁育工程技术研究中心	2014.06.30	北京市科委	省部级中心	园艺学院	韩振海
86	北京市生鲜乳质量安全工程技术研究中心	2015.06	北京市科委	省部级中心	动物科学技术学院	李胜利
87	食品非热加工北京市重点实验室	2015.06	北京市科委	省部级实验室	食品科学与营养工程学院	廖小军
88	中国农业大学农作物种子全程技术研究北京创新中心	2013.12	农业农村部	省部级实验室	农学院	王建华

续附表6

序号	科研基地名称	建设时间	批准部门	级别	依托学院	负责人
89	农田土壤污染防控与修复北京市重点实验室	2016.12	北京市科委	省部级实验室	资源与环境学院	李国学
90	植物蛋白与谷物加工北京市重点实验室	2016.12	北京市科委	省部级实验室	食品科学与营养工程学院	郭顺堂
91	中国农业大学中欧农业信息技术研究中心	2009.01	科技部	示范型国际科技合作基地	信息与电气工程学院	李道亮
92	农业农村部甘薯生物学与生物技术重点实验室	2016.12	农业农村部	省部级实验室	农学院	刘庆昌
93	农业农村部草地管理与合理利用重点实验室	2016.12	农业农村部	省部级实验室	草业科学与技术学院	张英俊
94	农业农村部葡萄酒加工重点实验室	2016.12	农业农村部	省部级实验室	食品科学与营养工程学院	段长青
95	农业农村部农业转基因生物安全评价(食用)重点实验室	2016.12	农业农村部	省部级实验室	食品科学与营养工程学院	黄昆仑
96	农业农村部农业信息化标准化重点实验室	2016.12	农业农村部	省部级实验室	信息与电气工程学院	高万林
97	农业农村部农业灾害遥感重点实验室	2016.12	农业农村部	省部级实验室	土地科学与技术学院	朱德海
98	作物分子育种国际合作联合实验室	2017.10	教育部	省部级实验室	农学院	李召虎
99	北京食品安全政策与战略研究基地	2017.10	北京市哲学社会科学规划办公室、北京市教委	省部级实验室	经济管理学院	白军飞
100	青贮饲草料加工技术集成科研基地	2018.01	农业农村部	省部级实验室	草业科学与技术学院	杨富裕
101	精准农业技术集成科研基地(渔业)	2018.01	农业农村部	省部级实验室	信息与电气工程学院	李道亮
102	奶牛营养及生态健康养殖北京市国际科技合作基地	2018.05	北京市科委	省部级国际科技合作基地	动物科学技术学院	李胜利
103	食品精准营养与质量控制教育部重点实验室	2018.09	教育部	省部级实验室	营养与健康系	任发政
104	国家林业草原改良草地工程技术研究中心	2019.05	国家林业和草原局	省部级中心	草业科学与技术学院	张英俊
105	国家数字渔业创新中心	2019.03	农业农村部	省部级中心	信息与电气工程学院	李道亮

续附表6

序号	科研基地名称	建设时间	批准部门	级别	依托学院	负责人
106	全国农产品质量安全与营养健康科普基地	2019.07	农业农村部	省部级基地	食品科学与营养工程学院	黄昆仑
107	甘肃武威绿洲农业高效用水教育部野外科学观测研究站	2019.08	教育部	省部级野外站	水利与土木工程学院	康绍忠
108	河北曲周绿色农业教育部野外科学观测研究站	2019.08	教育部	省部级野外站	资源与环境学院	张福锁
109	园艺作物新品种选育与良种繁育教育部工程研究中心	2019.10	教育部	省部级中心	园艺学院	韩振海
110	中国轻工业食品生物工程重点实验室	2019.11	中国轻工业联合会	省部级实验室	食品科学与营养工程学院	江正强
111	中国轻工业健康饮品重点实验室	2019.11	中国轻工业联合会	省部级实验室	食品科学与营养工程学院	高彦祥
112	河北省曲周县国家农业绿色发展先行区	2019.10	农业农村部、国家发展改革委、科技部、财政部等	省部级基地	资源与环境学院	张福锁
113	国家现代农业科技示范展示基地(曲周)	2020.04	农业农村部	省部级基地	资源与环境学院	张福锁
114	国家林业和草原局草种子质量检验检测中心(北京)	2020.06	国家林业和草原局	省部级中心	草业科学与技术学院	毛培胜
115	全国粮食安全宣传教育基地	2020.10	国家粮食和物资储备局	省部级基地	资源与环境学院	张福锁
116	国家农业绿色发展长期固定观测曲周试验站	2020.11	农业农村部	省部级野外站	资源与环境学院	张福锁
117	全国名特优新农产品无损评价鉴定仪器设备技术北京中心	2020.12	农业农村部	省部级中心	工学院	彭彦昆

附表7 2020年度获奖成果统计

序号	奖励名称	成果名称	第一完成人	所属学院	获奖等级	参与形式	备注
1	2021年度高等学校科学研究优秀成果奖(科学技术)技术发明奖	果蔬高压非热加工关键技术及应用	廖小军	食品科学与营养工程学院	一等奖	主报	
2	2020年度高等学校科学研究优秀成果奖(科学技术)科学技术进步奖	鸡肠道健康关键营养技术及其应用	呙于明	动物科学技术学院	一等奖	主报	
3	2021年度高等学校科学研究优秀成果奖(科学技术)技术发明奖	果蔬关键作业环节机器人精准作业技术与装备	李　伟	工学院	二等奖	主报	
4	2022年度高等学校科学研究优秀成果奖(科学技术)科学技术进步奖	农药减量高效施用技术与装备创制及应用	何雄奎	理学院	二等奖	主报	
5	2023年度高等学校科学研究优秀成果奖(科学技术)科学技术进步奖	蝗虫高效生物防治技术开发与集成应用	张　龙	草业科学与技术学院	二等奖	主报	
6	第八届高等学校科学研究优秀成果奖(人文社会科学)	双重强制——乡村留守中的性别排斥与不平等	叶敬忠	人文与发展学院	二等奖	主报	
7	第八届高等学校科学研究优秀成果奖(人文社会科学)	China must protect high－quality arable land	孔祥斌	土地科学与技术学院	三等奖	主报	
8	宁夏第十四届哲学社会科学优秀成果二等奖	新常态下农业技术推广体系悬浮与多轨发展研究	左　停	人文与发展学院	二等奖	参报	
9	湖北省科技进步奖	稻谷产后减损增效关键技术开发与示范	李　栋	工学院	三等奖	参报	
10	何梁何利基金科学与技术进步奖	—	沈建忠	动物医学院	个人奖	主报	
11	第二届全国创新争先奖	—	李洪文	工学院	个人奖	主报	
12	第二届全国创新争先奖	—	谯仕彦	动物科学技术学院	个人奖	主报	
13	第二届全国创新争先奖	—	李道亮	信息与电气工程学院	个人奖	主报	
14	第十六届中国青年科技奖	—	汪　洋	动物医学院	个人奖	主报	

社会服务工作

【概况】

2020 年,在学校党委的坚强领导下,社会服务工作坚持以习近平新时代中国特色社会主义思想为指导,深入学习贯彻党的十九大及十九届二中、三中、四中、五中全会精神,围绕着社会服务和办学资源拓展融合发展,服务国家重大战略、服务地区经济社会发展以及服务学校“双一流”建设有机结合,在脱贫攻坚、乡村振兴、对口支援与对口合作、校地校企合作、科技成果转化等工作中积极进取、改革创新,使社会服务职能全面融入学校人才培养、科学研究、资源拓展工作中,全面补齐科技成果转化短板,积极拓展办学资源的同时,推动学校社会影响力稳步提升。

(史舟花)

【超额完成定点扶贫任务指标】

落实中央定点扶贫要求,全校上下通力协作,全面帮扶。6 月 12 日前全面完成《中央单位定点扶贫责任书(2020 年度)》中的主要指标任务:投入帮扶资金 246 万元,引进帮扶资金 315.92 万元,培训基层干部 251 人、技术人员 355 人,购买贫困地区农产品 201.36 万元,帮助销售贫困地区农产品 362.58 万元。

在中央单位 2019 年度定点扶贫工作分类评价与考核工作中,中国农业大学获评“好”等级。社会服务处获得临沧市“脱贫攻坚奖先进单位”荣誉称号,驻村第一书记荆忠海荣获“脱贫攻坚先进个人”称号。《校企合作建立扶贫新路径,电商助力打造扶贫新样板》案例,荣获高等学校新农村发展研究院联盟 2020 年优秀案例。

同步启动镇康县脱贫攻坚与乡村振兴有效衔接理论与实践研究,在防止返贫、金融助力乡村振兴以及镇康县农特产品精深加工方面委托专家团队完成了研究报告和专利产品的研制工作。

(杜雨朔)

【有效服务乡村振兴战略实施】

按照《中国农业大学服务乡村振兴战略实施方案(2019—2022)》的总体要求,依托国家乡村振兴研究院,开设微信公众号,推出 20 期“论道乡村”县委书记谈乡村振兴系列访谈活动,并举办“论道乡村”“2020 后的贫困与乡村振兴:战略、政策与实践”研讨会。

围绕人才培养培训、产业扶持等,启动开展“吉林梨树黑土地保护高效农业创新试验示范区”“河北曲周农业绿色发展创新试验示范区”“山西大同有机旱作农业创新试验示范区建设”“四川青神乡村综合治理创新试验示范区”等六大乡村振兴创新试验示范区建设。

大力推进“云南省昆明都市驱动型乡村振兴创新试验示范区”麦地冲村、雁塔村等 6 个示范村建设。与全国扶贫宣传教育中心和浙江新湖慈善基金会签署“脱贫摘帽地区经营管理人才培育计划”协议。国务院扶贫办主任刘永富考察“云南勐腊河边村振兴发展创新试验示范区”，对中国农业大学师生长期扎根河边村开展脱贫攻坚和乡村振兴实践的奉献精神和丰硕成果表示高度赞赏。

（杜雨朔）

【扎实推进对口支援与对口合作】

贯彻落实教育部对口支援西部地区高等学校和部省合建对口合作工作的总体部署，凝聚20余个学院和部门力量，围绕学科建设、人才培养、师资队伍、科研服务和管理水平提升，以人才帮扶为突破口，制定出台《关于在对口支援与对口合作高校派出教师相关工作的规定》，扎实推进6个受援高校对口支援与对口合作工作。

对口支援 遴选9名离退休教师赴塔里木大学支教支研；接收西藏农牧学院20名联合培养本科生；在塔里木大学设立首届“银龄奖学金”；为塔里木大学和西藏农牧学院开放共享研究生网络课程资源，继续开展校际科研联合基金；与塔里木大学共同申请并获批250万元兵团科技项目；评选10名中国农业大学对口支援塔里木大学十周年先进个人；工学院侯书林教授连续6年挂职塔里木大学，荣获新疆生产建设兵团“第九批中央和国家机关、中央企业优秀援疆干部人才”称号。

对口合作 选派生物学院巩志忠教授等7位教授以学术挂职等方式赴受援高校深度对接和帮扶；落实教育部部省合建9名博士专项招生；农学院17名专家学者和海南大学热带作物学院12名专家学者被认定为互聘导师；理学院覃兆海教授与贵州大学联合申报的科研项目获“2019年度国家科学技术进步奖二等奖”，水院周博副教授与石河子大学共同申请并获批230万元兵团科技项目。

（史舟花）

【创新建设资源拓展新模式】

在全国25个省、自治区、直辖市初步构建了由3个地方产业研究院、3个地方乡村振兴研究院、291个科技小院、85个教授工作站、27个校外实验站和116位现代农业产业技术体系专家组成的“三院二站一体系”的社会服务体系，覆盖了全国1 000多个县及以下地方政府及百余家企事业单位。

出台《中国农业大学教授工作站管理办法》，提升平台层次，强化机制保障。与四川省、内蒙古自治区签署省（自治区）校战略合作协议，积极推进与黑龙江省、重庆市人民政府和合作事宜。为浙江安吉、内蒙古呼和浩特等地的30余家政府企业提供战略咨询、成果转化服务。

落实与四川省战略合作协议内容，共建“中国农业大学四川现代农业产业研究院（新津）”，成为学校在成渝地区第一个具有独立法人、事业单位性质的新型研发机构，地方政府未来5年出资1亿元强力支持保障，推进开展服务四川“10＋3”农业产业技术体系技术研发和成果转化工作。

（杨铭远）

【积极拓展校企合作】

2020年，学校与13家企业联合新建教授工作站，落实各类科技人才项目117项，直接经费 775 万元，完成培养专业学位研究生 311 人，培训各类“新农人”超过 2 000 人。

与上海寻梦信息技术有限公司（拼多多）联合举办的一系列活动产生了广泛的社会影响力：3 月份开展线上春耕大讲堂活动，超过 12 000 名农业生产者和经营者参与直播活动，受到中央电视台新闻频道关注；5 月份克服疫情防控重重困难，在联合国粮食及农业组织（FAO）指导下，联合举办国内首届“多多农研科技大赛”，瞄准数字农业、智慧农业、互联网＋农业等诸多前沿科技与农业相关技术的有效结合，吸引了全球超过 17 支 AI 队伍参加，最终由水利与土木工程学院 2017 级博士郑建锋领衔的 CyberFarmer · HortiGraph 联队获得 AI 组冠军；落实捐赠“寻梦未来奖学金”100 万元；共建的“中国农业大学智慧电商研究院”完成 8 篇项目报告，并联合继续教育学院完成 7 批近 657 人次“新农人”培训，到校经费 450 万元。

推动与华为公司签署合作意向书，瞄准智慧种业、无人农场等开展合作。

（杜雨朔　杨铭远）

【大力搭建科技成果转化新平台】

举办首届“中国农业大学技术转移中心科技成果转化项目签约及推介大会”，现场完成 10 项重大科技成果签约。建设“中国农业大学科技成果展示与技术交易平台”，探索新机制下的科技成果转化途径。基本完成以企业为主体、市场为导向、产学研深度融合的科技成果转化体系的布局与构建。

成功申报并获批“国家知识产权试点高校”“中关村科技服务平台支持资金项目”“北京市科技成果转化平台建设专项”，社会服务处获得由中国技术市场协会颁发的 2020 年度“金桥奖”集体二等奖。

2020 年，全年签订科技成果转化合同 74 项，较 2019 年增长 100%；合同签订金额 3 381.58 万元，到校金额 1 993.04 万元。获中关村管委会、北京市科委等上级单位共 219 万元专项资金支持。完成技术转移中心网站验收，推进科技成果转化无纸化、信息化建设。

（邓联宏）

【多方推进科技评价改革】

落实新时代教育评价改革要求，完善教师分类设岗与分类评价，增加成果转化与社会服务型研究员的职称类别；将社会服务、科技成果转化等指标列入教师职称评定、年终考核、分级聘任等人事政策中，为教师进行社会服务、成果转化工作提供了政策保障；制定《校级代表性科研成果与重大社会服务贡献评选实施细则》，将服务国家重大战略、服务地方经济社会发展、政策建议、重大科技成果转化取得的突出贡献纳入奖励范畴。加强社会服务管理系统的建设，使社会服务工作评价有数据可循。

（史舟花）

国际合作与交流

【概况】

2020 年，国际交流合作遭遇全球新冠肺炎疫情和国际形势变化等多重困难，学校保持定力，攻坚克难，对外交流合作不断线；全球抗疫，主动作为，助力国家教育外交；围绕学校“双一流”建设，聚焦打造国际合作新高地；落实国家教育对外开放，为国家“一带一路”与南南合作领域的农业教育科技合作作贡献；留学生和港澳台学生教育取得创新突破。

（唐莹）

【对外交流总量】

师生因公出国（境）共计 74 人次（含国家公派出国留学），其中教师 37 人次，短期出国（境）（＜90 天）34 人次，长期出国（境）（≥90 天）3 人次；学生 37 人次，短期出国（境）21 人次，长期出国（境）16 人次。

279 人次参加外方主办线上国际会议，教师 33 人次，学生 246 人次。

请进外国专家 516 人次，短期专家（≤90 天）475 人次，长期专家（＞90 天）41 人次。其中副教授 72 人次，教授 279 人次。聘请的高层次专家 29 人次，包括诺贝尔奖获得者 1 人次，科学院/工程院院士 9 人，获国家友谊奖和省部级奖励的优秀外国专家 1 人次，学科领域权威学者 18 人次。“一带一路”沿线国家专家 88 人次。为适应新形势下国际交流需求，设立国际化提升在线讲座与课程项目 79 个，支持 17 个学院邀请 200 多人次外籍专家线上开展学术交流活动，累积下拨经费 355.06 万元。

举办国际会议 8 次，其中，会议总人数 100 人以上的 2 次。

（毕蕾蕾　张志超）

【校际交流合作】

开展校际交流活动 27 次。(1)涉及“世界顶尖涉农大学联盟（A5）”活动 10 次，包括“A5 联盟 2020 年度工作会议”“A5 联盟网络学术研讨会”“中荷农业绿色发展交叉创新性人才培养项目成立仪式”“与圣保罗大学中外合作办学机构筹备会”等；(2)涉及“一带一路”沿线国家高校或机构的活动 10 次，包括与海南大学联合主办“第三届一带一路/南南合作农业教育科技创新联盟”大会，参加“非洲区域大学农业能力建设论坛（RUFO-RUM）线上论坛”等。

校领导出席线上线下活动共 7 次，包括孙其信校长与悉尼大学校长举行视频会议并签署两校合作协议，参加美国华盛顿大学圣路易斯分校麦克道尔国际学者学会线上研讨会并致辞等。

截至 12 月 31 日，与 52 个国家和地区的 242 所大学与研究机构签署了 495 份合作协议。2020 年新增协议 4 份。

（唐莹　毕蕾蕾）

【“一带一路”、南南合作及援外工作】

学校发起成立的“‘一带一路’农科教创新联盟”在海南三亚举办第三届联盟大会，包括联合国粮农组织、联合国南南合作办公室、非洲区域大学农业能力建设论坛代表在内 138 位国内外专家围绕“新冠疫情对中国和全球食品安全的影响”开展研讨，提出“教育合作平台项目”新倡议，建议形成“中外政府＋国际组织＋中外高校＋农业和信息技术企业”的合作模式。

设立“一带一路”农业合作“双一流”专项 2 个。

（唐莹）

【与世界顶尖涉农大学合作】

与康奈尔大学合作的食品科学与工程、食品质量与安全 2 个中外合作办学项目获得中美两国批准。与荷兰瓦赫宁根大学推进农业绿色发展人才培养合作，签署合作培养博士项目协议。与康奈尔大学、爱丁堡大学等合作新启动 4 个国家立项博士生联合培养项目。举办 A5 联盟首届国际大学生学术竞赛决赛。组织师生参加 A5 联盟 2 项学科竞赛。搭建中巴农业经济合作研究平台，两校合作的首部中巴农业经济研究论著《中巴农业与粮食安全伙伴关系》出版，举办中巴国际学术会议，学校在拉美影响力显著扩大。

探索“A5＋N”计划，在中澳外交关系困难时期，与悉尼大学签署全面合作协议，筹备人才联合培养项目，支持动物科学技术学院、草业科学与技术学院与该校相关学科联合举办高端学术会议。

（毕蕾蕾）

【外专项目】

共获批科技部外国专家服务司立项资助 1 350 万元，比 2019 年增加 126 万元。获批国家重点项目 20 项，包括高校学科创新引智计划（“111”计划）项目 8 项，高校学科创新引智计划 2.0（“111”计划 2.0）项目 2 项，“高端外国专家引进计划”28 项，“‘一带一路’创新人才交流外国专家项目”1 项，“外国青年人才计划”1 项。

新获批“草畜拔尖人才培养创新引智基地”1 个高等学校学科创新引智计划（“111”计划），项目将于 2021 年执行。

（张志超）

【国家公派出国留学项目】

国家公派出国留学各类项目共录取193人，其中教师21人，包括国家公派高级研究学者及访问学者(含博士后)项目15人，青年骨干教师出国研修项目3人，博士生导师1人；学生172人，其中国家建设高水平大学公派研究生项目124人，创新型人才国际合作培养项目47人，其他项目1人。

新申报国家留学基金委创新型人才国际合作培养项目4项，全部获得立项资助。截至12月底，学校创新型人才国际合作培养项目总数达13项，资助总名额达175人。

在创新型人才国际合作培养、促进拉美科研和人才培养合作两个领域成绩突出，2次受国家留学基金委邀请与全国高校分享经验。

(毕蕾蕾)

【学生国际化培养提升项目】

本科生联合培养项目选拔63名学生，学期交换项目选拔39名。设立"'双一流'本科生国际化培养提升"项目8个，支持232名学生次参与网络课程、线上学术竞赛、研讨等交流活动。

(唐莹)

【留学生工作】

受新冠疫情影响，留学生新生注册86人，包括本科生1人、硕士生46人、博士生39人。其中奖学金生84人，高校研究生项目32人，丝绸之路项目4人，中非友谊项目(非洲科技小院项目)6人，支持地方奖学金项目1人，"一带一路"基地紫禁城奖学金项目6人，CSC国别奖4人，全球学院海南项目15人，以及2020年正式进入专业学习(2019年入校进行汉语补习1年并达到要求)的获奖学金学生16人。

在校留学生总人数349人，含长期生303人，短期生46人。长期生中博士生137人、硕士生147人、本科生18人、进修生1人。

按奖学金来源分，中国政府奖学金生286人，占94%；其余奖学金项目11人，占3.6%。按照生源地统计，亚洲和非洲学生分别占55.6%(168人)和40.1%(122人)，欧洲、美洲学生分别占1.3%(4人)和2%(6人)，大洋洲占1%(3人)。

毕业和结业留学生75人。其中1月毕结业人数6人，6月毕结业69人(博士生30人、硕士生37人、本科生2人、进修生1人)。

完成中非农业合作1+1硕士专项班招生，使学校中非合作呈现新亮点。

留学生短期交流团组2个，包括"日本新潟大学学生团"和"牛精英项目-康奈尔学生团"，共计46人。

(张志超)

【港澳台交流】

共录取港澳台学生14名，其中本科生10名，硕士生4名。截至12月31日，共50名港澳台学历生在校学习，包括香港籍学生13人、澳门籍学生2人、台湾籍学生35人；本科生 39 人、硕士研究生 9 人、博士研究生 2 人。12 名学生获得港澳台学生一等奖、二等奖和三等奖。

聘请 3 名中国台湾教师任职于国际学院，讲授经济学、地理学和社会科学类课程。

获批教育部王宽诚教育基金项目和北京市教委京港澳交流项目 2 项，分别为动物科学技术学院的“第三届世界绵羊大会-云会议”和动医学院的“中国农业大学-香港城市大学兽医学科青年人才交流与实践”。

（张志超）

【孔子学院建设】

2020 年底，完成学校与西印度大学圣奥古斯丁分校孔子学院的转隶工作，孔子学院的运行由孔子学院总部转到中国国际中文教育基金会。

西印度大学圣奥古斯丁分校孔子学院在 3 个教学点开展教学工作，2020 年 3 月开展线上教学。全年总计开班 33 个，学生总数 628 名，总开课学时 1 142 小时。

（张志超）

【全球抗疫】

新冠肺炎疫情发生以来，严格落实教育部、北京市教委和学校疫情防控要求，迅速摸排境内外的外籍专家、留学生、港澳台学生信息，建立人员信息台账，组建学校、学院、导师三级防疫机制，制定防疫政策，发布防疫通知 14 个（中英文），指导境内师生做好个人防疫。确保学校境内外籍专家、留学生、港澳台学生无一感染。

关爱学校滞留境外的公派学生、外国留学生和港澳台学生，主动联络分布在 20 个国家的公派师生近 100 人，关心学生思想、身体状况。同时密切关注有关涉外敏感问题，及时对师生给予温馨提醒。

积极开展外联外宣工作，与全球一流大学共享防疫经验。全年孙其信校长代表学校向意大利、日本、德国、法国、英国、荷兰、美国、韩国等疫情较严重的 18 个国家 34 所合作院校发出信函，传递携手战胜疫情的信心和决心。广泛宣传农大学子在海外疫情严峻情况下勇敢抗疫的故事，进行“农大学子全球抗疫”系列报道。共推送系列报道 11 篇，其中 5 篇被教育报刊社主办、面向海外留学人员的知名刊物《神州学人》采纳转载。

应美国康奈尔大学请求，接纳 48 名康奈尔大学中国籍学生入校学习。两校专门签署学生学期交流协议，约定学生等量交换，为学校赢得一批赴美交流学生名额，同时，学校多门研究生课程获得康奈尔大学转学分认可。

（唐莹　毕蕾蕾　张志超）

附表

附表 1　2020 年因公出国（境）人员统计（教师）　　人次

学术交流合作	管理工作访问	国家公派	比赛等其他	
30	1	1	5	

附表2　2020年因公出国(境)人员统计(学生)　　人次

学术交流合作	国家公派	比赛等其他	
25	10	2	

附表3　2020年中国农业大学请进境外专家国家/地区分布统计　　人次

国别	"一带一路"沿线国家	美国	英国	德国	荷兰	日本	加拿大	其他	总计
人次	88	157	55	38	21	13	22	156	516

附表4　2020年中国农业大学港澳台侨学历生统计　　人

	合计	一年级	二年级	三年级	四年级	五年级
总计	50	14	16	10	8	2
博士	2	0	1	0	1	0
硕士	9	4	5	0	0	0
本科	39	10	10	10	7	2

附表5　2020年中国农业大学港澳台毕业学生统计　　人

总计	博士研究生	硕士研究生	本科生	普通进修生	高级进修生
11	0	2	9	0	0

管理与后勤保障

发展规划工作

【概况】

发展规划处坚持党建引领，围绕中心、建设队伍、服务群众，推动党建和业务深度融合，把习近平新时代中国特色社会主义思想、党的十九届四中、五中全会精神贯彻落实到“十四五”规划、新一轮“双一流”建设和办学资源拓展等重大工作的全过程中。

（李溷峰）

【推进“双一流”建设】

完成2020年“双一流”建设工作。2020年中央引导专项“双一流”建设资金到校总额为23 138万元，按照《2019—2020年“双一流”建设项目实施与管理改革方案》，制订了《2020年“双一流”建设工作方案》《2020年“双一流”建设资金分配方案》《2020年“双一流”建设资金调整方案》等年度工作方案，完成了预算下达—拨付审核—执行监管—绩效自评等全过程项目管理。配合审计处完成2019年“双一流”建设项目绩效审计。

完成“双一流”建设动态监测工作。制订并发布《中国农业大学“双一流”建设动态监测指标填报工作方案》，建立“职能部门与一流学科数据互动”的工作机制，组织完成2020年“双一流”动态监测数据3月、9月及12月数据核对、填报、补报工作，共计24.3万字；完成9个一流学科动态监测数据上报，共计50万字。

完成“双一流”建设周期总结自评工作。按照教育部总体部署，制订并发布《中国农业大学2016—2020年“双一流”建设周期总结及自评工作方案》，全面总结梳理5年来“双一流”建设的成效，分析研判“双一流”建设中存在的问题，组织各学院和相关职能部门认真研讨，召开专题统稿会，形成高质量的一流大学与一流学科建设周期总结自评报告并上报教育部。

完成北京市“双一流”建设年度成效评估工作。制订并发布《中国农业大学北京市“双一流”建设年度自评工作方案》，组织召开工作部署会，形成了《北京市支持入选国家

"双一流"建设高校年度工作自评报告》，组织相关学科完成《与市属高校结对共建学科建设情况报告》《高精尖学科年度工作自评报告》，并上报北京市教委。

（李冬）

【学科建设与学科评估工作】

学校优势学科跻身世界一流学科前列。综合第三方评价，学校农业学科位列全球第二位，相关指标超越排名第一的荷兰瓦赫宁根大学。2 个学科和所有学科进入全球前 1‰，11 个学科进入全球前 1%，其他学科均有较大幅度提升。目前正在开展第五轮学科评估工作，按照优先支持一流学科、确保参评整体水平的原则，全面检验学校"十三五"期间学科建设成效，加快形成一流学科体系。

（戴晓曦）

【推进"十四五"规划编制】

提前启动学校"十四五"规划编制工作。结合"十三五"工作经验，提前谋划和部署"十四五"规划编制工作，研究制定学校"十四五"规划体系，各职能部门和学院在 2020 年上半年启动"十三五"总结报告、"十四五"规划纲要、面向 2035 战略研究报告的撰写。开辟了"十四五"专题网页，形成了"顶层设计"与"问计于民"相协同的学校"十四五"规划新格局。

完成了新一轮学院专题调研。围绕学院"十四五"规划和 2035 远景目标，面向全校 17 个学院和 3 个异地办学点开展了综合调研，总结各单位"十三五"建设成效，探讨"十四五"发展思路和 2035 愿景目标，深入剖析问题，对各学院和学科的未来发展提出针对性意见，形成了专题调研报告。

（金樱）

【构建新型大学系统】

学校与平谷区战略合作取得实质性进展。与平谷区签署《中国农业大学平谷校区战略合作框架协议》，形成了《平谷区-中国农业大学全面战略合作三年(2020—2022)行动计划》，确定校址范围与占地规模；推动学校与烟台市委市政府达成烟台研究院新的合作办学协议；参与中国农业大学三亚研究院的建设；参与学校雄安建设有关工作。

（李憑峰）

【推进学校治理体系与治理能力现代化】

2020 年上半年，初步形成《面向 2035 的治理体系与治理能力现代化发展战略研究报告》《中国农业大学治理体系治理能力现代化改革工作方案》。2020 年 7 月，由孙其信校长牵头，面向管理服务机构和各学院领导班子，进行了两轮治理专题工作会，全面梳理了学校治理中存在的问题清单。

为进一步推进"高精尖"中心持续发展和"营养与健康"交叉学科建设，成立了学校直属系"营养健康系"和 "营养与健康研究院"。

（金樱）

【校学术委员会秘书处工作】

组织召开学术委员会全体委员会议、通讯评议、研讨会、秘书处会议等各类工作会议20余次，内容涉及学校战略规划、学科建设与评估、本科专业增设、学位授权点自主审核和动态调整、学术评价、科研项目论证与推荐、人才引进、教师专业技术职务评聘等学校重大学术事务；重点推进校学术委员会换届工作，保障学术权利的有效行使，编制形成了《中国农业大学第六届学术委员会换届工作方案》，完成第六届校学术委员会的组建工作。

（李璟）

【学校数据统计及年鉴工作】

组织完成教育部《2020年高等教育基层统计调查表》《非涉秘机构实名制信息统计》等各类统计数据填报工作，共计3万余条，保证了学校数据按时上报。组织完成90万字的《中国农业大学年鉴（2019）》的编校和出版工作，完成《中国教育年鉴（2019）》《北京教育年鉴（2019）》《海淀教育年鉴（2019）》相关内容的撰稿及校稿工作。

作为学校公共数据协调部门，紧密跟踪学校在THE、QS、上海软科等大学排名机构的排名情况，准确及时完成学校所需相关数据填报和基础信息提供工作。

（李凴峰　孙桂凤）

【其他】

组织完成“新时代农科高等教育发展战略研究”书稿校对、编辑、出版、下发等工作；完成内控资料填报工作；完成学科数据平台的合同签订、报销等工作；完成“985工程平台”部分资产的核实、调拨、报废工作；完成财务预算的上报工作；完成办公室设备的采购、入国资工作；完成西区办公室的整修工作；完成发展规划处文件档案的梳理、归档工作；联系有关部门设计发展规划处新网站；完成2020年底人事考核工作，完成2020年人事招聘工作；完成研究生助管管理工作等。

（孙桂凤）

人事工作

【概况】

2020年，人事处在学校党政领导下，强化使命担当，敢于攻坚克难，改革人事人才制度，超常规落实人才强校战略，努力构建“规模合理、结构科学、素质优良、能上能下”的人力资源新格局。探索形成的《全面推进人才强校工程，建设一流农科人才队伍》经验做法入选教育部树立正确人才观典型案例（全国共10所）。

（隋熠）

【教职工队伍现状】

截至2020年12月31日，中国农业大学教职工总规模为7 272人。其中，事业编制教职工2 913人，占40.1%；合同聘用制教职工1 630人，占22.4 %；在站博士后研究人员268人，占3.7 %；离退休人员2 461人，占33.8%。

事业编制教职工中，专任教师1 933人，其中，具有博士学位1 614人，具有硕士学位249人，具有学士学位及以下的70人。其中，教授（含研究员）672人，副教授（含副研究员）960人。学校有中国科学院院士5人、中国工程院院士8人，其中，1人为双院士（已退休）。创新人才长期项目1人，青年创新人才项目19人，教育部人才项目44人（含青年项目），“国家杰出青年科学基金”获得者49人，优秀青年科学基金获得者37人，“高层次人才支持计划”领军人才24人，“高层次人才支持计划”青年人才9人，“高层次人才支持计划”教学名师3人，“百千万人才工程”国家级人选27人，享受政府特殊津贴专家70人。

（赵瑞娇　王迎　崔晓晨）

【人才培养工作】

2020年，学校持续推进“人才培育发展支持计划”，第二批共遴选57名教师受聘各人才岗位，10个创新团队获得支持。2019、2020年共遴选各层次人才321人次，创新团队101个，超额完成“2115”人才工程。落实全方位、精准化、个性化支持，逐步兑现学术推荐权、聘任二级教授、人才年薪、团队自主经费等一揽子配套支持，充分发挥人才活力，2020年全校入选各类国家级人才26人，其中25人来自“2115”人才工程，切实集中学校资源支持高贡献、高业绩、高潜力教师，为推动学校“双一流”建设和国家重大战略需求、科技创新提供人才支撑。

（雷晓）

2020年继续实施“青年教师成长工程”，统筹各项目的选派工作，全部满足符合选派条件教师出国研修的需求。国家公派高级研究学者及访问学者（含博士后）项目（即“全额资助项目”），共有15人入选。国外教育调研访问学者入选1人。青年骨干教师出国研修项目（即“1∶1”配套项目），经专家评审并上报国家留学基金委审批，共有3人入选。此外，先后批准3人享受学术休假，140人认定高等学校教师资格；组织224人参加青年教师岗前培训，多途径提高教师学术水平，拓宽研究领域；全方位、多层面地加强教职工的业务素质，提高教师可持续发展能力。

（孙伟）

【人才选拔与推荐】

樊胜根、张学松、周文焜、刘文丰、张敬波5名教师入选国家创新人才项目；刘国世、李媛、王少林、臧雷振4名教师入选国家高层次人才支持计划；曹志军、王献兵、司伟、林发勤4名教师入选教育部重大人才项目；田丰、王毅、张小兰、韩军、于政权5名教师获得“国家杰出青年基金”；施怡婷、张静、曾祥芳、徐旭4名教师获得“国家优秀青年科学基金”；倪元颖、黄冠华、王涛、陈绍江、张东兴5名教师获“国务院政府特殊津贴”；玉兰、徐杨、曾昭海、王素芬 4 名教师获得“宝钢优秀教师奖励基金”。

（崔晓晨）

【人事调配】

2020 年，人事处充分发挥国际国内两个人才市场的作用，吸引和凝聚大批各类优秀人才。2020 年全年新入职教职工 195 人，其中事业编制 179 人，校聘合同聘用制 A 岗 16 人。按照入职聘用岗位不同，专任教师 120 人，管理岗 43 人，实验技术岗 13 人，其他专业技术岗 19 人；按照入职来源分类，接收应届毕业生 33 人，留学回国 36 人，博士后出站 64 人，京内调入 42 人，京外调干 1 人，军转干 3 人，校聘 A 岗 16 人。

校内调动 24 人次；事业编制调出 4 人，校聘合同制 A 岗离职 3 人。

（石媛）

【优秀教职工评选】

本科生院、学工部、人事处、工会分别组织了 2020 年度优秀教师以及优秀教育工作者一、二、三类的评选工作，共评选优秀教师 60 名、优秀教育工作者 40 名，并给予每人 10 000 元的奖励。其中，优秀教育工作者二类评选条件和方式继续沿用 2019 年改革后做法，按照教学单位和管理服务单位的不同特点，分别设置评选条件；机关党委设置“改革创新”奖和“作风建设”奖，下属各管理服务单位人员根据评选条件申报，并通过线上答辩的方式进行评选。

（雷晓）

【专业技术职务评聘与晋升】

创新开展第三轮专业技术职务人员聘期考核及新一轮专业技术职务岗位聘任工作。统筹常规考核、绿色通道、团队考核和代表性成果“四位一体”的综合评价考核模式。聘期考核合格 1 868 人，其中 625 人申请“绿色通道”考核，占考核合格总人数的 33.4%；88 人申请团队考核，占考核合格总人数的 4.7%；40 人申请代表性成果考核，占考核合格总人数的 2.1%。根据聘期考核结果和相应岗位聘任条件，共有 537 名教师升级聘任，1 608 名教师原级聘任，8 名教师因聘期考核不合格低聘，根本破除了岗位聘任“能上不能下”的僵化状况。专业技术职务人员实行岗位目标管理，按类型、按级别签订岗位任务书，引导教师将个人努力目标与岗位建设方向、学科发展需要、学校发展规划、国家重大战略需求相结合。

深入贯彻国家及上级部门要求，根据《深化新时代教育评价改革总体方案》等文件精神，继续推进学校教师考核评价制度改革，2020 年度专业技术职务晋升工作启用新颁布的职称文件，在业绩条件的设置上破除“五唯”，突出质量、贡献和特色，畅通“破格”晋升渠道；完善分类设岗与分类评价，开设成果转化与社会服务型研究员、高等教育管理系列研究员和副研究员岗位；评价程序中推行代表作制度，实行同行专家评价，构建综合评价体系；规范基层党组织考察、回避要求、工作监管及投诉制度等。

（雷晓）

【职员晋升与聘任】

2020 年，学校共有 84 人晋升或聘任各级管理职员（含直聘）。其中，五级职员 9 人

（含试用期考核合格处级干部直聘 7 人）、六级职员 17 人（含试用期考核合格副处级干部直聘 4 人，军转干部直聘 1 人）、七级职员 31 人（含校聘合同制 A 岗 11 人）、八级职员 23 人（含校聘合同制 A 岗 7 人）、九级职员 4 人（均为校聘合同制 A 岗）。

（刘瑞春）

【职工年度考核】

2020 年，全校共有 71 个单位（不含校领导和人才交流中心）组织进行了年度考核，应参加考核 2 993 人（含校聘合同制 A 岗人员），实际参加考核 2 962 人，31 人未参加考核。考核优秀 475 人，占应参加考核总人数的 15.9%；年度考核合格 2 304 人，占应参加考核总人数的 77%；处级干部考核称职 175 人，占应参加考核总人数的 5.8%；考核基本合格 5 人、不合格 3 人，共占应参加考核总人数的 0.3%。

深入强化教师岗位职责意识，落实好教师承担人才培养与科学研究的两大基本职能，鼓励教师参与社会服务与文化传承，进一步细化和完善考核指标，坚持奖勤罚懒，激发教师队伍活力，落实“人才培育发展支持计划”创新团队负责人考核权和学院（部）自主考核权，将教师公共服务与其他贡献翔实记录，充分展示。全校共 1 887 位专任教师参加 2020 年度工作量考核，考核达标率为 97.5%，比 2019 年提高 3.2%。对工作量完成度不足 1，未完成基本岗位职责的 11 人给予预警通知并扣减岗位津贴。以学校层面统一认定的工作量考核结果为标准，将正高、副高、中级及以下 3 类人员按比例划分名额，设置勤奋敬业奖，对工作量排名前 100 名的优秀教师进行表彰奖励。

（付国强　刘晓航）

【在职工资管理】

不断完善年薪制度，坚持破“五唯”导向，修订完善面向校内人才的特聘教授制度，将 156 位入选“人才培育发展支持计划”的非新机制、无帽子教师纳入年薪体系，激发了教学科研人员工作积极性。强化薪酬激励约束机制，结合教师工作量考核工作的实施，对工作量考核前 100 名进行奖励，对 2018、2019 连续两年工作量完成度不足 1 的 30 余名教师扣发岗位津贴。加快推进学校办学资源拓展，激发派驻工作人员干事创业的热情，出台《学校本部派驻办学资源拓展地工作人员临时补助发放办法》，根据各办学资源拓展地考勤记录，按月按类别代发派驻工作人员临时补助。依法依规落实职工各项工资待遇，为第四次专业技术职务分级聘任、科级及以下管理服务岗位大聘及日常岗位变动人员调整工资，为学校考核合格及以上人员正常晋升薪级工资；调整在职人员住房公积金基数。

（马寒冰）

【离退休待遇管理】

按照人社部规定，为符合退休条件的 109 人办理退休手续并核定退休工资。根据国家政策为 65 名去世人员（含在职职工 1 人）核发抚恤金和丧葬费。根据中央社保调资文件，增加退休合同制工人的养老金，比照退职人员标准增加退养人员的养老金。根据教育部通知，为符合条件的遗属调整补贴标准。为离休干部发放荣誉津贴，为新中国成立前参加工作老工人发放生活补助。

根据《中国农业大学延迟退休的补充规定(暂行)》文件要求，人事处组织延迟退休申报审定工作，批准 33 人延迟退休申请。自 2018 年组织实施延迟退休以来，累计批准了 120 人次延迟退休申请，此项工作逐步实现常态化、制度化，有效缓解了学校人才断层问题。

（马寒冰　董生）

【事业单位养老保险】

2020 年学校缴纳事业单位养老保险费共计 17 734 万元，其中单位负担 11 823 万元，职工个人负担 5 911 万元；缴纳职业年金 8 867 万元，其中单位负担 5 911 万元，职工个人负担 2 956 万元。全年完成业务量共计 6 600 人次，如期完成缴费工资申报工作；在完成准备期结算工作的基础上，按照上级规定顺利实施退休“中人”新老办法对比计发工作，574 名符合兑现范围的退休“中人”按照新老办法对比核准待遇，当期同步发放基本养老金和职业年金待遇；按照中央国家机关养老保险管理中心及教育部人事司统一工作部署，做好退休人员基本养老金调整解释工作，学校共 2 267 位退休人员调整基本养老金，其中最低调整金额 218 元/月，最高调整金额 586 元/月，人均 314 元/月。

（王迎）

【北京市社会保险】

2020 年，完成学校事业编制教职员工的工伤、失业险等两险，合同聘用制员工的养老、医疗、失业、工伤、生育等业务，包括参保人员增减变动、信息变更、转移接续、个人及单位权益记录申请、待遇申领等各项社会保险业务共计 5 930 人次。全年支出保险费 5 526 万元，其中用人单位负担 4 133 万元，职工个人负担 1 393 万元。

（王迎）

【劳动合同管理】

扎实推进《中国农业大学合同聘用制实施办法细则》的落实，进一步规范劳动合同的签订和管理，细化了劳动合同审核的工作流程。2020 年审核新签订劳动合同 270 余份，续签劳动合同 480 余份；签订劳务协议 160 余份；解除/终止劳动合同 340 余份。

（石媛）

【制度建设】

2020 年，陆续颁布《中国农业大学专业技术职务岗位聘任工作暂行办法》(中农大人字〔2020〕13 号)《中国农业大学专任教师校内双聘管理办法(试行)》(中农大人字〔2020〕39 号)、《中国农业大学二级单位内设机构及管理服务岗位设置管理暂行规定》(中农大人字〔2020〕28 号)等文件，修订和完善相关制度，实现制度健全、管理规范的良好局面。

（赵瑞娇）

【其他日常工作】

2020 年，开具在职、收入相关证明 1 400 余份。为学校教职工解决干部夫妻两地分居 5 人，平均办理周期由 1～2 年缩短为半年。

（石媛）

附录

附录1 2020年中国农业大学教职工基本情况

总规模:7 272 人,100%

事业编制总人数:2 913 人,40.1 %

其中:女性:1 366 人,46.9%

专任教师:1 933,66.4%

教学辅助人员:385,13.2%

管理职员:518,17.8%

工勤人员:108 人,3.7%

其他人员:32 人,1.1%

在站博士后总人数:268 人,3.7%

合同聘用制总人数:1 630 人,22.4%

离退休总人数:2 461 人,33.8%

注:双岗人员同时计入专任教师和管理职员队伍。

附表

附表1 2020年中国农业大学新增事业编制人员聘用岗位及来源类别情况 人

类别		合计	来源类别					
			毕业生分配	博士后出站	京内调入	留学回国	京外调入	转业军人
合计		179	33	64	42	36	1	3
聘用岗位	专任教师	120	5	59	22	33	1	0
	其他专业技术人员	23	5	4	13	1	0	0
	管理服务人员	36	23	1	7	2	0	3

附表2 2020年中国农业大学非离退减员工作岗位情况 人

合 计	正式事业编制					合同聘用制 A 岗
	专任教师			其他专业技术人员	管理服务人员	
	教 授	副教授	讲师			
7	1	0	2	0	1	3

人物

院士(含离退休)

科学院院士(5人)

石元春　李季伦　吴常信　陈文新　武维华

工程院院士(8人)

石元春　汪懋华　戴景瑞　康绍忠　李德发　沈建忠　张福锁　任发政

2020年度引进人才

（刘晓航）

领军人才(1人)

樊胜根

杰出人才(13人)

王良省　王　洁　刘文丰　刘平黄　李雪草　杨　丽　张学松　陈　永
周文焜　柯玉文　姜霁珊　宿振起　BHADAURIA VIJAI

优秀人才(67人)

万亚男　马晓溦　王红亮　王艳飞　王　琳　王鹏杰　王粮局　王　锴
方　冰　孔伟伟　孔　锋　申　思　冯权泷　冯　旭　冯璞玉　宁　鹏
吕　阳　吕锋骅　吕　聪　朱龙佼　朱齐超　朱怡平　刘　建　刘　娟
刘雪科　刘晨旭　刘雷震　江云鹤　许　稳　苏文浩　苏道毕力格
李延啸　李春杰　李　威　杨亚东　杨志蕊　余文博　张云飞　张　欢
张松斗　张秋雷　张　路　陈　军　陈雪冬　邵丽娃　武秀恒　尚　楠
罗永挺　罗俊杰　和立文　和贤桃　周丹丹　周　全　赵　婧　郦　莉
俞　峰　徐　姗　陶　然　黄振乾　黄家强　梁　超　韩丹丹　程　楠
傅春晖　温　馨　翟卫欣　薛岩松

普通人才(36人)

马　晨　王子蒙　王艺璇　王　想　巴　枫　可靖涵　冯　轶　冯淑萍
兰义宾　邢界文　朱　斌　刘　虎　米　阳　杜雪梅　李茂娜　李　欣
杨吕娜　吴昭军　张亚伟　张运龙　张志娟　张　灿　张　坤　张　栋
张梅艳　张　雪　金炜玲　赵　烨　胡宇声　秦耀果　袁超乘　耿　品
聂　森　徐　丹　徐　进　黄　伟

普通教师(3人)

王　帅　白子杰　朱菲菲

附录

教授(研究员)名录(按姓氏拼音为序)

(雷晓)

农学院(47人)

陈　阜	陈绍江	陈源泉	褚庆全	董学会	何绍贞	贺　岩	胡跃高
华金平	解超杰	金危危	康定明	康玉凡	赖锦盛	李保云	李自超
林中伟	刘庆昌	倪中福	彭惠茹	宋任涛	隋　鹏	孙传清	孙连军
孙其信	谭禄宾	田　丰	田晓莉	汪　海	王保民	王建华	王向峰
王志敏	谢光辉	辛明明	宿振起	徐明良	杨小红	姚颖垠	尤明山
曾昭海	翟　红	张海林	张洪亮	张明才	周顺利	朱作峰	

园艺学院(33人)

程玉琴	高俊平	高丽红	郭仰东	韩振海	洪　波	胡建芳	贾文锁
孔　瑾	冷　平	李冰冰	李天红	李天忠	李险峰	林　涛	刘青林
马　超	马会勤	马　男	孟祥彬	任华中	沈火林	眭晓蕾	王红清
王　倩	王　忆	徐　峰	许雪峰	杨文才	张常青	张小兰	张新忠
朱元娣							

植物保护学院(39人)

BHADAURIA VIJAI	彩万志	曹永松	陈东钦	杜相革	范　军	范在丰

高希武	郭泽建	韩成贵	简　恒	李　虎	李健强	李正西	李志红
梁　沛	刘俊峰	刘西莉	刘小侠	刘星月	刘志龙	马占鸿	彭友良
沈　杰	石旺鹏	史雪岩	孙文献	王　琦	吴波明	吴学宏	杨　定
杨　丽	张力群	赵文生	赵章武	周立刚	周　涛	周　欣	朱旺升

生物学院(58人)

陈其军	陈三凤	陈益芳	陈忠周	崔　胜	董江丽	封文海	傅静雁
傅　缨	巩志忠	郭　岩	韩建永	韩玉珍	何　群	胡晓湘	黄银花
蒋才富	柯玉文	李大伟	李继刚	李连芳	李向东	李　岩	刘朝辉
刘维全	楼慧强	毛同林	齐俊生	秦　峰	任东涛	宋　渊	苏　震
田长富	王　超	王良省	王　涛	王喜庆	王献兵	王　毅	文　莹
吴　森	武维华	夏国良	杨光辉	杨海莲	杨淑华	英郑欣	于静娟
于舒洋	于政权	袁红莉	张　华	张　静	张永亮	张子丁	赵　倩
赵要风	周文焜						

资源与环境学院(49 人)

陈范骏　陈　清　崔振岭　范明生　冯　固　冯利平　郭景恒　韩文轩
胡　林　胡树文　江荣风　孔垂华　李国学　李花粉　李　季　李　隆
李晓林　李学贤　林　杉　刘来华　刘　培　刘学军　孟凡乔　米国华
潘学标　潘志华　乔玉辉　任雪芹　芮玉奎　邵小明　申建波　苏德纯
孙　英　王　冲　王国安　吴文良　许　艇　杨晓光　宇振荣　袁力行
张福锁　张敬波　张俊伶　张立祯　张卫峰　赵桂慎　赵长伟　邹春琴
左元梅

动物科学技术学院(46 人)

安　磊　曹兵海　曹志军　邓学梅　方美英　呙于明　侯卓成　胡永飞
赖长华　李德发　李孟华　李胜利　连正兴　刘国世　刘继军　刘剑锋
罗海玲　马秋刚　马　曦　宁中华　朴香淑　谯仕彦　秦应和　曲鲁江
孙东晓　田见晖　王楚端　王凤来　王军军　王雅春　吴中红　武振龙
徐桂云　杨红建　杨　宁　尹靖东　俞　英　袁建敏　张　浩　张丽英
张日俊　张胜利　张　微　赵广永　赵兴波　曾申明

动物医学院(47 人)

曹兴元　陈耀星　丁双阳　董玉兰　郭　鑫　韩　博　韩　军　郝智慧
何　诚　江海洋　金艺鹏　林德贵　刘金华　刘平黄　刘　群　刘钟杰
龙少军　吕艳丽　潘保良　蒲　娟　乔　健　沈建忠　沈张奇　苏敬良
孙怡朋　索　勋　唐　军　汪　洋　王九峰　王战辉　吴聪明　吴清民
吴文学　夏　春　夏　曦　夏兆飞　肖希龙　杨汉春　杨利峰　张大丙
张国中　张素霞　郑世军　周文忠　周向梅　朱　奎　朱要宏

食品科学与营养工程学院(43 人)

陈　芳　程永强　戴瑞彤　段长青　傅达奇　高彦祥　郭顺堂　韩北忠
郝彦玲　侯彩云　胡小松　扈洪波　黄昆仑　黄卫东　江正强　姜微波
冷小京　李　博　李景明　李平兰　李全宏　李兴民　李再贵　梁建芬
廖小军　刘海杰　罗永康　罗云波　马长伟　毛学英　倪元颖　潘秋红
沈　群　王　军　吴继红　薛文通　杨绍青　殷丽君　战吉宬　赵广华
郑　浩　朱本忠　朱鸿亮

工学院(44 人)

陈兵旗　董仁杰　傅泽田　韩鲁佳　何　进　侯书林　黄光群　江发潮
李　栋　李海涛　李洪文　毛恩荣　庞昌乐　彭彦昆　祁力钧　乔　玮
宋建农　宋正河　谭　彧　谭豫之　汤修映　王德成　王光辉　王国业
王红英　王庆杰　王书茂　王晓燕　辛　喆　徐春城　徐丽明　徐　杨
闫巧娟　杨　丽　杨敏丽　杨增玲　张　宾　张东兴　张绍英　张小栓
张学松　赵建柱　郑永军　朱忠祥

信息与电气工程学院(33人)

安　东　陈一飞　陈英义　杜尚丰　杜松怀　段青玲　高万林　黄　岚
吉海彦　李道亮　李　丽　李　林　李民赞　李振波　林建涵　刘　刚
梅树立　穆维松　孙瑞志　唐　巍　王鹏新　王　洋　王忠义　杨建华
叶海建　叶　林　张领先　张　漫　张荣群　张彦娥　赵　明　郑立华
郑丽敏

水利与土木工程学院(39人)

丁　涛　杜太生　傅向荣　郭　萍　贺冬仙　黄冠华　黄权中　黄兴法
霍再林　蒋秀根　剧锦三　康绍忠　李保明　李法虎　李光永　李思恩
李云开　刘文丰　刘志丹　刘竹青　毛晓敏　牛　俊　邱流潮　施正香
宋卫堂　谭　倩　唐学林　滕光辉　佟　玲　王朝元　王凤新　王福军
王素芬　肖若富　严海军　杨培岭　张天柱　赵淑梅　周凌九

理学院(52人)

边庆花　陈　静　陈奎孚　董燕红　杜凤沛　傅　滨　高海翔　高　阳
郭红超　何雄奎　何志巍　侯士聪　侯玉霞　黄　峰　经　玲　李国辉
李　静　李学锋　凌　云　刘丰茂　刘尚钟　刘　霞　鲁润华　路慧哲
马永强　闵顺耕　潘灿平　秦太验　邱立红　覃兆海　王成菊　王　敏
王明安　王　鹏　王永岗　吴学民　肖玉梅　徐春晖　徐义田　杨丽明
杨新玲　杨正洪　张红艳　张建军　张葳葳　张振华　甄　苓　郑明奇
钟　萍　周　梅　周志坚　周志强

经济管理学院(44人)

安　毅　白军飞　蔡海龙　陈红华　陈前恒　陈永福　樊胜根　方向明
冯开文　付文革　郭　沛　韩　青　韩一军　何广文　何秀荣　侯云先
鞠荣华　李春顶　李　军　李　平　林发勤　林万龙　刘玉梅　陆　娟
吕建军　马　骥　穆月英　任金政　司　伟　苏保忠　田志宏　王瑞梅
王秀清　武拉平　肖海峰　辛　贤　杨汭华　臧日宏　张莉琴　张正河
赵冬梅　赵　霞　郑志浩　朱俊峰

人文与发展学院(32人)

付丽洁　高启杰　何慧丽　胡友珍　简小鹰　靳乐山　李红艳　李焕征
李建军　李鲁平　李小云　刘晓昀　陆继霞　罗　洋　潘　璐　齐顾波
饶　静　任大鹏　孙庆忠　谭　英　唐丽霞　汪力斌　王伊欢　吴惠芳
武　晋　熊春文　徐秀丽　叶敬忠　臧雷振　张克云　郑红娥　左　停

国际学院(3人)

冯伟哲　许廷武　郅　红

马克思主义学院(7人)

陈冬琼　李　明　刘　巍　刘武根　王冬梅　张　晖　张晓红

体育与艺术教学部(4人)

邓毅明　黄亚茹　束景丹　王　怡

土地科学与技术学院(33人)

安萍莉　陈　永　龚元石　郭　焱　郝晋珉　胡克林　黄健熙　黄元仿
孔祥斌　李保国　李贵桐　李品芳　李雪草　李子忠　林启美　刘　刚
刘黎明　吕贻忠　任图生　商建英　沈重阳　苏　伟　孙丹峰　王　钢
王　数　杨建宇　张宝贵　张　超　张凤荣　张晓东　朱道林　朱德海
左　强

草业科学与技术学院(16人)

班丽萍　才宏伟　姜霁珊　梁俊毅　毛培胜　戎郁萍　邵新庆　孙　彦
王　洁　王　堃　王　赞　杨富裕　玉　柱　张　龙　张英俊　张蕴薇

营养与健康系(2人)

安　杰　任发政

人才工作

【概况】

2020年人才办按照国家人才工作要求，深入学习习近平新时代中国特色社会主义思想，全面贯彻党的十九大和十九届二中、三中、四中、五中全会精神，按照“夯实基础、理顺机制、强化服务、追求实效”的工作思路，在学校党委领导下，坚持“党管人才”原则，坚决贯彻落实人才强校战略，着力人才队伍建设，不断深化工作体制机制，强化管理服务，为学校事业发展提供良好的人才保障。

（程子维）

【制度与机制建设】

持续深化“全年聘任、分类评价、合同管理”的人才引进机制改革，对已获社会公认度高的学术评价人才、业绩突出需破格引进的人才，或需以特殊类型引进的人才采用相应引进方案，做到“一事一议”。此外，本年度除常规确定全年分季度集中的人才引进评议会，还依据引才迫切情况，单独增加了高层次人才引进评议会和引进人才聘期考核评议会。

（程子维）

【人才引进】

2020年，分别于4月、7月、9月召开人才引进评议会和聘期考核评议会，因受疫情影响，于2021年1月召开年度第三次人才引进评议会，共计108人获批入职(其中领军人才1人、杰出人才30人、优秀人才77人)。对已引进的41名人才进行了中期、聘期考核。为高层次人才匹配科研启动经费3 045.36万元。

（程子维）

【博士后管理】

2020年，学校招收新进站博士后共108人，招收数量和在站规模实现了新突破；3个博士后科研流动站获全国博管会综合评估优秀等级；9人入选“博士后创新人才支持计划”，位列全国高校第13位；4人入选“博士后国际交流计划”派出项目，并列全国高校第2位；34名博士后获中国博士后科学基金资助；在站博士后获得自然科学基金青年基金项目40项，占比全校青年基金总数的近五成。2020年出站的88人中，63人进入高校和科研院所，占比71.6%。留校工作共31人，其中“优秀人才”引进直聘副教授20人，聘为讲师的有10人，管理服务岗1人。博士后队伍已成为学校优质师资储备的重要来源。在2020年中国博士后制度实施35周年之际，学校举办了《全国农科博士后35周年高端论坛》，搭建了全国农科博士后相互合作、共同发展的平台，来自全国农科领域近60个高等学校、科研院所和企业的知名专家学者、博士后研究人员、博士后工作管理人员等近200位嘉宾、学者参加本次论坛。

（寇光涛）

财务工作

【概况】

财务处作为学校一级财务机构，主要负责贯彻落实国家财经法规和政策，执行高等学校财务制度和《政府会计制度》；建立健全学校财经工作规章制度，负责编制年度财务预算和年终财务决算，监督预算执行，分析预算执行情况；负责学校各项经费的管理及核算业务；负责学校各类人员工资、津补贴、劳务费的发放；负责学生奖助学金的发放；负责学校收费及票据管理，负责各种税款的代扣代缴；负责学校各类人员医疗费的报销；负责大型基建项目的投资评审；统筹学校内控体系建设；负责学校财经领导小组办公室的日常工作。

（王凌）

【财务收支】

2020年，学校总收入336 296万元，完成预算99.50%，比2019年减少56 721万元(表1)，减少的原因一是教育部压减了2020年财政拨款，二是2019年进行了一次性补缴职业年金拨款。从收入来源渠道分析：①财政补助收入134 977万元，其中，教育补助收入111 942万元，科研补助收入3 784万元，其他补助收入19 251万元。②事业收入156 386万元，其中，教育事业收入30 193万元，科研事业收入126 193万元。③附属单位上缴收入159万元。④其他收入44 775万元，包括非同级财政拨款预算收入12 177

万元、投资收益 1 514 万元和其他收入 31 084 万元。

表 1　2020 年学校收入情况表　　万元

项目名称	2019 年收入	2020 年收入	增长额	增长率/%	2020 年预算	完成预算/%
收入总计	393 017	336 296	−56 721	−14.43	337 977	99.5
一、财政补助收入	182 605	134 977	−47 628	−26.08	134 977	100
1. 教育补助收入	136 564	111 942	−24 622	−18.03	111 942	100
2. 科研补助收入	11 139	3 784	−7 355	−66.03	3 784	100
3. 其他补助收入	34 901	19 251	−15 650	−44.84	19 251	100
二、事业收入	162 257	156 386	−5 871	−3.62	153 000	102.21
1. 教育事业收入	33 256	30 193	−3 063	−9.21	33 000	91.49
2. 科研事业收入	129 001	126 193	−2 808	−2.18	120 000	105.16
三、上级补助收入						
四、附属单位上缴收入	211	159	−52	−24.64		
五、经营收入						
六、其他收入	47 944	44 775	−3 169	−6.61	50 000	89.55

注：1. 数据包含校本部、涿州教学实验站和曲周实验站。
2. 2019 年财政补助收入的其他补助收入数包含一次性职业年金财政拨款。

（于淼　孙军丽）

2020 年，学校总支出 382 251 万元，完成预算的 99.40%（表 2）。从支出方向分析：①事业支出 377 025 万元。事业支出中，基本支出 189 145 万元：其中，教育事业支出 142 094 万元，科研事业支出 2 017 万元，行政事业支出 16 122 万元，后勤保障支出 20 979 万元，离退休支出 7 533 万元，其他事业支出 400 万元；项目支出 187 880 万元：其中，教育事业支出 52 776 万元，科研事业支出 126 717 万元，后勤保障支出 8 387 万元。②其他支出 5 226 万元，包括债务还本支出 3 680 万元和利息支出 1 546 万元。

表 2　2020 年学校支出情况表　　万元

项目名称	2019 年支出	2020 年支出	增长额	增长率/%	2020 年预算	完成预算/%
支出总计	419 770	382 251	−37 519	−8.94	384 573	99.4
一、事业支出	416 488	377 025	−39 463	−9.48	384 573	98.04
（一）基本支出	203 139	189 145	−13 994	−6.89	190 208	99.44
1. 教育事业支出	151 873	142 094	−9 779	−6.44		
2. 科研事业支出	1652	2017	365	22.09		
3. 行政事业支出	17 998	16 122	−1 876	−10.42		
4. 后勤保障支出	22 044	20 979	−1 065	−4.83		

续表2

项目名称	2019年支出	2020年支出	增长额	增长率/%	2020年预算	完成预算/%
5.离退休支出	9 573	7 533	−2 040	−21.31		
6.其他事业支出	0	400	400			
(二)项目支出	213 349	187 880	−25 469	−11.94	194 365	96.66
1.教育事业支出	68 438	52 776	−15 662	−22.88		
2.科研事业支出	137 278	126 717	−10 561	−7.69		
3.行政事业支出	107	0	−107	−100		
4.后勤保障支出	7 525	8 387	862	11.46		
5.离退休支出						
二、上缴上级支出						
三、对附属单位补助支出						
四、经营支出						
五、其他支出	3 282	5 226	1 944	59.23		

注:数据包含校本部、涿州教学实验站和曲周实验站。

(于森　孙军丽)

【财务状况分析】

年末资产　2020年末,学校总资产678 010万元,其中:货币资金194 464万元,财政应返还额度5 461万元,应收账款4 351万元,其他应收款70 022万元,预付账款6 989万元,应收股利170万元,存货549万元,长期投资39 375万元,固定资产净值302 311万元,在建工程48 470万元,无形资产净值3 098万元,待处置资产损溢563万元,长期待摊费用104万元,受托代理资产2 083万元。

年末负债　2020年末,学校总负债为150 001万元,其中:银行贷款31 320万元,应付账款6 050万元,其他应付款32 131万元,预收账款69 228万元,应付职工薪酬5 634万元,应缴税金2 841万元,预提费用714万元,受托代理负债2 083万元。

年末净资产　2020年末,学校净资产余额总值为528 009万元,其中:累计盈余524 756万元,专用基金2 161万元,权益法调整1 092万元。

(于森　孙军丽)

【财务管理及会计核算】

健全内部控制制度　认真贯彻国家和上级政策法规,按照上级文件精神,制定了《中国农业大学预算绩效管理办法》(中农大财字〔2020〕15号)《中国农业大学银校合作专项资金使用办法》(中农大财字〔2020〕18号),修订了《中国农业大学建设工程投资评审办法》(中农大财字〔2020〕3号),修订了学校内控管理的财务分册,进一步健全完善了财务业务的内部控制体系,为完善内部控制、加强财务管理、规范财务行为、防范财务风险提供了制度保障。

深化预算管理改革 严格按预算合理安排支出，集中力量保重点，实现有限财力与事业目标相匹配。坚持“用前有预算，用时有监督”，做到无预算不开支，有预算不超支。在学校财政专项拨款和相关收入大幅减少的情况下，积极组织收入，保人员、保运行、保教学、保证重点工作。为进一步健全学校治理机制，优化资源配置，提高资金使用效益发挥了积极作用。

落实“过紧日子”要求 预算安排围绕学校中心工作，认真贯彻落实中央“过紧日子”的要求，充分考虑疫情影响因素，坚持勤俭节约，统筹资源，精打细算，压缩一般性支出的原则。从紧从严安排资金，强化预算绩效管理，有效保障了学校在人才培养、教学科研、社会服务、后勤保障、疫情防控等方面的资金需求。

提升专项资金执行进度 受新冠疫情影响，2020 年上半年专项资金执行困难较多，进度缓慢。财务处通过提早谋划、加强预算监管、及时通报项目执行情况、召开专项资金执行推进会等多种方式督促各专项资金加快执行。2020 年 9 月，学校国库资金总体执行进度在教育部排名 22 名，比 2019 年同期上升了 23 名，较以前年度同期有大幅提升，并获得专项资金执行绩效奖励 300 万元；12 月底，教育部公布国库资金总体执行进度，学校位列第八。

推进财务信息化建设 不断创新服务手段，开启从“师生跑腿”到“数据跑路”的服务新模式。通过推进电子审签，缩短审签周期，提高工作效率；通过成功办理“增值税电子普通发票”增版增量，推行发票“非接触”式交付，提高了开具发票的效率；通过设立财务网上办事一站式服务，逐步做到“服务零距离，办事一站通”，全面提升了服务能力和水平。

深化“放管服”改革 按照“管而不死，放而不乱，服而不断”的工作原则，继续推进了科研经费“放管服”工作。推行减事项、减环节、减时间的办事流程，进一步落实政策、巩固成果，实现“管而不死”；通过举办线上线下结合的报账员培训进行政策制度宣传，采取教育引导、承诺约定、大众监督等多种方式加强诚信管理，积极争取成为“直属高校资金监控大数据信息系统”试点单位，达到“放而不乱”；积极推进科研系统与财务系统的数据对接与共享，发布“只跑一次清单”，为科研人员减负去“繁”，推广票据凭证影像化工作，解决“粘票烦”“查账难”等问题，从而兑现“服而不断”。

提供疫情防控资金保障 2020 年年初新冠疫情暴发，为应对学校防疫工作需要，及时采取有效应急措施，及时设立疫情专项资金，迅速出台疫情防控专项资金分配、管理、使用办法，并安排财务人员 24 小时待命，完成防控物资支付工作，为学校疫情防控工作提供了资金保障；为尽量减少聚集，切实保护师生健康和安全，及时出台了《中国农业大学财务处疫情防控期间业务办理指南》，采取了业务预约、自助投递、网上审签等一系列措施，有效保证了疫情期间财务工作有序开展。此外，新冠疫情期间，整合并分析财务基础信息及校园一卡通数据，形成进入校园人员数据库，为疫情期间师生进出校园安全保驾护航。

推进银校合作 在学校领导的大力支持下，财务处主动对接合作银行，积极推进银校合作，学校与中国农业银行签订了战略合作协议，双方在智慧校园建设、扶贫共建、教育培训等领域开展更广泛深入的合作。同时，学校获得农业银行支持信息化建设资金

3 000 万元，为智慧校园和信息化建设提供了有力的资金保障，有效缓解了学校信息化建设方面资金供需的矛盾，缓解了校级财力供给不足的压力。

完成各项基础工作 认真履行会计核算职能，全年共核算教学、科研、后勤、基建等资金业务 120 万笔；及时足额发放各类人员的工资及津补贴、学生奖助学金、离退休人员补助 11.3 亿元；缴纳各类税费 1.06 亿元，汇缴住房公积金 1.93 亿元；开出财政票据及增值税发票约 3.8 万张；完成 6 591 人公费医疗报销，涉及金额 4 270 万元。

（王凌）

审 计 工 作

【概况】

审计处是学校设置的内部审计机构，依照国家法律、法规和政策对学校及所属单位财务收支、经济活动、内部控制、风险管理等方面实施独立、客观地监督、评价和建议。通过审计促进学校及其下属单位遵守国家财经法规，规范内部管理，防范风险，提高资金使用效益。

2020 年，学校审计处在教育部财务司指导和学校领导下，贯彻落实审计署和教育部对内部审计工作的要求，紧紧围绕学校中心工作，克服疫情不利影响，认真履行审计职责，全面提升审计质量，圆满完成年度审计任务。

（李易倩）

【加强思想建设，提高政治站位】

审计处认真学习贯彻习近平新时代中国特色社会主义思想和党的十九届五中全会精神，深刻领会习近平总书记在中央审计委员会第一次会议讲话精神以及全国内部审计座谈会精神，充分认识新时代对审计工作的新要求，切实提高审计的政治站位。严格按照“依法审计，防控风险，改进管理，提升绩效”的审计工作指导思想，主动作为，敢于担当，自觉将党和国家及学校的重大政策的执行落实情况作为首要审计任务，自觉将内部审计融会于“从严治党、从严治校”工作之中，自觉发挥内部审计在学校治理体系中的作用。

（李易倩）

【推动内审转型，提升审计实效】

一是在全面落实审计全覆盖的同时，持续推动内部审计转型与创新，本年度开展了内控风险审计、管理审计、重大政策执行审计和绩效审计，其中后两者为首次开展的创新性工作，取得了良好的成效。

二是继续将以部门单位为对象的审计模式转变为以业务类别为对象的审计模式，着眼于学校治理全局，聚焦于某一领域的业务，力图从根源上发现问题、解决问题；本年度对学校预算、支出、合同、维修工程等业务领域提出了审计建议。

三是发挥事前防范功能，严格审计，及时提醒，督促整改；在外部监督检查之前，防患于未然，将问题消灭在萌芽，解决在校内。

（李易倩）

【注重审计创新，提升审计质量】

审计处坚持质量立审，严格执行审计法规和审计作业准则，对每个审计项目做到精准设定审计目标，不断完善审计方案，严格把控审计过程，反复沟通审计问题，审慎出具审计报告，全面推动审计整改，切实提升审计质量和效果。

（李易倩）

【强化制度建设，确保规范有序】

根据《审计署关于内部审计工作的规定》（审计署令第 11 号）、《教育系统内部审计工作规定》（教育部令第 47 号）的要求，修订了《中国农业大学内部审计工作规定》，制定了《中国农业大学内部审计结果运用实施办法》，明确了审计整改的责任、要求和时限，统一规范了审计整改报告的内容和格式，建立了审计结果运用的联动机制，完善了审计整改长效机制；根据《教育部关于加强直属高校建设工程管理审计的意见》（教财〔2016〕11 号）等有关规定，制定了《中国农业大学建设工程管理审计实施办法》，促进学校建设工程完善内部控制、落实管理责任、合理控制投资，不断完善审计制度体系。

（李易倩）

【规范经济活动，改进内部治理】

完成了 2019 年度学校预算执行及决算审计，通过审计客观评价了学校预算编制、执行和决算情况，规范了学校预算管理和财务收支行为。

完成了学校资产经营公司总经理和农学、园艺 2 个学院院长的任期经济责任审计，如实对离任领导干部任期内履行经济责任情况作出审计评价。

首次开展绩效管理审计项目，完成了 2019 年度“双一流”和改善基本办学条件 2 个专项资金的绩效管理审计。通过对 2 个专项的立项管理、预算管理、绩效管理、过程管理、效果管理等方面进行审计评价，促进专项资金合规使用，强化专项绩效导向，推动学校预算绩效管理体系建设。

完成了 2020 年度学校财务支出业务的内部控制评价审计。通过对学校财务支出业务内控制度的健全性、合理性以及执行的有效性进行评价，揭示了存在的风险，并提出改进建议，促进完善学校内控体系建设。

完成了科研“放管服”政策执行审计。以推动“放管服”政策的贯彻落实并实现预期效果为目标，通过专项审计评价，提出改进建议，促进“放管服”政策的全面有效实施。

完成了新图书馆和植保楼项目的工程竣工决算审计。经审计，新图书馆工程竣工交付使用资产为 28 998.58 万元，植保楼工程竣工交付使用资产为 20 996.59 万元。

完成了国际学院 3 个中外合作办学项目的年度财务收支审计及 20 余项科研项目审签等。另外，还完成了教育部委托的中国海洋大学校长经济责任审计的整改检查工作，以及山东大学的专项审计。

（李易倩）

【规范工程管理，节约建设资金】

完成基建、修缮工程竣工结算审计工作。全年共完成工程结算审计 62 项，送审金额 4 138.97 万元，审定金额 4 008.82 万元，审减金额 130.15 万元，审减率为 3.14%。另外，对 2019 年度结算审计起点以下的 3 项工程实施抽查审计，提出相应的管理建议。

（许宁）

【实施建设工程管理审计】

在传统工程审计的基础上，进一步加强招标、付款、内部控制等环节的管理审计，提出管理意见书，对建设单位推动落实管理责任、加强项目管理起到了积极作用。

（许宁）

【对重大建设工程继续开展全过程审计】

开展了模式动物表型与遗传研究设施项目（猪设施）、留学生与专家公寓项目、葡萄酒实训研发中心建设工程、国家玉米全程机械化生产科技创新基地项目围墙及实验室工程、饲料中心涿州试验基地建设项目 5 个建设项目的全过程审计。及时发现并纠正建设中存在的问题，减少了不必要的损失和浪费。

（许宁）

【强化事前防范，提升服务实效】

审计处通过将教育部对 17 所直属高校校长经济责任审计问题进行分类汇总，发送相关职能部门开展对照检查，有效推进审计结果运用。同时针对日常审计中发现的共性问题，向学校提出管理建议书，经书记、校长批示后，各相关职能部门正在对照检查，及时改正，进一步防控风险，完善内部管理。

（李易倩）

国有资产管理

【概况】

2020 年，国有资产管理工作围绕全面落实习近平总书记重要讲话、指示批示精神和党中央重大决策部署以及学校党委工作安排，全面贯彻落实以人民为中心的思想、“放管服”、学校党委“5+1”工程、“过紧日子”、疫情防控等要求，在设备资产、公房土地、采购管理等方面积极开展工作，着力推进国有资产管理工作创新，为学校服务国家战略需求和建设中国特色、农业特色世界一流大学，较好地提供了服务保障。

（闻雯　果雅静）

【采购招标】

积极抗击疫情，助力复工复学　疫情暴发之后，按照学校党委对疫情防控工作的统一要求，组成防控物资采购小组，全力协助学校防疫物资采购。上级出台新政策之后，及时向全校师生发布疫情期间招标采购业务办理流程，确保日常采购工作不断线。疫情期间其他工作谋划与各项工作扎实推进，为学校后期复工复学提供了有力保障。

全面提升采购意识，多方位宣传采购知识 始终秉承管理与服务并重，以服务先行的工作理念，在工作中不断总结分析采购中违规现象的发生根源，通过"采购面面通""你问我答""你不知道的采购""一册在手，得心应手"等专题活动，多渠道全方位进行宣传，让采购人进一步理解采购政策，熟悉系统操作，牢固树立风险防范意识，依法依规完成采购。

不断强化"放管服"政策落实，提高采购效率 为方便广大师生对小额零星商品的采购，协调多家供应商搭建网上直采商城，实现采购、报销"一次都不跑"的服务目标，2020年年底前已进入商城全面上线前的功能测试阶段。通过不断梳理采购人在执行采购中每一个环节，促进采购工作流程的完善与服务方式的改进。

梳理排查风险点，进一步规范采购行为 定期组织内部学习交流活动，学习政策内容、深入剖析案例反映出的重点问题，针对学校采购执行中类似问题集体讨论并提出解决方案，对校内采购执行中的一些个案问题，积极研讨，优化工作流程和决策程序。以案为鉴、以案促改，积极强化审计成果运用，研究采购"技术防范"和"人员防范"方案，通过升级招标采购系统功能的方式逐步规范采购人的采购行为。

货物、服务、工程采购项目有序推进 2020 年累计完成货物项目 1 728 项，涉及物资 80 922 台件，执行预算 23 623.18 万元；其中完成政府集中采购项目 165 项，涉及物资 2 736 台件，执行预算 211.19 万元；完成学校分散采购项目 1 563 项，涉及物资 78 186 台件，执行预算 23 411.99 万元。办理进口免税业务 100 项，涉及物资 156 台件，物资总额 7 806.20 万元，为学校节约资金约 1 561 万元。

完成服务采购项目 2 580 项，涉及服务内容 285 767 项，执行预算 16 328.06 万元。其中，完成政府集中采购服务项目 17 项，涉及服务内容 24 项，执行预算 2 540.40 万元；完成学校分散采购服务项目 2 563 项，涉及服务内容 285 743 项，执行预算 13 787.66 万元。

完成工程类采购项目 21 项，执行预算 26 140.43 万元。其中工程施工 15 项，执行预算 25 676.76 万元；工程服务 6 项，执行预算 463.67 万元；按照组织方式统计，校内组织招标项目 3 项，政府采购项目 12 项，公开招标项目 6 项。

（杜龙龙　王馨悦　潘含岳　左林贵　王焱）

【固定资产管理】

开展校内资产调剂 发起勤俭节约用国资的倡议，做好校内拟报废但仍可继续使用资产的调剂工作。2020 年，有 70 余台件台式机、显微镜、办公家具等调剂到京外教授工作站或校内其他学院。

强化资产处置前期审核 成立学校报废设备审核专家组，加强对拟处置的大型仪器设备审核。2020 年，共计有 114.53 万元的大型仪器设备得到了再利用。

截至 2020 年 12 月 31 日，全校固定资产累计原值 568 550.84 万元，净值 302 310.90 万元。2020 年，新增固定资产 72 054.85 万元，其中房屋及构筑物 51 640 万元，通用设备

13 999.81 万元，专用设备 4 469.41 万元，陈列品 112.17 万元，图书 929.41 万元，家具、用具、装具及动植物 904.05 万元。2020 年，新增 100 万元以上设备 21 台件，处置报废设备家具 13 306 台件，报废资产原值 7 294.78 万元。

（马姝婷 邱晓松 程清章 张立英）

【无形资产管理】

截至 2020 年 12 月 31 日，学校账面无形资产原值 8 696.42 万元，净值 3 098.49 万元。2020 年度新增无形资产 508.21 万元，主要为委托开发的计算机软件。

（马姝婷　邱晓松　程清章　张立英）

【公房管理工作】

顺利完成公用房周转腾退　为确保东区老图书馆、西区土化楼的加固改造工程项目能够按计划如期开工建设，国有资产管理处制定原所在单位办公用房周转方案，督促腾退搬迁，协调解决困难。2020 年 5 月，完成向基建处、施工方移交。

开发新版公用房管理系统　开发公用房动态管理系统，改变多年来学校公用房静态管理的模式，强化对全校各类公用房的统筹管理。

摸清校内外公用房底数　以修订公用房管理办法为契机，进行学校各类公用房（包含校行政用房、学院用房、教室、教学科研实验室等）摸底、标准制定、核算及统计分析。

推进整改工作落实　对金码大厦使用功能的转变进行广泛调研，探讨切实可行的整改方案；推进回龙观商用房出租各项工作的整改。

（王亚东　孙晓莉　邵锐　果雅静）

【不动产登记办理】

西区 2 号院教学区宗地涉及与亿城边界指界问题，通过多次相互沟通，并在海淀不动产登记部门的协调下，现已基本达成一致意见。

（王亚东　果雅静）

【其他土地管理工作】

妥善应对与一汽集团的土地权属纠纷问题　积极与教育部国资处、国管局土地处沟通东区与一汽驻京办争议地问题，将具体情况上报学校的同时，通过不动产登记异常情况调查报告的形式上报教育部。

平稳解决疏堵、扩路工程事宜　配合海淀交通委、城管委完成了涉及学校西校区的马连洼南路扩建工程、绿苑小区东北角和天秀路东口疏堵占地问题。马连洼南路扩建工程占地问题，针对规划中的马连洼南路拟占学校动物医院、继续教育学院 5 亩多土地问题，多次向海淀区政府正式表达反对意见，截至 2020 年底该项目暂停向前推进；西校区绿苑小区都丽梦东北角海淀区道路疏堵工程占地方案，区政府已作调整，由原方案占用学校 1.5 亩（1 亩≈667 米^2）土地调整到不占用；天秀路东口海淀区政府道路疏堵占地问题得到圆满解决，既避免了学校 25 号楼居民因南侧围墙向北推移造成噪声干扰问题，又协助政府完成了附近居民出行道路拥堵的惠民工程。

（王亚东　张立英　果雅静）

实验室管理工作

【概况】

2020 年是实验室管理处锐意进取、精准管理、取得实绩的一年。在学校党委和行政的正确领导、分管领导的悉心指导、二级单位的支持配合下，实验室管理处以落实立德树人为根本任务，以“安全、高效、规范、协同”为工作原则，师生实验室安全意识大幅提高、安全处置能力有所增强，切实提升综合治理能力支撑“双一流”建设，守住了安全底线，实现了实验室安全“0”事故的目标，为学校教学、科研工作顺利开展提供了安全保障。

（高陌笛）

【制度建设】

完善制度，规范标准要求带头引领工作 组织制定《中国农业大学危险化学品、废弃化学品环境突发事件应急处置预案（2020 年修订）》《中国农业大学实验室危险废物安全管理办法》《中国农业大学辐射安全与防护管理办法（2020 年修订）》《中国农业大学辐射安全事故应急预案（2020 年修订）》《中国农业大学关于开展 2020 年度实验室安全工作考核的通知》5 个校发文及《中国农业大学实验室安全教育培训及准入实施办法》《中国农业大学实验室安全关键控制点》2 个处发文，进一步完善了实验室安全管理制度，形成了较为完善的制度和技术规范体系。

（高陌笛）

【实验室安全管理】

压紧压实，进一步健全实验室安全责任体系建设 学校调整了中国农业大学实验室安全管理领导小组、中国农业大学辐射安全与防护领导小组，严格按照“党政同责，一岗双责，齐抓共管，失职追责”和“管行业必须管安全、管业务必须管安全”的要求，积极构建了由学校、学院、实验室组成的三级联动安全管理责任体系，进一步夯实了实验室安全责任体系，明确责任分工，逐级分层压实责任。

持之以恒，狠抓实验室安全宣传教育培训 以“两面向、三重点、四结合”来实现教育培训“全员、全面、全程”，创新宣传教育形式，宣讲普及安全常识，强化安全意识，提高安全技能。培训新入职教师 100 余人次；开展实验室安全教育培训 5 场、应急处置演练 1 场，参与 8 200 余人次；参与学院实验室安全教育等讲座 16 场，受众 2 800 余人次；通过微信企业号推送实验室安全知识 29 篇，阅读量 10 223 人次；定期编发实验室安全工作简报、制作实验室安全培训视频以及有关危化品及气瓶方面展板等多种宣传材料，多平台对学校师生进行安全宣传教育。为每位新生发放《中国农业大学实验室安全知识手册（2020 版）》，利用实验室安全教育系统组织新生进行学习和考试，共 5 415 人通过考试获得实验许可证书。真正做到了长抓实验室安全教育，强化师生安全意识，持之以恒地进行安全宣传教育工作，确保安全知识入脑、安全意识入心，养成安全工作习惯、形成安全工作规范，构建实验室安全文化体系。

严督严查，筑牢实验室安全防线 联合多部门建立实验室安全检查联动监督机制，以联合检查结合专项检查的形式开展“全过程、全要素、全覆盖”的实验室安全检查工作。2020年，共开展3次联合检查，52次专项检查，督促和帮助相关单位对发现的安全隐患进行整改，形成安全检查、发现隐患、整改隐患的闭环管理。把实验室安全隐患排查工作做到横向到边、纵向到底，不留死角、不留盲区，做到发现问题及时、妥善整改，消除隐患，保障实验室安全工作落到实处，筑牢实验室安全防线，为学校高质量发展持续保驾护航。

防范风险，规范实验室特种设备监管 为进一步规范中国农业大学实验室用特种设备安全管理工作，学校进一步加强对实验室用特种设备安全监管，实施实验室用特种设备的注册登记、定期检验、停用和重新启用、注销登记等程序化管理工作。

精准发力，持续推进辐射安全专项治理工作 为确保安全，切实加强学校放射性同位素的管理，避免其在学校教学、科研中引发安全风险，保证师生员工的健康安全。2020年，学校持续推进辐射安全专项治理工作，完成了放射性物品库安全防范评估验收、环境辐射监督监测评估、辐射检测仪年度校检及个人剂量检测等工作；开展校内4次专项检查，接受北京市生态环境局、海淀区公安局、海淀区生态环境局的检查共3次，督促和帮助有关单位对发现的安全隐患进行整改；开展2次辐射安全事件应急演练；规范学校放射性同位素的购买审批程序，有效控制购买途径，截至目前，共计办理购买放射性同位素^{32}P：11批次，4.64×10^{9} Bq、^{3}H：2批次，4.625×10^{7} Bq。

以评促建，扎实开展实验室安全考核工作 为进一步促进二级单位和实验室落实相关管理要求，健全责任体系，中国农业大学于2020年开展了实验室安全考核工作，考核内容主要包括实验室安全责任机制落实情况、实验室安全管理制度建立和运行情况、实验室安全宣传教育培训情况、实验废弃物和危险品处理情况、隐患排查和整改情况、实验室安全建设情况、应急处置制度和应急处置工作规范落实情况等。深化实验室安全规范管理，有效预防实验室安全事故发生，全方位做好了实验室安全工作，确保人身与财产安全。

共学共研，提升实验室安全管理能力和水平 实验室管理工作政策性强、业务性强，在领导班子带动下，全体人员能积极参与业务培训，跟业内同仁取经、交流，增强本领，形成学以致用、用以促学、学用相长的良性循环。2020年，申请开展研究生教学改革项目1项，不断增强调查研究能力，提升业务水平。

（席艳霞）

【大型仪器开放共享】

为进一步规范大型仪器开放共享管理体系和工作流程，提高仪器设备利用率及使用效能，节省不必要的资源、财产浪费，学校正逐步提升大型仪器开放共享管理服务水平，通过推进“一平台、两论证、全解读”模式，增强专业技术知识运用能力，保障大型仪器开放共享良好运行。

“一平台”，建设一个校级大型仪器设备共享管理系统，实现与国家平台数据对接。校级平台将大型仪器设备开放共享相关政策宣传、查询统计、院系管理等功能集中化、信息化管理，并积极对接国家重大科研基础设施和大型科研仪器国家网络管理平台。“两论证”，开展大型仪器设备采购论证和开放共享收费立项论证。学校制定《中国农业大学大型仪器设备开放共享管理办法》，对大型仪器设备使用及管理提出规范化要求，由实验室管理处牵头组织大型仪器设备购置论证和收费论证，确保经费投入规划及收费使用项目的合理性。“全解读”，组织开展大型仪器设备开放共享人员培训，完成管理模式关键点解读。大型仪器设备开放共享工作具有节点多、细节多的特性，学校通过设立主管人员，组织大型仪器共享管理系统使用、大型仪器设备考核内容培训及政策解读等对相关人员实现大仪管理全流程解读，提升各部门管理人员专业性。

2020 年度大型仪器开放共享工作取得一定实效。首先，大型仪器设备线上管理逐渐完善，进一步扩大学校仪器设备开放共享范围；其次，大型仪器设备采购论证管理力度逐步增强，仪器使用效能获得明显提升，2020 年度已完成 47 台 50 万以上大型仪器设备的购置论证，并组织开展 6 次收费立项论证会，共论证 157 台仪器收费项目及学校承接对外服务收费项目 2 项。同时，大型仪器设备开放共享考核管理逐步加强，本年度获得突破性成果，本年度重大科研基础设施和大型科研仪器开放共享评价考核结果为良好，相较于去年全国综合排名上升 12%，在 36 所双一流高校（A 类）中位列第 12 名。整体而言，通过“一平台、两论证、全解读”模式，人员开放共享意识薄弱问题得以改善，有效促进提升仪器设备使用效能和管理服务水平。

（高陌笛）

【实验室危险化学品及危险废物管理】

全面把控，推进危化品全生命周期管理 为进一步管理好学校实验室危险化学品，保障实验室安全运行，实验室管理处逐步推进危险化学品全生命周期管理，对于危险化学品的采购、审批、使用、处置等流程加强服务与监管。对于管制类危险化学品进行严格审批报备进行采购，有效控制危险化学品购买途径，2020 年度实验室管理处共计审批办理易制爆危险化学品 872 千克，购买二、三类易制毒危险化学品 3 172.5 千克。同时，为进一步落实实验室安全标志的使用及监管，充分发挥安全标志的警示、提示作用，学校将安全标识普及纳入师生员工安全教育工作内容之中，由实验室管理处统一制作印刷了一系列实验室安全标志标识，增强师生安全标志辨识能力及安全预防意识，同时制作实验室易制毒、易制爆等危险化学品存放区域的标签标识及实验室易制毒、易制爆化学品使用登记台账本，通过规范化管理，提升师生安全责任意识。

强化服务，推进实验试剂耗材采购平台建设 为进一步服务广大师生采购实验试剂耗材，推进集中化、信息化管理，实验室管理处联合财务处、信息化办公室搭建并完善实验试剂耗材采购平台，于 2020 年正式上线运行。采购平台面向全校师生开放，实现了师生集中采购，供应商送货上门，线上完成审批及报销，切实解决师生烦琐的采购报销流程，并形成供应商服务动态评价，实时调整管理供应商。

加强保障，完成东、西校区危化品暂存场所改造 为切实落实公安部门的要求，解决现有危化品库房无法满足需求的现状，学校对东、西校区易制爆危险化学品库房进行改造，已通过公安部门、劳动保护部门的验收工作，西区易制爆管制类危险化学品库房共 6 间暂存室，东区 1 间，每间配有 24 小时在线监控、双人双锁门锁、防静电地面、电子恒温恒湿和空气过滤系统等，库房改造后极大地方便了东、西校区师生危化品领取和学校危化品管理工作。

依法合规，规范实验室危险废物管理。实验室危险废弃物分拣处置工作需符合相关法律法规要求，委托具有资质的企业进行科学处置，为进一步想师生所想，实验室管理处与相关公司多次协商，增加实验废弃物分拣频次、提升实验废弃物运输处置的及时性，减少危险废弃物的堆积风险，并积极推广 25 升废液桶，有效降低实验室废弃物存储、分拣及运输风险。2020 年全年全校累计处置废液 50.24 吨、固废 31.86 吨。同时，通过宣讲活动及微信推送等多种方式不断加强新《中华人民共和国固体法废物污染环境防治法》（简称《固废法》）宣传，贯彻落实实验室危险废弃物严格管理工作，推动建设安全、生态、可持续的实验室管理体系。

（孙春强）

信息化工作

【概况】

2020 年，信息化团队紧紧围绕学校第四次党代会"智慧校园"建设目标，按照"共商、共建、共享"工作思路、"三管二建一打通"工作主线，不断健全体制机制，构建智能疫情防控体系，升级网络及应用基础设施，建设网上综合服务平台，打通跨部门业务流程，强力推进数据治理，努力开创信息化建设新局面，高质量支撑和保障学校"双一流"建设。

（陈昕）

【健全体制机制，发挥信息化统筹规划职能】

调整部门机构，优化整合资源　5 月，学校将原校园卡管理中心划入信息化办公室，新的信息化团队由网络技术中心、校园数据中心和用户服务部 3 个业务板块组成，通过部门机构职能调整、资源整合和优化流程，进一步提高学校信息化建设、管理和服务水平。

充分调研论证，编制"十四五"发展规划　在《信息化办公室"十三五"总结》基础上，充分调研，精心论证，完成《面向 2035 的智能化校园建设发展战略研究》报告，编制学校《数据综合治理与智慧校园"十四五"规划》，确定学校未来五年信息化发展战略，明确"一个体系、两个打造、三个升级、四个提升"智慧校园建设目标和主要建设任务。

统筹管理信息化项目，提升各部门系统建设效益　建设学校信息化项目库，对各部门申报的信息化项目统一进行论证评审、择优排序，支持党政办公室 OA 系统升级、宣传部新闻网、纪委系统接入、科研院科研系统等 8 个部门信息化建设，协助各部门以信息化建设提高工作效益。

（李桢　张志成）

【构建智能疫情防控体系，完成疫情期间各类信息化保障】

全力做好网上教学、科研、办公支持，保障"停课不停学"　疫情期间，通过扩容带宽、调优校园网出口线路、提供免费上网服务、改进教学平台部署模式、改进教学平台登录方式等各项措施，有效确保在线教学畅通稳定运行。适时对校外 VPN 进行升级，保证校外访问校内资源的流畅性；推荐多款线上教学、会议软件，供师生教学、科研、办公使用；发布“远程办公十大网络安全隐患及应对策略”系列视频，提高师生网络安全技能，通过系列举措有效保障“停课不停学”。

开发“校园疫情态势感知平台”，加强疫情信息化管控 会同相关部门创新工作方式，从“设备—系统—数据”3 个方面进行总体规划和设计，基于物联网和大数据技术快速构建“集成检测设备、系统并行处理、后台数据打通”的解决方案，紧急开发集返校管理、人脸识别、入校检测、轨迹追踪、聚集预警、疫情防控展示等功能于一体的“校园疫情态势感知平台”，在学校大门、宿舍楼、食堂、校医院、教学楼、办公楼等安装设备 163 台，部署学生返校管理等系统 5 个，每周流转数据 53 万条，高质量保障学生返校、出入管理、疫情常态化防控等工作的顺利开展。

完成教职工疫情上报系统建设 新建教职工疫情上报系统，支持教职工个人数据线上填报，人员分级管理提交，实现入校教职工疫情防控数据智能统计分析和入校权限智能管控。

完成通行码系统建设 新建涵盖学校主要场所信息的通行码库（二维码）及相关系统，实现用户通过扫描通行码进行出入信息登记，已有 226 个场地通过通行码进行进出管控。结合大数据分析，实现人员轨迹、密接人员梳理、研究生新生报到统计、会议签到等功能。

（李桢　张志成）

【校园网基础设施及公共信息应用平台建设】

完成互联网专线接入服务采购 完成教育网、公网专线带宽的采购工作。截至 2020 年底，校园网 IPv4 带宽扩容 800 MB，增至 12.5 GB，其中联通、电信和教育网的带宽分别为：7.8 GB、4.0 GB 和 0.7 GB；IPv6 出口带宽为 10 GB。

完成校园网 IPv6 规模部署目标 实现校园网双栈部署 IPv4 和 IPv6 网络，学校门户网站和部分应用系统的 IPv6 升级改造，以及域名系统进行 IPv6 升级改造。目前学校校园网已发展 IPv6 用户 111 119 人（教育网数据），获得中国教育和科研计算机网颁发的下一代互联网（IPv6）规模部署先进单位。

升级学校数据中心计算、存储资源 整合原有计算、存储资源，构建技术先进、高可靠冗余备份、双活架构的云数据中心，提升计算性能，存储达 800T，实现云数据中心高效的数据同步和快速的故障切换。

与中科曙光合作提供第三方高算服务 与中科曙光合作，支持学校提高科学计算能力，2020 年 10 月至 2021 年 3 月为校内师生免费提供 200 万核心时计算资源。

完成 VPN 系统升级 升级 VPN 系统，VPN 服务网络带宽从千兆升级到万兆，提高了访问速度、并发能力和终端兼容。

综合服务平台及网上办事大厅正式上线 7 月 10 日，综合服务平台（网上办事大厅）正式上线。平台融合 60 多个业务系统，统一身份认证对接 150 个第三方业务系统，推出 169 个办事流程，包括“干部离京请假申请/备案”“校外人员入校申请”服务等 61 个跨部门业务实现一站式网上办理。截至 12 月底,5 807 名师生在线办理业务 36 451 次,师生少跑腿 115 725 次,显著提升师生办事效率。

完成数据治理一期项目,提升数据共享共用效能 完成数据治理基础建设,已将本科生院、研究生院、科研院、人事处、财务处、国资处等 8 部门核心数据纳入学校基础数据库,初步建成校园数据交换中心,提供数据交换接口 87 个,每周总数据交换量超过 1.3 亿条。

完成人脸识别平台建设 完成人脸认证识别平台建设,实现"刷脸走遍校园,无卡一身轻松",为学校应对疫情的常态化管控提供技防支持。目前人脸照片采集量 35 846 张,照片覆盖率达到 77%,日均通过刷脸进出学校各区域的人次达到 2 万人次。

完成网络安全项目升级 2020 年完成了 9 类共 13 台套网络安全设备、系统的安装调试上线。重点包括网络安全监测预警通报管理平台,信息系统安全升级改造和防护加固等。

完成微信企业号到企业微信的升级 5 月学校将微信企业号升级为企业微信,实现了用户无感升级,实现手机验证关注,打通企业微信通讯录与数据中心的用户数据,细化了企业号的用户管理。

完成网站群服务器升级改造项目 完成网站群服务器升级改造项目,完成系统日志远程转储、系统防火墙防护、安心守护系统监控、系统安全防范、数据库安全审计等系统安全加固,完成数据安全迁移,将网站群服务升级到新平台运行。

协助基建处完成楼宇的网络改造 协助基建处对西区出版社、幼儿园、干院平房、建大 1 号楼、和园 3 层、植保楼地下室及药械小院等 10 栋楼宇进行有线/无线网络改造。

(劳凤丹 陈红茜)

【网络基础设施与应用平台运行维护】

完成校园网基础设施和基础服务维护任务 统筹管理校园网和各专网,确保校园网与互联网高速互联互通;针对多条互联网出口链路进行负载均衡管理,优化升级网络设备系统,为校园网用户提供一年 365 天不间断的网络支持服务;做好东、西校区 4 个数据中心机房规范管理及维保工作;运行维护校园网 DNS、DHCP 的重要应用服务,保障网络服务稳定运行;升级计费系统,实现网关自动开户、无线和有线的微信扫码登录功能、网关登录设备无感知功能等新功能的开发及部署。

上线 IT 运维平台 上线 IT 运维平台实现 IT 资源的统一监控和管理,共监控 3 条 Ipv4 出口,1 条 Ipv6 出口,1 条烟台互联,2 109 台有线交换机,8 台 AC,7 445 台 AP,8 组虚拟化集群,1 095 个虚机,46 个应用,97 张网络拓扑图,与其他网管平台一起结合,可及时发现网络问题并处理。

做好信息化公共资源运维和服务供给 加强 IPTV 运维,提供 60 个电视频道,其中 54 个频道采用歌华有线信号源,5 个频道采用高清卫星信号源,1 个为校内直播,截至 12 月 30 日,全年点播播放量为 74 934 次,直播播放量为 552 339 次;完成农大云盘与微信企业号集成的测试,解决日常使用问题,目前云盘群组数量 903,存储使用量 55.6TB,文件总数 856 万,每月活跃用户数 1 500 人;指导学生运营爱思资源平台,更新 VOD 影片至 6.97 万;加强网站群服务,目前管理全校学院、管理服务部门和直属机构的 143 个网站;

确保邮件系统及服务器正常运行，目前已有注册邮箱 41 716 个，日均用户活跃度 25.9%；通过统一通信平台提供校内公共短信发送服务，为学校 41 家单位群发 62.9 万条短信；加强教师网页系统运维，截至 12 月，共有 36 个单位的 615 位老师开通了教师个人网页；推进正版化软件服务，截至 12 月正版化软件平台已有注册用户 16 743 人，登录次数 82 451 次，访问量达 442 474 次，其中 Windows 系统累计下载 13 436 次、激活 6 524 次，office 软件累计下载 36 712 次、激活 11 152 次。

强化微信企业号运维 截至 12 月，企业号已有 103 个应用，比 2019 年新增 29 个应用，涵盖学校行政办公、人事、财务、国资、教学、科研等管理服务业务。学校微信企业号关注人数达到 48 268 万人，每天进入企业号人数 2 万左右。

加强短期来校人员管理 完成短期来校人员管理系统运维工作，实现教职工和学生分类管理、证件有效性验证、账号有效期限制、规范输入样式等 30 多项功能更新。

（劳凤丹 陈红茜）

【协助各单位提供系统与网络保障服务】

为学校重要活动和各单位提供信息化保障服务 积极服务学校重要工作的开展，为招生、迎新、网上教学、党代会、教代会等活动提供多媒体设备、网络配套设施、现场直播支持等保障服务。为 OA 系统、部门疫情防控系统、人事系统、体检系统、教代会提案系统、校长信箱等各类系统建设、升级提供网络、系统、数据等服务支持，完成人事处、人才办、基建处和国资处等多个部门的 115 次评审任务的评审系统技术支持工作。

深化多校区一张网建设 调优网络设置，深化烟台研究院一张网专线互联；协助涿州教学实验场重新规划园区网络，提供 7 台互联设备，指导园区网络建设。

（劳凤丹 陈红茜）

【强化人防技防能力，全力确保网络安全】

加强网络和信息安全三级管理体系，摸清网络资产家底 开展学校网络安全专题培训，提升网络技术人员业务水平。全面梳理全校信息系统名录，做好网络资产清查管理。

强化“技防＋人防”的网络安全一体化防御体系 完成网络安全设施升级改造工程，提升技防能力；进行网络安全应急演练，开展网络基础设施及重要系统安全大检查，严格落实重点时间节点共 103 天 24 小时值班制度，加强人防力度，确保全年网络和信息安全。

落实网络安全日常监管，加强预警通报管理 落实网络安全等级保护工作，坚持每年春秋两季网站和信息系统的漏洞扫描和整改工作，提高系统防护能力。全年监测并及时处理网络安全漏洞，未发生信息篡改、数据泄露等网络安全事件。

（乔军 朱骏君）

【做好宣传培训，强化网络育人】

全面梳理网络育人工作体制机制，坚持将网络安全培训纳入新生开学第一课、新教工入职培训，开展“2020 年国家网络安全宣传周”校园日系列主题教育活动，普及网络安全知识，增强师生网络安全意识和信息化素养。

（乔军 张志成 朱骏君）

后勤保障工作

【概况】

2020年，后勤系统全面加强党委的政治核心作用，继续坚持“为教学服务、为科研服务、为师生员工服务”和“服务育人、管理育人、环境育人”的“三服务、三育人”工作方针，确保管理严格、服务到位、保障有力。后勤保障处坚决落实学校党委行政决策部署，慎终如始做好疫情防控工作，同时以智慧后勤建设为抓手，较好完成水电运行、基础维修、节能减排、绿化美化、卫生保洁、教室管理、饮食服务、宿舍管理、班车运行、报刊收发、房产管理、物业管理、幼儿教育、居民服务等各项后勤保障工作，为学校“双一流”建设及内涵式发展提供坚实有力的后勤保障服务。

（胡亚男　肖志刚　杜婧）

【党委政治核心作用】

2020年，后勤基建党委充分发挥分党委政治核心作用，召开后勤基建党委会议14次；召开党委理论中心组扩大会议6次，不断提高班子成员的思想认识和理论水平，增强班子成员科学决策能力。做好发展党员工作，2021年新发展党员10名，转正预备党员8名。高度重视党风廉政建设，确保各级领导干部能够认真履行党风廉政建设第一责任人的职责，执行“一岗双责”，加强了对重点岗位、重点人员和重点环节廉政风险防控。后勤基建系统党员争做疫情中的坚定的逆行者，守候在防控一线；先后组织6批近200人次参与到社区防控中；成立物业管理一支部临时党支部，构筑坚强战斗堡垒。物业管理二支部开展的“疫情防控我担当”活动，获评学校十佳主题党日；形成的“战役故事汇”经学校推荐报送至全国高校思政网。

（胡亚男　肖志刚　杜婧）

【严密做好疫情防控工作】

全力做好后勤疫情防控的组织领导和到位落实工作，制定多项疫情防控工作方案和预案，细化责任分工，确保防控规范有序。全员在岗，坚守责任担当。车队24小时守护备勤，做到“一人一车一消毒”，车队共往返北医三院480余趟，运送发热患者240余人次；社区全年日夜不休，从严寒到酷暑再到严寒，严格门岗和人员管理，组织服务居家隔离1 261人次。

克服重重困难，全力保障校园安全稳定。千方百计筹集防控物资，多措并举解决人员缺岗和物资紧缺等现实困难；紧盯重点人群、重点环节、重点场所，落实各项防控措施，强化全员、全程、全方位防控管理，全力保证学校食堂、公寓和社区等正常安全运行。先后保障6批次在读生返校、2批次新生入学，共20 129名学生返校入住，确保校园“零”疫情。面对复杂反复的疫情发展形势，始终冲锋在校园疫情防控最前线，慎终如始做好后勤人员管理、清洁消杀、物资采购和储备管理、专车转运等工作，全力筑牢疫情防控的坚固防火墙。

创新开展疫情期间各项活动。疫情最为严重的期间，发布多期校园风光和校园美食推送，带领师生“云”游校园、“云”尝美食，号召学生安心在家共同抗疫。毕业季开展“吃了么您”“见字如面”等主题活动，与多个学院开展互动活动，帮助未返校毕业生打包邮寄行李物品，为因疫情无法返校的毕业生送去温暖与祝福。

通过多种渠道进行抗疫新闻宣传工作。制作疫情防控工作简报45期，发布新闻推送30余篇，通过“后勤小生”公众号平台，推出“你可知道最近我有多‘闲’?”等抗疫主题新媒体作品共计9篇，引导师生及家属区居民科学应对疫情，消除恐惧心理。充分利用张贴海报展板、建立微信群等各种宣传渠道，宣传防疫知识，科普疫情防控知识，传递积极抗疫精神。

（胡亚男　肖志刚　杜婧）

【保障校园基本运行及维护】

做好水、电、暖等基础设施的维保工作。保障两校区水、电、天然气的安全运行，提供约143万吨水、7 041万度电和1 239万立方米天然气；完成水、电、暖等各类维修5 270余次，确保教学、科研和师生员工生活的正常供水、供电、供暖。积极推动节能减排工作，利用能源监管平台用能监测功能，减少能源浪费。2020年中国农业大学获得国管局、国家发改委和财政部联合授予的“节约型公共机构示范单位”称号，获得中国教育后勤协会授予的“校园安全供水样板示范项目”称号。

（胡亚男　肖志刚　杜婧）

【加强环卫保洁，积极推动环境提升工程】

完成6.4万米^{2}教学楼环卫保洁、45万米^{2}校园的绿化养护工作。积极推进爱国卫生运动和生活垃圾分类工作有序开展。推动绿化美化工作，完成东校区大操场南侧加种杨树、西校区理学楼周边菊花更新等11项校园绿化美化工程。

完善校园基础设施，完成19大项基础工程，包括东区换热站及中水泵房改造、主楼屋面防水维修、西区主楼及教学楼热水器安装等。

（胡亚男　肖志刚　杜婧）

【确保食品安全，推行厉行节约】

学校现有食堂13个，餐位数8 017个，年就餐人次657万。食堂在保障食品安全、菜价稳定、优质服务的基础上，农校对接践行精准扶贫，2020年在教育部农校对接精准扶贫采购平台采购原产品金额约97万元。推行厉行节约，反对铺张浪费，提高食材利用率，推行半份菜、小份菜，宣传引导师生合理膳食、健康饮食、光盘行动。餐饮服务获得中央电视台、中国教育电视台等多家媒体推广宣传。

（胡亚男　肖志刚　杜婧）

【改善住宿条件，开展社会化服务试点】

改善学生住宿条件，服务、管理相结合。学校宿舍面积150 271米^2，4 851间。完成楼内清洁、区域消杀、毕业生离校、“东迁西”搬迁、火车票预订等工作，严格执行 24 小时巡查与不定期检查制度，严格执行 24 小时小型维修工作制度，确保设备正常运行，楼内清洁卫生。

通过公开招标方式引入校外优质专业的公寓服务团队对东校区 3 号学生公寓进行社会化管理，加快推进文化公寓建设，极大地提高了学生公寓服务水平，更好地实现了服务育人的效果。

（胡亚男　肖志刚　杜婧）

【提升校园综合服务水平】

确保校车规范有序运行。全年提供班车服务 3 880 余次，运送学生教师 13 万多人次，日均运送 378 人次，全年无交通安全责任事故。对于学生反映强烈的班车问题，广泛调研学生乘坐班车的需求，增开周一至周五早晚乘车高峰期班车 3 辆，周末增开班车 5 辆，解决周末和晚间选修课师生乘车难的问题。

做好校园综合服务工作。确保校园商铺规范经营，做好定期和不定期的现场巡查工作，要求商家在规范经营的同时，对售货员的着装和服务态度、食品采购、陈列与贮存等环节进行严格管理，切实维护师生合法权益。东、西两校区负责投递邮箱总数 1 044 个，全年平均每天收发报纸报刊 1 600 余份，投递信件和书刊 1 400 余份，确保报刊信件收发投递准确高效。

（胡亚男　肖志刚　杜婧）

【不断深化顶层设计，逐年推进智慧后勤建设】

后勤报修管理系统于 2020 年 10 月顺利上线，系统运行以来完成报修数量超 400 次，师生满意度较高。截至 2020 年累计新建并完善智慧后勤门户网站、后勤 OA 办公管理系统、后勤电子收费系统、宿舍管理系统、后勤人事管理系统等 10 余个系统，进一步推进智慧后勤建设，给服务对象和管理者带来了更多便利。

（胡亚男　肖志刚　杜婧）

【加强新媒体建设，深耕“CAU 后勤小生”新媒体品牌】

充分运用新媒体手段，利用“后勤服务”企业号和“CAU 后勤小生”公众号交流平台，以师生员工为本，在切实做好日常保障服务的同时，聚焦重点热点工作，主动做好校园服务保障工作，解决师生关切问题，打造服务和文化共振平台。2020 年已发布各类推送 110 余篇，开展各类活动 10 余次，1 万以上阅读量 22 篇，总阅读量近 56 万人次。《初雪新愿|公主楼电梯安排上了！》《十二月惊喜|公主楼电梯加开啦！》《西区宿舍楼自习室恢复开放了！》等推送一经推出，得到广大师生的热烈欢迎和响应。

（胡亚男　肖志刚　杜婧）

【加强与学生交流互动，积极推进“服务育人”】

持续加强校园学生服务中心（“CAU 后勤小生”学生队伍）建设，采用“行政班”+“项目组”的形式推进各项工作，通过调研、采访、分析等手段推动疑难问题改进，在解决师生的实际需求的同时，监督和推动后勤工作，使之成为学生“权益领袖”，服务育人功效充分彰显。

加强与学生共建。开展“美食文化节”“后勤学校”等活动，让学生直接体验、参与后勤服务管理工作，提高责任感和主人翁意识。

实施“美育”计划。以校园环境为主题推出系列宣传 13 期，全风貌展示校园四季的优美风光，科普校园花卉和绿植知识，潜移默化地给同学们美的享受和美的教育。

（胡亚男　肖志刚　杜婧）

【完善家属区基础设施建设，加强物业管理服务】

完成东区家属区暖气管道改造、紫苑停车场改造、紫苑道路改造等 42 项民生工程项目，提升居住环境质量。持续推进绿苑自来水工程改造、老房维修等重点民生问题，完成家属区保安公司重新招标和保安服务换防等工作，推进车库的科学管理、增设充电桩，加强小区安全监督管理，坚持 24 小时监控与门卫值班，确保辖区安全稳定。

（胡亚男　肖志刚　杜婧）

【聚焦民生，推进房产证办理】

推进房产证办理，完善教职工住房档案，已完成朝阳区、石景山区、昌平区等 14 套住宅的不动产权证登记办理，完成东区部分住宅楼售房房款和公维基金补缴退还工作。目前东区新楼房产证办理进行到最后 3 个环节：配合财务处办理公维基金缴存证明、组织教职工签订购房合同、上级部门审核及制证。

（胡亚男　肖志刚　杜婧）

【创建宜居、平安、和谐社区】

坚持“以人为本、服务居民”的原则，充分发挥社区服务站作用，推进和谐社区建设，积极做好街道与学校沟通互助的桥梁纽带。全力开展疫情防控工作，打赢社区疫情防控阻击战；严格把住两员两关，扎实做好第七次人口普查工作；做好子女入学、孩子保健免疫、居住准许等社区服务工作；积极开展丰富多样的妇女和青少年教育活动等。

（胡亚男　肖志刚　杜婧）

【加强幼儿教育，促进幼儿全面健康发展】

2020 年入园幼儿 376 名，完全解决教职工入托难问题。开展特色多彩的日常教学活动，上半年结合实际开展“停园不停学”线上亲子教育活动，下半年开展形式多样的主题教育活动，促孩子健康快乐发展；抓队伍建设、注重培训与专业提升，建设良好的师德队伍；改善办园环境和条件，努力营造“温馨、和谐、优美；绿色、生机、童趣”的园所环境。两区幼儿园多次获得上级表彰。

（胡亚男　肖志刚　杜婧）

基建工作

【概况】

基建处作为学校管理服务机构，负责全校范围内基本建设、维修工程的管理。2020年，基建处明确管理职能，强化服务意识，梳理基本建设与维修项目管理工作流程，调整人员岗位，启动管理制度修编，积极筹划并有序推进新建项目报建，在疫情防控常态化条件下，顺利完成在施基本建设工程和维修工程，改善了师生学习生活和科研办公条件，为人才强校和学校“双一流”建设提供硬件服务保障。

（黄颖）

【工程项目疫情防控工作】

为加强学校工程建设疫情防控工作，2020－14次校长办公会批准成立疫情防控工程项目专项工作组，钱学军副校长任组长，成员有汪九林、黄清波、张元忠、张永生。专项工作组下设办公室，后勤基建党委书记任主任，办公室成员由基建处、保卫处、校医院、后勤保障处、施工现场使用管理单位（学院行政副院长、物业项目负责人）具体分管工作人员组成。

疫情防控工程项目专项工作组制定了工作方案，2020年工程项目全部按要求实行了开复工审批。

（吴疆润）

【编制“十四五”基本建设规划】

根据学校“十四五”事业发展谋篇布局，为学校发展提供校园建设支持，完成学校“十四五”基本建设规划的编制、评审修订及上报工作。“十四五”规划建设项目共8项，总计建设面积254 891米^2，总投资21.62亿元。

（李华君）

【推进基建项目申报等前期工作】

体艺中心项目开展设计方案征集。体艺中心项目总建筑面积29 988米^2，总投资估算3.51亿元。为精益求精，组织体艺中心建筑方案征集工作，经过专家评审评选出3家优秀方案，并展开多轮深化设计，进行师生民意调查，综合评定最优方案。

水利楼项目通过教育部项目备案。水利楼项目总建筑面积23 003米^2，总投资估算2.16亿元。项目于2020年11月26日获得教育部备案《关于中国农业大学水利楼项目备案的函》（教发司〔2020〕151号）。

作物分子育种创新中心项目通过教育部立项批复。作物分子育种创新中心项目总建筑面积35 000米^2，总投资估算3.29亿元。项目已于2020年5月12日取得《涿州市自然资源和规划局关于中国农业大学作物分子育种创新中心项目用地规划条件的预审意见》。2020 年 11 月，获得《教育部关于中国农业大学作物分子育种创新中心项目可行性研究报告的批复》(教发函〔2020〕79 号)。

(李华君　吕祎文)

【实现基建项目开工】

留学生与专家公寓顺利开工。留学生与专家公寓项目总建筑面积 21 900 米^2，地下三层、地上四层，基建总投资 1.452 4 亿元。在严格落实疫情防控的同时，克服开工前一系列困难，项目于 2020 年 9 月开工建设。

(吴疆润)

【组织实施维修改造项目】

组织实施改善基本办学条件专项修缮类项目。组织实施完成 2020 年改善基本办学条件专项修缮项目，包括学生宿舍维修工程、老图书馆维修改造等项目，累计投资 6 067.13 万元(表 1)。

表 1　2020 年改善基本办学条件专项一览表

项目编号	项目名称	项目类别
1	东、西校区危险化学品库房维修改造	基础设施
2	西区自来水改造工程(二期)	基础设施
3	园艺楼修缮及学科平台建设(第一期)	房屋修缮
4	西区学生公寓维修工程	房屋修缮
5	东区 1～3 号楼维修工程	房屋修缮
6	新楼地下一层科研附属用房改造(工程部分)	房屋修缮
7	土化楼维修改造工程(2020—2021 跨年项目)	房屋修缮
8	东区老图书馆维修改造工程(2020—2021 跨年项目)	房屋修缮
9	农学楼加固维修改造工程(2020—2021 跨年项目)	房屋修缮
10	校园安防系统工程升级改造项目(一期)	基础设施

完成校内维修项目。基建处按照学校总体要求顺利组织完成校内维修项目，累计投资 358.58 万元(表 2)。

表 2　校内维修专项一览表

项目编号	项目名称	项目类别
1	东区新图书馆空调围栏安装工程	基础设施
2	新楼超低温冰箱区安装中央空调项目	基础设施
3	东区教工活动中心加装电梯工程	基础设施
4	大学生创业园建设项目	房屋修缮

(张嘉辉)

【有序推进科研类基本建设项目管理】

2020 年，全校在施科研类基本建设项目共计 26 个，总投资 36 507 万元。其中，10 个项目进入验收阶段，其余各项目正有序推进中，见表 3。

表 3　项目进度一览表

序号	项目名称	建设进度
1	农业农村部园艺作物营养与生理重点实验室建设项目	待验收
2	农业农村部兽药残留及违禁添加物检测（研究）重点实验室建设项目	待验收
3	农业农村部作物高效用水武威科学观测实验站建设项目（第三次申报）	待验收
4	农业农村部玉米生物学与遗传育种重点实验室建设项目	待验收
5	农业农村部可再生能源清洁化利用技术重点实验室建设项目	待验收
6	农业农村部土壤-机器-植物系统技术重点实验室建设项目	待验收
7	农业农村部动物遗传育种与繁殖重点实验室建设项目	待验收
8	农业农村部农作制度重点实验室建设项目	待验收
9	中国农业大学农业农村部家禽品质监督检验测试中心（北京）	待验收
10	农业农村部华北耕地保育重点实验室建设	待验收
11	国家数字渔业创新中心建设试点项目	在建
12	农业农村部饲料工业中心涿州试验基地	在建
13	精准农业技术集成科研基地（渔业）建设项目	在建
14	青贮饲草料加工技术集成科研基地建设项目	在建
15	精准农业技术集成科研基地（畜牧业）建设项目	在建
16	国家玉米全程机械化生产科技创新基地项目	在建
17	农业农村部河北北部耕地保育农业科学观测实验站建设项目	在建
18	中国农业大学饲草种子检测能力提升项目	在建
19	果蔬制汁加工技术集成科研基地建设项目	在建
20	农业农村部葡萄酒加工重点实验室建设项目	在建
21	农业农村部甘薯生物学与生物技术重点实验室	在建
22	农业部动物流行病学与人畜共患病重点实验室（病原生态学研究方向）建设项目	在建
23	农业农村部草地管理与合理利用重点实验室	在建
24	非粮生物质原料科技创新项目	在建
25	中国农业大学无病毒葡萄原原种苗培育基地建设项目	在建
26	中国农业大学农作物种子全程技术研究北京创新中心项目	在建

（吕祎文）

校友会工作

【概况】

2020年,校友工作办公室认真对标对表学校工作要求,主动适应新时代新发展需要,自觉提升工作格局、积极转变工作模式、创新工作方式、做细做实工作方法,借助互联网线上平台,线上线下相结合,贯彻“服务国家、服务母校、服务校友”的宗旨,聚焦“同心共荣”,主要围绕暖心、助推、聚力三项行动开展校友工作,服务学校发展。

开展暖心工作:举办115周年校庆日暨首次“云校庆”活动,毕业季云端欢送“新校友”、开展“云寻访”、云夏令营活动等;开展助推工作:在线充电教授讲堂、建设《校友企业信息库》、CAU笑有惠趣味抽奖活动、升级改造校友信息管理与服务系统等;开展聚力工作:凝聚校友力量与母校携手抗击新冠疫情、发动校友支持学校助力脱贫攻坚、引导地方校友会积极助力母校办学资源拓展。

(邓娇)

【校友组织建设】

7月5日,中国农业大学重庆校友会第二届换届选举大会暨会员代表大会召开。大会对新一届理事、荣誉会长、会长、常务副会长、副会长、理事长、秘书长提名人选进行了逐一审议,石孝均当选为会长,曾学海、邓远华等人分别当选为常务副会长、副会长,郑杰当选为秘书长。

8月,四川省中国农业大学校友会在四川省民政厅登记成立。王立颖担任四川校友会会长。8月22日,四川省中国农业大学校友会成立大会在成都举行。四川省教育厅、民政厅等部门领导,部分地方校友会代表、兄弟院校校友会代表、行业领域专家及在川校友代表近200人参加大会,党委书记姜沛民出席会议并讲话。

12月,贵州省中国农业大学校友会在贵州省民政厅登记成立。王彬担任校友会会长。12月19日,贵州省中国农业大学校友会成立大会在贵阳举行。贵州省教育厅、民政厅等部门领导,部分地方校友会代表、兄弟院校校友会代表、行业领域专家及在贵校友代表近300人参加大会,校长孙其信出席会议并讲话。

(邓娇)

【校庆日活动】

10月初正式开启校庆氛围营造工作,组织8场线上预热活动,22万人次参与。其中“我为母校送生日祝福”活动累计18万余人参与,为校庆日营造喜庆的氛围;活动策划突出师生校友全员参与、云端相聚,线上线下相结合,共同庆祝“农大版新年”。10月16日,“115周年云校庆”网站正式上线,开展“云返校”“云游览”“云参观”“云抽奖”等活动,当日共计3万余人次参与。今年的校庆日学生免费餐首次采取午晚餐“分流制”,提升学生用餐体验;在校友创业团队支持下,当天为所有在食堂用餐师生赠送一杯"校庆日酸奶";开展首届"迎校庆健康跑"活动,共计千余名师生校友参与;协助组织开展"灯光秀"、校庆日电影等活动。

(邓娇)

【校友子女夏令营活动】

8 月 15 日,第六届中国农业大学校友子女夏令营正式开营。由于疫情的影响,本届夏令营以线上"云夏令营"的形式开展,来自五湖四海的 12 位"农小宝"相会云端,一起共享科技盛宴。活动内容包含电子电路探索、智能制造技术初探、农学实践课、探秘农业产业园区、云端课堂云游中国农业大学生物学院实验室等。

(邓娇)

【寻访校友活动】

5 月,第六届"寻访校友"活动继续以"脱贫攻坚、担当有我"为主题,以"云寻访"方式,通过线上笔试+面试程序严选志愿者 30 人,采访了 17 个地市的 45 位奋战在脱贫攻坚一线的优秀校友代表。

(邓娇)

【制作"战疫特别版"校友专属微信表情包】

2 月,校友工作办公室特别推出稼小圆系列"战疫特别版"校友专属微信表情包,呼吁全体农大校友:共同点赞正能量、向战疫逆行者们致敬,不信谣、不传谣,注意科学防护,坚定战疫必胜信心!

(邓娇)

【校友邮箱】

面向广大校友提供校友邮箱(邮箱后缀:@alu. cau. cn)申请服务,校友可通过稼缘社区在线申请。

(邓娇)

【在线充电教授讲堂】

2020 年,充分发挥母校专家学者智力优势,结合校友企业发展实际,讲解理论和实践前沿问题,为企业家校友解疑释惑、参谋出招。全年联合经管院工商系开展 5 期活动,3 000 余人次关注,每期 50 位左右企业家校友或企业高管参与。

(邓娇)

【建设《中国农业大学校友企业信息库》】

2020 年,联合经济管理学院工商系组织"信息审核小组",依托校友信息管理与服务系统,以"共建共享"原则,共同发起建设《中国农业大学校友企业信息库》,目前已形成

《信息库》V1.0，涵盖166家校友企业的详细信息。

（邓娇）

【开展CAU笑有惠系列活动】

2020年，校友工作办公室继续开展“CAU笑有惠”系列抽奖活动，全年累计举办22期活动，近万人次校友参与活动。

（邓娇）

【落实2020届“校友联系人”聘任工作】

6月，首次结合“稼缘校友社区”线上开展2020届校友联系人选聘工作，实现快捷高效、全程“无纸化”。共计265名毕业生（本、硕、博）新校友受聘成为校友联系人。

（邓娇）

【开展电子校友卡服务工作】

依托实名制校友信息平台“稼缘社区”，为校友提供更便捷的电子校友卡（e友卡）办理服务，2020年度办理近3 000张。

（邓娇）

【升级改造校友信息管理与服务系统】

2020年6月，“稼缘社区”校友实名制信息平台由H5升级为微信小程序正式上线，年度新增实名注册5 000余人，累计近2万校友注册，相当于全日制校友每8人就有1人已实名注册。

《中国农业大学校友数据库》已收集来源各处的校友信息48万余条，经过数据清洗整合为比较规范完整的校友数据24.6万余条，全日制校友信息覆盖面已近八成。面向学院举办培训会，并为各学院校友信息化工作提供跟踪服务支持。

（邓娇）

【编制2020年度《校友通讯》】

策划编制2020年度《校友通讯》，全刊近百页，分为6大板块，系统梳理总结了2020年重点校友工作开展情况及取得的成效。

（邓娇）

【运营中国农业大学校友会微信公众号】

2020年，推送图文324篇，多篇文章获得5000＋，新增关注3 000余人，共计粉丝2.34万人。10月以776.2的WCI名列兄弟校友会公众号前列。

（邓娇）

【创建中国农业大学校友会抖音号】

6月正式上线中国农业大学校友会抖音号，累计发布小视频作品66个，进一步拓展校友会宣传手段和途径。

（邓娇）

【兄弟院校校友工作交流】

9月4日，中国海洋大学校友工作办公室主任、教育基金会秘书长刘召芳带队来学校校友工作办公室调研。双方就校友工作基本思路和理念定位、校友身份认证、信息平台的设计思路、功能扩展以及具体实现方式和实施经验等展开了深入的交流。

10月22日上午，华南农业大学校友会、教育发展基金会秘书长张阳武等一行5人来学校调研交流校友工作并进行座谈。双方围绕如何联动开展好面向两校校友的联络和服务工作，展开了深入讨论，进一步加强了兄弟院校间校友工作的交流合作。

12月17日下午，温州医科大学校友工作办公室主任管素叶带队来校交流研讨校友工作。

（邓娇）

【凝聚校友力量与母校携手抗击新冠疫情】

1月，6个北美校友组织发动北美校友、联合湖北校友会为湖北募集急缺防护物资共14 879件，总价值近万美元，得到了中国驻纽约总领馆的肯定；企业家校友联谊会发出《写给中国农业大学企业家校友的一封信》，倡议疫情期间保供给、不涨价，274家校友企业响应；2月，京、川、渝、贵、湘5省校友，募集捐赠资金20余万元，购买多批抗疫物资支援湖北；校友企业天津瑞普、绿茵、天农、大伟嘉等公司，向疫区捐赠价值百万余元抗疫物资。在年初抗疫物资紧缺时，北京校友会为学校捐赠价值15万元的酒精、消毒液等防疫物资，并为家在湖北的在校生捐赠口罩6 000余只，300余位在鄂学生受助。

（邓娇）

【发动校友支持学校助力脱贫攻坚】

一是向校友发起“中国农业大学定点扶贫镇康县募捐倡议书”，通过教育基金会平台募集资金，得到众多校友支持；二是动员各地校友，发动校友“消费扶贫”为镇康县特色农产品销售贡献近30万元；通过校友牵线促成“网红”罗永浩直播带货镇康县坚果，销售镇康坚果价值12余万元；以CAU笑有惠·镇康特辑模式，向校友推介镇康农产品，四期近万人次关注。发起“校友会+贫困生”结对帮扶，对建档立卡贫困户学生家庭开展脱贫帮扶结对工作，多个地方校友会与109名建档立卡贫困家庭的在校生建立了“帮扶结对”。

（邓娇）

【组织发动地方校友会积极助力母校办学资源拓展】

组织发动四川校友会配合学校与四川省共建及现代农业产业研究院（新津）建设；组织发动北京、云南、贵州、重庆、苏州等校友会积极作为助力校地合作。

（邓娇）

【地方校友会活动】

1 月 4 日，北京校友会举办第四届新春嘉年华活动，近 400 名校友回母校赶大集、看演出，另有近万名校友通过网络直播平台参与活动。

1 月 4 至 5 日，福建校友在漳州市开展 2019 年会活动，来自省内 50 多位的校友及家属参加了此次活动。此次年会活动是实施年会地市轮办机制继前两年在泉州、龙岩试行成功后的第三次实践。

1 月 6 日，中国农业大学唐山校友新春联谊会在河北唐山举行。

1 月 11 日，内蒙古校友首届新春年会在呼和浩特市金桥开发区举办。

3 月 28 日，北京校友会会长唐燕平前往首都机场公安局，捐赠 1 200 箱牛奶，慰问奋战在抗击疫情一线的公安干警，送去中国农业大学北京校友的关怀和关心，助力抗击新冠肺炎疫情。

7 月 15 日，由四川省中国农业大学校友会、中国农业大学重庆校友会联合主办的川、渝两地校友会服务成渝双城经济圈发展研讨会在成都举行。10 余位两地校友会领导班子及专家参与会议。

8 月 22 日，四川省中国农业大学校友会在成都召开川、渝、黔 3 省市校友会工作会议，“新时代、新征程、新使命”投身农业、振兴乡村专题论坛以及 2020 届新校友迎新座谈会等系列活动，为母校、地方校友会的发展，为祖国的”三农“事业凝心聚力、建言献策，120 余位校友参与活动。

11 月 12 日，中国农业大学深圳校友举办座谈交流会，就积极参与“深圳国际食品谷”建设进行研讨，10 余位校友参与活动。

12 月 19 日，贵州校友会“躬耕黔山贵水　致力乡村振兴”主题论坛在贵阳举行，300 余位校友参与活动。

天津校友组织开展段春祥校友公益书法学习活动，活动在每周六下午进行，截至 12 月底已成功举办 6 期。

（邓娇）

教育基金会工作

【概况】

2020 年，中国农业大学教育基金会在学校党政和理事会的领导下，坚持以服务学校建设和发展为宗旨，多元培育和拓展筹集渠道，规范开展项目管理，进一步提升内部治理和运行能力，扎实推进年度重点工作。2020 年教育基金会共实现收入 5 180.79 万元，其中募集社会资金 4 759.37 万元，理财及利息收入 421.42 万元。为学校争取中央财政捐赠配比资金 1 003 万元。年末净资产余额 1.31 亿元。

（赵静）

【捐赠筹款】

捐赠收入总体情况 2020 年，共计争取社会捐赠 4 759.37 万元。从资金来源看，来自境内自然人捐赠 3 345.59 万元，法人或者其他组织的捐赠 1 308.26 万元。来自境外自然人捐赠 25.82 万元，境外法人或者其他组织的捐赠 79.7 万元。从捐赠用途看，用于学校发展 3 072.04 万元，学院学科发展 809.79 万元，学生发展 592.28 万元，教师发展 24.09 万元，科学研究 261.1 万元。

参与疫情防控 2020 年，新冠肺炎疫情暴发，教育基金会主动参与疫情防控，共筹资防疫资金 33.65 万元，用于开展疫情防控活动。向武汉市慈善总会捐赠人民币 13.65 万元，定向支持武汉一线疫情防控。积极筹集防疫物资，支持学校开展疫情防控工作。

4 月，天合公益基金会向中国农业大学捐赠防疫物资，学校党委书记、教育基金会理事长姜沛民，党委常务副书记、教育基金会执行副理事长张东军出席捐赠仪式。广东李澳生物科技有限公司、广东省中山市择朋生物科技有限公司、库柏特（深圳）科技有限公司、壹米（广东）医疗用品有限公司《祖国》杂志社、北京市于若木慈善基金会联合向学校捐赠次氯酸消毒液、一次性手套、口罩、膏药、加湿器等防疫物资，为学校做好疫情防控工作提供了物资支持。

助力脱贫攻坚 按照学校部署，积极落实帮扶云南省镇康县脱贫任务，进一步整合优化资源，协调组织引进帮扶资金 300 万元。在姜沛民书记的大力支持下，争取上级专项资金支持 200 万元。主动与社会服务处、资产经营公司等配合，为镇康县免费提供建设规划，合同额计 85 万元，捐赠图书 20 万元和现金 20 万元。

重大捐赠项目与活动 9 月 30 日，杰出校友邵根伙博士捐建的杨胜楼项目开工仪式在西校区隆重举行，学校党委书记姜沛民、校长孙其信、党委常务副书记张东军，杨胜先生女儿杨志群等出席仪式。首批捐笔资金 3 000 万于 11 月到位，有力地支持了学校的“双一流”建设。

10 月 14 日，“动科学院发展基金”捐赠仪式在动物科学技术学院报告厅举行，校友张庆才与动物科技学院、教育基金会共同签署了 500 万元的捐赠协议，支持动物科学技术学院学科发展、基地建设与人才培养等。学校党委常务副书记、教育基金会执行副理事长张东军出席捐赠仪式。

深挖学院捐赠资源 2020 年前往土地科学与技术学院、信息与电气工程学院、资源与环境学院等单位进行捐赠政策宣讲，就学院学科优势、筹资工作中存在的问题、筹资方式及筹资激励政策等与学院进行深入沟通和交流，进一步挖掘学院资源，提升学院筹资能力，促进学院事业发展。

（赵静）

【公益项目】

资助学校各方面事业发展 2020 年教育基金会开展各类资助项目 118 项，公益项目支出 5 280.35 万元。其中，用于学校发展项目 3 308.88 万元，包括学校校园基础建设、校园文化建设、实验站/场建设、图书馆建设等。学院学科发展项目 543.95 万元，支持相关学院一流学科建设与发展。学生发展项目 1 181.9 万元，主要包括奖学金、助学金、创新创业教育、学生竞技比赛、国际交流、社会实践等。教师发展项目154.83万元，主要包括奖教金、教职工爱心基金等。科学研究项目90.8万元，包括资助科研平台建设，激励学校师生积极进取、提升学校的科研水平。

组织实施重点捐赠项目——"大北农教育基金"2020年资助计划继续实施 （大北农）教学名师奖励计划（校级），奖励经济管理学院陈红华等6名教师，奖励额度10万元/人，鼓励教师重视本科生基础教学，提升本科教学质量。资助《动物科学与生物技术》期刊、《农业信息处理（英文）》期刊，着力打造学校有品牌、有影响力的学术期刊，提升学校学术影响力。奖励品学兼优的优秀学生52名，助力学校人才培养工作。

（赵静）

【内部治理】

加强理事会建设，聚拢学科优势资源 为加强理事会建设，聚拢学校学科优势资源，随着学院领导干部换届工作的完成，教育基金会于2020年完成了理事会人员调整。现任理事包括大部分学院院长书记及社会服务处、发展规划处等部门负责人，调整后的理事会将更有利于发挥学校学科资源优势，开展对外合作，吸引社会捐赠。

强化过程管理，提升项目管理水平 加强捐赠项目前期沟通，落实捐赠项目背景及意识形态审查。制定《中国农业大学教育基金会接受境外捐赠管理办法》，规范境外捐赠管理工作。加强与学校各部门、学院的沟通协调，从协议审签、立项审批、项目执行、后期总结和反馈等各个环节，加强指导、督促和跟踪，确保捐赠项目规范有序开展，

加强财务管理，提高资金使用效益 严格遵守国家、学校及教育基金会财务管理制度，认真审核各项财务事项，扎实做好捐赠资金的核算、监督及管理，确保教育基金会财务工作规范、透明。在保证资金安全性、效益性的前提下，积极开展投资理财业务，努力实现捐赠资金的保值增值。主动公开捐赠项目财务收支，确保教育基金会的社会公信力和影响力。

（赵静）

经营性资产管理委员会办公室

【部门概况】

2019年12月31日，学校正式成立经营性资产管理委员会办公室（以下简称"经资办"）负责校属企业的监督管理职能。2020年面对突如其来新型冠状病毒疫情，经资办积极落实学校疫情防控常态化工作要求，不断完善对校属企业监督的制度和方式，积极处理各类历史遗留问题，按照学校的总体要求，较为顺利地完成了本年度的各项工作。

（张越）

【规范管理体制，加强制度建设】

组织专家组完成对资产经营公司2019年度决算和2020年度预算的评审工作；筹备

成立经营性资产管理委员会财经工作小组和工作报告审核小组，形成机构设置和工作职责方案，完善经资委前置审核程序。

起草和修订包括《中国农业大学关于应对新冠肺炎疫情影响减免经营用房租金的实施意见》《中国农业大学校属企业国有资产评估项目备案管理办法》《中国农业大学经营性资产管理委员会议事规则》3 个校级管理制度。

（钟锦）

【规避经营风险，推进体制改革】

经资办工作人员分属校属企业体制改革领导小组、工作小组和工作小组办公室，参与制订《中国农业大学校属企业体制改革方案》，协同推进校属企业体制改革工作。

2020 年，共完成中国农业大学出版社有限公司、北京兆通建筑工程公司、乾元浩生物股份有限公司 3 家一级企业的无偿划转，完成浙江大学南亚阳光肥料有限公司清理关闭工作，协调完成北京农大铁骑力士牧业有限公司、北京海维思特信息技术有限责任公司资产评估结果向教育部备案工作。

（钟锦）

【稳固现有成果，提升物业管理】

规范东、西两校区沿街商业用房出租管理工作，出租总面积 6 497 米^2，共 71 家商户。监督协调 67 家商户房屋租赁合同的续签和安全协议的签订工作，累计 134 份。共收取房租和物业管理费用共计 2 762.66 万元，全部上缴学校财务。

落实国家、教育部、北京市和学校房租减免政策，核查确定符合减免政策的 58 家商户，通过采取延租的形式减免租金，最大程度地保障了学校本年度房租收入不受影响。

（于宝丽）

资产经营公司

2020 年在校党委和行政的领导下，校属企业全体员工齐心协力，攻坚克难，完成了年度经营目标，校属企业体制改革工作有序推进，推动形成以“一社两园两院”为主体的校属企业发展新格局。

【管大局、重引领，党的建设全面加强】

产业党委充分发挥“把方向、管大局、保落实”的领导作用，对标、对表推动从严治党，加强政治思想建设、组织体系建设和基层基础建设；领导经营团队统筹推进校属企业体制改革、脱贫攻坚任务和整合校属企业资源服务学校事业发展等工作。

（李洋）

【抓重点、攻难点，全面推进校属企业体制改革】

突如其来的疫情加大了改革方案的论证难度，通过组织不同层级的研讨论证，最终制定出清理关闭 42 家、脱钩剥离 19 家、保留 8 家企业的校属企业体制改革方案。

资产公司以“一企一策一组”的工作模式全面推进改革工作。共成立 30 个工作组，负责 61 家拟处置企业的关停并转，工作组分别由公司高管牵头负责，体改工作进展成为总经理办公会的常设议题。拟处置 61 家企业中 31 家为“僵尸”企业（学校直接投资 25 家），更加大了改革难度。截至 2020 年 12 月 31 日，完成工商注销 6 家，脱钩剥离 1 家，3 家一级企业划转到资产公司，其他涉及改革企业均在有序推进。

（李洋　王颖）

【抗疫情、保生产，有效降低疫情对企业影响】

公司按照学校疫情防控工作部署，坚持科学防控、精准施策，把疫情防控各项决策部署落实落细，不仅保证了家 26 企业和 736 名员工的安全，也把疫情对企业经营影响有效降低。2020 年，校办企业实现营业总收入 2.11 亿元，同比减少 5 986 万元；实现利润总额 1 300 万元，同比减少 4 451 万元。

（王颖　杨钧）

【强管理、谋创新，打造校属企业发展新格局】

按照改革方案，学校最终保留企业除资产经营公司、出版社、动物医院、北京和涿州两家大学科技园外，还将整合资源、重新组建一家规划设计院，学校校属企业将形成“一社两园两院”为主体，与学校相关学科有机结合的发展新格局。

（李洋　王颖）

【守初心、担使命，全力履行校企职责】

2020 年总体上交学校 3 593 万元。上缴国有资本收益 469 万元，缴纳各类税款 1 684 万元，提供就业岗位 600 多个，支付人员费用 8 106 万元，缴纳社保、公积金 999 万元。

（王颖　王翠芬）

图　书　馆

【概况】

12月底，图书馆总建筑面积60 740米^2，馆藏文献总量218.7万册，在编工作人员85人。设有办公室、资源建设部、流通一部、流通二部、信息服务一部、信息服务二部、系统与数字化部、情报研究中心、创新服务部和CALIS农学中心办公室10个部门。

（雒庆生）

【党建工作】

2020年共发展研究生党员8名。截至2020年年底，党总支共有党支部4个，其中教职工党支部3个，学生党支部1个；党员57人（其中教师41人，研究生16人）。

（相润）

【图书流通情况】

全年借出图书4.02万册。全年接待进馆读者83.9万人次（东校区馆65.5万人次，西校区馆18.4万人次）。

（贺玢　喻浩）

【文献检索课教学】

完成全校本科生“文献检索”公选课教学任务共192个标准学时；研究生公选课“电子资源检索与利用”全年完成教学任务176个标准学时；研究生公选课“人文社科类电子资源检索与利用”全年完成教学任务52个标准学时；研究生公选课“知识产权保护与利用”16个标准学时，“科技查新与文献检索”全年完成8个标准学时。烟台研究院研究生公选课“信息资源检索与利用”16个标准学时。

（袁永翠　左文革）

【培训与讲座】

组织完成了“晓图”新生培训系统的修改任务及2020年本科生新生和研究生新生培训，培训研究生930人。

鉴于新冠疫情，采用线上形式，图书馆共举办专题讲座16次，参加师生人数达2 355人次。

为帮助居家学习的学生更好地利用电子资源，策划、组织、制作、审核了系统微视频课程，共在图书馆企业号里发布35个微课，网上阅读人次近2万次。企业号发布“本科毕业论文写作攻略”，阅读人次达1 114次；“学位论文查重攻略”在农大企业号“我们的图书馆”及图书馆主页刊登（共两版），就研究关注的热点问题进行了解答，阅读人次达3 420次。

（袁永翠　左文革）

【科技查新与收录引用】

全年完成科研立项、成果鉴定、技术引进等查新项目共112项，完成2019年报告及合同的存档、整理、装订及年检工作。每月向学校通报本校教师论文被SCI、EI的收录情况，共完成SCI、EI检索收录、引用证明660份。承担研究生学位论文检测工作，全年完成4 428篇次学位论文查重。继续利用BALIS联合信息咨询中心开发的“论文收录引用”系统实现网上提交、接受、分配工作任务。继续利用江苏“宝和查收查引系统”进行SCI收录论文的他引次数的确定，大大提高了查引的工作效率。

（袁永翠）

【文献传递与馆际互借】

2020年共完成文献传递4 161篇，馆际互借153册次图书，电子资源下载量1 243万篇次。2020年图书馆获得“BALIS原文传递先进集体奖”、1个“BALIS原文传递服务先进个人奖”。

（徐伟）

【馆藏资源建设】

2020年完成中文图书编目7 715种，15 899册；西文图书编目700种，872册；学位论文编目整理加工1 871册；随书光盘23种，41张。

向CALIS中心按要求提交原编数据。

应对疫情提供资源保障工作，为使读者能够多渠道了解和获取更多资源，收集并在验证有效性后，以系列专题的形式通过图书馆主页和微信公众号推送给读者，共完成124份资源的收集整理，发布92份有效的免费学习资源。

本校机构知识库各项资源建设，2020年新增元数据89 124条，其中本校教师SCI\EI收录论文5 914条，本校教师发表中文论文2 839条，专题专利数据77 148条，新增硕博士学位论文元数据3 223条。

依托基础设备维护、软件系统维护（含虚拟操作系统、图书集成系统等在内的近20

个应用系统)能力的提升,确保全馆电子资源全年全天候(365×24 小时)开放服务。

(徐伟　康实)

【新馆建设】

完成第二期家具(总价 320 万元)新型阅览和古籍阅览家具安装。

(师丽娟)

【新馆运行】

坚持全馆空间为师生发展服务。经两期建设新图书馆设计功能基本实现,约九成空间开放服务,师生对新馆利用除到馆学习研修、借阅资源外,将可借助基于图书馆自主开发的系统,在线预约小组讨论、规模交流、"一对一"答疑、个体研修等功能空间。

承办主题教育、文化和学术活动 181 场次,其中包括"立德树人　强农兴农"主题教育展等校级重要活动 17 场。接待外校和校内参观多达 25 起。

(陈卫国　段文凯)

【图书情报与档案管理学科建设与研究生培养】

2020 年中国农业大学图书馆"图书情报与档案管理"一级学科硕士学位授权点各项工作稳步推进,9 门课程推进混合课程项目建设,2 名任课教师积极申请研究生院组织的教改研究项目及教材建设项目;学位点认真填报参加教育部组织的第五轮学科评估。

2020 年共招收研究生 11 人,按一级学科招生。同年 10 名图书情报与档案管理学硕士研究生完成学业,获得学位。

完成 19 门硕士课程教学任务,其中春季课程 8 门、秋季课程 11 门。21 位老师参与教学。

图书馆共主持中央部委和学校各部门的科研项目 11 项,参与其他部门主持项目 20 余项。在各类学术期刊、媒体发表文章 27 篇。

(孟晨霞　王宁)

【职工队伍情况】

2020 年有 5 人退休,2 人新入职,1 人调出,1 人调入,截至 12 月底在编人员 83 人,具有博士学位馆员 15 人。

(雒庆生)

【编辑出版】

2020 年,完成《高校与学科发展》抗疫专刊。内容涉及中国卫生系统人才队伍变化与启示、新冠肺炎疫情下高校在线教学的应对调查及思考、国家自然科学基金对医药卫生科研立项分析、虚假信息时代美国图书馆信息素养服务实践启示、计划、准备和应对新型冠状病毒病(COVID-19)等多个热点问题。

完成《中国农业文摘・农业工程》期刊全年 6 期的出版任务,发表各类文章 188 篇。其中原创论文 166 篇,95 万余字。期刊影响力进一步扩大,目前本刊已被知网、万方、维普、超星、中国科学引文索引(CSCI)、国家科技学术期刊开放平台、博看网等 12 个数据库平台收录。改刊以来,仅知网总下载次数超过 10 万次,总被引次数超过 1 000 次。2020 年《中国农业文摘·农业工程》继续进行国家新闻出版融合发展(武汉)重点实验室 OSID 开放科学计划“学术期刊融合出版能力提升计划项目”研究工作,期刊执行主编当选中国农业期刊网编辑委员会副主任委员。

(赵勇)

【学科服务与研究】

聚焦学科发展,实时提供动态数据及相关分析报告。持续开展学科基础数据采集、挖掘与分析,实时监测报告 ESI 学科发展动态,并基于数据对学校潜力学科领域进行预测。服务学校“双一流”建设评估,完成 31 个学位点、9 个 A 类学科 3 419 篇(部)代表性学术论文或专著的信息审核。服务第五轮学科评估,为学校部门和参评学科提供基础数据支持。响应生物学、畜牧学、草学、人类营养与健康等学科发展需求开展学科分析。根据管理部门,相继完成学校自然指数的分析报告及学院(学科)主要人员的贡献分析报告,“十三五”期间教师国际合作论文数据统计以及学校论文学院合作、国内合作及国际合作分析报告。

参与学校学科建设工作,为“双一流”建设和发展战略、2035 愿景规划和学校“十四五”规划等提供服务。以业务研究为管理部门和学科(学院)发展提供服务与对策建议。面向校外发挥高校智库职能:承担国家自然科学基金项目《新时代行业特色高效的评估体系研究》,教育部人文社科规划项目《国外科研失信记录公开案例分析与关键问题研究》,中国工程院《新时代农科高等教育发展战略研究》和《建设世界农业科学中心战略研究》,云南省草地动物科研院《云南省高原草畜产业核心竞争力研究》,教育部科技发展中心《高校学术诚信建设》,学校基本科研业务费支持《“双一流”涉农学科建设现状分析与对策研究》和《面向“双一流”建设的精准化学科服务研究》等项目课题。

(陈卫国　袁永翠　赵勇)

【知识产权信息服务】

将专利信息服务作为加快服务转型、推进服务创新的重点业务方向,年内开设专利系列微课程 8 讲,组织专题讲座 6 场;开展专利咨询,拓展深层次信息服务能力,在对全校专利发展状况摸底基础上,开展代表性学科(学院)、主要专利人的专利状况分析,助力技术创新和专利转移转化。获得国家知识产权局和教育部高校国家知识产权信息服务中心授牌。

(左文革　袁永翠)

【CALIS 农学中心工作】

作为 CALIS 农学中心的主持单位,继续组织相关活动。

通过审查、筛选,2020 年共立项研究项目 57 项,27 家农业高校图书馆参与。

组织有关专家对 2019 年立项的 69 项研究项目进行评审,评出 20 个获奖项目。

组织了美国微生物学会(ASM)全文电子期刊数据库、美国科学院院报(PNAS)期刊数据库、Annual Reviews 综述期刊数据库、洛克菲勒大学出版社(RUP)期刊数据库、生物学家联盟(COB)期刊数据库的联盟采购工作。

（徐伟）

【疫情防控】

支持武汉抗疫：为武汉涉农高校图书馆提供共享电子资源和微课程，自费购置防疫物资赠送给华中农业大学图书馆。参与学校防疫，党员积极参加抗疫捐款、社区值守，通过“e 帮扶”选购贫困地区农产品(金额居前 10)。服务特殊毕业季，细致做好 6 825 名毕业生离校手续办理；主动为近 300 位有需求毕业生提供远程面试空间。馆内民主党派成员围绕服务和支持抗疫建言献智，相关建议或事迹分别获所在党派上级(市、区)组织的采纳或表彰。防疫期间，学校《防疫工作简报》中 25 次介绍图书馆助学安排举措，《战疫简报》中有 5 期较大篇幅报道。

（陈卫国）

【工会工作】

疫情期间，积极开展多种形式活动，包括健步走、沙包打地靶、呼啦圈、跳绳、踢毽子及趣味乒乓球比赛等，为馆员减压疏控，缓解焦虑起到了有效的调节作用。

图书馆工会与教职工乒乓球协会共同承办的“喜迎党代会　建功新时代”2020 年中国农业大学教职工乒乓球比赛，比赛于 11 月 8 日在学校奥运场馆顺利举行，设有混合团体、男女单打 3 项赛事，共吸引上百名乒乓球爱好者参赛。

（师丽娟）

附表

附表 1　馆藏统计表

项　目		2020 年
纸质文献资源	文献总量/万册	218.73
	中文图书总量/册	1 613 742
	外文图书总量/册	218 642
	当年购置中文图书/册	16 248
	当年购置外文图书/册	199
	当年购置年中文纸质报刊/(种/份)	1 423/1 615
	当年购置外文纸质报刊/(种/份)	270/273
电子文献资源	电子图书/册	353 889
	电子期刊/册	69 682
	学位论文/册	685 700
	音视频/小时	16 727

备注：从 2020 年起，为规范统计标准、统一统计口径，对馆藏统计内容与数据进行修改。

（徐伟）

档案与校史馆

【概况】

2020年，档案与校史馆在完成学校档案收集、保管、利用服务，以及校史资料收集整理等基本业务的基础上，根据学校总体工作部署，制定学校档案事业专项发展规划，着力推进馆内基本条件建设和档案信息化建设，继续做好相关档案校史编研宣传，推进校史文化育人工作。

（桂银生）

【作风与能力建设】

继续认真学习贯彻关于党风廉政的各项法律法规和政策文件，落实"一岗双责"和档案管理各项业务制度，严格执行单位财务、资产管理制度，不断规范单位管理工作，

继续推动管理和业务两支队伍建设，加强思想和业务培训。开展管理方法培训研讨交流，提高管理团队的调研能力、议事能力和决策能力；组织业务人员积极参加馆外学术会议；购置一批档案管理专业书籍供职工结合工作实践学习；重点开展电子文件归档与电子档案管理相关政策及知识学习。

（桂银生）

【部门及分工调整】

为进一步改进工作方式，提高档案管理服务效能，档案与校史馆调整了馆内部门设置和人员分工，新的部门（科室）设置及分工自2020年秋季学期开始实行。

调整后，馆内设有部门（科室）：文书档案室、教学科研档案室、展览服务室、信息技术室、编研中心（虚设）、办公室。各业务部门（科室）分别联系学校相应单位，分工负责不同领域档案的收集、管理、利用服务和相关资料编研工作。

（桂银生）

【全力做好防疫工作】

疫情防控战役打响之初，档案与校史馆第一时间进行工作部署，调整对外服务流程，保持每天对馆内各场所区域进行消毒，对来馆人员做好测体温和登记工作，严格落实学校和单位各项措施，全力做好本单位的疫情防控工作，确保业务正常运行不中断，不发生不安全事件。

及时面向全校各单位，发布《关于做好学校新冠肺炎疫情防控文件档案收集工作的通知》，并与学校疫情防控指挥部办公室保持密切沟通，同步做好学校疫情防控档案收集指导，做到防控疫情和工作开展两不误。

（桂银生）

【档案收集与业务指导】

档案接收 基本完成2020年度各类档案的收集任务。截至12月20日，全年接收入馆的各类综合档案总量为11 735卷(件)[①]。其中，党群行政类档案3 640件，教学类档案2 340卷，财会类档案2 601卷，外事类档案2 564件，基建类档案167卷，科研类档案34卷，其他门类纸质档案33卷，数码照片345张(含2020届毕业生合影168张)，视频29部。

业务指导 全面摸排梳理全校65个二级单位的归档情况，明确各归档单位主管领导及档案员，建立档案员队伍，并建立了中国农业大学档案员微信群，确保二级单位档案收集工作全覆盖，保证学校各项业务档案收存的完整性、安全性和可用性。

根据馆内部门设置调整后的职责分工，及时调整与校内各单位(院部场所)的档案业务对接人员，就文件材料形成部门(二级单位及课题组)立卷归档制度和档案收集整理要求等问题，与各归档单位逐一联系，进行业务辅导和意见交流。

(苏雅澄　李静)

【档案保管与利用服务】

档案实体保管 继续致力于解决档案管理条件较差、安全隐患较多的重要问题。主要措施包括：做好大楼门禁控制、保安值班管理、加强馆区环境治理和库房责任管理；严格落实档案出馆"双签字"制度；通过设置"代理卡"等方式，保证档案出库利用的安全。

档案利用服务 2020年，全馆继续以热情规范的档案利用服务工作，为各部门、师生和校友解决各种问题，全年累计接待档案查、借阅和认证请求5 582人次，提供档案查阅、借阅、复制等共25 832卷(件)次。

在档案的校内利用方面，接待并办理：财务档案利用1 080人次，查档12 000卷次；党政、基建档案利用180人次，查档872卷/件次；科技档案利用20人次，查档43卷/件次；人物档案利用4人次，档案124卷/件次。此外，协助本科生院、研究生院等部门核实部分学生的入学、毕业信息，出具相关材料200余份；为党委宣传部制作学校宣传片提供校史参考资料5篇，历史图片200余张。

在档案的校外利用方面，认证服务进一步提高服务效率。截至12月30日，为校外单位及个人提供毕业生学籍相关认证(学历、学位、成绩单证明等)3 400人次，出具材料19 736份。其中，通过认证服务平台接受毕业生认证申请1 892人次；线下接待并受理认证申请878人次；办理教育部学位与研究生教育发展中心认证处的认证请求456次；办理北京高校毕业生就业指导中心的认证请求174次。

(李静　苏雅澄)

【学生人事档案管理】

修订了《学生档案工作管理办法》，对学生人事档案的归档范围进行了明确的界定，解决了长期困扰的新生档案收集利用和有序入馆问题。本年度接收本科生人事档案2 660卷，整

---

① 不含学生人事档案，该类档案另行统计。

理归档材料 9 731 件;接收研究生(硕、博)人事档案 4 219 卷,整理归档材料 15 255 件。

接待校内外单位和个人利用学生人事档案总计 897 人次,查、借阅档案 2 451 卷次。其中,为各学院的党建工作提供档案查、借阅 690 次,1 909 卷;为就业单位的政审工作提供档案查阅 207 次,373 卷;此外,还出具公证证明 63 份,复印档案 106 份。

做好毕业生档案转寄服务。截至 12 月 30 日,通过邮局转寄或办理自带手续,转出本科生档案 1 426 卷,转出研究生档案 2 265 卷;未能转寄的,都在馆内安全保存。

5 月,与人事处就教职工人事档案管理工作的具体要求以及相关的人员培训、办公场地保障等问题进行充分沟通,顺利实现教职工人事档案管理职能的转移交接。

(孙海燕　李翰卿)

【档案信息化建设】

本年度重点加强信息化时代电子文件归档的准备和推进。在组织馆内职工进行电子文件归档知识业务培训的同时,和信息化办公室、网络技术中心等多次商讨档案电子数据与数据中心数据的交换融合共享机制;对电子文件归档问题,进行了前期调研;与本科生院一起研究制定了电子可信成绩单在线生成与同步归档工作的流程规范。

继续和校友工作办公室配合,组织人员对原北京农业大学和原北京农业工程大学的录取新生(本科)信息进行普查和录入,累计完成约 8 000 条。

为适应新时期档案工作对信息系统的要求,档案与校史馆组织开展了档案管理系统升级的调研,推进新的档案管理利用综合平台的项目申报、评审和采购相关工作;同时着手实施单位网站的改版升级。

(蔡远渊)

【档案编研与校史工作】

资料采集　扩大校史资料征集和保管范围。首次面向校内师生和社会发布《校史档案资料征集公告》。截至 12 月 15 日,收到实物 6 件,校史类资料 3 本,电子文稿 3 篇,教材 7 本,电子照片 5 张。

在馆内建立"校史资料库",力求实现校史资料全收纳,为全校各单位研究利用校史提供服务。截至 12 月底,整理收藏校史、党史等各类图书资料约 502 种,共 913 册(本)。

研究编辑　根据教育部要求,开展"见证教育扶贫之路"档案故事征集活动,向教育部报送学校档案故事 3 篇,《"小院"解决大难题》《治理深度扶贫的"河边村实验"》和《蛋鸡产业首席科学家的扶贫探索》分别介绍了张福锁、李小云、杨宁 3 位教授积极投身扶贫工作第一线,为脱贫攻坚的伟大事业作出重要贡献的事迹。

组织人员继续编写校史研究专刊《往事寻踪——中国农业大学校史研究》;推动王步峥先生校史回顾文集的编辑和内部出版。

校史宣传　与宣传部合作完成的《"热血铸国魂"——中国农业大学革命英烈展》在东、西两校区正式开展,姜沛民书记专门批示。

对校史馆二层展厅进行改造,更新"中国农业大学"部分展览内容,优化展厅布局和观展流线。

(桂银生　蔡远渊)

【对外交流】

本年度，档案与校史馆继续积极参加国内相关学术团体相关交流活动，与其他高校及研究机构的档案、校史工作同行交流经验，组织业务人员参加高等教育学会校史研究分会第16届学术会、新《档案法》培训会、电子档案管理论坛等业务交流培训会等，促进档案管理服务及校史研究工作水平的提升。

（桂银生）

出　版　社

【概况】

人员情况　2020年，出版社共有61名员工，其中：学校事业编制人员15人，合同制员工39人，返聘校内外退休职工7人；研究生23人，本科25人，专科3人，其他10人；正高1人，副高20人，中级23人，其他17；年龄60岁以上5人，50～60岁14人，40～50岁26人，30～40岁13人，20～29岁3人；中共党员20人，民主党派2人，群众39人。

机构设置　出版社设有董事会、监事会、社务委员会（简称社委会），社委会为出版社经营班子。出版社现设有行政办公室、总编室、财务部、高等教育策划部、职业教育策划部、编辑出版部、营销中心、电子音像与数字出版中心、质量管理中心。2020年，出版社董事会会议决定免去汪春林总编辑职务和刘军副总编辑职务，任命丛晓红担任总编辑职务，宋俊果、张苏明担任副总编辑职务。此外，先后对部分部门负责人做了调整。任命童云和刘彦龙为社长助理，并分别兼任办公室主任和财务部主任；聘任潘晓丽担任总编室主任，聘任王笃利担任高等教育策划部主任。

出书情况　2020年出版图书331种，其中新书127种，重印书188种，租型书16种。总印数868 430册，生产码洋5 502万元。出版电子出版物2种。经教育部社科司审核认定，2020年出版社社会效益考核评价结果成绩优秀，评分为96分。

2020年出版社在售图书品种达2 705种，发行有效业务量7 417单，916 759册，有效码洋4 298万元，总册数1 073 499册，总码洋5 011万元。

（童云）

【服务学校大局，完成办公用房及书库的搬迁】

办公用房搬迁　2020年1月中旬，出版社在学校经资办和董事长的大力支持和协调下，主要办公用房搬迁至西区一条街，出版社的发展有了相对稳定的办公场所和设施条件。

书库搬迁　2015年至2020年5月，经多次考察选址，2019年11月确定书库随同北京大学出版社、北京大学医学出版社以及清华大学出版社一起搬迁至固安，并和其他3家出版社共同与昌达公司就书库建设、租用及搬迁事项达成协议，合同期10年。2020年5月乘着新冠肺炎疫情缓解之际，将大兴书库迁址固安，保障了出版社储运业务正常进行。

（童云）

【建立健全规章制度 13 项,依法依规治社】

完善有关财务管理制度 制定了《财务管理规定(2020 年制定)》《劳务费管理办法(2020 年制定)》,修订了《稿酬管理办法(2020 年修订)》《公务接待管理办法(2020 年修订)》。

加强和规范对外经营业务的管理 制定了《合同管理暂行规定(2020 年制定)》《图书经销合同管理办法(试行)》《图书经销合同(2020 年版)》,修订了《出版合同管理办法(2020 年修订)》。

适应主管部门出版业务管理和质量管理要求 制定了《印前质检管理暂行办法(2020 年制定)》,及时修订了《书号实名申领管理办法(2020 年修订)》《图书样书管理办法(2020 年修订)》《书稿档案管理办法(2020 年修订)》。

进一步加强人力资源管理 制定了《合同制聘用人员管理暂行办法(2020 年制定)》《社会效益考核及奖励暂行办法(2020 年制定)》。

(童云)

【积极组织和开发符合国家战略的高质量选题,进一步优化和调整选题结构,逐步实现"专、精、特、优"的发展道路】

本科教材方面 以国家发布的《普通高等学校教材管理办法》为准绳,以"十四五"本科教育国家级规划教材申报为主导,紧紧抓住"双一流"建设、新农科和新工科建设的契机,密切与高水平院校的合作与教材开发。2020 年,出版社主要以学校"双一流"核心课程教材建设立项项目及优势学科和新设专业为重点选题方向,深入相关学院和专业开展调研与合作,取得了较好效果,成效明显。

职业教育教材方面 以国家发布的《职业院校教材管理办法》为准绳,以申报"十三五"职业教育国家级规划教材立项为契机,大力拓展和开发了食品、园林园艺、畜牧兽医、农作物等优势学科专业系列教材,同时积极参与有关示范校的教材建设项目,成果显著。

科技出版方面 统筹规划、重点开发,组织开展了以猪产业为核心的策划活动。成立了"中国农业大学出版社专家委员会猪专业委员会",委员会成员由近 60 位行业知名学者和专家组成;策划了"中国猪业科学与技术创新系列丛书"11 册,并整体申报国家出版基金项目;组织开发面向猪产业一线技术人员的"面向 2030:中国生猪产业高质量发展关键技术系列丛书"12 册;参与"生猪产业教育联盟"筹备。此外,有 3 种学术专著入选国家出版基金项目并获得 81 万元资助。

"三农"出版方面 紧密结合国家脱贫攻坚、乡村振兴战略导向,组织开发出版"百万农民培训教材"选题共 23 个,5 种图书入选中宣部《2020 年农家书屋重点出版物推荐目录》。

(童云)

【积极贯彻落实高质量发展要求,实施全流程质量把控机制】

按照"把社会效益放在首位,实现社会效益和经济效益相统一"的指导思想,以"全面、全程、全员"质量管理的理念,着力加强图书质量保障体系建设,强化三级选题论证制度、来稿三审制度、责任编辑制度、编辑加工三审制度、责任校对制度和"三校一通读"制度，加强出版物质量全流程管理。本年度，在国家新闻出版署和教育部社科司组织的质量检查工作中，出版社送检的图书质量未反馈有质量问题；在教育部进行的教材意识形态专项排查中，出版社出版的教材均未发现重大问题线索；出版社内部自查自检图书质量较往年有明显提升。

（童云）

【大力推进出版融合工作，努力实现出版转型】

上线“云舒系统” 初步实现出版社、排版公司、印厂的出版文件数字化流转的平台应用，保证了文件的完整性和一致性。

上线“中农 De 学堂”教学平台 满足新形态教材建设和教学资源服务的需要。在新系统中，上线 5 门数字课程，63 本教材的二维码配套资源，1 000 余种图书的试读。

升级出版资源管理系统 组织了 2 次大规模资源整理工作。一是疫情期间为各有关院校整理并提供了 309 种电子化教材使用；二是整理了近三年出版的 917 种图书的资源，为重大网上宣传活动以及其他工作提供了数据基础。

合作开发 与“畅想谷”合作开发云教材，并签署合作协议。启动了《AR 动物解剖学》教材建设。

（童云）

【着力加强销售政策和渠道建设，调整营销工作机制，进一步开拓精准营销和新媒体营销，提升整体营销水平】

调整原有发行模式，制订了“2020 年度营销重点工作、销售业务分工及业绩津贴分配细则”并顺利实施 建立营销工作登记表，督促营销与其量化考核工作，基本建立了经销商合同的台账管理。调整后的营销中心，工作分工相对更加合理，管理层次相对更加明确，团队合作相对更加协调，工作开展相对更加规范，工作成效相对明显提高。

推进网络营销渠道建设与新媒体营销 进一步贴近读者，并加大网络营销力度，在《中国畜牧兽医学报》上新增“新知新著”栏目，开展网上馆配订货会、教材公众号推文展示、网络申领样书活动、电子目录营销、畅想谷快闪、大学版协及其他平台精品图书展、优秀教材整理与推广、教材营销的居间服务模式，积极稳妥地开拓网络渠道销售。

初建并营业天猫中农大图书专营店 为顺应行业与读者的需求，创建对外展示与销售产品的重要窗口，进一步加强终端客户的信息库建设。目前上线在库品种 2 000 多种。

（童云）

【积极跟踪学校“双一流”建设及学校教育教学改革和科研成果，加强与有关学院的交流与合作，以更好地提供出版服务，取得了显著效果】

主动深入院系，宣讲国家相关教材政策 深入动物医学院、资环学院、草业学院以及信电学院人工智能专业，召开建材建设座谈会，并为老师们宣讲教育部新出台的《普通高等学校教材管理办法》《高等学校课程思政建设指导纲要》等相关文件精神，提倡课程思政的元素融入专业教材内容中，鼓励老师们出版信息技术与教育教学深度融合、多种介质综合运用、表现力丰富的新形态教材。目前出版社正在为动物医学院等多个学院出版多种核心课立项教材，并将学科教材进行系列化建设。相关编辑对资环学院各专业的课程设置进行深度分析，为进一步的教材建设提供支持。出版社与信电学院人工智能专业联合举办了专业建设研讨会，交流了新形势下人工智能专业教材建设的思路和想法，后续工作正在努力推进。

组织有关编辑跟踪学校教改立项工作，积极为学校教学工作提供服务 截至2020年底，出版社与主持中国农业大学立项教材的主编签署《动物免疫学》《兽医药理学》等出版合同22项，加上2019年的《农业经济学》《食品毒理学》等24项，共计46项，其中一部分为新形态教材，目前已到稿9种，出版2种，项目预计在2021年底全部出版。随着教改的延伸，此项工作还会持续做大做强。

积极参与研究生教材建设项目 承担2020年立项项目2项，包括草业学院《牧草与草坪种子科学与技术》以及动物医学院《小动物临床营养专题》。

积极配合学校相关部门组织教师参与全国教材建设奖评选工作 目前在出版社出版的由学校教师主编的教材有26种通过学校评审参加北京市评选，在学校报送北京市参评的60种教材中占43%，凸显出版社在学校教材建设中的地位和作用。

积极跟踪学校科研进展并及时物化到出版物 曹兵海教授的国家出版基金项目《国外肉牛产业研究》正式出版并顺利结项；吴常信院士的《动物比较育种学》以及谢光辉教授的《中国废弃生物质能源化利用碳减排潜力与管理政策》成功获批2020年度国家出版基金项目。这些图书的策划出版定会产生显著的社会效益。

据统计，2020年出版社共计出版了学校教师主编的图书39种，其中教材教辅21种，学术专著6种，实用科技图书3种，教书育人和文化类图书9种。

（童云）

【承担和履行社会责任，积极参与社会公益活动】

免费为师生提供教材资源 疫情期间，积极响应政府号召，为有关院校和大众免费提供电子书和开放电子教材资源。为应对新冠疫情，积极贯彻教育部“停课不停教、停课不停学”的文件精神，在调研各高校需求基础上，组织数字中心、营销中心、生产部门、策划部门等持续一个多月加班加点，克服了诸如技术处理、收集、上传等种种困难，完成近400种电子化教材的制作上传，基本满足了服务院校教学的需求，反响良好。同时，主动承担出版使命和公益职责，切实履行社会责任，利用自身专业优势和出版资源在京东等电商平台为大众开放两批共计70多种免费电子书。

捐赠图书 2020年7月，在学校及校产党委的组织领导下，向云南省镇康县图书馆、文化馆以及乡村文化站等捐赠出版社出版的各类图书17 340册，总码洋达307 224.90元。2020年11月，向北京市大兴区庞各庄镇留民庄村捐赠783种图书共2 261册，总码洋82 518.20元。2020年11月，向甘肃畜牧工程职业技术学院捐赠图书2 282册，图书总码洋100 142.70元。

特别是，出版社党支部与动物医学院党委、马连洼工委携手共建，共同开展“百名党员进社区”主题活动，向马连洼街道4个社区居民分别赠送生活类图书。

（童云 董夫才）

【重要出版项目及获奖情况】

2020年，出版社精心组织和策划，加强协调和服务，较好完成了各类项目和奖项申报工作，取得了较好的社会效益和经济效益，提升了出版社的影响力。

入选国家出版基金项目 2020年初《动物比较育种学》（吴常信编著）、《中国废弃生物质能源化利用碳减排潜力与管理政策》（谢光辉主编）、《Chinese Vegetation and Environmental Changes》（李凌浩编著）3种图书入选国家出版基金项目并获得资助，资助金额分别为20万元、16万元、45万元，共计81万元。此外，国家出版基金项目图书《国外肉牛产业研究》（曹兵海主编）正式出版发行，并顺利完成结项任务。

入选“十三五”职业教育国家规划教材 2020年12月，《盆景制作与欣赏（第2版）》《花卉生产技术（第2版）》《植物保护技术（第2版）》《树木学》《园林树木》《园林生态学》《植物保护技术》《养猪与猪病防治》8种教材入选“十三五”职业教育国家规划教材。

入选普通高等教育农业农村部“十三五”规划教材 《基因工程原理与实验》《土地评价学》《农业推广学案例》《中国农业经济史纲要》《园艺通论（第4版）》《普通测量学》《农业经济学》《分子生物学实验教程》《食品安全与质量控制》《宠物中医诊疗技术》10种教材入选普通高等教育农业农村部“十三五”规划教材。

入选中宣部《2020年农家书屋重点出版物推荐目录》 《农村电商》《现代生态经济型养猪实用新技术》《畜禽粪便资源化利用技术》《农业机械实用手册》《温室葡萄栽培管理关键技术》5种图书入选中宣部《2020年农家书屋重点出版物推荐目录》。

8种图书获省部级奖励 2020年11月，《人口流动研究方法与应用》获山西省第十一次社会科学研究优秀成果一等奖；2020年，《乡村休闲旅游与景观农业》《乡村休闲旅游特色发展》2种图书获得“第九届湖南省优秀科普作品”图书类优胜奖；2020年8月，《作物遗传育种（第2版）》获云南省普通高等学校优秀教材；2020年，《作物育种学》获全国农业教育优秀教材以及北京高校优质本科教材；2020年，《农业推广学》《农学原理》《汽车拖拉机发动机原理》获北京高校优质本科教材；2020年，《“农博士”有问必答（种植篇）第2版》《“农博士”有问必答（养殖篇）第2版》2种图书入选全国农业职业教育与农民培训优秀教材。

完成首届国家优秀教材奖评选校级申报推荐工作 据初步统计，由出版社出版的50多种教材被相关院校推荐至省级参评，其中有4种目前已确定推荐参评国家级优秀教材评选，《食品微生物学》《食品质量与安全管理》《食品试验设计与统计分析》《养羊与羊病防治》分别由浙江省、天津市、山西省和陕西省推荐参加国家级评选。

（童云）

【企业文化建设】

出版事业是中国特色社会主义事业的重要组成部分，既是党的意识形态坚强阵地，又是国民经济的重要产业；既是文化建设的基础，又是关系民生的行业，在我国社会主义经济建设、政治建设、文化建设、社会建设和生态文明建设中担负着重要的责任。

做好思想政治工作，凝聚企业精神 信息时代，新兴出版兴起，出版业进入了一个新的发展阶段，党建与思想政治工作建设发挥了极其重要的作用。为此，社委会和党支部把党员干部的思想教育与解决经营管理的重大问题、团队建设、学习型组织建设等多重功能结合在一起，打造“改革、进取、奉献”的企业精神。在塑造改革精神上，党支部围绕当前改革的重点和难点，配合社委会班子积极推动出版社市场化改革新方案的出台和实施，通过关注员工的思想动态，稳定员工的思想情绪，深入细致的思想政治工作，为深化改革打下了良好的思想基础。在鼓励进取精神上，党支部配合社委会坚持不定时召开业务研讨会和学习分享会，鼓励职工交流和探讨，激发工作创意和学习体会，在良好的氛围中培育职工的进取精神。

强化社会责任履行，提升文化氛围 出版具有意识形态属性和文化属性，因此必须发挥出版社党支部政治优势，加强和改进党的建设工作，配合行政决策，有力以保证出版方向、在业务上引导助力以推动科学发展，履行对国家、社会和读者的文化责任。在工作中，着力抓好“五个结合”：一是结合开展学习型党组织建设，强化政治责任和文化责任，提高党员职工政治素质和大局意识。二是结合主题党日、专题社会实践等活动，开展图书下乡、读者座谈会、科普讲座、图书捐赠等活动，扩大出版社和图书的社会影响。三是结合“创先争优”活动，弘扬“认真做好出版工作”精神，培育职工爱岗敬业的品德和重视质量的工作作风。四是结合党的群众路线教育实践活动，坚持优化策划选题，增强原创选题的针对性，满足读者需求和社会经济建设和文化的需求。五是积极开展结对文化扶贫等文化公益类活动；培育传承文化、精品强社、诚信经营、追求卓越的企业文化氛围。

加强人才队伍建设，打造出版社核心竞争力 人才是出版社发展核心要素，对企业发展起决定性作用的资源，更是实现出版社战略目标和可持续发展的首要资源。因此，出版社力求推动建立民主推荐和民意测评的选拔机制、公开公平的录用机制、能上能下的淘汰机制、奖罚分明的激励机制、严密科学的监督机制。

加强宣传与推广，采取各种措施，努力提升出版社影响力 针对出版社对外宣传较为薄弱的现状，结合社会效益考核评价工作，出台了《中国农业大学出版社社会效益考核及奖励暂行办法》，通过制度及鼓励措施引导职工加强对外宣传、积极争取体现社会效益的项目和奖项，发表论文和推文报道，扩大出版社影响力。

2020 年，先后与《出版广角》《猪业科学》杂志以及“中国高校教材网”签署战略合作协议，加强深度合作和宣传推荐工作。

出版社职工在专业期刊发表了 13 篇专业论文，与出版社有关的宣传报道和推文 10 余篇。比如，疫情期间，针对复工复产专题进行研究，2020 年 6 月 12 日，《疫情下图书出版单位经营管理：系统规划　科学复工复产》发表于“中国出版传媒网”；参加中国大学出版社协会举办的 2020 年度“担当·创新·展望”主题征稿活动，社委会成员带头将研究成果形成出版研究论文 7 篇，并在中国高校教材图书网上进行展示；有关出版社新闻报道 10 篇，其中《中国农业大学出版社迁入新址办公》(2020 年 4 月 3 日)、《学校出版社 5 种图书入选国家新闻出版署〈2020 年农家书屋重点出版物推荐目录〉》(2020 年 5 月 9 日)、《资环学院与学校出版社召开教材建设座谈会》(2020 年 10 月 13 日)、《全国农林院校第一届人工智能专业建设研讨会召开》(2020 年 10 月 26 日)、《出版社召开学习贯彻习近平总书记给人民教育出版社老同志回信精神座谈会》(2020 年 12 月 23 日)、《赵晨霞教授为学校出版社作教材开发与“三教改革”报告》(2020 年 12 月 25 日)发布在中国农业大学新闻网。出版社官网、公众号积极推出了包括《钱学军副校长一行到我社检查疫情防控和复工复产工作》(2020 年 4 月 10 日)、《农大出版社认真排查办公场所安全隐患,保障出版业务安全开展》(2020 年 7 月 31 日)、《农大出版社举行林家栋先生出版工作 21 周年座谈会》(2020 年 8 月 7 日)、《北京体育大学出版社来我社调研与交流》(2020 年 8 月 31 日)等 10 篇新闻稿件,为出版社多媒体的活度提供了新闻保障。

2020 年是极为不平凡的一年,在新冠肺炎疫情肆虐、出版业萎缩、出版社搬迁等不利情况下,出版社全体员工众志成城、共克时艰,不忘立社初心、牢记出版使命,取得了良好的经济效益和社会效益。

(席清)

涿州教学实验场

【发展概况】

2020 年中国农业大学涿州教学实验场(以下简称"实验场")深入开展理论学习,以党的十九大精神、习近平新时代中国特色社会主义思想为指导,不断提高站位,解放思想,深化改革,稳中求进。在学校党委的坚强领导下,实验场党政班子团结一致,紧紧围绕学校"双一流"中心工作,在组织疫情防控、保障教学科研、强化教育培训、维护土地安全、提高经营能力、做好顶层规划、改善市校合作关系、解决历史遗留问题、提高场区基础设施环境等方面取得了明显成效。重点做好教师科研保障和学生实习实训实践服务等工作,加快实验场成为学校"双一流"发展的主要支撑平台和场站载体,为未来持续快速发展打下坚实的基础。

(李佳兴)

【班子建设】

12 月 16 日,中共中国农业大学委员会文件(中农大党发[2020]57 号),段刘伟同志试用期满正式任职,任命为涿州教学实验场(农业科技园)场长兼模式动物重大设施建设办公室副主任。

12 月 22 日,中国农业大学文件(中农大校任[2020]14 号),任命李轩复同志为涿州教学实验场(农业科技园)副场长。

12 月 30 日,中国农业大学文件(中农大校任[2020]14 号),任命杨德昌同志为涿州教学实验场(农业科技园)副场长(试用期一年)。

12 月 31 日,中共中国农业大学委员会文件(中农大党任[2020]11 号),任命李茂茂同志为涿州教学实验场(农业科技园)党委副书记兼纪委书记。

(李佳兴)

【党建工作】

抓党建落实主体责任,抓实抓好党支部建设,提高干部队伍素质,以"理论学习"和"实践学习"相结合、"请进来"和"走出去"相结合、"集中听课"和"自学研讨"相结合等多种培训形式，开展支部书记培训班、科级干部培训班、发展党员培训班等，共举办理论学习课 17 次；组织开展“支部主题党日活动”；成功召开党员大会选举产生学校第四次党代会 7 名代表；组织支部书记述职考核，13 个支部书记逐一述职，结合实际工作，深入查摆党支部工作难点问题和薄弱环节并提出下一步整改思路措施情况。切实加强意识形态工作，抓党建开展从严治党教育，推动基层党组织党风廉政建设责任制，召开党委会 8 次，组织理论中心组学习 5 次，教职工学习 3 次，邀请李桦老师专题讲座 2 次，邀请赵竹村老师主题讲座 2 次，全体党员集中学习党课 2 次。

为深入开展学校党委巡察实验场党委反馈意见的整改工作，针对巡查组反馈的情况，实验场党委认真研究整改措施，压实整改责任，制定了《关于巡察涿州教学实验场党委反馈意见的整改落实方案》，集中整改时间分三个阶段进行，要求相关责任部门及全体职工把做好巡察整改工作细化整改方案，扎实做好巡察整改工作，按期完成整改任务，以巡察整改为契机，提升管理和服务水平，促进实验场各项事业发展。

全年发展积极分子 15 名，预备党员 10 名，预备党员转正 12 名。截止至 2020 年 12 月，实验场党员 265 名，其中在职党员 168 名，离退休党员 97 名；党支部 13 个，其中在职教工支部 10 个，离退休党支部 3 个。

（李佳兴）

【领导关怀】

3 月，涿州市市长姚运涛到科技园区考察，实地调研模式动物大设施疫情防控举措与复工复产情况，涿州教学实验场场长段刘伟、副场长刘杰陪同考察，双方就如何推进科技园区 2020 年重点工作进行深入交流。

4 月，涿州市委书记王彦清，市委常委、市委办主任梁忠林一行到模式动物重大设施调研重点项目建设情况，与实验场党委书记李克江、场长段刘伟、模式动物重大设施建设办主任张树川共商打造生命健康产业园和劳动教育产业园事宜，加快推进省校共同谋划的“个十百千万”重大工程。

5 月，保定市发展和改革委副主任毛苏宇到模式动物国家重大科技基础设施项目进行调研，深入了解重大项目进展和园区产业规划。

6 月，保定市人大常委会主任、党组书记马誉峰一行来到实验场对包联项目模式动物大设施进行调研；北京市农林科学院副院长唐桂均，植物保护环境保护研究所所长燕继晔在学校植物保护学院教授赵文生的陪同下，来到实验场考察调研。

7 月，涿州市市长姚运涛一行到学校涿州科技园区围绕无病毒葡萄原原种苗培育基地、葡萄酒实训研发中心、人才家园项目、办公三期平台建设等重点项目实地调研。

8 月，河北校友会长、华牧集团董事长、河北神农庄园酒店董事长刘福辰，北京校友会副会长、金融投资分会会长余柏文，河北校友会副会长、茶业分会会长王如良，河南校友代表、茶行业分会秘书长蔡晓东，农业农村部杂志社主编危志敏等京冀豫三地校友到学校涿州农业科技园考察调研。

9 月，涿州市市长姚运涛、常务副市长李献峰与学校雄安涿州专项工作组常务副组长张永生等就加快涿州国家农业科技园区建设进程、推进市校全面合作进行友好交流；华戈控股集团有限公司战略发展总裁段卫华一行到实验场考察调研；保定日报社党委副书记、总编辑李会斌带领《保定日报》《保定晚报》《莲池周刊》、融媒体工作室编委、主任、中心骨干记者组成的报道小组一行 11 人来科技园区围绕培育新的经济增长点进行重点采访。

10 月，涿州市高新区党工委书记、管委会主任葛永泉检查督导涿州农业科技园核心区环境综合整治提升工程，要求施工单位如期开工，按时完工。

11 月，涿州国家农业科技园区管委会在实验场召开调度会，推进市校共建工作。

12 月，北京皇冠体育用品有限公司总经理王连攀一行到实验场考察调研。

（李佳兴）

【园区建设】

“人才家园”项目 专家公寓 C、D 区室外工程、围墙工程、弱电工程等项目现已进场施工。目前，专家公寓 C、D 区工程已完成四方竣工验收，其弱电工程已完成总工程量 90%。该工程预计 2021 年 5 月底交付业主使用，10 月底全部工程竣工。

克服疫情及环京楼市低迷等困难，邀请 10 余所兄弟高校工会系统参观；组织合作企业及京津冀校友考察 186 起，广泛宣传，有力推动销售，确保资金回笼。

园区项目 市校通力合作加快发展，建立健全交流协商机制，围绕“一文/两图/三清单”，争取地方政府资金 2 806 万元，用于核心区的环境提升工程和科技园区的展厅建设。全力推进玉米全程机械化田间工程，建设 5 000 米围墙；配合模式动物大设施工程建设，建设 400 米^2 高质量展馆；建设牧草生产、加工和存储等全产业链科研示范基地；协助完成农业农村部精准渔业技术集成科研基地建设工程；做好葡萄酒实训研发中心的后续工作和国家作物分子育种创新中心的选址工作。办公三期部分设施已投入使用，增加 500 人规模报告厅 2 个，增加 80 人规模教室 4 个，为实施农业教育、劳动教育提供了基础条件。

（李佳兴）

【主要工作】

疫情防控 自 2020 年 1 月 22 日起，实验场按照学校党委部署，主动落实河北省、保定市关于新型冠状病毒性肺炎疫情属地防控要求，自觉履行双重主体责任，健全战时防控机制，形成 6 个工作专项小组，抽调 170 余人次，排查人员近 4 000 人次，共收到职工及社会各界爱心捐款 24 861 元、爱心物资捐赠 1 000 余千克、党员捐款 17 070 元。一手抓疫情防控，一手抓生产恢复，重点围绕保障春耕、保障科研项目不中断开展各项工作，积极推进企业有序复工复产，支持开工企业 19 个，入园师生 400 人次，园区内各企业均完成了年度任务。

实习实训 年度接待企业 153 家，合作 6 项，增加收入 216 万，收入增长 148%。整合校友资源，与石家庄农校和滦州市农业农村局合作 3 个批次（共计 400 余人）的高质素农民培训工作；与继教学院合作，完成近 100 人的基层农业领导干部业务培训工作。

编制劳动教育基地实施方案及课程安排，与本科生院沟通，拟每年接待学校 3 000 余名本科生入场开展劳动教育；成功举办第三届农民丰收节庆祝活动暨京津冀大中小学生劳动教育活动；与研究生院合作，完成了学校新晋博导硕导的业务培训；邀请延河高校联盟的 9 所高校到实验场参观考察，着力打造京津冀共享式劳动教育实践基地。

建章立制 制定《党委会议议事规则》《党政联席会议议事规则》《中层干部“约法十条”》《中层干部聘任暂行办法》《“三重一大”决策制度实施办法》等。坚持人地合一、用地交费、内外有别，6月出台《涿州教学实验场土地使用管理办法（暂行）》，明确标准；收入增加200万元，土地收入达700万元，为历史新高。

内部改革 集中调整、提任中层干部35人；内部机构及岗位设置调整到位，以扁平化管理原则，将原来22个部门削减为14个，中层管理干部结构得到了优化。

财务管理 采用多种措施清收入园企业和项目的土地费用，加大清欠电费和取暖费的追缴力度，清理历史欠款300余万元。

人事管理 完成了实验场现有职工800多人的自参加工作以来的人事劳资信息复核工作；1月，完成了对在职职工339人的薪级工资调整和其中255名在岗职工工资兑现；7月，按国家政策和地方社保要求，完成496名退休职工调资工作，人均月增资150多元；9月，完成173名职工技术等级岗位聘任工作；全年及时为29位达到法定退休年龄职工办理退休手续。截至2020年底，全场职工共计829人，在职职工311人，离退休职工518名，全年退休29人。

爱心帮扶 努力构建党委与职工“心连心”帮扶制度，密切联系群众，深入一线调研指导，定期走访困难群众和退休党员，看望80岁以上党员24名，发放慰问金12 000元；“七一”慰问80岁以上老党员25名，并送去慰问金及党组织的关心和温暖，慰问金共计12 500元；组织实验场职工免费体检，切实做到关心职工身体健康。

（李佳兴）

曲周实验站

【概况】

中国农业大学曲周实验站建于1973年，是黄淮海平原最早建立的农业科研实验站之一。曲周实验站占地1 088亩，总建筑面积12 500米^2，其中，实验楼2 400米^2，办公培训楼4 000米^2，国际研究中心2 660米^2，实验用地规划规范。2020年，中国农业农村部原副部长、中国农业绿色发展研究会理事长余欣荣、山东省临清市市委、中国农业大学研究生院等37批次共649余人次到曲周实验站学习“曲周精神”，并采用线上的形式开展对2020年学校新入职教职工的“曲周精神”宣讲活动；承办了各项会议、活动31场，约3 483人参加；承担了中国农业大学2018级环境科学类137名本科生线上线下专业认知实习；开展了县域农业绿色发展技术培训和科普宣传；完成了曲周县农业绿色发展先行先试支撑体系建设方案和国家农业科技示范基地建设方案；先后获批农业农村部“国家现代农业科技示范展示基地”“河北曲周绿色农业教育部野外科学观测研究站”等国家级研究基地，这些基地将为学校相关学科建设、人才培养、科技创新、国际合作奠定坚实基础，为中国农业大学资源与环境、农学、工学、园艺、人文与发展等学院以及中国农业科学院、河北工程大学、河北廊坊学院等科研单位教授和研究生常驻实验站开展科研工作提供坚实保障；扎实开展了新冠疫情防控工作。实验站在其他各方面包括后勤管理、站内环境整治等也取得较好进展。

2020年在职人员中有教授1人、副教授1人、高级农艺师3人、农艺师2人，取得博士学位的4人、取得硕士学位的1人。实验站成功培育的第2个小麦品种“龙堂一号”通过审定。通过47年的不断探索，建立了“一个实验站、两个服务、三个载体、四大职能”的校地合作曲周模式，传承和发扬“曲周精神”。

（王绍雷　郭敏）

【科学研究】

2020年，在曲周实验站开展的科研项目共35个，拨付到曲周站科研经费达到1 528万元；发表论文32篇，其中SCI收录20篇；申请专利5个（其中1个审报中）；获奖项1个；召开国际学术会议1次，国内学术会议1次；毕业或在读研究生共102人，其中博士16人，留学生33人。

2020年，曲周实验站为学校资源与环境、农学、工学、园艺、人文与发展等学院以及中国农科院、河北工程学院、河北廊坊学院等科研单位教授和研究生常驻实验站开展科研工作提供了坚实保障。邯郸市氨减排项目、农业农村部耕地保护中心土壤质量监测等项目进展顺利，曲周县农业绿色甜叶菊项目完成中期验收，优质麦项目、粮食全程机械化研究等项目落户曲周实验站，并取得显著进展，推动了曲周县农业发展先行区和国家农业科技园区建设。

2020年，曲周实验站承担的行业专项课题十三五重点研发课题“作物专用高效复混肥研制与产业化”“主要生态区农作体系氮肥绿色增产增效的综合调控途径”、973课题“主要生态区农作体系氮肥绿色增产增效的综合调控途径”等项目均在有序开展。培育的小麦品种“龙堂一号”“龙堂二号”相继通过审定。

（王绍雷　张晓宁）

【社会服务】

响应国家号召，有序安排科技小院23名研究生及时返回曲周实验站和科技小院，投身保春耕、服务“三农”第一线。强化对科技小院研究生的管理和指导，聘任8名地方农技人员作为研究生实践导师，研究生被曲周县科技和工业信息化局聘请为曲周县科技特派员。利用微信平台、视频短片宣讲技术，在做好防护条件下深入生产一线面对面指导。示范推广各类技术12项，开展各类农业技术培训近百场，举办田间观摩和技术交流会13次；建立微信群18个、受益1 784人，线上发布技术管理指导意见8次，推动示范区粮食丰收。被《人民日报》、新华社等媒体多次报道。

利用线上线下结合服务本科生和新入职青年教师培训。暑假期间采用线下一线实习与线上直播实践教学集合方法，为资源与环境学院150多名本科生开设暑期实践认知课；以线上方式为全校150余名新入职青年教师开展“曲周精神”教育培训。

探索非洲留学生基地培训、推进人才培养国际化。自6月2日起非洲科技小院专项留学生入住曲周，顺利开展田间试验、温室试验、农户调研、科技小院实践等环境技能培养，参与科技小院组织的小麦实收会、苹果田间观摩会、葡萄“果王”争霸赛等社会服务活动和农村文化交流、中小学支执教等活动，成效显著。被中央电视台、中央广播电视总台法语频道、新华社等媒体多次报道。

此外，依托实验站和曲周县的7个科技小院，依据“一站联一县、一院帮一村、一人帮一户”原则，积极开展科技扶贫，开设甜叶菊产业扶贫班，举办曲周县甜叶菊产业扶贫班暨技术培训会，推动产业扶贫；借助科技小院优势，围绕“一村一品”，对贫困户实际开展“一对一”脱贫攻坚帮扶工作。相关工作被《人民日报》、新华社、澎湃新闻等媒体报道。

（张晓宁）

【人才培养】

在现有教学实习基地、科普基地的基础上，进一步对实习基地进行改造工作，不断改善优化现有住宿、餐饮条件，并对现有试验地进行进一步的规划、调整。

继续强化专业学位研究生培养工作，2020年曲周7个科技小院运行顺利，共有23名专业学位研究生在生产一线开展科学研究、社会服务等工作，同时23名研究生被曲周县科技和工业信息化局聘请为曲周县科技特派员。

2020年，共有30多名青年人才和近200名研究生到曲周实验站开展田间试验、农户调研等工作，助力国家农业绿色发展先行区建设。

2020年，依托曲周科技小院等，顺利开展中农资源与环境学院本科生实习、曲周县青年干部培训等，并与邯郸青杨研学教育科技有限公司合作，开展面向邯郸市中小学生的科普活动，努力打造面向广大职业农民、中学生、大学生、研究生、博士生、青年干部的综合农业人才培养基地。

（田英豪）

【合作交流】

在国家留学基金委和中非友谊奖学金的支持下，设立“中非科技小院留学生专项”，该专项中26名学生于2020年6月2日至11月23日在曲周实验站进行科研工作及科技小院模式的学习，旨在把曲周科技小院创新模式向非洲和“一带一路”国家推广，通过人才培养，服务非洲农业发展。留学生在曲周期间顺利开展了田间试验、温室试验以及农户调研等研究工作，并积极参加了王庄科技小院小麦实收会、相公庄科技小院苹果田间观摩会、前衙科技小院“果王”争霸赛等社会服务活动，为科技小院模式向非洲国家推广奠定了坚实的基础。

（郭敏　张晓宁）

【制度建设】

加强内部管理，努力提高职工素质，更好服务科技创新、乡村振兴和人才培养。2020年，曲周实验站进一步细化了职工岗位，明确职工负责工作内容，进一步完善了财务管理制度，并制定完善了住宿楼、国际合作与交流中心、餐厅、研究生自习室、仓库、试验地等管理规章制度，加强实验站各方面管理。同时要求实验站职工积极参加曲周科技小院葡萄、苹果、小麦、玉米等培训会、田间观摩会，努力提高职工素质。

（王绍雷　郭敏）

【基础建设】

突破“国”字号瓶颈，提升了服务学校“双一流”学科建设能力。国家野外科学观测研究站获批。河北曲周农业绿色发展野外科学观测研究站正式获批列入国家建设行列，成为学校3个国家级野外科学观测研究站之一，将大大提升支撑学校“双一流”学科建设能力。此外，2020年还先后获批“河北省科普示范基地”、农业农村部“国家现代农业科技示范展示基地”“河北曲周绿色农业教育部野外科学观测研究站”“全国粮食安全宣传教育基地”和“国家农业绿色发展长期固定观测曲周试验站”，这些基地将为学校相关学科建设、人才培养、科技创新、国际合作奠定了坚实基础。农业绿色发展先行区建设进展好。完成农田系统长期观测定位实验设计、绿色生产技术展示示范，绿色生态环境监测点统筹规划，提升综合野外观测科学研究能力；根据先行区建设规划，组织8个工作小组，围绕优质麦、甜叶菊、蛋鸡绿色产业发展和“技术体系、标准体系、产业体系、经营体系、政策体系、数字体系”六大体系建设，全面推进各项工作，建成优质麦、甜叶菊、氨减排技术万亩示范方、种养有机循环技术展示千亩方。该领域工作得到了农业农村部原常务副部长余欣荣高度评价，相关社会服务工作被中央电视台、新华社等媒体报道5次。

全面规划了站北农业绿色发展研究基地，所有试验地统筹安排得到了有效利用，分别增设了甜叶菊和优质麦绿色生产技术示范基地200亩，大大提升了实验站开展长期综合野外观测科学研究的能力。

（张晓宁）

【党建工作】

实验站党支部现有党员7名，按照学校党委的部署，定期召开了会议，学习文件、统一思想，提高党员的理论水平和整治素养。2020年，曲周实验站党支部先后同国网曲周县供电公司党委、四疃镇王庄村党支部、曲周县农村信用社、邯郸市国家调查队等单位开展党日共建活动。举行了党支部换届选举大会，选举了新一届曲周实验站党支部委员会委员并召开第一次会议，会议决定由张宏彦副站长任曲周实验站党支部书记，王绍雷任组织委员兼纪检委员，田英豪任宣传委员。2020年，曲周实验站党支部荣获中国农业大学优秀党支部，党支部组织委员王绍雷被评为中国农业大学“优秀共产党员”。

（王绍雷）

在2019年中国农业大学师生扎根基层的曲周先进事迹，曲周改土治碱、科技小院人才培养等46年持续奋斗列入中宣部建国70周年重大宣传典型的基础上，2020年曲周实验站继续充分挖掘曲周实验站思想政治教育功能，先后有原农业部原副部长、中国农业绿色发展研究会理事长余欣荣，山东省临清市市委、中国农业大学研究生院等37批次共649余人次到曲周实验站学习“曲周精神”，并采用线上的形式开展对2020年学校新入职教职工的“曲周精神”宣讲活动。

（田英豪　郭敏）

根据学校和地方新冠病毒疫情防控工作要求，强化党支部和党员先锋模范作用，将疫情防控工作作为年内党建和党员工作重点，制定《疫情防控期间实验站门岗出入制度》《疫情防控期间师生往返曲周实验站的管理规定》等，组织职工、研究生党员轮流值班，构筑防疫坚强堡垒，服务广大在站师生；关键环节党员把关，强化对在站学生统一管理，确保疫情防控工作落实到位，打造疫情期间服务科研、成果转化和人才培养的“避风港”，为包括非洲留学生在内的231名师生来站开展研究工作提供了保障。疫情防控工作得到了河北省外事办党组书记、主任王立忠同志的充分肯定。

（王绍雷　张晓宁）

上庄实验站

【发展概况】

2020年是极其不平凡的一年，突如其来的新冠疫情全国暴发，给人民的工作和生活带来巨大影响。上庄实验站面对疫情，按照上级和学校部署，有序开展抗疫和科研工作。紧紧围绕2020年学校“11＋1”板块、扎实完成“双一流”建设”，以统筹推进“5＋1”工程为总体布局、以2035远景目标为指引，全面贯彻和落实党的十九届五中全会及学校发展重点工作会议精神，在疫情防控常态化背景下，结合实验站的功能定位与发展战略，切实推进服务教学科研、提升基层党建质量，精修内功，加强对外交流与社会服务，全面推动实验站发展建设。

（肖杰）

【党建工作】

结合上庄实验站工作实际，组织党员多元化开展政治理论和时事集中学习，严格贯彻“三会一课”制度，学会悟透党的十九届五中全会、《学抗疫精神，悟初心使命》等精神，始终做到“不忘初心、牢记使命”。2020年4月，开展“同心抗疫，党旗飘扬”主题党日活动，助力村民解决春耕问题。5月，开展“劳动最光荣”主题党日活动；组织集中观看《2020年政府工作报告》。6月，组织观看《巍巍天山——中国新疆反恐记忆》；完成了“党员之家”红色阵地建设，强化党员干部服务意识，积极宣传红色文化。7月，开展“庆七一”主题党日活动，落实党员教育工作，党支部书记以《学抗疫精神，悟初心使命》为主题对全体党员和入党积极分子全方位开展党课宣讲。10月，组织参观学习“热血铸国魂——中国农业大学革命英烈展”。11月，支部党员张旭作为党代表，参加中国共产党中国农业大学第四次代表大会；完成了“职工之家”建设，主动帮扶困难职工，开展职工谈心，了解发现职工实际困难和突出问题，全站职工为疫情捐款2 450元，党员献爱心活动捐款1 700元，e帮扶平台扶贫额度1 364.1元，为站里困难职工捐款9 100元。12月，组织学习教育部部长陈宝生关于党的十九届五中全会精神的报告、邀请学校党代表解读第四次党代会精神；5—12月，与海淀区吉雨农庄、中国农业银行、北京一零一中学、学校人文与发展学院分团委、沧州市盐山县、肃宁县县委开展党建交流活动，分享党支部建设经验和做法，探讨发展建议，挖掘共建渠道，促进党建工作的共同提升。

（魏春　刘思敏）

【精修内功】

2020年，全年累计召开9次站务会议讨论部署上庄实验站建设工作，召开3次职工大会制定发展规划目标和解决发展存在问题。2020年1月，为提高科研试验的服务质量和工作效率，制定年度生产计划及试验地种植规划，进一步优化试验田管理流程，量化田间工作任务。3～6月，多次召开专题讨论会，完善实验站管理制度建设，共制定与修订制度10项，编制了《中国农业大学上庄实验站管理制度汇编(2020版)》。3月20日，明确部门与人员岗位职责，完成了学校2020年的科级及以下管理服务岗位和专业技术职务岗位聘任工作。加强队伍建设，新培养了农机驾驶员4名、电工2名。8月27日，开展安全教育培训，加强警民合作，提升安全防范意识和治理水平，为平安校园建设打下更加坚实的基础。10月14～20日，完成了11栋日光温室的升级改造工作并新添2台农业机械；及时修缮了因自然灾害导致的破损围墙。

(李彦明　谢虹)

【实践教学与人才培养】

2020年承担中国农业大学农学、园艺、资源与环境、工学院、人文与发展等学院及全国青少年农业学科夏令营的实习实践教学任务，共计684人(表1)。

表1　2020年完成实践教学、实习工作任务情况

序号	名称	实习时间	学生人数/位	实习内容
1	全国青少年农业科学夏令营	8月15—19日	192	农耕讲座(线上)
2	农学院	9月6日	110	农事实习(线上)
3	农学院、园艺学院、植物保护学院	9月30日至10月16日	300	农机专业实训
4	工学院	10月24—25日	62	专业实习
5	人文与发展学院	11月8日	20	农事认知

(张旭)

【科学研究】

2020年度承担并协助学校农学院、园艺学院、植物保护学院、资源与环境学院、生物学院、土地科学与技术学院、草业科学与技术学院、信息与电气工程学院、水利与土木工程学院、理学院、食品科学与营养工程学院、工学院、经济与管理学院、动物医学院等14个学院94个科研团队及330名研究生和农业部等校外单位完成100多项科研任务。全力保障了794.55亩科学研究工作的顺利实施(见表2)。

自主承担的科研试验及示范推广包括：①北京市种子公司组织的小麦品种区域实验，包括高产稳产组品比试验和生产试验，其中区域试验的参试品种17个，生产试验的参试品种4个；②实验站自主种植示范265.45亩，作物有板蓝根、玉米、鲜食玉米、花生、甘薯、大豆等。

表2 2020年科研用地情况

序号	用地单位	面积/亩	备注(含种植作物)
1	草业科学与技术学院	11.4	牧草、柳枝稷
2	工学院	7	玉米
3	经济管理学院	5	大豆
4	理学院	22.9	蔬菜、小麦
5	农学院	373.8	小麦、大豆、水稻、棉花、玉米、中药材
6	农业农村部	75	蔬菜、棉花、大豆、玉米
7	生物学院	26.5	玉米
8	食品科学与营养工程学院	9.2	葡萄
9	水利与土木工程学院	5	设施农业、农业工程
10	土地科学与技术学院	17.3	小麦、玉米
11	信息与电气工程学院	15.6	玉米、小麦
12	园艺学院	99.1	果树、蔬菜
13	植物保护学院	30	小麦、水稻、果树、玉米、甜菜、棉花
14	资源与环境学院	86.75	玉米、小麦、牧草
15	后勤保障处	10	苗木
16	实验站教学用地	265.45	板蓝根、鲜食玉米、花生、甘薯、大豆

(王占森)

【疫情防控及运行保障】

2020年1月24日零时自启动应对新型冠状病毒感染的肺炎的应急预案一级响应起,为进一步做好学校新冠疫情防控工作,上庄实验站紧急将办公楼三层宿舍腾空封闭,作为新冠疫情期间返京教职工和学生留观区域,并启动应急工作方案,从领导班子到普通一线教职工,都积极投入到疫情防控工作中。

1月28日第一时间成立了“疫情防控工作小组”,积极落实主体责任,统一协调,要求各科室、各教职工积极配合,层层落实。

为便于部署安排疫情防控措施,建立专门工作微信群:上庄实验站疫情防控群。通报学校的通知和部署,开展疫情防控宣传,每天统计教职工们的动态,提醒各种防控注意事项等;其次对实验站范围内环境每天进行全面消杀工作,根据北京市垃圾分类要求添置“其他垃圾”桶及“有害垃圾”桶;于2月20日起开始接待返京复工的教职工和返校开展科研试验的师生,共完成了4批33名复工教职工和150名师生为期100多天的留观隔离工作。

3月31日至4月7日,返京复工人员隔离期间,党员干部和在编职工带头,逐步开展了田间浇水、打畦作埂、沟渠清理、果树修剪等工作,实现了疫情防控与复工复产两手抓、两不误。

4月18日,针对疫情初期防疫物资匮乏,充分发挥党支部堡垒作用,党员干部主动捐出自己的防疫物资，同时，积极与马连洼街道等共建单位沟通，筹措防疫物资，得到了他们 2 000 只口罩的捐赠。通过多方组织购买筹集口罩、消毒水、洗手液等物资，解决了实验站人多物少的燃眉之急。

5 月 5 日，校长孙其信到上庄实验站调研并检查疫情防控工作，专门对食堂及学生宿舍进行了检查，提出上庄实验站在抓好常态化疫情防控的前提下，切实保障驻站师生的生命安全与身心健康。

7 月 1 日，针对留观隔离无法返校做核酸检测的师生员工，积极与上庄镇政府和西辛力屯村村委会对接，进行核酸检测，做到应检尽检。

7 月 12 日，新疆突发新增确诊病例，实验站对已在留观隔离的新疆学生采取应急方案，第一时间安排重新开展为期 14 天的留观隔离，发布《关于近日由新疆返京到站学生的隔离措施》；建立微信沟通群，每日监测身体健康状况并对隔离学生进行心理疏导；分别于 7 月 21 日、7 月 24 日对隔离学生进行核酸检测，结果均为阴性，于 7 月 28 日安排学生正常返校。

（陈少方　康雪宁）

【疫情常态化下的创新发展】

由于疫情师生不能正常返校，实验站承担的试验地面积减少 27%，为填补土地的闲置，期间制订了几套土地种植方案，并全面组织实施：①联合学校工会开展“一分地”农业生产体验活动，为 36 名教职工提供了集农业科普、农事体验、休闲锻炼于一体的平台；②探索药用植物种植，邀请药用植物研究所和中药材加工企业给予技术支持，首次完成了 160 余亩板蓝根种植工作；③以中国农业大学 115 周年校庆为契机，种植和示范中国农业大学特种玉米新品种 20 亩，繁殖甘薯和花生新品种 15 亩。为学校校友提供了 3 000 穗有机鲜食玉米的品尝。

（肖杰　何光荣）

【社会服务】

2020 年 4 月，为西辛力屯村、双塔村和前章村提供农业科技服务和生产指导；为首农集团和申隆公司等农业企业提供种植服务。

5—11 月，农业农村部、教育部、科技部、发改委和海淀区委等国家部门与地方领导赴实验站考察指导农业科技服务基地建设；山东省临清市委、锡林浩特市沃原奶牛场及新疆生产建设第十三师等单位莅临实验站考察交流，探讨农业科技合作新模式，助推学校农业科技新成果、新产品和新技术等转化，服务地方社会发展和经济建设。

5—12 月，联合中国儿童中心、TT 教育产业联盟、北京一零一中学、中国农业大学附属中学、清华大学附属小学和中国农业大学附属小学共建劳动实践育人课程，服务首都中小学农业劳动教育。

9 月 18 日，配合北京市植保站、海淀农业农村局开展草地贪夜蛾的培训、监测和防控工作。

（肖杰　魏春）

模式动物表型与遗传研究国家重大科技基础设施

【概况】

2020年模式动物重大设施建设办公室以解决大设施建设共性的超概算、拖工期、属地履约难等突出问题为导向，以严格概算控制为主线，严控过程、精细管理。涿州市成立由市委、市政府主要领导牵头的项目推进组定期调度；参建方以政治建设为统领，严抓疫情防控，延期两月于4月3日复工，推动高质量建设，11月实现结构全面封顶，获评河北省安全文明工地，成为属地引领示范项目和样板工程。

（张树川）

【疫情防控】

根据教育部、北京市和学校以及属地有关应对新型冠状病毒感染的肺炎疫情防控工作指示精神，施工现场停工期间采取全封闭管理，严格人员出入，留守人员做好严格防控。

在紧抓不放防控工作的同时，建设办开创性地运用ZOOM线上会议模式，确保建设工作不停，积极组织参建各方（建设、设计、施工、监理、项目管理方）负责人召开线上视频会议，通报各单位防控要求和举措，研究应急处置预案及大设施停（复）工对合同实际履行影响处置方案。延期复工期间，建设办把工作例会和专题工作会开在“线上”，进行工程BIM碰撞，图纸会审意见修改及深化、专业分包招标等技术文件内业工作，全力以赴做好项目防控和建设工作。

（姚新宇）

【工程指挥部会议】

2020年3月16日和2020年3月18日召开第一次工程指挥部会议和第一次工程经理部会议。指挥部就大设施进展、配套规划实施及疫情防控和复工准备等议题进行讨论，副总指挥龚元石副校长对项目进展要点、防控环节进行了分析研判和部署指导，并就下一阶段工作提出要求；经理部会议梳理建设中近期和中期需解决的问题，并研讨解决方案和工作机制。

（温皓杰）

【管理办法】

2020年发布实施了《模式动物重大设施建设议事和决策暂行办法》和《模式动物重大设施运行经费管理办法。》

（王夏玲）

【主体封顶仪式】

2020年11月06日模式动物表型与遗传研究国家重大科技基础设施（猪设施）建设

研讨会暨主体结构封顶仪式在模式动物大设施施工现场举行。涿州市副市长邸庆林和涿州高新区管委会党工委书记、主任葛永泉，建设单位中国农业大学副校长龚元石及设计、施工、监理、项目管理各参建方代表等出席仪式并致辞。

（王夏玲）

【对外宣传】

新建展厅 涿州市政府支持的项目配套400米^{2}展馆建成，对设施更好地展示宣传将会发挥重要的提升作用。

参展第三届保定创新驱动大会 2020年8月21—23日参展保定市第三届创新驱动发展大会。会上展示和宣传模式动物项目，受到了与会领导和专家的高度关注。

宣传报道 在第十六届中国科技政策与管理学术年会作报告交流。央广网、《中国科学报》《科技日报》、科学网、《北京日报》、涿州电视台等媒体先后对项目进行报道。

（温皓杰）

中国农业大学国家大学科技园/北京建设大学

【概况】

中国农业大学国家大学科技园/北京建设大学是学校专门负责科技企业孵化、科技成果向社会推广转化、双创人才培养的支撑平台和直属机构，是学校教学科研的重要服务窗口，是科技部、教育部认定的国家级大学科技园。

2020年，科技园在学校党委的正确领导下，深入学习党的十九届五中全会精神，深入学习贯彻落实学校第四次党代会精神，围绕学校中心工作，一手抓疫情防控，一手抓管理服务，不断创新工作方法，不断加强党支部建设，不断提高工作质量，各项工作均取得了新成就。不仅按照《教育部办公厅关于组织开展部属高校国家大学科技园自查整改的通知》和《科技部办公厅、教育部办公厅关于开展国家大学科技园绩效评价工作的通知》要求，完成了科技园的自查整改及绩效评价的各项审查答辩工作，还获得了北京市经济和信息化局“2019年度北京市支持中小企业发展资金服务奖励项目”的50万元资金奖励。

（赵忠英）

【疫情防控】

2020年，面对突来的新冠肺炎疫情，中国农业大学国家大学科技园，根据学校防疫工作的总体部署和北京市教委等各有关部门的具体要求，科学决策、迅速响应，第一时间成立领导工作组，制订疫情防控应急工作方案，快速编制了14个管理制度、10个操作流程、1本防疫工作手册，全员参与，明确分工，努力做到“五个强化”：强化重要区域、强化重要环节、强化重要人员、强化操作流程、强化全面覆盖。通过努力，切实保障了园区博士生、留学生、高精尖中心及果蔬中心老师以及科技企业员工3 000多人的身体健康与生命安全，高质量完成疫情防控的艰巨任务。

（赵忠英）

【党建工作】

2020 年，北京建设大学党支部深入学习党的十九大及十九届二中、三中、四中、五中全会精神，习近平总书记给涉农高校的书记校长和专家代表回信、纪念中国人民志愿军抗美援朝出国作战 70 周年讲话、习近平《治国理政》第三卷、学校第四次党代会精神。坚持完善“三会一课”制度和双周三政治学习制度，推进“两学一做”学习教育常态化制度。通过线上线下相结合的形式，利用工作微信平台和手机视频电话，按时召开支委会和党员大会。全年共召开支委会 12 次，党员大会 4 次，双周三党员专题学习活动 10 次，微信党课 10 次，书记讲党课 2 次，入党积极分子培训 2 次，专题党日活动 7 次。

开展特色党日活动，创新服务模式。联合马连洼街道青年汇开展“垃圾分类从我做起，我们都是守桶人”志愿活动；科技园内党员开展“爱我园区，人人有责”、校门防疫查验志愿活动；与马连洼街道总工会在科技园共建暖心驿站。助力脱贫攻坚，促进乡村振兴。组织老教授和科技下乡专家团召开服务“四区”助力消费扶贫与乡村产业振兴座谈交流会；响应学校消费扶贫倡议，组织教职员工选购扶贫产品 17 525.80 元；疫情期间组织教职员工 36 人献爱心共捐款 2 730 元；与国家卫健委食品司、农业银行等单位开展联合党建活动。

（王蔚燕）

【制度建设】

2020 年，北京建设大学响应国家号召，围绕“七个有力”，强化制度建设，着力提高单位治理能力。新制定规章制度 19 项，工作流程 10 项。坚持每周一例会制度，共召开 34 次例会，充分发挥“四会作用”，体现北京建设大学制度管理工作的规范性、实效性。

（王蔚燕）

【科技企业孵化】

2020 年，中国农业大学国家大学科技园入驻国家和省部级实验室 8 个，入驻企业 199 家，其中高新技术企业 32 家，学校老师领办企业 5 家，大学生创业团队 9 家，留学生企业 13 家，涉农企业 71 家，新签约服务机构 8 个，产业化服务平台 4 个。科技园企业拥有自主知识产权 800 余项，创业导师 84 人。

科技园充分利用完善的硬件办公条件、专业的投资咨询服务机构、优秀的园区领军企业、知名的特聘创业导师团队、先进的科研设施设备等资源，为大学生团队、留学生、校友企业提供全方位、全过程的初创、孵化、成长、创新等方面的创新创业孵化服务，努力打造科技园涉农孵化的特色品牌，2020 年共为 8 家新入孵企业，14 家毕业离园企业，以及 39 家在园科技企业办理了登记注册等孵化服务。

2020 年，科技园响应国家号召，按照相关部门的具体要求，落实入驻科技园的科技企业在疫情期间的房租减免政策 180 家，帮助中小微企业逐步走出困境，逐步走上正常经营轨道。

（冯慧茹）

【教育培训】

2020年，园区主动了解科技园各类企业的实际困难和需求，完善、创新服务及教育培训方式方法，为科技企业、大学生创业团队提供针对性、专业性、实效性的各类教育培训服务。2020年受疫情的影响，园区积极开发线上教学，充分满足学员疫情环境下的培训学习需要，按照需求导向、问题导向的原则，积极整合企业及高校各类师资资源，围绕疫情下合同履行、财税办理、企业管理、法律实务、知识产权保护等内容，提供量身定制培训服务，全年面向园区科技企业和大学生创业团队共举办线上线下的专题培训班22场，培训科技企业和大学生创业团队人员1 236人次。

（张晓媛）

【教学科研服务】

2020年，园区全体员工齐心协力、攻坚克难，全力为学校教学科研提供资源和后勤服务保障工作，截至目前为学校提供了3万多米^{2}的教学科研及学生住宿用房和后勤物业服务。2020年为果蔬研究中心、高精尖创新中心、大学生创业团队的科研、教学、办公、创业工作，以及后勤人员、男女博士生、留学生住宿提供物业管理、维修服务3 100余次。维护保养暖气主管道阀门67个，清扫维护竖井及公共区域配电箱140个，清洗258间博士生宿舍空调室内、外机，擦拭博士宿舍电风扇532个，开水器除垢清洗修理9台次。清运生活垃圾等316车，绿化草坪1 800米^2，为师生入驻的楼宇实施6 000多米^{2}的顶层防水改造工程。安置疫情返校学生617人次，化解学生重大矛盾纠纷10次，为学生找回丢失物品55次。

2020年，科技园完成拆除清理博士公寓楼顶废旧太阳能；严冬抢修博士生公寓爆裂的供暖水管；完成自备井回填封闭工程、1号楼加装电梯项目工程、墙皮脱落维修工程、地下水管老化管道更换工程、配电室监控模拟屏老化换新工程、消防管道漏水的更换改造工程、保安集装箱宿舍新建工程、东北门到东南门的迁移工程等园区修缮改造工程40余项。

（张英姿）

【安全保卫】

2020年，科技园共开展各类安全事项检查及教育培训100余次。其中，开具安全隐患通知13份，整改消除隐患10项，为园区科研单位、商户、公安机关调取视频资料12次，组织大型消防演练2次，消防安全专业培训5次，配合马连洼街道派出所反恐演习2次。新增监控点位15处，增加监控存储空间216 TB，将存储时长较之前增加1倍。新增、更换，以及为高精尖项目报警设施地址变更及编程258处。紧急处理消防水系统跑冒滴漏4次，更换室内外消防水管85米。

按照学校及上级单位要求，积极制定及完善园区各类消防安全规章制度及相关工作流程。在3号楼A、B座天井和1号楼新增自行车棚8个229米^2。对停车场进行改扩建，建新能源机动车充电桩4个，整个停车场新增车位48个，目前停车位达到270个。完善科技园北门出入口规划，行人、自行车和电动摩托车、机动车出入口分类设置，安装人脸测温识别系统和门禁系统，将疫情防控工作常态化、智能化。

（马德飞）

校 医 院

【综述】

2020年是极不平凡的一年，抗击新冠肺炎疫情成为工作重点，校医院在学校主管部门的领导下，严格落实疫情防控各项措施，制定各类应急预案和流程，坚持疫情常态化精准防控和医疗服务有机结合，完成了各项工作。

（杨梅）

【校医院基本情况】

分东、西校区校医院，院长：张元忠；副院长：陈淑珍、杨梅。

人员共95名，其中在编人员36名，外聘人员59名。正式在编职工中医护人员35名，非医护人员1名。医护人员中医生28名，护士3名，防保人员1名，检验人员2名，药剂专业1名。外聘人员中医护人员49名，其中医生16名，护士24名，药剂专业7名，医技人员2名，收费、后勤人员10名。中级以上职称44人，副高以上职称22人；博士生3名，硕士生12名。下设科室：院办、防保科、内科、外科、口腔科、妇科、护理部、医技科、药房、中医理疗科。

（杨梅）

【疫情防控】

2020年1月，学校新冠疫情防控工作全面展开，校医院负责全校防控物资采购及疫情处置工作。在防疫物资紧张的情况下保证了全校师生口罩、体温枪、消毒液等物资的供应。先后制定了《新型冠状病毒性肺炎疑似病例应急预案》《健康观察流程》《医学观察区消毒流程》等各项制度措施和流程40余项，现场模拟演练30余次，管理布置健康观察区房间99间，隔离管理各类发热学生431人，中高风险地区返京师生健康观察133人。培训保洁员、发热学生转运车司机6次，线上发布疫情防控相关知识30余条。因在疫情中的表现，经学校党委常委会第2021－5次会议研究决定，校医院在2020年度管理服务机构和直属机构考核中获疫情防控贡献奖(专项奖)。张元忠院长获海淀区新冠肺炎疫情防控工作领导小组表彰。

（杨梅）

【医疗服务】

校医院主要负责农大师生、辖区居民的基本医疗服务和公共卫生服务，东区校医院和北医三院为医联体单位，西区校医院和解放军第八医学中心为医联体单位。

2020年，校医院门诊接诊64 874人次，夜间接诊患者2 388人次；出诊235次；外出各类服务 91 次，疫情期间对行动不便的老人送药上门 691 人次。

（杨梅）

【特色科室】

继续扩大校医院中医理疗区域面积，建立了艾灸室，目前东、西校区共有艾灸床 12 张，并配备温灸设备件套，开展了浮针治疗项目。

（杨梅）

【体检工作】

前半年因疫情防控要求，各类体检全部在下半年完成。本科生、研究生体检 7 066 人；在职人员（包括 C 岗）体检 3 463 人；离退休、102 人员体检 1 659 人；女工体检 1 514 人；65 岁以上女工乳腺检查 212 人，并且新增了体检项目，职工增加肿瘤标记物五项，女工增加 HPV 检查。

（杨梅）

【公共卫生】

1. 国家基本公共卫生服务

健康教育 健康教育大课堂线下讲座 8 次；门诊宣传屏内容更换 12 期；健康咨询活动 24 次；发放各类宣传资料 63 种 20 852 册；全校各种橱窗宣传内容更新 12 次。东、西区校医院公众号上线。

预防接种 共对辖区内散居儿童、托幼儿童、农大附小等免疫接种 12 700 人次。对“一老一小”接种流感疫苗 3 438 人次。

慢病管理 对辖区内高血压、糖尿病患者进行管理，规范管理高血压患者 1 671 人，糖尿病患者 671 人。

儿童保健工作 东、西校区在册儿童 362 名，健康管理儿童 355 名，管理率 98%。各种筛查率均达到国家卫健委的标准。

孕产妇健康管理服务 早孕建册率 87.80%，孕产妇健康管理率 100%，产后访视率 100%，建立孕产妇管理微信群，进行宣教和追访。因疫情防控要求，线上产后访视代替上门访视。

重性精神病患者管理 东、西校区共管理精神障碍患者 82 人，均按规定进行严格管理。

2. 法定传染病及突发公共卫生事件报告和处置服务

通过健康大讲堂、健康讲座、微信企业号、校医院公众号等途径对师生开展传染病知识宣传活动。在艾滋病宣传方面，为全校 7 000 多名本科、研究生新生，撰写设计并发放《预防艾滋病健康处方》开展“艾滋病知识”讲座两场。

全年共管理肺结核 8 人，组织确诊病人的密切接触者排查 180 人。对水痘、诺如病毒、流感等其他传染性疾病也按管理要求进行隔离防治。

（杨梅）

【信息系统建设】

(1)6 月初校医院医疗新系统上线,与卫生健康委"政务云"联网,对软件进行了升级,健康档案、家医签约、中医体质辨识与医生工作站对接。

(2)增加了检验 LIS 系统。

(3)体检系统投入使用,开通了身边医生,实现了体检结果手机查询。

(杨梅)

【医德医风】

大力宣传广大医务人员舍身忘我、无私奉献的抗疫精神,组织全体人员学习医疗行业"九不准",规范医务人员执业行为,强化廉洁行医。

(杨梅)

体育馆管理工作

【概况】

2020 年,体育馆管理中心在学校党政的领导下,在学校各部门的协助下,严格执行学校疫情防控总体部署,积极做好疫情防控工作,保障了学校体育与艺术室内教学、学校大型活动和师生健身的顺利进行。体育馆管理中心有事业编制人员 4 名,非事业编制聘用人员 24 名。设有办公室、活动管理部、运行保障部、财务物资部 4 个部门。

(刘淑梅)

【保障体育与艺术教学】

体育馆管理中心本着"教学为主,活动为辅"的原则,全力协调和保障各类体育与艺术教学。2020 年体育馆内完成体育与艺术教学 2 703 课时,其中羽毛球教学 153 课时,乒乓球教学 323 课时,器械健身教学 85 课时,体育舞蹈、健美操、形体舞蹈、瑜伽、武术、跆拳道、管乐团、合唱团、戏剧团、舞蹈团等教学 2 142 课时,合计在馆内上课约 62 050 人次。提供测试场地,保障 2020 年度国家学生体质健康测试顺利完成。

(张景文)

【承办校内外大型活动】

体育馆与学校相关部门沟通协调与密切配合,在严格执行疫情防控要求的条件下,圆满完成 4 项校内大型活动和会议的承办工作(表 1)。在保证学校正常使用的前提下,非疫情期间利用寒假承接校外活动 3 次(表 2)。

表1 2020年中国农业大学内部大型活动(体育馆内)一览表

序号	日期	活动名称	活动性质
1	9月9日	2020级迎新活动	活动
2	9月14日	2020级新生开学典礼	会议
3	11月8日	“喜迎党代会 建功新时代”2020年中国农业大学教职工乒乓球比赛	比赛
4	11月28日	中国农业大学第二届教职工气排球比赛	比赛

表2 2020年中国农业大学外部大型活动(体育馆内)一览表

序号	日期	活动名称	活动性质
1	1月11日	中化农业年会	年会
2	1月15日	乐居培训会	培训
3	1月17日	知乎年会	年会

(张景文)

【文化艺术馆工作】

2020年,文化艺术馆共举办3次展览,展出作品556幅/件,参观人数达543人次,展览继续传承农大精神,丰富师生对艺术的认知,提升体育馆文化育人功能。(表3)。

表3 2020年中国农业大学文化艺术馆展览一览表

序号	时间	名称	展览性质
1	3月21日	半开窗——2019《美术鉴赏与实践》校级核心素质课程汇报展览	综合
2	5月8日	张文绪虫书艺术、彭永娥根艺作品联展	综合
3	5月30日	“书香中国・美丽人生”全国全民阅读摄影大展	摄影

(于立春)

【场馆健身项目开展】

2020年根据学校疫情防控工作要求,1月19日起闭馆,9月21日起面向校内师生恢复开放,所有项目包括羽毛球、乒乓球、篮球和健身房等一律未向校外人员开放。羽毛球项目累计使用9 207场次,乒乓球项目累计使用1 656场次。

(张景文)

【运行与保障工作】

积极防控疫情,加强环境消杀,全面专业清洗场馆中央空调系统。积极落实疫情防控措施,筹备防疫物资,场馆东门和南门入口安装人脸识别及测温系统,保障场馆卫生安全。

推动体育馆信息化建设,实现学校企业微信号推送羽毛球场地线上预约功能。

加强维修改造，保障场馆安全。更新主馆电动窗帘，维修北侧金属屋面及墙面，更换北侧地下通道阳光耐力板，更换安全出口灯及应急照明灯，检测维修电梯、消防及监控等重要设备设施系统；组织员工消防知识培训和防汛培训各 1 次，加强场馆安全管理。

（刘淑梅）

饲料博物馆

【概况】

饲料博物馆位于中国农业大学西校区。由原中国农业大学农业部饲料中心"中试车间"改造而来，"中试车间"1998 年 11 月 19 日落成，是当时中国唯一、世界一流的"饲料中试车间"；为了让动物营养与饲料科学专业的学生了解行业的历史与现状，补充动手能力不足的短板，将动物营养学与饲料加工工艺学有机结合，培养行业复合型创新人才，将饲料"中试车间"改造为饲料博物馆。其中原来的饲料添加剂、预混料饲料、配合饲料 3 条生产线改造后专门用于现场教学，原来的库房改造为综合厅、科教厅、原料厅和机械厅；饲料博物馆建成于 2016 年，总面积 3 280 米^2，包括 1 个序厅、4 个主题展厅（综合厅、科教厅、原料标本厅和机械厅）和 2 个主题空间（阅览室和放映室）。采用声光电等方式，应用信息技术、远程控制技术，实现学生身在教室，就可以看到饲料机械制造、饲料加工、畜禽养殖现场，开展体验式教学，传承优秀的历史文化，把握营养与饲料学科发展历史与现状。同时饲料博物馆致力服务行业，回馈社会，力求"传承过去、记载当代、激励后学、引领未来"。

2020 年，饲料博物馆在完成日常参观接待、现场教学等基本业务的基础上，全力做好防疫工作，着力推进馆内基本设施建设和藏品信息化建设。

（王翠芳）

【主要开展的工作】

饲料博物馆是世界上第一个以"绿色、安全、健康、环保、天然"为主旨，系统回顾饲料行业发展历史，关注行业发展现状，展示饲料工业成就，集教学、科研、科普、文化传承为一体，引领饲料行业发展的博物馆。2020 年，博物馆共同完成了参观接待任务 80 余次，共计 1 100 余人；其中外事接待 3 次，80 余人；企业 20 余家，300 余人；班级 8 个，320 余人；共完成了 6 堂现场教学课，共 200 余人。

主要开展并参与的工作：

（1）2020 年全国博物馆讲解员线上培训。

（2）全国博物馆陈列展览线上培训学习。

（3）参加北京科学教育馆协会会员大会。

（4）参加"第六届中国高校博物馆馆长论坛暨 2020 年全国高校博物馆优秀讲解案例展示颁奖仪式"。

（5）参加北京教育馆协会活动参观铁道兵博物馆、中国园林博物馆。

(6)全年完成6堂现场教学课,共200余人。

(7)“抗击新冠肺炎中药专题展”巡展，2020年11月30日至12月5日在本馆展览。

(王翠芳)

【全力做好防疫工作】

2020年疫情防控,饲料博物馆及时调整开放政策以及必要的闭馆措施,保持每天对馆内各场所区域进行消毒,对来馆人员做好测体温和登记工作,严格落实学校和单位各项措施,全力做好本单位的疫情防控工作。

(王翠芳)

【藏品情况】

目前馆内有原料标本2 000余种;中央机组展厅3条生产线;饲料机械模型12个;相关古籍400余册。

(王翠芳)

【主要功能】

饲料博物是饲料学科相关本科生和研究生教学的第二课堂:博物馆内的饲料原料、添加剂和饲料标本,饲料机械设施和设备,历史文献资料和文件、书籍,远程视频教学设施和三维动画模型等,可以用于畜牧学科学子在饲料学、饲料原料学、添加剂学、饲料加工学、农业机械以及畜牧和草学专业教育,将原来的以书本教育、课堂教育转变为现场教学与理论教学一体化,探索动物营养学与饲料加工工艺学有机结合,实现实物式、参与式、体验式、示范式教学。

支撑科研 通过博物馆内的实物和模型,求学者可以理解饲料行业在某一点上的研究历史和进展,由此而更好地进行创新,为培养创新型人才提供帮助。

科普教育 通过各种形式展示饲料行业的核心技术、取得的成就以及在社会中的地位,帮助社会各阶层系统全面了解饲料行业,让饲料行业走向社会大众。

农业文化传承 中国有优秀的农耕文明,畜牧行业前辈在教书育人、学科建设上有诸多优良的文化传统。一张照片、一件实物往往能够唤起一段记忆,讲述一个故事,教育一批参观者。

(王翠芳)

中国农业大学2020年工作总结

守正创新　奋力推动学校高质量发展
2020年度中国农业大学工作总结

2020年是全面深入学习贯彻落实习近平新时代中国特色社会主义思想以及党的十九大和十九届二中、三中、四中、五中全会精神的关键之年，是决胜全面建成小康社会、“十三五”规划实施和首轮“双一流”建设收官之年，也是党和国家发展历史上极不平凡的一年。在学校党委的领导下，全校上下坚持以习近平新时代中国特色社会主义思想为指导，认真落实习近平总书记关于教育工作的重要论述及给涉农高校的书记校长和专家代表回信精神，坚持社会主义办学方向、落实立德树人根本任务，不断巩固深化“不忘初心、牢记使命”主题教育成果，持续深入推进“5＋1”工程，统筹推进疫情防控和事业发展，加快推进中国特色、农业特色世界一流大学建设取得新进展、迈上新征程。

一、党对学校工作的全面领导不断加强，引领中国特色社会主义大学建设更加有力

一是习近平新时代中国特色社会主义思想深入人心、落地生根。坚持不懈以习近平新时代中国特色社会主义思想武装头脑。稳步推进“校、院、系”三级学习体系建设。完善校院两级理论中心组学习，以上率下加强理论武装。学校党委理论学习中心组每月召开一次专题学习会，定期督导检查二级党组织理论学习情况。落实教职工“双周三”集中理论学习制度，创新学习方式方法，组建党的十九届五中全会精神宣讲团，深入师生宣讲19场，加强对政治理论的学研思悟，切实推动理论学习往深里走、往心里走、往实里走，引导师生牢固树立“四个意识”，坚定“四个自信”，坚决做到“两个维护”。

二是“不忘初心、牢记使命”主题教育成果得到巩固深化。抓好“不忘初心、牢记使命”主题教育整改落实。梳理分解整改工作任务，制定各单位年度任务清单，开展中期检查，督促各单位整改落实，2020年应完成的32项整改措施已基本完成。研究制定“不忘

初心、牢记使命”常态化工作制度，制定巩固和深化“不忘初心、牢记使命”主题教育成果实施意见，形成长效机制。落实教育部“百年行动”计划，制定学校行动方案，分解工作任务，开展政治体检，形成学校《“诊断行动”开展情况报告》并上报。

三是成功召开学校第四次党员代表大会，全体师生凝心聚力共谋发展。精心组织和成功召开学校第四次党代会，全面总结了第三次党代会以来党的建设与事业发展的主要成绩和宝贵经验，明确了奋力谱写全面建设中国特色、农业特色世界一流大学新篇章的战略部署，形成了高举旗帜、勇担使命的良好政治局面，服务国家重大发展战略能力和综合办学实力持续增强。

四是学校党的政治建设各项举措落地见效。以“钉钉子”精神加强党的政治建设，不断推动政治建设制度化和两个维护具体化，出台《中共中国农业大学委员会关于加强党的政治建设的若干措施》，完善了学校政治建设制度化体系。坚持把认真学习宣传贯彻习近平新时代中国特色社会主义思想作为首要政治任务，全面贯彻落实习近平总书记重要回信精神，组织实施“思想提升行动”“奋进攻坚行动”“督导落实行动”。聚焦党和国家新发展阶段的战略需求，确保党中央各项决策部署落在实处。

五是马克思主义传播力和影响力不断扩大。全面加强马克思主义理论学科建设，获批马克思主义理论学科一级学科博士学位授权点。举办“新时代农村基层党建高端论坛”，与兄弟高校联合举办全国高校“数字马院”联盟年会，学术影响力进一步提升。作为北京市首批重点建设马克思主义学院，创新“体系＋专题”教学形式，邀请时代楷模等走进课堂，在2020级本科生中及时开设“习近平新时代中国特色社会主义思想概论”必修课程，推进“三进”更加有力有效。

二、校园疫情防控取得重大成果，确保校园“零感染”

学校认真贯彻落实习近平总书记关于疫情防控工作的系列重要指示，把广大师生生命安全和身体健康放在第一位，科学防治、严防死守，动员起来坚决打赢疫情防控阻击战，为广大师生创造了健康、安全的生活、学习和工作条件。

一是组织领导及时高效。学校第一时间研究部署疫情防控工作，成立了由党委书记、校长担任组长的疫情防控工作领导小组，确立了“一办七组”组织模式，迅速完成各类人员数据摸排，做到“点对点”对接、“一对一”关注，精准摸排2.9万名师生信息，全面掌握出行动向和健康状况。

二是物资保障充足有力。及时制定疫情防控经费保障措施，迅速拨付资金，累计投入疫情防控专项经费1 000余万元。紧急开发“校园疫情态势感知平台”163台，采购84万多只口罩、1万余升消毒液和酒精等防疫物资，确保全校师生安全，推动校园秩序正常化。

三是党员模范充分发挥。学校党委第一时间下发《关于充分发挥学校各级党组织作用为打赢疫情防控阻击战提供坚强政治保证的通知》，广泛开展“同心抗疫　党旗飘扬”主题党日活动，向全校各级党组织和全体党员发出“众志成城、共克时艰”的号召。学校党政领导共同致信疫区师生，及时传递党和国家的关爱。在网上开学之际，党委书记在全校范围内开讲题为《坚定信心　同舟共济　共同打赢疫情防控阻击战》的抗疫第一课。在常态化疫情防控中加强基层党建“四个一”行动，共同讲好一堂专题微党课、开好一场组织生活会、建好一个教育素材库、筑牢一道红色防火墙，战“疫”示范微党课入选中组部“党课开讲啦”精品党课。

四是教育教学平稳有序。创新教学模式，2 700余门课程启动线上教学。统筹资助资金4 800余万元，资助学生3.5万余人次，保障经济困难学生疫情期间正常生活和学习。5 479名毕业生顺利毕业，2万余学生分批分次返校复学复课，实行校园封闭式管理，确保教学工作平稳有序。

五是疫情防控和学校事业统筹发展。在确保全体师生身体健康和生命安全的前提下，统筹抓好改革发展，在人才培养、学科建设、师资队伍、科学研究、社会服务、国际合作、资源拓展、内部治理、战略研究、支撑保障等方面取得了一系列新成就，实现了疫情防控和学校事业的统筹发展。

三、加快推进“双一流”建设，学校事业实现高质量发展

一是知农爱农新型人才培养开创新局面。引领“新农科”人才培养改革，建设“全国新农科建设中心”，打造“新农科”建设与高等农林教育发展的高端智库。本科教育教学改革成效突出，入选教育部基础学科拔尖人才培养计划，进入基础学科人才培养第一梯队；入选全国首批“强基计划”试点高校，实施大类招生，种类和数量均居全国农业类院校首位。研究生教育改革持续深入，深化专业学位综合改革，10大类54个专项全部实现专项制培养，以科技小院专项、畜牧产业技术体系专项、葡萄产业技术体系专项为代表的专业学位研究生教育得到教育部的高度肯定。就业创业实现新突破，及时推出“促就业十条”，实施“毕业生就业促进行动”，最大程度降低疫情影响，毕业生总就业率较去年同期提升2%，近73%的毕业生在农业及“农业＋”的行业就业，52个未摘帽贫困县毕业生群体、151名建档立卡贫困户毕业生实现100%就业。269名毕业生通过各省专项选拔加入选调生行列，入选人数实现8连增，毕业生就业工作得到中央电视台、新华社等多家媒体报道。大学生创新创业能力不断提升，获得A类学科竞赛国家级奖项6项，省部级奖项47项。

二是学科建设成效显著。优势学科稳居世界一流学科前列，农业科学学科稳居世界一流学科顶尖行列，位列全球第二位；综合第三方表现，植物与动物科学保持ESI世界前1‰，已进入世界一流学科前列。完善“双一流”建设动态监测机制，组织13个学院填报9个一流学科动态监测数据，及时掌握和监测“双一流”建设进展，准确完成数据填报。全面总结“双一流”建设首轮周期成效，获得专家委员会的高度评价。凝聚学科建设思想共识，明确下一阶段学科建设的工作重点，确保高水平完成第五轮学科评估。

三是一流师资队伍建设迈上新台阶。通过“315”人才引进工程引进各类人才451人，营造出“近者悦，远者来”的人才氛围，缓解了教师队伍建设长期存在的结构性、发展性、制约性难题，教师总量稳步提升，结构日益优化。35岁及以下教师占比从2017年底12%增加到20%。46岁及以上教师数量从2017年底52%下降到49%。深入实施“2115”人才培育发展支持计划，确定支持57名人才和10个创新团队，其中，入选人才没有帽子比例超过70%，充分体现了“破五唯”的工作成效。坚持以德才兼备、突出重大业绩贡献为导向，构建多维度的人才评价体系，完成第三轮专业技术人员聘期考核以及新一轮专业技术职务岗位聘任工作，解决了岗位聘任“能上不能下”的难题。“农学院作物

生态与农作学系教工党支部书记工作室”成功入选第二批高校“双带头人”教师党支部书记工作室建设名单。

四是“强农兴农”关键科技创新展现新作为。主动服务国家重大发展战略，启动黑土地保护与利用科技攻关行动，建成首个环太湖有机废弃物处理利用示范中心，推动贺兰山东麓葡萄酒产业可持续发展，助力大同黄花产业高质量、规模化发展，学校服务国家战略成效突显，获得《人民日报》《光明日报》、中央电视台等媒体广泛关注和报道，全年在主流社会媒体发稿 961 篇，同比增加 46%，社会影响力显著提升。基础研究再获新突破，持续提升创新能力，SCI、EI 和 SSCI 收录论文 3 209 篇，影响因子大于 5 的论文 495 篇，同比增长 36%，多个领域实现了从“跟踪”到“并跑”的跨越，部分领域实现或保持国际领跑。科研项目数量质量再创新高，获批国家自然基金项目数量、经费连续两年稳居农林高校第一。获批国家社科基金项目创历年最高水平。自 2005 年来再次获得国家自然科学奖，并首次实现同年度国家科学技术三大奖大满贯。石羊河实验站和曲周实验站获批国家野外科学观测站建设单位。瞄准国家农业科技和学校未来发展，联合 42 家产学研单位发起成立国家农业科技发展战略智库联盟，建立农业科技界规模最大、涉及面最广的战略研究平台，树立农业科技智库领军地位。

五是树立服务“三农”新样板。助力打赢脱贫攻坚战，超额完成定点扶贫镇康任务，精准落实对口支援与对口合作，推动乡村振兴战略深入实施。充分发挥建言献策作用，多份报告获得国家领导人重要批示。建设“科技成果展示与技术交易平台”，成功获批“国家知识产权试点高校”，加速推进科技成果转化，持续增强服务地方经济发展能力。全面总结学校在助力打赢脱贫攻坚战中的成就与经验，编写并由人民出版社出版发行了《玉汝于成：脱贫攻坚伟大事业中的中国农业大学》，全景展现学校在脱贫攻坚中的特色和亮点，刻画出农大“扶贫人”勤奋担当的生动形象，为世界一流大学的建设凝聚永续前行的精神共识和文化自信。

六是学校国际影响力显著提升。深入推进 A5 联盟，与世界顶尖大学合作逆势突破，与康奈尔大学合作办学的食品科学与工程、食品质量与安全 2 个专业获得中美两国批准，是落地中国办学的第一个常春藤大学项目，也是国内授予排名最高的世界顶尖大学学位，得到党中央和教育部的高度肯定。学校撰写的《消除绝对贫困：中国的实践》报告在习近平主席参加联合国大会期间由外交部发布，向世界展示了中国减贫经验与智慧。教育援外和减贫政策建议获国家领导人批示，并完成 4 份国家级重要研究报告。成立全球食物经济与政策研究院，推动高水平国际化人才培养。

七是办学资源拓展取得重要突破。遵循“立足北京，辐射全国”的原则，围绕国家重大战略需求和地方经济社会发展，转变发展理念，努力构建新型发展模式，积极破解制约学校发展的瓶颈问题。烟台研究院发展迎来突破性进展，三亚研究院建设稳步推进，四川现代农业产业研究院揭牌成立，与平谷区签署战略合作框架协议，筹建工作得到教育部党组和北京市委主要领导肯定和支持。

八是体制机制活力进一步释放。召开学院治理专题工作会，谋划内部治理体系改革，规范与优化管理岗位设置，完善绩效评价机制，坚持健全治理体系和提升治理能力双管齐下，采取小切口改革模式，治理体系和治理能力提升稳步推进。

九是深入谋划学校“十四五”规划和 2035 发展愿景。提前启动“十四五”规划编制工作，开门问策、集思广益，形成“顶层设计”与“问计于民”协同新模式。召开校领导班子暑期务虚会，聚焦当前存在的难点和瓶颈问题，分析研判学校面临的新任务、新挑战，进一步凝聚思想共识。完成新一轮学院专题调研，围绕学院“十四五”规划和 2035 发展愿景，面向 17 个学院、32 个一级学科，开展 8 场综合调研，全面总结各单位“十三五”建设成效，探讨“十四五”发展思路和 2035 发展愿景，深入剖析存在问题，并对学科的未来发展提出针对性意见。

十是服务保障水平不断提升。杨胜楼建设项目顺利开工，水利楼建设项目获得教育部备案，作物分子育种创新中心获得教育部可行性研究报告批复，体艺中心规划设计逐步推进，校内办学空间和资源不断拓展，基本办学条件稳步提升，财务国资等内部管理不断优化，为建设世界一流大学保障体系打下坚实基础。

四、全面从严治党不断向纵深发展，保持良好校园政治生态

一是全面从严治党和强化政治监督扎实推进。成立党的建设和全面从严治党工作领导小组，制定《深化落实全面从严治党主体责任清单》。积极推动中管高校纪检监察体制改革，大力支持纪委工作，进一步强化政治监督。着力推进不敢腐、不能腐、不想腐体制机制建设，以零容忍的态度坚决查处违纪违法人员，认真推动历史积案的清理。组织召开学校党风廉政建设会、全面从严治党工作会、处级干部警示教育大会，以案为鉴、以案促改。不断加强巡察工作顶层设计，专门设置党委巡察办公室，围绕“四个落实”监督重点，坚持“严”的主基调，实现了党委一届任期内对 25 个二级党组织的巡察全覆盖工作，并着手开始巡察“回头看”。扎实做好巡视巡察工作的“后半篇文章”，以发现问题为生命线，以解决问题为落脚点，以巡视巡察整改促进学校发展。

二是工作作风建设持续深入推动。贯彻落实中央八项规定新要求和习近平总书记关于进一步纠正“四风”、加强作风建设的一系列重要讲话精神，推动纠正“四风”持续深化。落实校级领导干部一线规则，走好网上网下群众路线。修订督查督办工作办法、公务接待相关文件和信息公开有关制度，健全信息公开工作机制。加强党务校务公开，进一步畅通意见渠道，健全“校长信箱”和教代会、学代会、研代会提案办理机制，接受群众监督，及时回应群众关切。完善专项督导与督查督办有机衔接，抓住重点，强化落实，突出实效。

三是意识形态工作责任制抓牢抓实。党委常委会传达学习意识形态相关工作精神 29 次、专题研究 2 次、相关工作研究 21 项，党委理论学习中心组专题学习意识形态相关内容，通报意识形态领域情况 4 次，研判意识形态领域风险 12 次，完善各类阵地“第一责任人、分管责任人、具体管理人”三级责任人管理体系，层层压紧压实工作责任。完善升级哲学社会科学报告会审批系统，严格落实“一会一报”制度。推动形成常态化教材审核把关机制。学校意识形态领域总体平稳可控，继续呈现向上向好态势。

四是安全稳定与和谐校园建设切实加强。筑牢维稳工作体系，维护校园政治稳定。全方位开展学校政治安全稳定工作与信息摸查工作，全年未发生重大政治敏感事件和重大舆情事件。统筹技防建设规划，组织实施 2020 年校园安全技防系统建设项目，推动技防创安系统智能化，为校园疫情防控提供有力技术支撑。

五、思想政治工作水平不断提升，凝心聚力成效更加突出

一是"传承红色基因，讲好农大故事"思想引领行动形成浓厚氛围。组建学校"红色基因·初心使命"宣讲团，精心组织红色基因主题宣讲，以学校悠久的光荣历史和深厚的红色基因滋养爱国情怀、引领师生奋进。采编农大系列故事，支持培育学院文化特色品牌活动，将学校百余年来积淀的精神文化内涵作为厚植家国情怀的丰厚资源。做强正面宣传，讲好农大故事，围绕重大主题策划宣传专题27个，在微信、微博、学习强国、央视频等平台推出"党旗在战疫一线高高飘扬""中国农业大学学子田间'课堂'""农博士微课堂"等稿件千余篇次，相关视频全网播放量288.3万次。推动全媒体升级优化，着力提升社会影响力，主动策划的内容4次在《新闻联播》《焦点访谈》等栏目中播出，联合《新京报》推出《脱贫攻坚倒计时　大国三农》和《新发展格局下的大国三农》专题报道，策划拍摄《云在河边》荣获2020年度人民网优秀校园新闻作品。围绕"千年智慧"和"百年传统"两大系列，全面盘点"十三五"期间学校文化传承创新工作进展，形成面向2035的文化发展战略研究报告。

二是师德建设和教师思想政治工作走深走实。以学习贯彻习近平总书记回信精神一周年为契机，深入开展"四史"学习和"使命在肩　奋斗有我"主题教育活动。召开教师思政和师德建设工作会，学习传达教育部等七部门《关于加强和改进新时代师德师风建设的意见》，邀请5个单位分享教师思想政治工作体系建设和师德评价与考核工作经验，建立共学、共研、共建、共享的工作交流机制，促进工作落地见效。研究制定和实施师德师风研修计划，认真组织开展"双百行动计划""京内行"等多层次、广覆盖的社会实践活动，不断强化教师的道德修养、育人意识、担当精神。设立首届立德树人卓越成就奖，吴常信院士荣获该奖项，激励广大教师潜心教书育人、追求卓越，全面提升教师教学和人才培养质量。

三是"三全育人"工作扎实推进。全面推动"三全育人"综合改革。完善领导体制和机构，梳理完善34项制度，补齐制度短板，强化育人导向推动1个"三全育人"全国试点院系、3个校级试点院系和2个教育部高校思想政治工作精品项目深入开展实践研究与探索，发挥示范引领作用。着力强化思政课程和课程思政建设，将全校2 300余门本科课程教学大纲转变为育人大纲，实现了课程育人全覆盖。打造有力量有温度的线上思政课堂，农博士微课堂云助力复耕生产。打造全国首门《大国三农》在线开放课程，弘扬和传播中华五千年农耕文明，充分体现学校在知农爱农情怀教育方面的引领与担当。持续深入推进"全覆盖　双提升"大学生党支部建设工程，包含学校党委书记在内的82名党建指导员密切联系、跟进指导全校75个大学生党支部、1 010余名本科生党员，辐射万名本科生成长，形成高质量党建引领知农爱农人才培养新模式。

四是统一战线思想政治引领和作用发挥得到加强。落实学校统战工作会议精神，健全和落实校、院两级工作机制，根据新形势新要求，制定《中国农业大学二级党组织统战委员工作职责》并细化考量指标，在二级党组织评议考核中加以落实，继续推动学校基层民主政治建设。将抗疫精神作为爱国主义教育的生动教材，通过网络及时动员统战系统成员建言献策。认真梳理各民主党派中央和学校各党派发展历史，进一步发挥"一个党派一间办公室"宣传教育阵地作用。坚持科技是小院的"底色"，统战是小院的"特色"，不

断拓展科技小院帮扶内涵，持续提升科技小院帮扶效能，打造科技帮扶北京样板，共承建19个“北京科技小院”，使统农系列“北京科技小院”成为带动京郊乡村产业升级的科技引擎。充分发挥学校九三学社社员专业优势，探索新时代民主党派组织建设“四新三好”新要求，推动成立“现代农业承德研究院”，服务京津冀协同发展。

五是教代会和工会工作积极推进。发挥桥梁纽带作用，积极推进校园民主建设。规范召开教代会年会，充分调动教职工为学校发展建言献策，统一思想认识，凝聚发展共识，汇聚发展力量。发挥提案办理作为民主管理抓手作用，征集提案35件，立案17件，并案处理2件，转为建议16件，办案满意率近95%。突出思想引领政治功能，大力弘扬劳动精神、劳模精神、工匠精神。陈芳教授获得全国三八红旗奖章，康绍忠院士、沈建忠院士评为北京市先进工作者，及时通过多种媒体宣传先进模范人物事迹，营造争先创优建功立业氛围。打造教职工发展平台，助推青年教工成长，青年教师韩宇获得第五届全国青年教师教学比赛工科组一等奖，实现历史性突破。开展丰富多彩文体活动，打造全员参与、昂扬向上的职工文化，不断强化以教职工为中心的工作理念，精准服务教职工。理学院、植物保护学院、国际学院分工会获评北京市先进教职工小家。

六、学校党建工作质量不断提升，为事业发展提供坚实保障

一是党建工作体系进一步完善。党委书记认真履行党建第一责任人责任，主持召开党委理论中心组学习12次，坚持带头学、带头讲，为大学生讲授形势政策课，为基层宣讲党的十九届五中全会精神。坚持校院系三级联动“一盘棋”抓好学校党的建设。制定学院党委会议议事规则、党政联席会议议事规则示范文本，进一步完善运行机制，发挥好分党委政治核心作用。进一步理顺校外机构党建工作机制，研究制定《京外机构党的建设工作暂行规定》，成立烟台研究院党委并研究制定相关制度、体系。坚持二级党组织、基层党支部书记述职考核评议全覆盖。

二是基层党建水平进一步提升。落实教学科研一线教师党支部书记待遇，开展教职工党支部活动立项。深入26个二级党组织开展基层党建专项督查，排查梳理4条共性问题及各单位的个性问题并督促整改，确保基层党组织战斗堡垒坚强有力。深入推进“对标争先”建设计划，新增1个全国“双带头人”教师党支部书记工作室。积极组织参与北京市“两优一先”党内评优，共有3个党组织和5名党员获市级奖励。积极培育校内“双创”单位并指导做好创建。

三是领导班子建设进一步加强。坚持党委领导下的校长负责制，切实履行学校党委管党治党、办学治校的主体责任。修订完善并严格执行党委全委会、党委常委会和校长办公会议事规则，进一步强化党委把方向、管大局、作决策、抓班子、带队伍、保落实的职能和民主决策程序。加强对学院党政联席会的监督工作，促进学院议事决策更加民主化、科学化、规范化。

四是干部队伍结构进一步优化。落实学校干部队伍建设规划，坚持正确选人用人导向，拓宽选人用人视野，研究制定处级领导干部政治把关和政治素质考核办法，坚持“凡提四必”。全年调整干部127人次，其中提任干部33人，干部队伍结构进一步优化。抓住干部干事创业精气神，不断完善干部考核评价机制，激励担当作为。选调干部参加教育行政学院等单位组织的干部调训，组织干部网络学习，对67名新任职干部开办专题培

训班，进一步提升干部政治素质和从政能力。健全干部挂职锻炼长效机制，用情用力做好干部挂职交流工作，注重在疫情防控和脱贫攻坚一线考察锻炼干部，全面提升干部综合素质，增强担当作为本领。坚持严管即厚爱，强化日常管理监督。

五是党管人才工作机制进一步健全。坚决落实党管人才，完善人才工作机制体制。完善学院党委－职能部门－组织部门－学校党委四级联动人才政治审核把关工作机制。做好高层次人才的政治审核把关、安全保护。建立人才安全风险排查工作机制，制定安全应急预案。

六是对离退休老同志的联系服务工作进一步加强。“突出政治引领，注重发挥优势，着眼精准服务”，不断增强老同志的获得感、幸福感和安全感，为党的事业凝聚正能量。主动加强与老同志的沟通联系，专门就党代会报告听取离退休老干部意见，并认真吸纳修改。根据老同志的身体情况和特点，采取个人自学、专题辅导、参观培训、送学上门等多种方式，丰富老同志学习模式和载体。建立离退休党支部特色活动经费，创新党支部学习活动形式，不断提升组织力。围绕中心大局开展党日主题活动，探索有效的线上活动方式，积极开展“展示阳光心态、体验美好生活、畅谈发展变化”主题活动。持续推进管理信息系统建设，以信息化建设带动规范化、精准化服务。统筹利用各方资源，做好分类慰问、精准帮扶工作。关心支持关工委、老教授协会、老科协、老年大学等组织的工作，继续为党的事业凝聚正能量。

过去的一年，在党中央的坚强领导下，在教育部和北京市等上级单位的正确指导下，在学校广大教职工的共同努力下，在离退休老同志、广大校友和热心人士的大力支持和尽心帮助下，学校党政领导班子牢记使命、不负重托，认真履职、积极进取，努力推动各项工作落实，取得了一些可喜的成绩。但是我们也清晰地认识到，取得的成绩与党中央和习近平总书记的殷切期望，与广大人民群众对高质量教育的更高追求，与学校建设中国特色、农业特色世界一流大学建设目标，与中国农业大学历史地位及广大师生对加快学校发展的强烈愿望相比，还存在不小的差距。

2021年是建党100周年，是党中央“两个百年”宏伟目标的第一个百年之期，是向第二个百年目标迈进的开局之年，也是“十四五”规划全面实施的开局之年，学校领导班子将继续带领全校师生员工坚持深化改革，直面困难挑战，聚焦问题短板、发扬斗争精神，继续高举中国特色社会主义伟大旗帜，以习近平新时代中国特色社会主义思想为指导，深入贯彻落实习近平总书记重要讲话和重要指示批示精神，贯彻落实党的十九大和十九届二中、三中、四中、五中全会精神，深入开展“百年行动”，以“党建双创年”为统领，牢牢把握新时代学校高质量党建引领高质量发展要求，为全面建设中国特色、农业特色世界一流大学凝聚奋进力量，在健全党对学校工作全面领导的制度机制上深化攻坚，增强“四个意识”、坚定“四个自信”、做到“两个维护”，以优异成绩庆祝中国共产党成立100周年！

2020年党发、校发文件

2020年中国农业大学党发文件目录

文号	文件标题
党发〔2020〕2号	中共中国农业大学委员会关于王庆杰等同志任免职的通知
党发〔2020〕3号	中共中国农业大学委员会关于郭晓旭等同志任免职的通知
党发〔2020〕6号	关于印发《中国共产党中国农业大学委员会会议议事规则》的通知
党发〔2020〕7号	关于印发《中国农业大学校长办公会议议事规则》的通知
党发〔2020〕8号	中共中国农业大学委员会关于充分发挥学校各级党组织作用为打赢疫情防控阻击战提供坚强政治保证的通知
党发〔2020〕9号	中共中国农业大学委员会关于李保国等同志试用期满正式任职的通知
党发〔2020〕10号	中共中国农业大学委员会关于进一步激励干部新时代新担当新作为的实施意见
党发〔2020〕11号	中共中国农业大学委员会关于王勇等同志任免职的通知
党发〔2020〕12号	中共中国农业大学委员会关于学习宣传贯彻落实《新时代爱国主义教育实施纲要》的实施意见
党发〔2020〕13号	关于印发《中国农业大学2020年党政工作要点》及任务清单的通知
党发〔2020〕14号	中共中国农业大学委员会关于2020年党委理论学习中心组专题学习重点内容安排的通知
党发〔2020〕15号	关于印发《中共中国农业大学委员会2020年党建工作计划》的通知
党发〔2020〕16号	关于表彰2019年度学院(部)、管理服务机构、直属机构考核获奖单位的决定
党发〔2020〕17号	关于印发《中国农业大学学生社团建设管理办法》的通知
党发〔2020〕18号	中共中国农业大学委员会关于调整思想政治工作领导小组的通知

续表

文号	文件标题
党发〔2020〕19 号	关于印发《中国农业大学深入开展“使命在肩　奋斗有我”主题教育活动实施方案》的通知
党发〔2020〕20 号	关于印发《中国农业大学学生社团指导教师管理办法》的通知
党发〔2020〕21 号	中共中国农业大学委员会关于苏洲等同志任免职的通知
党发〔2020〕22 号	关于印发《中国农业大学落实校级领导干部一线规则实施方案》的通知
党发〔2020〕23 号	关于调整党委巡察督导办公室机构设置的通知
党发〔2020〕24 号	关于调整党委研究室机构设置的通知
党发〔2020〕25 号	关于印发《中共中国农业大学委员会巡察工作办法》的通知
党发〔2020〕26 号	关于调整中共中国农业大学委员会巡察工作领导小组的通知
党发〔2020〕27 号	中共中国农业大学委员会关于评选表彰先进党组织、优秀共产党员、优秀党务工作者的通知
党发〔2020〕28 号	关于印发《中国共产党中国农业大学第四次代表大会筹备工作方案》的通知
党发〔2020〕29 号	中共中国农业大学委员会关于表彰先进党组织、优秀共产党员和优秀党务工作者的决定
党发〔2020〕30 号	关于印发《中共中国农业大学委员会关于落实教育部高校基层党组织常态化疫情防控“四个一”行动工作方案》的通知
党发〔2020〕31 号	中共中国农业大学委员会关于开展 2020 年春季学期党员期末集中组织生活的通知
党发〔2020〕32 号	关于印发《中国农业大学京外机构党的建设工作暂行规定》的通知
党发〔2020〕33 号	关于印发《中国农业大学进一步深化共青团改革的重点任务》的通知
党发〔2020〕34 号	关于成立中国农业大学党的建设和全面从严治党工作领导小组的通知
党发〔2020〕36 号	关于印发《中国农业大学落实新时代高等学校思想政治理论课教师队伍建设规定的实施办法》的通知
党发〔2020〕37 号	关于印发《中国农业大学党委深化落实全面从严治党主体责任清单》的通知
党发〔2020〕38 号	关于印发《中国农业大学关于在全校师生中开展党史、新中国史、改革开放史、社会主义发展史学习教育及新冠肺炎疫情防控知识竞答讲述活动的实施方案》的通知
党发〔2020〕39 号	关于印发《进一步贯彻落实习近平总书记给全国涉农高校的书记校长和专家代表重要回信精神行动方案》的通知
党发〔2020〕40 号	中共中国农业大学委员会关于深入学习《习近平总书记教育重要论述讲义》的工作方案
党发〔2020〕44 号	关于印发《中国农业大学常态化开展“厉行勤俭节约　反对粮食浪费”行动实施方案》的通知

续表

文号	文件标题
党发〔2020〕45号	中共中国农业大学委员会关于授予吴常信院士"立德树人卓越成就奖"的决定
党发〔2020〕47号	中共中国农业大学委员会关于深入学习宣传贯彻党的十九届五中全会精神的通知
党发〔2020〕49号	关于征集中国共产党中国农业大学第四次代表大会提案的通知
党发〔2020〕50号	关于2020年度师德考核工作的通知
党发〔2020〕51号	关于开展2020年度处级干部考核工作的通知
党发〔2020〕52号	中共中国农业大学委员会关于认真学习宣传贯彻学校第四次党代会精神的通知
党发〔2020〕53号	中国农业大学关于开展2020年度二级党组织、学院(部)、管理服务机构和直属机构考核工作的通知
党发〔2020〕54号	关于调整中国农业大学关心下一代工作委员会人员组成的通知
党发〔2020〕55号	关于表彰中国农业大学关心下一代工作先进集体和先进个人的决定
党发〔2020〕56号	中共中国农业大学委员会关于调整思想政治理论课建设领导小组的通知
党发〔2020〕57号	中共中国农业大学委员会关于郭岩等同志试用期满正式任职的通知
党发〔2020〕58号	关于印发《中共中国农业大学委员会巩固深化"不忘初心、牢记使命"主题教育成果的若干措施》的通知
党政办发〔2020〕1号	关于印发《中国农业大学国内公务接待管理办法(2020年修订)》的通知
党政办发〔2020〕2号	中国农业大学关于进一步加强会议管理改进会风的通知
党政办发〔2020〕3号	中国农业大学关于进一步规范领导干部离京外出请假报备工作的通知

2020年中国农业大学校发文件目录

文号	文件标题
中农大校字〔2020〕2号	关于成立三亚中国农业大学研究院的通知
中农大校字〔2020〕3号	关于印发《中国农业大学新型冠状病毒感染的肺炎防控工作方案》的通知
中农大校字〔2020〕4号	关于调整中国农业大学新型冠状病毒感染的肺炎疫情防控工作领导小组成员及工作机构的通知
中农大校字〔2020〕5号	关于印发《三亚中国农业大学研究院初创培育期机构设置和运行管理方案》的通知
中农大校字〔2020〕6号	中国农业大学关于成立营养与健康系(营养与健康研究院)的通知
中农大校字〔2020〕7号	关于印发《中国农业大学"十四五"发展规划编制工作方案》的通知

续表

文号	文件标题
中农大校字〔2020〕8号	中国农业大学关于成立学生返校工作专班的通知
中农大校字〔2020〕10号	关于印发《中国农业大学督查督办工作办法(2020年修订)》的通知
中农大校字〔2020〕13号	中国农业大学关于成立全球食物经济与政策研究院的通知
中农大校字〔2020〕17号	关于调整中国农业大学网络安全和信息化领导小组的通知
中农大校字〔2020〕18号	关于调整中国农业大学公费医疗管理委员会组成人员的通知
中农大校字〔2020〕20号	关于印发《中国农业大学离退休教职工爱心基金及大病特殊困难补助管理办法》的通知
中农大学字〔2020〕1号	中国农业大学关于表彰第十三届“志愿农大”优秀志愿者、优秀志愿服务团体、优秀志愿服务项目的决定
中农大学字〔2020〕2号	关于印发《中国农业大学毕业生就业促进行动方案》的通知
中农大学字〔2020〕3号	关于印发《中国农业大学学费减免实施办法》的通知
中农大学字〔2020〕4号	关于印发《中国农业大学班主任管理办法》的通知
中农大学字〔2020〕5号	关于印发《中国农业大学学生勤工助学实施办法》的通知
中农大学字〔2020〕6号	关于印发《中国农业大学“深化资助育人、助力脱贫攻坚”行动方案》的通知
中农大学字〔2020〕7号	关于印发《中国农业大学心理育人工作体系建设方案》的通知
中农大学字〔2020〕8号	关于表彰2020届北京市普通高等学校优秀毕业生和中国农业大学优秀毕业生的决定
中农大学字〔2020〕9号	关于表彰2020届北京市普通高等学校优秀毕业生和中国农业大学优秀毕业生的决定
中农大学字〔2020〕12号	中国农业大学关于表彰2020年暑期社会实践优秀团队、优秀个人和优秀成果的决定
中农大学字〔2020〕13号	关于调整中国农业大学学生心理素质教育工作领导小组的通知
中农大学字〔2020〕14号	关于调整中国农业大学学生资助工作领导小组的通知
中农大规划字〔2020〕1号	中国农业大学关于成立分子设计育种前沿科学中心的通知
中农大规划字〔2020〕3号	中国农业大学关于调整校园卡管理中心隶属关系的通知
中农大规划字〔2020〕4号	中国农业大学关于撤销校园卡管理中心的通知
中农大规划字〔2020〕5号	关于印发《中国农业大学2016—2020年“双一流”建设周期总结及自评工作方案》的通知
中农大研生字〔2020〕1号	关于成立中国农业大学第六届学位评定委员会的通知

续表

文号	文件标题
中农大研生字〔2020〕4号	中国农业大学学习贯彻落实全国研究生教育会议精神工作方案
中农大研生字〔2020〕5号	关于印发《中国农业大学组织开展专业学位水平评估工作方案》的通知
中农大教字〔2020〕1号	关于印发《中国农业大学加强新时代美育工作实施细则》的通知
中农大教字〔2020〕2号	关于印发《中国农业大学本科基层教学组织建设实施方案》的通知
中农大教字〔2020〕3号	关于印发《中国农业大学普通本科生辅修专业与辅修学士学位管理办法》的通知
中农大教字〔2020〕4号	关于印发《中国农业大学教育教学奖励办法(2020年修订)》的通知
中农大教字〔2020〕6号	中国农业大学关于表彰2020届校级优秀毕业论文(设计)获奖学生的决定
中农大教字〔2020〕7号	中共中国农业大学委员会关于成立教材工作领导小组的通知
中农大人字〔2020〕1号	关于印发《中国农业大学特聘教授岗位聘任管理办法》的通知
中农大人字〔2020〕3号	中国农业大学关于公布2019年度专业技术职务及管理职员晋升聘任人员名单的通知
中农大人字〔2020〕4号	中国农业大学关于公布“人才培育发展支持计划”聘任人选的通知
中农大人字〔2020〕5号	关于成立“中国农业大学中兽医药创新中心”的通知
中农大人字〔2020〕6号	关于成立“中国农业大学河北鸡泽实验站”的通知
中农大人字〔2020〕7号	关于成立“中国农业大学智慧电商研究院”的通知
中农大人字〔2020〕8号	中国农业大学关于迪娜等科级干部任免职的通知
中农大人字〔2020〕9号	中国农业大学关于2020年度“人才培育发展支持计划”聘任工作的通知
中农大人字〔2020〕10号	中国农业大学关于工人技术职务聘任的通知
中农大人字〔2020〕11号	中国农业大学关于公布2019年度考核优秀人员名单的通知
中农大人字〔2020〕12号	关于印发《中国农业大学第三轮专业技术人员聘期考核工作方案》的通知
中农大人字〔2020〕13号	关于印发《中国农业大学专业技术职务岗位聘任工作暂行办法》的通知
中农大人字〔2020〕14号	关于开展第三轮专业技术人员聘期考核以及新一轮专业技术职务岗位聘任工作的通知
中农大人字〔2020〕17号	关于聘任农业农村部国家现代农业科技示范展示基地主任的通知
中农大人字〔2020〕18号	关于聘任河北曲周绿色农业教育部野外科学观测研究站负责人和学术委员会的通知
中农大人字〔2020〕19号	中国农业大学关于调整莱州实验站站长的通知
中农大人字〔2020〕20号	关于成立“国家林业和草原局草种子质量检验检测中心(北京)”及聘任相关负责人的通知

续表

文号	文件标题
中农大人字〔2020〕21号	关于聘任甘肃武威绿洲农业高效用水教育部野外科学观测研究站负责人和学术委员会的通知
中农大人字〔2020〕22号	中国农业大学关于表彰奖励2020年度优秀教职工的决定
中农大人字〔2020〕23号	中国农业大学关于公布2020年“人才培育发展支持计划”聘任人选的通知
中农大人字〔2020〕27号	关于印发《中国农业大学二级单位内设机构及管理服务岗位设置管理暂行规定》的通知
中农大人字〔2020〕31号	关于中国农业大学2020年科级及以下管理服务岗位聘任结果的通知
中农大人字〔2020〕32号	中国农业大学关于公布2020年专业技术岗位分级聘任方案的通知
中农大人字〔2020〕34号	中国农业大学关于2020年度职员晋升聘任的通知
中农大人字〔2020〕36号	中国农业大学关于2020年教职工年度考核的通知
中农大人字〔2020〕38号	中国农业大学关于给予×××降低岗位等级处分的决定
中农大人字〔2020〕39号	中国农业大学专任教师校内双聘管理办法(试行)
中农大人字〔2020〕40号	关于调整中国农业大学管理人员招聘评审委员会及职员评议组的通知
中农大人字〔2020〕42号	中国农业大学关于调整开封实验站站长、副站长的通知
中农大人字〔2020〕43号	关于成立“中国农业大学河套实验站”的通知
中农大研字〔2020〕1号	关于印发《中国农业大学科研成果与社会服务贡献奖励办法》的通知
中农大研字〔2020〕6号	关于调整北京食品营养与人类健康高精尖创新中心相关领导机构人员的通知
中农大研字〔2020〕7号	关于印发《中国农业大学科研诚信案件调查处理规则(试行)》的通知
中农大研字〔2020〕8号	关于印发《中国农业大学基本科研业务费项目提取绩效奖励经费管理办法(试行)》的通知
中农大研字〔2020〕10号	关于印发《中国农业大学国家杰出青年科学基金经费使用“包干制”管理办法(试行)》的通知
中农大研字〔2020〕20号	中国农业大学横向科研项目及经费管理办法补充规定
中农大研字〔2020〕22号	关于印发《中国农业大学校级代表性科研成果与重大社会服务贡献评选实施细则(试行)》的通知
中农大财字〔2020〕3号	关于印发《中国农业大学建设工程投资评审办法(2020年修订)》的通知
中农大财字〔2020〕14号	中国农业大学关于加强学校预算支出管理的通知
中农大财字〔2020〕15号	关于印发《中国农业大学预算绩效管理办法》的通知
中农大财字〔2020〕18号	关于印发《中国农业大学银校合作专项资金使用办法》的通知
中农大国资字〔2020〕10号	中国农业大学关于拟出租公用房备案的请示

续表

文号	文件标题
中农大后勤字〔2020〕1号	关于印发《中国农业大学生活垃圾分类工作方案》的通知
中农大后勤字〔2020〕2号	关于印发《中国农业大学生活垃圾分类暂行实施办法》的通知
中农大后勤字〔2020〕3号	关于配合开展第七次全国人口普查工作的通知
中农大保字〔2020〕1号	中国农业大学安全专项整治三年行动实施方案
中农大校产字〔2020〕5号	中国农业大学关于应对新冠肺炎疫情影响减免经营用房租金的实施意见
中农大校产字〔2020〕8号	关于印发《中国农业大学经营性资产管理委员会议事规则(2020年修订)》的通知
中农大校产字〔2020〕15号	中国农业大学关于将所持有的乾元浩生物股份有限公司2.7%股权无偿划转到北京中农大地科技发展有限公司的决定
中农大校产字〔2020〕16号	中国农业大学关于将所持有的北京兆通建筑工程有限公司75%股权无偿划转到北京中农大地科技发展有限公司的决定
中农大校产字〔2020〕17号	关于印发《中国农业大学校属企业国有资产评估项目备案管理办法(2020年修订)》的通知
中农大校产字〔2020〕25号	关于调整中国农业大学经营性资产管理委员会的通知
中农大审字〔2020〕1号	关于印发《中国农业大学经济管理学院原院长郭沛同志任期经济责任审计报告》的通知
中农大审字〔2020〕2号	关于印发《中国农业大学人文与发展学院院长叶敬忠同志任期经济责任审计报告》的通知
中农大审字〔2020〕3号	关于印发《中国农业大学上庄实验站原站长杜金昆同志任期经济责任审计报告》的通知
中农大审字〔2020〕4号	关于印发《中国农业大学生物学院原院长巩志忠同志任期经济责任审计报告》的通知
中农大审字〔2020〕5号	关于印发《中国农业大学建设工程管理审计实施办法》的通知
中农大审字〔2020〕6号	关于印发《中国农业大学体育与艺术教学部主任束景丹同志任期经济责任审计报告》的通知
中农大审字〔2020〕7号	关于印发《中国农业大学工学院原院长韩鲁佳同志任期经济责任审计报告》的通知
中农大审字〔2020〕8号	关于印发《中国农业大学资源与环境学院原院长吴文良同志任期经济责任审计报告》的通知

续表

文号	文件标题
中农大审字〔2020〕9 号	关于印发《中国农业大学食品科学与营养工程学院原院长胡小松同志任期经济责任审计报告》的通知
中农大审字〔2020〕10 号	关于印发《中国农业大学内部审计工作规定(2020 年修订)》的通知
中农大审字〔2020〕11 号	关于印发《中国农业大学涿州农场原场长肖杰同志任期经济责任审计报告》的通知
中农大审字〔2020〕12 号	关于印发《中国农业大学涿州农场原场长苏洲同志任期经济责任审计报告》的通知
中农大审字〔2020〕13 号	关于印发《中国农业大学内部审计结果运用实施办法》的通知
中农大实验字〔2020〕1 号	关于印发《中国农业大学危险化学品、废弃化学品环境突发事件应急处置预案(2020 年修订)》的通知
中农大实验字〔2020〕2 号	关于印发《中国农业大学实验室危险废物安全管理办法》的通知
中农大实验字〔2020〕3 号	关于印发《中国农业大学辐射安全与防护管理办法(2020 年修订)》的通知
中农大实验字〔2020〕4 号	关于印发《中国农业大学辐射安全事故应急预案(2020 年修订)》的通知
中农大实验字〔2020〕5 号	中国农业大学关于开展 2020 年度实验室安全工作考核的通知
中农大实验字〔2020〕6 号	关于调整中国农业大学实验室安全管理领导小组的通知
中农大实验字〔2020〕7 号	关于调整中国农业大学辐射安全与防护领导小组的通知

表彰与奖励

2020 年度获奖成果

序号	奖励名称	成果名称	第一完成人	所属学院	获奖等级	参与形式	备注
1	2020 年度高等学校科学研究优秀成果奖(科学技术)技术发明奖	果蔬高压非热加工关键技术及应用	廖小军	食品科学与营养工程学院	一等奖	主报	
2	2020 年度高等学校科学研究优秀成果奖(科学技术)科学技术进步奖	鸡肠道健康关键营养技术及其应用	呙于明	动物科学技术学院	一等奖	主报	
3	2020 年度高等学校科学研究优秀成果奖(科学技术)技术发明奖	果蔬关键作业环节机器人精准作业技术与装备	李　伟	工学院	二等奖	主报	
4	2020 年度高等学校科学研究优秀成果奖(科学技术)科学技术进步奖	农药减量高效施用技术与装备创制及应用	何雄奎	理学院	二等奖	主报	
5	2020 年度高等学校科学研究优秀成果奖(科学技术)科学技术进步奖	蝗虫高效生物防治技术开发与集成应用	张　龙	草业科学与技术学院	二等奖	主报	

续表

序号	奖励名称	成果名称	第一完成人	所属学院	获奖等级	参与形式	备注
6	第八届高等学校科学研究优秀成果奖(人文社会科学)	双重强制——乡村留守中的性别排斥与不平等	叶敬忠	人文与发展学院	二等奖	主报	
7	第八届高等学校科学研究优秀成果奖(人文社会科学)	China must protect high-quality arable land	孔祥斌	土地科学与技术学院	三等奖	主报	
8	宁夏第十四届哲学社会科学优秀成果二等奖	新常态下农业技术推广体系悬浮与多轨发展研究	左　停	人文与发展学院	二等奖	参报	
9	湖北省科技进步奖	稻谷产后减损增效关键技术开发与示范	李　栋	工学院	三等奖	参报	
10	何梁何利基金科学与技术进步奖	——	沈建忠	动物医学院	个人奖	主报	
11	第二届全国创新争先奖	——	李洪文	工学院	个人奖	主报	
12	第二届全国创新争先奖	——	谯仕彦	动物科学技术学院	个人奖	主报	
13	第二届全国创新争先奖	——	李道亮	信息与电气工程学院	个人奖	主报	
14	第十六届中国青年科技奖	——	汪　洋	动物医学院	个人奖	主报	

2020年中国农业大学优秀教师

农学院(3人)　　顾日良　王小芬　辛明明
园艺学院(2人)　　高丽红　李天忠
植物保护学院(3人)　　彩万志　刘鹏飞　罗来鑫
生物学院(5人)　　王　超　王　娜(07015)　吴晓岚　杨金水　张学琴
资源与环境学院(3人)　　郭岩彬　芮玉奎　王雅婧
动物科学技术学院(3人)　　侯卓成　臧建军　郑江霞
草业科学与技术学院(1人)　　班丽萍
动物医学院(4人)　　陈耀星　胡艳欣　李格宾　杨汉春
食品科学与营养工程学院(4人)　　车会莲　郭慧媛　李景明　刘　毅
工学院(4人)　　毛恩荣　王　伟(07051)　张俊雄　周宇光
信息与电气工程学院(5人)　　马　钦　孙　红　吴才聪　叶　林　赵　明
水利与土木工程学院(3人)　　康绍忠　李保明　许　晶(201375)

理学院(5人)	常　正	刘丰茂	马晓栋	周文峰	朱世秋
经济管理学院(3人)	王玉斌	武拉平	许　骞		
人文与发展学院(5人)	旷宗仁	任大鹏	王妍蕾	赵　挺	曾　鸣
马克思主义学院(2人)	刘　巍	张玲玲			
国际学院(1人)	Carol Richman				
体育与艺术教学部(2人)	李　红	王永生			
土地科学与技术学院(2人)	石建初	王　健			

2020年中国农业大学优秀教育工作者

农学院(2人)	郭伟龙	胡　云	
园艺学院(1人)	张　艳(07073)		
植物保护学院(1人)	马占鸿		
动物科学技术学院(1人)	张　帅		
草业科学与技术学院(1人)	刘　楠		
动物医学院(2人)	董彦君	李青山	
食品科学与营养工程学院(1人)	周晓璇		
工学院(1人)	刘星星		
信息与电气工程学院(1人)	罗智良		
水利与土木工程学院(2人)	韩　宇	张立伟	
理学院(1人)	王明安		
经济管理学院(2人)	蔡海龙	张瑞海	
人文与发展学院(1人)	张晓英		
国际学院(2人)	宁鹏飞	晏　芳	
党政办公室(1人)	刘　宇		
党委组织部(1人)	宋岳镇		
党委学生工作部(1人)	范晨辉		
财务处(1人)	李　欢		
研究生院(1人)	常莉萍		
发展规划处(1人)	王　雯		
就业创业办公室(1人)	李　莉(03060)		
信息化办公室(1人)	李吉祥		
基建处(1人)	李红侠		
离退休工作处(1人)	曲　越		
继续教育学院(1人)	王艳霞		
图书馆(1人)	周江英		
档案与校史馆(1人)	苏雅澄		
校医院(1人)	史桂萍		
后勤实体(3人)	孙永利	肖　黎	赵　红
资产经营公司及校产实体(1人)	王　正		
上庄实验站(1人)	王占森		
曲周实验站(1人)	张书奎		
涿州实验场(1人)	段刘伟		

·

附：2020 年度工会评优获奖名单

中国农业大学 2020 年度优秀教职工之友名单

张远帆　郭晓旭　陈明海　李　鹏　李　洋

中国农业大学 2020 年度工会工作贡献奖名单

赵　明　杨子华　李　兰

中国农业大学 2020 年度优秀工会干部名单

孙坤妹　郝京辉　赵文生　周　波　龙步菊　崔　盈　曹　静　曲桂芹
陈　雨　陶　莎　戈志奇　马晓东　史煜成　李庆风　赵　佳　张中民
乔琪雯　赵瑞春　马西青　邱兆颖　乔宏柱　牛　爽　于红红　王　雁
张静宇　刘学志　陈卫国　唐立晶　刘　亚

中国农业大学 2020 年度工会先进个人名单

李　莉　李　珊　孙　亮　吴月翠　张俊争　王向锋　邢怡明　王　颖
黄彬香　邵小明　尤泽西　张　博　杨　坤　袁建敏　周雪影　丁双阳
刘贤勇　杨婉若　吴晶晶　张春龙　徐丽明　胡　梅　刘　雪　贺　新
张泽林　黄　莺　蒋家珍　张琳楠　揣君健　章　博　贺　颖　董福芹
马洁文　晏祥琳　姜旭明　项荣建　朱　堃　倪奎奎　王　芊　张　银
吴德碚　葛树林　杜龙龙　韩争艳　刘　芳　殷作明　罗　婷　孙广聪
田杰茹　于立春　金学英　石　慧　于宝丽　刘　莹　丛晓红

中国农业大学 2020 年度工会宣传工作先进单位名单

图书馆分工会　人文与发展学院分工会　生物学院分工会
继续教育学院分工会　理学院分工会

中国农业大学 2020 年度文体协会先进个人名单

楼慧强　贾尧风　钟　锦　寇光涛　杨敏丽　潘清春　王文全　徐　杨
夏铁华

中国农业大学 2019—2020 年度模范教职工之家

食品科学与营养工程学院工会　植物保护学院工会　信息与电气工程学院工会
机关一工会　工学院工会　动物科学技术学院工会　后勤基建工会　生物学院工会

中国农业大学 2019—2020 年度优秀教职工之家

图书馆工会　农学院工会　动物医学院工会　机关二工会　水利与土木工程学院工会
人文与发展学院工会　理学院工会　国际学院工会　校办产业工会　机关三工会
经济管理学院工会　继续教育学院工会　马克思主义学院工会　校医院工会
资源与环境学院工会　园艺学院工会　体育与艺术教学部工会

2019—2020 年度中国农业大学“优秀学生干部”

（共计 598 人）

全楚格	杨秭乾	刘欣然	董倩桦	田金翔	郗　望	张龙义
黄正伟	肖辰宇	杨景雅	薛鑫宇	刘辉云	赵　楠	徐忆楠
许晨晨	邢诗晗	胡元峰	徐佳慧	王　瑶	刘涵瑜	魏泽欣
李明扬	类洪瑞	侯佳敏	李元佳	李　玥	王　萍	陈馨蕊
吴茂林	张钟仁	陈婧怡	盖时霖	姚秀坤	张若妍	杨镜琪
石春霞	尚奕彤	刘怡含	陈泓儒	赵诗琪	臧乐菲	冯　琛
高学凯	孙月婷	徐超然	闫天赐	李雨静	补天天	周红润
朱圣娇	王亚楠	韩　蕾	马志豪	任天怡	李梦璐	陈梦淮
杨予熙	蔡定洲	郑　策	米怡然	孙雅欣	庞昊天	石　坚
宋　玄	黄露莉	李雪明	郑云娜	郑恺文	王　璇	荣　容
汪　洋	岳亚先	李　航	字良语	冯振国	苏瑞雪	王美娇
马学君	倪徐平	刘若谷	魏羽桐	李雅诗	陈伟杰	王宣宁
王一诺	孙沁心	刘乔治	李旻雅	曲　卓	孔　源	杜嘉程
林子涵	李世龙	张博雅	杨　山	房晓东	王　汝	尹亚琳
杨　倩	赵付丽	张艺帆	常亚敏	冯贞凯	王浩然	余芷璇
朱晓宁	裴　婷	尹云隽	朱　帆	杨　月	薄瑛楠	王禹凡
陈澳回	景天放	钟昊业	谭　兵	刘佳豪	陈宇翔	董彦君
李纪凯	宋凌波	王雨洛	张文轩	许梦瑶	曹文馨	徐雨萌
熊传永	聂嘉谊	那书豪	孙国峰	王辰瑶	郝子恒	焦晓楠
王　宁	杜　鹃	陈　卓	黄文凤	韩精华	满吉勇	杨垸钦

黄 博	姜 姗	杜玉赫	徐 贺	徐坤彪	沙 漠	彭舒玥
陶怡竹	谢锐华	家瑞科	宣 琳	刘思源	窦文灏	许静漪
程玲华	耿仕夏	吴 昊	时学锋	吴 迪	张舒媛	朱 婷
毛智琼	高爱萍	何恒迅	张新雨	张若琪	周子慧	毕家琛
朱 灵	张沛琛	申 晴	胡重重	牛婉珑	张艳香	姜小寒
靳婉箫	张 禾	赵扬阳	白千玉	阮锦洋	郭凡漪	程 佳
刘 睿	陈莹娴	于卓玲	杜静静	李瑜祥	王倩玉	李淑贤
张慧欣	李雪晴	刘一朵	于 荷	梅 隐	刘嘉怡	伊 冰
毛艺融	黄 蓉	艾颖超	王宇琛	梁立坤	胡雨楠	庄康元
谢文凤	白皓宸	王梦瑶	王鸿轩	李 想	鄢小娴	王海莹
张逸凡	杨若湫	陈秋水	刘天仪	袁思淼	于梦卉	梁贺铭
汪琦琦	李名洋	杨云任	张宇航	杨 晨	谢一丁	郑嘉怡
郭馨潞	余京京	易 靓	李佳乐	张 妮	周家希	张凯宇
张益铭	肖可人	周 幸	王佳欣	卢舒瑜	李奇科	赵齐燕
许嘉璐	于心睿	徐嘉悦	陈红蒲	王宇琦	綦鑫媛	冯金璐
张佳帆	王东慧	王 叶	邓文亚	徐 娟	杨舒乔	刘 畅
车佳玲	李作轩	朱海安	李思标	白杨凡	宋 凯	章 勋
李鸿盛	张文惠	魏玉宁	刘 勇	樊继萍	康雪儿	张一帆
李文硕	吕沐阳	郝震铄	王 瑶	杨宗府	谷远洋	吴丽宁
刘润泽	杨石冲	孙诗嫣	王瑞国	赵广源	潘佳勇	李 腾
税娅琪	孙 帆	乐雯歆	王 超	解茹越	徐东鑫	任 雯
邵雪冬	杨 帆	刘 俊	刘恩宏	周佳蕊	孙文伶	王 妍
吕东晓	饶 涛	谢雅洁	左 鹏	班 超	王 硕	崔立昊
胡明颉	杨凯涛	曲宗正	薛焱文	纪康宁	张雅涵	柴管鹏
钟毓杰	祖圣宣	张梦婷	苟笳豪	丁泽琦	周 沁	陈浩哲
周嘉钰	赖家城	易湘诚	韩佳姝	杨颖妍	陈 劭	胡可钧
张立清	许若琳	郝梦泽	安睿泽	朱博文	黄文轩	王舒扬
万 蓉	林邦皓	刘彧希	彭驿钦	陈宏羿	张维正	孟令昶
张迈匀	程思悦	张可意	薛 丽	冯宁宁	张佳婧	孙希蓓
孔令芝	薛金丹	王玉竹	刘玥昊	金志坤	赵华建	骆玉奇
乔 琛	马晓春	杜苁蓉	吴昕蕾	周 易	程泳铭	张哲语
刘 凯	刘汇鑫	章 晨	周雪婷	程 竞	刘家荣	辛雨辰
乔泽宇	李 旻	陆婉玲	余浩天	蒲思远	崔祉潇	郭晨广
蔡一杰	占 翔	黄英泰	姚珍珠	刘 胜	鲁煜建	郑 强
吴向阳	韩盛柏	罗 彪	荀一豪	白雪儿	李 松	肖居辉
刘凯强	时 涛	侯 科	刘紫燕	丁希权	吴若月	韩 镝
杨 帆	于启娜	厉知非	费翼珏	张雅茹	李陈如愿	何 苗
张星雨	石增辉	赵宇航	李海宁	蔡 乐	赵浩然	陈 蕊

李晓斌	许致远	徐芷怡	孟 圆	孟子琳	李 岩	王 锴
江 竹	蒋笑天	库勒米拉	李佳雯	陈兆静	李 晴	陈烁恒
李 峥	邹尚瑾	黄麟雅	杨蓥浠	李晨璐	姬一丹	刘 娜
胡汝成	钱开涤	崔昊洋	赵晓飞	张哲宁	龚桦洁	段一凡
刘格致	赵康利	陈 婷	张尤佳	赵 阳	张 瑜	侯沛彬
白 龙	周艺昕	车芙蓉	黄 可	谢渭莘	王亚珠	王 璇
刘梓麒	马欣雨	黄品清	贺佳圆	刁 婵	张尹悦	张琪润
刘 畅	张芮嘉	梁世彤	董国华	王雪娇	罗玉格	马 烈
王亚军	张 磊	甘春艳	李丹阳	上官霜月	杨雨欣	张静萍
赵成志	刘子涵	李梦琪	李玉彬	付煜博	魏 汇	彭正猩
王梅凡	王天帅	杨钧显	肖 懿	王鸿烨	李洁瑾	高 源
王 宁	饶盈盈	高雨欣	廉亚萍	申 澳	冯 钰	宫雅琪
缪昕玥	刘懿文	唐黛晴	周宇文	龚德锟	王 京	郭荷昕
晁茜森	李 杰	李 尧	宋雅楠	朱浩铭	向麟玉	范泽帅
刘欣然	杨 婧	刘宇晗	王智生	李运思	黄琬茹	周 涛
魏逸清	邱 雯	张琳悦	高瑜珩	杨嘉诚	雷楷熙	杨天睿
刘家宏	李湘依	温 蕴	朱俊亦	葛雨桐	王舒然	杜昀晓
赵文迪	张凯杰	谭思沩	张子涵	黄小涵	杨馥瑞	徐若萌
姜伊菲	黄淑贤	刘天洋	施 展	邢可欣	何逸飞	宋佩泽
王昊阳	赵梓迪	周越乾	刘 昊	蓝 杨	吴雨清	马睿川
孙慧琳	李冰怡	罗钰柠	陈子彦	刘晓雪	李乐昕	祖 健
赵云泽	杜鹏飞	雍路路	张 帅	陈文广	马 喆	毕小媛
王琳璇	黄博洋	古维娜	刘希强	逄 悦	徐晶晶	冯靖雯
郭宇涵	汤煜祥	迟文峥	姜梓涵	黄江宇	丁崇航	张亚豪
刘原辰	韩梦琪	轩 阜	尚倾越	赵汗青	徐慧聪	王 忱
杨志清	王泽基	田裕加	步宇飞	袁行健	胡君怡	王泽秋
孙斐凡	张翔宇	黄少鹏	王 童	谭国良	郑青昊	杨耀宗
张 铠	吴天阳	齐 滢				

2019—2020 年度中国农业大学“三好学生”

（共计 1 449 人）

安静雯	李玄霜	曹 剑	陈天文	陈欣怡	董倩桦	冯亦婷
干崇谊	金雨卡	黎绮旻	刘若岩	龙 源	马千涵	孙思远
汤 晟	田金翔	邬月新	武 林	谢润之	张清怡	张雨琪
赵铭铭	郑明慧	郑童馨	钟非凡	周 际	肖辰宇	白雨蒙
苌淑敏	常乐钦	程 莹	高永泽	顾双呈	何思洋	贺雨馨

胡乾峰	霍旖旎	姜雨林	井震寰	黎雨灵	李明扬	李鑫晨
李雄涛	李　旭	栗书莹	梁紫越	刘冰洋	刘　洋	刘　洋
卢　捷	罗　宁	吕心悦	齐海坤	阚正荣	任丹阳	宋超利
隋一平	孙　磊	王　冲	王培欣	王　萍	王　兴	王　照
韦　丹	吴　巩	吴海月	吴一凡	闫　烨	杨国威	杨舒淇
杨勇琴	杨雨欣	张　全	赵炯超	赵天瑶	周婕妤	周景雪
朱　萌	景美兮	高宇童	陈婧怡	利文婷	贺文琪	张钟仁
郭子璠	杜英珂	罗涵月	马睿思	吴茂林	李楚萌	姚秀坤
张若妍	许珍妮	杨镜琪	刘淑雅	刘　燕	张宇豪	刘　畅
邓　笑	黄心怡	罗　菁	马明浩	余雍雁	张雨晴	张　睿
耿　源	臧乐菲	朱　雯	杨　林	曹淑媛	鲍欣蕾	补天天
曹华春	曾　棋	柴小粉	陈　童	邓明江	董雯宸	董永强
冯　琛	冯泽坤	高学凯	郭鹏靖	贺　青	黄学旺	李静如
李梦珂	李梦雨	李双桃	李雨静	刘晓惠	刘　颖	卢小红
汪生林	王　涛	熊智颖	闫　安	李筱婷	薛晓敏	王源锌
邓温歆	苑轲轲	高艺升	吴亚帅	姜雪霓	胥凯祺	贾筱沄
彭紫柔	肖以琪	廖祖兴	田京京	徐小燕	关琦洁	彭　涛
聂张尧	郭　熙	郭心雨	杨燕晓	解晋川	郭　奥	刘倩男
孙天乐	杨欣怡	王　皓	王时雨	庄路博	邓　杰	周惠汝
崔僮珊	张小芳	李郁婷	华晖晖	张传杰	王　宇	杨　晓
高　翔	张　凡	常　月	王　颖	龚慧玲	张怡静	沈婧欢
霍鑫荣	陈　曦	冯　鹏	郑林宇	张　岳	牛俊凡	庞　悦
刘彦君	魏红爽	贺乾坤	康　钦	杜振勇	石　盼	尤春梅
蒋云岚	申荣荣	王皎洁	刘　悦	莫东青	王智琪	谭象天
孟泽宁	郭玮琳	倪徐平	李　潇	李雅诗	赵　敏	吕晓晖
郑　磊	古　晨	杨　宏	孙沁心	卢　双	李龙起	朱　然
海腾飞	李　骞	陈珂焕	刘乔治	伏香甍	史云浩	曲　卓
郑奇棋	李雨衡	林子涵	江依然	杨飞月	刘羽佳	王凤仪
耿宛莹	唐　会	李佳顺	陈奥捷	宋奕泓	马学君	刘宇宁
王宣宁	宋　可	白雅雯	杨　迪	黄雅珏	康以诚	任墨涵
杨子吟	黎　岚	张金颖	綦元鹏	韩祎楠	姜媛媛	连　迪
高楚泽	朱晓宁	田枝鑫	付　晨	尹　叶	王岩超	张　晶
高　洁	朱　帆	黄昊天	张子娟	裴　婷	田绣琳	赵付丽
尹云隽	霍明月	徐江海	杨　倩	刘国永	张东民	刘香凝
许学强	张佳伟	王　汝	陈　腊	霍　斌	张浩炜	覃　慧
戴玉洁	左颖钊	王美娇	胡佳成	房晓东	邹婧泽	温智琰
曹　青	姜志豪	岳　宁	王雪婷	张定谅	许文雅	王悦颖
李盼盼	李　颖	许家辉	薛　颖	殷实磊	刘　敏	赵　磊

宋长春	张　雨	徐静怡	朱子扬	车　轶	陈明月	宋　琛
葛依凝	曾　雯	庄　瑶	李璐瑶	王丹彤	魏佳欣	刘　灿
李昭茜	李　想	杨梦乔	段明鸣	黄怡珏	徐世梦	张　男
向赛男	王玉娜	焦文峰	王新宇	米热阿地力·库尔班		王国豪
吴　洲	叶松林	张俊娜	王君玮	张　晶	许　可	韩怡语
韩婷婷	孔艺霖	马　瑜	唐若桐	王　茜	葛振飞	管　玥
刘思妤	苏正娥	郭炳茹	王成禹	蒋　伟	姜　姗	刘文静
王日俊	刘　琦	孙铭雪	于丁一	詹　杉	田兴帅	陈　爽
丁同滨	祝密密	王海燕	敖园园	张　冉	李　婧	于保港
王　康	李丹阳	钟妍婷	赵　鑫	王　一	王　越	赵晴月
李晓琴	杜学军	杨　浩	李　扬	方群超	刘　振	樊雨昕
曾正程	黄妍奕	张灵玉	黄千千	罗苏琳	高　清	毛乙臻
赵禹欣	李雨琪	葛志超	宋汇灵	薛圣霖	李　佳	秦佳鑫
陶怡竹	赵岩岩	卢诗雨	张美琳	刘思源	杜梓桓	和畅翔
许静漪	刘羽畅	付　琪	叶　雯	赵舒然	赖嘉晖	张玉颖
刘芮兵	汤　漫	郑宇慧	赵玉超	张新雨	刘高坤	卿涵睿
王绍菁	朱　婷	袁一铭	刘哲熹	马宇浩	孙新宇	刘夏仪
时学锋	尹忠涛	李广胜	张金鑫	王　迪	江一凡	杨文静
马　宁	李　娜	龙沈飞	杨　攀	张云常	何恒迅	王诗岚
张婉君	张翔宇	宋秋红	杨潜颖	岳　媛	杨　峰	李　桐
杨舒宇	张格格	燕星月	郜平平	朱　灵	张　素	邹小敬
雷舒婷	曹莹琪	贾丽妍	周钊灿	申　晴	李雨珏	杨瑞华
杨　悦	牛婉珑	严沛洁	赵雨晨	俞栋颖	阮锦洋	吕金泽
祁弋暄	刘丁溥	郑　好	李祎玮	刘　威	慕佳音	李得宇
周舒雯	司徒天欣	汪川蕾	陈　爽	隋卓君	吴亚棋	潘晴云
高　婷	杨东明	王成飞	曲少奇	王　童	史晓敏	宋银娟
赵媛媛	于卓玲	程晋龙	刘激雨	宋宛蓉	张慧欣	伊　冰
李淑贤	程　佳	王浩然	马裔寒	汪渤森	王铂涵	刘　睿
陈莹娴	李瑜祥	田欣睿	徐阿慧	毛艺融	刘一朵	崔静雯
郭思凡	龚玉姣	王倩玉	关雅琴	陈登金	黄　蓉	郭学俊
杨昕坦	储丽丽	黄钰程	蒋艺佳	林晟豪	刘敏欣	伍思佳
向芷璇	王鸿轩	张静宇	胡嘉鑫	罗颖婷	宋　蕊	孙慧娟
张雨凝	毕金甜	王宇琛	吴　彤	谢文凤	艾颖超	常茹欣
胡雨楠	王雨卓	陈禹蒙	郭　琛	刘铭夕	成　贺	施润颉
张若宁	刘天仪	刘　振	陈文静	陈颖禧	李佳洋	桑梓晴
薛慧敏	张　彤	赵　真	邓志扬	姜文晓	刘雨文	牟　瑶
申　瑶	王晨曦	陈　敏	刘羽嘉	毛梦琪	杨　馨	刘海悦
隆浩渊	齐　悦	沈芳铭	余京京	高兢桧	戴可欣	李思忆

郑子昂	黄天卓	李 熔	李欣雨	崔 伊	徐天罡	张金学
陈蕴淇	陈俊林	林羿凡	王江鹏	魏劲捷	毕 爽	郭 擎
侯殿志	杨庆锋	武瑞赟	汪 雄	韦 阳	苏佳琪	付文慧
闫文佳	张佳帆	张 雷	邓文亚	李艺铭	李铁铭	刘 楠
吴元浩	赵喆禛	朱一方	涂亚琦	周 幸	孟 晓	田 丽
高婧昕	张尔康	王启蒙	梁艺凡	段惠娟	徐嘉悦	卢舒瑜
李奇科	刘 慧	刘翼波	孟 潇	王佳欣	许嘉璐	姚月华
邓志怡	焦亚丹	陆佳俊	杨舒乔	张 沛	武艺雪	肖可人
张侨娟	周子琦	刘港帅	田思敏	张新雪	秦剑冉	冯金璐
李继福	贾金涛	李 腾	陈怡婷	罗扬杰	王凌峰	刘淑瑜
史耀利	潘佳勇	王 梓	王丽涛	王子傲	姚萧萧	许崔文童
刘 泉	刘润泽	林炯辉	朱哲慧	张竞杰	金铭心	刘慧敏
郭苇洁	李文硕	张万龙	张一帆	张怡康	周 璇	李朝阳
张润田	郑岚育	马培锋	阎欣峰	王瑞国	杨石冲	乐雯歆
高 源	白杨凡	刁金鹏	杨 妍	纪伟业	吕禹龙	李家琪
向卓航	黄光远	梁玉莹	宋 凯	曲慧文	赵 诣	王乐淇
李 琳	肖 傲	武晓宇	陈雨菡	郭笑含	谢雨彤	张景媛
樊继萍	牛雅琪	刘子豪	蓝 鸿	许嘉靖	王 瑶	吴丽宁
张 权	郭 沁	李佳仪	陈 一	徐 鹏	刘晓婷	徐嘉明
蔡培原	丁 菱	钟伟恒	汪学沛	张露巍	王文胜	王 超
杨庆璐	陈相安	温昌凯	邵雪冬	杨子涵	白 静	王风磊
龙新佳妮	太健健	谭 宇	孙显顺	吴云帆	徐平凡	张丽娜
罗 俊	曹晓慧	樊晨龙	方 晨	王鑫磊	王梦妍	刘 宁
栗 阳	田朋姣	陈计远	谢为俊	陈媛媛	李星仪	刘子良
王荣炎	高 磊	王 辉	鹿 瑶	张自超	王术波	王 禹
陈科涵	周 航	吴泰羽	宋云龙	姜萌萌	尹长林	徐东鑫
黄 莹	顾进恒	李思哲	徐 晨	曹凌霄	徐 鹏	陶涵娥
郭际虎	熊亚岚	王天琪	董玉博	颜君峻	王 丹	纪思雪
韩泽阳	钟路迦	张雅涵	韩照洋	钱 煜	李宜敏	陈昂轩
薛焱文	王玥心	王心彤	纪康宁	颜泽卿	许 诺	任书卉
张子玉	苏晗宇	祖圣宣	丁骁驰	李树东	易湘诚	陈宗彪
安睿泽	胡班韶	刘小丫	付子玉	邓秋卓	贠玮佳	李 游
瞿李傲	赵 青	赵 佳	韩佳姝	钟毓杰	陈浩哲	吴 晗
许若琳	李海霞	柯 颖	陈 杨	杜路高	王浩泽	李 琳
陈慧颖	翁万正	郝梦泽	贾云嵩	张可心	王昊天	范振腾
张祖雯	刘成成	张子璇	刘泽梅	于昌平	胡雪丰	高义超
张迈匀	龙 海	孟令昶	徐櫟妤	张可意	张 豪	魏 健
贾博宇	程思悦	钟 涛	田雪昀	张雨菲	陈旭日	毛新瑞

李占江	费予昂	秦兆阳	刘斯怡	亢健慧	邵柏豪	罗婷立
彭璐颖	杨立然	李　丹	张　旭	王　蕾	张振乾	李嘉位
吴英昊	梁步稳	赵　欣	张　琦	尹政清	李　萌	叶荣珂
时家辉	胡汉成	曹智杰	王广旭	郭若皓	张晓强	王炜超
赵若梅	沈　超	马　超	朱　倩	颜　彦	李　嘉	刘晓辰
黄家运	韩　雨	王东旭	郝　帅	曹新凯	褚晓飞	刘奥迪
袁明飞	吕嘉葆	忻佳丽	林新宇	周　玲	弓　艺	鲁天云
梁传彬	邵梦璇	王　昊	冯杨明	罗　琳	侯新妤	周　易
李　敏	孙小雨	吴若旻	段　练	李百丰	张宇烁	刘雨龙
施艺舒	杨科迪	杨子馨	马郝燕	涂运安	陈　坚	沙明慧
乔泽宇	吕胜美	张佳怡	罗媛元	田稼禾	周　雅	曾　韵
秦　康	杜俊彪	吴一伦	何芊芃	岳星妍	游煜铃	邢晓杰
韩明霞	胡宗光	周斐然	刘秋祺	胡润芝	霍礼琪	郭　悦
郝佳敏	刘佳祺	伍　怡	胡珂嘉	唐毅宽	李彤姝	牛乾坤
吴菁菁	潘　琦	赵　云	赵芮晗	赵浩儒	张　艳	叶长亮
吴厚凯	魏永祥	王友芝	王晓丹	王　玮	王淑萍	陶胜男
唐　帅	刘　琦	李雪敏	李　浩	郭　慧	关　昕	谷怡珠
宫欣悦	高　磊	傅景泉	陈修之	陈世超	时　涛	谢冯启
李玉辉	郭锦晋	田　展	叶丁玮	李昱惟	何璐瑶	谷依萱
马金铃	宋馨宁	许钦沁	马　媛	贺冰滢	牛可歆	刘　昊
陈星月	何仟一	胡采薇	侯　瑞	申珅玉	杜　睿	杨　婧
林誉凡	李陈如愿	陈柳言	何　苗	李　科	蔡呈丰	王　越
刘　锐	陈嘉萌	旷子晨	赵浩然	张儒磊	钟涵婧	王昕竹
邹欣月	孙　震	周　贝	代思波	刘书棋	于泳博	刘致涵
衣春晓	丁　梦	周思琪	张富杰	吴延婷	龚宇威	张龙翔
张　璇	王亚会	张纹溪	滕卓然	高　星	李　栋	李晓晗
李　岩	孟志远	孟子琳	秦发艺	权朝青	孙　喆	徐　婕
易晓童	于双双	张璐瑶	张　强	朱建慧	徐玉芳	张津铭
马梦丹	朱　润	王相哲	曹艳艳	刘　畅	张登富	张芮嘉
陈孟媛	朱昱文	梁世彤	陈暄霖	董国华	邱　凌	许可馨
王雯静	王怡菲	张存雨	高玺双	刘格致	赵　阳	王　丹
庄若天	周邦栋	刁　婵	张起维	陈可默	张倩倩	刘梓麒
章博语	牛梓蓉	侯欣玉	李　静	郭彦君	贾宏毅	李　想
周栢年	娄米莉	李　蕊	张尹悦	李玥莹	黄春玲	钱开涤
杨璨瑜	王　璇	宋　涵	王誉儒	侯沛彬	李玉娇	崔昊洋
马欣雨	李玺宁	曹子琦	何泽宇	李　峥	王兴佩	崔婷雯
刘园婷	李　显	李若兰	石雨欣	魏雪宁	李佳雯	陈兆静
庞雪琳	刘　逸	黄小凡	杨蓥浠	艾　阳	俞　萌	曹佳阳

褚菁菁	路钰秾	吕俊霖	张咏琪	刘一诺	邵子钰	李若彤
晋 娴	刘 娜	刘 泽	刘子涵	于季菲	朱艺园	高 迪
王 琳	高春霞	卜晨露	付煜博	李依韩	鲜沛玲	汪隆宇
李梦琪	王晓璐	王逸飞	上官霜月	陈蔡春子	方 航	田雅群
王晓丽	林 欣	田懿行	李丹阳	张焕柄	高 翔	张 磊
张 萌	刘 琼	罗 屹	姚 志	富楚楚	彭正猩	祝云凤
张沅嘉	胡 涂	张铨颖	马平川	江 璐	胡仇簪	梁 玉
姜雨希	胡 蕾	徐 颖	刘文婧	苏华雨	张依萌	徐圣洁
胡 琪	刘 润	梁宇凤	杨 芸	潘妍伶	朱龙奕	朱祎彦
宫雅琪	郭珂君	李燕秋	史嘉诚	乐韶华	廉亚萍	娄嘉丽
刘泽莹	熊天辰	李育辉	周千卜	周宇文	朱 峰	王珏盟
吴颖颖	陈 瑜	王 洁	陶 磊	王艺霖	高 源	周 坤
焦艺环	刘禹池	刘 熙	张恩齐	袁倩倩	朱恬怡	李佩凌
赵芊芊	康孟媛	周 蕊	宋雅楠	李梓辰	张梦瑶	王毓婧
郭竹慧	李杭梅	张 萌	孙茹馨	纪依凡	李 杰	龚子恒
张有倩	颜 鸽	李阳阳	巩星利	董志荣	马利雅	林海森
侯忠林	许 溪	王 惠	吴一凡	苑军军	苏志豪	陈邦炼
萧子扬	董瑞昶	左孝凡	赵泽阳	窦 爽	王舒琦	杜梦雪
王军元	赵璐雨	李荷园	梁 菱	孟令地	吴雪莎	刘建行
谢 飞	袁欣然	许鹤瀛	叶泰慧	薛雅丹	李楚桐	孙笑宇
张梓妍	孙丹宁	赖雨欣	杜昀晓	王佩媛	高杨越卓	张羽翔
李舒桐	陈 果	洪紫煊	朱信宇	肖博文	郑云帆	徐梓炎
晁欣玥	姜静仪	周恬宇	邱弋翀	马溟远	徐若萌	蒋鸿增
易若曈	王思佳	任意歌	史家影	马铭灿	陈亦凡	温秀芸
汪怡衡	谢铭苁	张嘉玲	程 源	黄佳惠	黄浩洋	刘 柯
唐雨璠	郭梅清	胡斯嘉	王祎洁	刘子涵	曾泽宇	孙沐瑶
吴心远	陈宛宜	张景茜	宋雨凝	张蓝方	邱 雯	吴天娇
刘思洋	周艺洁	陈 韵	刘知行	廖婉伊	李雨桐	宋雯丹
马云从	肖励贝	谭思沩	刘佳傲	贾思航	王宇譞	邓芷涵
郝兴晨	韩子萱	赵文杰	陈艺璇	张嘉琪	赵若涵	朱雪慧
陆鹤霄	许冰洁	蒋朝为	苏 澄	唐 辉	乔怿雅	寇雯齐
廖清婷	王舒涵	宋佳熙	王轶璇	刘释疑	刘嫚殊	李许红
王 楠	张宇冕	刘泠岑	陆君言	董 镱	王芳芳	冯志忠
申孟远	朱文洁	刘悦忻	赵江萌	汪 犇	韩 苗	王 轩
朱晓亚	张文丽	孙福海	车荧璞	朱冰琳	赵 康	王 洋
李瑶瑶	张 平	宋 洋	昝糈莉	王 彦	卓兴良	李明序
江 楠	孙云磊	沈亿莹	李智林	刘 丽	王学凯	孙志强
逄 悦	翁银银	张 慧	徐生阳	张建东	刘景华	王天仪

王齐兴	梁金强	廖鹏程	肖　雨	尉韩旭	闫华文	贾润雨
刘怡均	马艺如	王　童	颜　靓	董学娜	李耐寒	王俊杰
张　帆	赵楷雯	秦明绪	王　烨	李子琦	安静雯	齐　滢
崔冠云	张宇清	贾景皓	战　颖	季俊霖	杨　易	孙　盈
葛晓翰	赵菲儿	谢晓良	王欣睿	张　哲	荀润菲	王家玮
杨志清	陈虹瑶	孔睿敏	娄馨月	杨丽雯	蒋文青	徐家冰
唐子渲	孙宇田	孙　清	王　然	李　泽	王春盈	程小珂
林欣源	李　龙	高希龙	王泽家	李建伟	张倩茹	国一凡
吴兴国	谢雨辰	张　奕	宋晓勇	范雪彤	乔成桓	徐凡庶
何书朋	王志恒	韩熙睿	栾可心	武　迪	李长艳	阴佳滢
栾佳璐	赵孝凤	陈梦麒	窦世龙	蔺雯雯	郝兴华	许睿智
王海默	李仲堃	徐　莉	苗润泽	赵一泽	王世兴	刘辰昊
李　姣						

2019—2020 年度中国农业大学“优秀共青团员”

（共计 437 人）

付　玉	王　勇	马韩瑛	安　琦	王一欣	黎绮旻	成　嘉
陈昕杰	苏金龙	李　硕	冯喜梅	赵炯超	闫正军	刘秋月
王　瑶	梁紫越	黎雨灵	杜　萌	侯佳敏	李元佳	宋超利
潘　同	范瑶函	吕晓晖	王宣宁	海腾飞	蓝旆纯	段伊禧
高馨怡	康以诚	李秋睿	黎　岚	聂　僮	汪海若	柳京辰
王世梁	林姝岚	刘羽佳	李明阳	张浩炜	蒋　杉	张子娟
王婷婷	贾晓萌	余芷璇	冯杏威	付　晨	陈　慧	付菁英
俞逸烽	刘皓秋	肖　悦	刘子嫣	梁雄英	陈明月	邓瑾艺
王淼波	何姝萌	刘　璨	陈　婧	刘　璐	吴英杰	周亚岚
陈先冠	陈雅杰	胡文华	刘名扬	孙　艳	付艳丹	李　蓉
郭　彬	杜玉赫	曾正程	樊雨昕	比莎娜·阿扎提		陈若晨
艾春晓	文天琦	何汶骏	朱　琪	周倩倩	马宇浩	刘　颖
伊思蒙	赵琦琪	杨玉泽	杨家钧	杨　明	李　森	陈慧娴
张格格	杨　霞	谭春娥	袁隆玥	李祎玮	刘韵丽	郑　好
马　越	陈　爽	黄雨薇	初炳鑫	董玉慧	王素秋	张　琦
佀蓉蓉	孙　璐	王　晨	张倩格	肖瑞琪	隋　艺	郭　琛
王鸿轩	朱泽洋	梁博文	申　瑶	刘羽嘉	江　月	陈　敏
张紫钰	宋江流	黄天卓	卫晓慧	陆　璐	李欣芮	韩孟晗
刘天月	王祎然	陈蕴淇	杨轶童	陈湘茵	廖文艳	王启蒙
高婧昕	王　媛	傅　娆	黄金萍	蒲一静	武艺雪	伍天阳

刘洋儿 王学聪 赵 彤 李冰雁 王荣泽 田 宇 李思标
杜泽宇 梁玉莹 李光宇 张馨月 刁金鹏 李家琪 王世龙
瞿云山 张楚婕 周冬阳 吴小末 谢雨彤 李 昂 史耀利
顾 桓 陈兴龙 曾 晨 乐雯歆 李 洋 刘恩宏 陈鹏辉
周佳蕊 曾诗雨 翟毅豪 侯泽禹 马 奔 王吉强 杨光照
万好雨 袁发骏 周珈任 邵柏豪 于小航 李 拓 刘座辰
彭占德 钱 煜 陶涵琥 吕传翰 陈 珏 董玉博 柴管鹏
刘艺明 郭新元 丁骁驰 王雨欣 赖家城 陈宗彪 朱燕阳
郭 凡 朱博文 林邦皓 徐櫟妤 毛涵宸 汪小冉 李典睿
梁 朴 贾博宇 杨 晟 张芷瑄 张可意 王 坦 赵金龙
尚飞宇 柏 召 张 英 宋朝阳 汪 伟 刘航源 吕 鹏
吕玲慧 彭 澄 段 练 史凌杰 郑 冰 李子涵 刘 俊
周泽晨 黄佳慧 蒋沅均 张 悦 袁 睿 刘 辉 熊子豪
温庆祥 王佳慧 魏志聪 颜谱臣 黄霄戈 余舜尧 闫婷婷
刘英博 刘雪迎 黄 晨 陈春琳 武灵燕 谢冯启 衣春晓
吴星仪 牛可歆 王亚会 李昱惟 张龙翔 周思琪 李泽寰
李 科 白晗儒 王鑫玥 赵浩然 韩 昇 高 星 王文卓
孙 萍 杨宇雄 朱建慧 张元琦 周小余 梁江源 胡亚婷
杨蓥浠 陈阿丽 刘一诺 胡汝成 李思琦 熊欣怡 黄逸凡
唐雅星 梁子彦 黄怡潇 左晨诚 宋 涵 王 丹 陈秋宇
李尚儒 金怡恬 李玺宁 张起维 孙艺恬 王博凡 王子涵
孟凡雨 佟钰霏 才子倩 沈潇悦 薛天坤 钟 鸣 王亚军
李丹阳 占敏露 赵成志 高 含 夏雨薇 林渟夏 阎 敏
陈昱希 惠嘉蕴 胡 琪 王洁玲 吴 琪 张梦旭 郭一磊
肖 懿 董如斯 伊丽米热·阿不都热合曼 刘泽莹 毛贝南 陈 瑜
王斯熠 张亦心 宝舒瑶 王 京 刘子琦 王珏盟 高 凡
周闻赫 王姣格 李佩凌 何海涛 徐紫涵 陈博洋 邸 鸥
孙泳琳 李佟劼 李世雄 张心筠 李泽峰 林 杰 赵思羽
程 浩 马云从 肖博文 马一丹 宋雨凝 任 格 胡灏月
周乐滢 刘炜康 贾樱乔 王雪松 刘嘉润 刘知行 王舒然
胡轲瀚 于昊龙 赵子弘 郝思媛 倪知行 史昕雨 李宇琪
刘洋铭 马睿思 贺文琪 陈雨童 王 牌 李羽佳 余雍雁
张雨晴 邓 笑 邓明江 陈 童 黄学旺 郝加敏 冯泽坤
郭鹏靖 董雯宸 李若涵 谭雨生 叶晓枫 吕京慧 韩绍暄
温宇旸 宋 昱 姚 珺 杨 扬 石俊霞 周梦轲 赵 瑞
曾 玮 高慧鸽 张小涵 郑康凯 苗艳娇 李 航 范 超
夏唯一 张 弛 韩瑞婧 连冬杰 张心蔚 李明琪 张心璐
周 舟 张 怡 胡江鹏 张 炎 陈文豪 汪 犇 吉怡欣

李 烨	熊 乙	戴雯婷	宋 璟	杜鑫妍	张释允	刘潍嘉
王 菲	轩 阜	吕雨轩	神英喃	宋佳孺	张于婧	马佩瑶
商博文	苗佳骏	张孟祎	王舒淇	田航飞	魏雪纯	侯昱辉
马润泽	孟泽坤	张煜皓	吴天昊	肖玉涵	张 帆	牛亚楠
杜朋东	刘 霄	陈昌盛	龙一丰	李可心		

2019—2020 年度中国农业大学“优秀共青团干部”

（共计 286 人）

施 磊	马 圣	马千涵	赵铭铭	毛文轩	邬月新	周 际
陈泽权	白 宇	周 睿	王肖晓	韩雯萱	霍美英	王美娇
陈 坚	鲍雅萱	李旻雅	王 凡	李子问	王智浩	李 玎
德 畅	左颖钊	田枝鑫	杨欣欣	冯杏威	刘国永	房婷婷
张 晶	何孟轲	李航宇	刘佳豪	李王轶朴	崔楚源	毛佳俊
王海锋	吴晨旭	苗 琪	吴长征	徐波杰	任胜男	薛晶晶
钟佳慧	王玉宁	刘凌玥	王润哲	张灵玉	李思奇	张美琳
王水青	杜梓桓	黄之育	王君岩	姜 雯	吴申军	刘春兰
曹 恒	刘芮兵	杨奕安	俞栋颖	吕金泽	刘 威	何柳青
吴嘉琦	郑 好	杨 旭	潘彦彤	陈登金	田欣睿	王胜华
杨昕坦	赵媛媛	段禹宏	刘 欣	陆方舟	刘艺洁	张雅颂
纪瑞阳	王晨曦	万 雨	王勃然	赵子琪	杨 瑶	周家希
刘宸希	王 睿	韦云路	杨庆锋	范卓妍	王清宇	段惠娟
李泓利	张新雪	张 沛	尚文博	姚 莹	魏昱彬	姚萧萧
刘晓婷	罗 震	刘慧敏	吕兰兰	肖 傲	周 璇	张雨庭
徐佳玮	张子琛	杜宇凌	王 梓	王艺霏	太健健	谢为俊
陈科涵	张 锐	刘恩宏	孙东宇	曹晓慧	陈书峰	刘座辰
陈 珏	董玉博	刘成成	蔡振鑫	李 帅	周嘉钰	易 力
于昌平	郝梦泽	陈慧颖	路 晴	陈佳訸	李祎涵	高义超
蒋涵靖	冯一凡	林修醇	何海童	李云霞	韩 雨	秦瀚翔
赵 欣	李欣育	张 倩	万忠杨	任新建	高 原	郭宇博
陈 昊	段 练	史凌杰	金 凯	朱思恬	王馨宜	郭怡心
郑 翰	黄佳琳	黄 俊	陈俊霖	方 奇	白一铭	赵凯丽
潘 琦	廖德海	刘 宜	徐浩林	张庆辉	张玥欣	张 澳
霍中豪	尤俊豪	李昌旭	许 诺	吴汶聪	杜 睿	王董宇
王月冉	何 谐	陈 蕊	林 园	徐惟馨	杨曦彤	朱嘉恬
李 显	石雨欣	徐石蔚	刘 逸	郭梦婷	陈 洋	刘歆烨
周 琳	张滟文	王力行	闫 瑾	王煜坤	杨晨祎	张源源

李　蕊	王洁莹	封荣召	王　涵	王羽萌	刘　泽	叶文义
夏雨嫣	余雯超	顾鼎元	范振杰	马平川	宋文心	富楚楚
王天帅	王艺霖	凌苏婷	高　源	王　宁	潘妍伶	张馨心
朵　蓝	赵奕涵	孙景怡	童湘涵	忻　欣	孙文璐	霍辰希
张雅凝	高慕瑄	于　凡	吕奕彧	赖雨欣	侯奕龙	陈艺璇
孙家熙	李嘉欣	赵舒颖	寇育晰	海日罕	郭子璠	盖时霖
许珍妮	罗鑫兰	马明浩	张子萱	姚　燚	梁　彦	李金娜
王紫薇	张艳利	李升郅粲	侯羽柔	岳圆圆	任佳欣	杨晓庆
陈　瑶	杨文钊	马　岚	李玮洁	谢　帅	谭　灿	许竞元
丁宇泽	郭炎明	陈蕴颖	王计磊	叶　馨	焦　心	王　轩
常玉旸	黄可心	刘沫含	刘　珂	王沁园	李　慧	温正阳
徐　存	谢晓良	张天雨	蔺雯雯	徐　晨	任晨宇	张玉洁
周芃未	朱绍彰	徐雯琦	李欣然	罗　霞	许郅杰	

2019－2020年度中国农业大学“优秀班集体”

（共计49个）

农学173	农学181	园林181	园艺192	植保181	植保172	生物181
生物182	资环172	资环181	动科184	动科194	动医183	动医172
生工171	食工191	食工196	车辆172	机化181	车辆181	车辆193
试验182	电子181	试验192	自动181	农水181	水利193	水电181
化学173	化学182	化学194	工商193	金融182	工商194	法学182
传播182	英语191	农经192	农经181	经济185	经济184	土资181
草业171	公管194	营销173	营销193	公管192	水产193	设施181

2019—2020年度中国农业大学“优秀团支部”

（共计86个）

精准扶贫、“1＋3”专项团支部

农学182团支部

种科191团支部

园林181团支部

园艺193团支部

园林191团支部

彭友良实验室团支部

植保184团支部

生物防治重点实验室团支部

水利192团支部

水利191团支部

水利194团支部

化学173团支部

化学182团支部

数学182团支部

化学194团支部

经管181团支部

国经181团支部

植保183团支部
植保172团支部
试验181团支部
生物182团支部
生物181团支部
生物183团支部
2019级硕士生态团支部
2019级硕士科技小院团支部
资环182团支部
资环172团支部
动科191团支部
动科194团支部
动科192团支部
动医172团支部
动医193团支部
食安172团支部
生工171团支部
食工183团支部
食工193团支部
食工194团支部
食工196团支部
新闻通讯社团支部
励耘团支部
农工第一团支部
未来工程师协会团支部
农工第四团支部
农工182团支部
试验182团支部
试验192团支部
电气182团支部
信电191团支部
电子181团支部
自动181团支部
农建182团支部
金融182团支部
经济191团支部
工商191团支部
法学182团支部
传播182团支部
发展172团支部
发展181团支部
传播192团支部
英语191团支部
马克思主义学院团支部
农经191团支部
传播183团支部
传播193团支部
经济191团支部
土科192团支部
草业181团支部
公管183团支部
公管181团支部
水产182团支部
水产172团支部
设施192团支部
营销171团支部
营销184团支部
营销195团支部
图书馆团支部
机关六支部
体育馆管理中心团支部
峰云社团支部
绿脉环保协会团支部
向日葵爱心社团支部
阳光自行车协会团支部
启点辩论社团支部
红十字会学生分会团支部
戏剧分团行知剧社团支部

2020年中国农业大学“五四青年标兵”

（共计9人）

马　宁　王晓奕　成宇琪　刘烨琦　汪子钧　杨勇琴　郝　泽
赵泽宇　胡雨楠

2020年中国农业大学“五四青年标兵集体”

（共计10个）

“水与争锋”青年教师团队
志愿服务总队
农药加工与制剂研究课题组
生物学院试验171团支部
西区幼儿园团支部
向日葵爱心社
校艺术团合唱分团
牛精英创新创业团队
国旗班
食品营养与安全科普青年团队

2019—2020年度北京市“优秀学生干部”

（共计11名）

秦瀚翔　郝泽　史凌杰　吕传翰　翁凌胤　王宣宁　杨勇琴
邓泽宽　赖雨欣　刘勇　艾颖超

2019—2020年度北京市“先进班集体”

（共计11个）

工商193　法学182　园林181　农建182　试验181　草业171　土资181
车辆172　试验182　农学173　植保181

2020—2021年度“先锋杯”优秀基层团支部培育创建

（共计22个）

农学院精准扶贫、“1+3”专项团支部
园艺学院园林181团支部
植物保护学院彭友良实验室团支部
生物学院生物182团支部
资源与环境学院资环182团支部
动物科学技术学院动科191团支部
动物医学院动医172团支部
食品科学与营养工程学院食安172团支部
工学院新闻通讯社临时团支部
信息与电气工程学院试验182团支部

水利与土木工程学院农建 182 团支部
经济管理学院经管 181 团支部
马克思主义学院直属团支部
草业科学与技术学院草业 181 团支部
图书馆直属团支部
后勤基建处团委西区幼儿园团支部
理学院化学 171 团支部
人文与发展学院法学 182 团支部
国际学院经济 184 团支部
烟台研究院公管 183 团支部
机关团委机关一支部
中国农业大学研究生支教团临时团支部

2020—2021 年度"先锋杯"优秀基层学生会组织培育创建

食品科学与营养工程学院研究生会

2020—2021 年度"先锋杯"优秀学生社团培育创建

中国农业大学国旗班

2020年毕业生、学位获得者名单

获得学历教育博士学位人员名单

（总计822人）

于春欣	贾 浩	王 杰	方 辉	赵 杰	李 恩	陈朝燕	王成龙
王平喜	李 洋	张俊威	白春明	念晓歌	陈雪维	吴彬彬	尹宇龙
陈燕丽	张旭珠	陈 硕	尹洪伟	李 岩	张亚伟	韩世充	李 霞
周少川	郎 玥	刘 磊	王海霞	苏望舒	赵俊伟	李 雪	于丽艳
胡 祎	曹一博	邹 雪	赵 军	张 鸣	闫 延	王 西	彭 鹏
田利飞	赵 然	陈 洁	赵晓云	杨双双	曹汉威	段佳斌	刘佳文
高 强	郭琦瑞	张 玉	苏田田	刘华歌	杨 静	王海涛	方素云
郝海阳	李 围	安 晶	张春媛	邓婷婷	陈凌利	侯志强	王辰元
梁 栋	马秀丽	周 兵	于 蕊	陈存坤	李 茹	朱丽霞	于可济
郭鑫宇	杨森培	梁习卉子	王靖杰	李宗刚	万 丹	李晓婕	周云鹏
宋冬冬	马文强	赵 国	王 聪	仇瑞承	蔡永翔	白小宁	李 骞
渠鲲飞	田牧野	孟 雷	田 甜	孙强强	卓志清	李甜甜	赵祖亮
黄 安	刘晨旭	陈雪娇	王 燕	兰 天	仝利红	徐 强	曹 梦
金 菁	牛 畅	吴 乐	陈玮冰	周太东	孔德继	董欣悦	肖 瑾
王 丹	李 卓	梁 栋	史玉丁	王 俏	燕艳华	王 维	吴存玉
许惠娇	豆书龙	张明皓	崔吉晓	方艳茹	王兴亚	许嘉阳	张月霞
田 昊	王玉斌	王 月	颜 为	赵 杰	姜淑琴	闫 军	董晓静
张 铅	周媛媛	景居里	陈全全	张 萌	何 彦	闫普香	肖 遥
程 青	何 峰	张 恺	李 诚	张 楠	李俊州	刘学东	东保柱
彭 钦	许腾之	马国苹	袁 雯	赵添羽	赵雅琼	王珊珊	李月娇
石 伟	曹 松	任小云	孙 杰	范银君	范文敏	王 洋	张 璟

陈 鹏	琪勒莫格	任金龙	申忠健	刘平平	方 焱	梁 友	许文杰
冯士骞	王利利	栾好安	丁文成	王利锋	任 伟	乔 磊	宫晓平
温智辉	高华鑫	王京新	王 正	刘玉敏	邵 慧	王 昕	张济世
张伟娜	孙希超	周家超	贾阳阳	伍盘龙	李朋瑶	于瑞鹏	张 翀
宋晓桐	杨凯捷	曹 阳	刘 浩	位 韶	张萌萌	刘姝丽	文超良
孔明华	李广栋	许令娜	陈 霞	麦春宁	宋海亮	高 磊	贾 堃
王 静	赵希桐	王 坤	吴 鑫	杨勇智	张 俊	张振威	陈菁青
王海波	王钰明	董元洋	甘利平	郭娉婷	于海涛	邱清华	赵金标
来文晴	刘 畅	吕俊峰	王名行	郎郸妮	赵金鑫	游 艳	索皎莉
陈鹏飞	程 华	廖梦洁	胡 妤	王洪波	张亦弛	朱一鸣	李轩复
王兴华	张 益	王萍萍	姚 林	翁 凝	陈光燕	李 雷	李 乾
王凤婷	王 欢	郑阳阳	沈鑫琪	徐 娜	杨 鑫	高 杨	王 雪
王 聪	方 蕊	欧佳佳	杨智玲	丁珊珊	沈生强	滕苗苗	闫 瑾
马 悦	毛比明	裴雅琨	高 静	米益铎	蒋文奇	冯晓晓	张文君
卞艳丽	宋 乐	鞠红梅	潘贤丽	曲婧毓	钱 恒	张媛媛	刘正道
孙妮娜	魏忠彩	刘文政	吴亚垒	叶炳南	孙庆运	胡宏男	李彦霏
邓利珍	朱莹丹	江 迪	李 延	杨 晓	丁 力	杨 一	李 腾
段宏伟	朱广飞	赵祖松颖	李骏宝	孙晓曦	谢永康	于贤龙	巨朝阳
马秋林	马双双	余秋冬	杜晓冬	石海鹏	王 阳	杨 慧	黄钰涵
王 丹	刘中一	樊雅琼	张 帆	段 萌	陈 帅	程 宦	刘 潇
张 凯	陈 航	王兴旺	刘蒙莎	孟潮彪	王 薇	刘永梅	李 振
高原源	黄凤春	张 新	刘豪杰	蔡赛华	吕明月	程 航	李晶晶
朱艳乔	王 雪	王亚璐	赵新杰	王 芳	孙玉慧	张 强	陈雪雪
吴 婷	秦德彬	齐立娟	殷鹏程	高 飞	李单单	朱 丹	张玉英
滑慧娟	师丙波	徐军军	岳 亮	邓宏颖	牛帅帅	穆海元	李建芳
王小雪	徐久智	汪晨晨	田姿姿	徐佳伟	唐晨骏	李 翠	谢 君
刘恬然	宋 宇	李振荣	张 明	郭文芳	李云龙	张振甲	陈 默
朱非凡	张 盼	王红蕾	李梦琳	李姝丽	郝天怡	王姣姣	史 蒂
柴龙祥	李永斌	魏泽宇	崔国飞	邓 粤	赵喜云	刘 芳	宋丽丽
李洪蛟	罗 燕	王明明	田 浩	贾力娜	权强华	何美娜	张静圆
王 也	周 婵	张 拓	姜自琴	李智方	李 攀	鲁恒星	胡 可
王兴娟	周鹏民	王晓红	路 畅	达玲玲	余加杰	李庆宾	齐 欢
赵楠楠	王 璞	淮贺举	安 静	刘盈茹	马守田	李洪超	祝晓阳
朱梦娇	马 新	刘建菊	郭安慧	郭 丽	何永辉	胡 敏	姚丽姗
钟 裕	刘红兵	谢仕意	谢淑燕	王学强	郭海峰	朱 芒	郭丹丹
张淑杰	郑泽慧	王 博	肖 坤	陈雅坤	崔媛媛	孙亚强	王利敏

赵 迪	郝 理	翟龙妹	梁 斌	李树珍	吴春珲	顾 冉	李雅忻
砗 根	耿晓琳	刘 欣	李 宁	沈俊俊	王亚茹	梁 跃	景维坤
刘 洋	王添乐	范又维	李 旸	赵 鑫	王成鹏	陈萌萌	陈俊斌
李迎宾	王 怡	杨丽文	陈安琪	魏淑花	王 冰	潘宇鹰	王 旗
白慧卿	刘 涛	任建宏	魏 培	赵海涵	赵 诣	胡 婷	李学东
樊秉乾	顾丽鹏	汪顺义	肖广敏	张馨木	李 赟	蒋林冶	于晓璐
陈梓勋	解晓敏	张武超	高 鹏	胡丹丹	任建乐	段雪岩	霍彩云
李长尧	马丽贞	曲泽慧	万 强	王传文	高卫华	别鹏飞	蒋智民
颜世红	胡 哲	李 豪	王 俊	张云科	张利杰	杨艳玲	赵明亮
刁洪秀	董浩迪	刘砚涵	夏 冰	刘 萍	苏金辉	黄丽卿	刘 潇
王建中	吴 伟	董保磊	王盈予	李红芳	廖 轶	张 强	朱秋博
胡 月	韩 嫣	杨 锋	张正阳	曹阳东	牛贝贝	张晓星	王 萌
冷晨昕	宁 静	汪武静	许 荣	杨皓天	王春燕	纪彰波	杨蔚宁
张晓哲	肖诗琪	崔宪奎	朱 峰	解 超	张人可	李长胜	张学博
王志翀	项 盛	廖 敏	王家尧	高春花	张新雁	赵婷婷	武仲斌
裴叶青	王 冠	徐虎博	郭文松	张顺路	肖 章	张 淦	吕 豪
刘 婷	毕少杰	楚天舒	陆敏生	梅佳琪	王 明	李瑞瑞	李绚阳
秦淑静	杨永森	刘明欢	潘梦绮	李敬军	刘 琨	单桂林	张国锋
江 丽	张益宾	李 牧	谢 臻	王 力	姚小萌	杨 雯	张文璨
谢小婷	兴 安	李昊儒	钟梦莹	陈爱萍	薛祝林	崔 鑫	岑慧芳
管 聪	郭丽珠	张 昆	李佳欢	李金升	赵 欢	何晓叶	王 璇
刘晓畅	陈 帅	冯丽萍	黄旭辉	解思雨	李金旺	蒲丹丹	杨方威
李 茉	孟 楠	邰克东	王 超	田 阳	杨淑芳	王永泉	吴非霏
贾世亮	李睿尧	李相怡	张金兰	范 熠	王翠翠	刘潇忆	路上云
徐瑷聪	郑博闻	张恩祥	陈 海	梁 莉	田晓静	韩 雪	张龙腾
喻倩倩	李 睿	李天歌	宋萧萧	王丽花	王丽敏	徐新星	李景辉
高路路	林哲龙	陈 倩	程 然	崔亚娟	杨 锋	史 昆	郑清波
赵振兴	王世维	孙秋玉	胡志宏	张治萍	艾贤龙	范宗阳	徐元元
周 行	董红强	董慧荣	代 晶	武进普	王菲菲	王泽昭	刘璐璐
姚延珠	张 超	张雅文	张 睿	梁 栋	王 珏	郑晓彤	李 韦
刘利林	傅 钰	李林森	张璐璐	段 涛	付 伟	江海海	苏 朝
朱俊达	孙梦许	田 野	王晨曦	宋晶伟	林嘉宝	何文娟	林如涛
马藤菲	许春燕	杨 玲	姚 凯	于翠莲	翟瑞东	张朝阳	李翠翠
杨慧娟	熊娟娟	宋玫蓉	江南松	马士珍	雷 蕾	杨志强	左宗辉
张 倩	马文静	蔡 鑫	孙前路	杨家福	李新兴	郭玉鹤	刘 瑜
蒋标标	王祎丹	邢智超	秦嘉浩	刘振博	李传军	兰海明	刘天宇

徐　刚	鲁嘉欣	王凤贺	王　义	徐微微	郑国生	王盼柳	牛　丽
王克远	吴　迪	马　丽	邹　兵	陈　昕	宋　越	仲　贞	曾　艳
楚宗岭	赵　鑫	段文凯	惠　放	吕雅慧	卓　文	徐　笑	杨合龙
万江春	贾婷婷	王希全	梁晋军	刘晓林	李双桃	齐传东	袁丽芳
徐国娟	阴长发	张欣融	孙亚楠	吴　月	佟　昕	周烨文	王春雷
李蕙秀	刘萌丽	陈艳云	王清宇	李　蕊	邵明玺	张国祥	韩　挺
李星晨	姜利娜	邹杰玲					

EZRA STEPHEN BARTHOLOMEW
MUHAMMAD ZAHOOR KHAN
TARIQ HUSSAIN
GEORGE TONDERAI MUDIMU
MD NUR NABI
Muhammad Shafiq Ahmad
SYED ISHFAQ ALI SHAH
ROUGUIATOU SANGBARAMOU
MD SHIBLY NOMAN
IMRAN MEHMOOD
MD MONIRUL ISLAM
ADNAN KHAN
SERAFINO MUSA ABDELKARIM AUGUSTINO
GIBSON MASWAYI ALUGONGO
ZEESHAN AJMAL
ATIF MUHMOOD
LE ANH TUAN
JANG JIN MYONG
Babar Ijaz
NAWRAS HAMDAN
NAVEED SABIR BUTT
HAFIZ MUHAMMAD KASHIF IRSHAD
BOUBACAR DIALLO
BASEER AHMAD
SALIM HAMID SALIM HAMID
BOUNLITH KHEMTHONG
JUSTIN ALINAFE MANGULAMA

获得同等学历博士学位人员名单

（总计 16 人）

王元东	梁晓玲	袁　杰	张金波	任红松	陈　云	马　燕	马月虹
蒲胜海	吴　杰	刘　利	黄　峰	宋备舟	石玉祥	覃肖良	温永平

获得兽医博士学位人员名单

（总计 26 人）

安立刚	刘家望	宁慧波	赵金凤	姚睿玉	张鹤平	王　宏	许光勇
严伟东	李晓波	邢　进	孙春艳	李　佳	范春艳	胡群山	刘　辉
刘　颖	毛军福	尹　君	冯育芳	胡建武	刘利强	邵　磊	赵宝凯
栗利芳	周洁文						

获得硕士学位人员名单

（总计 1 069 人）

周艳敏	李云泽	王　浩	时　兴	孟德豪	李　冉	赵　硕	冯宇乾
岳乙琳	郭　灿	辛思文	王羽翕	周雨薇	王小珂	刘佳怡	冯旭东
田　淇	相　曼	骆　珅	简永杰	山松俊杰	樊昕沂	李晶阁	张泽强
张世超	李云龙	祝嗣朔	张帅辉	杨　浩	田文媛	罗今建	谢树华
刘　宁	姚　岚	董　彪	张　浩	吴邦旭	薛　蕾	侯　斌	程一帆
陈　正	易　锴	郭　蕾	乔晓辉	石玉娇	陈振海	刘晓雪	周雪婧
刘　岩	穆　凯	周　婕	罗　君	张馨月	齐珊珊	郑　瑾	钟　静
武倩楠	彭　芳	高若婉	田孟潇	和晓彤	单　艺	董莹莹	侯昕芳
李冬佳	李云浩	罗秋辞	盛得昌	宋　彤	王　彪	王　上	吴　怡
杨本洲	张　茜	张雄智	张玉丹	申雪懿	安可心	白宜冬	陈祥萍
成　晨	高培培	黄光曦	李　非	刘宇新	刘雨佳	陆　霜	穆君怡
孙静怡	王慧芳	王仲琳	吴　铎	喻　珺	黄俪瑛	黄湘慧	郑楠楠
汤可心	马帅帅	万文静	王　洁	李　蓉	郭　畅	田　英	闫华玉
曾义青	豆　璇	冯艺哲	何少清	胡汝检	胡　滢	李聪聪	李晓宇
梁佳媛	梁妍娜	刘　唱	路雅洁	马梦琪	潘　潇	沈明鹤	孙铭优
孙正虎	田文波	王黎锦	王雯丽	徐嘉擎	尹平仪	张绍康	张　志
郑训梅	王小雨	蔡　冲	何冬月	贺英南	孔祥东	牟文文	聂僖曼
宁金金	孙妍萍	王　锦	王　雄	杨天仪	于建美	张春敏	张慧慧
张雨馨	赵　倩	邹明明	王德林	高国伟	韩泽华	康德琳	王雁楠
杨　澍	苑雨歌	张　玉	商益维	唐小梅	李　玥	卞倩倩	曹文晴
方　珂	付浩然	郭一帆	贺春康	胡聪慧	李威威	林　琳	龙维桐
马锦霞	马晓凡	彭无双	孙俊丽	孙秀营	谢晓晓	薛晓亮	于碧岩
于星辰	余亚琳	张世琪	赵若桐	朱华清	毕玉婷	陈　飘	王　宁
王子忠	杨　杰	袁维颖	陈桂花	陈文杰	付平南	高　兴	郝丽娜
江　璇	李洪亮	蔺飞阳	刘　虹	刘婉岑	刘　燕	刘逸飞	罗丽韵
牛　聪	彭粮欢	史济民	王　晨	王晨霞	王　娟	王力弘	王　晴
王颜平	卫亚楠	张辉亚	张亚倩	杜艾芳	韩梦娟	李炎龙	唐梦蕾
王　晓	程惠芳	巩雅莉	胡嘉奇	陆宇辰	王佩旋	杨　馨	陈彦宏
付　璐	何召祥	黄　芸	赖兴富	罗宇茜	汤子润	王　珏	王天祚
文　惠	颜　泽	董文轩	方舒婷	巩　璐	郭晓瑞	李翠宇	李德鹏
李莲红	刘　璐	刘　明	刘沫言	刘胜寒	刘兴波	乔鹏飞	苏义童
王嘉熠	肖敏敏	杨羽晨	袁雄坤	张　驰	张　硕	周秀敏	熊浩哲

姚春燕	张银银	朱莹琳	宫晓玮	胡瑭琦	文一帆	裴春晨	胡　月
史　磊	王鹤静	杨玮宏	张红晨	张　倩	慕建刚	蔡雪琪	陈菊慧
何　苗	姜雨含	兰雅琦	李浩然	李　颖	李元文	刘浩然	刘宏宇
刘伟刚	卢兰云	马宏阳	马鹏飞	王　琼	魏　薇	薛　平	姚羽佳
尹雪晶	张晓雅	赵诗佳	赵　豫	朱　艳	侯　敏	李琛璐	李　根
孙　鹏	张煜杉	陈　慧	马松照	梅　军	潘　晨	张治锋	李清清
杨　娟	陈罗云	杜　琳	贾晨迪	杨发周	李瑞生	刘　朕	门　敏
王宸雁	王鑫烨	谢　凡	张雪焱	孙润泽	邓　皓	孙　效	许世扬
陈　欣	陈张鹏飞	杜夏瑜	郭洋洋	扈圆芷	许晔飞	陈子婧	韩泽彤
崔宝聪	梁　赟	刘伟帅	魏亚男	吴海亮	肖　雨	杨洪雪	杨瑞梅
杨泽鹏	李博睿	常楚晨	罗　琪	白智敏	吴炎函	曹亚蓉	贺　诗
翟友邦	刘　鑫	曹　毅	陈禄海	陈兴旺	杜楠楠	刘洪浩	郑　滋
王利媛	韩胜强	李　涵	李　青	王斌圣	尹欢欢	周　康	周振宇
庄晏榕	丁世博	李　辉	牛瑞丛	邵　傑	宋　健	訾　信	王　瑜
陈艳鑫	单宝英	韩　娟	黄　茜	江朝晖	焦泽豪	李德智	李　浩
李佩云	励其其	刘　东	刘　婧	刘伟璐	马冬青	宋　歌	宋天旭
孙旻昊	孙　宇	孙雨晴	唐良川	田皓予	王本宏	王　璞	王若彤
王正男	魏　榕	吴延昭	谢　超	徐金柳	徐子昂	张琼方	张　彤
张玮嘉	张　妍	朱启祥	杜　佳	陈祎途	底绍涵	刘伟伟	潘常春
尚　程	石家华	孙　锋	王斌泰	李　鹏	李　成	王　鹏	陈士旺
阳清亮	苗　政	杨晓芬	郝　丽	龙耀威	梁鹏霄	宋晓宇	方晓敏
刘烨琦	侯文俊	闫世显	申晓雪	周江辉	李光耀	龚劭齐	陈龙胜
杨跚杰	褚　琦	唐湘璐	李思聪	王　凯	高　翔	高雅罕	郭雅静
王栋宇	王晓慧	刘东伟	刘罗娜	王鑫媛	温笑寒	陈浩然	程　莹
韩　芸	胡紫妍	李婷婷	张赛梅	张　悦	万潇潇	才宝瑜	常　琳
陈　茂	陈亚文	耿嘉宝	韩长燊	胡津铭	林晓莉	马　钰	茅佳艺
潘秀想	燕　楠	邵　凡	泽仁江增	张　斌	张　欣	黄雨蒙	纪晓宁
张　勇	苏仲天	于川淇	李　嵘	刘子琦	任德鑫	陈啸林	王朝霞
张　磊	陈　曦	李　萌	刘莹皓	宋　健	孙靖耀	田一诺	王慧清
闫凯瑞	张　曾	张静静	张雪娇	张永丽	柴嘉琪	郭丽娜	韩佳燕
黄　源	刘　懿	刘志斋	杨贺贺	袁子晗	周　彤	左雅欣	曹丽莹
邓小梅	樊丽莎	郝琦伟	兰文玲	马　丹	孟　妮	钱　钰	王　露
王如梦	吴晗晗	武慧婷	谢丹丹	杨　柯	张　迪	敖　佳	陈士梅
高艺菡	刘路路	平宇轩	唐宇娣	王　蕊	杨凡雨	桑宇杰	丁　帅
杜　鑫	韩慧黠	蒋　珊	龙　江	卢文丽	逯家豪	罗志英	岳亚涛
柴宏红	姜言娇	邬佳昱	邢子瑶	唐　嘉	曹　倩	曹晓会	杭　楠

秦福雯　宋　倩　宋玉梅　杨　洁　刘晓虎　高　眺　齐佳钰　刘　兰
张雅茜　李文丽　李德雨　李静纯　刘　双　张汝凤　苏德格日乐　辛思宇
尤琰婷　聂圣明　徐　宸　王丹丹　李阳志　孙　泽　韩　桐　霍明月
冯丽平　何胜凤　何文芳　胡　丹　贾雪伟　冷良财　李澳洋　李梦然
李阳阳　刘远亮　马思静　马兴坤　苏　雅　索艺宁　夏战超　肖子健
杨炜康　于春东　张恺悦　向莹莹　朱灵慧　陈代涛　江春艳　陆冰圆
席华悦　丁占瑞　胡亚倩　王丽容　王宇菲　赵春艳　豆军杰　胡　奎
李　舰　刘　欢　申晓帅　田　敏　王丽莹　王　旭　肖　晨　白如月
白若雪　曹春梅　陈　义　单　楠　冯晓彬　劳景莉　李　瑜　林鑫鹏
刘　婉　乔冰洁　唐一帆　王文靖　张嘉丽　张　靖　张雯静　曾瑞红
樊　悦　冯盼盼　林　玉　王俐璇　王　娜　王温妍　杨志建　喻之乙
赵好好　赵　建　赵　萌　罗子罗珑　王文倩　刘新芝　赵月影　程　雪
贺付伟　靳霞菲　马振玉　孟繁圆　于　瑶　李奕卓　任俊澎　孙佳音
张晓婧　赵　晴　周国坤　付树芳　李　申　刘梓欣　马　萌　潘婷婷
曲润康　王　敏　张鸿宇　张鑫　赵佳怡　郑孟加　何婕敏　牟丹霞
任亚琪　唐锋莉　杨　嫡　张　杭　关　珊　贾　琪　李颖鑫　刘欣峰
路金金　罗力嘉　孙维婧　王　佳　王书扬　王誉颖　奚柳青　向　彪
邢慧慧　于祥深　员　蕾　张艳芳　张莹莹　王志文　张樱瀚　祝明妍
蔡云龙　周　方　张宾惠　毕家钰　曹棋钠　杜镇蛟　梁晶晶　梁　哲
刘天舒　孟祥楠　王博览　王默涵　吴超男　杨晓惠　卢家灿　周　颖
曹　悦　王笑园　李金华　何天宇　何政宇　张宇琪　白　杰　崔天琳
代毓敏　邓铭娟　丁晓萌　董祉婳　冯若怡　高　崇　黄雨霞　林　君
刘文艳　刘　莹　吕林祥　孟祥静　秦恩泽　秦嘉唯　宋双双　苏晶晶
孙小惠　孙正阳　唐梦雪　王　博　王柯茹　王娗宇　王晓月　王彦淇
吴斯妍　谢雨菡　颜婷婷　杨瑾莉　杨　坤　杨　力　叶旗慧　袁　洋
张　赛　张思奇　张菀坤　张玉坤　张　月　章　萌　甄亚欣　周　航
周梦月　周　宇　朱国宇　朱　帅　金雪花　曾汇娟　林佳慧　秦江丹
武靓靓　徐晓艳　臧玉迪　李思莹　苗雨欣　于文清　崔　慧　安效辉
鲍文静　曾　妮　陈　晨　盖竑宇　高陌笛　郭玉婷　李　迪　李鹏飞
王若瑜　席晓敏　章雨馨　杨　帅　田贺贺　程　蕾　陈康妮　迟佳妮
胡瑶琪　李亚妮　刘　硕　庞　敏　肖星凝　肖旖倩　徐慧敏　杨明兰
张　莉　赵晓晨　盛　轲　王奇君　马航宇　王光宇　王子康　徐少卿
赵　铖　赵　晓　朱　凯　张　源　刘贯园　上官玉　张　鑫　陈　晨
杜一童　刘凯华　裴景春　张永禄　崔志阳　陈　瑞　刘　涛　马金智
彭思杰　王孟龙　王秀倩　肖洋洋　张淑栋　武德浩　陈忠明　宫慧霞
牛城栋　唐　宁　王　帅　杨可菲　张凯飞　张　银　刘庆浩　陈逸凡

高倩倩	贾万波	柯　婷	刘子琪	徐慧青	杨　凤	付奇奇	赵　爽
杜　云	何　鹏	王常洁	王少杰	吴　键	仲玉婷	李博远	李欣怡
王鹏翔	王　叶	游　芬	周志利	王照琪	葛文章	李　越	魏鸿怡
徐自力	苏日娜	孙　文	顾珍珍	秦小煌	徐赞誉	程静怡	李晓燕
梁　壮	孟丽君	王　璐	张亚萍	崔振鑫	李文秀	李　阳	李渊博
舒上毅	陶立杰	卫柯予	吴　荣	邢金亮	刘　凡	姜澍辰	桑　婧
王鑫磊	白　鹭	何玉娟	肖珂蒙	杨雪萍	张　乾	周　萍	艾细魁
高尧天	张子如	赵梦宇	范佳荣	张雁坤	陈亚娜	段江涛	郭圆圆
刘兰馨	刘　婷	任杨梅	蔚渤洋	李　婷	刘　东	刘慧鑫	张永彬
党鹏琴	韩佩佩	黄长红	袁　玥	薛衔乐	李超伟	刘文红	刘子秀
马凤飞	魏　岚	杨玉琪	赵丽华	丁亚群	高　鹏	雷　雨	秦　柔
孙梦霞	冯小和	郭利娜	杨露晴	姚蒙蒙	张　静	郑雅文	戴　云
单志丽	李庆香子	林梦雨	王馨玉	杨　婧	张珂冉	马梁华	冯新华
韩　飞	胡　雪	江海洋	李月影	卢庆鹏	马月姣	陈可心	刘慧聪
吴欣敏	张宇航	王智博	朱　琳	吴　俊	段佳慧	马晓雯	张　帅
刘彦雯	张　波	张宏杰	张　敏	黄潇毅	段廷武	马　超	孟　岩
温锭良	鲍镞斌	李　星	张美玉	陈文辉	付宁善	关倩倩	郭孟飞
侯秀宁	李闯闯	潘　翔	王　杰	夏梓朔	王　远	张潇潇	袁湘汝
贾　乙	姜　雨	刘　艳	吕　雪	黄金军	石　谓	王恺川	李永鹏
张昌盛	黄佳媛	刘　宁	孙元陆	王渊博	张浩然	张梦娇	郑潇怡
周亚珍	柴志强	李　宏	李镓辰	屈晓旭	杨　臣	杨　曼	吴　莉
史凯特	牛　妍	隋晓杰	杨晋琪	岳　杨	周维新	黄　羽	苗永清
高　峥	王梦齐	刘淑珍	孙　玥	蒋坤萍	刘逸铭	宇文博	张　瑞
陈　诚	展如意	朱俊明	张　钦	刘　铎	张青岳	冯宁宁	贾少鹏
韦鑫化	刘杰东	陈琦琦					

努尔阿丽耶·麦麦提江

LATOYA ANGELA WENDY BAILEY

WHITNEY NATOYA SHERELL MARTIN

LIU JENNY

MD ALI HAIDER

MD ASIQUR RAHMAN

JOHN KAFWAMBIRA

UM-E-HANI

KYAW PHAY NYEIN

SULTANA AFROZ

ASIF ALI

TASBOLAT TALGAR

OLATOMIDE SOLOMON OLASUNKANMI

EDISON MULIA

ALI AHMED

HAFIZA ZARA LATIF

NASIR JILLANI

ANDY YANG YUELU SU

ALEMYIRGA WOLDESILASE HAILE

AMBAYE ABERA SHEMALO

KFLOM HAILE BERHE

巴哈尔古力·托哈尼亚孜

MUGABO CEDRIC
ABRAHA HADDUSH GEBREKIDAN
FITIWI KAHSAY GEBRU
HABTAMU KAFTIN TSABA
JOYCE FELISTANCE KALIWO
ASEFU GIRMAY NEGA
MIJOWK PETER AJANG NYIBONG
TEKESTE GEBRELIBANOS DEMEWEZ
ANGELINA JOHNG SHOUL ADIJA
AKON PAUL MAJUEC BEN DENG
YAHYA KHATIB HAJI
ABDALLAH WAZIRI MAHIMBO
JOALANE MAKONYE
LEFELISA SETLOBOKO
AHMAD SEAR SHAYAN
AIN BIKRAM KUNWAR
WI SONG
SEEPANCHAT PAWINEE
MANAR BEN MOUFFOK
MUHAMMAD ANAS KHAN

获得农业推广硕士学位人员名单

（总计 65 人）

王林元	李　彦	马志红	陈朝海	王　睿	高正乾	杨小龙	赵爱菊
杨　蕾	李　宇	石春梅	高　丽	刘金平	韩世彦	何　静	李　微
樊国英	齐芳华	邱玉龙	熊厚亮	于　飞	李雅楠	高红媛	徐礼先
王锦芳	侯义江	刘帅冰	荀　珩	乔靖芳	李　迪	刘玉婷	闫　爽
郭晓薇	王　爽	韩　强	张　莉	苏　楠	赵玉强	于天宇	张隆隆
欧阳辉艳	卢　奎	徐佳男	颜士国	李　宁	路继志	姚　军	刘　桢
王　通	龙　燕	李　辉	李　琳	勾　蕊	许华娥	闫　东	李兰兰
李　垚	王得平	张雪春	周　巍	王　鹏	郭　阳	高　月	王　喆
史精娜							

获得农业硕士学位人员名单

（总计 442 人）

班龄尹	冯一洪	黄　静	连　緦	陈立鹰	杜志英	赵子维	李　赞
张满义	韩祥东	孙　卫	姜　健	侯　阳	王瑞平	李　蓉	李世磊
冯　爽	聂云霞	常静一	陈文臻	霍鹏宇	朱怀香	张　晶	暴宁环
王跃杰	黄佳圆	李子啸	尚梦洁	吴庆钊	王　琳	刘忠伟	韩紫璇
韩婉莹	黄玉成	白　娟	蔡思阳	代灵知	党聪聪	付慧杰	郭小青
韩晓楠	何会班	何艳艳	侯佳丽	胡　晗	胡元峰	冀利仙	贾冬云
江　思	赖圣昀	黎晶雪	林　臻	陆　琼	吕欣泽	苗馨文	牛金彪
普亮亮	邵　静	宋文越	王春予	王聪聪	王静怡	王秋艳	王　溯
许　依	于可可	袁立婷	岳顺念	臧茂森	张龙龙	张　帅	赵琳琪
郑双雨	郑　豫	周　龙	朱江月	赵　瑜	郭校伟	赵向阳	段世航

任其然	刘小锐	孙立飞	龙　泉	王晓奕	徐祥馨	罗瑞金	张笑颖
秦晓红	石　荣	沙　野	王　博	王田田	蔺瑶瑶	夏少杰	姬廷廷
宋会明	李向妮	崔若然	杨晓彤	何姣姣	贺敬芝	赵成雷	徐张义
李增源	刘传云	赵明炯	李昀倩	任思洋	陈晓东	徐东昊	索玉倩
李士洋	李元博	刘佳鸿	聂嘉谊	彭瑞琦	肖传林	许秀春	孙美鸽
李　淼	鲍成玲	曹　琼	陈佳静	付灵龙	宫　玥	何　鑫	贺腾飞
胡　杰	黄　洁	黄铭逸	季长臻	贾　爽	解东祥	李　宏	李佳琦
李琪琪	李伟宁	李晓琴	李悦铭	刘建英	刘苏捷	刘永发	马　畅
梅孟然	孟成真	宋荣荣	苏丁然	王　彬	王月君	徐一洺	许雪玲
杨　潇	姚松阳	于　桐	张德鹏	张　涵	张庆贺	张霞霞	张雅岚
赵新钢	郑宇慧	周子文	祝仰祥	闫凤成	宋光远	许晓丽	刘　晓
张瑞婷	孙　杨	张博瑞	安月晴	李玉广	张晓飞	郑　祥	孙　倩
王红丽	张莉威	陶永梅	蓝　帅	韩　鹏	胡海瑶	彭彩云	陈铭珠
赵子婧	郭青青	叶清桐	张　鑫	王玉晗	宋子骄	善文辉	陈垦西
陈　越	范鸣原	俸明月	郭志鸿	柯双兰	李　辉	李名珊	刘　伟
柳　羿	卢春晓	陆柳伊	吕圣兰	钱　宁	粟　耘	唐润轩	文　婧
徐圣杰	闫凌云	于　健	张超男	张艺凡	张艺莹	赵　晗	赵　鹤
王　琛	陈孝林	高转琴	胡博文	黄敬文	李应心	刘之榆	缪闯和
秦佳星	史开宇	谭森文	田贝妮	王贝贝	王　庆	王　彤	武德钰
张兰兰	赵　旸	欧成明	徐梦欣	郭雅芬	李梦琦	张　悦	赵美琦
耿　晨	史伟韬	高　琛	古丽孜热·图尼亚孜		郭　悦	何璐璐	李　思
李文慧	李雅婷	林爱华	刘锋骄	马俊杰	施一鸣	史盼盼	宋佳杰
唐欢欢	王金成	伍晨晨	薛媛睿	颜炳霞	伊　伊	翟马娟	张秋圆
张冉冉	张闻龙	赵泽阳	钟兴悦	赵　旭	张江波	贺静珊	李　甜
田　璐	李宇琪	杨　茜	冯慧荣	魏志雪	程德荷	范祖玮	姜宏伟
姜铭枢	李佳明	李艳梅	刘　伟	王　蒙	王雅丽	吴　琼	吴长宁
闫笑宇	杨紫丹	张丹阳	赵杨子	陈亦君	华战迎	邓应龙	董素娟
冯静宇	付　影	谷瑞丰	韩　雪	韩雪影	黄闻霆	李洪飞	李　玲
林　潇	马　磊	马　宁	母先盈	孙明琴	汤文静	王宝安	王仲卿
吴利彩	谢　倩	杨　洁	余学琼	袁梓硕	张东鹤	张梦琪	张　潇
赵嘉欣	周　倩	李梦菲	梁　佳	马文娣	唐　蓉	王　禹	崔馨怡
黄秋婉	柳晓庆	马雪晴	田　丽	王艺璇	叶智强	赵晓丹	刘宏兰
宋艳超	贾倩倩	柴　玉	陈朵朵	扈文丽	梁　铭	刘子琦	芦星森
潘博闻	汪　月	王　涵	王梦雅	王馨娴	张　辉	张伟博	郑　艺
周　锟	周鹏宇	贺文艳	东　晔	李　英	谭兴宇	唐晓荷	田乐乐
王菲菲	熊佳怡	杨　光	张　璐	张鑫鑫	左金玉	常媛飞	丛晓翔
李　桃	裴　潇	唐　楚	吴　叶	杨晓蒙	于　跃	程小倩	杨宏丽
周晓娟	冯　洋	梁伯任	闻　童	张本松	常振凯	林靖辰	张　莎

郭译文	韩瑞旗	李毓锋	王丽云	王乃娇	薛天玺	岳刘明	赵　飞
艾艺欣	路荞华	孟　薇	吴蒙蒙	谢小灿	张勇杰	赵亚楠	房学文
高珊珊	吴庆辉	刘楚童	王　嘉	周　航	祝皎月	张海亮	陈　静
邓佳妮	董旭明	杜成祥	高　晏	姜竹红	孙　萌	汪林丽	王晓冰
宿冬雪	徐鹏菲	杨光新	赵艺竹	张　雄	李　强	包锦泽	李文麒
曲　毅	陈青山	黄　达	董志华	崔吟含	刘　颖	姜新源	程　浩
陈　颖	曾广望	罗　晨	罗安来	刘　妍	林萍萍	步敬禄	顾心宇
辛月华	周　茜	林菁菁					

获得工商管理硕士学位人员名单

（总计141人）

王倩雅	贾　军	孙子淇	钟贾坤	杨继光	肖　冰	尹玉琴	冯翰尊
刘洪丽	陈阔家	倪土乐	崔倩倩	王一涵	陈超凡	陈　静	陈　龙
陈思睿	陈　伟	陈　晓	陈　智	程　伟	代　磊	邸聪伟	丁　宁
樊金龙	樊　祺	樊　鑫	甘秀美	高　森	高玉茹	龚　萍	谷桂桂
管宏霞	管莉婧	郭凯贤	韩　帅	贺　婷	胡　帆	胡　洽	胡　荣
滑　冰	黄　朦	黄　帅	贾　宁	贾　垣	姜成家	焦　猛	康永华
寇雅婷	李春禹	李　慧	李　婧	李世乐	李　阳	栗　翔	廖之璨
刘　畅	刘楚昭	刘春梅	刘　洁	刘孟达	刘　娜	刘雪娣	刘艳然
刘志敏	马枫韫	马孟驰飞	马腾飞	马　政	庞亚涛	齐　霁	秦　莉
任海庄	任　娜	石静静	束长虹	宋立龙	孙其勇	王才识	王　磊
王丽辉	王丽娜	王莉娟	王　硕	王喜跃	王　旭	吴兆坪	武亚迪
夏层层	肖　程	肖晾琼	谢东东	谢　勇	徐明阳	许林欢	杨建扬
姚利超	姚雯娟	于秋萍	张贝佳	张　辉	张　杰	张秋美	张世明
张　伟	张文颖	张喜鹏	张晓巍	张艺文	张子来	章春亚	章福进
赵恩刺	赵洁琼	赵雪莱	郑会军	郑　坤	周　燕	周　运	杨松杉
赵佳莹	魏亚鹏	侯付军	崔　瑜	侯晓征	李　成	李婉新	潘鸿玉
徐永杰	许力恒	殷　鑫	张美玲	张正坤	赵　静	张子云	丁婷婷
李彩琴	刘　亮	鲁科言	王婧琳	杨云兴			

获得公共管理硕士学位人员名单

（总计121人）

姜　玲	李俊达	武黎明	付文波	姜志慧	高麦麦	李　思	付真真
谭晓楠	岳姗姗	吴　姗	王文静	张小敏	王允欢	谭林山	万学立
苏　伟	任晓敏	李孟遥	聂凯悦	王　锐	袁岑岑	邢　雪	徐　敏

尹兰兰	贾擎擎	王聪聪	刘春彤	徐南南	李勇刚	郭静文	郭志远
戴璐瑶	吕曦曦	吴素沫	司　源	马尊严	李海波	苏高杰	孙　丽
闫宗全	李晓璇	张　丹	陈小柳	郭婷婷	国　欣	薄伟健	范　越
薛振海	宋金燕	戴彤桐	陈　露	常锐玲	陈　菲	陈国旗	董仁杰
董月明	樊　兴	范　睿	高明扬	高秋月	高天洁	巩　杰	郭腾飞
郭　迎	韩宝星	郝　飞	何丹华	洪锦勇	姜　北	焦兴迪	焦子遥
李　杰	李金凤	刘超辉	刘冬婷	刘　蕾	刘瑞华	刘　硕	刘延瑞
刘　迎	刘　越	刘志磊	路梦雪	栾　辉	吕晓倩	马　竞	马　赛
彭杨威	丘金龙	沈华刚	沈　琦	孙艾岚	孙　娜	王　波	王　栋
王　佳	王金涛	王俊红	王　敏	王　娜	王书玉	吴　宁	肖　佩
许　超	许　慧	尤俊杰	张春阳	张存英	张丹丹	张晓引	张旭东
张亚茹	赵　洁	赵雅云	周碧川	周祥绪	周　艳	庄亚男	黄洪艳
吴　非							

获得风景园林硕士学位人员名单

（总计 18 人）

刘　旸	高　宏	曹宏达	唐晓娥	代　有	方力夲	陈子轩	崔雨欣
冯晓蕾	刘　菲	刘宇蛟	卢　珊	王　宏	于慧莹	赵丹青	赵　洁
崔景舒	赵　月						

获得工程硕士学位人员名单

（总计 317 人）

徐晨翔	方　勇	许咏涛	杨　璐	李天锐	高小伟	赵　亮	倪　琦
罗依雯	陈　璐	何绍文	李佳馨	郑　爽	柏雪松	陈云强	嵇杨培
韩　航	杨　鑫	苏战战	杨　亮	漆明星	刘　振	许连香	王　伟
庄洪霞	张晓芳	韩炳星	姜　明	田小婧	杜进睿	李永波	王亚琴
王　伟	刘　曦	徐　克	刘沙涛	张　雪	吴盛斌	郑和祥	王永才
张志刚	王明明	刘志荣	霍东晴	姜华武	高　峰	王　雨	王涛杰
马　岩	陈　泉	张　栋	郝丹丹	王　权	丁佳惠	韩耀文	贾白豆
李明姝	刘梓雅	潘星艺	亓传仁	石瑶瑶	唐　鑫	王博韬	王盼盼
尹俊慧	于昌浩	陈雨航	高康毓	李石林	李晓龙	马恒涛	孟　灏
宋淑仙	孙　冲	王庆林	王振文	张路博	章秦豪	赵鑫龙	白文华
蔡　瑞	李让玲	李　卫	沈柳杨	宋　亮	孙豹虎	王　绮	张耀辉
祝　露	曹凌霄	林　樾	杨世钊	张　恒	李志超	马占东	刘　玲
王鞠茹	杨钰铉	郑　茜	李　振	陈科冰	孔维双	吴俊杰	徐紫庭

陈文君	董 悦	范云飞	葛敬路	刘 博	刘伟杰	罗昭福	马 楠
施 维	宋志鹏	唐丽萍	万 壮	王春雨	王攀攀	王治国	武竹青
章 禹	赵 康	杨 瑞	张浩男	岳 彤	邢广进	申津珲	李 浩
龚川洋	钮冰姗	舒浩杰	罗 冰	唐 晖	丁俊琦	陶 轩	姚向前
陈 铭	刘艺琳	孟 超	孙意凡	杨 普	姚 远	李 渊	胡鑫磊
杨 柠	周云浩	尹顺心	石 俊	马宛慧	魏 巍	毛 瑜	孙 渊
夏弄玉	卢浩成	邹文文	李美玲	郭晓雅	高嘉玥	曾庆晗	陈鸿强
陈 雪	陈雨露	邓 颖	方靖靖	高晓星	高宇琪	桂冬娇	郭楠楠
韩 冰	黄子彧	李安康	李 贝	李舒婷	刘 芳	罗亚惠	秦琛强
孙婉秋	王鸿赋	王文利	卫瑾怡	魏斯晗	吴相佚	辛风芸	辛雅玮
徐俊宏	薛雯婷	杨娇娇	杨薇熹	杨雅凡	于欣悦	袁雪桐	张诗婧
周 霞	白 旭	单 志	冯 杰	郭浩然	何雄林	何永献	柯呈鹏
李兵杰	吕 琳	马 跃	孟 靓	王 磊	王 鹏	向 行	杨亚飞
张贝贝	张 立	赵令娟	曾 鉴	范亮亮	霍龙飞	刘德庆	王嘉宾
王 岚	杨 成	余 杏	于得海	高世利	郭婧琳	胡 亮	黄云龙
牛兴成	孙德能	巫俊南	徐宁宁	杨金鑫	张胜利	赵东伟	和 婧
王晓丹	刘彦铄	陆 耀	王可可	郑 强	李行健	朱晨光	吕彦松
杨 晨	李 豹	姜良宇	尹 航	刘 瑞	鲍 敏	周玉桃	杜以政
李桂花	路 丽	孙本华	孙梦娜	李星琪	盖春杰	付 蒙	朱婧骐
李朝卿	刘红艳	杨旭阳	丁征亮	刘建新	赵继云	蔡治忠	严庆江
韩彤彤	黄晓燕	李 冲	刘以笏	申鸿飞	吴鹏飞	竺彬彬	黄 勇
江秋博	廉瑞榜	廖 频	宋昌博	杨后富	张延安	朱明星	杨 帅
岳俐李	李 艳	刘 男	王文飞	冷东洋	许顺金	张一凡	周西鹏
高兴德	李 莹	马良翩	夏 翔	张 雪	黄 扬	李心宇	孙晓文
胡亚京	周登科	朱林娜	赵 硕	孙庆楠	仝力夫	陈 艺	李照庭
蔡立峥	宋立鸿	倪志尧	徐 鑫	宋 歌	陈彩霞	张艳雷	敬小莉
李 帅	杨 剑	张宇轩	文康静	唐毅宽			

获得兽医硕士学位人员名单

（总计 88 人）

李 威	张 欣	秦 骁	王佳帅	胡 静	王士龙	李雨薇	黄 群
罗春龙	师延峰	喜 草	侯 爽	张 闫	岳宏满	曹 悦	鲁小兵
李梦月	崔文昊	姜子墨	熊笑然	赵相洋	谭小丽	肖兴平	余力行
管治斌	陈友涵	成 霞	崔晓纯	邓梦青	格勒图	关芷玲	何思婧
胡那娜	黄克斌	霍文琳	姜 楠	蒋 慧	蒋无砚	凌慧芳	刘世成
刘晓丹	刘雨洁	罗光琴	聂嘉伟	孙雅丽	孙 悦	唐琪宇	唐塔娅

唐雅姝	王　敏	吴浩仙	吴　璇	谢小丽	徐嘉佳	于　飞	袁　媛
原梦琪	张颖欣	张　月	郑方宇	郑姗姗	张　梦	叶张杰	李淑敏
白光烨	范静怡	付明明	胡梦霏	胡黔林	金美玲	刘锦星	柳丽娜
冉艳洪	王　杰	王梓乐	向雅頔	许成芳	杨宇琴	周　澜	魏佳祺
严可晴	刘　波	杜建勇	高　星	韩荣涛	王佳佳	张莹辉	朱　真

获得会计硕士学位人员名单

（总计 35 人）

刘浦畅	陈天宇	崔　莉	杜　蕊	范慧宁	方　怡	郭舒琦	郝宸悦
贺　坤	黄思源	贾菊敏	巨　颖	李　晗	李　燊	刘　慧	刘　敏
刘圣初	刘　艺	刘子茜	马有朋	彭希望	钱晨雨	邵楚君	孙曦雨
王　敏	吴　丹	杨宜蔚	袁晓宇	张曼宁	张世煊	张耀丹	张　羽
赵雅童	赵梓涵	智　苑					

获得金融硕士学位人员名单

（总计 51 人）

付兰梦	李梦雪	赵沛如	孙宇娟	查雅雯	陈同辉	邸伟良	董雪梅
董子安	龚志皓	黄彬彬	黄儒川	贾　艳	江悦馨	金美含	李至臻
刘宏旭	刘佳境	刘天媛	刘　心	刘　欣	刘永嘉	罗　娜	吕沛瑶
马晓宇	庞　川	戚新萍	秦　伟	苏　丽	苏　伟	王　聪	王俐颖
王志恒	王作凯	温　婷	吴心怡	吴雅丽	杨一桐	叶　蕾	袁福静
岳　靓	翟翔宇	张　江	张新姝	张亚欣	张一朔	周沛杉	朱云霞
竹　迪	祝诗梦	杨晨光					

获得法律硕士学位人员名单

（总计 8 人）

邓　萍	李　硕	梁玉蓉	刘　磊	刘文红	王　聪	薛彦兵	张　越

2020年本科毕业生名单

农学院

农学专业(81人)

阿不都热合曼·沙吾提 蒋司卿 刘思彤 宋承俪 谢小明 阿依古再丽·热合曼
孔维铄 刘天翔 田松 杨超 包晓宇 李可 刘雅诗 王成靖
于永洪 包选平 李露生 刘占福 王创 余家正 蔡红兴 李蔓蔓
龙明富 王凡 袁坤 常琦 李鹏飞 卢奇棋 王婧 张得宸
陈瑞 李秋南 路之纤 王凯杭 张亨蕾 达娃卓嘎 李书玥 毛新雨
王世强 张洪啸 邓喜真 李同辉 牛嘉瑞 王文熙 张锐 丁鸿儒
李欣桐 牛牧远 王愉 张秀楠 杜雪洁 李中营 欧尔鑫 韦龄霞
张学澄 段兆言 林震凡 任文 韦子青 赵雪晴 傅漫琪 刘斌
沈文隆 吴杰琳 赵盈睿 顾煽闪 刘炅玥 师雅泓 向文豪 郑序影
贺皓星 刘沈思聪 史琳铭 肖怡洋 周志瑾 胡忆雨 刘朔麟 舒家悦
肖祖栋 邹军 江路

种子科学与工程专业(24人)

陈琪 郝运 刘雨茜 庹宇 喻广源 陈晓德 黄雅洁 任书娴
王远杰 苑芷荟 崔宁 康月花 邵佳彪 王志成 朱珂慧 高睿
梁芝 司成瑞 吴虹宇 祝一帆 韩钰璇 刘文胜 田璐璐 杨慧

园艺学院

园林专业(34人)

陈荻雅 蒋静斐 卢政彤 申静怡 吴奕萱 陈洁 金罗兰 鹿鸣
石淞屹 杨雨锦 陈珊漫 赖志勇 罗林英 时笑笑 叶薇 崔茜茜
李家宁 罗倩 王克柔 余天奕 桂楚云 梁莞宁 罗钰钧 王文钟
张潇予 何昕蔚 林政因 马天赫 王意明 章燎 胡昊斐 刘青竹
潘潞婷 魏紫玥

园艺专业(68人)

曾庆宜 黄文嘉 刘妍汝 孙沁馨 杨笑越 陈嵘 江祺婧 刘梓溪
谭佳欣 姚启圣 陈艳玲 焦嘉乐 龙志琴 汤轶扉 余桂根 陈子皓
靳雪洲 罗玙 王晨 张莉勤 崔予森 康诗琪 骆凌潇 王佳婧
张文焱 达娃 李丹彤 吕汉骊 王金铭 张艺谙 杜欢欢 李虎健
马天昱 王鹏 张苑菲 丰雪 李婧怡 马源 王司博 赵晨宇
付荣 李旻耕 欧阳锦瑶 王秀云 赵霈 郭思颖 李泽宇 彭金鑫
肖章 郑莹 黑海冠男 栗榕培 石峰 杨皓羽 钟丽君 胡锐聪
林怡康 舒西盼 杨品兰 庄馥璐 胡文裕 刘芳 宋茂健 杨琴琴
邹豪 黄可心 刘鹤婷 苏比努尔·塔依尔

植物保护学院

植物保护专业(96人)

安　玮　焦康乐　刘　哲　王晓丽　杨尚松　蔡佳仪　金逢时　刘芷亭
王逸群　杨万虎　曹乐然　鞠坤仪　马思达　王有兵　杨　英　陈星彤
拉　珍　蒙羽涵　王宇宁　尤凤至　陈　阳　雷　娟　农章胜　王昭然
再吐乃·亚生江　崔博文　李思维　努日曼古丽·卡地尔　魏　鹏　张博文
单小玲　李　婷　彭玉帛　吴培毅　张聪慧　旦增尼玛　李雨桉　沈夕超
吴　沁　张丹凤　丁子玮　李园园　史易娟　吴瑞璇　张小露　董佳玉
梁　頔　宋佳露　西绕益西　张晓康　段全飞　梁　鹿　宋　乐　谢靖婵
张馨月　方雪阳　梁艳新　宋飘飘　谢　萌　张秀琪　高尔馨　梁月婷
田　畅　谢慕然　赵欣欣　高益凡　林百欣　万凌唯　谢雨晴　赵　翊
郭晨初　林光泽　王安桐　修雅琦　周郅颖　国新玥　刘方慧　王代美
徐　草　朱高锋　胡安安　刘　瑞　王汉灵　徐士雯　祝　琳　黄子健
刘　岩　王皓麟　杨冬才　邹轶之　贾煜婕　刘玉姿　王婷婷　杨人安
祖丽阿亚提·亚森　蒋学敏

生物学院

生物科学专业(69人)

曾乐嘉　贺　炜　刘亚鑫　王柳枫　叶志康　成宇琪　胡金洁　刘艳琴
王亚婷　于嘉瑄　董天语　胡孝虎　龙麒宇　王忠孝　张德臻　董雪莹
胡雨丝　骆无憾　王子懿　张好雨　范可馨　纪红郸　吕欣原　兀浩男
张红旭　冯弋戈　贾玉文　吕泽众　肖鼎辰　张欢迪　高　源　江安洁
聂恒玉　肖　睿　张馨月　耿　平　金　倩　彭晓雨　徐　旸　张　喆
龚　开　柯婧仪　沈国帅　徐一玉　张智玉　顾　丽　寇宗樾　沈子如
闫雪珊　赵博琛　郭钰琦　李思韵　司玙璠　杨明波　周语欣　韩雪妍
梁斯雯　谭文中　杨小越　朱博岩　何　昊　廖舒捷　王家恺　杨子嘉
朱乔丽　何欣怡　刘　汶　王剑琴　高　源

生物科学(理科试验班)专业(42人)

蔡正非　耿启中　李　哲　唐慧贤　臧泽雨　陈高翔　顾韵雯　李卓楠
王子榕　詹宇萌　陈文珈　郭家齐　孟凡祎　王梓川　张曦文　陈雨婷
郭　勍　庞　铮　危子航　赵梦涵　邓　言　郭昭宇　彭雨薇　卫佳华
赵笑冉　邓昱婷　胡嘉懿　全　鑫　徐梓楠　郑荔丹　董欣然　焦佳正
史忆戎　许杞钦　周　明　杜　洁　李佳音　汤可贝　严　言　周琪佳
高天宇　李明姝

生物技术专业(11人)

樊旭倩　李天祥　吕森涛　杨　险　张廷昊　付世鑫　刘涵予　邢柏铭
袁乾坤　左可家　李思璇

生物技术(理科试验班)专业(4 人)

高　源　何冰凡　荆　蔚　马铂涵

动物医学(理科试验班)专业(3 人)

董泽龙　胡子昱　刘亦轩

资源与环境学院

环境工程专业(31 人)

陈　偲　黄思羽　林晓雯　田陈虢　熊　俊　陈钰钻　季永超　刘诗海
王朝崑　袁程鹏　崔文怿　金瑞琳　罗慧敏　邬志韬　张佩璇　杜翊瑄
李先凤　罗智瀚　伍梦甜　张水羚　郭珂瑞　李　研　马　杰　肖致钊
赵敏楠　何铁焱　廖宏杰　钱瑶涵　谢明慧　周屏帆　胡　峰

生态学专业(22 人)

陈家书　郭　梅　刘金跃　王诗皓　张　倩　陈真远　贾　瑞　刘入华
吴青霞　赵　树　戴海啸　李碧滢　孙欣然　尹健鑫　赵文潇　邓汪览
李睿孜　王　恺　张　磊　朱玥霖　付钰惠　廖雨佳

应用气象学专业(29 人)

陈碧璇　李柯尧　卢　烨　任飞扬　赵洁云　戴安然　李筱涵　马浩雨
任姝琳　赵　辛　单潇扬　李泽林　糜欣苑　王姝纯　郑诗然　何玉婷
李卓忆　蒲于莉　杨立婷　朱　劲　巨丁俣　林　晨　钱　云　杨婉蓉
祝光欣　李　娥　林　楠　冉海艳　张海燕

资源环境科学专业(21 人)

高　雅　林　璐　瞿宋林　王　喆　杨　淦　胡安南　刘译泽　石倪彬
魏　涛　张晨琳　黄梦玲　刘紫依　孙嘉珺　邢　洲　朱婧铱　蒋　鹏
牛欣尧　覃一荻　徐梓楷　字紫丹　李家庆

动物科学技术学院

动物科学专业(93 人)

蔡雪玉　郝　薇　廖杨辉　王乐怡　杨凌云　陈思勤　何帅涵　林欣奕
王沛峰　杨其玮　陈一丹　何　意　刘安国　王　棚　杨　欣　陈映如
胡玉玲　刘　琳　王思凯　杨雨婷　次仁拉姆　华正昌　刘　惟　王　曦
于济舸　次西卓玛　黄　菲　刘雪凝　王雨菲　扎西杰参　从哈尔·米拉什
黄上真　卢　迪　王语浓　张锦瑞　崔晓婧　贾曼漪　马永航　韦花海
张景瑶　崔泽军　蒋振兴　邱　奥　魏晓曼　张利雯　达日格日乐　解　湉
任方杰　文秀月　张　童　邓蓉蓉　金永鹏　沈成伟　吴书运　张馨培
杜　楠　李慧怡　沈　杰　武祎凡　张　宇　符天泽　李金晓　唐　霄
谢深民　张钰成　付寒玉　李科敏　唐　彧　徐　松　张钰鑫　高欣源
李思雨　万　妍　许晏维　郑　律　高宇琦　李腾川　汪楷庭　颜　丽
周伯睿　龚文成　李雪原　汪子茗　杨　迪　周榆淞　郭朝阳　梁禹琪

王灏天　杨瑾龙　朱奕澄　郭文丽　朱　颖　卓　越

动物医学院

动物医学专业(92人)

阿合买提·司马义　韩　坤　林翔宇　王韫晨　王　雪　阿说阿沙　洪慧颐
林雨姗　韦　铁　张子赫　安　琪　侯传名　龙静宇　吴　丛　郭昌翰
操宇峰　黄献雄　吕柯芃　吴明琨　梁茜宁　曹　玥　黄宇晗　马腾云
武乃雯　赵芳莹　陈凡若　黄　越　穆仁强　夏一丹　赵全红　陈可欣
简乐诗　牛梦楚　徐嘉伟　赵鑫婧　陈可馨　寇忠云　沈洁宇　易梓文
赵雨霏　陈　霓　蓝　蓓　宋文婕　由　迪　郑琳燕　陈玉兰　郎家林
宋智观　余林霖　郑文潇　邓亦宁　李　博　孙若栖　袁　超　仲　任
丁希桐　李超军　孙芷馨　岳　红　周芮睿　董金泽　李　慧　田家瑶
张　晗　周韵婷　樊艾琳　李剑南　王家英　张慧伊　朱丽霖　范珺莹
李　静　王嘉妮　张　婷　朱晓青　方学纬　李俊辰　王立李旸　张文卓
朱钰洁　冯沈洞　李馨秋　王亭婕　张　雪　邹文佳　葛　昕　李鑫森
王维新　张毅勤　邹之宇　古庆悦　李旭正

食品科学与营养工程学院

葡萄与葡萄酒工程专业(10人)

冯　政　黄勇策　王佳奕　杨贤哲　游蕴竹　龚言是　孟　潇　王立婷
姚雪辰　郑淇中

生物工程专业(17人)

车昱旻　侯程琳　倪承昭　张如梦　周晞雯　陈明希　惠艳冬　希吉日
赵安琦　周一丹　段星阳　李昌辉　张　楠　郑钫元　朱光森　傅栋桁
孟　欣

食品科学与工程专业(93人)

傲日龙木　吉蓉蓉　刘易林　王鑫绣　张佳祺　包仁权　贾　轩　卢　嵘
王一琳　张凌云　卞筱嘉　姜懿倩　陆　瑶　王宜崧　张沛枫　陈　晗
蒋燕萍　马浩原　王宇婷　张　歆　陈　蓉　孔瀚宇　满久露　王智宇
张　雄　陈秀琳　郎新旭　欧阳成政　吴晓慧　张一帆　崔馨方　李　瑾
裴慧敏　吴　怿　张逸蕙　崔应倢　李琪琪　齐　行　项晴晴　张迎彬
丁德玥　李　尚　秦天翼　谢苏晴　张芷若　丁　然　李旭蕾　屈殷子
徐紫净　张子旋　董　婋　李泽宇　任婉玉　许　斌　赵洋荻　冯淳淞
李兆坤　沈超钰　杨静怡　周昊天　古丽米热·热合满　廖　强　舒　心
杨可盈　周中帆　何思睿　林康森　苏静雯　杨炘珂　朱涔铭　贺建志
刘端木　孙欣笑　杨正歌　朱　江　胡香燕　刘康隆　谭　钦　游玲昕
朱雨婷　胡秀丽　刘美希　汤初美　袁　浩　卓　南　华　姗　刘小禾
唐佳琪　翟竟媛　邹婷亭　黄明飞　刘鑫宇　汪楚语

食品质量与安全专业(60人)

薄晨阳	郭建廷	李　想	宋锐豪	袁雨晴	曾媛媛	郝梦真	李伊宁
唐艺芳	袁子青	陈君玉	黄钰淇	梁智璇	王珂雯	张峰瑞	陈　珑
贾林会	刘岸书	王斯栌	张　彤	陈　睿	焦颖泽	刘昕慈	吴　越
张雯婉	杜思奥	靳若周	刘燕如	徐可欣	张　媛	方媛媛	来　仪
刘　沄	徐习羽	张芸丹	傅榆涵	李昂璇	卢雪娇	徐新格	赵审一
高思悦	李宸葳	马　翾	徐晔晗	赵雨菡	高小雨	李秋爽	孟彦彤
杨晋晨	郑　祺	高源远	李苏婉	倪　洁	于建丽	仲　雪	郭城阔
李天顺	潘安宇	余忠萍	周　丹				

工学院

车辆工程专业(68人)

毕译文	侯博宁	刘一聪	陶泓羽	武　双	操心怡	黄金羽	刘宇航
田浩原	徐子淋	曾　尧	黄有德	刘雨轩	王俊深	严兆正	曾宇斐
姜福铭	刘铸业	王乐钧	杨新文	陈世省	孔若思	卢　步	王孟云
姚　朗	陈　晰	雷　敏	卢　韬	王暮遥	贠　鑫	陈裕洁	李琳睿
卢文颖	王若伊	张鑫宇	邓疏桐	李映君	卢毅飞	王文彬	赵熙鸣
范馨远	林铖鸿	罗铭毅	王新宇	赵彦瑞	冯鹏醒	林　曦	吕　猛
王友政	郑姝婧	扶兰兰	刘健庭	马钰轩	吴　鹏	钟仁杰	苟何玮颀
刘倩倩	荣文慧	吴睿璇	周　捷	关可铭	刘天涯	石　泽	吴先荣
左寅初	郭以轩	刘文君	唐琛淇				

工业设计专业(20人)

蔡卓迪	黄启航	李钰冰	彭子珺	王泽霖	杜知容	鞠雨欣	龙　杨
孙　卓	武泳樽	冯小萱	李彤瑶	路红尘	王俊仁	肖豆丁	郭　信
李一鸿	罗天伦	王　韫	周馨蕾				

机械电子工程专业(46人)

丛　微	胡天赏	廖子锐	王天行	张海澄	邓佳岷	黄翰擎	刘思敏
王一为	张　涛	董开元	黄冉耀	刘懿如	王芷菁	张文昭	方虹懿
李　闯	缪贤铭	邢静静	张艳芳	冯千辰	李　杰	裴嗣萱	徐海东
张　岳	冯远宝	李泰岳	强经纶	徐　明	章程军	缑志成	李文伟
孙志轩	颜　浩	赵九兴	韩卫星	李扬帆	王　琳	杨　潇	赵泽群
郝虎威	李玉文	王嵩涛	易湘玮	周　凡	何　景		

机械设计制造及其自动化专业(41人)

白旭普	郭佳炜	刘赵缘	施晖林	徐铭昊	白银鹏	郭一林	牛　俊
石云鹤	荀钰婷	包　帅	郝建树	潘景文	宋朝朝	翟泽田	陈　波
胡小飞	潘鑫泉	宋嘉伟	张非凡	陈浩林	黄江波	钱圳鑫	粟秋文
张宁宁	陈佳峰	蒋　慧	乔　力	王锶滏	张睿云	陈　卓	李耀东

邱雪健	温宇方	郑方舟	丁铿贺	李　媛	邵高亮	邢　晋	郑兆麟
郭　辉							

农业工程专业(22人)

白卓熙	李俊磊	彭　荣	唐卫迪	张麦琪	陈琦珏	刘烙阳	彭舒翼
王惠民	张洲雄	段楚云	吕欢欢	时灵曦	张丹霄	周　雨	李寒露
孟鑫廷	苏　磊	张乐平	朱丽君	李靖远	牛众众		

农业机械化及其自动化专业(21人)

薄佳乐	韩肇峰	刘　明	孙　倩	张皓瑒	蔡霖玮	蹇　林	刘戎林
吴文俊	赵铖钥	陈　伟	解普实	马新春	叶梦雪	周文峰	丁　凡
李子涵	苏衍辅	于　璐	周迎港	杜瑞铭			

信息与电气工程学院

电气工程及其自动化专业(61人)

安　萍	黑晓捷	刘双双	王鑫辰	尤雨田	曾筠婷	黄杰明	刘卓容
王子豪	于宗民	陈方琪	黄　睿	孟轩昂	魏建新	余建树	陈耿锐
黄　炎	孟子皓	吴　丹	余顺江	陈姝伊	蒋姝俊	苗茂之	吴娴萍
张　娜	陈　希	孔令昊	沙兆义	肖成达	张　奇	戴斌华	蓝情情
孙安达	星　宇	张小旋	党　宣	李恩奇	孙钰滨	闫力朴	张旭瑞
丁浩然	李欢林	孙源祥	杨明友	赵春雪	董晓颖	李景涛	唐　炜
杨　苏	赵世栋	方　舒	刘安诺	田盛兰	杨　威	周超维	方　旺
刘家润	王青峰	杨雨凡	左晓婧	郭　洋			

电气工程及其自动化(理科试验班)专业(2人)

陈江雨	张　頔

电子信息工程专业(21人)

蔡凌翰	李　想	牛明路	吴立岩	袁宏涛	陈懿东	梁栌以	任雨桐
吴雨涵	张吉儒	贾开元	梁媛媛	谭楚昀	熊绍君	赵　媛	雷美枝
柳雅倩	魏　昊	杨　晨	邹国伟	李东柱			

电子信息工程(理科试验班)专业(4人)

王一鸣	王宇豪	翟梓铭	张　朝

计算机科学与技术专业(54人)

柏为民	吉杜伟	彭小姣	向霄枭	张楚悦	柴莹兰	姜　楠	冉　逊
肖　亮	张国立	陈田瀚	匡开明	尚　菲	许诗瑶	张劲峰	程　颖
李　洁	申　林	颜旭立	张水海	董明扬	李仕铭	汪卓成	杨　艺
张耘墨	段晓宇	梁华健	王发乾	杨宇帆	赵　荀	方仕航	廖伟斌
王　昊	姚明志	郑书奥	冯文姣	廖文吉	王婧琳	叶　浩	周成宝
高梁红	刘旭宇	吴　童	易　康	周　睿	高璆华	罗力豪	吴雨微

余 晓	朱博文	环球一号	毛 科	向显林	岳佳琪		

计算机科学与技术(理科试验班)专业(14 人)

陈泓亦	穆 同	王 鑫	杨 阳	张嘉辉	李润超	汪宝瑞	王怡宁
翟胜方	张学林	马启元	汪玮韬	许茂泽	张博凯		

金融学(理科试验班)专业(6 人)

高 冲	韩 琳	胡志超	梁一鸣	田 男	张佩瑶

通信工程专业(26 人)

边镜誉	赖文聪	牛丹彤	王 越	余 洲	程思萌	李苏晋	彭秋珺
向广宇	张金雨	付 雪	李欣彦	史 靓	谢晓丹	张梦琪	侯冰阳
李泽林	王彩凤	许佳薇	章馨叶	蒋 帆	马丽娜	王豪瑞	杨会平
朱恒甫	康 恺						

通信工程(理科试验班)专业(1 人)

王啸东

自动化专业(24 人)

曹 川	冯德霖	康宇萌	王世杰	张敬先	柴 富	耿芳琳	李再航
王雅淳	张月喆	陈 冬	江 霖	刘明成	熊凌轩	郑绥君	陈捷之
姜沐之	卢凡为	杨丰瑞	朱望茹	邓雅茜	康靖翌	王露瑶	姚 瑶

自动化(理科试验班)专业(2 人)

崔 根	杨 真

水利与土木工程学院

能源与动力工程专业(22 人)

曾海艳	胡志远	彭明鑫	王祎泽	杨宇晨	陈湘君	林玉冰	邵梦爽
吾扎提·别达尔汗		张方芳	陈昀聪	刘岚林	王 楚	徐 瑞	张颢晖
董金蕾	陆春涛	王文宗	杨 璐	郑枫川	侯凌风	马泽瀛	

农业建筑环境与能源工程专业(46 人)

阿斯哈尔·艾德列提		旷清泉	莫 尧	吴俊豪	张丽杰	白玛拉姆	李慧玲
孙 骥	肖润国	张脐尹	曹宝龙	李柯萍	汪明姝	杨 敏	张睿舒
陈 璐	李欣瑜	王 脉	杨 睿	张志豪	戴雨珊	李雨浓	王 琦
杨梓桐	赵 娜	邓森中	李玉双	王月瑶	叶爽英	周 婧	方星雨
李正浩	王子昂	张建楠	周诗杭	葛绍娟	刘天明	魏梦晗	张 军
朱寅宾	何 某	陆 衡	吴 剑	张开颜	朱玉玲	胡羽聪	

农业水利工程专业(38 人)

程 梦	韩雨寒	刘家备	王鸿儒	奚夏珍	程月颖	黄航行	刘苏祎
王家鑫	杨 城	邓力唯	姜炳良	刘妍琦	王进恩	杨蕊宁	丁宜丰

蒋适莲 鲁赛红 王莉雯 袁丰泽 缑天宇 邝祖怡 马梓棋 王 宇
张 琦 郭麟熙 赖华冉 莫远广 吴卓函 朱 楷 郭文贤 李允清
宋 姝 伍文思 祝长鑫 郭 煜 李 智 铁家宇

水利水电工程专业(35人)

蔡振浩 黄 硕 刘博秋 斯 加 王宣宣 陈晟劼 黄 旭 吕昇桀
宋宇政 王一聪 陈政扬 黄煜祺 马 硕 孙志鹏 王艺臻 程湫雅
贾子尧 马壮壮 汪诗雨 翁 桢 邓柳泓 李嘉腾 米玛顿拉 王金锴
吴章生 董林玥 李长硕 穆丹宁 王 蕾 徐晓宇 高 诗 林金柱
盛 威 王 眺 张艺菲

土木工程专业(24人)

蔡江东 李欣珏 沙马布沙 杨兴东 张忠义 戴苏叶 刘春江 苏权巍
杨镇辉 赵萍楠 戴学玉 刘 硕 孙佳佳 张惠迪 赵文哲 黄逸云
娄昕宇 吴林龙 张 亮 郑飞鸿 李小康 牛雨彤 杨 帅 张 政

理学院

工程力学专业(22人)

敖 彧 李 毅 梅一涵 滕佳妮 赵世恒 贺添益 李沅芳 申童鑫
武 琦 赵 桐 黄文丹 刘 奇 孙 迪 徐璐珂 周天弈 姜 策
刘 钰 谭 伦 张若晗 朱映宣 李孚然 马泽林

化学专业(59人)

阿依努尔·依沙米丁 李舒逸 任 岳 王春旭 徐 懿 曾秋娟 李杨洋
邵先凯 王芮晴 杨 鹏 陈霁潇 李雨珂 盛 景 王天群 姚晨阳
董继盼 李钰涵 施梓薇 王 意 姚 鑫 冯馨平 刘 崇 宋况惠
王子枭 殷 畅 郭 红 刘宏烨 苏 笑 韦逸宁 张哲铭 何小萍
刘恺政 孙国壮 翁超群 赵楚斌 黄宇婷 刘新颖 孙 旻 吴臣熙
赵益禄 鞠紫薇 马文郁 汪 楠 吴佩轩 钟 德 赖泽敏 马 研
王安珂 吴 茜 周丽欣 赖正林 苗晓丹 王泊宁 席皓晶 朱雯宁
李爱羚 任泓远 王承阳 徐嘉擎

数学与应用数学专业(39人)

陈访旭 雷丹滢 卿 静 吴佳潼 张馨木 陈佳艺 李彦霏 饶佳运
徐佳静 赵小迪 陈丽汀 林兴模 史浩辰 杨树森 赵盈笑 陈 然
刘玥含 田宗鑫 禹 璞 赵卓阳 陈一宁 陆薇宇 童 彦 张宝羽
郑冰慧 陈卓威 卯笙辰 汪浩浚 张 乐 周天歌 成江江 梅俊美
王风烨 张力文 朱成开 胡天琳 乔 睿 王 添 张腾云

应用化学专业(40人)

陈佳祥 纪嘉文 刘钰函 王 柔 吴艳玲 陈梦婷 李芃熹 孟紫薇

王思凡 肖守淳 陈月花 李琪 苗竞文 王心悦 熊官聪 陈则理
李扬帆 聂劭康 王一涵 许东东 刁新宇 李正剑 潘念悠 王寅敏
张驰 段建林 梁勇 汪云 韦唯 张嘉璐 郭学芬 刘得胜
王贝贝 吴波 张任远 何祺 刘洋 王昊 吴天岳 张雅琦

经济管理学院

电子商务专业(11人)

陈晨 康慧薇 孙竞帆 徐月萍 张若兰 陈锋 李贵城 王洪萱
岳会 张树丽 何淑敏

工商管理专业(20人)

次仁卓嘎 高文佳 孟瑞莲 唐殿雯 张誉天 次塔卓玛 雷鸣 蒲稳锴
伍山林 周政权 戴进辉 李美琪 盛男 闫一帆 周紫宇 付崇玉
刘佳萌 谭雅文 张家瑞 祝婉卿

国际经济与贸易专业(31人)

陈达凯 卢珊 陶泽赟 夏尔万·努尔沙哈提 张杰皓 陈嘉瑶 马睿
田奥 冼楚昕 张永琪 贺珊 马昕萌 汪子钧 徐瑞佳 甄莹莹
黄露瑶 依永平 王楠 颜梁 郑亚飞 卡迪热亚·米热地力 沈冲
王怡靓 杨静怡 周彦汝 兰瑞昕 汤继豪 吴坦蔚 杨泽蓁 周益宇
林牧青

会计学专业(75人)

安童欣 丁紫瑄 李举涛 孙菡清 杨明烨 蔡宏玢 樊曦瑶 李梦
唐昇龙 于佳瑀 曾庆珂 付卓杰 李潘洋 陶梦月 于琪 柴思奇
高睿 栗欣雨 王路 于文杰 陈孟晴 苟稀溪 梁夏蕾 王硕
翟雨亭 陈文琪 古艺鸣 刘明一 王歆桐 张俊杰 陈新超 管瑞琳
刘淑雨 王秀娟 张可馨 陈铁群 郭晴 刘雨润 王一航 张佩婷
程晨 何苗 刘子峥 王昭萱 张淑凡 程丽 何文慧 马晓薇
王志莉 张兴宇 程龙 胡锦玲 孟庆玥 魏洁婷 赵文婧 戴赛儿
胡美琪 盛剑琴 邢洋铂 赵文滔 邓阳 姜泽林 石浩楠 熊一涵
赵西莹 邓一苇 康亦安 石悦琳 颜子阅 郑琪 丁子涵 李晶晶
宋怡欣 杨楷元 钟苑

金融学专业(76人)

安茹琪 黄佳诗 刘墨含 师仰琦 杨岚钦 陈佳美 贾诗玥 刘佩鑫
史济生 杨睿 陈蓉 姜丽 刘瑞钰 苏雨琦 杨小涵 陈宇霏
矫越 刘斯佳 孙思颖 杨紫婷 陈仲楠 晋薇 刘镇宁 谭章月
尤静茹 仇孟辉 孔睿 卢抢如 王渼清 张嘉彤 都禹舜 冷丛杉
孟琳霞 王瑞琪 张津硕 杜佳信 李晨怡 穆东可 王雨辰 张琳琳
樊桉麟 李恒威 倪端 魏久力 张雨欣 樊聪玥 李锐洁 欧阳泰之

文　博	张志强	付卓宁	李永威	潘　怡	吴　妍	赵津逸	顾雨涵
林嘉玲	秦　雨	谢　悦	郑启欣	郭怡君	刘海纳	邱敏凌	徐　君
郑诗语	贺美琛	刘航帆	邵雪诗	徐霖露	周敬博	侯倩怡	刘建奕
申广慧	徐小茹	祝茜雅	胡　旭				

农林经济管理专业(30人)

常瑞萍	雷岚晰	慕天媛	文锡炜	杨锓瑶	程梦瑶	李思琪	汪琳琳
吴　琦	余俊锋	郭嘉玮	李欣阳	王梦婷	吴以宁	张濠旭	黄文霞
刘　亮	王宇静	谢政璇	张　琅	蒋家琪	马海飞	王　雨	薛玲玲
张智文	赖继惠	牟芃宇	王玥璇	薛　艺	郑泽博		

人文与发展学院

传播学专业(58人)

蔡金铭	胡　彦	钱　金	王　泽	张旋子	陈唯玺	姜曾妍	钱芯仪
吴可欣	张　熠	陈彦希	金慧宁	邱　芸	夏晓草	张英健	程子真
李　昂	权裕媚	夏学文	张玥凌	丛润祺	李　晋	任清兰	夏钰忻
张泽昕	戴欣殊	李泉霖	苏瑞淇	谢咏希	赵　鸽	董　慧	李晓霞
孙晨丹	徐梓峰	赵一清	高博文	龙　惠	田　也	杨文心	赵匀彤
龚　达	马欢欢	仝鑫钊	张明天	周奇奇	古丽孜巴尔·吐尔逊		马若书
汪　倩	张舒媛	周信达	侯俊莹	缪　旭	王思懿	张腾浚哲	邹景涛
胡润泽	庞启嘉	王鑫鑫					

法学专业(52人)

柴文慧	敬玉清	蒙启然	唐宇尧	徐亚蓉	陈怡文	李俊毅	牛婉云
田　园	徐湧昕	陈雨情	李　珂	潘一诺	王陈晨	杨欣淼	程业棋
李胜昕	潘宇航	王褚婷	杨泽洲	崔　津	李天瑶	裘佳楠	王　丹
战启龙	董一帆	李　铁	任文锦	王璐瑶	张晶媛	杜　洁	李玮楠
石绍钰	王翔宇	张梦昕	段雨津	李泳江	宋晓雪	王奕心	张启眉
巩恩义	林博瀚	孙　旭	徐佳蕾	赵瑞琳	郭雅琴	刘佳玲	孙一铭
徐　凯	赵娅楠	贾晨浩	鲁雪晨				

农村区域发展专业(42人)

曹力元	李圆圆	钱　威	王　栋	张采奕	旦增拉姆	李芷韬	尚怡含
王书同	张　铖	冯　冲	林丽娇	孙　佳	王思凡	张楚珩	高奕吉
刘聪聪	孙雨奇	王彦儒	张东旸	郭嘉诚	刘敏言	孙昱坤	王悦岩
张　盼	黄翰遥	刘懿锋	唐　佩	向珈璐	赵逸群	李记铭	卢　姗
陶军权	谢雨珈	赵泽宇	李金泽	聂佳佳	瓦热斯·阿不都热西提		杨姝晗
卓　越	李旻璞	蒲鸿瑞					

社会学专业(20人)

鲍翊珺	陈玮萱	范倩如	刘嘉诚	徐曼初	卜斯源	陈　依	

古力胡马·艾合买提	娜非莎·艾克拜尔江	张　程	常世涵	丁雪娜	赫晓琳
田思腾	张东晴	陈绍欣	段泽丽	李泓博	吾提库尔江·买买提	郑垂尘

英语专业(32 人)

陈静怡	焦　杨	沈建康	杨清玲	张可欣	崔奕雄	雷　莹	谭冬梅
杨中雅	张晓雨	傅　天	李欣乾	佟嘉钰	姚　灯	张宇涵	高雅洁
马晡凡	王蔚涵	叶　耿	赵珮汝	龚　丹	马超尘	魏琛璐	于嘉睿
郑欣然	姜晓瑜	钱利清	肖华宇	詹博心	周泽宇	蒋宇涵	邵嘉琪

国际学院

传播学专业(37 人)

程天琦	何亦庄	卢正凌	王　贺	于武帅	程筱彧	胡　乾	马潇源
王嘉德	张嘉实	褚垚森	纪小璇	冉艺明	王　君	张洋淇	杜冰洁
贾逸涵	申筱妍	王义文	赵安琪	弓宇龙	靳依青	孙伯峰	肖雪霁
赵浩之	郭铁铸	李韩琳	田丁文丽	杨柳怡	郑雨薇	郭欣怡	林凯伦
王德沅	杨一迪	朱　仪	郝　祎	刘以为			

国际经济与贸易专业(107 人)

曹雨婷	贾小天	刘倚岍	童家馨	杨　柳	常凯朝	菅　洁	刘倚天
汪锦华	杨琦月	陈　晓	蒋鹄泽	刘　璋	王楚雯	杨　洲	陈一哲
金　灿	吕佳轩	王明媚	姚天予	陈源碚	金玉格	马丹青	王天一
叶小舟	陈卓尔	孔欣怡	马　赛	王　晓	殷相杨	陈卓媛	李汉骏
马宇鹤	王一然	尹潇涵	成语哲	李鸿图	潘启璐	王艺涵	岳雪玥
崔怡丹	李佳颐	庞怡文	王雨媞	詹亦菲	狄可慧	李聆韬	庞峥琦
王禹淇	张　楠	丁　宁	李睿琦	戚长润	王芷恒	张　琦	费兰淇
李诗妍	任嘉禹	王梓滔	张铁越	冯子珊	李文珺	阮乐怡	韦宗立
张蔚琪	高天辰	李欣怡	桑思源	魏　明	张　云	弓泽宇	李　轩
邵舒缦	魏　赏	赵慧凝	郭莹然	李　阳	申　珅	吴若璇	赵一阳
侯安琪	李怡婷	沈家豪	吴　桐	郑诚智	侯　爵	李治平	帅君钰
武建宇	郑　时	胡慧铭	廖泽宇	宋沛函	邢　恺	钟婧文	胡景晨
刘　畅	孙少萌	邢宇琪	朱亚琪	黄若滢	刘品楠	覃川牧笛	薛涵之
卓文玥	黄怡澄	刘　彤					

农林经济管理专业(55 人)

安　杰	李嘉璇	裴芸萱	王彤辉	袁晓甫	鲍厚霖	李　健	石将卿
王新甜	翟景哲	陈雨洁	李祺如	束　晨	王正大	张铧月	方志丹
李修齐	宋子谦	魏钰洁	张慧甜	冯晶宁	李远嵩	孙田浩	吴嘉伦
张景帆	冯夕语	梁馨语	陶炜	吴松灏	赵婧雯	高鹤天	刘鸿起
田雨琦	杨　倍	赵一皓	郭紫婷	刘梦荧	王格典	杨泽琦	甄　珍
何佳阳	刘楠楠	王　宁	杨昭宇	甄子毅	纪佳辰	毛培根	王宁雅

杨子昕	周东锦	姜天临	倪佳琪	王姝懿	银　达	周　翼	

土地科学与技术学院

地理信息科学专业(32人)

曹博文	李　倩	牛全弟	伍明飞	薛涵予	陈　畅	李　越	庞大钊
武颖恺	闫佳钰	陈帅铭	梁　硕	田　娟	夏志榕	俞国江	戴开璇
刘筠羿	王淇锋	肖颖欣	张伟伦	董　靓	刘沭邑	王艺学	谢此萱
赵晓梅	黄嘉华	刘　杨	王子文	熊周瑜	朱铠远	李碧晴	刘　月

土地资源管理专业(33人)

阿卜杜萨拉木·阿卜杜如苏力　顾恬玮　罗旭成　唐嘉悦　杨婷婷　陈佳钰

侯　丽　马责鑫　铁列吾别克·朱马别克　杨志成　陈思宇　黄海莉

努尔勒·阿合力汗　王　洋　张威仪　陈星宇　蒋　鑫　欧文婷　韦浩鹏

张雪妮	次　白	李伟静	欧阳沄	吴定坤	张媛媛	付书雅	刘海兰
孙嘉宝	许钟月	赵雯莉	高崇翔	刘梦琳	孙若曦		

草业科学与技术学院

草业科学专业(25人)

陈　航	康濒月	罗家蔚	田丽梅	杨潇逸	次仁吉	李佳英	罗　强
汪　洋	于宗恺	郭雪燕	李思宇	马晓钰	韦　斌	张铭笑	江德带
刘　晗	钱丁寅	熊建宇	钟培阁	姜风岩	刘　云	田丰实	徐爱娇
周　佳							

烟台研究院

公共事业管理专业(96人)

蔡雅楠	华春娴	马育昌	王嘉学	徐长东	常洪霞	纪欣玥	牟奕璇
王　开	薛佳茜	常天阳	矫宜珊	母雪纯	王乐铮	闫佳洁	陈娅静
金　童	綦慧心	王　柳	杨贵龙	陈　宇	李金格	秦　雨	王　睿
杨泽伦	成方正	李金洋	邱　嵩	王　舒	姚俊羽	成啸文	李　梅
邵晨颖	王思雨	殷　琪	程美娟	李明健	史志强	王新雨	尹　倩
崔广华	李晓晴	宋家珍	王雪纯	于　飞	崔沿靖	梁昕瑜	苏　航
王　岩	袁　宁	单扬帆	刘　浩	孙汝佳	王子玉	翟登琪	丁　森
刘　冉	孙淑娴	魏天照	张　斌	高恒清	刘文卓	唐千惠	魏文雅
张嘉庆	高　尚	刘　馨	唐泽钰	吴忆晨	张　旭	高胜寒	刘亦奇
陶　晓	吴渊博	张　喆	管倩云	马洪莹	滕嘉暄	武配君	赵晨阳
郭朔琪	马乐昊	田雯蕙	徐　慧	赵　珂	郭婷婷	马茂峰	王　淳
徐家骏	赵梦瑶	郭鑫雨	马尚诚	王丁一	徐宇辰	郑广超	侯明月

设施农业科学与工程专业(70人)

陈祥瑜	李金澄	任寒硕	王天群	张开心	陈昕楠	李经纬	苏　雅
王文琨	张乐礼	崔宇星	李思凯	孙嘉洵	王鑫淼	张　颂	邓硕真

刘　畅　孙坷平　王绎皓　张天骥　董心怡　刘德尧　孙宁康　王禹霄飞
张甜益　杜炳文　刘书畅　孙书阳　王志飞　张旭阳　冯文康　刘　双
孙文秀　魏　菘　张羽飞　高瑞泽　刘　小　孙云博　武　月　赵浩成
高炜城　吕家豪　台子晗　夏嘉呈　赵金玺　郭子涵　马圣洁　王爱英
薛同宣　赵　坤　姜凯阳　马之珺　王　昊　尤　颖　赵啸林　姜　山
孟祥词　王浩瀛　于小惠　赵子渊　冷淞凝　米广宇　王梦缘　张广运
郑　鑫　李成浩　庞力豪　王瑞雪　张嘉祥　郑子乔

市场营销专业(127人)

安淑真　高英豪　刘晓丽　台晓晓　张宸宇　安　旭　高　雨　刘心怡
王鸿屹　张楚旋　曹飞杰　葛玉晓　刘雅如　王瑞璐　张浩楠　曹晓慧
郭　妤　陆馨媛　王书恒　张建宁　查传朴　国慧贤　吕艾霖　王帅卿
张　洁　陈黛晗　韩璞聪　吕翰林　王威然　张静文　陈佳敏　韩修平
麻　昀　王伟哲　张康宁　陈璟祎　何璐瑶　马致远　王　璇　张文丽
陈祥虎　胡晨曦　孟锴奇　王烨琛　张晓光　陈雅囡　胡　萍　密艳秋
王　宇　张晓苏　丛祝杰　胡英伦　聂　彤　魏增庆　张志远　崔　楠
黄勤盛　潘盈潼　吴苏婷　张卓娅　崔　璇　江肖凡　潘云深　谢逸秋
赵璐彤　戴晨雪　姜艺桢　裴雪晴　徐明月　赵　欣　单　腾　雷路路
任彦欣　徐勤超　赵娅团　丁尉霖　李　非　商云飞　徐昕苑　赵　耀
董　峰　李舒睿　邵明振　徐　志　赵依凡　窦龙祺　李晓雅　帅孟娇
许馨匀　郑　舜　杜春姗　李学良　宋　佳　闫鹏宇　周昊泽　段庆悦
李　莹　宋　健　杨浩然　周美圆　范俊钊　李雨涵　宋宜恬　杨筱翰
周卫东　范心雨　梁云浩　苏　锴　杨懿靖　朱明星　方　堃　廖吉喆
隋　源　于卓嘉　朱　曦　丰　俭　刘晨光　孙晨轩　袁静静　朱亚茹
高敬舜　刘浩然　孙　鑫　袁　梦　邹　昊　高喜泉　刘浚平

水产养殖学专业(59人)

陈合伟　李　凯　马秋月　王晓婕　杨福家　单正翔　李启阳　孟德龙
王星雨　姚艺璇　杜兴林　李润雨　曲　畅　王学明　于　健　俄泽琛
李润泽　任爽宁　王亚男　于文珺　高世超　刘　聪　石林樾　王　雁
张克林　葛　迪　刘仕元　孙公傲雪　王玥琛　张期超　耿恺英　刘　松
索　宁　王竹青　张泽璐　郭天煜　刘星辰　田　雨　吴怡宁　张增状
韩焕福　刘艳梅　王俊浩　夏玉秀　赵爱林　纪　念　刘媛媛　王　清
邢恩臻　赵鑫桐　金世豪　刘姿俏　王书扬　许　栋　赵鑫宇　孔维祎
娄玮倩　王淞娜　闫　旭

2020年重要媒体报道目录索引

序号	题目	媒体	发表时间
1	2020年第一响｜Nature封面文章，解决近一世纪的评估难题，中国农业大学李云开等人揭示中国的可持续发展模式	iNature 学习强国号	2020-01-02
2	以科技为支撑　中国农业大学河北校友会助力乡村振兴	人民日报客户端	2020-01-03 19:44:57
3	90后　三十而立	中国教育电视台	2020-01-03 22:27:06
4	大学校园迎来2020年第一场雪　哪抹景色最让你心动?	人民网	2020-01-06 21:28:58
5	中关村“火花”系列活动——首届中国农业大学技术转移中心科技成果转化项目签约及推介大会召开	中国科技网	2020-01-07 17:41:22
6	中国农业大学在新时代高校党建“双创”评审中再获佳绩	未来网人民号	2020-01-09 17:29:31
7	中国农业大学发挥“科技小院”特色　扎实推进精准扶贫工作	教育部网站	2020-01-10 20:22:10
8	2019年度国家科学技术进步奖二等奖：水产集约化养殖　精准测控助力高产	中央电视台新闻频道	2020-01-11 16:38:57
9	中国农业大学河北校友会首届乡村振兴科技论坛成功召开	中国商界网	2020-01-14 16:45:59
10	缅怀！一元钱上的拖拉机奶奶逝世	人民网微信公众号	2020-01-15 16:31:52
11	中农大硕士到村担任第一书记　用专业知识为村民谋致富	成都日报	2020-01-1516:54:55
12	柿饼上的“白霜”并非防腐剂　但也不是越多越好	科技日报	2020-01-15 17:01:59
13	中国农业大学校长孙其信：以“2115工程”全面推进人才强校	人民网	2020-01-16 21:26:39

续表

序号	题目	媒体	发表时间
14	中国农业大学培养应用型人才“科技小院”把前沿技术播种在农田	中国青年报	2020-01-22 15:53:21
15	回家过年！年轻的心这样抵达远方的家	光明日报	2020-01-22 15:56:01
16	中国农业大学召开新型冠状病毒性肺炎疫情防控工作会议	教育部网站	2020-01-26 19:34:20
17	中国农业大学:学校召开新型冠状病毒肺炎疫情防控工作会议	教育部网站	2020-01-26 19:34:59
18	中国农业大学召开新型冠状病毒性肺炎疫情防控工作领导小组第二次会议	教育部网站	2020-01-28 19:32:02
19	中国农业大学付文阁教授发起关于疫情期间保供给、不涨价的倡议	光明日报微信公众号	2020-01-29 18:44:23
20	春耕在即,农大教授倡议:农企要主动保供应不涨价	新京报客户端	2020-01-29 18:48:21
21	中国农业大学中农创学员响应倡议　承诺疫情期间保供给、不涨价	中国科技网	2020-01-31 11:44:28
22	[北京新增15例]疫情无情人有情,北京高校战“疫”持续进行	现代教育报微信公众号	2020-02-02 17:08:35
23	中国农业大学保卫处自编《校园安保防控口诀》	教育部网站	2020-02-02 19:29:46
24	战疫情·高校在行动　线上活动凝心聚力　抗击疫情	中央电视台新闻频道	2020-02-04 09:02:06
25	中国农业大学:冲锋最前线！致敬校医院的战“疫”逆行者	教育部网站	2020-02-0419:28:01
26	权威发布|关于对黑土地联盟抗"疫"情、落实春耕工作的倡议	四平微报今日头条号	2020-02-05 20:15:57
27	中国农业大学老师深夜来信:阴霾终散去,花开待君归	人民网	2020-02-05 21:39:19
28	朱道林:设施用地和耕地保护并不矛盾	新京报客户端	2020-02-06 10:35:19
29	司伟:三农短板不仅“水电路” 产业要向消费端转化	新京报客户端	2020-02-06 10:40:07
30	李小云:攻坚战结束后　减贫助贫将成常规操作	新京报客户端	2020-02-06 11:21:31
31	韩一军:一号文件提出乡村产业用地政策是巨大突破	新京报客户端	2020-02-06 21:34:33
32	朱启臻:谁是现代农业的主体?	新京报客户端	2020-02-06 21:55:57
33	疫情之下,奶业如何攻坚克难? ——访奶业体系首席科学家李胜利教授	农民日报	2020-02-07 19:48:41

续表

序号	题目	媒体	发表时间
34	[北京新增23例]泪目！为祖国加油！倾听北京高校学子的战“疫”心声！	现代教育报微信公众号	2020-02-07 21:35:33
35	让党旗在战“疫”中飘扬——研究生院党支部致共建学生党支部的信	人民网	2020-02-08 18:49:09
36	齐心战“疫”不停学　在线打卡随时“约”——中国农业大学资环学院学子疫情下的学习生活点滴	教育部网站	2020-02-08 19:24:58
37	关于疫情防控期间中国农业大学研究生院党支部与动物科技学院本科生第三党支部开展共建活动通知	教育部网站	2020-02-08 19:25:58
38	佳节与共　同闹元宵　中国农业大学研究生院党支部给共建学生党支部的祝福和叮咛	教育部网站	2020-02-08 19:27:11
39	中国农业大学理学院:致敬前线,心系武汉	教育部网站	2020-02-0819:40:56
40	中国农业大学学生书画社用书法为武汉加油	教育部网站	2020-02-08 19:42:00
41	高校接力致敬,表达首都师生决胜“战疫”最强音	中国社会科学网学习强国号	2020-02-08 21:00:30
42	必胜！高校推出战“疫”壁纸,共为武汉加油	微言教育	2020-02-08 22:22:31
43	战疫情丨高校课程不断线　教学不缺席	中央电视台新闻频道	2020-02-09 10:15:52
44	同心战“疫”丨关于疫情防控期间研究生院党支部与动物科技学院本科生第三党支部开展共建活动通知	教育部网站	2020-02-09 15:31:08
45	同心战“疫”丨安保员,校园战“疫”中的坚强战士	教育部网站	2020-02-09 15:38:52
46	同心战“疫”丨齐心战“疫”不停学　在线打卡随时“约”——中国农业大学资环学院学子疫情下的学习生活点滴	教育部网站	2020-02-09 15:45:06
47	宁中华:家禽产业受当前疫情影响分析及对策建议	兽医资讯	2020-02-09 16:16:55
48	首都高校在行动丨延迟开学,高校:课程不断线,教学不缺席	现代教育报学习强国号	2020-02-09 20:48:58
49	见字如面！湖北学子回信母校:我们平安,战“疫”必胜	微言教育微信公众号	2020-02-09 22:15:57
50	面对新冠肺炎,国际发展能贡献什么?	光明网	2020-02-10 20:41:21
51	李小云:“后贫困时代”的贫困治理将是一场持久战丨《三农大家谈》第2季第8期	农民日报微信公众号	2020-02-10 21:00:14
52	老师请回答　大中小学同上一堂课	北京卫视	2020-02-11 16:54:27

续表

序号	题目	媒体	发表时间
53	同心战"疫"丨青春守望　同舟共济　致敬中国农业大学全体辅导员	教育部网站	2020-02-1119:38:01
54	突发疫情下　社会科学工作者可以做什么	新京报客户端	2020-02-11 22:03:28
55	众志成城，共克时艰|"中国加油！湖北加油！"首都高校师生这样表达	V思想微信公众号	2020-02-12 10:50:33
56	进一步加强南南公共卫生安全合作	光明网	2020-02-12 16:23:55
57	首都高校在行动丨中国农业大学叶敬忠教授：精读一本书　深思一件事	现代教育报学习强国号	2020-02-12 17:00:10
58	中国农业大学理学院师生原创MV《我和你们在一起》温暖疫区学子	教育部网站	2020-02-12 19:40:06
59	首都高校在行动|中国农业大学师生音爱集结，共筑希望的梦	现代教育报学习强国号	2020-02-13 10:49:51
60	中国农业大学师生原创MV《我和你们在一起》温暖疫区学子	学习强国	2020-02-14 10:47:26
61	参与当地抗疫、投入志愿服务、创作抗疫作品……首都大学生打响"青春战疫"	现代教育报学习强国号	2020-02-14 21:28:06
62	首都高校在行动|中国农业大学积极倡导师生居家科学健身，体育教学"停课不停学"	现代教育报学习强国号	2020-02-14 21:46:20
63	首都高校在行动丨中国农业大学参与研发环卫机器人1小时可消杀4万$米^2$	现代教育报学习强国号	2020-02-15 09:52:08
64	疫情当前，脱贫攻坚决不掉链子！	人民日报经济社会微信公众号	2020-02-15 09:56:17
65	战"疫"砺初心，党员践使命——中国农业大学生物学院研究生第三党支部在行动	教育部网站	2020-02-15 19:15:16
66	最美逆行者，中国农业大学博士邵明玺：超级英雄从守护家园开始	教育部网站	2020-02-15 19:37:01
67	李红艳：一封在新冠肺炎疫情期间写给历史的信	中国教育新闻网	2020-02-1616:06:51
68	同心战"疫"丨志愿招募：中国农业大学学子与抗疫一线医务人员家庭手拉手专项志愿服务招募	教育部网站	2020-02-16 19:39:10
69	首都高校在行动丨中国农业大学：疫情当前，且听导师说	现代教育报学习强国号	2020-02-16 21:22:51
70	企业复工没食堂，发愁吃饭！中国农业大学伸援手，邻居真棒！	北京日报客户端	2020-02-17 16:57:32
71	同心战"疫"！中国农业大学食品学院师生音爱集结，为武汉加油！	现代教育报央视频号	2020-02-17 21:45:43

续表

序号	题目	媒体	发表时间
72	同心战“疫”|社区(村)战“疫”的生力军报到了!中国农业大学团员和基层团组织在行动	现代教育报学习强国号	2020-02-17 22:25:37
73	乡村振兴资讯·新冠疫情下的乡村阻击战	中央电视台农业农村频道	2020-02-18 10:32:00
74	中国农业大学五举措让学生安心在家不返校	北京高等教育微信公众号	2020-02-18 16:42:27
75	【党建锐评】制度优势坚定经济发展信心	党建微平台微信公众号	2020-02-18 17:06:17
76	一切为了师生的生命安全——全国教育系统合力抗击疫情守护校园纪实	中国教育报	2020-02-18 17:22:36
77	首都高校在行动|中国农业大学学子,辅导员们与你在一起!	现代教育报学习强国号	2020-02-18 20:26:24
78	专访中国农业大学昆虫系教授张龙:沙漠蝗灾暴发期长 要长期防范	澎湃新闻	2020-02-19 09:11:35
79	生物天然气行业有望迎来井喷式发展	中国能源报	2020-02-19 09:16:05
80	李小云:全面建成小康社会后贫困治理进入新阶段	中国党政干部论坛	2020-02-19 10:57:03
81	首都高校在行动|中国农业大学的10个瞬间,党旗在战“疫”中高高飘扬!	现代教育报学习强国号	2020-02-1921:53:10
82	农业社会化服务组织应尽快复工	经济日报	2020-02-20 09:02:03
83	首都高校在行动|@家庭经济困难学生,中国农业大学的五项暖心资助请查收	现代教育报学习强国号	2020-02-20 10:09:50
84	首都高校在行动|中国农业大学全国样板党支部开展线上主题党日活动	现代教育报学习强国号	2020-02-20 10:15:23
85	抗击疫情,首都高校辅导员在行动	现代教育报微信公众号	2020-02-20 10:59:29
86	中国农业大学疫情防控期间推十条举措　力促毕业生就业	人民网	2020-02-20 14:02:33
87	【独家】专家详解!畜牧企业如何加快推进机械化进程——访中国畜牧业协会畜牧工程分会会长李保明教授	中畜兴牧微信公众号	2020-02-20 16:24:45
88	中国农业大学切实做好新型肺炎疫情防控工作	教育部网站	2020-02-20 19:03:58
89	学校召开新型冠状病毒性肺炎疫情防控工作会议	教育部网站	2020-02-20 19:06:25
90	中国农业大学开启资助通道　激励学子共克时艰	教育部网站	2020-02-20 19:11:52

续表

序号	题目	媒体	发表时间
91	社区(村)战“疫”的生力军报到了！中国农业大学团员和基层团组织在行动	教育部网站	2020-02-20 19:13:16
92	中国农业大学:10个瞬间,党旗在战“疫”中飘扬!	教育部网站	2020-02-20 19:17:52
93	同心战“疫”｜“一碗热汤圆,温暖一线情”——中国农业大学副校长钱学军慰问疫情防控一线员工	教育部网站	2020-02-20 19:19:10
94	跟民警上一线、连线直播教课,大学生志愿者这样抗击疫情	新京报	2020-02-20 21:44:51
95	首都高校在行动｜中国农业大学“疫情防控期间促进毕业生就业十条举措”解读	现代教育报学习强国号	2020-02-2109:30:40
96	“人民‘战疫’我参与”系列策划——农用机器人11天变身防疫“战士”,大学教授带头科技“战疫”	人民网	2020-02-21 16:37:02
97	这个“九宫格”亲子游戏,益智健身又好玩	现代教育报学习强国号	2020-02-21 21:29:41
98	《防疫手账》！中国农业大学学子创意关注疫情	现代教育报央视频号	2020-02-21 21:40:32
99	中国农业大学学子:愿山河异域,风月同天,寄诸武汉,共结来缘	现代教育报央视频号	2020-02-21 21:42:25
100	中国农业大学出台疫情防控期间促进毕业生就业十条举措	三农号App	2020-02-21 21:43:52
101	中国农业大学“青年大学习”网上主题团课开学啦!	教育部网站	2020-02-21 22:08:57
102	迎难而上　逆风飞扬　中国农业大学870余名青年志愿者在行动!	教育部网站	2020-02-21 22:09:37
103	助力抗击疫情　中国农业大学工会有作为	教育部网站	2020-02-21 22:10:14
104	王玉斌:抗疫情脱困境,驴业忙转型	三农号App	2020-02-22 09:46:09
105	让农业社会化服务组织赶快腾出手来抓生产	三农号App	2020-02-22 09:54:26
106	首都高校在行动｜中国农业大学各级学生会、研究生会全力发挥桥梁纽带作用,助力学校防疫工作	现代教育报学习强国号	2020-02-22 21:45:17
107	首都高校在行动｜中国农业大学:导师成为学生“实验材料”守护者	现代教育报学习强国号	2020-02-23 09:01:55
108	同心战“疫”｜中国农业大学国际学院学生创作歌曲《明媚春天定来到》“声”援抗“疫”	教育部网站	2020-02-23 17:26:52
109	权威发布:新冠肺炎疫情影响下　农牧交错带牛羊产业困境与出路	三农号App	2020-02-2321:33:56

续表

序号	题目	媒体	发表时间
110	中国农业大学:开讲!“第一课”来了!	教育部网站	2020-02-24 14:13:45
111	北京海淀:校企合作保复工	新华社	2020-02-24 17:13:50
112	中国蝗灾防治工作组抵达巴基斯坦　为巴方提供技术支持	中新网	2020-02-24 21:18:00
113	以智战“疫”如何有序复工复产?八位专家为您解读习近平总书记八点要求	人民网	2020-02-24 21:20:31
114	中国农业大学工会专项行动助力校园战“疫”	劳动午报	2020-02-24 22:21:26
115	中国农业大学支教团战“疫”——网上开学的第一周	教育部网站	2020-02-25 14:14:28
116	中国经济战“疫”录:重大疫情挑战不改中国脱贫攻坚“基本面”	中新社	2020-02-25 14:50:31
117	中国农业大学2020春季学期“第一课”297门课程在“云课堂”顺利开讲	中国教育在线	2020-02-25 14:57:31
118	同心战“疫”,中国农业大学2万余学子“云集合”在线共上“第一课”	中国教育在线	2020-02-25 15:00:28
119	2020春季学期“第一课”孙其信:坚定信心　共克时艰	中国教育在线	2020-02-25 15:05:04
120	姜沛民:坚定信心　同舟共济　共同打赢疫情防控阻击战	中国教育在线	2020-02-25 15:06:52
121	首都高校在行动丨中国农业大学:2万余学子“云集合”在线共上“第一课”	现代教育报学习强国号	2020-02-25 21:10:52
122	权威发布:疫情下牛咋养?——“托管+架子牛培育”肉牛养殖模式探究	三农号App	2020-02-26 10:05:12
123	中国农业大学致高三学子的一封信:阳光洒满大地,春耕正当此时!	中国校园在线百度百家号	2020-02-2616:05:09
124	有困难,更有春光在前　踏访特殊背景下的春耕图	新华社	2020-02-26 16:50:27
125	经验典型丨中国农业大学:2万余学子“云集合”在线共上“第一课”	现代教育报学习强国号	2020-02-26 20:19:09
126	有担当!这些高校学子志愿奉献,不做战“疫”局外人!	现代教育报微信公众号	2020-02-26 20:21:34
127	华中农大,加油!30所兄弟高校,跨越20个省市,为你祈福!	光明微教育微信公众号	2020-02-27 15:50:08
128	光明时评:战“疫”静待拐点　战“贫”决战收官	光明日报客户端	2020-02-27 16:58:12

续表

序号	题目	媒体	发表时间
129	共同战“疫”30 所农林高校跨越 20 个省市声援华农 祈福中国	高校圈的那些事儿今日头条号	2020-02-27 18:46:09
130	到人民最需要的地方去！习近平总书记回信在首都高校师生中引发强烈反响	北京青年报	2020-02-27 20:35:00
131	中国专家：“牧鸭治蝗”不适用于巴基斯坦蝗灾	新华社	2020-02-27 21:07:37
132	《参考消息》转发总台记者在俄媒署名文章《疫情挡不住中国脱贫》	国际在线	2020-02-28 08:52:14
133	【热点】四问“菜篮子”稳产保供	中国改革报微信公众号	2020-02-28 10:35:13
134	疫情之思：驴皮与驴产业发展	三农号 App	2020-02-28 10:37:08
135	脱贫攻坚，瞄准目标再发力（全面小康，“三农”怎么干①）	人民日报	2020-02-28 10:39:52
136	到人民最需要的地方去！习近平总书记回信在首都高校师生中引发强烈反响	中国青年网	2020-02-28 20:27:11
137	中国蝗灾防治工作组：目前鸭子捕食蝗虫的方法在巴基斯坦不适合	央视网	2020-02-2820:56:58
138	“学校没开学，但可以为家乡抗疫尽份力”	湖南日报	2020-02-29 10:47:06
139	我的在线教与学丨中国农业大学师生在线教学初体验	教育部网站	2020-02-29 15:44:44
140	疫情之思：疫情抛售与驴产业发展	三农号 App	2020-02-29 20:14:29
141	首都高校在行动丨中国农业大学：老师当“主播”内心如是说	现代教育报学习强国号	2020-03-01 08:30:40
142	疫情之思：母驴与驴产业发展	三农号 App	2020-03-01 10:48:51
143	【战疫情特别报道】战疫情北京启动网络招聘月推出 4 万余岗位	中央电视台新闻频道	2020-03-01 17:18:36
144	湖北黄石各地居民自发“揽活儿”战疫：“这不光是党员的事儿！”	人民网	2020-03-01 21:38:56
145	手拉手专项志愿服务丨中国农业大学	中国青年志愿者微信公众号	2020-03-02 10:39:43
146	疫情之思：驴奶与驴产业发展	三农号 App	2020-03-02 15:45:08
147	网课初体验，那些不为人知的秘密	中国大学生在线微信公众号	2020-03-02 15:51:52
148	我的在线教与学：老师当“主播”内心如是说	中国青年网	2020-03-02 21:14:02
149	春耕在即，如何不误农时、稳住农业	光明日报	2020-03-02 21:30:25

续表

序号	题目	媒体	发表时间
150	疫情之思:扶贫与驴产业发展	三农号 App	2020-03-03 10:02:19
151	同心战“疫”丨为奉献者奉献:中国农业大学战“疫”应急保障志愿者行动进行时	教育部网站	2020-03-0315:40:11
152	同心战“疫”丨离退休工作处:多措并举　重点关怀　全面做好离退休教职工新冠防疫工作	教育部网站	2020-03-03 15:40:45
153	同心战“疫”丨马克思主义学院研究生党支部开展线上主题党日活动	教育部网站	2020-03-03 15:41:10
154	中国农业大学:就业服务“一生一策一方案”	中国教育新闻网	2020-03-03 17:13:17
155	中国农业大学:在线育人突出基层特色	中国教育新闻网	2020-03-03 17:14:47
156	用爱心贡献青春力量——萧县两位大学生放弃假期参加抗“疫”	安徽日报客户端	2020-03-03 20:39:40
157	中国大陆高校5个学科入围QS世界大学学科排名十强	新华社	2020-03-04 09:17:31
158	首都高校在行动丨中国农业大学抗“疫”下的《〈共产党宣言〉导读》课:从马克思主义经典著作中汲取真理的力量	现代教育报学习强国号	2020-04-25 09:27:31
159	新电商助农扶贫模式彰显优势	农民日报	2020-04-25 10:35:17
160	因地制宜,蛋鸡宜居之舍 ‖ 李保明教授专访	国际畜牧网微信公众号	2020-04-25 20:56:38
161	为毕业生保驾护航　中国农业大学推出促就业三大行动	中新网	2020-04-26 08:43:00
162	中国农业大学针对十类毕业生群体推出就业促进行动	新华网	2020-04-26 09:57:41
163	落实耕地保护制度大家谈	iNature 学习强国号	2020-04-26 21:20:48
164	“北京科技小院”打造一支带不走的帮扶工作队——北京市委统战部构建科技帮扶新模式	北京统战微信公众号	2020-04-29 21:40:36
165	2020中国特色研究型大学排名中国农业大学第一	新浪	2020-04-2921:43:24
166	新电商助农模式助力乡村振兴	经济参考报	2020-04-30 17:12:45
167	记者讲述:“小云助贫”脱贫攻坚	北京新闻广播	2020-04-30 21:13:14
168	青年节上“音频公开课” 倾听时代爱国心	人民网	2020-05-04 09:08:22
169	年轻的你,好样的!	现代教育报微信公众号	2020-05-04 15:28:33
170	习近平总书记邀请我们返家乡搞农村调研	中国青年报	2020-05-04 17:54:12

续表

序号	题目	媒体	发表时间
171	中国农业大学党委书记姜沛民在五四特别节目暨“五四青年标兵/集体”颁奖仪式的讲话	教育部网站	2020-05-05 15:45:27
172	中国农业大学首次举办五四特别节目暨“五四青年标兵/集体”颁奖仪式线上云晚会	教育部网站	2020-05-06 15:44:17
173	改革一年,高校思政课建设的新变化	北京教育	2020-05-06 23:06:46
174	中国农业大学教授陆继霞谈扶贫车间能否给贫困妇女带来新出路	中国网	2020-05-07 11:21:07
175	特殊时期,看首都高校如何解锁“云答辩”	现代教育报微信公众号	2020-05-07 22:12:40
176	中国农业大学公布2020年强基计划,生物科学专业招生30人	环球网	2020-05-08 08:47:34
177	【新闻联播】中共中央召开党外人士座谈会　习近平主持并发表重要讲话	中央电视台	2020-05-08 08:50:28
178	教育扶贫激发贫困群众内生动力　富了脑袋　鼓了口袋	人民日报	2020-05-08 11:22:35
179	【地评线】南方网评:4月份外贸逆势反弹的动力与未来展望	南方网	2020-05-0917:18:31
180	谁能报?怎么选?如何培养?——首批试点高校招办负责人详解强基计划	中国教育报	2020-05-09 20:13:30
181	中国农业大学推出三大行动帮扶毕业生就业	新华社客户端	2020-05-12 08:58:27
182	高温天气如何补水?喝豆汤、“吃水”等都是不错选择	人民网	2020-05-12 17:15:34
183	前两天那场沙尘暴,吹走了我们最宝贵的财富	三联生活周刊微信公众号	2020-05-13 15:29:42
184	身体能感知空间吗?中国农业大学副教授李耕解答	中国网	2020-05-13 16:19:47
185	谦逊为人,严谨做事,兢兢业业奉献一生——记我国著名生物化学家阎隆飞先生	中国科学	2020-05-14 20:56:32
186	首都高校在行动丨“带货”风潮来袭,脱贫攻坚首都高校在行动	现代教育报学习强国号	2020-05-15 10:44:16
187	了解决黑土地退化问题,今年我国启动了东北黑土地保护性耕作行动计划,对此专家学者纷纷建言献策——保护黑土地 守住大粮仓	中国自然资源报	2020-05-15 14:01:22
188	“藏粮于地”不能重用轻养	中国自然资源报	2020-05-15 14:08:09
189	疫情之后　如何推进乡村振兴	新京报网	2020-05-15 17:08:51

续表

序号	题目	媒体	发表时间
190	【朝闻天下】战疫中的90后00后 以吾辈青春 守护锦绣中华	中央电视台新闻频道	2020-05-20 15:46:34
191	中国农业大学曲周实验站入选国家农业科技示范展示基地	邯郸日报	2020-05-20 17:25:04
192	梨树县:让黑土焕发青春	吉林学习平台学习强国号	2020-05-20 21:34:42
193	【脱贫攻坚倒计时 大国三农】全国政协委员韩鲁佳:农业机械化对保障粮食安全至关重要	新京报网	2020-05-2111:42:22
194	【北京科技小院介绍篇 NO.2】小院落,大成效-小黑垡科技小院	北京统战微信公众号	2020-05-21 14:03:38
195	520云告白｜中国农业大学师生走遍大地的足迹,是我们对祖国最好的情书@南京农业大学	教育部网站	2020-05-21 15:39:07
196	如何从空间-地方的视角解析中国对非投资社区遭遇?	中国网	2020-05-22 16:09:22
197	李小云:决胜脱贫攻坚需及时补上短板	新京报网	2020-05-22 17:10:41
198	高温烹饪危害大 控制油温可试试"洋葱皮测试法"	人民网	2020-05-23 09:53:18
199	40年来最短政府工作报告,农民关心的都在这儿	中国乡村之声微信公众号	2020-05-23 21:03:38
200	中国农业大学教授张龙:巴基斯坦此轮蝗灾须用化学防治　晚间清晨效果最好	中国经济网	2020-05-23 21:50:56
201	中国农业大学师生热切关注2020年全国"两会"	教育部网站	2020-05-24 15:29:12
202	部分高校启用"云端"普及垃圾分类	北京青年报	2020-05-26 09:03:53
203	【北京科技小院介绍篇 NO.3】小院落,大成效-三岔口科技小院	北京统战微信公众号	2020-05-26 14:04:49
204	人工智能PK顶尖农人　第一届"多多农研科技大赛"启动招募	中国新闻网	2020-05-26 16:04:33
205	两会"财经眼"系列报道之四:"硬"任务"实"办法决战决胜脱贫攻坚正当时	人民网	2020-05-26 16:24:51
206	孙其信代表:推动多所高校联合为深度贫困地区提供综合性支持	中国教育新闻网	2020-05-26 16:31:55
207	【脱贫攻坚倒计时 大国三农】粮食大考:破局疫情下的农业生产	新京报网	2020-05-2709:17:21
208	中国农业大学为后勤员工进行核酸检测 全面确保师生返校安全	教育部网站	2020-05-27 11:02:07
209	告别靠天吃饭,"智慧农业"的黄金时代来了?	第一财经	2020-05-28 09:08:28

续表

序号	题目	媒体	发表时间
210	新时代国企党建的“四个相统一”	中国社会科学网	2020-05-28 11:25:42
211	全国人大代表孙其信：在农业科技“卡脖子”技术上下功夫	人民网	2020-05-28 14:06:04
212	【脱贫攻坚倒计时 大国三农】如期完成脱贫任务没悬念 扶贫特殊政策应长效化	新京报网	2020-05-28 14:12:08
213	首都高校在行动丨认真履职、积极建言，首都高校师生的“两会时间”这样度过	现代教育报学习强国号	2020-05-29 10:57:28
214	认真履职、积极建言，首都高校师生的“两会时间”这样度过	现代教育报微信公众号	2020-05-29 11:23:22
215	【脱贫攻坚倒计时 大国三农】概念终于清晰 “禁野白名单”后重新认识特种养殖	新京报网	2020-05-29 16:31:44
216	【脱贫攻坚倒计时 大国三农】炊烟再起 让乡村旅游回归“乡村性”	新京报网	2020-05-29 16:37:50
217	呵护耕地健康 筑牢优质粮仓——耕地质量安全大家谈	中国自然资源报	2020-05-29 17:29:46
218	南财快评之专家看两会：新基建应更多布局数字乡村建设	21世纪经济报道	2020-05-29 17:37:38
219	【脱贫攻坚倒计时 大国三农】直播带货能帮多少小农户？专家“会诊”农产品滞销难题	新京报网	2020-05-29 19:24:37
220	Parceria Brasil-China para a segurança alimentar（中巴粮食安全伙伴关系）	巴西《O ESTADO DE S. PAULO（圣保罗州报）》	2020-05-29 21:16:29
221	张福锁院士：总书记的回信坚定我们扎根生产一线的信心	中国科技网	2020-05-29 22:09:50
222	加强科研、产教融合……首都高校这拨儿操作让未来发展更有劲头	现代教育报微信公众号	2020-05-31 10:59:48
223	加快推进畜牧业机械化 保障畜禽产业高效健康可持续发展——李保明会长在中国畜牧业机械化发展云论坛的致辞	中畜兴牧微信公众号	2020-06-01 14:27:21
224	中国农业大学研究生党员热议政府工作报告	V思想微信公众号	2020-06-01 16:01:28
225	世界牛奶日：我国乳制品消费结构和产品结构应如何优化？	央广网	2020-06-01 21:21:41
226	【脱贫攻坚倒计时 大国三农】西出函关 一场唤醒乡土中国的文化乡建	新京报网	2020-06-02 10:54:19
227	创新培养机制 补齐“新农商”人才短板	农民日报	2020-06-03 11:27:07

续表

序号	题目	媒体	发表时间
228	付文阁:永远不要浪费每一次危机	农博网	2020-06-04 10:33:56
229	学者聚焦政府工作报告　政府工作报告重视“三农”工作　压实“米袋子”“菜篮子”	人民网	2020-06-04 11:27:30
230	市政协呼吁委员们投身脱贫攻坚实践讲好中国脱贫故事	北京日报客户端	2020-06-04 21:56:28
231	评论丨智慧农业的未来与中国农业的机遇	21财经 App	2020-06-05 10:29:47
232	推进绿色科技创新　确立健康的生态伦理观	科学网	2020-06-05 10:58:21
233	Graduating students from Beijing universities return to campuses	Xinhua Net	2020-06-06 16:45:25
234	北京高校学生6月6日起分批次返校	北京卫视	2020-06-06 17:20:19
235	值得借鉴！来看看乡村振兴的“昆明经验”	云南网今日头条号	2020-06-06 17:25:09
236	新华社直播关注学校毕业年级返校准备工作	新华社	2020-06-06 21:27:25
237	【北京您早】高校学生6月6日起分批次返校	北京卫视	2020-06-06 21:53:42
238	每日一星丨汪懋华:不断创新造福人民,才是一个合格的农业工程师	科界学习强国号	2020-06-07 08:10:42
239	人民网新电商研究院发布《疫情之下线上肉品销售迎来新发展报告》	人民网	2020-06-08 16:23:34
240	习近平在银川考察调研	新华网	2020-06-09 09:54:07
241	炎炎夏日偏爱清淡　素食如何吃出健康	新京报网	2020-06-09 16:13:33
242	疫情让我深刻感受到祖国于我的意义	神州学人	2020-06-09 16:17:53
243	草原姑娘在美国农业部的抗疫故事	神州学人	2020-06-09 16:23:14
244	芒种火烧天麦收农事忙——宁津县试验田小麦进行实打测产	中国粮油信息网	2020-06-09 16:26:41
245	中国农业大学:做好防疫 照顾好学生的“胃”	中国教育电视台	2020-06-09 16:50:24
246	推进课程思政建设要牵“牛鼻子”	中国教育报	2020-06-09 17:07:20
247	抗疫的日子里亲人的关爱给了我力量	神州学人	2020-06-10 16:58:26
248	习近平在宁夏考察时强调　决胜全面建成小康社会决战脱贫攻坚　继续建设经济繁荣民族团结环境优美人民富裕的美丽新宁夏	中央电视台	2020-06-10 21:05:59
249	总书记来到我们葡萄园	新华社学习强国号	2020-06-10 21:15:06
250	抗疫中不误学习工作:我在美国康奈尔大学的留学生活	神州学人	2020-06-10 21:34:56
251	教授下乡,真帮实扶！昆明首位“荣誉村长”诞生	掌上春城 App	2020-06-11 09:30:21
252	面粉中的面筋是怎么回事儿?	中国市场监管报	2020-06-11 10:56:44

续表

序号	题目	媒体	发表时间
253	春风化雨润心田　砥砺奋进谱新篇——习近平总书记考察宁夏在全区干部群众中引起强烈反响(一)	宁夏日报	2020-06-11 14:39:36
254	高质量打赢脱贫攻坚战	光明日报	2020-06-11 17:27:59
255	现代农业生物技术科普征文启动 60 万师生"云集"听院士讲科学创作故事	光明网	2020-06-12 10:47:51
256	昆明宜良九乡乡举行 2020 年麦地冲水稻插秧节	人民网	2020-06-12 16:53:43
257	把握西部乡村振兴的新格局——专访中国农业大学农民问题研究所所长、教授朱启臻	今日头条	2020-06-13 14:18:10
258	怀揣家国情,沉潜天地间——去往基层的青年博士服务团	光明日报	2020-06-14 10:36:26
259	关于全面建成小康社会补短板问题·学者聚焦(一) 把握好"三个关系" 科学认识全面建成小康社会"补短板"	人民网	2020-06-15 08:48:13
260	【新闻直播间】河北曲周 "科技小院"助力农民增产增收	中央电视台	2020-06-16 09:14:59
261	南财快评:时隔两年,中国重新成为美国最大贸易伙伴意味着什么?	21 财经 App	2020-06-16 09:17:49
262	用声音汇聚文化力量　中国农业大学《为你朗读》集结成册	人民网	2020-06-17 09:12:02
263	当前猪病流行情况与猪业发展	中国农网	2020-06-17 10:57:58
264	用声音汇聚文化力量　中国农业大学《为你朗读》集结成册	人民网-北京频道学习强国号	2020-06-17 21:25:30
265	【朝闻天下】关注 2020 年高考招生　对标社会需求　调整专业招生	中央电视台新闻频道	2020-06-18 15:47:52
266	科技小院大担当　京郊农民尝到科技兴农兴业兴村甜头	北京学习平台学习强国号	2020-06-18 22:25:13
267	绵羊遗传资源评价与性状遗传机制研究获重大进展	科技日报	2020-06-19 08:10:29
268	2019 中国农业经济发展报告及展望	经济日报	2020-06-19 09:13:16
269	马俊乐、徐秀丽:富国削减对外援助有何影响	环球网	2020-06-19 14:15:14
270	有祖国在,我们不会孤军奋战——公派赴美交流学生讲述自己在美抗疫和回国经历	神州学人	2020-06-19 16:46:12
271	中国农业大学实施困难毕业生"就业帮扶助航行动"　努力实现困难家庭毕业生百分百帮扶、百分百就业	中国教育新闻网	2020-06-19 17:23:15

续表

序号	题目	媒体	发表时间
272	国家粮食安全和农业节水化，如何用科技来支撑？	中国科技网	2020-06-21 16:50:18
273	中国工程院院士康绍忠　提升我国粮食产能务必要走“农业节水化”道路	科学网	2020-06-21 17:01:38
274	“谷水”学术沙龙探讨科技支撑农业节水化	科学网	2020-06-21 17:03:49
275	“教授到乡村，学生住乡村”，中国农业大学这样定点扶贫云南镇康	国务院扶贫办微信公众号	2020-06-22 09:01:41
276	中国农业大学：实施“就业帮扶助航行动”	中国教育报	2020-06-22 10:42:59
277	姜沛民：以“全覆盖　双提升”激荡青春力量	《党建》杂志	2020-06-22 12:49:46
278	当前羊病流行情况与羊业发展	中国农网	2020-06-23 16:25:02
279	宁夏：锁鲜枸杞生产线正式投产	新华网	2020-06-23 17:11:10
280	教育系统积极开拓渠道、精准帮扶52个未摘帽贫困县毕业生就业——帮一人就业 助全家脱贫	中国教育报	2020-06-23 17:13:41
281	疫情冲击全球粮食安全　中国粮食安全的底气从何而来	人民论坛	2020-06-24 10:54:23
282	中国农业大学举行2020届毕业典礼	新华社	2020-06-24 11:12:14
283	无人驾驶拖拉机亮相京郊　玉米无人播种显神奇	新华网	2020-06-24 11:32:18
284	中国农业大学多举措帮扶助航“重点宝宝”就业	科学网	2020-06-24 22:02:34
285	南财快评：“云端”广交会助推国际贸易数字化新发展	21财经App	2020-06-25 21:02:25
286	中国农业大学校长孙其信寄语毕业生：要扛起“粮安天下”的重任	中国教育在线	2020-06-25 21:07:29
287	中国农业大学：新增全国首个智能农业装备工程新农科专业——访中国农业大学招办主任付立忠	中国教育在线	2020-06-28 08:10:49
288	中国农业大学招生办公室副主任白菲：学科优势明显，转专业政策宽松	环球网	2020-06-28 08:16:45
289	这场齐聚牛人的同台竞技用“算法”种出了草莓	人民网	2020-06-28 16:49:37
290	食物是如何一步步被污染的？	央广网	2020-06-28 20:03:49
291	Public health reform to narrow urban-rural gap	China Daily	2020-06-29 09:05:31
292	人工智能VS顶尖农人，你觉得谁种出来的草莓会更好吃？	新民晚报	2020-06-29 09:55:29
293	唐丽霞：此次国际粮食危机有一些特殊之处	环球网	2020-06-29 20:40:59
294	中国农业大学多措并举推进疫情期间定点扶贫工作	教育部网站	2020-06-30 20:50:39
295	当前牛病流行情况与有效应对	中国农网	2020-07-01 08:45:33

续表

序号	题目	媒体	发表时间
296	新型猪流感要来了？还会人传人？论文作者回应	科技日报微信公众号	2020-07-03 22:12:28
297	【考前特供】食品营养科学家写给考生：备考期间怎么吃？	北京考试报微信公众号	2020-07-05 09:52:07
298	农业学子特殊的毕业季　有硕士生回家种地创业	新京报客户端	2020-07-05 14:34:44
299	“新型猪流感病毒”来了？专家表示　新病毒可防不用慌	中国科学报	2020-07-07 09:46:35
300	新型猪流感病毒来了？防疫专家：并非新病毒	人民网	2020-07-08 16:01:08
301	中国工程院院士康绍忠：提升粮食产能须走农业节水化道路	中国科学报	2020-07-09 09:08:10
302	志存高远、脚踏实地，勇担时代使命——习近平总书记回信寄语广大高校毕业生在女大学生中引发热烈反响	中国妇女报	2020-07-09 16:12:45
303	趁年轻，去基层！——高校毕业生热议习近平总书记回信	共青团中央微信公众号	2020-07-10 09:01:02
304	“科技小院”里的别样暑假生活	新华网	2020-07-10 10:44:48
305	云端毕业季：无悔，让青春绽放！	学习强国	2020-07-10 16:59:47
306	每日校训｜中国农业大学：解民生之多艰，育天下之英才	学习强国	2020-07-13 21:36:17
307	中国农业大学入选高校国家知识产权信息服务中心	中国教育在线	2020-07-13 21:56:02
308	中国农业大学新增3个招生专业　强基计划招生30人	新华网	2020-07-14 09:08:18
309	【每日一习话】扎实推进深度贫困地区脱贫攻坚	央广网	2020-07-14 09:09:48
310	周忠和、戴景瑞院士：好奇心是科学创作的根本动力	中国青年报	2020-07-14 09:24:14
311	月季专家俞红强：不仅育花种，还要育产业	科技日报	2020-07-14 14:58:16
312	【高端访谈】李保明教授：争取到2030年率先实现畜牧业的现代化	中国畜牧业协会信息分会微信公众号	2020-07-14 15:14:16
313	减贫是“三农”工作的一面镜子	光明日报	2020-07-14 21:54:20
314	上半年外贸进出口好于预期　海关总署：有信心稳住外贸基本盘　专家称全年外贸有望实现正增长	南方日报	2020-07-15 08:14:50
315	为疫情防控提供理论与信仰支撑	中国教育报	2020-07-16 08:55:41
316	中国农业大学学生在科技小院里挥洒青春	新华社	2020-07-16 13:02:07

续表

序号	题目	媒体	发表时间
317	南财快评:印度正式退出后的 RCEP 未来发展	21 财经 App	2020-07-17 10:20:46
318	解码二季度地价丨全国地价平稳微升　住宅地价环比增速小幅回升	中央电视台新闻频道	2020-07-1716:49:05
319	【焦点访谈】“中国饭碗”里的小康味道	中央电视台新闻频道	2020-07-20 17:36:21
320	凝心聚力“战”,精耕细作“扶”	光明日报	2020-07-21 10:08:00
321	贫困瑶寨河边村的脱贫蜕变	社会科学报	2020-07-22 10:17:02
322	扶贫产业如何避免“干部依赖症” 产业扶贫可持续,关键在人	农民日报	2020-07-22 21:41:17
323	国家农业农村保险研究中心在京成立　陈锡文等领导和专家出席揭牌仪式并发表演讲	财讯网	2020-07-23 21:24:05
324	时政特稿丨总书记牵挂的这方黑土地　是大有可为的热土	央视新闻客户端	2020-07-23 22:14:12
325	“洋学生”求学记:我在田间过暑假	新华社	2020-07-24 15:18:55
326	Foreign students take part in agricultural practice activities in Hebei	Xinhua Net	2020-07-24 15:28:59
327	2020 高校招生服务光明大直播走进中国农业大学等 9 所高校	光明日报	2020-07-24 21:07:36
328	国家名师工作室在河北滦平成立	中国城市网	2020-07-24 21:29:46
329	【新闻联播】习近平在吉林考察时强调　坚持新发展理念深入实施东北振兴战略　加快推动新时代吉林全面振兴全方位振兴	中央电视台新闻频道	2020-07-24 22:04:10
330	落实农村土地“三权分置”　强化承包经营合同管理	农民日报	2020-07-25 10:21:07
331	中国农业大学国家农业市场研究中心主任韩一军:中国农业品牌建设需要系统思维	乡村振兴 TV 新华网客户端号	2020-07-25 15:45:05
332	中国农业大学校长孙其信:积极发展农业品牌,需以优良质量促进品牌发展	乡村振兴 TV 新华网客户端号	2020-07-2515:47:19
333	【新闻联播】加快推动新时代吉林全面振兴全方位振兴	中央电视台新闻频道	2020-07-25 21:25:36
334	把保障粮食安全放在突出位置　习近平这样支招	人民网	2020-07-25 21:55:09
335	充满希望的田野　大有可为的热土——习近平总书记考察吉林纪实	人民日报	2020-07-26 21:04:57
336	大学生常驻“科技小院”暑期推广农业技术	新华社	2020-07-27 09:10:16

续表

序号	题目	媒体	发表时间
337	全球农学学科排名公布，中国农业大学、南京农大、西北农林科大、华中农大和浙大位居前10	新浪	2020-07-27 16:52:28
338	国内首家国家名师工作室在河北滦平成立	中国网	2020-07-27 20:13:13
339	116场“云招聘”推送就业信息9.8万次“定制”服务帮高校毕业生就业	北京日报	2020-07-27 20:59:30
340	【新闻直播间】2020年高考招生　紧扣需求优化结构 多校调整招生专业	中央电视台新闻频道	2020-07-27 21:26:34
341	【新闻联播】研究生教育：为国家战略培养创新人才	中央电视台新闻频道	2020-07-28 08:48:35
342	吉林省：严守黑土地　拯救“耕地中的大熊猫”	iNature学习强国号	2020-07-28 08:54:17
343	为创新驱动发展提供有力人才支撑——我国研究生教育发展综述	新华社	2020-07-28 08:58:02
344	时政微纪录丨情系黑土地	央视新闻客户端	2020-07-28 22:01:18
345	新冠疫情下非洲粮食安全危机的出路在哪里？	中国农网	2020-07-29 20:07:29
346	农业信息化和机械化快速发展，我国正大步迈入智慧农业时代——庄稼汉“慧”种田（大数据观察·新产业新业态）	人民网	2020-07-2921:05:30
347	习近平对研究生教育工作的重要指示在高校引发强烈反响	人民网	2020-07-30 08:40:38
348	中国农业大学校长孙其信：新时代，涉农高校科技创新面临新挑战	人民网	2020-07-30 16:57:47
349	国家现代奶牛产业技术体系首席科学家李胜利：高品质定义“中国造” 国产乳品放心喝	中国经济网	2020-07-30 17:50:55
350	3 000余部影像作品展现中国战“疫”力量	新华社	2020-07-30 21:02:31
351	日本实验找到了冰箱“最脏”的角落：细菌数可增至30～700倍	生命时报	2020-07-31 20:54:26
352	【北京新闻】116场云招聘 高校“定制”服务助力毕业生就业	北京卫视	2020-08-02 09:12:03
353	抗击新冠疫情的国际合作：政府、私营部门、NGO应共同参与	“一带一路”国家发展网	2020-08-03 09:40:36
354	教育部：因时而变　因势而新　全力做好高校毕业生就业工作	人民网	2020-08-04 10:34:33
355	习近平总书记关切事丨为黑土加“油”——“耕地中的大熊猫”，我们这样保护	新华社	2020-08-04 10:41:15

续表

序号	题目	媒体	发表时间
356	【全面小康·统战心声】脱贫攻坚:我们的使命与责任	统战新语微信公众号	2020-08-04 15:33:13
357	中澳科学家云端献策现代农牧业可持续发展	科技日报	2020-08-05 09:37:36
358	联合国亚太经社会专门致谢中国农业大学组织国际发展合作对话	中国教育在线	2020-08-06 09:50:41
359	沽源:科技小院奏响科技兴农协奏曲	张家口在线	2020-08-06 10:52:41
360	京郊门头沟:多方聚力老村换新颜	农民日报	2020-08-0616:01:31
361	中澳科学家“云端”共话现代农牧业可持续发展	人民网	2020-08-06 16:18:10
362	评论丨服务贸易创新发展试点助推外贸和外资稳定	21财经 App	2020-08-07 16:11:53
363	南财快评:7月外贸数据加速回暖,下半年外贸积极态势显现	21财经 App	2020-08-07 21:25:09
364	中国农业大学研究生“沾珠带露”的暑期生活	新华社	2020-08-08 08:49:19
365	地方债务|规范地方债的关键是政府转型	澎湃新闻	2020-08-10 10:22:44
366	中国农业大学第22届研支团抵达镇康县参加出征仪式	中国青年网	2020-08-11 11:28:02
367	回去,改变农村　大学生智力服务乡村振兴	中国青年报	2020-08-11 20:00:42
368	专家“支招”食物过敏:改变烹饪方式	新华社	2020-08-12 17:24:52
369	“疫情背景下东北亚国家的发展合作”网络对话 分享抗疫经验	央视网	2020-08-12 20:51:02
370	战略研究丨农业领域若干颠覆性技术初探	中国工程院院刊微信公众号	2020-08-13 08:38:13
371	【China 24】President Xi calls for efforts to end the waste	CGTN	2020-08-13 10:07:08
372	“走秀”不接待,“实干”换信任——高校学生服务“三农”发展	中国青年报学习强国号	2020-08-13 10:20:00
373	高宏志到曲周县调研氨氮减排工作	邯郸政事儿微信公众号	2020-08-13 10:21:46
374	烟台市校地合作联席会议召开　专题研究中农大烟台研究院有关事宜	胶东在线	2020-08-1310:41:05
375	实现食物理性消费　小餐桌将可有大作为	中国经济网	2020-08-13 11:10:21
376	走访贫困家庭,让我看到了生命的韧性	光明日报	2020-08-13 11:14:09
377	减少小麦水稻收获损失,可多养活一百七十万人	新华每日电讯学习强国号	2020-08-13 20:09:55

续表

序号	题目	媒体	发表时间
378	新发地商户:人员、场地、物流等均已准备就绪	中国教育电视台	2020-08-14 09:14:00
379	【云南新闻联播】刘永富率队在滇调研脱贫攻坚工作时强调 弘扬“西畴精神”保持攻坚态势　确保如期打赢精准脱贫攻坚战	云南卫视	2020-08-14 09:18:30
380	【每日·一习话】艰苦奋斗、勤俭节约的思想永远不能丢	央广新闻微信公众号	2020-08-14 10:17:11
381	评论|短期内小麦等谷物价格不具备大幅上涨的条件	21财经 App	2020-08-15 09:13:09
382	Facts Tell: Reducing relative poverty is China′s next long-term goal	CGTN	2020-08-16 16:43:59
383	【大地讲堂】我的草原我的家	中央电视台农业农村频道	2020-08-16 17:06:21
384	多所高校采取举措　让勤俭节约理念深入人心	人民日报	2020-08-16 21:19:40
385	国务院扶贫办主任刘永富,云南省委副书记王予波、副省长陈舜考察中国农业大学河边村扶贫实验基地	全国产经平台今日头条号	2020-08-16 22:04:35
386	党员引领乡贤助推　广西纳禄村纳新“福”	科技日报	2020-08-18 09:20:52
387	餐厅饭馆实施更有力举措　久久为功促节约	人民日报	2020-08-18 16:02:10
388	中国农业大学人文与发展学院暨四川青神县农业农村局调研组赴湄潭考察	多彩贵州网	2020-08-1816:32:36
389	农业经济延续向好态势	人民日报海外版	2020-08-19 08:38:51
390	【车来了】西藏脱贫攻坚也有捡拾车这样的绣花功夫	中国西藏网	2020-08-19 15:25:59
391	【车来了】牧民群众:高原捡拾车对我们会有很大帮助	中国西藏网	2020-08-19 15:32:22
392	樊胜根:未来要增加全球食物的“韧性”	新京报网	2020-08-20 08:21:02
393	【对话】李保国:我的初心就是沿自己热爱的路一直走下去	北京统战微信公众号	2020-08-20 10:31:25
394	车来了:北京建藏援藏工作者协会在西藏昌都市类乌齐捐赠高原捡拾车	中国西藏网	2020-08-20 15:33:22
395	【暑假生活】走进科技小院　感受中国农业大学研究生的别样暑假	新华直播	2020-08-21 09:22:24
396	产业扎根深　脱贫有质量	人民日报	2020-08-21 10:23:06
397	省政府与中国农业大学重庆大学签署战略合作协议	四川在线、四川卫视	2020-08-21 20:41:14

续表

序号	题目	媒体	发表时间
398	【每日一习话】严格执行贫困县退出标准和程序	央广网	2020-08-22 14:51:32
399	今年以来,习近平走进田间地头最牵挂群众这些事	人民网强国论坛	2020-08-22 17:18:19
400	湖北恩施枫香河土家族村寨　破旧吊脚木楼重生成“别墅”	新京报网	2020-08-24 09:33:28
401	喝蜂蜜、喝豆浆、陪睡……这些会导致孩子性早熟? 真相是……	健康时报	2020-08-24 14:57:10
402	评论丨新冠疫情冲击下国际农产品市场透视	21财经 App	2020-08-2514:37:25
403	疫情常态化防控下　如何为身体筑牢“防火墙”?	人民健康网	2020-08-25 15:01:49
404	咖啡和茶都能预防糖尿病	人民网	2020-08-26 16:27:52
405	中国农业大学与四川省签署战略合作协议	高校圈的那些事儿今日头条号	2020-08-27 08:45:31
406	中国农业大学与四川省签署战略合作协议	人民日报客户端	2020-08-27 08:48:16
407	解析“农旅融合”的创新密码　小山村变网红地靠的啥?	昆明日报	2020-08-28 08:51:44
408	每年我国在储藏、运输和加工等环节损失粮食700亿斤　减少粮食产后损失等于建设无形良田	科技日报	2020-08-28 16:35:59
409	昆明市都市驱动型乡村振兴创新实验区现场推进会召开　做实做深做细乡村振兴合作共建	昆明日报	2020-08-29 17:20:31
410	两代“大熊猫”保护者的初心与传承	新华社	2020-08-30 16:15:28
411	这个暑假,大学生奔赴脱贫攻坚一线开展社会实践	人民日报	2020-08-30 17:26:15
412	高温季节奶粉易变质　正确储存很关键	人民网	2020-08-31 16:26:39
413	聚焦发展　献智献力——“百名博士防城港行”活动侧记	防城港市新闻网	2020-09-01 10:27:21
414	西羊东渐:为了人类的衣食之需	中国科学报	2020-09-01 15:51:04
415	这方黑土地让“中国饭碗”端得更稳	绿色中国网络电视	2020-09-01 16:06:46
416	《中国十大城市食品健康发展调研报告(2020)》在京发布	中国经济网	2020-09-0116:26:40
417	昆明市都市驱动型乡村振兴创新实验区现场推进会在宜良麦地冲村举行	中国民生观察网	2020-09-01 17:05:10
418	【社科专访】中国农业大学文科资深讲席教授李小云:中国减贫经验为世界提供有效方案	中国社会科学网	2020-09-01 17:10:38

续表

序号	题目	媒体	发表时间
419	住在村里“读研”——中国农业大学科技小院研究生驻村助农薪火相传11年	新华社	2020-09-02 11:16:33
420	中国农业大学农业品牌专家韩一军教授：“十四五”是我国农业品牌全面提升阶段	优质农产品杂志微信公众号	2020-09-03 08:36:58
421	同温抗战峥嵘岁月　农大师生立志勇担时代重任	中国教育电视台	2020-09-03 09:17:33
422	共建“京瓦新模式”，打造“农业中关村”	新京报网	2020-09-03 21:38:55
423	【长城评论】接稳“科技小院”的兴农“接力棒”	长城网	2020-09-03 21:45:54
424	“网红”自热食品将迎百亿市场？业内人士：需注重营养健康	中国经济网	2020-09-03 21:56:05
425	援藏干部助西藏乳品企业获“学生奶标”	新京报	2020-09-05 16:16:19
426	【新闻联播】【走向我们的小康生活】北京小黑垡村：打造林下经济“聚宝盆”	中央电视台综合频道	2020-09-06 15:29:03
427	中国农业技术助力非洲高产农田	央视新闻客户端	2020-09-07 09:07:29
428	新时代高等农林教育要着眼“两个大局”　全面提升服务国家的能力和水平	中国教育电视台	2020-09-07 22:00:16
429	中国农业大学：牢记强农兴农使命担当	中国教育电视台	2020-09-07 22:04:53
430	扎根中国大地是农林院校的根本使命　学习贯彻习近平总书记给全国涉农高校的书记校长和专家代表重要回信精神一周年座谈会举行	中国教育报	2020-09-0810:23:04
431	牢记强农兴农使命担当——学习贯彻习近平总书记给全国涉农高校的书记校长和专家代表重要回信精神一周年座谈会综述	中国教育报	2020-09-08 10:26:44
432	中国农林高校牢记强农兴农使命担当　加快建设中国特色世界水平的高等农林教育	国际在线	2020-09-08 15:16:23
433	中国农业大学3 301名本科新生开始报到，开学首日力行光盘	新京报客户端	2020-09-09 21:36:36
434	巩固脱贫成果重在建立长效机制	中国社会科学报	2020-09-10 11:29:17
435	中国农业大学党委书记姜沛民在第36个教师节表彰大会暨立德树人论坛上的讲话	中国教育在线	2020-09-10 17:01:22
436	“数据治理＋生态”，中国农业大学校园疫情“常态化”防控再添新利器	中国教育信息化网	2020-09-11 16:38:42
437	减肥餐、移动餐车，高校开学推出“光盘行动”	科学网	2020-09-11 16:48:01
438	中国专家学者齐聚大同共商有机农业助力生态扶贫	中国新闻网	2020-09-12 08:44:08
439	标注卡路里　可以点半份　高校新营养餐受欢迎	北京晚报	2020-09-12 16:41:38

续表

序号	题目	媒体	发表时间
440	倡导节约粮食　高校食堂怎么“吃”?	央广网	2020-09-12 20:24:50
441	中国农业大学首届“立德树人卓越成就奖”颁发　从教63载吴常信院士获百万元奖励	国际在线	2020-09-13 08:38:06
442	牢记强农兴农使命担当	中国教育报	2020-09-14 16:41:15
443	教授下乡头　村民尝甜头——中国农业大学教授团助力昆明乡村振兴侧记	昆明日报	2020-09-14 20:58:34
444	我市与中国农业大学签署共建烟台研究院合作协议	全国党媒信息公开平台	2020-09-1510:26:40
445	市领导会见中国农业大学客人	全国党媒信息公共平台	2020-09-15 11:02:17
446	超一本线220分为何选冷门专业?中国农业大学第一课很特别	中国新闻网	2020-09-15 21:42:43
447	中国农业大学刘明明:建立制度体系推进休闲农业可持续发展	中国环境 App	2020-09-16 09:52:16
448	李小云在乡村田野建造充满阳光的房子	新京报网	2020-09-17 11:00:11
449	【北京您早】北京高校:菜品标注“卡路里”营养节约两不误	北京卫视	2020-09-17 15:51:33
450	“七大农作物育种”专项玉米单倍体技术规模化应用	中国科技网	2020-09-17 17:17:29
451	中国农业大学校长孙其信:牢记强农兴农使命担当	全国产经平台今日头条号	2020-09-18 09:34:35
452	【北京新闻】光盘行动进校园营养节约两不误	北京卫视	2020-09-20 09:58:12
453	【新闻联播】教育系统积极开拓渠道帮扶贫困县毕业生就业	中央电视台新闻频道	2020-09-20 20:19:59
454	中国农业大学党委书记姜沛民参加“红色育人路”高等教育论坛并做报告	全国产经平台今日头条号	2020-09-21 09:32:56
455	中国农业大学校长孙其信:见证伟大历史　创造美好未来 | 在2020年新生开学典礼上讲话	全国产经平台今日头条号	2020-09-21 09:37:03
456	为乡村振兴提供坚强保障　持续增强乡村治理效能(新知新觉)	人民日报	2020-09-21 09:45:57
457	孙其信:知农爱农强农兴农　农林高校,在希望的田野上建功立业	光明日报	2020-09-22 08:50:42
458	中国农业大学河套灌区研究院揭牌!中国农业大学副校长龚元石、巴彦淖尔市副市长郭占江出席	全国产经平台今日头条号	2020-09-2209:54:02
459	中国农业大学河套灌区研究院永济试验站成立	巴彦淖尔日报	2020-09-22 16:17:59

续表

序号	题目	媒体	发表时间
460	田间扶贫者:节水灌溉“黑科技”促蔬菜产量翻番	新京报网	2020-09-22 16:59:59
461	中国农业大学:打造新业态复合型产业体系	人民网	2020-09-23 15:50:13
462	开学季“金句”集纳:大学送出“礼物”点亮人生新阶段	新华网	2020-09-24 15:44:08
463	中国农业大学百万元重奖资深教师 85 岁吴常信院士成获奖第一人	新京报客户端	2020-09-24 16:15:15
464	藏粮于地:走近“梨树模式”	中国自然资源报	2020-09-25 16:42:28
465	【实践新论】切实用好消费扶贫之力	光明网	2020-09-26 17:08:09
466	青春之花在基层绽放	中国新华新闻电视网	2020-09-26 17:16:51
467	樊胜根:疫情为全球粮食体系敲响警钟	中国发展高层论坛	2020-09-27 16:08:21
468	我们的蓝图是宏伟的　我们的奋斗必将是艰巨的	央广网	2020-09-27 16:22:17
469	中国农业大学被正式授牌“高校国家知识产权信息服务中心”	新浪	2020-09-28 21:38:42
470	中国农业大学国际发展与全球农业学院院长徐秀丽:应进一步推动减贫经验分享　促进中国与东盟人文交流	中国日报网	2020-09-29 11:29:56
471	被留守“复刻”的童年	新京报网	2020-09-29 15:52:42
472	山沟里的扶贫协作试验田	新华社	2020-09-3009:19:01
473	科技扶贫严海军:让农业灌溉“黑科技”造福农户	科技日报	2020-09-30 17:16:17
474	第七个烈士纪念日　中国农业大学举办革命英烈展	人民网	2020-09-30 20:55:21
475	第七个烈士纪念日　中国农业大学举办英烈展	新京报客户端	2020-10-01 17:07:44
476	“准博士”诊牛病 中国农业大学动物科学技术学院 2020 级博士生　贺腾飞	光明日报	2020-10-04 16:30:11
477	中国农业大学 9 位退休教师加入教育部首批“高校银龄教师支援西部计划”	全国产经平台今日头条号	2020-10-05 21:04:09
478	【每日一习话】我们对未来充满信心	央广网	2020-10-07 11:16:32
479	深读｜四梁八柱 擘画昆明乡村新图景	“昆滇经济”微信公众号	2020-10-09 17:26:32
480	中国扶贫事业为世界作出的四个贡献	中国网	2020-10-11 09:00:55
481	云端党课述心声　战“疫”路上党旗红　高校党组织战“疫”示范微党课引发热烈反响	教育部网站	2020-10-12 15:56:43
482	这五年,粮食安全更稳固(“十三五”,总书记关心的这些事)	人民日报	2020-10-12 16:02:06

续表

序号	题目	媒体	发表时间
483	Targeted solutions for Africa's food security	China Daily	2020-10-12 20:50:10
484	南财快评:9 月进出口增长佳绩拉开全年外贸正增长的序幕	21 世纪经济报道	2020-10-13 21:49:40
485	"双节"假期 中国向餐饮浪费说"不"	人民日报海外版	2020-10-14 10:53:19
486	奶业大咖谈丨李胜利:中国奶,是有史以来最好的	农视网西瓜视频号	2020-10-1414:56:25
487	北京市社会学者齐聚一堂讨论脱贫攻坚与乡村振兴议题	光明网	2020-10-15 10:50:40
488	变质酸汤子含毒素　食品安全不能马虎	经济日报	2020-10-15 10:56:39
489	深化扶贫一体化建设　打赢脱贫攻坚战　如何终结贫困?——来自中美专家的反贫困战略分析	中国社会科学网	2020-10-15 16:00:24
490	专家:智慧农业将重构农业价值链条	新华社	2020-10-16 08:38:37
491	【每日一习话】中国人要把饭碗端在自己手里	央广网	2020-10-16 08:45:28
492	酸汤子中毒事件初步定性,一道家常美食缘何开出"恶之花"?	央视网	2020-10-16 16:37:49
493	农业实验站的开放日	新华网	2020-10-16 21:21:19
494	中国农业大学建校 115 周年,酷炫灯光秀闪亮农大校园	新京报网	2020-10-16 21:30:51
495	端牢中国饭碗 我们需要为大豆担忧吗?	新京报网	2020-10-17 12:12:49
496	【开讲啦】本期演讲者:张福锁	中央电视台综合频道	2020-10-17 14:32:30
497	【面对面】李小云:河边村实验	中央电视台新闻频道	2020-10-18 14:44:55
498	中美专家举行线上研讨会探讨减贫话题	人民网	2020-10-18 17:00:32
499	练就过硬本领　勇于担当作为　投身新时代伟大实践	中国教育报	2020-10-19 10:49:29
500	【回家吃饭】高校食堂里的家味(一)北科大和中农大的招牌菜	中央电视台财经频道	2020-10-1916:12:06
501	未来贫困度量标准应更加关注近贫和深贫问题	科学网	2020-10-19 21:28:51
502	为母校庆生　农大两校区举办炫目灯光秀	北京时间 App	2020-10-19 21:41:23
503	【新闻直播间】国际视野下的"十三五"规划　坦桑尼亚:中国技术让我们过上了好日子	中央电视台新闻频道	2020-10-20 09:34:52
504	【经济半小时】走进神秘的种鸡场	中央电视台财经频道	2020-10-20 14:09:04
505	聚焦畜禽养殖信息化,2020 智慧畜牧业亚洲论坛在京开幕	中国科技网	2020-10-20 21:34:10

续表

序号	题目	媒体	发表时间
506	2020 智慧畜牧业亚洲论坛在京开幕	三农号 App	2020-10-20 21:36:40
507	【小云在乡间】脱贫为什么要攻坚？李小云："贫困陷阱"顽固，只能用非常规措施	李小云观点西瓜视频号	2020-10-21 21:17:50
508	10 年发表 6 篇 Nature/Science 等，中国农业大学张福锁课题组在农业生产实践研究中取得重大突破！	iplants	2020-10-21 21:44:41
509	2020 智慧畜牧业亚洲论坛在京举行	中国教育新闻网	2020-10-22 09:32:32
510	【全国教育新闻联播】牢记初心使命　弘扬抗美援朝精神	中国教育电视台	2020-10-23 11:07:10
511	中国农业大学主办第三届世界绵羊大会云会议	中国教育在线	2020-10-23 17:12:19
512	产教融合　精准科技扶贫——"扶贫攻坚·农机答卷"典型案例深度报道	央广网	2020-10-23 21:24:22
513	雄赳赳、气昂昂，继续奋勇前进——习近平总书记在纪念中国人民志愿军抗美援朝出国作战 70 周年大会上的重要讲话在首都各界引发热烈反响	北京日报	2020-10-24 09:49:41
514	干旱区应推广节水型蔬菜种植方式	科学网	2020-10-2417:20:29
515	徐秀丽：总结梳理中国发展和减贫经验　促进中国国际发展学科建设和传播	中国社会科学网	2020-10-25 17:10:49
516	【特约】这是一篇高三生日常饮食不能少的良心科普贴	北京考试报微信公众号	2020-10-27 11:13:40
517	中国农业大学：聚焦三农　探索农村基层党组织建设	中国教育电视台	2020-10-27 21:55:19
518	【每日一习话】发挥互联网在助推脱贫攻坚中的作用	央广网	2020-10-28 11:20:11
519	董强：社会组织参与精准扶贫　实现社会资源精准化引入	中国网	2020-10-28 17:25:49
520	"新时代农村基层党建高端论坛"在中国农业大学举办	全国党媒信息公共平台	2020-10-28 21:27:49
521	专访中国农业大学国家乡村振兴研究院副院长、国务院扶贫开发领导小组专家咨询委员会委员左停：常规治理相对贫困挑战更大　把脱贫攻坚嵌入乡村经济发展	21 财经 App	2020-10-29 21:58:12
522	加强粮食生产支持　保护农民种粮积极性	人民日报	2020-10-30 11:09:13
523	河北曲周："科技小院" 让农业科技更好转化	新华社	2020-10-30 21:15:39
524	后疫情时代国际发展合作至关重要	中国网	2020-10-30 21:36:10

续表

序号	题目	媒体	发表时间
525	“中国与国际发展2020年会”关注南南合作	新华非洲微信公众号	2020-10-31 21:33:01
526	赠机助农 产教融合——中国农业大学的精准扶贫之路	央广网	2020-11-02 09:29:12
527	专家建言推动城乡深度融合需互补互促、共同繁荣	中新网	2020-11-02 10:49:59
528	The Affirmative Response—Does International Development Cooperation Still Matter? Discussion by CIDGA at China Agricultural University (CAU)	South-South Global Thinkers	2020-11-02 10:57:24
529	“中国与国际发展2020年会”关注南南合作	人民网	2020-11-02 21:58:12
530	中国农业大学鸡泽科研教学综合实验楼正式启用	河北新闻网	2020-11-02 22:00:11
531	中国农业大学在睢县成立教授工作站	商丘日报	2020-11-02 22:02:56
532	中国农业大学定点帮扶助云南镇康从“摘帽”走向振兴——教授常驻村　扶贫又扶智	中国教育报	2020-11-03 15:40:39
533	【向前一步】高校光盘在行动	北京卫视	2020-11-03 16:54:16
534	【新发展格局下的大国三农】耕地保卫战:当利用强度接近极限时,怎么保障粮食安全	新京报网	2020-11-04 10:07:31
535	任大鹏:土地确权为盘活土地打下了基础	新京报网	2020-11-04 14:45:16
536	十九届五中全会描绘了“十四五”发展的新方向	中国报道微信公众号	2020-11-04 17:30:06
537	耕地保卫战:当利用强度接近极限时,怎么保障粮食安全	新京报网	2020-11-05 09:07:18
538	高端发展知识讲坛探讨中国视野下的全球新图景	中国网	2020-11-05 09:13:34
539	国务院扶贫办官员:融入双循环新发展格局　持续加大产业扶贫力度	中国新闻网	2020-11-05 09:15:08
540	【每日一习话】坚持“拉手”而不是“松手”	央广网	2020-11-06 16:18:03
541	后疫情时期重塑国际发展架构　发挥南南合作与三边合作的作用	中国网	2020-11-0616:21:14
542	农业农村部:全国动物营养指导委员会成立,李德发任主席	界面新闻	2020-11-06 16:24:16
543	近3年来超4千亿产业扶贫资金惠及92%贫困人口	北京日报	2020-11-06 16:27:15
544	轮胎和粮食产量有啥关系?米其林与中国农业大学进博会签约……	上观新闻	2020-11-09 08:40:01

续表

序号	题目	媒体	发表时间
545	模式动物表型与遗传研究国家重大科技基础设施工程主体结构封顶	中国科技网	2020-11-10 08:49:17
546	扶贫路上的“牛博士”	今晚报	2020-11-10 08:56:29
547	中国农业大学教授李小云:产业扶贫是中国扶贫中的重要经验	中国扶贫	2020-11-10 11:07:03
548	网连中国:坚决不能再让核心技术“卡脖子”——学习贯彻党的十九届五中全会精神大家谈	人民网	2020-11-11 16:38:42
549	白水牛为什么“肤粉毛白”	中国科学报	2020-11-12 16:40:52
550	中国农业大学成立全球食物经济与政策研究院	新浪	2020-11-12 17:00:59
551	Richer nations should help the poor	中国日报网	2020-11-13 14:08:42
552	保护性耕作技术助力精准脱贫攻坚的新样板	农业机械微信公众号	2020-11-13 14:12:15
553	水牛奶脂肪含量低,羊奶更接近母乳,植物奶利于减肥…… 喝小众奶,要小心这些坑	科技日报	2020-11-13 14:17:11
554	【实践新论】构建新时期粮食安全战略政策体系	光明网	2020-11-13 16:45:52
555	【大地讲堂】吃什么?——古往今来的秘密(上)	中央电视台农业农村频道	2020-11-1521:43:18
556	“节水”高手严海军:20年培育出“灌溉”黑科技	中国青年报客户端	2020-11-15 22:06:00
557	奋进新时代 开启新征程——在京高校掀起学习宣传贯彻党的十九届五中全会精神热潮	北京日报	2020-11-15 22:10:22
558	【每日一习话】党在任何时候都把群众利益放在第一位	央广网	2020-11-16 09:56:11
559	【新发展格局下的大国三农】端牢中国饭碗　我们需要为大豆担忧吗?	新京报网	2020-11-16 10:47:48
560	第十届中国县域现代农业发展高层会议在北京城市副中心举行	新华网	2020-11-16 11:02:24
561	观中国丨富国到底要不要帮穷国?	观中国微信公众号	2020-11-16 14:35:37
562	双循环背景下现代农业如何发展?院士:用数字为乡村振兴赋能	中国经济网	2020-11-16 15:21:34
563	中国农业大学强化思想引领切实抓好新教师入职教育	教育部网站	2020-11-16 15:38:33
564	为国家作出贡献是一件幸事——专访中国期货市场创始人之一、经济学家常清	证券日报	2020-11-17 09:27:47
565	首次!中日达成双边关税减让安排　专家:RCEP的签署为中日韩自贸区谈判奠定很好基础	每日经济新闻	2020-11-17 09:32:24

续表

序号	题目	媒体	发表时间
566	【新发展格局下的大国三农】粮食产量十六连丰之后 中国为何还要大谈节约粮食?	新京报网	2020-11-17 10:52:25
567	甜食带来快乐?其实是抑郁风险	人民政协报	2020-11-17 15:33:10
568	草原、草业科技创新短板需加快补齐	中国绿色时报	2020-11-17 15:35:59
569	中国农业大学与米其林(中国)投资有限公司——推进轮胎上的农田生态与粮食安全	农民日报	2020-11-1718:09:24
570	中国为发展中国家减贫提供平行经验	中国日报网	2020-11-17 20:19:10
571	国务院:按协定时间表抓紧做好 RCEP 落地工作 深入推进高水平制度型开放	每经网	2020-11-18 15:24:34
572	【焦点访谈】疫情下的就业季:少年别怕,未来可期!	中央电视台新闻频道	2020-11-18 22:02:50
573	【大地讲堂】吃什么?——古往今来的秘密(下)	中央电视台农业农村频道	2020-11-22 09:44:33
574	【新发展格局下的大国三农】在新发展格局下 重构大国三农的力量	新京报网	2020-11-23 10:05:14
575	石羊河流域:走出高质量节水发展新路	人民网	2020-11-23 12:41:41
576	研究生提问的"系统改革"与"当前任务"	中国科学报	2020-11-24 10:43:42
577	贵州镇远蕉溪蛋鸡养殖合作社:党建引领孵出"金蛋蛋"	中国农网	2020-11-25 10:32:22
578	河北隆化县:羽佳兴合作社循环经营模式助推脱贫攻坚	中国农网	2020-11-25 10:33:34
579	李小云:疫情下中国形成抗疫扶贫机制	中国网	2020-11-25 11:17:53
580	预防食源疾病 保障考生舌尖安全	北京考试报	2020-11-25 20:40:41
581	"2020 年东北黑土地保护与利用高峰论坛暨第六届梨树黑土地论坛"在京召开	三农号 App	2020-11-26 10:24:57
582	政产学研金协作,齐力推进黑土地保护与利用	中国科技网	2020-11-26 10:28:09
583	【经济半小时】宠物也针灸、面部识别……市场规模或超 2 400 亿元	中央电视台财经频道	2020-11-2622:06:43
584	三亚:加强南南合作 推动农业创新	移动网"南海之眼"央视频号	2020-11-27 10:39:01
585	2020 年全国农科博士后 35 周年高端论坛成功举办	中国教育在线	2020-11-28 10:29:30
586	【大地讲堂】六千万年前的物种崛起	中央电视台农业农村频道	2020-11-29 22:14:20

续表

序号	题目	媒体	发表时间
587	《百名摄影师聚焦脱贫攻坚》精选图片全国巡展在中国农业大学举行	中国日报网	2020-11-30 20:32:30
588	全国农科博士后35周年高端论坛举办	人民网	2020-12-01 20:16:53
589	他在瑶族村庄跨界扶贫	中国科学报	2020-12-01 20:21:21
590	中国科学家首次获GCHERA世界农业奖	科学网	2020-12-01 21:23:19
591	孙其信:发挥专业学位水平评估作用　加快推进新时代专业学位研究生教育高质量发展	教育部学位中心微信公众号	2020-12-02 21:46:09
592	樊胜根:从国际视野看中国农业经济研究	农业经济问题	2020-12-02 21:50:12
593	【对外援助】徐秀丽　李小云:平行经验分享——中国对非援助理论的探索性构建	国关国政外交学人微信公众号	2020-12-02 21:53:44
594	促进农业生产性服务业创新发展	经济日报	2020-12-03 09:50:39
595	校长院士授课　中国农业大学推出“大国三农”在线开放课程	北京头条App	2020-12-03 17:00:30
596	校长院士上阵！中国农业大学推“大国三农”在线开放课程	中国新闻网	2020-12-03 17:13:25
597	培养知农爱农的新型人才！中国农业大学精心打造“大国三农”在线开放课程	中国教育在线	2020-12-0317:14:59
598	“实现巩固拓展脱贫攻坚成果同乡村振兴有效衔接”	光明日报	2020-12-03 20:09:54
599	【中国三农报道】“大国三农”优质在线课程发布会在京举办	中央电视台农业农村频道	2020-12-04 15:05:27
600	【都市晚高峰】弘扬农耕文化　虫书艺术根艺作品联展丨北京关注	北京电视台新闻频道	2020-12-04 15:57:58
601	白首乌产业对接中国农业大学科技园合作座谈会在京举办	中国经济网	2020-12-04 16:44:02
602	“大国三农”在线开放课程发布会在京举行	中国教育新闻网	2020-12-04 17:05:49
603	【教育新闻直播间】中国农业大学推出“大国三农”在线开放课程	中国教育电视台	2020-12-05 09:00:44
604	智慧渔业专家广州南沙论剑	中国新闻网	2020-12-06 09:49:02
605	战略开端，共谋发展！安吉与中国农业大学启动深度合作！	安吉组工微信公众号	2020-12-07 08:59:11
606	南财快评:11月外贸创新高稳固了全年正增长态	21世纪经济报道	2020-12-07 10:52:19
607	南财快评:11月外贸增长创新高稳定了全年正增长态势	21世纪经济报道	2020-12-07 11:18:09

续表

序号	题目	媒体	发表时间
608	兴安盟自然资源局与中国农业大学建立产学研合作模式	内蒙古自治区自然资源厅网站	2020-12-08 10:15:21
609	麻辣财经:小农户分散经营,这个难题如何解?	人民网	2020-12-08 11:30:22
610	中国农业大学与瓦赫宁根大学共同推进农业绿色发展人才培养合作	中国教育在线	2020-12-08 17:27:55
611	中药材加工期待机械化	农民日报	2020-12-1111:20:03
612	国家农业科技发展战略智库联盟成立	中国科技网	2020-12-13 09:03:13
613	【教育新闻直播间】推进农业科技自立自强　激发人才创新活力	中国教育电视台	2020-12-13 10:45:12
614	国家农业科技发展战略智库联盟在京成立	中国农网	2020-12-13 10:58:10
615	42 家机构联合成立国家农业科技发展战略智库联盟	新华网	2020-12-13 11:00:40
616	农业科技界首次!42 家单位发起成立国家农业科技发展战略智库联盟	中国青年报客户端	2020-12-13 11:05:34
617	西平县宋集镇:中国农业大学一行到宋集镇进行产权制度改革暨村集体经发展调研	网易	2020-12-14 10:48:38
618	中国农业大学科技园金华园区合作共建签约仪式在京举行	中国经济新闻网	2020-12-14 17:24:45
619	国家农科发展战略智库联盟成立	人民日报	2020-12-15 10:38:18
620	科技兴蒙合作推进会在呼召开　中国农业大学与内蒙古签署战略合作协议	中国教育在线	2020-12-15 10:50:32
621	中国农业大学校长:中国减贫经验具有国际意义,可供许多国家参考	北京日报客户端	2020-12-15 15:37:05
622	【中国新闻】《博鳌亚洲论坛亚洲减贫报告 2020》发布	中央电视台中文国际频道	2020-12-15 21:37:56
623	初心之路｜中国农业大学师生三代诠释“扎根精神”	澎湃新闻	2020-12-15 21:44:23
624	首届“多多农研科技大赛”决赛结果出炉　北京青年科学家联队获得 AI 组冠军	环球网	2020-12-16 11:05:05
625	全面推进人才强校工程,建设一流农科人才队伍	教育部网站	2020-12-1813:57:44
626	推动研究生教育高质量发展!中国农业大学研究生教育大会召开	中国教育在线	2020-12-19 17:01:12
627	立德树人　强农兴农　培养适应国家需求的创新型农业人才	中国教育电视台	2020-12-20 10:52:51
628	扎根田间地头,对症下药、综合治理　啃下盐碱地修复这块“硬骨头”	人民日报	2020-12-21 10:41:21

续表

序号	题目	媒体	发表时间
629	将绿色原则确立为民法的基本原则　以法治手段引导人与自然和谐共生	人民日报	2020-12-21 19:20:52
630	第一届全国作物学科博士后学术论坛举办	科学网	2020-12-22 09:52:19
631	中国农业大学召开研究生教育大会	中国教育新闻网	2020-12-22 10:49:33
632	中国农业大学等 42 家单位成立国家农业科技发展战略智库联盟	人民网	2020-12-23 09:41:07
633	中国农业大学举办研究生教育大会	新华网	2020-12-23 09:54:19
634	南财快评:海南自由贸易港法将为扩大开放提供法治保障	21 财经 App	2020-12-23 10:47:47
635	一勺猪油=五副药？猪油是慢性病元凶？真相来了	科普中国	2020-12-23 14:56:34
636	国际大豆涌入中国市场,中国大豆进口有望破亿吨大关	第一财经	2020-12-24 15:29:19
637	【新闻联合播·深度访谈】小云的乡村实验	云南电视台都市频道	2020-12-25 10:10:24
638	糖友有应酬,晚餐分两顿	人民网	2020-12-26 13:56:49
639	【新闻直播间】2021 年全国硕士研究生招生考试今天开考	中央电视台新闻频道	2020-12-2622:06:16
640	第八届全国大学生农业建筑环境与能源工程相关专业创新创业竞赛开赛	中国科技网	2020-12-27 09:43:39
641	第八届全国大学生农业建筑环境与能源工程相关专业创新创业竞赛开幕	三农号 App	2020-12-27 10:17:34
642	融合创新　构建产学合作新生态——2020 年教育部产学合作协同育人项目对接会召开	中国教育在线	2020-12-27 11:02:44
643	全国 43 所高校“连线”烟台　解题“智慧农业”	水母网	2020-12-28 16:24:30
644	【新闻联播】【在习近平新时代中国特色社会主义思想指引下】中国乡村走向振兴	中央电视台新闻频道	2020-12-28 20:10:35
645	社会组织参与昆明乡村振兴联盟成立	农民日报	2020-12-29 14:00:59
646	中央农村工作会议提到的黑土地如何养好？李保国:保护意识待加强	新京报客户端	2020-12-30 10:34:55
647	激活乡村振兴新动能	光明日报	2020-12-30 13:53:50
648	【央广时评】实现脱贫攻坚向乡村振兴的平稳过渡	央广网	2020-12-30 16:09:37
649	【中国三农报道】解读中央农村工作会议　李小云:乡村振兴　顶层设计不可或缺	中央电视台农业农村频道	2020-12-31 21:59:47

2020 年大事记

1 月

2 日，巴彦淖尔市委书记常志刚带队来校访问，商谈地校合作事宜，校地双方签署了共建河套灌区研究院合作协议。

2 日，学校召开 2019 年二级党组织书记抓基层党建工作述职评议考核会。

2 日，国际著名学术期刊 *Nature* 正式发表了中国农业大学与美国密歇根州立大学等多单位合作完成的题为 *Assessing progress towards sustainable development over space and time* 的研究成果，并被选为封面文章。

3 日，学校召开 2019 年度管理服务机构、直属机构考核述职会。

4 日，由草业科学与技术学院承办的第八届中国草原论坛暨首届 CAU 草学前沿论坛召开，并为国家林业和草原局——草原资源可持续利用国家创新联盟举行揭牌仪式。

6 日，全国政协委员、中国民主同盟中央委员会副主席、中国科学院院士、北京大学原副校长田刚同志率民盟中央考察组一行赴云南勐腊县河边村（深度贫困与乡村振兴试验村）考察学校精准扶贫与乡村振兴工作。

7 日，学校召开第四届教职工暨工会会员代表大会第三次会议，会上听取了四届教代会二次会议提案工作报告，书面审议和讨论了学校财务工作报告、校务（信息）公开报告、学术委员会年度工作报告、教代会工会工作报告等。

8 日，校长孙其信看望学校 2020 年首位正式入职的高层次引进人才樊胜根教授，代表学校向樊胜根教授致以热烈欢迎和诚挚问候。

8 日，学校关工委召开 2019 年度工作会。

9 日，学校召开“不忘初心、牢记使命”主题教育总结大会，中央“不忘初心、牢记使命”主题教育第二指导组组长王瑞生、副组长祝江南等指导组全体成员到会指导。

10 日，国家科学技术奖励大会在北京隆重举行，学校共有 8 项科技成果获得 2019 年度国家科学技术奖励。

10 日，张家口市塞北管理区党工委书记张河军带队来校访问，就具体校地合作工作事宜进行了深入交流研讨。

10 日，广州市委常委、南沙区委书记蔡朝林一行来校访问，推动地校合作事宜。

10日，学校召开《决战贫困：中国农业大学在行动》图书编撰启动会。

11日，党委书记姜沛民率团赴肯尼亚内罗毕非洲绿色革命联盟总部，与联盟主席Kalibata就推进中非农业教育科技平台合作机制建设进行了专题会谈，双方就学校南南农业合作学院、"一带一路"/南南合作农业教育科技创新联盟与该机构的具体合作达成一致意见。

13日，河北省鸡泽县县长马洪广带队来校访问，就进一步推动县校合作事宜进行交流。

14日，平谷区委常委、常务副区长吴小杰带队来校访问，深入推进区校战略合作事宜。

14日，教育部党组成员、副部长田学军来校亲切看望中国工程院戴景瑞院士、李德发院士，并与师生代表座谈。

14日，党委书记姜沛民率团赴世界顶尖高校英国爱丁堡大学就推进世界顶尖涉农大学合作进行工作访问，与爱丁堡大学动物医学院Argyle院长就加强推进两校动物医学各层次人才培养合作进行了专题会谈，与爱丁堡大学全球农业食品安全研究院Simm院长就启动两校农业多学科合作人才培养和研究进行了磋商。

17日，河北大学校长、中科院院士康乐带队来校访问，双方就进一步推进部省合建对口合作相关工作进行了深入交流研讨。

17日，学校举办寒假留校学生新春团拜会，北京市教工委副书记狄涛、校长孙其信，党委副书记李培景与寒假留校同学欢聚一堂，共庆佳节。

21日，全国人大常委会委员、外事委员会副主任委员、民革中央副主席张伯军来校调研。

23日，学校召开新型冠状病毒感染的肺炎疫情防控工作会议。

26日，学校召开新型冠状病毒性肺炎疫情防控工作领导小组第二次工作会议。

28日，学校召开新型冠状病毒性肺炎防控第三次工作会，分析当前疫情形势，通报近期防控工作情况，对下一步防控工作进行再动员、再部署。

28日，科学技术发展研究院发布了《中国农业大学关于新型冠状病毒性肺炎疫情防控期间科研工作的指导意见》，对校内高致病性病毒相关科研、各类会议、相关调研实验及科研项目进展等工作做出规定。

30日，党委书记姜沛民，党委副书记、纪委书记秦世成，副校长钱学军、辛贤一行来到西区校园和家属区，现场检查督导新型冠状病毒感染肺炎疫情防控工作措施落实情况。

31日，学校疫情防控工作领导小组召开第四次会议，通报了现阶段学校疫情防控工作形势和工作措施落实情况，研究疫情防控工作。

是月，教育部办公厅下发了《教育部办公厅关于公布2019年度国家级和省级一流本科专业建设点名单的通知》(教高厅函〔2019〕46号)，学校15个专业入选首批国家级一流本科专业建设点，5个专业入选首批北京市一流专业建设点。

是月，教育部公布了第二批新时代高校党建示范创建和质量创优工作评审结果，学校动物科学技术学院党委入选"全国党建工作标杆院系"，理学院化学教工第一党支部、水利与土木工程学院水利研究生第一党支部、经济管理学院本科经管党支部入选"全国党建工作样板支部"培育创建单位。

是月，北京市教育委员会公布了《第十五届北京市高等学校教学名师奖》《第三届北京市高等学校青年教学名师奖》，学校园艺学院教授郭仰东、工学院教授宋正河入选北京市教学名师；动物医学院教授董玉兰入选青年教学名师。

是月，北京市教育委员会公布了2019年度北京高校继续教育高水平教学团队、特色专业遴选结果。学校工商管理核心课程教学团队、《设施园艺学》教学团队入选高水平教学团队；动物医学专业、食品质量与安全专业入选特色专业。

是月，教育部思想政治工作司公布了2020年高校思想政治工作有关培育建设项目入选名单。学校推荐申报的“以‘农博士在线’为载体　构建线上线下共融的研究生实践育人平台”入选高校思想政治工作实践育人类精品项目，舞台剧《稼穑之歌》入选“高校原创文化精品推广行动计划”。

是月，校领导分头看望离退休校领导，走访慰问两院院士，向他们表达新春祝福。

是月，学校收到联合国可持续农业机械化中心（CSAM）发来的感谢信，对学校在中国农业机器人大赛、保护性耕作等领域给予的支持表示感谢。

2月

2日，党委书记姜沛民，副校长钱学军、辛贤，党委副书记李培景一行慰问疫情防控一线工作人员并赠送防护用品，现场检查督导疫情防控工作措施落实情况。

2日，校长孙其信检查西校区疫情防控工作情况，对坚守岗位工作人员表示慰问和感谢，并就进一步做好疫情防控，确保校园安全提出工作要求。

2日，北京市委教育工委常务副书记郑吉春来校检查疫情防控工作落实情况，对学校的防控工作给予了肯定，并对下一步继续加强防控提出了指导意见。

3日，校长孙其信主持召开专题会议，研究部署本科生、研究生延迟开学工作安排。

4日，党委常委会召开了2020年第2次会议，专题研究疫情防控工作。

5日，学校疫情防控相关工作组在东、西两校区开展疫情防控联合应急演练。

7日，美国康奈尔大学波拉克校长致函学校校长孙其信，对学校师生抗击疫情表示慰问，祝愿学校师生健康平安。

7日，教育部召开全国教育系统应对新型冠状病毒感染肺炎疫情防控工作视频会议。学校设分会场参会，会后，姜沛民、孙其信强调要认真落实视频会议和陈宝生部长讲话精神，并对全校疫情防控工作再动员、再部署。

8日，中共临沧市委临沧市人民政府致学校慰问信，对学校帮助临沧脱贫攻坚工作的关心、帮助表示感谢，祝愿学校师生职工健康平安。

10日，副校长钱学军带队深入部分校属企业督导检查复工及疫情防控工作情况，对复工企业疫情防控各项措施落实、到岗人员、防控用品储备等情况进行现场检查。

17日，校长孙其信主持召开专题工作会议，听取本科生院、研究生院及信息化办公室关于疫情防控期间网络教学准备情况的工作汇报，研究解决当前存在问题，对疫情防控期间做好网络教学工作进行再动员、再部署。

18日，北京市委常委、教育工委书记王宁带队到学校检查指导疫情防控工作，对坚守一线的医护工作人员表示慰问，对学校有力开展疫情防控、确保校园疫情稳定取得的成效给予了肯定。

18日，学校党委理论学习中心组召开2020—02次专题学习会，深入学习2020年中央一号文件精神。姜沛民领学了《中共中央 国务院关于抓好“三农”领域重点工作 确保如期实现全面小康的意见》。

21日，为响应“停课不停教、停课不停学”的号召，帮助教师熟悉在线教学技术，研究生院组织教师对“雨课堂”在线教学工具的使用进行了强化培训，全校195位教师参与在线收听直播。

24日，学校2020年春季学期网上课堂正式开课。全校2万余名师生“云集合”，通过多渠道网络平台，在线共上新学期“第一课”。

24日，副校长王涛在本科院常务副院长林万龙、信息化办公室主任陈昕的陪同下，检查开课第一天的网络教学情况。

27日，党委常务副书记、校工会主席张东军带队分别走访教学区与家属区门岗、校医院和学生宿舍，慰问疫情防控一线工作人员。

27日，学校“网上缴费”平台开通“党员自愿支援防疫捐款”模块，学校有意愿的党员可通过该系统自愿捐款。

是月，企业家校友发来致书记校长的一封信，支持和响应“关于疫情期间保供给、不涨价的倡议”。

是月，书记校长回复致书记校长的一封信，表示对学校企业家校友肯定与感谢。

是月，中共教育部党组经与中共北京市委商得一致，决定王勇、杨志同志任中共中国农业大学委员会常委。

是月，*The Plant Cell* 杂志在线发表了中国农业大学农学院、农业农村部甘薯生物学与生物技术重点实验室何绍贞/刘庆昌教授课题组题为 *IbBBX24 Promotes the Jasmonic Acid Pathway and Enhances Fusarium Wilt Resistance in Sweet Potato* 的研究论文。

是月，农学院小麦研究中心在 *The Plant Cell* 杂志上在线发表了题为 *A Single Amino Acid Substitution in STKc_GSK3 Kinase Conferring Semispherical Grains and Its Implications for the Origin of Triticum sphaerococcum Perc.* 的研究文章。

是月，澳大利亚默多克大学莱诺宁校长致函学校校长孙其信，对中国人民和学校师生抗击疫情表示慰问，并表示愿意提供支持和帮助。

是月，学校党委常委会针对疫情防控期间促进毕业生就业工作进行了专题研究。出台疫情防控期间促进毕业生就业十条举措。

是月，荷兰瓦赫宁根大学摩尔校长和弗雷斯科主席致函学校校长孙其信，对中国人民和学校师生抗击疫情表示慰问，并表示愿意提供支持和帮助。

3月

3日，英国QS全球教育集团发布最新“QS世界大学学科排名”，学校农业与林业学科入围QS世界大学学科排名十强，是中国大陆除清华、北大外唯一有学科入围世界十强的高校。

4日，党委书记姜沛民，副校长钱学军来到后勤员工宿舍，慰问一线员工并检查疫情防控工作措施落实情况。

9日下午，校长孙其信主持召开专题工作会议，研究部署现阶段境外返京人员防控工作。

9日下午，学校师生通过网络直播收看了由教育部、人民网联合举办的“全国大学生同上一堂疫情防控思政大课”，引发热议。

10日，学校党委常委会审议通过了《中国农业大学科研评价改革工作方案》，学校科研评价改革相关工作全面启动。

13日，教育部政务新媒体微言教育《战“疫”公开课》推出第13期，中国工程院院士、动医学院院长沈建忠教授作为嘉宾以“同一个健康——人与动物间的和谐相处之道”为主题开讲。

19日，中国农业银行北京分行副行长相阳一行代表农行向学校捐赠2万个口罩，党委常务副书记张东军代表学校接受捐赠。

24日，校长办公会召开了2020年第9次会议。会议分析了当前疫情防控工作形势，研究了贯彻落实2020年学校党政工作要点任务。

25日，党委副书记李培景到东、西两校区检查指导疫情防控期间校门管控和校园安全工作，对做好当前疫情防控工作进行再动员、再部署，对一线安保工作人员进行再鼓劲、再慰问。

27日，农业农村部国际合作司致信肯定和感谢张龙教授在巴基斯坦指导蝗灾防治工作，感谢学校长期以来对农业国际合作工作的大力支持。

30日，国务院学位委员会公布了2019年学位授权自主审核单位增列的学位授权点清单，批准中国农业大学自主审核增列马克思主义理论一级学科博士学位授权点。

是月，全校师生党员通过“党员自愿支援防疫捐款”网络平台线上捐款，捐出善款总额80余万元。该笔捐款由中组部转交至财政部，统一用于支援疫情防控工作。

是月，教育部发布了《关于公布2019年普通高等学校本科专业备案和审批结果的通知》(教高函〔2020〕2号)，学校申报的农业智能装备工程、生物质科学与工程、人工智能、土地整治工程、中兽医学、日语6个本科专业获准增设。

是月，法国巴黎高科集团勒米尼奥主席致函校长孙其信，对中国人民和学校师生抗击疫情表示慰问，并支持鼓励学校师生战胜疫情，在未来加强中法国际合作与交流。

是月，土地科学与技术学院张戈丽副教授与合作者在 *Nature Communications* 上在线发表题为 *Fingerprint of rice paddies in spatial - temporal dynamics of atmospheric methane concentration in monsoon Asia* 的研究论文，揭示了水稻田对大气甲烷浓度空间分异和季节变化的影响。

是月，国务院扶贫办党组书记、主任刘永富同志在中国扶贫发展中心、中国农业大学人文与发展学院联合完成的调研报告《统筹推进疫情防控与脱贫攻坚的问题与对策》上作出肯定批示。

是月，园艺学院张小兰教授课题组在 *PLoS Biology* 在线发表了题为 *CsIVP functions in vasculature development and downy mildew resistance in cucumber* 的研究论文，揭示了黄瓜 bHLH 转录因子 CsIVP 通过直接结合维管发育调节因子 CsYAB5，CsBP 和 CsAUX4 的启动子来调控黄瓜维管系统发育。

是月，学校纪委以视频会议的形式召开2020年第1次全委(扩大)会，传达学习习近平总书记在十九届中央纪委四次全会上的重要讲话和中纪委全会精神，部署纪委2020

年度工作计划，通报近期疫情防控工作情况。

4月

9日，学校以网络视频会的方式召开2020年度工作会议。会议回顾总结了2019年工作，谋划部署了2020年度重点工作。

10日，副校长钱学军、校长助理吴衍涛（挂职）到校属企业金码大酒店、中国农业大学出版社有限公司、北京中农大动物医院有限公司督导复工及疫情防控工作。

14日，学校党委理论学习中心组在东区主楼433会议室召开2020—03次专题学习会，深入学习习近平总书记关于疫情防控的重要讲话和指示批示精神。

15日，学校党委书记姜沛民以网络视频的形式主持召开了云南省临沧市镇康县定点扶贫工作推进会，会商研究定点帮扶工作，协调解决困难问题，确保如期完成脱贫攻坚目标任务，帮助镇康县推进脱贫攻坚向乡村振兴的有效衔接。

17日，副校长龚元石就科研评价改革工作召集会议，相关部门通报工作进展，研究部署工作推进措施。

23日，学校与武汉生物工程学院举行两校就业创业工作"一帮一"云签约仪式，签订《中国农业大学与武汉生物工程学院就业创业工作"一帮一"行动协议》。

22日，学校召开发展规划工作会，研讨部署近期工作，校长孙其信对学校发展规划工作进行动员部署。

23日，学校与武汉生物工程学院成功举办"中农云"2020届毕业生决胜脱贫攻坚专场人才招聘会。

30日，校长孙其信主持召开烟台产业研究院建设推进专题会议。

是月，学校中国南南农业合作学院高级国际顾问委员会联合主席、坦桑尼亚联合共和国前总理米曾戈·彼得·平达先生来函表达慰问和支持，愿与中国共克时艰。

是月，全国哲学社会科学工作办公室公布了研究阐释党的十九届四中全会精神国家社科基金重大项目立项名单，经管学院林万龙教授作为首席专家申报的项目《建立解决相对贫困的长效机制研究》喜获立项。

是月，"水与争锋"青年教师团队、志愿服务总队、校艺术团合唱分团、牛精英创新创业团队、西区幼儿园团支部、向日葵爱心社、农药加工与制剂研究课题组、生物学院试验171团支部、国旗班、食品营养与安全科普青年团队10个取得突出成绩的集体，被授予"五四青年标兵集体"的荣誉称号。

是月，马宁、王晓奕、成宇琪、刘烨琦、汪子钧、杨勇琴、郝泽、赵泽宇、胡雨楠9位取得突出成绩的个人，被授予"五四青年标兵"的荣誉称号。

5月

2日，农业农村部副部长张桃林到吉林省调研春耕生产、黑土地保护与利用等相关工作时，莅临学校吉林梨树实验站，对实验站工作给予赞赏。

3日，学校首次举办"传承五四火炬　绽放战疫青春"2020农大五四特别节目暨"五四青年标兵/集体"颁奖仪式线上云晚会,线上累计阅读量、评论数达5万余次。

4日,校团委主办"五四精神·传承有我"线上共升旗主题团日活动,各二级团组织组织全体青年参加线上活动。党委书记姜沛民出席并寄语农大青年在党和人民最需要的地方贡献青春力量、绽放青春之花。

5日,校长孙其信到上庄实验站调研并检查疫情防控工作,对实验站同学展开慰问。

10日,校长孙其信带队赴上海拼多多总部调研电商平台促农发展的运行机制、产业优势和存在问题,商谈推进校企合作有关事宜。

12日,中国农业大学等9所高校组成的延河高校人才培养联盟(延河联盟),举办线上"延河高校人才培养联盟课程思政研讨会",王涛副校长应邀出席并作会议主题报告。

12日,学校党委理论学习中心组召开2020—04次专题学习会,深入学习习近平总书记关于意识形态工作的重要论述和指示批示精神,传达学习上级部门意识形态工作有关文件精神。

15日,农学院陈绍江教授团队在玉米单倍体育种技术的拓展应用上再次取得突破性进展。研究成果以 *A DMP-triggered in vivo maternal haploid induction system in the dicotyledonous Arabidopsis* 为题在 *Nature Plants* 期刊发表。

18日,微生物学顶级期刊 *Nature Microbiology* 在线发表了学校动物医学院沈建忠院士团队题为 *A broad-spectrum antibiotic adjuvant reverses multidrug resistant Gram-negativepathogens* 的文章。该研究发现了一种新型广谱抗菌增效剂,能够恢复多重耐药革兰氏阴性菌对多种抗菌药物的敏感性,为合理用药和治疗多药耐药病原菌感染提供了新策略。

20日,王涛副校长主持召开烟台专项研究生工作会议,研讨部署烟台专项研究生返校教学和研究实践工作。

21日,全国政协十三届三次会议在北京人民大会堂隆重开幕。学校共有3位教师:十三届全国人大常委会副委员长、九三学社中央委员会主席、中科院院士、学校学术委员会主任、生物学院教授武维华(河南省代表团),十三届全国人大常委会委员、校长孙其信(安徽省代表团),全国政协委员、工学院教授韩鲁佳(教育界)参会。

22日,学校召开全面从严治党工作会,总结2019年学校党委全面从严治党工作,部署2020年工作任务。

22日,学校党委召开三届十次全委会。

26日,生物学院于政权教授课题组在知名学术期刊 *Cell Research* 发表题为 *The Msi1-mTOR pathway drives the pathogenesis of mammary and extramammary Paget's disease* 的研究成果。

27日,学校4位海淀区人大代表到东升镇塔院股份社就农大社区居民反映的"身边事"和居民代表进行座谈。

29日,仲恺农业工程学院校长程萍带队来校访问,推动两校交流与合作事宜。

30日,人力资源社会保障部、中国科协、科技部、国务院国资委四部委联合发布《关于表彰第二届全国创新争先奖获奖者的决定》,并发布获奖者名单。工学院教授李洪文、信电学院教授李道亮、动科学院教授谯仕彦3位教授荣获第二届全国创新争先奖状。

是月，校长孙其信出席“绽放战疫青春　坚定制度自信”线上特别主题团日活动，并寄语农大青年为中华民族伟大复兴而奋斗。

是月，北京市妇女联合会、北京市人力资源和社会保障局、北京市总工会联合颁布《关于表彰北京市三八红旗奖章和三八红旗集体的决定》，其中食品科学与营养工程学院陈芳教授被授予“北京市三八红旗奖章”称号。

是月，学校顺利完成2020年国家自然科学基金和国家社科基金申报工作。其中，国家自然科学基金申报867项，比2019年度增加137项，增长率19%；国家社科基金申报66项，较2019年增长69%。

是月，工学院何志祝副教授在*Advanced Materials*和*Advanced Science*期刊上分别以题为*Ferromagnetic liquid metal putty-like material with transformed shape and reconfigurable polarity*和*A super-stretchable liquid metal foamed elastomer for tunable control of electromagnetic waves and thermal transport*在线发表研究论文。该研究研发了系列新型柔性复合功能材料并创新了智能传感和磁控仿生机器人等应用技术。

是月，理学院郭红超教授课题组在钯催化不对称环加成反应研究中取得重要进展，首次实现了钯催化2-甲烯基三亚甲基碳酸酯与活泼烯烃的不对称[4+2]环加成反应，相应研究成果在线发表在《德国应用化学》上。

是月，国务院学位委员会、教育部下发《关于下达学位授权点合格评估结果及处理意见的通知》，公布2014—2019年学位授权点合格评估结果。生物学、水利工程、食品科学与工程、农业资源与环境、农林经济管理5个博士学位授权点、大气科学硕士学位授权点被国务院学位委员会、教育部抽评，抽评结果均为合格。

是月，农业农村部办公厅下发《关于开展国家农业科技示范展示基地建设的通知》，农业农村部在全国遴选出了110个国家现代农业科技示范展示基地，张福锁院士牵头申报的国家现代农业科技示范展示基地（曲周）成功入选。

6月

1日，党委书记姜沛民、校长孙其信等学校领导分别带队在东、西两个校区检查毕业班学生返校准备工作。

1日，植物科学期刊*Nature Plants*在线发表了张福锁院士团队题为*Syndromes of production in intercropping impact yield gains*的文章。

2日，北京市教工委常务副书记郑吉春来校检查指导工作，了解毕业生返校准备工作，对毕业生返校期间的疫情防控工作进行指导并提出要求。

3日，校长孙其信代表学校向康奈尔大学校长Pollack致函，对该校坚持中美教育交流表示支持和赞赏。

4日，动物科学技术学院李孟华教授课题组在国际知名学术期刊*Nature Communications*在线发表题为*Whole-genome resequencing of wild and domestic sheep identifies genes associated with morphological and agronomic traits*的研究论文。

5日，《柳叶刀·传染病》在线发表了动物医学院沈建忠院士团队的题为“中国停止黏菌素作为饲料添加剂后动物和人源大肠杆菌黏菌素耐药性和 mcr-1 基因丰度的改变：一项流行病学的比较研究”的研究论文。

5 日，中国农业银行北京市分行党委书记、行长胡新智一行来校访问，推动校银合作事宜。

9 日，学校党委理论学习中心组召开 2020—05 次专题学习会，深入学习贯彻习近平总书记在 2020 年全国两会上的重要讲话精神和全国两会精神。

10 日，重庆市副市长熊雪带队来校访问，推动地校合作事宜。

11 日，校长孙其信与世界百强名校澳大利亚悉尼大学校长 Michael Spence 举行视频会议，商谈推进两校合作，并签署两校全面合作备忘录。

11 日，教育部公布了 2019 年第二批产学合作协同育人项目立项名单，学校获批数量再创新高，共有 24 项成功立项。

11 日，学校与中国农业银行签署全面战略合作协议。

15 日，营养与健康系（营养与健康研究院）揭牌仪式举行，标志着中国农业大学营养与健康系正式运行。

22 日，北京市委教育工委常务副书记郑吉春一行以“四不两直”方式来校检查指导新冠肺炎疫情防控工作。

23 日，学校 2020 年毕业典礼隆重举行，5 479 名毕业生齐聚线上线下，共赴云端盛典。

23 日，学校党委理论学习中心组召开 2020—06 次专题学习（扩大）会，学习习近平总书记在十九届中央政治局第二十次集体学习时的重要讲话和《中华人民共和国民法典》。

24 日，学校第四次党代会筹备工作领导小组工作例会召开。

28 日，北京市委教育工委召开北京高校庆祝中国共产党成立 99 周年表彰大会，表彰北京高校先进党组织、优秀共产党员和优秀党务工作者。学校 3 个基层党组织、4 位优秀党员和 1 位党务工作者受到表彰。

29 日，《美国科学院院刊》（*PNAS*）在线发表刘金华教授课题组题为 *Prevalent Eurasian-avian like H1N1 swine influenza virus with 2009 pandemic viral genes facilitating human infection* 研究论文。

是月，全国科技助力精准扶贫 2019 年度工作考核评审结果揭晓。水院教授严海军荣获“全国科技助力精准扶贫 2019 年度工作先进个人”称号。

是月，党委书记姜沛民在《党建》杂志发表题为《以“全覆盖　双提升”激荡青春力量》的署名文章，论述学校“全覆盖　双提升”大学生党支部建设工程。

是月，北京高校党建研究会公布了 2019 年度党建课题结题评审结果，学校《提升高校基层党组织组织力研究》课题成果获评优秀。

是月，王涛研究团队在植物学国际核心刊物 *The Plant Cell* 上，发表题目为 *A CEP Peptide Receptor-like Kinase Regulates Auxin Biosynthesis and Ethylene Signaling to Coordinate Root Growth and Symbiotic Nodulation in Medicago truncatula* 的研究文章。

是月，学校党委授予 20 个党组织“中国农业大学先进党组织”荣誉称号，99 名党员

“中国农业大学优秀共产党员”荣誉称号，20 名党务工作者“中国农业大学优秀党务工作者”荣誉称号。

7 月

2 日，国际综合性学术期刊 *National Science Review* 在线发表了学校国家农业绿色发展研究院张福锁院士团队与中国农业科学院农业环境与可持续发展研究所等单位共同完成的题为 *An overview on the use of plastic film mulching in China to increase crop yield and water use efficiency* 的文章。

3 日，拜耳（中国）有限公司副总裁高勇一行来校访问，推动校企合作事宜。

14 日，学校党委理论学习中心组召开 2020—07 次专题学习会，学习习近平总书记给中国石油大学（北京）克拉玛依校区毕业生回信精神。

14—15 日，农业农村部原党组副书记、副部长、中国农业绿色发展研究会理事长余欣荣赴学校曲周实验站、科技小院和曲周当地企业调研，并看望在站和科技小院工作的师生员工。

17 日，党委书记姜沛民为党政办公室党支部和经管学院本科生党支部的师生讲授题为“从疫情防控看中国特色社会主义制度优势”专题党课。

20 日，校长孙其信主持召开办学资源拓展专题工作会，听取办学资源拓展相关板块工作汇报，并就进一步推进落实相关工作进行研究部署。

28 日，动物医学院沈建忠院士团队在 *Advanced Science* 发表题为 *Sublethal levels of antibiotics promote bacterial persistence in epithelial cells* 的研究论文。

30 日，校长孙其信前往学生返校报到现场，慰问返校工作人员和志愿者，了解各学院返校情况并与返校学生亲切交流。

30 日，资源与环境学院新闻中心创作的短视频作品《武汉加油！中国加油！》获得《万众一心战胜疫情暨第五届中国梦青年影像盛典　战胜疫情单元》一等奖。

是月，由辛贤教授担任主编的国际期刊 *China Agricultural Economic Review* (*CAER*)，2019 年度影响因子达到 1.753。

是月，*Plant physiology* 在线发表了资环学院李学贤课题组 *ZmCCD10a encodes a distinct type of carotenoid cleavage dioxygenase and enhances plant tolerance to low phosphate* 的研究论文。

是月，学校南南农业合作学院入选国家国际合作署核心政策智库单位。

是月，*Journal of Hazardous Materials* 在线发表了工学院黄光群教授课题组 *Microbiological safety and antibiotic resistance risks at a sustainable farm under large-scale open-air composting and composting toilet systems* 的研究论文。

是月，动物医学院沈建忠院士团队在 *Journal of Hazardous Materials* 期刊发表了题为 *Association of florfenicol residues with the abundance of oxazolidinone resistance genes in livestock manures* 的文章。

是月，国家知识产权局、教育部联合发布第二批高校国家知识产权信息服务中心名单，学校成为新一批（第二批）37 家中心之一。

是月，王涛教授团队与中国科学院遗传所合作在 *Cell* 子刊 *Molecular Plant* 在线发表了题为 *The Chromosome-Level Genome Sequence of the Autotetraploid Alfalfa and Resequencing of Core Germplasms Provide Genomic Resources for Alfalfa Research* 的研究论文，破译了紫花苜蓿栽培种“中苜 1 号”基因组。

是月，张福锁院士团队创建的科技小院作为高校创新校地共建服务模式写进《关于加强农业科技社会化服务体系建设的若干意见》。

8 月

3 日，校长孙其信到食堂，检查因科研任务等特殊情况学生返校后食堂的管理运行情况，并就疫情防控常态化下做好食堂管理提出工作要求。

3 日，学校党委理论学习中心组召开 2020—08 次专题学习会，学习习近平总书记考察吉林时的重要指示精神。

3 日，农业农村部科技教育司副司长张文来校调研黑土地保护与利用科技创新工作。

4 日，中国农业大学-悉尼大学云端学术交流会议暨畜牧领域人才培养研讨会顺利举办。

13 日，国务院扶贫办主任刘永富、云南省委副书记王予波、副省长陈舜考察学校云南省西双版纳州勐腊县河边村精准扶贫与乡村振兴实验示范基地。

13 日，党委书记姜沛民、校长孙其信带队前往山东省烟台市，与烟台市相关领导共同研究推进校地合作办学工作，并检查了烟台研究院秋季学期开学准备情况。

16 日，校长孙其信、党委副书记李培景来到学校 2020 年普通本科招生录取现场，检查指导招录工作，看望慰问工作人员。

18 日，“北京科技小院”工作座谈会在大兴区长子营镇小黑垡村召开，市委常委、统战部部长齐静，党委常务副书记张东军出席会议。

21 日，学校与四川省人民政府签署战略合作协议。

22 日，党委书记姜沛民、党委副书记李培景与学校四川省选调生座谈，并参加了四川省校友会主办的“新时代，新征程，新使命”乡村振兴专题论坛活动。

26 日，学校召开 2016—2020 年“双一流”建设周期总结及自评工作部署会。

27 日，学校召开校领导班子暑期务虚会，围绕“学校 2035 发展愿景和十四五规划发展纲要”进行了深入研讨。

28 日，校长孙其信一行前往学校昆明市都市驱动型乡村振兴创新实验区，考察了实验区之一宜良县麦地冲村的建设进展情况，参加现场推进会并发言。

29 日，学校党委任命辛贤为烟台研究院院长。

31 日，农学院老教授杨作民先生迎来百岁寿诞，小麦育种中心众弟子“四世同堂”为他举行百岁寿诞庆典。

31 日，副校长龚元石会见山西灵丘县委书记张强一行，就共同举办“第七届车河国际有机农业论坛”相关事宜进行商谈。

31日，校长孙其信、副校长龚元石会见内蒙古呼和浩特市政府党组成员、重大建设项目办公室主任张国平一行，探讨校地合作事宜。

31日，生物学院于舒洋课题组在 *Cellular & Molecular Immunology* 杂志在线发表了最新研究成果——利用多种敲除小鼠模型阐述在T细胞发育的不同阶段缺失Tcf-1后研究T细胞肿瘤发生的情况和相关机制。

是月，资源与环境学院、国家农业绿色发展研究院申建波教授课题组在 *Trends in Plant Science* 发表了题为 *Sustainable cropping requires adaptation to a heterogeneous rhizosphere* 的观点文章。

是月，动物科学技术学院李孟华教授课题组在国际知名学术期刊 *Current Biology* 在线发表题为 *Paternal Origins and Migratory Episodes of Domestic Sheep* 的研究论文

9月

2日，青岛农业大学校长宋希云带队来校考察交流学科建设、"十四五"规划编制等工作。

3日，四川省成都市新津区委书记唐华带队来校访问，推进"中国农业大学四川现代农业产业研究院(新津)"建设等校地合作事宜。

4日，水利部副部长魏山忠一行赴学校石羊河实验站考察流域重点治理、水资源管理和保护情况。

5日，在2020年"挑战杯"首都大学生创业计划竞赛上，学校共有13个项目获奖，取得了1金5银7铜的成绩，同时学校也荣获"优秀团体奖"。

8日，学校召开"厉行勤俭节约　反对粮食浪费"行动工作部署会，研讨落实《中国农业大学常态化开展"厉行勤俭节约 反对粮食浪费"行动实施方案》。

8日，教育部正式发布《关于新农科研究与改革实践项目拟立项名单的公示》，学校共牵头11项教育部新农科研究与改革实践项目，位居所有高校之首，学校引领全国新农科建设迈出实质性一步。

9日，2020年教师节表彰大会暨"使命在肩　奋斗有我"立德树人论坛隆重举行。吴常信院士荣获学校首届"立德树人卓越成就奖"。

9日，党委书记姜沛民，校长孙其信来到新生接待处，了解新生入学注册情况，慰问迎新志愿者和工作人员。

9日，中国职业技术教育学会会长、教育部原副部长鲁昕带队来学校，就脱贫攻坚、乡村振兴有关工作进行调研。

10日，北京市委、市政府隆重召开2019年度北京市科学技术奖励大会，沈建忠院士主持完成的"可转移多黏菌素耐药基因mcr的发现及其传播机制研究"项目获得2019年度北京市科学技术奖自然科学奖一等奖。

10日，学校全球农业学院在坦桑尼亚开展的"小技术　大丰收"项目入选《南南合作与三方合作促进可持续发展实践案例(第三卷)》。

12 日，以“有机农业与生态扶贫”为主题的第七届中国·大同车河国际有机农业论坛在山西省大同市开幕。学校党委书记姜沛民、副校长龚元石参加了论坛开幕式。

14 日，学校 2020 级新生开学典礼隆重举行。

14 日，学校首轮“双一流”建设周期总结自评会成功举行。

15 日，学校与烟台市签署共建烟台研究院合作协议。

16 日，烟台研究院 2020 级新生开学典礼隆重举行。

17 日，中国农业大学河套灌区研究院揭牌仪式在内蒙古巴彦淖尔市举行。

17 日，动物科学技术学院李孟华教授课题组在国际知名学术期刊 *Molecular Biology and Evolution* 在线发表题为 *Historical introgression from wild relatives enhanced climatic adaptation and resistance to pneumonia in sheep* 的研究论文。

18 日，“红色育人路——党创办中国特色新型高等教育之路”高等教育论坛在北京理工大学举行，党委书记姜沛民出席论坛，并作题为“继承弘扬延安精神，坚守为党育人使命”的报告。

18 日，国家自然科学基金委员会公布了 2020 年度国家自然科学基金集中期部分项目的评审结果，学校共获资助各类项目 227 项，直接经费合计约 1.24 亿元，资助率 26%。

21 日，学校党委理论学习中心组听取《习近平谈治国理政》第三卷专题辅导报告。

22 日，2020 年四川省农民丰收节活动启动仪式在四川省成都市新津区天府农博园举行。四川省农业农村厅、成都市农业农村局、成都市新津区人民政府与学校《共建四川现代农业产业研究院（新津）合作协议》在启动仪式上顺利签署并揭牌。

25 日，校长孙其信为首届强基计划（生物科学）新生讲授开学第一课。

25 日，国家留学基金委秘书处秘书长生建学带领基金委第一党支部、第四党支部成员来学校交流，与农学院党委开展联合党日活动。

25 日，首期“中国贫困治理前沿问题”专家咨询会在国务院扶贫办召开。国务院扶贫办党组书记、主任刘永富出席会议，专题听取了学校叶敬忠教授团队的研究汇报。

25 日，学校被正式授牌“高校国家知识产权信息服务中心”。

26—27 日，工学院参赛队伍在北京市教委主办的北京市大学生第十届机械创新设计大赛斩获 5 项一等奖，10 项二等奖。

28 日，党委书记姜沛民、副书记宁秋娅等深入思政大课堂听“习近平新时代中国特色社会主义思想概论”课程绪论部分，并参加课程集体备课会。

29 日，党委书记姜沛民主持召开学校常态化疫情防控工作部署会，研讨部署近期校园常态化防控相关工作。

29 日，学校为首批入选教育部“高校银龄教师支援西部计划”的 9 位退休教师举行欢送会。

是月，园艺学院高俊平和马超教授团队在 *Plant Cell* 线上发表了题为 *Auxin regulates sucrose transport to repress petal abscission in rose* (*Rosa hybrida*) 的研究论文。该研究揭示了生长素通过调控离区中蔗糖运输，从而调节月季花瓣脱落的分子机制。

是月，学校党委出台《中国农业大学常态化开展“厉行勤俭节约　反对粮食浪费”行动实施方案》，常态化落实“爱粮、惜粮、节粮、护粮、保粮”五大行动。

是月，学校在第六届中国“互联网＋”大学生创新创业大赛（北京赛区）荣获3个一等奖和优秀组织奖。

是月，教育部发文公布了首批国家基础学科拔尖学生培养计划2.0基地遴选结果，学校申报的“生物科学拔尖学生培养基地”成功入选。

是月，北京市委教育工委公布了北京高校师生服务首都“四个中心”建设“双百行动计划”2019年优秀团队项目名单及2020年入选名单。学校有2个教师团队、2个学生团队获评2019年“双百行动计划”优秀团队项目；同时，学校3个教师团队、3个学生团队入选2020年市级团队项目。

是月，公布2020年度国家自然科学基金集中期部分项目的评审结果，学校博士后获批国家自然科学基金创新高。

是月，学校与康奈尔大学正式签署“中农大-康奈尔学期交流项目”协议，首批康奈尔大学在读50余名因疫情不能返校的中国籍学生来到学校，开始在学校的整学期交流学习。

是月，北京市教育委员会公布了2020年北京高等教育“本科教学改革创新项目”立项名单，学校报送的5个项目全部获批。

是月，中国气象局公布了首批全国气象教学团队入选名单，资源与环境学院的“应用气象学专业课教学团队”成功入选。

是月，学校在第四届全国不动产估价技能大赛中斩获一等奖、二等奖各一项；指导老师王健获得优秀指导教师奖；土地科学与技术学院获得优秀组织奖。

是月，康奈尔大学波拉克校长向校长孙其信致函，对学校开展两校学生交流项目所做的各项工作表示感谢和赞赏。

10月

10日，校长孙其信受邀出席了在甘肃兰州举办的第二届中国节水论坛，并在主论坛开幕仪式上致辞。

12日，风景园林行业国际大奖IFLA AAPME Awards 2020正式宣布获奖结果，园艺学院李险峰教授团队（920艺术景观工作室）主导的两个项目获社区与公共卫生类别（Social & Community Health）荣誉奖（HONORABLE MENTION），分别为《山水理念的参与性雨水花园》和《羊主题的公共艺术景观》。

16日，云南省委副书记王予波一行考察了中国农业大学与昆明市合作建设的乡村振兴实验区宜良县九乡乡麦地冲村与石林县圭山镇雨美堵村。

18日，动物医学院汪洋教授获得第十六届中国青年科技奖。

20日，北京市委常委、教育工委书记王宁一行来校调研食品营养与人类健康高精尖创新中心工作情况。

21—23日，党委书记姜沛民，党委副书记、纪委书记秦世成来到云南省镇康县实地考察学校扶贫工作成果和扶贫项目落实情况，并看望了学校在镇康县一中支教的研究生支教团学生。

24 日，党委书记姜沛民，党委副书记、纪委书记秦世成来到云南省昆明市宜良县九乡乡麦地冲村，考察学校与昆明市合作建设的都市驱动型乡村振兴实验区。

27 日，由大北农集团主办的 2020 年校企战略合作高峰论坛在北京举办，校长孙其信出席并致辞。

28 日，全国高等农林水院校党建与思想政治工作研讨会第 19 次会议在南京农业大学召开，学校党委副书记宁秋娅代表全国高等农林水院校党建与思想政治工作研究会会长单位出席大会并致辞。

29 日，三亚崖州湾科技城管理局党委副书记、常务副局长林海一行来校访问，就推动落实校地合作相关工作交流座谈。

30 日，烟台研究院召开教师干部大会，宣布任命决定：于永信兼任烟台研究院党委书记，周旭峰任烟台研究院党委常务副书记，李兴佐、刘宇任烟台研究院党委副书记。周旭峰任烟台研究院常务副院长，隋熠、郭鑫、杜金昆、袁强兼任烟台研究院副院长。

30 日，中国农业大学鸡泽实验站科研教学综合实验楼正式启用。

30 日，水利与土木工程学院副教授韩宇在第五届全国高校青年教师教学竞赛上喜获工科组一等奖。

是月，杨胜楼项目开工仪式隆重举行。

是月，农学院王璞教授团队联合国内多家农业科研部门，在 *Renewable and Sustainable Energy Reviews* 杂志上发表了题为 *Converting maize production with low emergy cost and high economic return for sustainable development* 的研究论文，通过优良品种的选用和栽培管理措施的结合，建立了高产、高经济效益、低能耗、可持续的玉米生产体系。

是月，食品科学与营养工程学院倪元颖教授、生物学院齐俊生教授喜获金桥奖个人一等奖，中国农业大学科技园(北京建设大学）副校长马少军荣获金桥奖个人二等奖。学校技术转移中心荣获金桥奖集体二等奖。

是月，校友张庆才博士向动物科学技术学院捐赠 500 万元人民币，注入“动科发展基金”。

是月，中共云南省委教育工委、云南省教育厅向学校发来贺信，祝贺学校 115 周年校庆活动取得圆满成功。

是月，动物科技学院胡永飞教授团队与中国兽医药品监察所合作在欧洲微生物学会微生物基因组学专业期刊 *Microbial Genomics* 杂志发表了题为 *Phylogenetic and genomic analysis reveals high genomic openness and genetic diversity of Clostridium perfringens* 的研究论文。

11 月

2 日，学校党委理论学习中心组召开 2020—11 次专题学习会，传达学习赵乐际和杨晓渡同志在十九届中央第六轮巡视工作动员部署会上的讲话精神。

2 日，学校党委理论学习中心组在东区主楼 433 会议室召开 2020—10 次专题学习会，学习党的十九届五中全会精神。

3 日，动物医学院沈建忠院士荣获“何梁何利基金科学与技术进步奖”。

4 日，“科技小院”“牛精英”“科技作品”“渔菁英”“志愿者技能”5 个专项研究生赛事被吸收作为“中国研究生创新实践系列大赛”主题赛事。

5 日，全球食物经济与政策研究院启动会顺利召开。

6 日，模式动物表型与遗传研究国家重大科技基础设施工程主体结构封顶完成。

11 日，昆明市委副书记杨正晓一行来校访问，就推动校地合作相关工作交流座谈。

12 日，平谷区与中国农业大学战略合作框架协议签约仪式在平谷区政府举行，会上签署了平谷区与中国农业大学战略合作框架协议。

13—15 日，中国高等教育学会宣传工作研究分会 2020 年理事年会暨高校宣传工作创新发展高层论坛在西安交通大学举行，党委副书记宁秋娅出席会议。学校报送的《巩固壮大主流思想舆论　唱响农大战疫好声音》案例被收录为第三届高校宣传工作创新案例推广案例。

14 日，学校第十二届青年教师基本功比赛结束，工学院陈建、动科学院王书敏、人发学院曲甜、动医学院周雪影、马院段蕾五位教师获得一等奖。

19 日，水利部党组书记、部长鄂竟平一行前往学校河套灌区研究院考察调研。

22 日，主要由生物学院本科生组成的 CAU-China 代表队在 2020 年国际遗传工程机器大赛的全球总决赛上获得金牌。

24 日，中国共产党中国农业大学第四次代表大会隆重开幕。姜沛民同志向大会作题为《高举旗帜，勇担使命，奋力谱写全面建设中国特色、农业特色世界一流大学新篇章》的工作报告。

24 日，学校多位校友荣获 2020 年全国劳动模范/先进工作者称号

25 日，中国共产党中国农业大学第四次代表大会胜利闭幕。大会以举手表决方式通过了《中国共产党中国农业大学第四次代表大会关于中国共产党中国农业大学第三届委员会工作报告的决议》。大会批准姜沛民同志代表中国共产党中国农业大学第三届委员会所作的工作报告。

25 日，中共中国农业大学第四届纪律检查委员会召开第一次全体会议。

25 日，中国共产党中国农业大学第四届委员会召开第一次全体会议。

25 日，中国农业大学科技成果展示与技术交易平台揭牌仪式在北京建设大学（国家大学科技园）举行。

26 日，“2020 年东北黑土地保护与利用高峰论坛暨第六届梨树黑土地论坛”在北京会议中心隆重召开，校长孙其信主持开幕式。

27—28 日，第六届全国大学生动物医学专业（本科）技能大赛在成都举办，学校荣获大赛特等奖。

28—29 日，2020 年国家精准扶贫工作成效第三方评估启动会暨培训会在中国科学院地理科学与资源研究所顺利召开。经济管理学院副教授李晓峰被授予“2019 年扶贫开发工作成效第三方评估先进个人”称号。

30 日，全国十所高校“协同支援西藏农牧学院 2020 年度工作会议”线上召开，校长孙

其信出席会议。

是月，动物科技学院张毅副教授课题组在国际知名学术期刊 *Molecular Biology and Evolution* 在线发表了题为 *Genomic analysis revealed a convergent evolution of LINE-1 in coat color: A case study in water buffaloes* (*Bubalus bubalis*) 的原创性研究论文。

是月，理学院郭红超教授课题组在不饱和碳不对称烯丙基化反应研究中取得重要进展，相应研究成果发表在《德国应用化学》上，并被选为 VIP(Very Important Paper) 和扉页文章。

是月，中共北京市海淀区委、区人民政府向学校发来贺信，对学校作为"可转移多黏菌素耐药基因 mcr 的发现及其传播机制研究"项目的第一完成单位荣获 2019 年北京自然科学一等奖表示热烈祝贺。

是月，教育部研究决定，任命辛贤、钱学军为学校副校长，林万龙、杜太生、田见晖为学校副校长。

是月，动物科技学院王军军教授在国际知名学术期刊 *Microbiome* 在线发表了题为"*Spatial heterogeneity of bacterial colonization across different gut segments following inter-species microbiota transplantation* 的研究论文

12 月

1 日，2020 GCHERA 世界农业奖在南京农业大学揭晓，中国工程院院士、学校张福锁教授凭借在植物营养学研究与教育、中国节肥增效及绿色发展、世界农业可持续发展中取得的突出贡献获奖，这是中国科学家首次摘得该奖项。

1 日，人发学院李小云教授团队实施的河边扶贫实验"瑶族妈妈客房项目"荣获行动者联盟 2020 的全国十大公益项目。

3 日，"大国三农"在线开放课程发布会在学校顺利举行。

3 日，全国哲学社会科学规划办公室公布了 2020 年度国家社会科学基金重大项目立项名单，学校共有 3 个项目获批立项。

4 日，"第三届农业绿色发展国际研讨会暨中荷农业绿色发展合作项目年度总结大会"在海口举行，副校长杜太生和瓦赫宁根大学校长 Arthur Mol 线上出席，中国工程院院士、资源与环境学院张福锁教授及项目师生线下参会。

8 日，在 2021 届北京高校毕业生就业创业工作会议上，学校荣获"2020 年北京地区高校大学生优秀创业团队评选优秀组织奖"，就业创业办公室荣获"2020 年北京地区高校毕业生就业工作先进集体"；陈度、高浩嵩、张迪、林嘉获评"2020 年北京高校毕业生就业工作先进个人"。

10 日，北京市副市长卢彦一行来学校调研种业及科技小院情况。

10 日，中国共产党中国农业大学第四届纪律检查委员会召开第二次全体会议。

10 日，校长孙其信带队赴深圳华为技术有限公司总部考察调研，双方签署校企合作意向书，洽谈推进校企战略合作事宜。

11 日，吉林省政协主席江泽林带队来学校访问，就推进农业农村现代会进行专题

调研。

13日，国家农业科技发展战略智库联盟成立大会暨首届农业科技发展战略智库高峰论坛在京隆重召开，校长孙其信主持会议。

15日，博鳌亚洲论坛在京发布学校完成的《博鳌亚洲论坛亚洲减贫报告2020》，并获得《新闻联播》、央视新闻频道、央视中文频道、凤凰卫视、中新社、《中国日报》、中国国际电视台、《经济日报》《光明日报》《北京日报》等全媒体广泛报道。

18日，党委书记姜沛民带头走上“形势与政策”课讲台，参加经济社会发展专题教学，为烟台研究院学生宣讲党的十九届五中全会精神。

19日，学校召开研究生教育大会，系统总结学校近年来研究生教育管理的主要成绩和基本经验，明确今后的改革方向与主要任务，就推动新时代研究生教育高质量发展做出部署。

19日，党委宣传部报送的《云在河边》在“谱写新时代篇章　迈向高质量发展——2020年度人民网优秀校园新闻作品”中荣获新媒体类优秀作品。

19日，贵州省中国农业大学校友会成立大会暨“躬耕黔山贵水　致力乡村振兴”主题论坛在贵阳举行，校长孙其信出席会议并讲话。

20日，校长孙其信带队赴贵州大学参加2020年学校对口合作贵州大学工作推进会，总结过去一年对口合作工作成效，谋划“十四五”期间双方深化合作新思路、新举措。

22日，学校中国农业水问题研究中心主任、教授康绍忠，动物医学院院长、教授沈建忠在北京市劳动模范、先进工作者和人民满意的公务员表彰大会上被授予北京市先进工作者称号。

23日，嫦娥五号搭载物品交接仪式暨助推行业科技自立自强研讨会在京举行，生物学院教授王涛接受了搭载的紫花苜蓿种子及证书。

23—24日，党委书记姜沛民在海南省三亚市参加教育部海南国际教育创新岛建设工作推进会，并与副校长田见晖一行调研了学校与海南合作办学工作和三亚研究院建设情况。

24日，党委常务副书记张东军一行赴平谷专题调研科技小院建设情况并进行交流座谈。

25日，教育部副部长郑富芝来校调研并参加定点联系的动物科学技术学院基层党支部活动。

27日，中国农业大学第十七次学生代表大会、第十五次研究生代表大会以线上线下相结合的方式顺利召开。会上选举出第十七届学生会主席团成员和第十六届研究生会主席团成员。

27日，第八届全国大学生农业建筑环境与能源工程相关专业创新创业竞赛在学校烟台校区圆满落幕，学校斩获3个特等奖、6个一等奖、1个二等奖的优异成绩。

29日，科技部办公厅下发了《关于组织填报〈国家野外科学观测研究站建设运行实施方案〉的通知》，学校有2个野外站入选。

29日，中国科技论文统计结果发布会上正式发布“第5届中国精品科技期刊目录”，《中国农业大学学报》成功入选“中国精品科技期刊”及“中国精品科技期刊顶尖学术论文

(F5000)”项目来源期刊。

29日，碧桂园集团—中国农业大学招聘宣讲会在成功举行，校长孙其信会见碧桂园集团董事局主席杨国强一行。

30日，学校第四届教职工暨工会会员代表大会第四次会议在东区新图书馆报告厅召开，校长孙其信作学校工作报告，会上听取了四届教代会三次会议提案工作报告，书面审议和讨论了学校财务工作报告、校务公开工作报告、学术委员会年度工作报告、教代会工会工作报告等。

31日，学校党委理论学习中心组召开2020—12次专题学习会，学习习近平总书记在中央农村工作会议上的重要讲话精神和党中央关于实现巩固拓展脱贫攻坚成果同乡村振兴有效衔接的有关部署精神。

是月，学校全球食物经济与政策研究院院长、原国际食物政策研究所(IFPRI)所长樊胜根教授、资源环境学院和农业绿色发展研究院申建波教授作为专家组成员，参加国际“可持续食物系统”专家小组并联合在 *NATURE SUSTAINABILITY* 发表观点文章。

是月，党委保卫部(保卫处)处长黄清波、校医院院长张元忠获海淀区新冠肺炎疫情防控工作领导小组表彰。

是月，中共北京市委对学校第四次党代会选举结果作出批复，同意学校第四届党委第一次全体会议关于党委书记、副书记、常务委员会委员选举结果。

是月，第八届高等学校科学研究优秀成果奖(人文社会科学)评选结果正式公布，人文与发展学院叶敬忠教授团队的著作《双重强制——乡村留守中的性别排斥与不平等》获著作论文奖二等奖，土地科学与技术学院孔祥斌教授的论文“中国必须保护高质量耕地(*China must protect high-quality arable land*)”获著作论文奖三等奖。

是月，植物保护学院周欣教授课题组在东方蜜蜂遗传多样性的形成和适应机制的研究上取得重要成果，该成果以 *Gene reuse facilitates rapid radiation and independent adaptation to diverse habitats in the Asian honeybee* 为题发表在国际知名学术期刊《科学进展》上。

11月20日至12月18日，校长孙其信走访17个学院，开展针对全校层面的十九届五中全会精神宣讲，并面对面调研各学院“十四五”规划和2035愿景目标制定情况，根据各学院和学科特点提出了工作要求和工作建议。